U0825560

高等学校粮食工程专业教材

粮食输送机械及应用

（第二版）

主　编　毛广卿
副主编　关二旗

中国轻工业出版社

图书在版编目（CIP）数据

粮食输送机械及应用／毛广卿主编．—2版．—北京：中国轻工业出版社，2024.8
ISBN 978-7-5184-4616-2

Ⅰ.①粮…　Ⅱ.①毛…　Ⅲ.①粮食加工—输送机
Ⅳ.①TS210.4

中国国家版本馆CIP数据核字（2023）第221074号

责任编辑：马　妍　　责任终审：白　洁
文字编辑：赵萌萌　　责任校对：吴大朋　　封面设计：锋尚设计
策划编辑：马　妍　　版式设计：砚祥志远　　责任监印：张　可

出版发行：中国轻工业出版社（北京鲁谷东街5号，邮编：100040）
印　　刷：三河市万龙印装有限公司
经　　销：各地新华书店
版　　次：2024年8月第2版第1次印刷
开　　本：787×1092　1/16　印张：23.75
字　　数：510千字
书　　号：ISBN 978-7-5184-4616-2　定价：68.00元
邮购电话：010-85119873
发行电话：010-85119832　010-85119912
网　　址：http://www.chlip.com.cn
Email：club@chlip.com.cn
版权所有　侵权必究
如发现图书残缺请与我社邮购联系调换
201121J1X201ZBW

第二版前言 | Preface

粮食输送机械在粮油、食品、饲料加工以及粮食流通、仓储等工业中有着十分广泛的应用，它是现代工业生产中实现连续化、规模化、自动化、智能化必不可少的设备。随着我国粮油加工业的快速发展和粮食流通、贸易规模的不断扩大，粮食输送机械越来越显示出其重要的作用，特别是粮食输送机械的信息化、智能化应用，将对于确保粮食收获、储运及加工等产业链、供应链的可靠安全，实现节粮减损、确保国家粮食安全起到重要支撑作用。

2003 年出版的教材《粮食输送机械与应用》距今已二十年。这期间，我国粮食输送机械的设计和制造水平有了很大的提高，高效、大型的输送机械得到广泛应用，新型或改良设备不断涌现。为更好地满足教学、科研与生产的需求，我们对该教材进行了大范围的修订，除了增加新设备、新技术的有关内容外，对各章内容还作了重新编排，对部分设备的主要计算公式进行了更新与调整，并增加了“输送系统工艺设计”的相关内容。

本教材详细论述国内外粮油工业中广泛应用的各种连续输送机械及其在生产中的应用。全书共八章，分别介绍不同类型的连续输送机械、各种辅助装置、气力输送装置及输送系统工艺设计，包括设备结构、工作原理、应用分析和设计计算，以及物料输送工艺的设计计算、设备选型、系统控制等，并列举典型的设计计算例题。本教材的编写力求系统、科学、前沿、实用、图文并茂、易读易懂，既可作为高等院校相关专业的教材，又可作为粮油、轻工等行业科研技术人员的参考用书。

本书在编写过程中，得到了河南工业大学王志山教授、李利民教授以及高级工程师常兰州、张胜利两位校友的大力帮助，河南工业大学有关部门和领导也为本书的编写提供了极大的支持，在此一并致谢。

参加本书编写的人员有：主编毛广卿，负责编写绪论、第一章、第四章、第八章；副主编关二旗，负责编写第三章、第五章；刘玉兰负责编写第二章；张振山负责编写第六章；吴建章负责编写第七章。毛广卿对前六章的主要计算公式进行了检验或修正。全书由李萌萌校勘，由毛广卿统稿。

由于编者水平有限，书中难免有疏漏和不足之处，恳请广大读者批评指正。

编　者

2024 年 2 月

目录 Contents

Introduction

绪论

一、粮食输送机械及其在粮油工业中的作用

粮食输送机械是指在粮油工业生产过程中，完成各工段间物料连续输送的各种机械设备。这类机械通常用于库（厂）区或车间内部按固定的线路连续输送或垂直提升物料，因而和汽车、火车、轮船等移动运输工具是不同的。

粮油工业包括粮食仓储、粮食加工、油料加工、粮油食品及粮食饲料工业等，大多是规模化、连续化的生产作业，其原料、成品及半成品均为数量大而又沉重的物料。在生产过程中，各种物料必须在各工段间有序地、不间断地进行输送。因此，只有充分地利用各种型式的输送机械，才能保证生产正常、连续地进行，才能实现规模化和自动化生产。

粮食输送机械不仅能实现生产过程中各工段的连接，组成流水生产线，而且可以在输送物料的同时进行其他工艺作业，如对物料搅拌、筛分、干燥、加热或冷却、堆码等。还可以结合其他方法控制物料的流量，达到控制整个生产节奏和速度的目的。

对粮油工业来讲，输送机械的选用是否合理、技术性能是否良好、技术状态是否正常，不仅对企业的生产效率、经济效益具有重要作用，而且影响着企业的现代化程度、工人的劳动强度、生产环境和安全等。从社会与生态效益角度看，高效率的输送机械还能节省能源、减少污染，提高车站、码头、仓库的利用率，促进工农业生产的高质量发展，创造社会生态效益。

二、粮食输送机械的发展概况

早在公元 186 — 189 年，为了灌溉农田的需要，我国劳动人民就发明了龙骨水车（也称“翻车”，图 0-1）。公元 600 年左右，又创造出链斗水车（也称“筒车”，图 0-2）。这两种机械是现代刮板输送机和斗式提升机的雏形。

在世界上其他古代社会生产力比较发达的国家（埃及、希腊和罗马等国），也都有使用输送机械的记载。例如，埃及早在公元前 1200 年便使用绞盘从矿井中提砂和从水井中提水；公元前 200 年，希腊的阿基米德创造了倾斜向上提水的螺旋提水器，用于农田灌溉。

古代所使用的输送机械多是采用木材、竹材制造，以人力、畜力、水力或风力驱动，机械结构简单，工作效率低。

从15世纪起，随着世界工业、贸易和建筑业的发展，物料输送技术有了很大的进步，出现了结构较为复杂的输送机械，并用于散状物料的输送。

图0-1 龙骨水车

图0-2 链斗水车

18世纪末期，螺旋输送机与带式输送机首先应用于面粉加工行业。

19世纪，由于蒸汽机和电动机的出现，产生了机械驱动的输送机械，并出现了最初的输送谷物的气力输送装置。这一时期的输送机械不仅种类较多，而且全部构件采用金属材料制作，输送效率和能力大大提高。

到了20世纪，输送机械已广泛应用于各个行业的生产工艺过程中，从此步入了输送机械新的发展阶段。

我国古代的工农业生产技术长期处于世界领先水平。然而，近代由于封建统治者的闭关锁国政策以及帝国主义的侵略和掠夺，致使我国的生产技术水平在一段时间内落后于西方一些工业发达国家。直到全国解放之前，我国输送机械制造业的基础仍很薄弱，甚至一些结构简单的现代输送机械，也常依靠国外进口。

新中国成立以后，随着整个国民经济水平的提高，我国的输送机械制造业从无到有、从小到大迅速发展，并且形成了起重与运输的专业体系。特别是改革开放以来，通过引进、消化、吸收国外的先进技术，结合国内的改革与创新，我国输送机械的生产规模、生产技术水平逐步接近世界先进水平。

粮食输送机械由于其专业性和特殊性，除具有一般输送机械的共性外，又有其自身的特点和发展趋势，因此形成物料输送机械中的一个分支。

我国粮食输送机械的现状可概括为以下四个方面。

（1）使用广泛　在我国的粮油工业中，凡有繁重的物料搬运的地方都已采用了输送机械，使生产过程的机械化、自动化达到了较高的水平。

(2) 技术先进 各种先进、新型的设备应用于粮油加工或储运，如长距离大运量输送机、圆管带式输送机、高倾角带式输送机、可弯曲输送机、管链输送机等；新的制造工艺和技术使设备制造水平大幅提高；越来越广泛应用的气力输送技术，各项指标已达世界先进水平。

(3) 不断创新 我国粮油工业的工程技术人员对粮食输送机械进行了大量的研究、改进和创新，尤其体现在输送机械的功能创新和组合应用上。例如，多功能吸粮机、自动码垛机、拆垛装车机、转向输送机、智能堆料机、补仓机、智能出仓机等，这些改进或组合的机械都有自己的特殊功能，可以完成原机型所不能完成的工作。

(4) 仍有发展空间 目前我国粮食输送机械的生产仍以中小企业为主，产品的研发和制造力量分散，未能形成创新驱动发展的合力。总体上产品的质量和性能较发达国家尚有一定差距，且不同企业之间产品质量和性能存在较大差异。产品的标准化、系列化、自动化和制造的专业化水平仍需进一步提高。

今后，我国的输送机械将继续朝着大型化、节能化、智能化、模块化以及多样化方向发展，新理论、新技术和新材料会在输送机械上得到更多应用，设计手段也将更加趋于现代化，节能、环保、安全、耐用的设备依然受到用户的青睐。随着我国工农业生产机械化和自动化水平的提高，输送机械必将出现更多新的机型，发挥更多的功能和更大的作用。

三、粮食输送机械的分类

由于输送机械在工作原理、结构特点、输送物料的方向以及其他一系列特性上各有不同，因此种类繁多，要对它们作出全面的分类是困难的。这里，我们按照其结构特点、工作原理和功能进行如下划分。

(1) 有挠性牵引构件 此类输送机械的特点是：物料被放在牵引构件上或工作构件内，利用牵引构件的连续运动使物料向一定的方向移动。这类输送机的共性是具有挠性牵引构件、支承装置、驱动装置和张紧装置。

(2) 无挠性牵引构件 此类输送机械的特点是：利用工作构件的旋转或往复运动，使物料向一定方向移动。它们之间具有共性的部件较少。

(3) 气力输送装置 其工作原理是利用管道中空气流动的动力输送物料，也称“风运”。这种装置是一个大的类别，相对于前面的两类机械，这种装置的输送方式称为“气力输送”，而前面的称为“机械输送”。

(4) 辅助装置 这类装置主要包括：依靠物料自身重力从高处向低处进行输送的溜管（槽）、辊道，以及料仓、闸（阀）门、喂料器等。这些装置虽然构造简单、或者不能独立地作为输送物料的工具，但它们是各种连续输送机械组成机械化输送系统的重要组成部分。

粮食输送机械的类别归属，可从图 0-3 得到直观的了解。

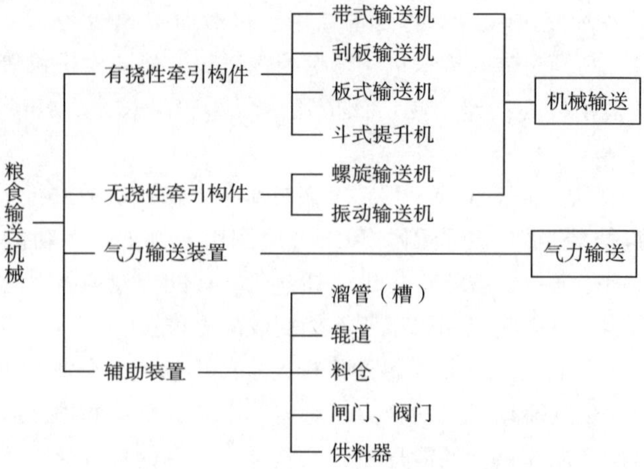

图 0-3　粮食输送机械的类别归属

四、粮油工业中被输送物料的分类及特性

被输送物料的种类及其物理特性，是确定输送机械的类型、结构、材料及其主要技术参数的重要因素，也是选择和设计粮食输送机械及其辅助装置必须掌握的重要依据。

粮油工业中被输送物料可分为成件物品和散状物料（简称散料）两大类。

成件物品主要有粮包、油桶和食品箱。食品厂中有部分物料，如面包、馒头、方便面等，在输送过程中常被作为一个单元来处理，也应算作成件物品。散状物料根据其颗粒的尺寸，又可分为块状、粒状和粉状物料。

在粮油工业中，经常被大量输送的是粮包和粒状、粉状的散料。

（一）粮包的特性

粮包的特性主要体现在：重量、外形尺寸、形状、表面摩擦因数、强度、方向性等方面。

根据包装材料不同，粮包的包装袋可分为麻袋、布袋、聚丙烯编织袋、复合塑料袋、纸袋等种类。麻袋和布袋是传统的包装工具，麻袋用于装颗粒料，布袋用于装粉状料，但目前布袋已很少采用。聚丙烯编织袋因其经济、卫生的优点，在粮食加工、饲料加工等行业大量使用，既可装颗粒料，也可装粉状料（覆膜编织袋），取代了传统的布袋包装。复合塑料袋阻隔性好，具有防霉、防虫、保质的效果，常用于终端销售的粮食产品小规格包装。纸袋的优点是无毒、无味、环保，但韧性和耐水性差，目前使用尚少。粮食包装根据包装重量可分为大包装与小包装两类：大包装为 100kg、50kg、25kg 等多种；小包装为 10kg、5kg、2. 5kg 等多种。

除此以外，还有一种大容量的散料集装袋（也称吨袋或吨包），装载量可达 500～3000kg，用于大宗粮食的集装运输，不属于输送机械的作业范畴。

常用各种粮包的外形尺寸和重量见表 0-1。

表 0-1 粮包的外形尺寸和重量

粮包名称	装满后袋的外形尺寸（长×宽×厚）/mm	装物重量/（kg/袋）	摩擦角/（°）			
			钢板	木板	橡胶	混凝土
大麻袋	800×600×300	大米 90~100、小麦 90、稻谷 70、麸皮 35~40	静：24 动：20	静：24 动：20	静：31.5 动：25	静：24 动：20
小麻袋	700×430×200	大米 40~50、小麦 45				
布袋	700×370×160	面粉 22.5~25	9~12	9~12		
塑料编织袋	800×600×300	麸皮 35~40	静：10.5 动：7			
	800×500×200	小麦 65				
	700×370×160	面粉 25				

（二）散料的物理和力学特性

散料是由许多固体颗粒堆积构成的集合物，如小麦、玉米、面粉等，其力学性质介于固体与液体之间，具有一定的抗压和抗剪能力。由于颗粒之间的可移动性，仅能在一定的范围内保持形状。当散料在一个方向受压时，压力会以不同的比例向各个方向传递。

散料的特性包括粒度、粒度分布、水分、容重、外摩擦角、内摩擦角、堆积角、侧压力与侧压系数、磨琢性、黏附性、流散性等。

1. 颗粒的粒度与粒度分布

粒度是指颗粒的大小。通常球体颗粒的粒度用直径 d（称为粒径）表示，见图 0-4（1），立方体颗粒的粒径用边长表示。而对于不规则的颗粒，可取与其具有相同物理量或行为的球体直径作为该颗粒的等效直径 d'，见图 0-4（2）。颗粒的形状可由其长度 a 与横向尺寸 b 和 c 的比例关系确定。当 $a>b>c$ 时为长形颗粒，如小麦粒；当 $a=b>c$ 时为扁形粒，如玉米粒；当 $a=b=c$ 时为球形粒，如豌豆。

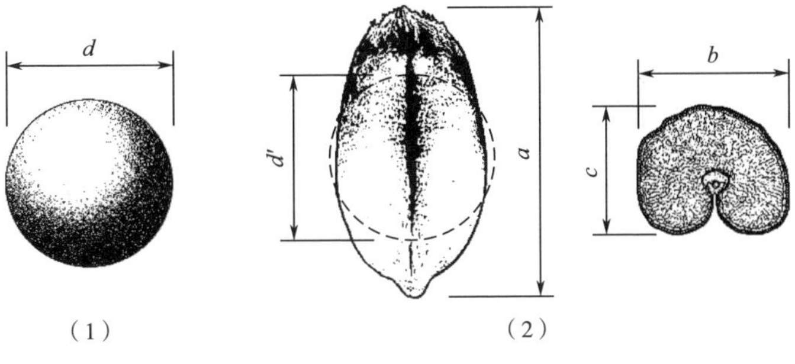

图 0-4　颗粒的粒径和三度尺寸

按照颗粒的粒径大小不同，散料可分成如表 0-2 所列的类别。

表 0-2 散状物料按粒径分类

粒径/mm	物料类别	粒径/mm	物料类别
>160	大块	0.5~10	粒状
60~160	中块	0.05~0.5	粉状
10~60	小块	<0.05	尘状

大多数的散料所含颗粒的大小是不一致的，比如原粮、磨碎的中间物料、最终的产品等。将不同粒径的颗粒进行分离有多种方法，粮油加工生产中一般采用筛分法，如图 0-5 所示，将一系列不同孔径的筛板（或筛网）按孔径从大到小的顺序自上而下排列，散料样品放到最上层筛板上，晃动筛子使较小的颗粒穿孔而下，即可得到一系列不同粒径范围的物料。

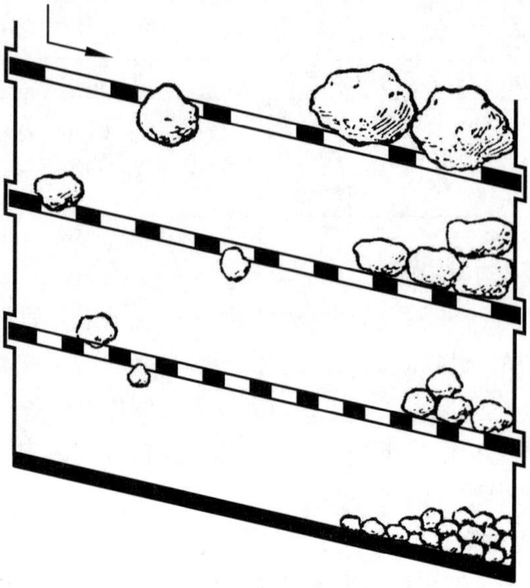

图 0-5　散料的筛分法

粒度分布是指不同粒径范围的颗粒在散料总量中所占的质量百分比。粒度分布可用不同的方法表示：①表格法，用表格的形式列出各个粒径范围及其对应的颗粒含量（质量百分比），见表 0-3；②图形法，在直角坐标系中用直方图或曲线表示各个粒径范围的颗粒含量（图 0-6），或者是用曲线表示某一粒径以下（或以上）的颗粒总含量（图 0-7），称为粒度累积曲线。

表 0-3　　某种散料的粒度分布表

粒径范围/mm	≤0.5	0.5~1.0	1.0~1.5	1.5~2.0	2.0~2.5	2.5~3.0	3.0~3.5	3.5~4.0	>4.0
颗粒含量/%	0	3	8	16	27	24	16	6	0

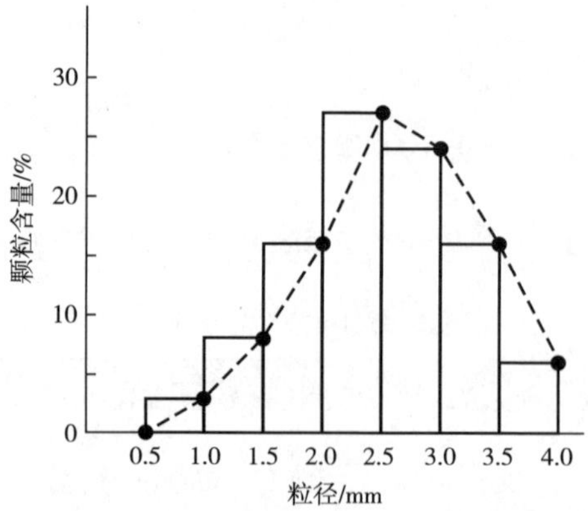

图 0-6　粒度分布直方图（实线）、曲线图（虚线）

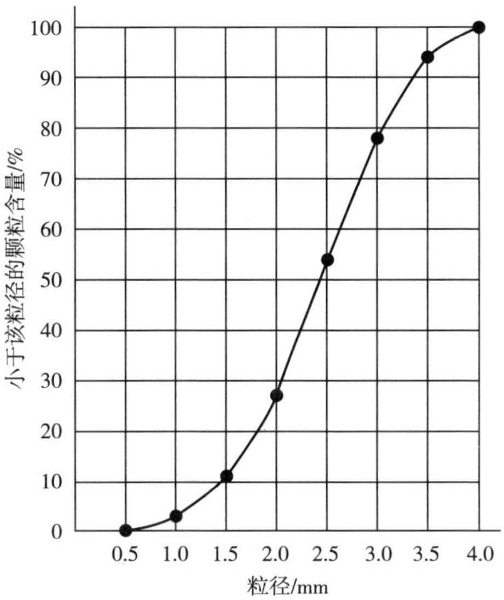

图 0-7 粒度累积曲线图

2. 水分

散料水分的变化会显著影响物料的流动性及其他物理性质，甚至会引起化学性质的变化。散料的水分除了颗粒内部自周围空气吸入的吸湿水外，在颗粒表面及颗粒之间还可能存在表面水。散料所含的收湿水和表面水的质量与散料总质量的百分比称为水分，即：

$$w = \frac{m_0}{m + m_0} \times 100\% \tag{0-1}$$

式中 w——散料的水分,%；

m_0——所含水的质量，kg；

m——干燥固体的质量，kg。

3. 容重

容重（堆积密度 γ_0）是指散料在自然堆积状态下，单位体积（包含颗粒间空隙体积）所具有的质量。散料按其容重的不同分为四级：

轻物料——容重<0.4t/m^3；

中物料——容重 0.4~1.2t/m^3；

重物料——容重 1.2~1.8t/m^3；

特重物料——容重>1.8t/m^3。

输送机械的类型应与物料的容重级别相适应，容重大于 1.6t/m^3 的物料应选用重型输送机械。

4. 外摩擦角

散料和与之接触的固体材料表面之间的摩擦角称外摩擦角（ρ_w），它反映了散料与该种固体表面的摩擦特性。外摩擦角的测定方法如图 0-8 所示，将方框或圆框形的剪切盒平放于固体平面上，盒内装入散料，散料上面加上一定的垂直压力，在静止状态下，对剪切盒施加水平力 F 并从小到大逐渐增大，直至盒内散料相对于固体平面发生滑移，记下 F 的大小。如果散料表面没有黏性，可直接用下式计算外摩擦因数 f_w。

$$f_w = F/(W_1 + W_2 + W_3) \tag{0-2}$$

式中：$(W_1 + W_2 + W_3)$ 为散料及所有加于其上的力。

则外摩擦角为：

$$\rho_w = \arctan f_w \tag{0-3}$$

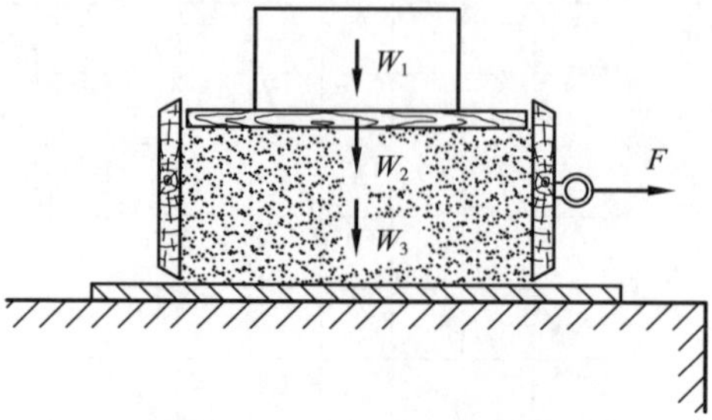

图 0-8　外摩擦角测量方法

当散料在平面上滑动时，所表现出的摩擦因数常小于静止状态的摩擦因数。粮食等散料的动摩擦因数一般为静摩擦因数的 0.8~0.95，少数也有例外。

5. 内摩擦角

物料内部料层之间的摩擦角称内摩擦角（ρ_n），它反映了物料内部的摩擦特性。内摩擦角可用直接剪切法测定，如图 0-9 所示，上、下叠放的两个剪切盒装满散料并施加一定的垂直压力，下部剪切盒固定在台面上，对上部剪切盒施加水平力 F，使散料产生剪切滑移，记下滑移时牵引力 F 的大小，按前述方法即可计算出内摩擦因数 f_n 和内摩擦角 ρ_n。

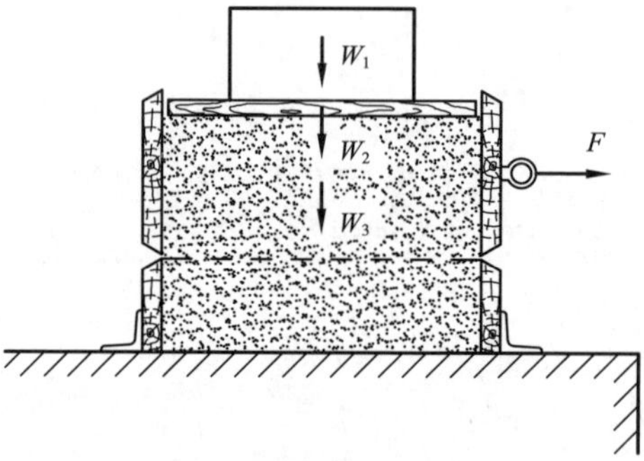

图 0-9　内摩擦角测量方法

6. 堆积角

使散料从上方均匀缓慢地落下，所形成的料堆表面与水平面之间的最大夹角称为堆积角（ρ_0）或自然坡角（图 0-10）。这个角度反映了散料的流动性。

表面没有黏性或黏性较小的物料，其堆积角与内摩擦角近似相等。

当物料受到振动时，堆积角将减小，振幅越大、振动时间越长，角度减小越明显。一般情况下动堆积角 ρ_d = （0.65~0.80）ρ_0，计算时常取 $\rho_d = 0.7\rho_0$。

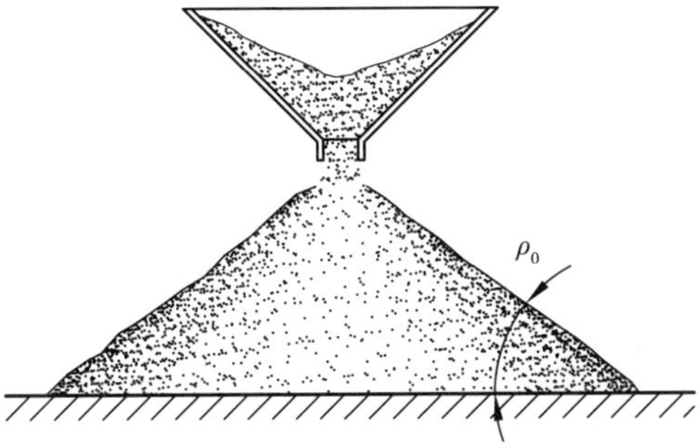

图 0-10 堆积角图示

7. 侧压力与侧压系数

如图 0-11 所示，对散料在竖直方向施加压力 q（q 指单位面积上的力，即压强），散料内部在不同方向会产生大小不同的压应力，水平方向的压应力对竖直壁形成的压力 p 称为散料的侧压力，侧压力 p 与竖直压力 q 的比值 λ 称为侧压系数。三者的关系为：

$$\lambda = p/q \quad 或 \quad p = \lambda q \tag{0-4}$$

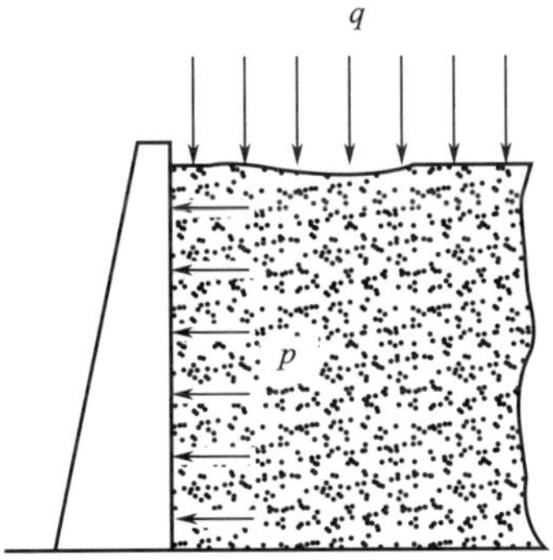

图 0-11 散料的侧压系数

散料在不同的状态下具有不同的侧压系数，三种典型状态如下。

(1) 如果散料受压时不发生侧向膨胀（容器为刚性），此时的侧压力称为静止侧压力。静止侧压系数为：

$$\lambda_0 = 1 - 0.74\tan\rho_n \tag{0-5}$$

式中 ρ_n——散料的内摩擦角。

(2) 当散料受压时发生侧向膨胀（容器侧壁受侧压力的作用向外侧移动），散料内部颗粒之间发生相对滑移，此时的侧压力最小，称为主动侧压力或散料推力。主动侧压系数为：

$$\lambda_a = \tan^2[45° - (\rho_n/2)] \tag{0-6}$$

(3) 当散料发生侧向压缩时（容器侧壁受外力的作用向内侧移动），散料内部颗粒之间产生反向的滑移，此时的侧压力最大，称为被动侧压力或散料抗力。被动侧压系数为：

$$\lambda_b = \tan^2[45° + (\rho_n/2)] \tag{0-7}$$

散料在贮存或输送过程中，其内部压力的状态往往很复杂，多数情况下并非上述的典型状态。因此，计算侧压力时要根据具体情况，参考有关的试验或经验数据选取侧压系数。

8. 磨琢性（也称磨磋性）

磨琢性是指散料对与之相接触的物体表面产生磨损的性能。散料的磨琢性取决于物料的硬度、表面状态、颗粒形状等因素。物料磨琢性的强弱直接影响机械的使用寿命。

9. 黏附性

粮油工业输送的粉状物料，如面粉、细米糠、湿粕等，常具有黏附性。物料的黏附性随其水分的增加而加大，易相互黏结成块或黏附于机械构件上影响设备的使用和卫生。

10. 流散性

流散性是散料的一个综合性指标，它表示了散料颗粒之间的流动性与分散能力。表面光滑、无黏性、形状接近球形的物料，其流散性好。

粮油工业中常见物料的特性列于表 0-4。

表 0-4　　常见粮油物料的特性

物料名称	粒度/mm	容重 r_0/（kg/m^3）	内摩擦角 ρ_n/（°）	外摩擦角 ρ_w/（°）			
				钢板	木材	橡胶	混凝土
大麦	11×4×3	600～700	27～35	20～25	32	33	31
小麦	7×4×3	700～810	23～33	18～22	29	30	32
稻谷	8×3.5×3	560～590	33～40	20～27	29	31	36
玉米	9×8×6	660～780	28～35	20～23	27	33	34
大豆	7×6×5	690～760	30～36	22～25	15～27	—	25
高粱	4.5×4×3	650～770	27～34	20	23	—	27
大米	7×3×2.5	780～800	30	23	28	—	30
小米	1.8×1.5×1.0	650～780	26	20	24	—	28
普通小麦粉	<0.3	430～550	50	33	35	37	37
精制小麦粉	<0.16	560～600	50	33	35	37	37
粗麸皮	—	150～240	38	25	27	28	37
细麸皮	—	250～340	38	25	27	28	37
米糠	—	320～420	38	25	27	28	37
燕麦	12×3×2.5	500～550	27～35	22～30	20～38	29	31
荞麦	6×4×3	550～600	31	20	27	—	29
粟	3.5×3.5×3	600～650	29	22	23	25	28
棉籽	8.8×5.2×4.5	400～600	—	37	—	—	—
花生仁	15×11×11	500～640	—	—	—	—	—
油菜籽	2.5×2.5×2	560～620	25	22.5	—	—	—
芝麻	3.5×2×1	600～700	28	—	—	—	—
豌豆	6×6×5.5	780～800	26	18	22	19	26

续表

物料名称	粒度/mm	容重 r_0/（kg/m³）	内摩擦角 ρ_n/（°）	外摩擦角 ρ_w/（°）			
				钢板	木材	橡胶	混凝土
荞子	3×3×2.5	630	—	12	—	—	—
稗子	3.5×2.5×2	320~420	—	—	30	—	—
小麦并肩石	4.3×2.5×2.3	1200	—	—	30	—	—

第一章 带式输送机

CHAPTER 1

第一节 概述

带式输送机是最典型的连续输送机械，具有输送能力大、输送距离远、能耗低等优点，广泛应用于交通物流、采矿冶金、石油化工、粮油加工、轻工食品等各个领域，既可以输送散状物料，也可以输送块状物料或成件物品。带式输送机主要用于水平方向或小角度倾斜输送，特殊型式的带式输送机也可以实现大角度倾斜甚至垂直向上输送。

一、带式输送机的一般结构和工作过程

图 1-1 所示是带式输送机的一般结构，主要由输送带、滚筒、支承装置、驱动装置、张紧装置、加料装置、卸料装置、机架等部件组成。

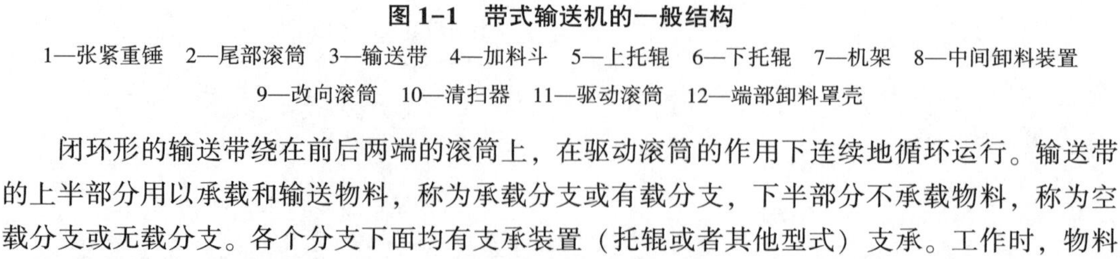

图 1-1 带式输送机的一般结构

1—张紧重锤 2—尾部滚筒 3—输送带 4—加料斗 5—上托辊 6—下托辊 7—机架 8—中间卸料装置 9—改向滚筒 10—清扫器 11—驱动滚筒 12—端部卸料罩壳

闭环形的输送带绕在前后两端的滚筒上，在驱动滚筒的作用下连续地循环运行。输送带的上半部分用以承载和输送物料，称为承载分支或有载分支，下半部分不承载物料，称为空载分支或无载分支。各个分支下面均有支承装置（托辊或者其他型式）支承。工作时，物料从加料处连续均匀地落到输送带上，随输送带一起向前移动，最后到达卸料处从输送带上卸下，实现物料连续输送的目的。根据使用的需要，物料可以在端部（头部）卸料，也可以设

置中间卸料装置从中途卸下。

二、带式输送机的特点

带式输送机的应用极为广泛，其优点在于：

（1）结构简单，自重轻，容易制造。

（2）输送路线布置灵活，适应性广，既可输送散料，也可输送块料、成件物品等。

（3）输送带运行速度高，输送能力大，输送距离长。

（4）动力消耗少（为刮板输送机的 1/5～1/3）。

（5）工作平稳，噪声小，输送过程中对物料损伤小。

（6）操作简单，安全可靠，保养检修方便，维修管理费用低。

带式输送机的缺点是：不能自动取料；在中间卸料时必须加装卸料装置；敞开的带式输送机在输送含尘物料时容易扬起粉尘，尤其是在加料点和卸料点。

三、带式输送机的应用

带式输送机具有高效、低耗、易用等方面的显著特点，应用十分普遍。从车站、码头到生产车间，从矿山、矿井到大规模的移山填海造田工地，几乎所有连续搬运物料的场所都能见到带式输送机的影子。带式输送机可以输送容重在 2.5t/m^3 以下的散状物料或单件重量在 100kg 以下的成件物品，特殊结构的带式输送机甚至可以输送集装箱或运载人员。

根据使用要求，带式输送机可以有多种布置形式（图 1-2）。随着技术的不断进步，带式输送机的运行速度、输送距离和输送能力都在不断提高。如今输送带的最高运行速度已达到 6.5m/s，个别的甚至高达 8m/s；输送能力达每小时数千吨。德国莱茵露天煤矿的一条大型带式输送机，带宽 3m、带速 6m/s，最高生产率达到 37500t/h。输送机单机长度一般不超过 5000m，而长距离的带式输送机可以达到 19km 的长度。如用多条输送机搭接，则可组成数十千米乃至数百千米的输送线，国内外这样的例子很多。用长距离的带式输送机代替汽车或火车连续地运送货物，其综合运营成本要节省很多。

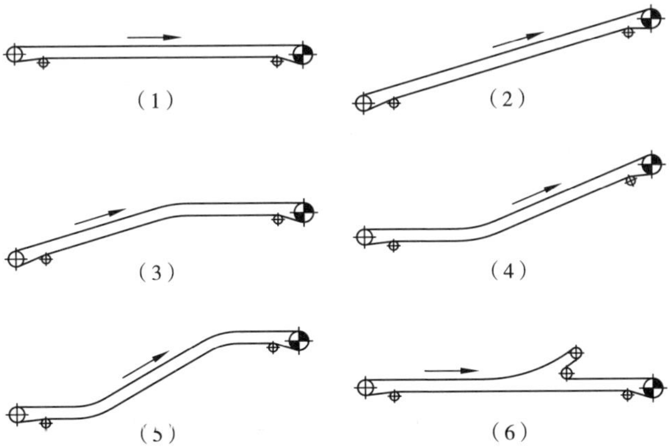

图 1-2　带式输送机常见的布置形式

（1）水平输送机　（2）倾斜输送机　（3）带凸弧段的输送机　（4）带凹弧段的输送机

（5）带凸弧凹弧段的输送机　（6）带卸料小车的输送机

在我国粮食工业中，带式输送机对于实现连续化、自动化生产起着极其重要的作用。带式输送机不仅可以用于粮食仓库或粮食加工厂内部物料输送，实现机械化或自动化卸车、入仓、出仓、装车等作业，而且可以用于码头与粮库之间、粮库与加工厂之间中长距离的输送。经过改造的带式输送机还可作为粮食入仓的自动堆料机、抛料机、平仓机等。目前国内用于粮食输送的带式输送机最大带宽 1.6m，带速 3.5m/s，生产率 2000t/h，主要用在大型的港口中转库。

四、带式输送机的分类

带式输送机种类很多，按结构特征可将其分类如下。

（1）普通型带式输送机　这类输送机主要包括：

①通用带式输送机（如 TD75 型、DTⅡ型、DTⅡa 型等）。

②轻型带式输送机（如 QD80 型）。

③气垫带式输送机。

④移动带式输送机。

⑤钢丝绳芯带式输送机。

（2）特种带式输送机　这类输送机主要包括：

①“U”形带式输送机。

②管状带式输送机。

③吊挂管状带式输送机。

④波形挡边带式输送机。

⑤压带式输送机。

⑥钢丝绳牵引带式输送机。

⑦钢带输送机、网带输送机等。

普通型带式输送机是指使用橡胶输送带、钢丝绳橡胶输送带、塑料带等，并用托辊或气垫（空气膜）支承，输送带承载分支横断面形状为槽形或平形的一类输送机。这类输送机结构简单，应用广泛，能够在水平或倾斜角度不大的情况下输送散状物料或成件物品，可满足大多数工作场合的使用要求。而特种的带式输送机则是为了满足特殊的使用要求，如水平转向、密闭、高温，或大倾角输送。目前尚在研究中的磁悬浮带式输送机、液垫带式输送机则是为了进一步降低输送带运行阻力。

本章内容重点介绍普通型带式输送机，对其他型式的带式输送机只作简单介绍。

在粮油工业中，普通型带式输送机的型号采用如下方式表示：

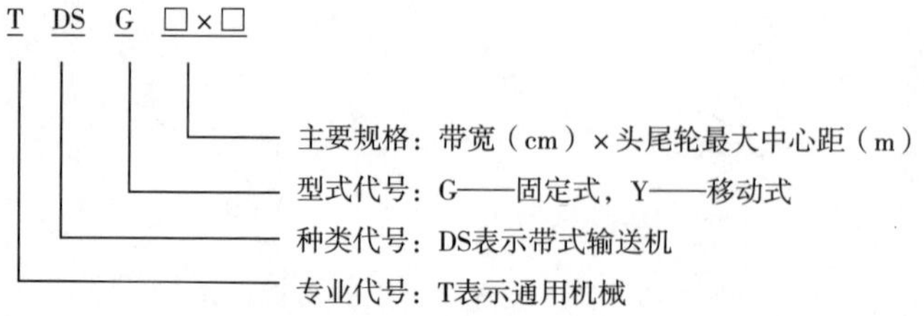

第二节　带式输送机主要构件

一、输送带

在带式输送机中，输送带既是承载构件，又是牵引构件。对输送带的要求如下：满足输送量的要求、强度高、挠性好、成槽性好、伸长率小、耐磨耐用。

输送带的种类很多，这里仅介绍橡胶输送带、塑料输送带、钢丝绳芯输送带及花纹橡胶输送带。

（一）橡胶输送带

1. 橡胶输送带的结构、类型与规格

橡胶输送带应用最广泛，其典型结构如图 1-3 所示。中间部分是由数层帆布通过橡胶（芯胶）硫化黏结而成的带芯，外部是黏结于带芯表面的橡胶覆盖层。带芯是输送带的主体，承受输送带的纵向拉力及物料的冲击力；覆盖层用于保护带芯，防止带芯受潮、磨损或损伤，并能增加输送带与物料、驱动滚筒间的摩擦因数。帆布的材质有棉、锦纶（聚酰胺纤维或称尼龙）、涤纶（聚酯纤维）、维纶（聚乙烯醇纤维）等种类。

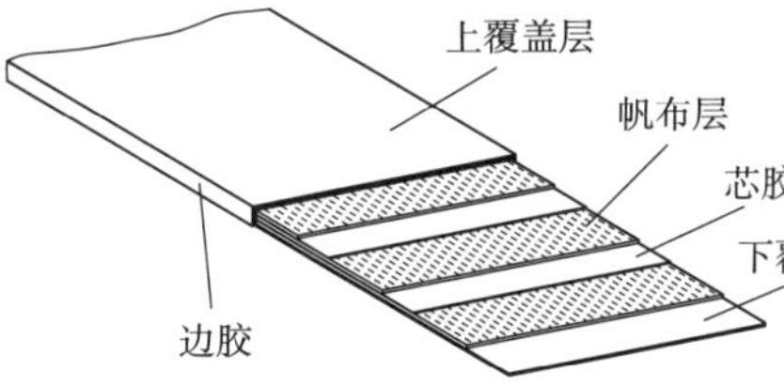

图 1-3　橡胶输送带的结构

橡胶输送带按照抗拉强度大小，可分为普通型、强力型和薄型三类。普通型的带芯采用的是棉帆布，因其强度低、带体厚度大，现在已很少使用；强力型的带芯采用的是高强度尼龙或聚酯帆布，抗拉能力强，适用于容重大的物料或较长距离的输送；薄型的带芯层数少、带体薄（一般不超过 10mm），适用于容重小、磨琢性小的物料如谷物、木屑等的输送。

根据使用环境的特殊要求，橡胶输送带可以制成耐油型、耐酸碱型、耐寒型、耐热型、阻燃型、防静电型等。普通橡胶带适合的工作环境温度一般为 -15～40℃，物料温度不超过 80℃，而耐热型可承受不超过 200℃ 的物料温度。在粮油加工、储运系统，为满足粉尘防爆的要求，应使用阻燃抗静电输送带。

我国生产的橡胶输送带宽度规格有：300mm、400mm、500mm、650mm、800mm、1000mm、1200mm、1400mm、1600mm、1800mm、2000mm、2200mm、2400mm 等，特殊的规格也可以定制。带芯层数及覆盖层厚度根据输送带的使用要求而定。常用橡胶输送带的技术参数见表 1-1，部分薄型橡胶带技术参数见表 1-2。

表 1-1　　多层帆布芯橡胶输送带技术参数（参考值）

<table>
<tr><th rowspan="2">帆布材料</th><th rowspan="2">帆布代号</th><th rowspan="2">单层拉伸强度/[N/(mm·层)]</th><th rowspan="2">每层厚度/mm</th><th rowspan="2">伸长率（定负荷）/%</th><th rowspan="2">带宽范围/mm</th><th rowspan="2">层数范围</th><th colspan="2">覆盖胶厚度/mm</th></tr>
<tr><th>上</th><th>下</th></tr>
<tr><td>棉帆布</td><td>CC-56</td><td>56</td><td>1.5</td><td>1.5~2</td><td>400~2400</td><td>3~12</td><td rowspan="10">1.5
3.0
4.5
6.0
8.0</td><td rowspan="10">1.5
3.0</td></tr>
<tr><td rowspan="9">尼龙帆布</td><td>NN-100</td><td>100</td><td>0.7</td><td rowspan="9">1.5~2</td><td rowspan="9">400~2400</td><td rowspan="9">2~10</td></tr>
<tr><td>NN-125</td><td>125</td><td>0.73</td></tr>
<tr><td>NN-150</td><td>150</td><td>0.75</td></tr>
<tr><td>NN-200</td><td>200</td><td>0.9</td></tr>
<tr><td>NN-250</td><td>250</td><td>1.15</td></tr>
<tr><td>NN-300</td><td>300</td><td>1.25</td></tr>
<tr><td>NN-400</td><td>400</td><td>1.55</td></tr>
<tr><td>NN-500</td><td>500</td><td>1.75</td></tr>
<tr><td>NN-600</td><td>600</td><td>1.9</td></tr>
<tr><td rowspan="10">聚酯尼龙交织帆布</td><td>EP-100</td><td>100</td><td>0.75</td><td rowspan="10">1~1.5</td><td rowspan="10">400~2400</td><td rowspan="10">2~8</td><td rowspan="10">3.0
4.5
6.0
8.0</td><td rowspan="10">1.5
3.0</td></tr>
<tr><td>EP-125</td><td>125</td><td>0.8</td></tr>
<tr><td>EP-160</td><td>160</td><td>0.85</td></tr>
<tr><td>EP-200</td><td>200</td><td>1.1</td></tr>
<tr><td>EP-250</td><td>250</td><td>1.2</td></tr>
<tr><td>EP-300</td><td>300</td><td>1.35</td></tr>
<tr><td>EP-350</td><td>350</td><td>1.5</td></tr>
<tr><td>EP-400</td><td>400</td><td>1.65</td></tr>
<tr><td>EP-500</td><td>500</td><td>1.85</td></tr>
<tr><td>EP-600</td><td>600</td><td>2.05</td></tr>
</table>

表 1-2　　部分薄型橡胶带技术参数

<table>
<tr><th rowspan="2">帆布材料</th><th rowspan="2">帆布代号</th><th rowspan="2">单层拉伸强度/[N/(mm·层)]</th><th rowspan="2">每层厚度/mm</th><th rowspan="2">带宽范围/mm</th><th rowspan="2">层数范围</th><th colspan="2">覆盖胶厚度/mm</th></tr>
<tr><th>上</th><th>下</th></tr>
<tr><td>维涤帆布</td><td>VP-30</td><td>30</td><td>1</td><td rowspan="3">300~2000</td><td rowspan="3">1~4</td><td>0.5~2.0
或光面</td><td rowspan="3">0.5~1.0
或光面</td></tr>
<tr><td rowspan="2">涤纶帆布</td><td>PP-90</td><td>90</td><td>1</td><td rowspan="2">0.5~3.0
或光面</td></tr>
<tr><td>PP-150</td><td>150</td><td>1</td></tr>
</table>

续表

帆布材料	帆布代号	单层拉伸强度/[N/(mm·层)]	每层厚度/mm	带宽范围/mm	层数范围	覆盖胶厚度/mm	
						上	下
棉帆布	CC-18	18	0.5				
	CC-25	25	0.65				
	CC-35	35	0.85				
	CC-56	56	1.2		2~4	1.5、3.0	1.5
维纶帆布	VV-36	36	0.4	300~1200			
	VV-50	50	0.5				
	VV-70	70	0.6				
	VV-112	112	0.85			3.0	1.5、3.0
维纶整芯	VV-120	120	2		1	3.0	1.5、3.0
	VV-240	240	3				

QD80 轻型带式输送机是专门为输送较轻物料（容重≤1.0t/m^3）而设计的机型，适合于粮油食品工业输送散料或粮包使用，该机型用的是薄型橡胶输送带。

2. 橡胶输送带的接头方法

输送带必须接成闭合的环形才能工作。接头的质量很重要，直接影响输送带的整体抗拉能力和工作稳定性。对接头的要求是：强度高、平直度好、尽可能减少对输送带挠性和成槽性的影响。常用的接头方法有机械连接、热硫化黏合连接、冷胶黏合连接三类。

(1) 机械连接　机械连接有多种方式，通常采用的是金属皮带扣连接，如图 1-4 所示。图中的狼牙扣由于是刚性整体，输送带在接头处无法成槽，所以这种皮带扣多用于平皮带的连接。

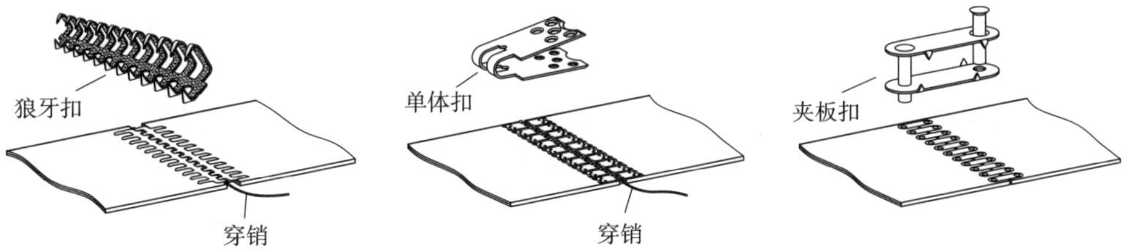

(1)　　(2)　　(3)

图 1-4　输送带机械连接方法

(1) 狼牙扣连接　(2) 单体扣连接　(3) 夹板扣连接

各种类型的皮带扣均有不同的规格，可根据输送带厚度选择。接头操作时要保证胶带端面与胶带纵向严格成直角，以免胶带运行时跑偏，甚至撕裂。

机械连接法操作简便、时间短、费用低，但接头强度低（仅为带体强度的 35%~40%），接头表面不平，易被刮板清扫器卡阻，运行时易产生冲击和噪声。而且接头处带芯暴露易受物料和环境影响，物料细粒可能从接缝中漏出。

（2）热硫化黏合连接　这种方法习惯上简称硫化法，操作过程是：先将输送带两个端头的帆布层逐层剖切成阶梯状，如图 1-5（1）所示，并将布层表面残胶清理干净，然后涂上胶浆、再铺上芯胶片，最后将两个端头对齐搭在一起，用工具压紧（压力 0.9~2.0MPa）并进行加热。加热温度控制在 135~145℃并保持 25~40min，使接头的橡胶发生硫化反应，获得最佳的黏接强度。图中v表示运行方向，后文同。

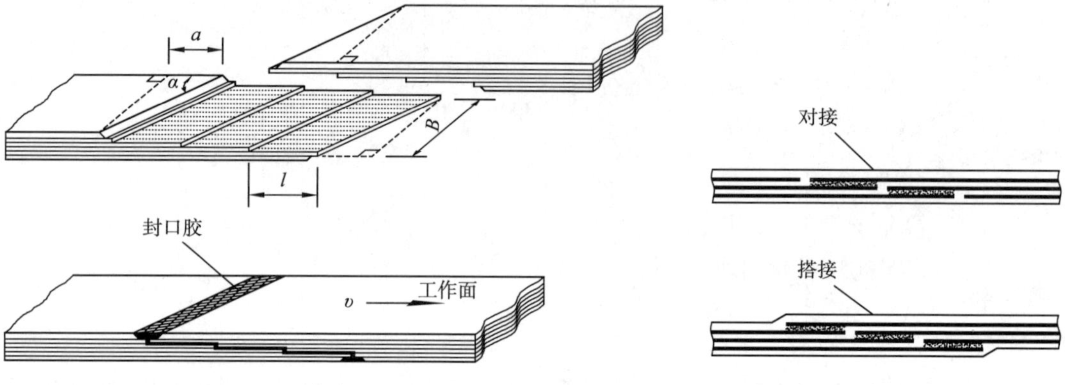

（1）　　　　（2）

图 1-5　热硫化黏合接头示意图

（1）示意图　（2）叠搭方式

阶梯的横向切线有斜线、垂直线和人字线等，经常采用的是斜线，斜线的角度 α 可取 45°~75°，或者取直边 $a=$（1/3~1/2）B。每层阶梯长度通常取 $l=100\sim300$mm。阶梯方向要与输送带的运行方向适应［图 1-5（1）］，以免输送带的工作面在运行过程中“戗茬”。

如图 1-5（2）所示，阶梯状端头的叠搭方式有两种：对接和搭接。对接方式可以保持接头平整，但接头处损失了一层帆布的拉力，而搭接方式则相反。所以，芯层只有 2~3 层帆布时要用搭接，4 层以上帆布时可以用对接。

热硫化黏合接头是最理想的接头方式，其优点是强度高（可达带体的 85%~90%），牢固耐用，接头处平整光滑，运行平稳、无冲击，挠性、成槽性好，生产中应优先采用。但这种接头方法操作复杂、耗时长、费用较高，而且需要专门的接头工具。

（3）冷胶黏合连接　当现场不具备热硫化条件时，可以采用简单易行的冷胶黏合法。方法与热硫化法相似，先将输送带两端切割成斜阶梯形，然后涂上专用的黏合剂（输送带厂家提供或市售），将两端头对正搭叠，再用胶锤或木锤从中间部位向四周连续捶打，赶出结合面之间的空气，最后用钢板压紧压实、固化即可。常温下固化时间一般为 5~7h。

冷胶黏合的接头强度能达到带体本身的 60%~70%，同时具备接头平整、挠性及成槽性好、运行平稳等优点。但要严格把握操作方法和条件，方能获得良好的接头效果。

3. 橡胶输送带强度计算

输送带的抗拉强度取决于带体宽度、带芯帆布层数及帆布织物材料。选择输送带时，其抗拉强度 S_{max} 应满足式（1-1）：

$$S_{max} \leqslant \frac{B \cdot i \cdot \sigma}{m} \tag{1-1}$$

式中　S_{max}——输送带工作时所承受的最大张力，N；

B——输送带宽度，mm；

i——带芯帆布层数，层；

σ——单层帆布拉伸强度，N/（mm·层），也称扯断强度，见表1-1、表1-2；

m——安全系数，见表1-3。

表1-3　　输送带安全系数

输送带	种类	橡胶输送带			塑料输送带	钢丝绳芯输送带
	芯层层数	3~4	5~8	9~12	—	—
接头形式	硫化接头	8	9	10	9	≥10
	机械接头	10	11	12	12~14	—

在出厂输送带的各项指标中，则标明了输送带的全厚度纵向拉伸强度，简称拉伸强度或拉断强度，意义是指输送带被扯断时整个受力层单位宽度所能承受的最大力，单位为N/mm，相当于式（1-1）中的$i \cdot \sigma$。

4. 橡胶输送带的厚度与单位长度质量

输送带的厚度与单位长度质量可依据生产厂家提供的数据计算。如无准确数据，可按下面的公式近似计算。

输送带厚度δ（mm）：　$\delta = 1.1i + \delta_1 + \delta_2$　（1-2）

输送带单位长度质量q_0（kg/m）：　$q_0 = 1.2B(1.1i + \delta_1 + \delta_2)$　（1-3）

式中　i——带芯帆布层数，层；

δ_1、δ_2——分别为输送带上、下覆盖层厚度，mm；

B——输送带宽度，m。

5. 橡胶输送带的计量及标记

橡胶输送带的计量是以芯层与覆盖层展开后的总面积（m^2）计，算法为：

$$总面积 = B \cdot L_0\left(i + \frac{\delta_1 + \delta_2}{1.5}\right) \tag{1-4}$$

式中　B——输送带宽度，m；

L_0——输送带长度，m。

按照GB/T 7984—2013《普通用途织物芯输送带》规定，橡胶输送带产品规格采用统一的标记方法。

例：输送带长400m，宽1200mm，纵向织物材质为涤纶（E），横向织物材质为锦纶（P），全厚度最小拉伸强度为1000N/mm，具有5层带芯织物，上覆盖层厚度为4mm，下覆盖层厚度为2mm，覆盖层级别为H类。订货标记为：

GB/T	长度/m	宽度/mm	织物材料		最小拉伸强度/（N/mm）	层数	覆盖层厚度/mm		覆盖层等级
			经线	纬线			上	下	
7984	400	1200	E	P	1000	5	4	2	H

（二）塑料输送带

塑料输送带是用化纤织物为带芯、塑料为覆盖层的一类输送带。覆盖层常用的材料有聚氯乙烯（PVC）、聚氨酯（PU）等，或者 PVC 外覆橡胶层（PVG）。带芯结构有多层芯和整体芯两种。多层芯的结构与橡胶带类似，整体芯是采用锦纶或涤棉纱线编织的多层经纬线交织为一体的独立带芯，具有柔性好、抗冲击能力强、不脱层、经向伸长率小等优点。整体芯塑料输送带的结构如图 1-6 所示。

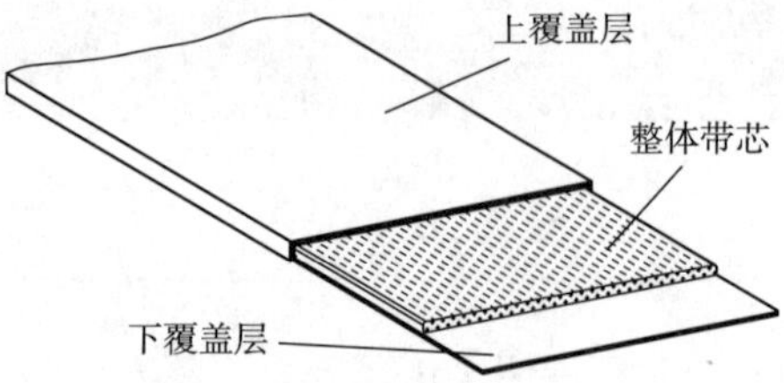

图 1-6　整体芯塑料输送带的结构

根据带体的抗拉强度，塑料输送带可分为普通型和轻型两类。普通型大多采用整体带芯，抗拉强度高，用于建筑、矿产、化工等行业输送容重较大的物料，目前煤矿使用的 PVC 和 PVG 整体芯阻燃输送带即属于此类。轻型采用单层、多层或整体带芯，带体较薄，用于纺织、食品、医药、电子等行业输送较轻的物料。轻型塑料输送带有很多种类，如耐寒输送带、耐热输送带、防静电输送带、无毒无味的食品输送带等。其工作面除了常见的光面，也可以根据需要做成各种形状的花纹（具有一定高度的凸棱或凹槽）。宽度可按需切割。

塑料输送带的优点是具有较高的耐磨性和抗拉强度；层间附着力大，不易分层剥离，使用过程“剥皮露底”现象比橡胶带少得多；耐油、酸、碱等。塑料输送带的缺点是对气候变化的适应性较差，夏天变软伸长，冬天变硬收缩、耐热性差，在日晒和高温中易老化，输送倾角大时物料易打滑。

部分塑料输送带规格及技术参数如表 1-4 所示。

表 1-4　　部分塑料输送带规格及技术参数

PVC 整体芯塑料输送带					PVG 整体芯塑料输送带				
规格型号	拉伸强度/(N/mm)	带厚/mm	上覆盖层厚度/mm	下覆盖层厚度/mm	规格型号	拉抻强度/(N/mm)	带厚/mm	上覆盖层厚度/mm	下覆盖层厚度/mm
680	750	10	1.6	1.6	680	750	10	1.5	1.5
800	860	10.2	1.6	1.6	800	860	10.2	1.5	1.5
1000	1080	10.7	1.6	1.6	1000	1080	20.7	1.6	1.6
1250	1325	12	1.6	1.6	1250	1325	12	1.6	1.6
1400	1500	13.4	2.1	2.1	1400	1500	13.4	2.1	2.1
1600	1680	14	2.1	2.1	1600	1680	14	2.1	2.1
1800	1900	14.8	2.1	2.1	1800	1900	14.8	2.1	2.1

续表

PVC 整体芯塑料输送带					PVG 整体芯塑料输送带				
规格型号	拉伸强度/(N/mm)	带厚/mm	上覆盖层厚度/mm	下覆盖层厚度/mm	规格型号	拉抻强度/(N/mm)	带厚/mm	上覆盖层厚度/mm	下覆盖层厚度/mm
2000	2150	16.5	2.1	2.1	2000	2150	16.5	3.1	2.1
680S(阻燃)	750	8.5	0.8	0.8	2500	2700	22	6.1	3.1
800S(阻燃)	860	8.7	0.8	0.8	3150	3300	23.5	6.1	3.1
1000S(阻燃)	1080	9.3	0.8	0.8					
1230S(阻燃)	1325	10.5	0.8	0.8					
1400S(阻燃)	1500	11	0.8	0.8					

注：带宽规格：650mm、800mm、1000mm、1200mm、1600mm、1800mm、2000mm、2200mm、2400mm。

多层芯塑料输送带的接头方法与前述橡胶输送带接头方法相似，而整体的接头方法有机械连接、搭接、齿形（也称指形）连接三种。

机械连接也称皮带扣连接，由于整体芯塑料输送带黏合接头难度较大，所以对于强度级别要求不太高的整体芯塑料输送带多用机械连接法。

搭接是将输送带的两个端头剥去覆盖层后搭在一起，并在中间夹入聚氯乙烯塑料片，然后加压并加热至170℃左右使塑料片塑化而黏合。这种方法的连接强度较高，但接头处不平整，且厚度增加、挠性变差。

齿形（也称指形）连接法是整体芯塑料输送带最为理想的接头方法，其优点是接头强度高（可达带体强度的90%或更高）、经久耐用，接头平整、运行平稳、挠性及成槽性好。齿形连接法的缺点是操作复杂，需要专业的人员和专门的设备，费用较高。对于不同种类的塑料带，齿形接法的具体过程不尽相同，但基本方式是一致的，如下：将输送带两个端头切成如图1-7所示的齿形，端面涂胶，然后将两端的齿形插接在一起，用专用工具上下夹紧并加热硫化（或塑化），使交错的齿形牢固黏结。这种方法在轻型塑料输送带上应用非常普遍。

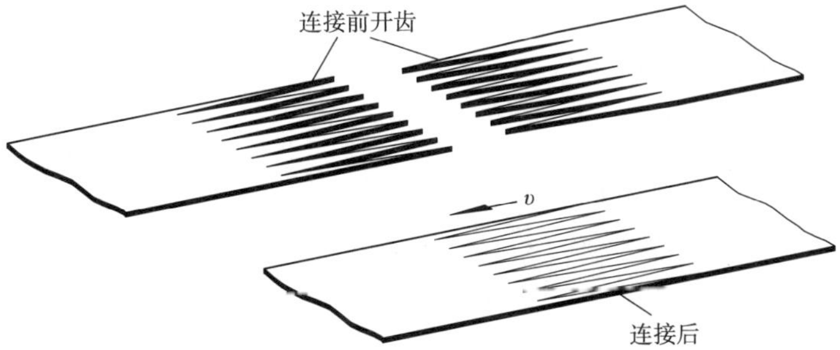

图1-7　塑料输送带齿形接头示意图

使用塑料输送带时，周围环境或物料温度的适宜值为-5~60℃，应避免尖利物器的碰撞，注意与火距离在 1m 以上。塑料带的运行速度不宜过大，一般以 2~2.5m/s 为宜。其驱动滚筒的直径，原则上与等强度的橡胶输送带相同。

（三）钢丝绳芯输送带

钢丝绳芯输送带是用一排钢丝绳作为带芯，钢丝绳之间用高黏接强度的芯胶充填联接，并在上、下表面及两侧覆以覆盖胶和边胶，如图 1-8 所示。钢丝绳用优质碳素钢钢丝（直径 0.2~0.9mm）捻制，常用结构有 6×7+IWS（6 股 7 丝+钢丝股芯）、6×19+IWS 或 6×19W+IWS（瓦林吞式）三类，钢丝要镀铜或镀锌，以保证其与芯胶之间有较大的黏接力，同时该镀层能在输送带覆盖胶损坏、钢丝绳露出时起防锈保护作用。钢丝绳有左捻和右捻之分，在排列时将左捻和右捻交替排列，避免输送带在承受拉力时出现扭曲现象。

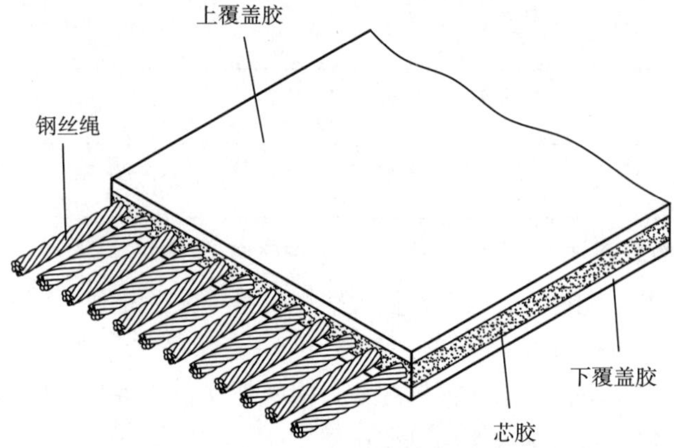

图 1-8 钢丝绳芯输送带结构示意图

钢丝绳芯输送带的主要优点是抗拉强度高（比同规格的织物橡胶带大 10~15 倍），伸长率很小（0.1%~0.5%），成槽性好，耐疲劳和抗冲击性能好，与同样强度的织物橡胶带比可采用较小直径的滚筒，接头寿命长。其缺点主要是横向强度低、价格较高。

钢丝绳芯输送带主要用于单机长度大、生产率高的带式输送机。当织物输送带抗拉强度不能满足要求或拉紧行程小、不能满足织物带张紧需求的时候，可选择钢丝绳芯输送带。

我国生产的钢丝绳芯输送带主要规格及参数见表 1-5。带宽系列为：500mm、650mm、800mm、1000mm、1200mm，直至 3200mm，各种带宽均可按照不同的强度要求进行制造，但较小的带宽厚度过大会影响成槽性，故只生产中低强度的型号。

表 1-5 钢丝绳芯输送带主要技术参数（摘选）

输送带型号(ST-)	最小拉伸强度/(N/mm)	钢丝绳最大直径/mm	钢丝绳最小拉断力/kN	钢丝绳间距/mm	覆盖层最小厚度/mm	带宽/mm								
						500	650	800	1000	1200	1400	1600	1800	2000
						钢丝绳根数								
500	500	3	7.6	14	4	33	44	54	68	83	96	111	125	139
630	630	3	7	10	4	45	60	75	95	113	133	151	171	191
800	800	3.5	8.9	10	4	45	60	75	95	113	133	151	171	191

续表

输送带型号(ST-)	最小拉伸强度/(N/mm)	钢丝绳最大直径/mm	钢丝绳最小拉断力/kN	钢丝绳间距/mm	覆盖层最小厚度/mm	带宽/mm								
						500	650	800	1000	1200	1400	1600	1800	2000
						钢丝绳根数								
1000	1000	4	12.9	12	4	39	51	63	79	94	111	126	143	159
1250	1250	4.5	16.1	12	4	39	51	63	79	94	111	126	143	159
1400	1400	5	20.6	14	4	34	45	55	68	82	97	111	125	139
1600	1600	5	20.6	12	4	39	51	63	79	94	111	126	143	159
1800	1800	5.6	25.5	13.5	4	—	46	57	71	85	100	114	129	144
2000	2000	6	25.6	12	4	—	52	63	79	94	111	126	143	159
2250	2250	5.6	26.2	11.0	4	—	56	69	86	104	122	140	159	177
2500	2500	7.2	40	15	5	—	41	50	64	76	89	101	114	128
2800	2800	7.2	39.6	13.5	5	—	46	57	71	85	99	114	128	143
3150	3150	8.1	50.5	15	5.5	—	41	50	64	76	89	101	114	128
3500	3500	8.6	56	15	6	—	41	50	64	77	90	104	117	130
4000	4000	8.9	63.5	15	6.5	—	41	51	64	77	90	104	117	130
4500	4500	9.7	76.3	16	7	—	39	48	59	71	84	96	109	121
5000	5000	10.9	91	17	7.5	—	36	45	55	66	78	90	102	113

钢丝绳芯输送带的接头方法只有热硫化接法，接头方式如图 1-9 所示。操作过程是：将带子端头按规定的长度剥去橡胶并清理干净，将两端的钢丝绳交错排在一起，然后在上、下两面贴上芯胶、覆盖胶，用专用设备加压、加热硫化，使芯胶紧密包裹、黏接钢丝绳，钢丝绳之间通过橡胶的黏接力传递拉力。注意事项：①接头处的切口宜斜切，以减少皮带挠曲时的应力集中。②接头处的钢丝绳按错位搭接（一阶、二阶或多阶），绳与绳之间要有足够的间距容纳橡胶。③接头的长度必须保证钢丝绳拉力通过其周围包裹的橡胶传递给输送带另一端的钢丝绳。此种接头方法的接头强度可达带芯本身强度的 85%～90%。

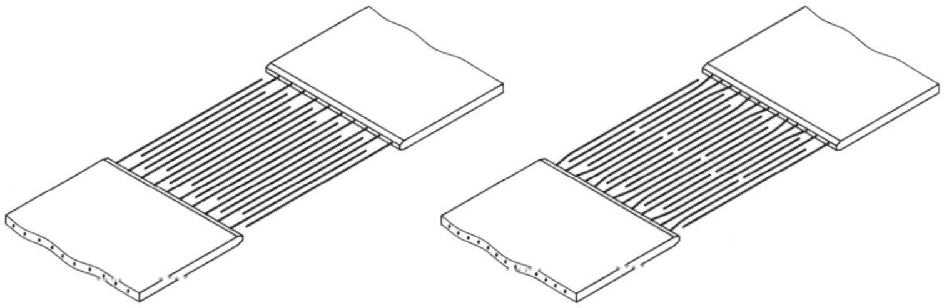

（1）　　　　（2）

图 1-9　钢丝绳芯输送带的接头方法

（1）一阶搭接　（2）二阶搭接

（四）花纹橡胶输送带

花纹橡胶输送带的基本结构与普通橡胶带相同，不同之处是带子的工作面具有各种形状的橡胶凸块或者凹槽，称为“花纹”，如图 1-10 所示。花纹带可有效提高输送带对物料的摩擦力，提高输送机的输送倾斜角。花纹的形状多种多样，如横条形、“人”字形、鱼骨形、“八”字形，及各种形状的颗粒等；花纹可以是高出带面的凸块，也可以是陷入带面的凹槽；凸块的高度有低、中、高之分，范围为 5~30mm。使用花纹橡胶输送带能够使输送机倾角提高 5°~10°。输送带运行速度不宜超过 2.5m/s。

带有横隔板的波形挡边输送带将在本章第六节部分介绍。

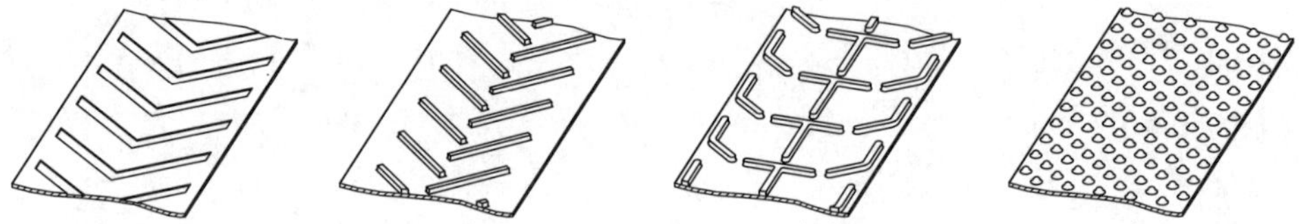

（1）　　（2）　　（3）　　（4）

图 1-10　花纹橡胶输送带

（1）凹槽“人”字形花纹　（2）凸起“八”字形花纹　（3）鱼骨“U”形花纹　（4）凸点式花纹

二、支承装置

带式输送机支承装置的作用是：支承输送带及带上物料重量，减小输送带下垂度，保持输送带承载分支适宜的工作截面形状。对支承装置的要求是运动阻力小，工作可靠，经久耐用，构造简单，重量轻，维修方便。

支承装置的主要类型有：

（1）滚柱式托辊支承（简称托辊）　该类支承装置运动阻力系数小，拆装、更换方便，但转动件多，要用大量轴承。

（2）实体支承　用薄钢板、木板、竹片或玻璃等承托输送带，这种支承方式构造最简单，无转动件，物料在输送中运行平稳、无振动、无冲击，但运动阻力系数大，输送带磨损严重，常用于重量不大的成件物品的输送。

（3）气垫支承　在输送带与承托输送带的弧形“盘槽”之间鼓入空气，利用空气薄层支承输送带。这种支承方式结构简单，运动阻力系数小，物料运行平稳。

这里仅介绍托辊支承。

（一）托辊的构造和各种组合形式

托辊为一个可绕心轴转动的圆柱体，其构造与安装方式如图 1-11（1）所示。托辊的辊体可以用无缝钢管或硬质塑料管制作，用滚动轴承与轴装配，轴承座有铸铁件和冲压件两种。为防止灰尘进入轴承，保证转动灵活，轴承外侧要加密封装置。托辊轴的两端铣成扁平状，安装固定托辊时只需将其卡在托辊支腿的卡槽里即可，方便快捷。

托辊在输送机上的安装方式如图 1-11（2）所示，通过托辊支腿将其固定在机架上。上托辊支承输送带的承载分支，下托辊支承空载分支。输送散料时，上托辊要用两个以上的托辊组合成槽形（或者用单辊制成槽形），使输送带的横断面成为凹槽状，以提高带上物料的装载量。

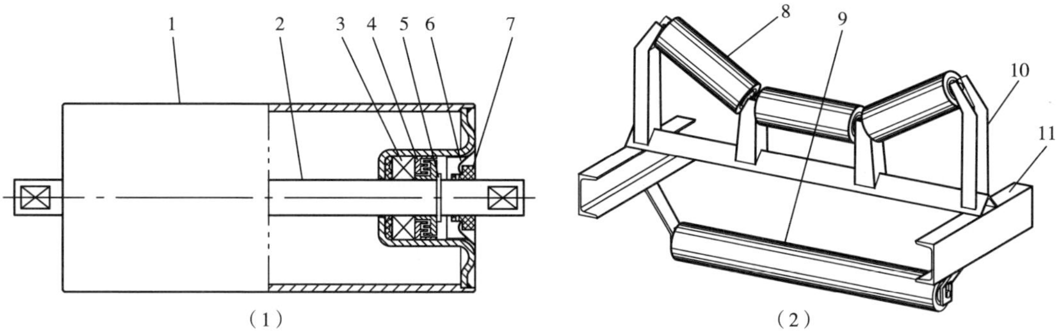

图 1-11　托辊的构造与安装方式

（1）托辊的构造　（2）托辊的安装方式

1—辊体　2—轴　3—轴承　4—迷宫型密封圈　5—弹簧卡圈　6—防尘盖　7—橡胶密封圈

8—上托辊　9—下托辊　10—托辊支腿　11—机架

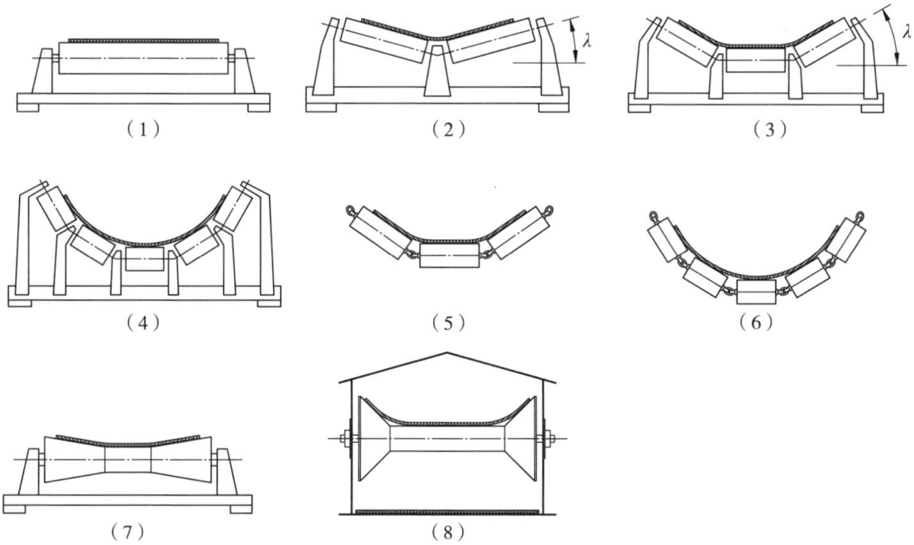

图 1-12　托辊的组合形式

（1）平直单托辊　（2）“V”形托辊组　（3）三节槽形托辊组　（4）五节槽形托辊组　（5）三节吊挂式托辊组

（6）五节吊挂式托辊组　（7）亚腰形单托辊　（8）线轴形单托辊

托辊的组合形式有多种，如图 1-12 所示。各种组合形式的用途和特点分述如下：

（1）平直单托辊　如图 1-12（1）所示，适用于支承平形输送带，主要用在输送机的空载分支，也可用于输送成件物品的承载分支。

（2）“V”形托辊组　如图 1-12（2）所示，是较简易的组合型式，用于支承输送机承载分支。其结构简单，托辊用量少，但输送带中央横向弯曲较大，易引起弯折损伤。这种组合形式多用于包散两用输送机，或者带宽 400mm 以下的固定式输送机和带宽 500mm 以下的移动式输送机，也可用于输送带较宽、输送距离较长的输送机空载分支的支承。

（3）三节槽形托辊组　如图 1-12（3）所示，是带式输送机承载分支最常用的支承型式，它克服了“V”形托辊组的缺点，槽形好，输送带承载物料横截面积大，输送量大，缺点是托辊数量较多。同组的三个托辊通常是首尾相对布置在同一垂直面内，有时也可以将中间托辊同两个侧辊前后错开一定的距离。三节槽形托辊组适用于带宽500mm以上的带式输送机。

（4）五节槽形托辊组　如图1-12（4）所示，支承性能最好，输送量大，但结构复杂，制造麻烦，应用不普遍。

（5）吊挂式槽形托辊组　如图1-12（5）（6）所示，是将一组托辊的心轴彼此铰接相连，两端挂起。这类支承与槽形输送带的接触最佳，且安装方便，可在输送机运行过程中随时更换。

（6）细腰单托辊　如图1-12（7）（8）所示，是一类中间细、两头粗的特殊托辊，单节托辊即可形成槽形支承，结构颇为简单。但这种托辊由于两端与中间直径不同，托辊回转时线速度不一致，因此造成托辊表面与输送带之间的滑动摩擦，增加了磨损（特别是托辊中间部位）和功率损耗，所以这种托辊很少使用，目前仅有线轴形单托辊用在封闭型带式输送机上。

“V”形和槽形托辊组的侧托辊倾角 λ（也称槽角）对输送带的槽形和带上物料的横断面积有直接影响。一般情况下，倾角 λ 越大则带上物料的横断面积越大。通常，“V”形托辊组取 $\lambda = 10° \sim 20°$；三节槽形托辊组取 $\lambda = 20° \sim 45°$，应用中多取 $30° \sim 45°$。

（二）特殊用途的托辊

1. 缓冲托辊

缓冲托辊也称减振托辊，设在加料段，它不仅起正常的支承作用，同时还起缓冲减振作用，以减缓沉重的大块物料落下时的冲击力，保护输送带和设备。缓冲托辊有橡胶圈式、弹簧板式、弹簧式等，见图1-13。粮油食品工业中，因物料较轻，很少使用缓冲托辊。

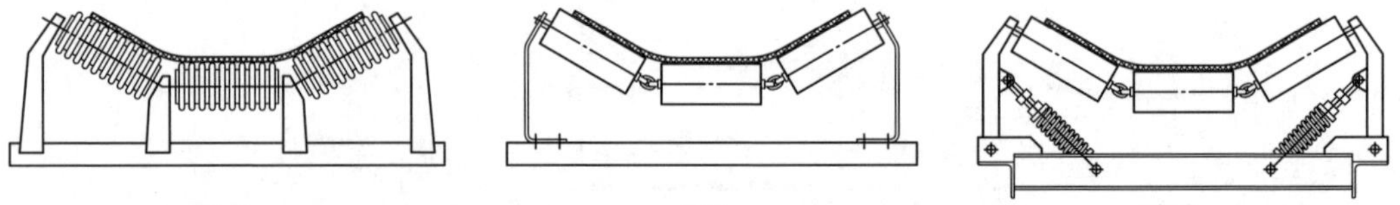

（1）　（2）　（3）

图1-13　缓冲托辊

（1）橡胶圈式　（2）弹簧板式　（3）弹簧式

2. 调心托辊

输送带在运行过程中，受各种因素的影响，常常会出现横向偏离预定中心线的现象，此现象称为输送带的“跑偏”。输送带跑偏不仅影响物料的正常输送，严重时还会造成输送带损伤等生产事故。调心托辊的作用是当输送带发生跑偏时，自动地纠正输送带使之回到中心位置，即“调心”。无论承载分支还是空载分支都要安装调心托辊，对于长度超过50m的输送机，可以每隔20~25m装设一组调心托辊。调心托辊的托辊形式与同位置的普通托辊组相同——平直形或者槽形。

调心托辊的型式很多，归纳起来有两大类：立轴式和侧辊前倾式。

（1）立轴式调心托辊　立轴式调心托辊的基本型式如图1-14所示，托辊组（或托辊）

安装在一个独立的托架上，托架下部中心位置有一竖直向下的立轴，立轴的下端伸入到固定于机架上的轴承之内，整个装置可绕立轴中心自由转动。

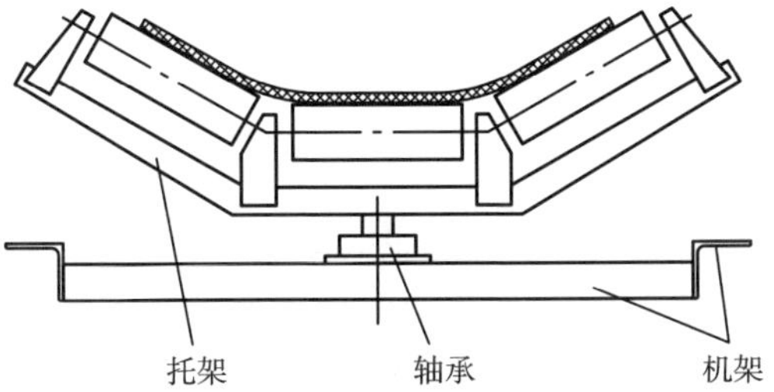

图 1-14　立轴式调心托辊的基本型式

当输送带在托辊上向前运动时，对托辊产生向前的牵引力，使托辊转动。正常工作时，如图 1-15（1）所示，输送带位于托辊组中央，牵引力的合力 F 从托架旋转中心 O 点通过，托辊处于平衡位置，其表面速度 v 的方向与输送带一致，朝向正前方。当输送带发生如图 1-15（2）所示向右侧跑偏时，合力 F 随输送带移到了 O 点右侧，形成对 O 点的力矩，从而使托辊组绕 O 点发生逆时针偏转，同时，托辊表面速度 v 的方向也随着向左偏斜。由于输送带与托辊之间摩擦力的作用，输送带的速度方向也随着托辊向左偏斜，于是输送带便有了向左的横向运动速度，最终回到其中心位置。之后，偏斜的调心托辊组恢复到正常位置。

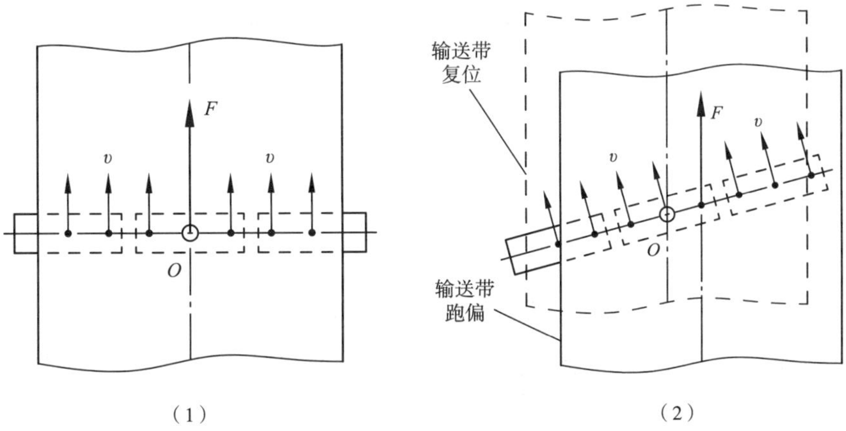

图 1-15　立轴式调心托辊的工作原理

（1）输送带正常运行状态　（2）输送带跑偏状态

由以上过程可知，托辊组绕立轴偏转是调心的关键动作。为了提高偏转动作的灵敏度，需要对装置的型式或结构进行一些改进。图 1-16 是生产中常用的三种改进型式。

锥形调心托辊的两个侧托辊为锥形辊，如图 1-16（1）所示。由于锥形辊的小端线速度较低，所以总是受到输送带较大的向前牵引力。一旦输送带出现跑偏，托辊很快会被拉动发生偏转，发挥调心作用。这种型式的调心托辊结构简单，输送带边缘不受擦碰，调心效果不错，但在正常工作状态下要额外地增加摩擦损失。

摩擦盘式调心托辊是在托辊组两端增加了两个摩擦盘，如图 1-16（2）所示。摩擦盘与

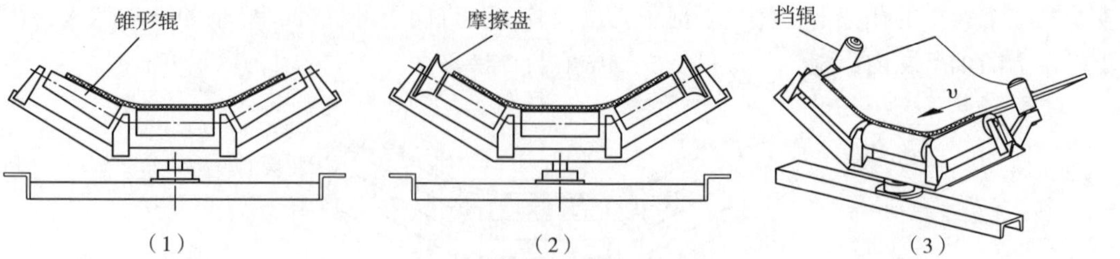

图 1-16　立轴式调心托辊的三种型式

（1）锥形调心托辊　（2）摩擦盘式调心托辊　（3）挡辊式调心托辊

托辊同轴不同体，能够独立转动，其转动阻力比托辊大而且可以人工调节。当输送带跑偏接触摩擦盘时，通过摩擦盘施加给托辊较大的牵引力，从而使托辊迅速发生偏转。缺点是摩擦盘的转动阻力不易保持稳定，会影响调心效果。

挡辊式调心托辊是在基本型式的基础上增加了两个竖立的挡辊，如图 1-16（3）所示。当输送带朝某一侧跑偏时，输送带边缘对挡辊的横向推力使调心托辊迅速发生偏转，将输送带调正。这种调心装置灵敏度较高，工作可靠，应用较广。其缺点是挡辊易损伤输送带边缘。需要注意，挡辊要置于输送带前进方向的后方，否则会越调越偏。

（2）侧辊前倾式调心托辊　如图 1-17 所示，侧辊前倾式调心托辊是在普通三节槽形托辊组的基础上将两个侧托辊向输送带运行方向倾斜 2°～3°。这种调心托辊制造简单，运行平稳，缺点是侧托辊前倾会增大输送带运行阻力并造成输送带和托辊的磨损。当输送机较短时，应优先考虑使用这种调心托辊。输送机较长时，难以起到调心作用。

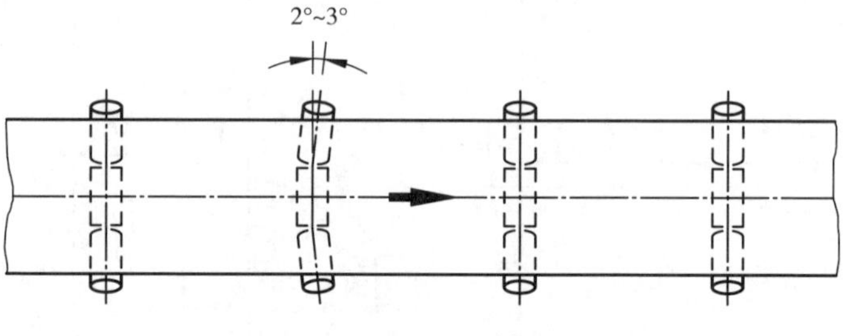

图 1-17　侧辊前倾式调心托辊

除了这种固定的前倾托辊之外，还有一种随动式的锥形前倾托辊，这里不再详述。

必须指出，依靠调心托辊来防止输送带跑偏仅仅是一种辅助手段。要从根本上避免输送带跑偏，必须致力于找出跑偏的原因，采取适宜的措施，消除输送带跑偏的因素。

（三）托辊的几何尺寸

托辊直径、轴承及轴的尺寸，应根据作业类型、工作条件、运载负荷和带速来选择，托辊长度则根据带宽来选择。

1. 托辊直径

托辊直径 d 的大小与带宽、被输送物料的容重和块度有关。被输送物料容重和块度越大，托辊直径也应越大。托辊直径增大，其重量相应增大，但改善了输送带的运行条件，减小了输送带运行阻力。高速输送机的托辊直径应适当增大，以减小托辊的转速和振动，避免轴承过早地损坏。托辊的转速不宜超过 600r/min。

我国的 DTⅡ型带式输送机规定了 7 种托辊直径规格，QD80 轻型带式输送机规定了 2 种托辊直径规格。不同的规格适用于不同的带宽，见表 1-6。

表 1-6　托辊的直径　单位：mm

DTⅡ型带式输送机							
带宽 B/mm	300~400	500~800	650~1400	800~2000	800~2400	1600~2400	2200~2400
托辊直径 D/mm	63.5	89	108	133	159	194	219
		QD80 型带式输送机			移动带式输送机		
带宽 B/mm		300~650	800~1200		300~400	500~800	
托辊直径 D/mm		60	76		50	60~76	

2. 托辊长度

托辊长度 l 主要取决于输送带宽度，每组托辊的总长度一般应比带宽 B 大 60~100mm，以便保护输送带使其不致轻易碰撞机架或滑出。

对平直单托辊，一般取 $l=B+(60\sim100)$（mm）。对“V”形托辊组，一般每节托辊长度取 $l=(0.6\sim0.65)B$（mm）。对三节槽形托辊组，一般每节托辊长度取 $l=(0.38\sim0.4)B$（mm）。

（四）托辊间距

托辊间距 t 影响到输送机的许多性能参数。确定托辊间距时，需要考虑托辊的承载能力，以及输送带的下垂度两个主要因素。若间距过大，会使每个托辊的负载增大，且输送带在两托辊间会过度下垂。输送带过度下垂会有下列诸多的不利影响：物料的运动状态起伏波动，通过托辊时会跳动甚至被抛起；输送带的槽形因过度下垂而展平，物料从带边溢出；输送带运行阻力增大。若间距过小，则托辊数量增多，使机器重量、成本和运行阻力增加。

通常，输送散料时托辊间距可依据表 1-7 选取。

表 1-7　输送散料时托辊间距　单位：mm

带宽 B	300~400	500~650	800~1000	1200
上托辊间距 t_1	1500	1400	1300	1200
下托辊间距 t_2	2500~3000			

在加料区段，输送带要承受物料的冲击力，托辊间距一般取上托辊间距的 1/3 左右。

输送机作凸弧或凹弧转弯时，为使转弯轨迹更接近平滑的弧线，并减小凸弧段每组托辊所承受的压力，托辊间距也应小一些，通常取上托辊间距的 1/2 左右。

从头部滚筒（中心线）到第一组槽形托辊组之间是一个过渡段，输送带由平形变为槽形。在过渡段输送带边缘会被拉长，产生过大拉应力。因此，过渡段的长度不宜太短，一般取作上托辊间距的 1.0~1.3 倍。如有必要可在过渡段增加 1~2 组槽形较浅的托辊组过渡。

QD80 轻型带式输送机输送带张力较小，故取较小的托辊间距，上托辊间距 $t_1=1000$mm。

输送包装物料时，若料包重量 $G \leqslant 20$kg，上托辊间距取 $t_1 = 1000$mm；若料包重量 $G>20$kg，则应保证料包不论在什么位置其下面至少有两组托辊支承，所以托辊间距应小于料包在输送方向上长度之半，即 $t_1<1/2$ 料包长。

三、滚筒

带式输送机的滚筒按作用可分为驱动滚筒和改向滚筒两类。驱动滚筒通过表面摩擦力驱动输送带运行，改向滚筒仅用于导引输送带改变方向。

1. 滚筒的结构

滚筒的结构如图 1-18 所示，有转轴式和定轴式两种。驱动滚筒需要连接外部的动力输入，因而只能用转轴式（电动滚筒除外）。改向滚筒多为定轴式，也可以采用转轴式。滚筒的制作方法有钢板焊接和铸焊两类，后者用于受力较大的大型带式输送机。

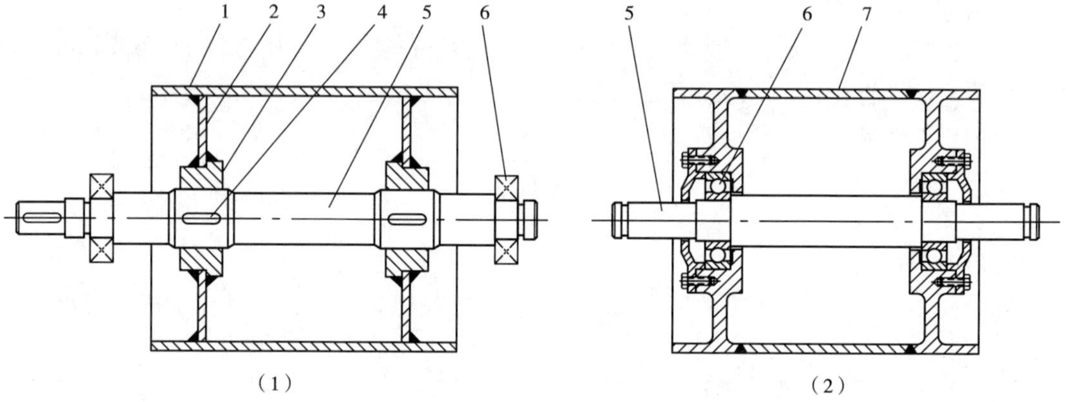

图 1-18　滚筒的结构

（1）转轴式　（2）定轴式

1—钢板卷制的筒体　2—辐板　3—轮毂　4—键　5—轴　6—轴承　7—铸焊的筒体

驱动滚筒的圆周表面有光面和胶面两种。光面就是表面不加任何的覆盖层；胶面是在滚筒的金属表面覆盖 8~20mm 厚的橡胶层（简称包胶），以提高滚筒与输送带间的摩擦因数。包胶有热硫化法黏合（也称铸胶）或冷硫化法黏合两种方法。驱动滚筒通常采用胶面滚筒，短距离或轻型输送机可以使用光面滚筒。改向滚筒可以用胶面，也可以是光面。

滚筒的外形有圆柱形、鼓形和圆台鼓形，如图 1-19 所示。用作驱动滚筒时圆柱形滚筒比较多见，制造比较简单，而且输送带绕过滚筒时受力均匀。鼓形或圆台鼓形滚筒可有效防止输送带跑偏，表面突起高度 δ（即滚筒中央半径与两端半径之差，mm）应根据输送带宽度确定，但不小于 4mm，一般为 4~7mm。鼓形滚筒仅适合于带宽不超过 1m 的织物带。

$$\delta=\left(\frac{1}{200}\sim\frac{1}{150}\right)B \tag{1-5}$$

式中　B——输送带宽度，mm。

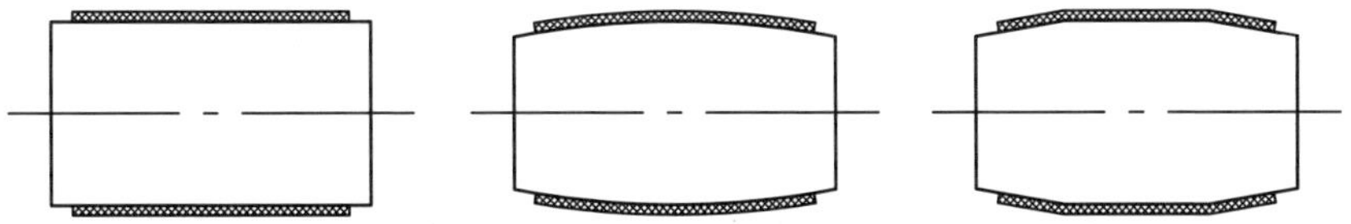

（1）　（2）　（3）

图 1-19　滚筒的形状

（1）圆柱形　（2）鼓形　（3）圆台鼓形

2. 滚筒的直径 D 和长度 L

滚筒直径的大小，关系到输送带的磨损速度和因反复弯曲引起的层裂程度，直接影响着输送带的使用寿命。滚筒直径越大，输送带与滚筒的接触面积越大，压强就越小，由摩擦力引起的输送带磨损也越小，并且输送带在滚筒上的弯曲程度越缓和。对于驱动滚筒，在以摩擦力向输送带传递动力时，会使输送带覆盖层及芯层均受到较大的切向力，滚筒直径越大，由切向力引起的层间剪应力就越小，层裂现象就越轻。但是，滚筒直径太大会使输送机显得庞大和笨重。

驱动滚筒的最小直径应满足下列式（1-6）：

$$D \geqslant K \cdot \delta \tag{1-6}$$

式中　D——驱动滚筒直径，mm；

δ——带芯厚度或钢丝绳直径，mm；

K——系数。对固定式带式输送机，棉织物输送带 $K=80$，尼龙输送带 $K=90$，聚酯输送带 $K=108$，钢丝绳芯输送带 $K=145$。对移动式带式输送机，K 可取上述值的 0.8 倍。

改向滚筒的直径应与驱动滚筒的直径相配合，其值一般取（0.5~1.0）D。

滚筒长度 L（mm）应比输送带的宽度 B（mm）大一些，一般取：

$$L=B+(80\sim200) \tag{1-7}$$

在带式输送机标准化设计中，滚筒直径和长度已经规格化。DTⅡ型带式输送机滚筒直径系列以及与输送带宽度的匹配关系见表 1-8。

表 1-8　DTⅡ型带式输送机滚筒直径系列　单位：mm

带宽 B		300	400/500	650		800				1000/1200			1400	
驱动滚筒直径		400	500	500	630	500	630	800	1000	630	800	1000	800	1000
改向滚筒直径	~180°	320	400	400	500	400	500	630	800	500	630	800	630	800
	~90°	250	320	320	400	320	400	500	630	400	500	630	500	630
	~45°	250	320	320	320	320	320	400	500	400	400	500	500	500

注：移动式带式输送机的滚筒配套直径一般为表列值的 0.7~0.8 倍。

QD80 轻型带式输送机滚筒直径系列以及与输送带宽度的匹配关系见表 1-9。

表 1-9　QD80 轻型带式输送机滚筒直径系列　单位：mm

带宽 B	300	400/500/650		800			1000/1200	
驱动滚筒直径	240	240	320	240	320	400	320	400
尾部滚筒直径	240			240 320			320	

四、驱动装置

驱动装置是带式输送机的动力部分，它将原动机的动力传递到驱动滚筒上，利用驱动滚筒表面与输送带之间的摩擦力带动输送带运行。驱动装置由电动机、中间传动装置（减速器或 V 带传动）、联轴器、驱动滚筒、安全装置等组成。驱动装置的型式有多种，图 1-20 是驱动装置常见的几种布置形式，这些型式因电动机外露，统称为外部驱动。

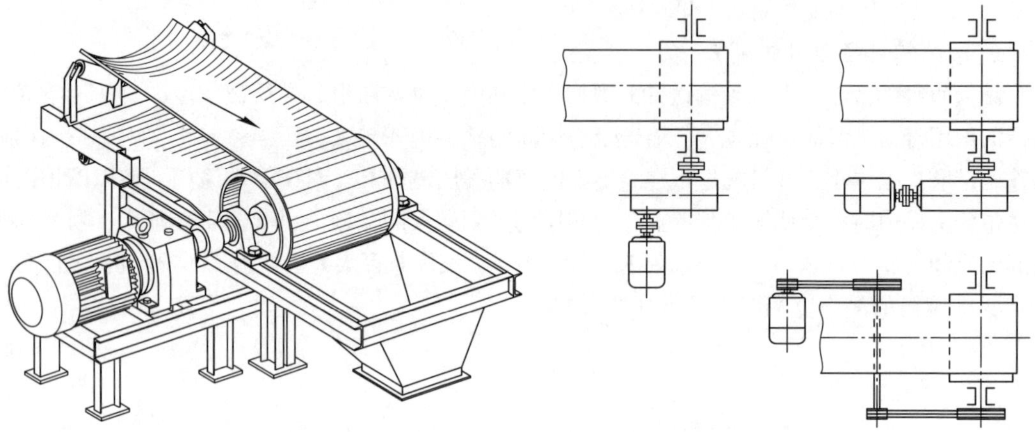

图 1-20　带式输送机常见的驱动装置型式

对于驱动功率大于 15kW 的驱动装置，要求使用液力耦合器。液力耦合器是一种以内部液体为介质、靠液体的动能传递动力的柔性联轴器，其结构见图 1-21。由于是非刚性联接，其输出端与输入端之间总是存在一定的转速差（滑差），转速差随载荷的增大而增加，直至输出轴停转但输入轴仍可转动。这种性能决定了液力耦合器具有可靠的过载保护功能，并可以改善系统的启动性能，还可用于某些场合实现自适应无级变速等。

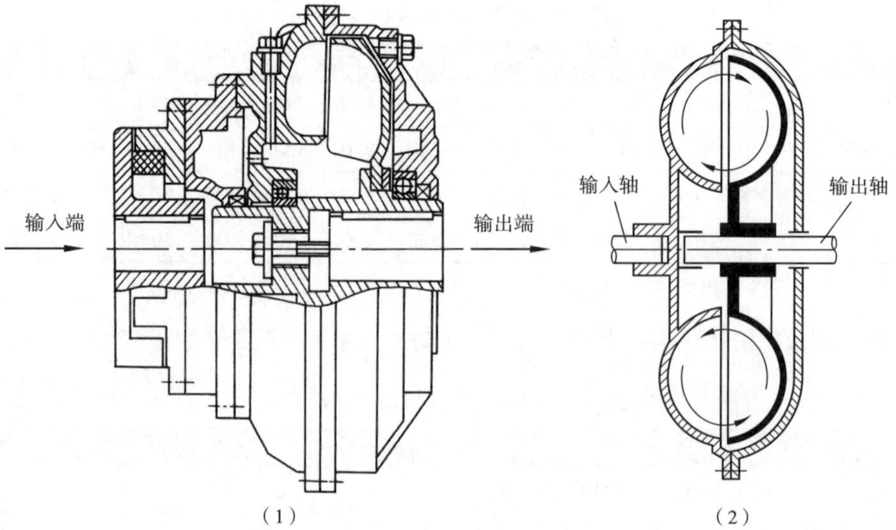

图 1-21　液力耦合器

（1）内部结构图　（2）工作原理图

电动滚筒属于内部驱动型式，是将电动机、传动装置、安全装置等置于滚筒内部。电动机的冷却方式有风冷和油冷两种，其中油冷散热效果较好，油冷式电动滚筒结构见图 1-22。滚筒内部可以根据需要加装逆止器或制动器，也可以将传动装置做成无级调速的。全封闭式电动滚筒功率范围为 0.18～55kW，适应于环境温度-10～40℃、物料温度不超过 60℃的场合。电动滚筒的优点是结构紧凑、密封性好、噪声低、安装方便，缺点是检修保养不方便。

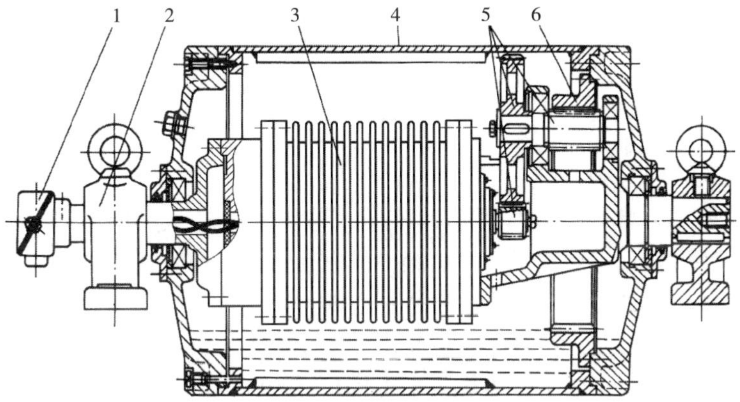

图 1-22　油冷式电动滚筒结构

1—接线盒　2—轴承座　3—电动机　4—滚筒外壳　5—正齿轮　6—内齿圈

此外，还有一种减速滚筒，是将减速装置安装在滚筒内部，而将电动机置于滚筒外部，电动机通过液力耦合器与减速装置相连。这种滚筒具有可靠性高、传动平稳、噪声低、起动性好、过载能力强、维修方便等优点，适用于工作环境温度比较高、使用条件恶劣的场合。功率范围为 2.2～160kW。

五、张紧装置

张紧装置的作用是保证输送带有足够的张紧力，以使输送带与驱动滚筒间保持足够的摩擦力，避免输送带在驱动滚筒上打滑，并且限制输送带在两组托辊之间的下垂度。

张紧装置的张紧行程应根据输送机长度、牵引构件的种类确定。对于织物芯的输送带，张紧行程可取输送机长度的 1%～2%，棉布芯取小值，化纤芯取大值；对于钢绳芯的输送带，张紧行程可取输送机长度的 0.2%～0.5%。

常用的张紧装置型式有螺杆式、重锤式、固定绞车式、液压式等。

（一）螺杆式张紧装置

螺杆式张紧装置如图 1-23 所示。

螺杆式张紧装置结构简单紧凑，重量轻，成本低，占用空间小，而且不增加输送带弯曲次数。螺杆式张紧装置的缺点是需要根据经验手动定期调整，张紧行程较小，输送带偶然过载时不能自动调节。因此，这种张紧装置仅适用于移动式带式输送机或机长在 80m 以下的固定式带式输送机，或者是空间限制不能安装重锤式张紧装置的地方。

（二）重锤式张紧装置

重锤式张紧装置有水平小车式和垂直导架式两种型式。

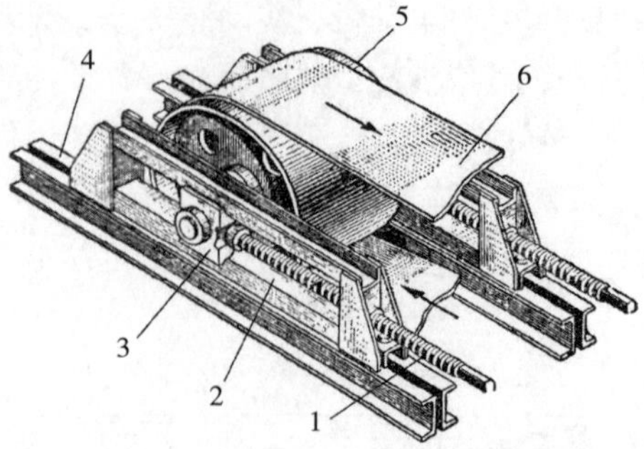

图 1-23　螺杆式张紧装置

1—螺杆　2—滑道　3—滑块　4—机架　5—张紧滚筒　6—输送带

水平小车式张紧装置的结构如图 1-24 所示，它是将输送机的尾部作为张紧滚筒，滚筒安装在小车上，小车被重锤牵引沿水平或倾斜轨道移动，从而张紧输送带。这种装置结构简单，使用可靠，能够保持输送带恒定的张力，张紧力调节范围较大，而且能在输送带偶然过载时降低其高峰载荷值；不需另设张紧滚筒，不增加输送带弯曲次数。其缺点是结构比较庞大，有时会产生跳动现象。水平小车式重锤张紧装置适用于长距离、大功率的输送机。

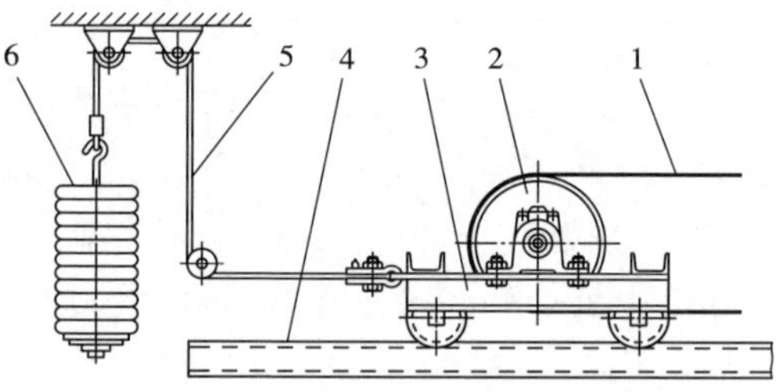

图 1-24　水平小车式张紧装置

1—输送带　2—尾部滚筒　3—小车　4—轨道　5—钢丝绳　6—重锤

垂直导架式张紧装置如图 1-25 所示，它安装在输送机的下分支，张紧滚筒在重锤重力作用下可沿垂直导架向下移动，从而张紧输送带。该装置的优点是能保持输送带恒定的张力，工作平稳可靠，可以利用输送机走廊的空间。其缺点是结构复杂，改向滚筒数目多，增加了输送带弯曲次数，且物料易落入输送带与张紧滚筒之间造成输送带损伤或物料破碎。垂直导架式张紧装置用于无法使用水平小车式张紧装置的场合，且应布置在无载分支的最小张力点处，以减轻重锤重量。

（三）固定绞车式张紧装置

这种装置是用绞车的钢丝绳牵拉带式输送机的尾部滚筒，从而把输送带拉紧。绞车是一种牵引工具，依靠卷筒的转动牵拉钢丝绳，可用电力或人力驱动。这种张紧装置的优点是张紧力大，行程长，适合于大运量、长距离的带式输送机。该装置的缺点是不能自动调节张紧力。

（四）液压式张紧装置

这种张紧装置的工作原理是利用液压缸或绞车（液压驱动）来张紧输送带，其张紧力可

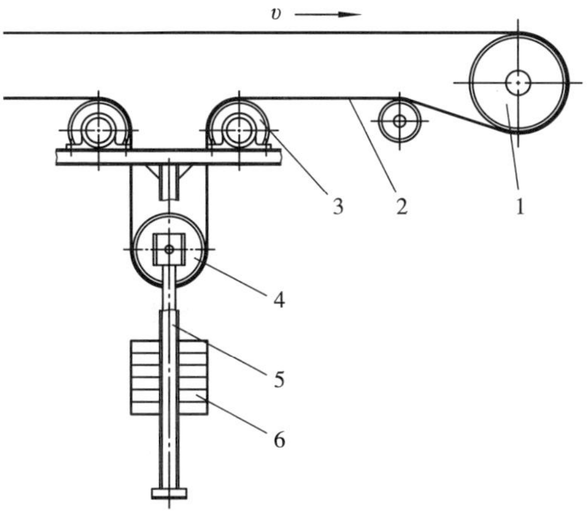

图 1-25 垂直导架式张紧装置

1—驱动滚筒 2—输送带 3—改向滚筒 4—张紧滚筒 5—导架 6—重锤箱

按照要求随时调整。该装置配有自动控制系统和拉力传感器，通过改变液压站的压力或者改变绞车的驱动力矩，即可改变张紧力，满足输送机在启动和正常运行工况下对输送带不同的张力需要。而且该装置对输送带张力变化反应迅速，能有效减小输送带张力的波动变化。使用液压缸张紧时，如果液压缸的行程不能满足长距离输送机的张紧行程要求，可以和机械绞车结合使用。自动张紧装置的缺点是机构复杂、价格高，管理维修费用高，目前还没有普及应用。

六、加料装置

加料装置的作用是为了准确、均匀、平稳地给输送带加料，充分发挥输送机的输送能力，并尽可能使物料落入时的速度方向与输送带运行方向一致，减少对输送带的冲击和磨损。

加料装置的型式取决于被输送物料的类别，包装物料通常可用倾斜的溜槽、滑板来加料或直接将料包放在输送带上，散状物料则一般利用图 1-26 所示的加料装置来加料。

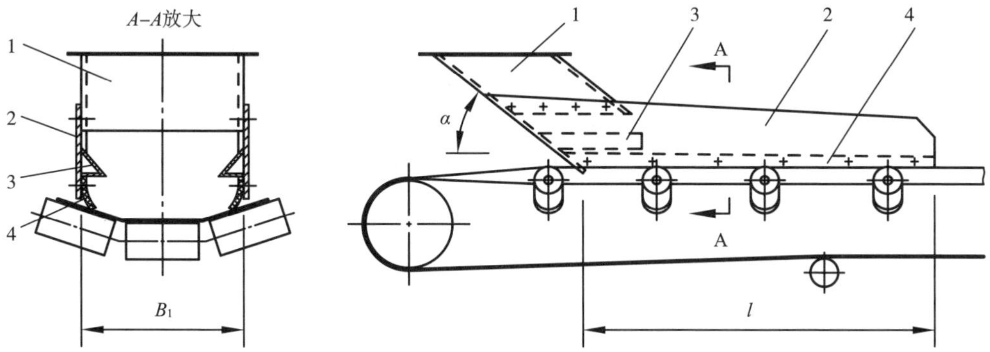

图 1-26 散状物料加料装置

1—进料导管 2—导料板 3 挡料条 4—橡胶条

进料导管 1 与上方的供料管道相连，将物料准确地供给输送带。如果来料是开放式的（如人工加料），则应采用加料斗缓冲并稳定供料流量。导管出口处两侧可设挡料条 3，将物料向中间集中，确保物料落到输送带中心位置。进料导管的倾角 α 应在保证物料顺利流动的前提下取较小值，以使物料运动方向尽量与输送带方向接近，所以通常取：

$$\alpha = \rho + (5° \sim 10°) \tag{1-8}$$

式中 ρ——导管壁与物料之间的摩擦角，(°)。

两块导料板 2 贴着输送带表面直立于输送带上方两侧，中间形成导料槽，阻止物料因冲击、振动、跳动等原因朝输送带两边撒落。导料板一般用钢板制作，为了避免其损伤输送带，二者之间应留一定的间隙，再以橡胶条 4 封堵。

导料板的长度（l）应不小于物料在输送带上完成加速过程所走的路程，生产中一般取 l=1.4~2m，准确的数值应通过计算确定，计算方法将在后面的内容讲述。国外则规定 $l \geqslant 5B$，B 为带宽。两侧导料板之距离（导料槽宽度）通常取为 B_1 =（0.6~0.7）B（mm）。

加料装置的位置可以是固定的，也可以是装在行走小车上能够移动的。当对供料量、供料速度有严格要求时，还需要在加料前设置供料器定量给料。

七、卸料装置

带式输送机的卸料方式有端部（头部）卸料和中间卸料两种，这两种方式所采用的卸料装置是不同的。

（一）端部（头部）卸料

这是一种常见的、简单的卸料方式，如图 1-27 所示。

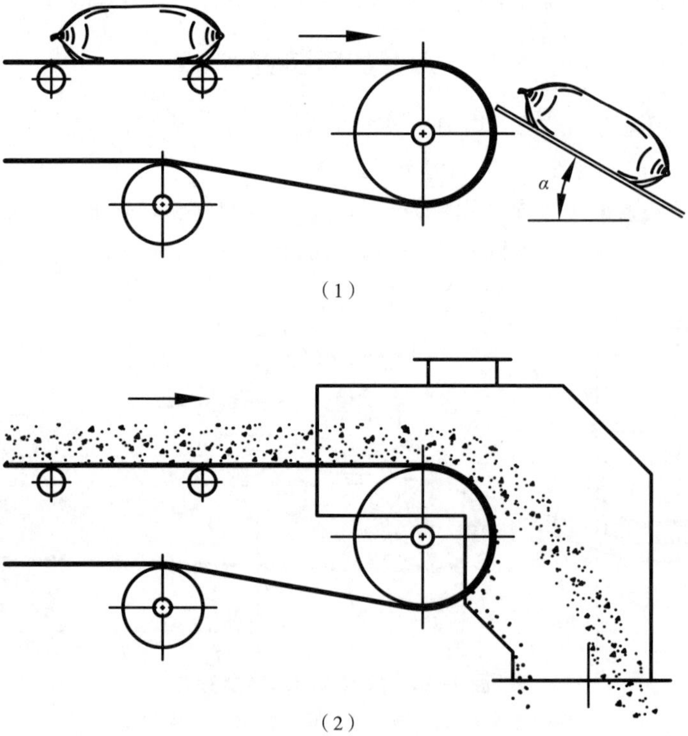

图 1-27 端部（头部）卸料示意图

(1) 卸包装物料 (2) 卸散状物料

在端部卸包装物料时［图1-27（1）］，可在卸料滚筒处装设一倾斜滑板，使料包沿滑板滑下。滑板倾角 α 应大于料包与滑板的摩擦角 γ，一般取 $\alpha=\gamma+$（5°~10°）。滑板的上端点应略低于料包卸出的脱离点。

在头部卸散状物料时［图1-27（2）］，应装设卸料罩壳以引导和聚集物料，防止物料飞溅和粉尘飞扬，必要时还可以在罩壳顶部开设吸风口进行吸尘。卸料罩壳可由薄钢板制成，其形状大小由卸料时物料的飞行轮廓确定。

（二）中间卸料

当带式输送机需要在输送途中卸料时，则需要设置专门的卸料装置。中间卸料装置有犁式卸料器、卸料小车、双滚筒固定式卸料器。

1. 犁式卸料器

犁式卸料器也称挡板卸料器，主要工作部件是一块平直形、弧形或者是“V”形的卸料挡板，俗称“犁头”。挡板装设在平直托辊或平板（称为托板）支承的输送带上方，以一定的倾斜角度阻挡物料前进并迫使物料向一侧或两侧卸下，如图1-28所示。

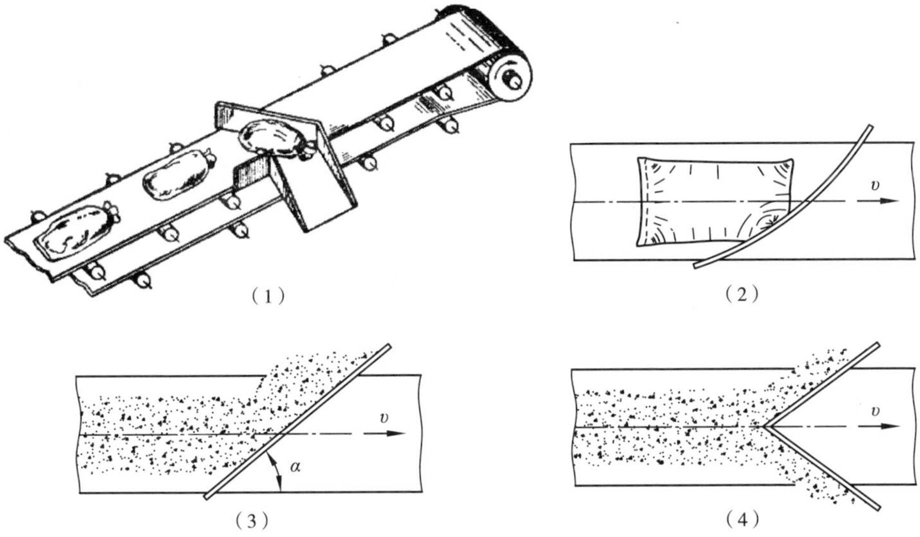

图1-28　犁式卸料器

（1）平直形挡板　（2）弧形挡板　（3）单侧卸散料　（4）双侧卸散料

犁式卸料器既可以卸包装物料也可以卸散状物料。卸包装物料时，可用平直形或弧形挡板单侧卸料，如图1-28（1）（2）所示。卸散料时，可用平直形挡板单侧卸料，也可以采用“V”形挡板双侧卸料，如图1-28（3）（4）所示。单侧卸料时，物料受挡板推挤向一侧移动，其下面的输送带也会随之横向移动，所以单侧卸料很容易出现输送带跑偏，而采用“V”形挡板双侧卸料则基本不存在这个问题。另外，单侧卸料时物料横向走的路程较长，所以当输送带宽度≥650mm时应尽量采用双侧卸料。

挡板的倾斜角度 α［图1-28（3）］是决定犁式卸料器能否正常工作的重要参数。理论上 α 应符合式（1-9）的基本要求。α 越小，挡板对物料的侧向推力越大，卸料越顺畅，但会造成卸料器尺寸增加。通常 α 取30°~45°。

$$\alpha < 90° - \rho \tag{1-9}$$

式中 ρ——物料与挡板之间的摩擦角。

犁式卸料器可以是固定的也可以是能够沿轨道移动的。犁式卸料器的挡板必须能够升降，卸料时放下，不卸料时升起，以便让物料从下面通过。输送带下方的平直托辊或托板也必须能够升降，在卸料时将输送带顶起展平，不卸料时降下。用犁式卸料器卸散料容易出现卸不净的问题，挡板与输送带之间有间隙则容易漏料，压得紧又会使阻力过大，输送带磨损。较好的解决方法是采用两道挡板（也称“双犁”，见图 1-29），第一道挡板卸下绝大部分的物料，第二道挡板负责清理带子上的残留物料。

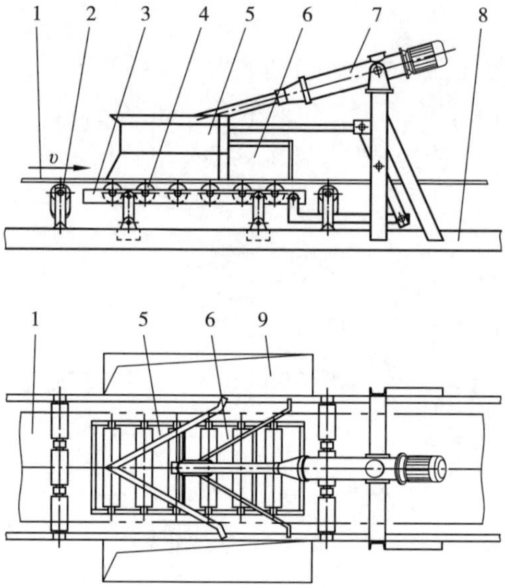

图 1-29 电动升降式双犁头卸料器

1—输送带 2—可变角托辊 3—托架 4—平直托辊 5—前道犁
6—后道犁 7—电动推杆 8—机架 9—落料口

犁式卸料器的优点是结构简单，成本低，不需要增加带子的弯曲次数。其缺点是输送带容易磨损，运行阻力大，物料不易卸净，单侧卸料有侧向力。对较长的输送机，特别是输送块度大、磨琢性强的物料时不宜采用犁式卸料器。使用这种卸料装置时，输送带最好采用硫化接头且带速不宜超过 2.5m/s。

2. 卸料小车

当卸料点的位置需要根据要求不断改变时，可以采用卸料小车卸料。卸料小车既可用于平形带，又可用于槽形带，但只能用来卸散料，不能用于卸包装物料。实际应用中，卸料小车常用于立筒仓仓顶入仓。

如图 1-30 所示，卸料小车主要由可沿机架纵向移动的框架小车、上下两个滚筒、卸料斗以及定位装置等组成。输送带经过两个滚筒弯曲成 S 形，物料从上部滚筒卸出，如同前面所讲的端部卸料一样。物料落入卸料斗后，调节排料活门，可使物料卸到输送带任意一侧或同时卸到两侧，也可使物料再次落到输送带上，继续向前输送。

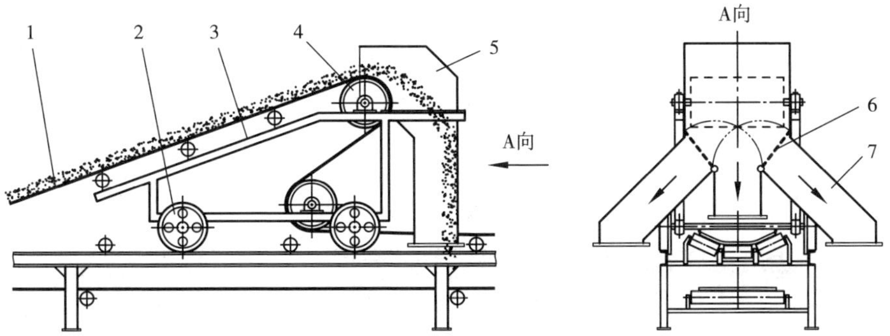

图 1–30　卸料小车

1—输送带　2—行走轮　3—卸料车架　4—卸料滚筒　5—卸料斗　6—排料活门　7—排料管

卸料小车在输送机纵向移动的方式有：人力驱动、借助输送带动力驱动、自带电动机驱动等。

卸料小车的优点是使用方便，沿输送机全长均可卸料，对输送带磨损较轻，特别适用于生产率高、输送距离长的带式输送机在中途多点卸料。其缺点是外形尺寸大，结构复杂，成本高，输送带弯曲次数多，易损坏，动力消耗比犁式卸料器大。

3. 双滚筒固定式卸料器

与卸料小车结构相似，由上下两个滚筒导引输送带走“S”形，在上方滚筒将物料卸下，也称“回抛式卸料”。其位置是固定的，只能定点卸料，多个卸料点需要安装多个卸料器。其优点是能够做成全封闭结构，避免粉尘外溢，且卸料干净、无残留。缺点是数量多、输送带弯曲次数多、动耗高、体积略大。为避免输送带反复弯曲和物料多次抛落，两个滚筒可做成升降式的，不卸料时将上方滚筒降下、下方滚筒升起，让输送带直线通过。

八、清扫装置

若输送黏性较大、吸附性较强或粉尘含量较多的物料，在卸料以后输送带的工作面常常会黏附一些物料或粉尘。这些黏附物会在托辊和滚筒表面形成积垢，影响输送带正常运行，或者是被带到空载段掉落，影响环境卫生。另外，输送过程中上分支掉落的物料有可能会落到下分支输送带的非工作面上，最后到达输送机尾部被夹入输送带与滚筒之间，对输送机工作造成很大的影响。因此，需要使用清扫装置对输送带表面进行清扫。

（一）头部清扫器

头部清扫器设置在输送机头部驱动滚筒处，用以清扫输送带工作面上的粘料。常用的类型有旋转式、刮板式两类。旋转式又有毛刷和橡胶刷两种，见图 1–31。

1. 旋转式清扫器

旋转式清扫器是用旋转的硬毛刷或橡胶刷清扫输送带。毛刷用尼龙丝或棕树毛制成，橡胶刷是用直立的橡胶板制成。刷子依靠专门的装置提供的恒定压力轻压在输送带上，借助滚筒轴的动力或者配备独立的动力旋转，刷毛或橡胶板逆着输送带运行方向进行清扫。刷子直径一般为 200～300mm，圆周速度根据不同的清扫要求为 4～7m/s。这类清扫器工作力度较轻，对输送带磨损小，适于清扫黏附性不强的物料。毛刷还可用于花纹带的清扫。

2. 刮板式清扫器

刮板式清扫器是用横置的刮板贴紧输送带，借输送带的运行刮下带子表面的黏附物。刮

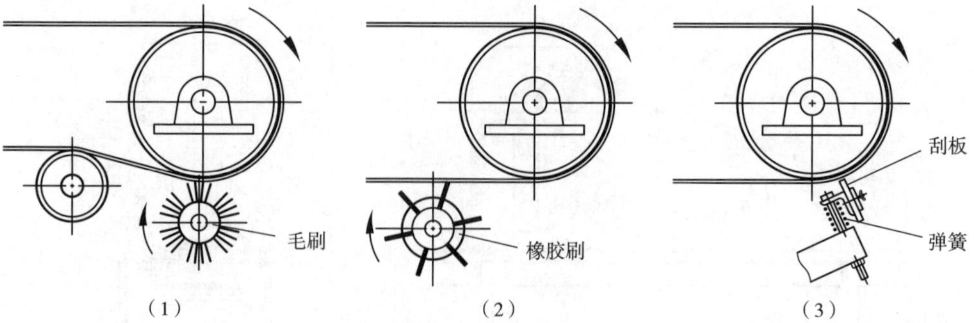

图 1-31　头部清扫器

（1）旋转毛刷　（2）旋转橡胶刷　（3）刮板式

板与输送带之间的压力来自弹簧或者杠杆另一端的重锤重力，刮板的压力可根据工作情况进行调整。刮板的材质主要有橡胶、硬质合金、聚氨酯等，一般情况下可选橡胶刮板，当物料黏性强、粘料严重时，可选用硬质合金或聚氨酯刮板。这种清扫器适合用于物料黏性大、旋转清扫器不易清理的场合。

（二）空段清扫器

空段清扫器是用“V”形刮板清除输送带空载分支上的物料，其形式类似于前面所述双侧犁式卸料器，见图 1-32。空段清扫器应置于尾部滚筒以及垂直导架式张紧装置之前。

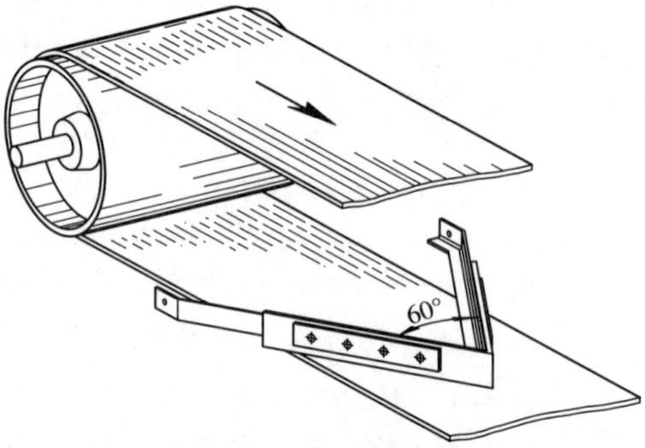

图 1-32　空段清扫器

九、其他装置

（一）机架

带式输送机机架一般用槽钢、角钢或钢管焊接或铆接制成，其结构多为桁架式，具体形状根据安装场所的空间位置、输送物料的产量和是否使用卸料小车等因素而定。对机架的主要要求是有足够的强度和刚度，能够满足工作要求。机架的宽度 B_0 应大于输送带宽度 B，一般可取 $B_0=B+$（300~500）mm。对机架的要求是：结构轻巧，轮廓尺寸小，选材合理，重量轻。选材时，一般固定式选用槽钢或角钢，移动式选用角钢或钢管。

（二）止逆装置

倾斜向上且坡度较大的输送机，如因停电或机械故障而突然停机时，输送带上物料的重力有可能使输送带倒转朝下运动（逆转）。输送机倒转逆行会造成物料在输送机尾部堆积，影响正常生产甚至损伤输送带。为了防止输送机发生倒转，保证安全生产，大坡度的倾斜输送机必须在驱动滚筒处装设止逆装置。常用的逆止器型式如图 1-33 所示。

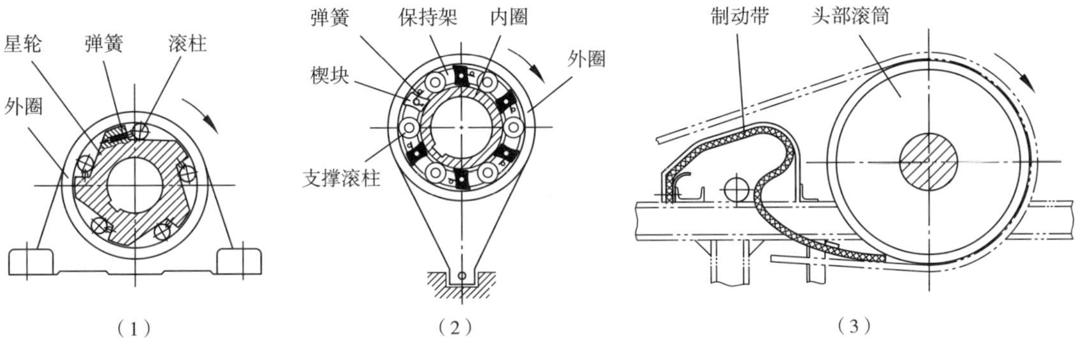

图 1-33 逆止器

（1）滚柱逆止器 （2）楔块逆止器 （3）带式逆止器

1. 滚柱逆止器

滚柱逆止器［图 1-33（1）］套装在驱动滚筒轴上，星轮随滚筒一起转动，圆筒状的外圈固定于机架上。正常运转时，星轮作顺时针旋转，星轮与外圈之间的滚柱总是处在楔形槽的宽口端，不妨碍星轮的转动。当输送机发生逆转时，星轮逆时针旋转，滚柱被外圈的摩擦力和弹簧的弹力推向楔形槽的狭窄端，最后被卡住，转动停止。这种逆止器工作可靠，制动力矩大，使用比较普遍。

2. 楔块逆止器

楔块逆止器［图 1-33（2）］套装在驱动滚筒轴上，内圈随滚筒一起转动，外圈不转，长臂端部固定于机架。多个楔块与支撑滚柱依靠保持架分布在内、外圈之间，内圈转动时支撑滚柱跟着转动，带动保持架和楔块一起转动。弹簧的作用是保持楔块与内、外圈轻微接触。当内圈随滚筒轴顺时针转动时，因楔块的短径小于内、外圈的间距，楔块不产生作用；当内圈逆时针转动时，内、外圈的摩擦力推动楔块“竖起”，从而将内、外圈楔紧，内圈转动停止。这类逆止器也可安装于减速机内部，实现集成化的要求。

3. 带式逆止器

将制动带的一端固定在机架上，另一端伸到驱动滚筒与输送带分离处。输送机正常工作时，制动带保持蜷缩状态。如果输送机发生倒转，制动带就被卷入滚筒与输送带之间，最后将输送带和滚筒拉住停转。带式逆止器［图 1-33（3）］结构简单、造价低廉。其缺点是制动时必须先倒转一段，而且驱动滚筒直径越大，倒转距离越长。这种逆止器不适合大功率、大运量的输送机。

（三）安全装置

1. 拉线开关

带式输送机侧边应装设拉线事故开关或固定式事故开关。拉线开关一般沿线固定在带式输送机两侧，并低于输送带面。当输送机出现故障时，操作人员可在输送机的任何位置拉动拉线开关，切断电源使设备停车。拉线开关之间的距离以 40~50m 为宜，固定式开关则每隔 15~20m 设一个。

2. 跑偏开关

跑偏开关用以检测运行中的输送带是否跑偏。当输送带跑偏时，跑偏开关发出报警信号或指令自动停机，防止输送带因过量跑偏而发生事故。跑偏开关要成对地安装在输送带两侧靠近边沿，较短的输送机仅在头部或尾部安装一对即可，较长的输送机需要在头部和尾部各装一对，最好中间每隔 50m 再装一对。

3. 打滑检测器

打滑检测器用于监测输送带与驱动滚筒之间的打滑，防止打滑所造成的恶性事故。打滑检测器实际上是检测输送带的运行速度，其安装方式有两种：一种是安装在承载分支输送带下面，另一种是将检测器的轴与从动滚筒用柔性联轴器联接。

4. 溜槽堵塞检测器

输送易黏结堵塞的物料时，应在头部卸料斗处装设防堵监测器。当溜槽内发生堵塞时，发出报警或停机信号，现场操作人员可及时采取措施以防事故发生。

5. 料流监测器

料流检测器用来检测所输送物料的瞬时状态，如空载、有载、满载或超载。检测器一般安装在输送机导料槽出口附近，信号可送至控制室内，通过指示灯显示输送机的工作状态。

6. 纵向撕裂开关

输送带纵向撕裂是带式输送机工作期间的一种恶性事故，任其发展将会造成巨大的经济损失。长距离的带式输送机宜设置输送带纵向撕裂开关，靠近输送带下面安装，若检测到输送带出现纵向撕裂现象及时发出停机信号，防止事故扩大。

第三节 带式输送机工作过程分析

无论是设计、制造或使用带式输送机，都必须熟悉其工作过程，掌握其工作原理。

一、带式输送机的驱动原理

带式输送机是依靠驱动滚筒与输送带之间的摩擦力驱动输送带运行，这种方式称为摩擦驱动。摩擦驱动必须保证驱动滚筒与输送带之间有足够的摩擦力，防止输送带打滑。

（一）输送带在驱动滚筒上不打滑的条件

如图 1-34 所示，驱动滚筒作顺时针转动，对输送带产生沿圆周方向的摩擦驱动力 P。输送带从驱动滚筒上方绕入、下方绕出，绕入点的张力为 $S_{入}$，绕出点张力为 $S_{出}$，在滚筒上的包角为 α（弧度），由于绕入侧输送带的拉力要克服输送带全长的运行阻力，故 $S_{入}>S_{出}$，所以输送带具有沿滚筒表面逆时针滑动的趋势。下面分析输送带在滚筒上的受力情况。

取输送带的一个微小弧段为研究对象，该弧段的圆心角为 $\mathrm{d}\theta$（弧度），滚筒对其支反力为 $\mathrm{d}N$、摩擦力为 $\mathrm{d}F$。由于受到摩擦力 $\mathrm{d}F$ 的作用，弧段两端的张力不相等，分别为 S 和（$S+\mathrm{d}S$）。如果忽略该弧段的重力、离心力和弯曲应力，可按照不打滑的条件列出其受力方程式：

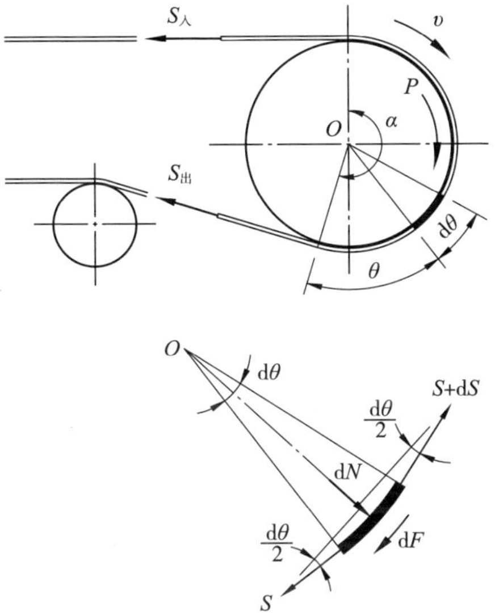

图 1-34　驱动滚筒上输送带受力分析图

$$\begin{cases}(S+\mathrm{d}S)\sin\dfrac{\mathrm{d}\theta}{2}+S\cdot\sin\dfrac{\mathrm{d}\theta}{2}=\mathrm{d}N\\(S+\mathrm{d}S)\cos\dfrac{\mathrm{d}\theta}{2}-S\cdot\cos\dfrac{\mathrm{d}\theta}{2}\leqslant\mathrm{d}F=\mu\cdot\mathrm{d}N\end{cases}$$

式中　μ——输送带与驱动滚筒表面的摩擦因数。

将上列两式联解，并取 $\sin\dfrac{\mathrm{d}\theta}{2}\approx\dfrac{\mathrm{d}\theta}{2}$，$\cos\dfrac{\mathrm{d}\theta}{2}\approx 1$，略去二阶无穷小量 $\mu\cdot\mathrm{d}S\cdot\mathrm{d}\theta$，可得：

$$\frac{\mathrm{d}S}{S}\leqslant\mu\cdot\mathrm{d}\theta$$

将该式进行定积分，当 $\theta=0$ 时，$S=S_出$；当 $\theta=a$ 时，$S=S_入$，便得到著名的欧拉公式：

$$S_入\leqslant S_出\cdot e^{\mu\cdot\alpha}\quad 或者\quad \frac{S_入}{S_出}\leqslant e^{\mu\cdot\alpha}\tag{1-10}$$

这就是输送带在驱动滚筒上不打滑的条件。

（二）驱动滚筒的最大牵引力及工作要求

不难知道，当 $S_入=S_出\cdot e^{\mu\cdot\alpha}$ 时，输送带处于打滑与静止的临界状态，此时驱动滚筒与输送带之间的摩擦力达到极限，此摩擦力就是驱动滚筒对输送带的最大牵引力 P_{max}，其值为：

$$P_{max}=S_入-S_出=S_出(e^{\mu\cdot\alpha}-1)\tag{1-11}$$

可见，最大牵引力与输送带张力 $S_出$成正比。

式中　$(e^{\mu\cdot\alpha}-1)$——驱动系数。

为了保证输送带正常运行，驱动滚筒的最大牵引力不仅要大于输送带的运行总阻力$\sum W$，而且还要满足输送机满载启动的要求及工作中可能出现的工况变化，因此最大牵引力必须具有足够的储备量，达到：

$$P_{max}=K\times\sum W\tag{1-12}$$

式中　$\sum W$——输送带稳定运行时的总阻力；

K——牵引力储备系数，一般取 $K=1.3\sim1.7$。

根据上述要求，可求出输送机正常运行时 $S_入$ 和 $S_出$ 的关系。由于滚筒的牵引力等于输送带的运行总阻力，即 $P=\sum W$，且由图 1-34 可知，$P=S_入-S_出$，所以：

$$\sum W = S_入 - S_出 \tag{1-13}$$

将式（1-11）、式（1-13）代入式（1-12），得到：

$$S_出(e^{\mu \cdot \alpha} - 1) = K \cdot (S_入 - S_出)$$

经过整理后得到：

$$S_入 = S_出(\frac{e^{\mu \cdot \alpha} - 1}{K} + 1) \tag{1-14}$$

式中 $S_入$、$S_出$——分别为输送带稳定运行时在驱动滚筒绕入点和绕出点的张力，N；

μ——输送带与驱动滚筒表面的摩擦因数，见表 1-10；

α——输送带在驱动滚筒上的包角，rad；

K——牵引力储备系数。

上式即是保证驱动滚筒正常工作的条件。在该条件下，$S_入$ 和 $S_出$ 不仅满足式（1-10）输送带不打滑的要求，而且保证驱动滚筒的摩擦驱动力具有一定的储备量。

表 1-10 输送带与驱动滚筒间的摩擦因数

工作条件	输送带与滚筒间的摩擦因数 μ			
	光面滚筒	橡胶覆盖面	聚氨酯覆盖面	陶瓷覆盖面
干燥	0.35~0.4	0.4~0.45	0.35~0.4	0.4~0.45
潮湿、清洁	0.1	0.35	0.35	0.35~0.4
潮湿、污浊	0.05~0.1	0.25~0.3	0.2	0.35

注：覆盖层为 PVC 的输送带，摩擦因数减小约 10%。

（三）防止输送带打滑的措施

为了防止输送带打滑，可采用增大驱动滚筒牵引力或减少输送带运行阻力的方法。

1. 增大驱动滚筒牵引力的途径

（1）增大输送带在驱动滚筒上绕出点的张力 $S_出$　这可通过增大输送带初张力来实现，但有一定限度，受输送带自身强度条件的限制。

（2）增大输送带和驱动滚筒之间的摩擦因数 μ　保持接触表面干燥、在驱动滚筒表面拉丝或覆盖橡胶衬垫，可增大摩擦因数。但绝不能采用打防滑蜡的方法来增大摩擦因数。

（3）增大输送带在驱动滚筒上的包角 α　见图 1-35（1）（2）（3），单滚筒驱动时，包角可增大到 240°，双滚筒驱动时可达 430°。这种方法仅在提高摩擦因数仍不能解决问题时使用。

（4）采用加压辊或加压带　见图 1-35（4）（5），这两种方法均是通过机械方法增加输送带与驱动滚筒间的压力，从而增加摩擦力。需要注意的是，压紧辊是局部压紧，位置要尽量靠近输送带的绕出点，方能取得好的效果。

2. 减小输送带运行阻力的途径

（1）采用运行阻力较小的支承装置　合理选择各参数，减轻物料线载荷和输送带自身重量；清洗并润滑转动零件。

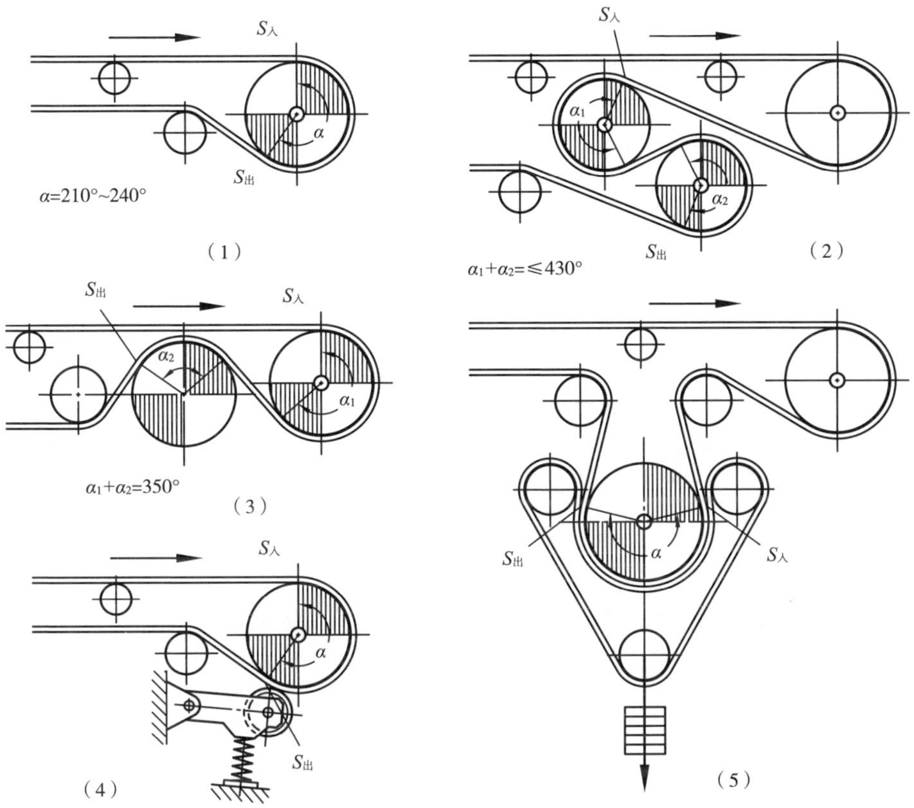

图 1-35　带式输送机驱动滚筒设置方案

(2) 采用直线摩擦驱动（也称中间驱动）　如图1-36 所示，这种驱动方式是在一台长距离带式输送机的中间安装一条或多条具有动力的中间驱动带，驱动带承托着输送带同步运行，借助二者之间的摩擦力向输送带传递动力。这种驱动方式不仅分担了头部驱动装置的总动力，而且使主输送带的最大张力大大降低。

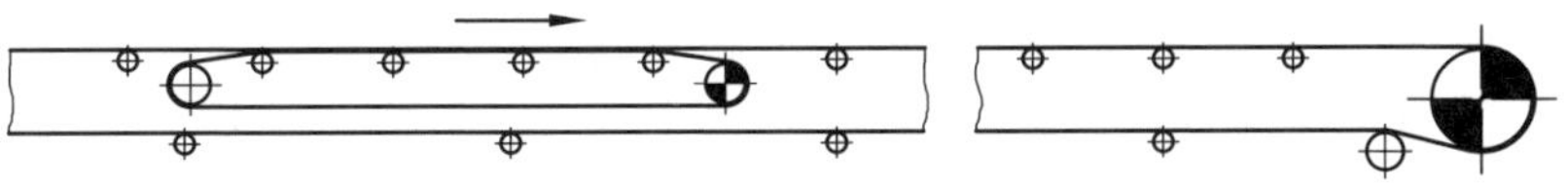

图 1-36　带式输送机中间驱动示意图

二、加料过程物料的运动分析

如图 1-37 所示，质量为 m 的物料以初速度 v_0（与水平面夹角 α）落到运行中的输送带上。假设该输送机倾斜角为 β，带速为 v，且 v 和 v_0 处在同一铅垂平面内。

在物料即将落到输送带上时，其平行于输送带和垂直于输送带的分速度分别为：

$$v_{0x} = v_0 \cdot \cos(\alpha + \beta)$$

$$v_{0y} = v_0 \cdot \sin(\alpha + \beta)$$

一般情况下物料的分速度 v_{0x} 小于输送带的运行速度，二者的速度差为：

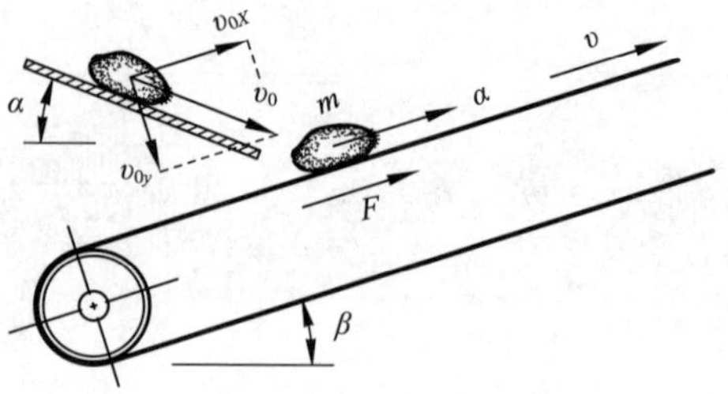

图 1-37　加料点处物料运动分析

$$v_r = v - v_0 \cdot \cos(\alpha + \beta)$$

这个速度差造成物料与输送带之间发生相对滑动，不仅造成输送带工作面的磨损，还会引起物料翻滚、跳动。而垂直于输送带的分速度 v_{0y} 则造成物料对输送带的冲击以及物料溅洒，较重且尖棱的块料甚至会损伤输送带。所以，在保证物料顺利流动的前提下，应尽量减小进料导管底部的倾斜角 a ，以提高分速度 v_{0x}，减小速差，同时降低分速度 v_{0y}，减小物料对输送带的冲击。

当物料在输送带上滑动时，物料将受到输送带向前的摩擦力、物料重力在运动方向的分力的作用。假设物料与输送带之间摩擦因数为 f，则二力的合力大小为：

$$\begin{aligned} F &= m \cdot g \cdot \cos\beta \cdot f - m \cdot g \cdot \sin\beta \\ &= m \cdot g(f\cos\beta - \sin\beta) \end{aligned}$$

合力使物料产生向前的加速度，加速度大小为：

$$a = g(f\cos\beta - \sin\beta) \tag{1-15}$$

物料速度由初始的 v_{0x} 逐渐达到输送带速度 v，此加速过程中物料所走过的路程为：

$$l_0 = \frac{v^2 - v_{0x}^2}{2a} = \frac{v^2 - v_0^2 \cdot \cos^2(\alpha + \beta)}{2g(f \cdot \cos\beta - \sin\beta)} \quad (\mathrm{m}) \tag{1-16}$$

式中　l_0——物料在加速过程中所走过的路程，m；

v——输送带运行速度，m/s；

v_0——物料落入输送带时的初速度，m/s；

β——输送机倾角；

α——进料导管后壁倾角；

f——物料与输送带之间摩擦因数。花纹输送带应取大值，但不超过物料内摩擦因数；

g——重力加速度，取 $g = 9.81\mathrm{m/s^2}$。

物料在滑动的加速过程中处于不稳定状态，容易向输送带两侧流散和撒落，所以必须在加料点的两侧装设导料板，而且栏板的长度必须大于或等于 l_0。

从式（1-16）可以看出，物料与输送带速差越大、物料与输送带摩擦因数越小、输送机倾角 β 以及进料导管倾角 α 越大，则物料加速所走的路程越长。很显然，过长的加速路程是不合理的，不但导料板的长度要随之加长，还会增加物料对输送带的磨损。因此，在带式输送机设计中应注意参数的选择，尽量缩短加速路程。输送机的加料段尽量水平或小倾角布置，如果加料段倾角较大时则应适当降低输送带的速度，必要时还可考虑使用花纹输送带。

总而言之，带式输送机对加料的要求是：

（1）物料落入输送带时，速度方向应尽量与输送带运行方向一致，使垂直于输送带的分速度应尽可能地小，平行于输送带的分速度尽量接近输送带速度。

（2）加料段尽量水平或者小倾角布置，以利于物料快速完成加速过程。

（3）物料要尽可能落到输送带中央，以免偏载引起输送带跑偏和撒料。

（4）物料落向输送带的落差要尽可能小，料流要稳定。

（5）被输送物料若为粉、粒、块状物料混合物，为减缓大块料对输送带的冲击，进料导管的底板可采用带孔板，让粉料和小块料先落到输送带上，然后再让较大的块料落下。

三、卸料过程物料的运动分析

带式输送机有滚筒卸料和犁式挡板卸料两种情况。

（一）滚筒卸料

物料随输送带运行到卸料滚筒时，输送带由直线运动变为圆周运动，而物料则由于惯性作用与输送带脱离。

1. 物料与输送带脱离角的确定

如图 1-38 所示，当质量为 m 的物料颗粒随输送带进入以 O 为圆心、R 为半径的转动系统后，其所受的作用力有重力 G、惯性离心力 P_e、输送带的支反力 N 以及输送带的摩擦力 F。假设物料随输送带转过卸料滚筒顶点、到达图中所示位置时开始脱离输送带，此时物料所受输送带的支反力 N 恰好等于零，即：

$$N = G \cdot \cos\theta - P_e = 0$$

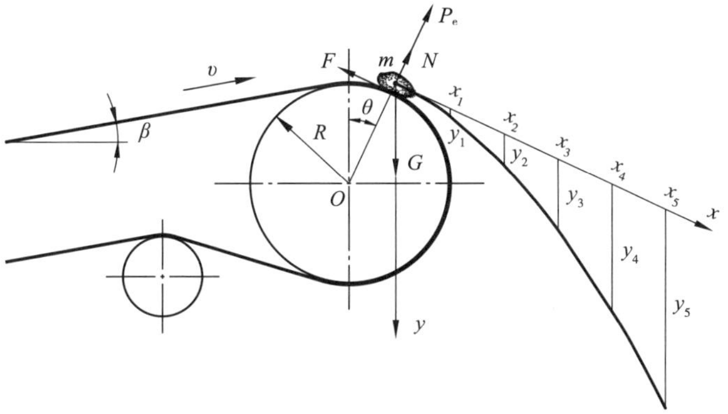

图 1-38　卸料滚筒上物料受力及抛料曲线作图方法

其中，$G = m \cdot g$，$P_e = m \cdot \dfrac{v^2}{R}$。由此可求得物料与输送带的脱离角 θ 为：

$$\theta = \arccos \frac{v^2}{R \cdot g} \tag{1-17}$$

式中　v——输送带线速度，m/s；

R——物料运动回转半径，m；

g——重力加速度，取 $g = 9.81\text{m/s}^2$。

如果 $\dfrac{v^2}{R \cdot g} \geqslant 1$，则物料的脱离点就在输送带与卸料滚筒的相切点。

2. 物料脱离输送带后的运动轨迹（即抛料曲线）

确定了物料在卸料滚筒上的脱离角后，即可利用斜坐标系 xOy 绘制物料的抛料曲线。斜坐标的原点在物料的脱离点，x 轴沿滚筒的切线方向，y 轴沿铅垂方向向下，见图 1-38。物料在该坐标系的运动方程为：

$$\begin{cases} x = v \cdot t \\ y = \dfrac{1}{2} g \cdot t^2 \end{cases} \tag{1-18}$$

分别绘出带上物料上、下边界的抛料曲线，即得到滚筒卸料时物料流的抛料轮廓。

（二）犁式挡板卸料

犁式挡板卸料器能否正常工作，取决于挡板与输送带纵向中心线之间的夹角 α 是否适当。

如图 1-39（1）所示，输送带以速度 v 运行，当其上的物料遇到卸料挡板后，被迫以速度 v_a 沿挡板滑动，v_a 即是物料的绝对速度。而物料对输送带的相对速度 v_r 可按平行四边形原理求出，其方向与输送带纵向中心线夹角为 γ。

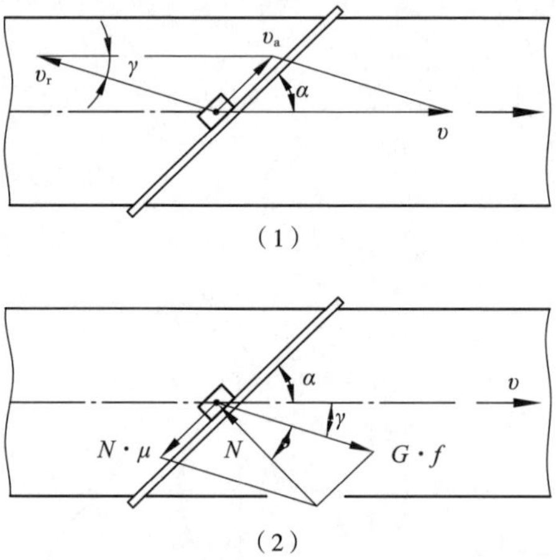

图 1-39 挡板卸料条件分析图

（1）物料运动速度分解 （2）物料受力分析

设物料重力为 G、对输送带的摩擦因数为 f、对挡板的摩擦因数为 μ。物料在水平面上所受外力有三个，如图 1-39（2）所示：

①输送带的摩擦力，其值为 $G \cdot f$；

②挡板的支反力 N；

③挡板的摩擦力，其值为 $N \cdot \mu$。

假设物料以 v_a 匀速运动，则上述三力平衡，因而可写出下列方程式：

$$\begin{cases} N \cdot \mu - G \cdot f\cos(\alpha + \gamma) = 0 \\ N - G \cdot f\sin(\alpha + \gamma) = 0 \end{cases}$$

将以上两式移项后相除，可以得到：

$$\tan(\alpha + \gamma) = \frac{1}{\mu} = \frac{1}{\tan\rho} = \cot\rho \tag{1-19}$$

式中　ρ——物料对挡板的摩擦角。

从而可以得到：

$$\alpha + \gamma + \rho = 90°$$

由图1-39（1）可知，只要物料的绝对速度 v_a 大于零，γ 角必然大于零。所以挡板卸料的条件可以写成：

$$\alpha < 90° - \rho \tag{1-20}$$

由此可知，α 角的极限值仅取决于物料对挡板的摩擦因数，而与物料重力、物料对输送带的摩擦因数无关。由式（1-19）可知，当 ρ 一定时，α 角越小则 γ 角越大，γ 角越大说明物料的卸料速度 v_a 越大。因此，为了保证顺利卸料，实际应用中卸料挡板的安装角度 α 比式（1-20）的计算值小得多，通常取30°~45°。

四、中间输送过程分析

（一）带式输送机的最大允许倾角

带式输送机的倾角是指其倾斜段输送方向与水平面的夹角。如果该角度太大，会引起物料在输送带上下滑，造成输送量降低甚至不能向上输送。

如图1-40所示，假设倾斜段输送带表面为一平面，且输送带上前后物料间没有相互作用力，物料在输送带受到的力有：自身重力 G；输送带的支反力 N；输送带的摩擦力 F。设物料与输送带之间摩擦因数为 f，通过计算可以得到物料不发生下滑的条件是：

$$\tan\beta \leqslant f = \tan\rho \quad （\rho 为物料与输送带的摩擦角）$$

所以

$$\beta \leqslant \rho \tag{1-21}$$

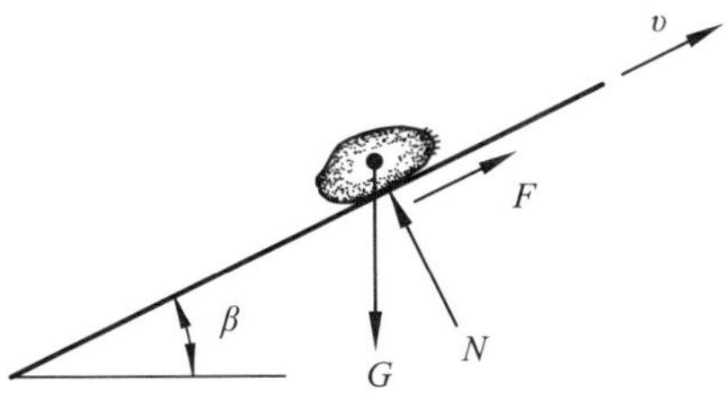

图1-40　输送带斜面上物料受力分析

所以，避免物料沿输送带下滑的必要条件是输送机倾角 β 不得大于物料与输送带间的摩擦角 ρ。但实际工作情况较之静止的输送带斜面要复杂得多。表现在：①输送带在相邻两支点间有一定的垂度，使得局部区段的倾角增大；②输送带通过托辊时造成其上物料的振动，使物料与输送带之间的摩擦力减小；③物料自身的不稳定性，如圆形颗粒的滚动等。所有这些因素都会使物料更容易下滑。因此要保证正常输送，确保物料不发生下滑，带式输送机的最大允许倾角 β_{max} 应该比物料对输送带的摩擦角 ρ 小7°~10°，即：

$$[\beta_{max}] = \rho - (7° \sim 10°) \tag{1-22}$$

当生产中需要更大的输送倾角时，可以采取以下一些措施实现。

（1）连续、均匀、稳定地供料，保持物料的连续性，让后方物料成为前方物料的支托。前提是后方物料需要经过水平段加料或输送，有提供支托力的可能。但这种方法并不可靠。

（2）增大输送带张紧力，减小输送带局部倾角，减小物料的蠕动变形以及通过托辊时的振动。但额外增加了输送带的张紧力，对输送带不利，所以只能作为临时措施。

（3）加大槽形输送带的槽形深度，增加输送带两侧对物料下滑的摩擦阻力，甚至使用两侧边呈 90°的“U”形槽或圆管状的输送带。

（4）采用花纹输送带（图 1-10）可提高输送倾角 5°~10°。如需要更大的倾角甚至 90°垂直输送，可采用波形挡边带式输送机（图 1-64），或使用压带式输送机（图 1-65）。

（二）输送带下垂度及其对物料输送的影响

输送带在其自重和物料重力的作用下，在相邻两托辊间必然产生一定的下垂。下垂度过大不仅造成输送带在托辊间松弛展平、物料撒落、输送带运行阻力增大，而且会使输送带的局部倾角增大，导致带上物料下滑、堆积，降低输送机的输送效率。

输送带下垂度取决于输送带及物料的线载荷、输送带张力以及托辊间距。下面以输送带承载分支为例分析其下垂度。

如图 1-41 所示，输送机倾斜段的倾角为 β，相邻两托辊 A 和 B 间距为 t，此间的输送带两端张力分别为 S_A 和 S_B，S_A 在水平和竖直方向的分力为 H_A 和 V_A。假设输送带和物料每米长度的质量分别为 q_0 和 q。由于输送带下垂度一般很小，为方便计算输送带和物料重量，可近似地认为 A、B 之间输送带弧长等于直线长度 t。

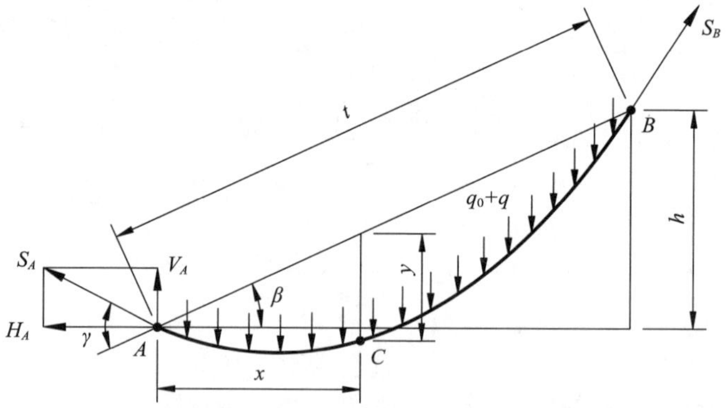

图 1-41 输送带下垂度及其力学分析

取输送带上任意一点 C，该点的下垂度为 y。因为输送带是挠性的，所以它的任意断面上不承受弯矩。据此原理，可列出输送带张力和带、料重力对 C 点、B 点的力矩平衡式：

对 C 点取矩：
$$V_A x - H_A(y - x\tan\beta) - \frac{(q_0 + q)g \cdot x^2}{2\cos\beta} = 0 \tag{1-23}$$

对 B 点取矩：
$$V_A t\cos\beta + H_A h - \frac{(q_0 + q)g \cdot t^2}{2}\cos\beta = 0$$

移项后为：
$$V_A = \frac{(q_0 + q)g \cdot t}{2} - H_A\tan\beta \tag{1-24}$$

将式（1-24）代入式（1-23），则得到下垂度方程式：
$$y = \frac{(q_0 + q)g \cdot t \cdot x}{2H_A} - \frac{(q_0 + q)g \cdot x^2}{2H_A\cos\beta} \tag{1-25}$$

欲求下垂度最大值，将上式对 x 求导数：

$$\frac{dy}{dx}=y'=\frac{(q_0+q)g\cdot t}{2H_A}-\frac{(q_0+q)g\cdot x}{H_A\cos\beta}$$

令 $y'=0$，得到 $x=\frac{t}{2}\cos\beta$，说明最大下垂度发生在两托辊连线的中点位置。将此 x 代入式（1-25），最后得到下垂度最大值为：

$$y_{max}=\frac{(q_0+q)g\cdot t^2}{8H_A}\cos\beta \tag{1-26}$$

实际上，输送带的下垂度与托辊间距相比是很小的，因此，图中所示的 γ 角非常小，可以近似地认为 $\gamma=0$。所以输送带张力 S_A 与水平分力 H_A 之间的关系可表示为：$H_A=S_A\cdot\cos\beta$。将 S_A 用一般张力符号 S 代替，则该段输送带的下垂度计算式为：

$$y_{max}=\frac{(q_0+q)g\cdot t^2}{8S} \tag{1-27}$$

式中　y_{max}——输送带最大下垂度，m；

q_0——每米长度输送带的质量，kg/m；

q——每米长度物料的质量，kg/m；

t——托辊间距，m；

S——输送带张力，N；

g——重力加速度，取 $g=9.81\text{m/s}^2$。

不同国家和地区对输送带下垂度的要求是不一样的，我国要求大型输送机输送带下垂度不超过托辊间距的1%，即 $y_{max}\leqslant 0.01t$；小型输送机可放宽至2%，即 $y_{max}\leqslant 0.02t$。将该值代入式（1-27），得到对输送带的张力要求为：

$$S\geqslant(12.5\text{ 或 }6.25)\times(q_0+q)g\cdot t \tag{1-28}$$

（三）凹弧段发生“飘带”现象的原因及预防

当输送机呈凹弧形向上转向时，如果转弯半径过小，输送带会在自身张力的作用下悬起而脱离支承装置，这种现象称为“飘带”。此时输送带会在空中起伏晃动、展平，造成物料撒落，还可能出现输送带与驱动滚筒间的打滑。因此，设计输送机时必须注意“飘带”问题。

“飘带”发生时，输送带在空中呈自然悬垂状态。如果凹弧段的托辊按照输送带的悬垂曲线或者以更大的半径进行排列，输送带便不会离开托辊，也就不存在“飘带”问题了。下面来分析输送带悬垂曲线的曲率半径，即凹弧转弯段最小的曲率半径，见图1-42。

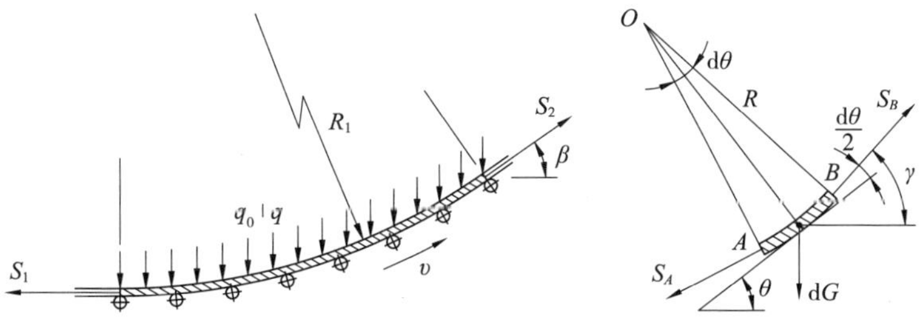

图1-42　输送带凹弧转弯段最小曲率半径分析

截取输送带上极微小的一段弧 AB，假设其曲率半径为 R。该弧段中点的切线倾斜角为 θ，两端的张力分别为 S_A 和 S_B，输送带和物料每米长度的质量分别为 q_0 和 q。将输送带看作是柔性的，其任意断面上不承受弯矩，所以可列出对 A 点的力矩平衡方程式：

$$S_B R \cdot d\theta \sin\gamma \cos\theta - S_B R \cdot d\theta \cos\gamma \sin\theta - \frac{R^2(q_0+q)g\cdot(d\theta)^2}{2}\cos\theta = 0$$

其中 $\gamma = \theta + \frac{d\theta}{2}$。将上式整理，最后得到输送带在该处的曲率半径为：

$$R = \frac{S_B}{(q_0+q)\cdot g\cdot\cos\theta} \tag{1-29}$$

由此可见，悬垂的输送带在不同位置上因倾斜角 θ 不同、张力 S_B 不同，各处的曲率半径是不同的。在输送带凹弧段的最高点，θ 角和张力 S_B 皆为最大，所以，此处的曲率半径最大。工程中为了便于施工，排列托辊时一般按等半径的圆弧进行排列，为确保输送带不悬起，该圆弧半径应该不小于输送带悬垂线最大曲率半径。另外，因输送带在空载时更容易悬起，故圆弧的半径也应按空载条件来计算。所以，凹弧段托辊排列半径 R_1 应满足的条件是：

$$R_1 \geqslant \frac{S_2}{q_0\cdot g\cdot\cos\beta} \quad (\text{m}) \tag{1-30}$$

式中　S_2——输送带在凹弧段高点处的张力，N；

β——输送带在凹弧段高点处的倾斜角度。

其余符号同前。

（四）凸弧转弯段对输送带的影响及相关因素分析

如图 1-43 所示，当槽形输送带在垂直面内作凸弧形转弯时，槽形的上沿（输送带边缘）回转半径大于底部，说明此处输送带的边缘被拉伸变长了。边缘的伸长率越大，产生的拉应力就越大，过大的应力会造成输送带边缘撕裂。下面分析边缘伸长率大小和与之有关的因素。

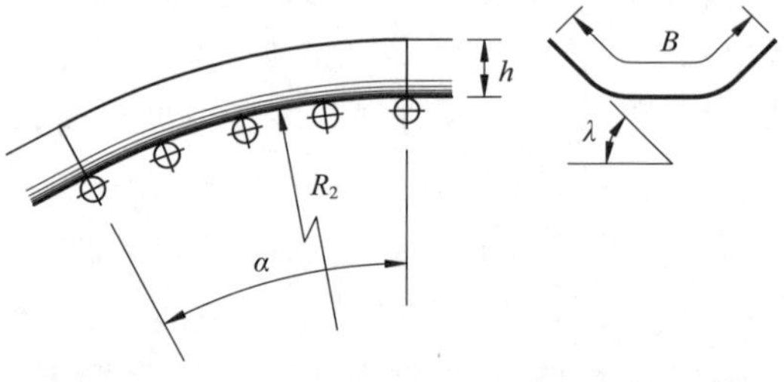

图 1-43　输送带凸弧转弯段最小曲率半径分析

设凸弧段转弯半径为 R_2，转角为 α，输送带宽度为 B，槽形深度为 h，侧托辊倾角为 λ。根据图 1-43 可以得到，输送带在转弯处的边缘伸长率为：

$$\varepsilon = \frac{(R_2+h)\cdot\alpha - R_2\cdot\alpha}{R_2\cdot\alpha} = \frac{h}{R_2}$$

对于三节槽形托辊组，可近似地认为 $h = 0.3B\sin\lambda$，所以：

$$\varepsilon = \frac{0.3B}{R}\sin\lambda$$

由此可见，输送带边缘的伸长率与凸弧段转弯半径、输送带宽度、侧托辊倾角有关。为保证输送带边缘伸长率 ε 不超过其许用值 $[\varepsilon]$，凸弧段的转弯半径 R_2 必须符合式（1-31）：

$$R_2 \geqslant \frac{0.3}{[\varepsilon]} B\sin\lambda \quad (\mathrm{m}) \tag{1-31}$$

式中　B——输送带宽度，m；

λ——槽形托辊组的槽角；

$[\varepsilon]$——输送带许用伸长率,帆布芯 $[\varepsilon]=0.8\%$，钢绳芯 $[\varepsilon]=0.2\%$。

所以工程中通常按式（1-32）确定 R_2（m）：

$$\begin{aligned}&\text{对于帆布芯} \quad R_2 \geqslant (38\sim42) B\sin\lambda \\ &\text{对于钢绳芯} \quad R_2 \geqslant (110\sim167) B\sin\lambda\end{aligned} \tag{1-32}$$

（五）输送带跑偏的原因分析

输送带运行时，横向偏离原定的中央位置即为跑偏。跑偏会使输送带与机架、托辊支架相摩擦，造成输送带边胶磨损、功率消耗增加，还可能引起物料外撒。带式输送机使用规范规定，输送带的跑偏量不允许超过输送带宽度的5%。

引起输送带跑偏的原因很多，包括输送机的制造质量、安装质量、操作水平等，归纳起来有下列几点：

（1）滚筒表面因磨损不均或黏附杂物致使两端直径不等。

（2）滚筒轴线与输送带纵向中心线不垂直。

（3）托辊轴线与输送带纵向中心线不垂直。

（4）托辊转动不灵活，输送带某一侧阻力过大。

（5）供料不正，输送带上物料不居中（偏载）。

（6）输送带本身弯曲或接头不正。

（7）机架纵向直线度偏差过大。

（8）机架横向倾斜，两侧高度不同。

解决输送带跑偏问题，除了寻找跑偏原因从根本上消除跑偏因素外，还应按照要求在线路中安装调心托辊，使跑偏的输送带能够自动复正。

第四节　带式输送机的设计与计算

带式输送机的设计计算内容主要包括：

（1）设计输送线路。

（2）确定带速。

（3）计算选择输送带规格。

（4）计算输送带运行阻力、各点张力。

（5）计算驱动功率。

（6）确定检测报警装置等。

进行设计计算，必须收集必要的原始数据，了解给定的工作条件和工作要求，作为设计依据和出发点。需要收集和了解的内容有：

（1）被输送物料的种类，规定的生产率 Q。

（2）被输送物料的物理化学性质（如物料的容重、粒度及粒度组成、堆积角、与输送带的摩擦因数、粉尘和含杂情况、水分、温度、黏附性、磨琢性、是否有腐蚀性等。成件物品则有单件重量、外形尺寸、与输送带的摩擦因数等）。

（3）输送机工作条件（露天或室内、干燥或潮湿、粉尘多少）。

（4）给料点数量和位置、给料方式。

（5）卸料点数量和位置、卸料方式。

（6）工艺或工作要求允许的输送机走向、布置形式等。

一、线路设计

线路设计的内容包括：确定总体布置、绘制布置简图及标注基本尺寸。

（一）确定带式输送机总体布置

确定总体布置，即根据工艺条件、工艺要求和设计任务，确定带式输送机的走向、具体布置形式和基本结构，如支承装置、驱动装置、张紧装置、加料装置、卸料装置、清扫装置、检测报警装置等工作部件的结构形式和布置。

在确定输送机总体布置时应注意：

（1）输送机尽可能布置成直线型，应避免单纯按工作场所的空间条件布置成有大凸弧、深凹弧的形式。

（2）向上输送时，倾斜段倾角 β 不得大于最大允许倾角（β_{max}）。

（3）加料点和卸料点宜布置在水平段内。大倾角的带式输送机，加料段尽可能设计成水平的或适当减小该段倾角。各种中间卸料装置不能设在曲线段内。

（4）驱动滚筒应置于最有利的位置，使输送带最大张力值为最小、驱动功率为最小、张紧装置张紧力为最小。水平和向上倾斜输送机的驱动装置一般设在卸料端，向下输送通常设在加料端。对移动式输送机，为减轻头部重量，驱动装置可设在空载分支中后段。

（5）张紧装置应布置在输送带张力最小处。对于较长的水平输送机或倾斜角在3°以下的倾斜输送机，张紧装置应设在头部驱动滚筒附近输送带绕出侧，以保证起动时驱动点输送带恒定张紧。对于较短的或倾斜角在3°以上的输送机，张紧装置一般设在输送机尾部。

（6）凸弧转弯段、凹弧转弯段应尽量布置在输送带张力较小的地方，弧段的曲率半径应根据计算来确定。

（7）一般情况下，应考虑在带式输送机的两侧各设置一条拉线开关，以便操作人员进行现场紧急控制。

（8）带式输送机配有检测报警装置时，应保证其周围环境（如振动、水分等）不会影响检测报警装置的正常工作。

（二）绘制输送机布置简图，标注输送机基本尺寸

根据带式输送机的总体布置，绘出输送机的布置简图，用以作进一步的设计计算。图中应标注下列基本尺寸（图1-44）：

（1）带式输送机全长 L（中心线展开长度）；

（2）水平输送距离 L_h；

（3）垂直输送高度 H；

（4）倾斜段倾角 β；

（5）各直段长度 L_i；

（6）各曲线区段曲率半径 R_i 等。

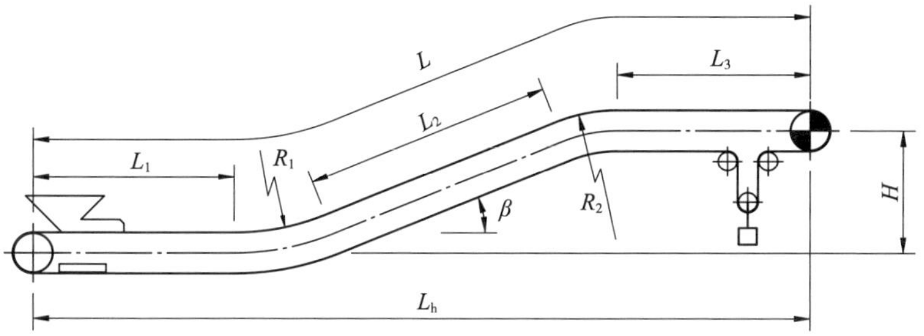

图 1-44 带式输送机布置简图及基本尺寸

二、确定输送带运行速度

输送带的运行速度是带式输送机的一个重要参数。当输送量不变时，增大带速可减小带宽和张力，减轻机重，降低造价。但提高带速同时也带来一些缺点：延长了物料加速时间，加剧输送带磨损，使输送带易跑偏，输送倾角降低，物料抛撒、扬尘、破碎率增加，降低零部件使用寿命等。选择带速，应考虑以下几个方面的因素。

1. 被输送物料的特性

（1）输送磨琢性小、颗粒不大、不易破碎的散料（如小麦、玉米），可选取较高的运行速度，通常在 2~4m/s。输送易滚动、块度大、磨琢性强的物料，应选取较低的运行带速。

（2）输送含尘量大、易扬尘的物料或粉状物料，应选取较低的运行速度。如输送面粉时带速不超过 1m/s。

（3）输送脆性物料时，应选取较低的运行带速，以免物料在加料点和卸料点碎裂。

（4）输送潮湿物料时，应选取较高的运行带速，增加物料在滚筒卸料时的惯性离心力。

（5）输送成件物品时，应选取较低的运行带速，一般选为 0.75~1.25m/s。

2. 带式输送机的布置和参数

（1）较长距离及水平的输送机可选取较高运行带速，倾角越大或输送距离越短，带速应越低。

（2）输送带的宽度、厚度较大时，跑偏的可能性较小，可选取较高带速。

（3）深槽形输送机，可选取较高带速（2.5~5.5m/s）。

（4）采用卸料小车卸料时，输送粒度大的物料带速不宜超过 2.5m/s，小粒度的物料带速可至 3.15m/s。采用犁式卸料器时，带速不宜超过 2.5m/s。

DTⅡ型固定式带式输送机带速系列为：0.8、1.0、1.25、1.6、2.0、2.5、3.15、4.0、4.5、5.0、5.6、6.5m/s，共 12 种。表 1-11 列出了部分带宽对应的带速，设计时可参照选取。

表 1-11　　DT Ⅱ 型带式输送机部分带宽对应的带速

带宽 B/mm	500~650	800	1000	1200~1400	1600	1800~2000
带速 v/(m/s)	0.8，1.0，1.25，1.6，2.0，2.5	0.8，1.0，1.25，1.6，2.0，2.5，3.15	0.8，1.0，1.25，1.6，2.0，2.5，3.15，4.0	1.0，1.25，1.6，2.0，2.5，3.15，4.0，4.5，5.0	2.0，2.5，3.15，4.0，4.5，5.0，5.6	2.0，2.5，3.15，4.0，4.5，5.0，5.6，6.5

三、生产率的计算

输送机生产率是指输送机在单位时间内能够输送的物料量，也称输送量或输送能力。输送机生产率通常用质量生产率 Q（t/h）表示，也可用体积生产率 V（m^3/h）表示，输送成件物品时也可用件数生产率（件/h）表示。

（一）输送成件物品的生产率

输送粮包或其他成件物品时，其质量生产率 Q 为：

$$Q = 3.6\frac{G}{a}v \text{ 或者 } Q = 3.6\frac{G}{t} \quad (\text{t/h}) \tag{1-33}$$

式中　G——单个物件的质量，kg；

a——前后相邻物件的中心距，m；

v——输送带运行速度，m/s；

t——相邻物件的间隔时间，s，一般取 6~8s。

（二）输送散状物料的生产率

输送散状物料时，带式输送机的质量生产率 Q 取决于输送带的速度、物料在输送带上堆积的横截面积和物料的容重，即：

$$Q = 3600F \cdot v \cdot \gamma_0 \tag{1-34}$$

或者

$$Q = \frac{3600}{1000}q \cdot v = 3.6q \cdot v \tag{1-35}$$

式中　F——物料横截面积，m^2。

v——输送带运行速度，m/s；

γ_0——物料容重，t/m^3；

q——单位长度输送带上物料的质量，也称物料线载荷，kg/m。

体积生产率则按式（1-36）计算：

$$V = 3600F \cdot v \tag{1-36}$$

承载物料的横截面积 F 是决定带式输送机输送能力的主要因素之一。物料横截面积的大小取决于：输送带宽度、托辊组的型式、物料的堆积角，同时也受输送机倾斜度、输送带运行速度与平稳度、物料的粒度、给料方式等因素的影响。

1. 平形输送带的物料横截面积

大量的实验研究证明，输送带上物料横截面的上部轮廓近似于底角等于物料动堆积角的抛物线，所以平形带物料的横截面积可按抛物线弓形计算。为避免物料撒落，输送带两侧要留出一定的余量，中间可用的宽度 b 称为有效宽度，如图 1-45（1）所示。按照抛物线弓形面积计算公式，平形带承载物料的横截面积 F（m^2）按式（1-37）计算：

$$F = \frac{1}{6}b^2\tan\rho_d = K_{平} \cdot b^2 = K_{平}(0.9B - 0.05)^2 \tag{1-37}$$

式中 B——输送带有效宽度，m。按照经验，当带宽 $B \leqslant 2$m 时，取 $b = 0.9B - 0.05$m（带宽>2m 时，取 $b = B - 0.25$m，计算横截面积请读者自行代入）；

ρ_d——物料动堆积角，可取 ρ_d = 静动堆积角 $\rho_0 \times$（0.5~0.7），或按表 1-12 后的说明计算；

$K_{平}$——平形带的物料断面系数，$K_{平} = \frac{1}{6}\tan\rho_d$。

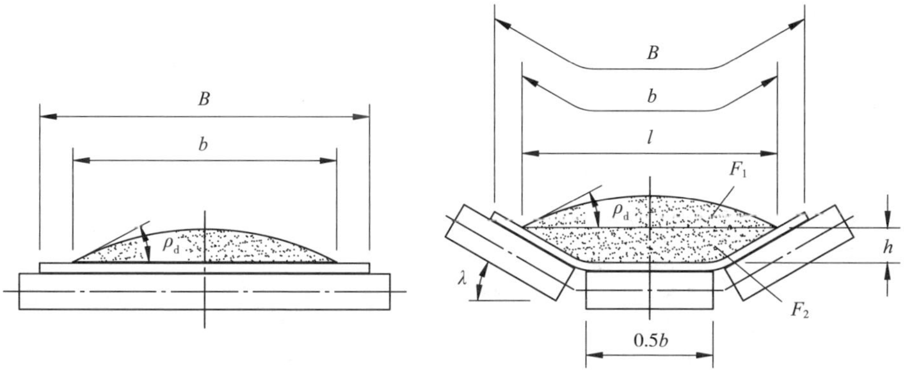

（1）　　　　（2）

图 1-45　输送带上物料堆积横截面形状

（1）平直托辊支承　（2）三节槽形托辊组支承

2. 槽形输送带的物料横截面积

当输送带为三节槽形托辊组支承时，承载物料的横截面可看成由两部分组成：上部的抛物线弓形（横截面积 F_1）和下部的梯形（横截面积 F_2），如图 1-45（2）所示。设输送带的有效宽度为 b，槽形托辊组侧辊倾角为 λ，中间托辊长度近似取 $0.5b$。则物料横截面的最大宽度 l 为：

$$l = 0.5b + (b - 0.5b)\cos\lambda = 0.5b(1 + \cos\lambda)$$

物料横截面积 F 为：

$$F_1 = \frac{1}{6} \cdot l^2\tan\rho_d = \frac{(0.5b)^2}{6}(1 + \cos\lambda)^2\tan\rho_d$$

$$F_2 = \frac{0.5b + l}{2} \times h = \frac{0.5b(2 + \cos\lambda)}{2} \times \left(\frac{b - 0.5b}{2}\sin\lambda\right) = \frac{(0.5b)^2}{4}(2 + \cos\lambda) \cdot \sin\lambda$$

$$F = F_1 + F_2 = \frac{(0.5b)^2}{6}(1 + \cos\lambda)^2\tan\rho_d + \frac{(0.5b)^2}{4}(2 + \cos\lambda) \cdot \sin\lambda$$

$$= \frac{1}{48}[2(1 + \cos\lambda)^2\tan\rho_d + 3(2 + \cos\lambda) \cdot \sin\lambda]b^2$$

$$= K_{槽} \cdot b^2 - K_{槽}(0.9B \quad 0.05)^2 \tag{1-38}$$

式中 λ——槽形托辊侧辊倾角；

$K_{槽}$——称为槽形带的物料断面系数。

b、ρ_d 同前。

3. 带式输送机质量生产率 Q 按式（1-39）计算

上面计算仅是物料横截面积的理论值，实际上物料的横截面积还要受输送机的倾斜度、输送带运行稳定性、输送带槽形变化、加料效果等因素的影响，这些影响在计算中可用折减系数代替。所以，带式输送机质量生产率 Q 按式（1-39）计算：

$$\begin{aligned} Q &= 3600F \cdot v \cdot \gamma_0 \cdot C \cdot \psi \\ &= 3600K(0.9B - 0.05)^2 \cdot v \cdot \gamma_0 \cdot C \cdot \psi \end{aligned} \tag{1-39}$$

式中 K——物料断面系数。为计算方便，K 的值可从表 1-12 查得；

B——输送带宽度，m；

v——输送带运行速度，m/s；

γ_0——物料容重，t/m^3；

C——倾角系数，见表 1-13；

ψ——装载系数，一般取 $\psi=0.8\sim0.9$。

表 1-12 平形和三托辊槽形输送带物料断面系数 K

侧辊倾角 λ	物料动堆积角 ρ_d										
	10°	12.5°	15°	17.5°	20°	22.5°	25°	27.5°	30°	32.5°	35°
	物料断面系数 K										
0（平形带）	0.0294	0.0369	0.0447	0.0525	0.0607	0.0690	0.0777	0.0868	0.0962	0.1062	0.1167
20°	0.0905	0.0976	0.1048	0.1123	0.1199	0.1278	0.1359	0.1444	0.1533	0.1627	0.1726
30°	0.1151	0.1217	0.1284	0.1353	0.1424	0.1497	0.1572	0.1651	0.1733	0.1820	0.1911
35°	0.1254	0.1316	0.1380	0.1445	0.1512	0.1582	0.1654	0.1728	0.1807	0.1889	0.1976
45°	0.1410	0.1466	0.1522	0.1579	0.1638	0.1699	0.1763	0.1828	0.1897	0.1970	0.2047

注：动堆积角 ρ_d 可根据静堆积角 ρ。进行估算，即：$\rho_d = k\rho$。当带速 $v \leq 2.0$m/s 时，取 k = 0.8~0.65；当 v=2.5~3.15m/s 时，取 k=0.55~0.45；当 v=4.0~5.0m/s 时，取 k=0.35~0.25。

表 1-13 倾角系数 C

输送倾角 β	≤4°	6°	8°	10°	12°	14°	16°	18°	20°
倾角系数 C	1.00	0.98	0.96	0.94	0.92	0.90	0.88	0.85	0.81

四、确定输送带宽度

根据生产任务所要求的散料输送量 Q，在确定了带速 v 及输送机布置形式后，即可根据式（1-40）计算所需的带宽 B（m）：

$$B = 1.1\left(\sqrt{\frac{Q}{3600K \cdot v \cdot \gamma_0 \cdot C \cdot \psi}} + 0.05\right) \tag{1-40}$$

式中各符号的意义同前。

计算出的带宽 B 值，应圆整到带宽标准值。

输送粮包或其他成件物品时，输送带宽度应比物件的横向尺寸大 100~200mm。而且，物件在输送带上的压强应不大于 5kPa。

五、带式输送机驱动功率和输送带张力的计算

带式输送机驱动功率和输送带张力有多种计算方法，大致可分为：简易计算法、逐点张力计算法、阻力叠加法三类。这里仅介绍简易计算法和逐点张力计算法。

（一）简易计算法

1. 驱动滚筒轴功率 N_0 的计算

$$N_0 = (K_1 \cdot L_h \cdot v + K_2 \cdot L_h \cdot Q \pm 0.00273Q \cdot H)K_3K_4 + K_5v \quad (kW) \tag{1-41}$$

式中　$K_1 \cdot L_h \cdot v$——输送机空载运转所需功率，kW；

$K_2 \cdot L_h \cdot Q$——物料水平运行所需功率，kW；

$0.00273Q \cdot H$——物料垂直提升所需功率，kW。向上输送取“+”，向下输送取“-”；

Q——输送机生产率，t/h；

v——输送带运行速度，m/s；

L_h——输送机水平投影长度，m；

H——输送机垂直投影高度，m。有卸料小车时应加上卸料小车提升高度，见表 1-14；

K_1——空载运行功率系数，见表 1-15；

K_2——物料水平运行功率系数，见表 1-15；

K_3——附加功率系数，见表 1-17，K_3 是按有一个空段清扫器、一个弹簧清扫器、一个 3m 长的导料槽，并考虑了物料加速阻力求得的；

K_4——输送带改向功率系数，见表 1-18；

K_5——犁式卸料器功率系数，见表 1-19。

表 1-14　　卸料小车提升高度

带宽 B/mm	500	650	800	1000	1200	1400
提升高度/m	1.7	1.8	1.96	2.12	2.37	2.62

表 1-15　　空载运行功率系数 K_1 及物料水平运行功率系数 K_2

托辊阻力系数 ω			0.018	0.020	0.025	0.030	0.035	0.040
空载运行功率系数 K_1	输送带宽度 B（mm）	400	0.0046	0.0061	0.0064	0.0077	0.0089	0.0102
		500	0.0061	0.0067	0.0084	0.0100	0.0117	0.0134
		650	0.0074	0.0082	0.0103	0.0124	0.0144	0.0165
		800	0.0100	0.0110	0.0137	0.0165	0.0192	0.0220
		1000	0.0138	0.0153	0.0191	0.0229	0.0268	0.0306
		1200	0.0191	0.0212	0.0265	0.0318	0.0371	0.0424
		1400	0.0230	0.0255	0.0319	0.0383	0.0446	0.0510
物料水平运行功率系数 K_2			4.91×10^{-5}	5.45×10^{-5}	6.82×10^{-5}	8.17×10^{-5}	9.55×10^{-5}	10.89×10^{-5}

注：表中所含的托辊阻力系数 ω 见表 1-16。

表 1-16　　托辊阻力系数 ω

工作条件	槽形托辊 ω'	平直托辊 ω''
清洁、干燥	0.020	0.018
少量尘埃、正常湿度	0.030	0.025
大量尘埃、湿度大	0.040	0.035

表 1-17　　附加功率系数 K_3

输送机倾斜度	L_h								
	15m	30m	45m	60m	100m	150m	200m	300m	>300m
0	2.80	2.10	1.80	1.60	1.55	1.50	1.40	1.30	1.20
6°	1.70	1.40	1.30	1.25	1.25	1.20	1.20	1.15	1.15
12°	1.45	1.25	1.25	1.20	1.20	1.15	1.15	1.14	1.14
20°	1.30	1.20	1.15	1.15	1.15	1.13	1.13	1.10	1.10

注：β 为输送机总长的平均倾角。

表 1-18　　输送带改向功率系数 K_4

驱动滚筒类型	输送带改向形式			
	凸弧段	卸料小车	垂直张紧装置	增面轮
胶面滚筒	1.02	1.11	1.03	1.005
光面滚筒	1.03	1.16	1.10	1.014

注：一台输送机若具有上列的多个改向形式，K_4 应将各个值相乘。

表 1-19　　犁式卸料器功率系数 K_5

带宽 B/mm	500	650	800	1000	1200
K_5	0.3	0.4	0.5	1.0	1.4

2. 电动机功率的计算

$$N_{电} = K\frac{N_0}{\eta} \quad (\mathrm{kW}) \tag{1-42}$$

式中　K——电动机功率储备系数，取 1.0~1.2；

η——总传动效率，一般取 $\eta=0.88 \sim 0.94$。

3. 输送带最大张力的计算

表 1-20 列出了单滚筒驱动的带式输送机在不同布置形式下按不打滑条件和下垂度条件确定输送带最大张力的计算公式。按此两个条件计算出最大张力，选取其中较大者作为输送带的最大张力。式中系数 K_6、K_7、K_8、K_9 分别见表 1-21、表 1-22、表 1-23。

表 1-20　　最大张力计算式选择表

输送机布置形式	驱动位置 / 轴功率	头部驱动 $N_0 \geqslant 0$	头部驱动 $N_0 < 0$（下运）	尾部驱动 $N_0 \geqslant 0$	尾部驱动 $N_0 < 0$（下运）
输送带最大张力 S_{max}/N	按不打滑条件	$K_6 \frac{N_0}{v}$	$K_6 \frac{N_0}{v} + K_8 H$	$K_6 \frac{N_0}{v}$	
	按承载输送带下垂度条件	$K_7\gamma_0 \pm K_8 H + K_9 N_0$	$K_7\gamma_0 + K_8 H + K_9 N_0$	$K_7\gamma_0 + K_9 N_0$	$K_7\gamma_0 + K_8 H + K_9 N_0$

注：N_0——轴功率（kW）；v——输送带速度（m/s）；H——输送机垂直投影高度（m）；γ_0——物料容重（t/m^3）。“±”：向上输送取“+”，向下输送取“-”。

表 1-21　　系数 K_6

驱动滚筒形式	光面滚筒		胶面滚筒	
	环境干燥	环境潮湿	环境干燥	环境潮湿
系数 K_6	1543	4113	1428	1543

注：K_6 是以输送带在驱动滚筒上包角 200°、牵引力储备系数 1.3 计算得来的。

表 1-22　　系数 K_7、K_8

带宽 B/mm	300	400	500	650	800	1000	1200	1400
系数 K_7	1000	1600	2600	4300	5700	8800	12000	16000
系数 K_8	47	57	65	90	120	180	250	300

表 1-23　　系数 K_9

带速 v/(m/s)	0.8	1.0	1.25	1.60	2.00	2.50	3.15	4.00
系数 K_9	1280	1020	820	640	510	410	330	260

计算例题 1：根据给定的输送要求和工作条件确定带式输送机的输送带宽度，并用简易计算法计算输送机轴功率和输送带最大张力。

（1）已知条件

①输送小麦，输送量 $Q=650$t/h，带速 $v=2.5$m/s。小麦容重 $\gamma_0=0.75$t/m^3，在输送带上的动堆积角 $\rho_d=23°$；

②倾斜向上输送，输送机布置形式及尺寸如图 1-46 所示；

③工作环境：室内，干燥、灰尘较大；

④头部驱动（光面滚筒），头部卸料，尾部给料，尾部张紧。输送机设置刮板清扫器和空段清扫器，加料处导料板长 $L=3$m。

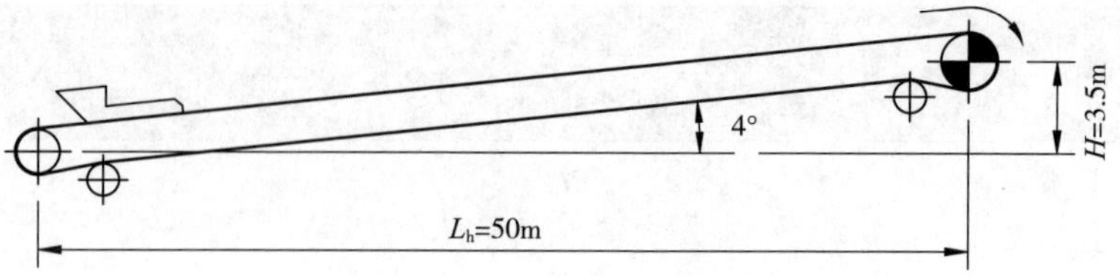

图 1-46　计算例题 1 附图

（2）计算步骤

①计算输送带宽度 B。

根据原始条件，选用三节槽形托辊组支承，取侧托辊倾角 $\lambda=45°$，则据式（1-40）：

$$B = 1.1\left(\sqrt{\frac{Q}{3600K \cdot v \cdot \gamma_0 \cdot C \cdot \psi}} + 0.05\right) \quad (\text{m})$$

查表 1-12，$K=0.1699$；查表 1-13，$C=1.0$；取 $\psi=0.85$。则：

$$B = 1.1\left(\sqrt{\frac{650}{3600 \times 0.1699 \times 2.5 \times 0.75 \times 1.0 \times 0.85}} + 0.05\right) = 0.953 \quad (\text{m})$$

参考输送带宽度系列，选带宽 $B=1000\text{mm}$。

②计算驱动滚筒轴功率 N_0。

按式（1-41）：

$$N_0 = (K_1 \cdot L_h \cdot v + K_2 \cdot L_h \cdot Q \pm 0.00273Q \cdot H)K_3K_4 + K_5v$$

查表 1-16，$\omega=0.030$；查表 1-15，$K_1=0.0229$，$K_2=8.17\times10^{-5}$；查表 1-17，用插入法求得 $K_3=1.43$；查表 1-18，增面轮 $K_4=1.014$；无犁式卸料器，$K_5=0$。将所查取数值及已知参数代入上式，得：

$$\begin{aligned} N_0 &= (0.0229 \times 50 \times 2.5 + 8.17 \times 10^{-5} \times 50 \times 650 + 0.00273 \times 650 \times 3.5) \times 1.43 \times 1.014 + 0 \\ &= 17.0 \quad (\text{kW}) \end{aligned}$$

按式（1-42）：$N_{电} = K\dfrac{N_0}{\eta}$

取电机储备系数 $K=1.05$，传动效率 $\eta=0.98\times0.96\times0.94=0.88$（驱动滚筒效率 0.98，液力耦合器效率 0.96，二级齿轮减速器效率 0.94），则：

$$N_{电} = 1.05 \times \frac{17.0}{0.88} = 20.28 \quad (\text{kW})$$

根据电动机规格系列，选配功率 22kW。

③计算输送带最大张力 S_{max}。

查表 1-20，按不打滑条件，$S_{max} = K_6\dfrac{N_0}{v}$

按下垂度条件，$S_{max} = K_7\gamma_0 \pm K_8H + K_9N_0$

查表 1-21，$K_6=1543$；查表 1-22，$K_7=8800$，$K_8=180$；查表 1-23，$K_9=410$，则：

按不打滑条件，$S_{max} = 1543 \times \dfrac{17.0}{2.5} = 10492 \quad (\text{N})$

按下垂度条件，$S_{max} = 8800 \times 0.75 + 180 \times 3.5 + 410 \times 17.0 = 14200 \quad (\text{N})$

经比较，输送带最大张力为 $S_{max} = 14200$（N）。

（二）逐点张力计算法

逐点张力计算法的基本方法和步骤是：将输送带沿着前进路线划分为直线、弧线、改向等若干个区段，并对所有的区段之间衔接点（称为特征点）编号。然后从驱动滚筒的绕出点开始，沿输送带运行方向依次计算各个区段的运行阻力，并将阻力逐段累加，即可得到输送带在各个特征点的张力。根据输送带在驱动滚筒绕入点、绕出点的张力，可求出输送带所需的牵引力、所需的电动机功率。

1. 输送带运行阻力的计算

（1）直线区段与凹弧区段运行阻力　输送带在直线或凹弧区段托辊上的运行阻力包括：①运动阻力 P_1（包括托辊轴承摩擦阻力、输送带与托辊接触的压陷阻力、输送带在两托辊间下垂引起的弯曲阻力等）；②重力阻力 P_2（倾斜输送时输送带和物料重力在斜面上的分力）。其中运动阻力的大小与作用在托辊轴颈上的正压力近似呈正比关系，二者之比称为托辊阻力系数，用 ω' 来表示。

如图 1-47 所示，设输送带单位长度的质量为 q_0，物料单位长度的质量为 q，托辊转动部分折合到单位长度的质量为 q'。该区段作用在所有托辊轴颈的正压力有：

$$\text{输送带与物料重力：} N_1 = (q_0 + q)g \cdot L \cdot \cos\beta$$

$$\text{托辊转动部分自重：} N_2 = q' \cdot g \cdot L$$

在倾斜区段，这两个力不在同一方向上。因输送机倾角 β 一般不大，为简化计算，可近似取 $N_2 \approx q' \cdot g \cdot L \cdot \cos\beta$ 并将二力相加。则该区段作用在托辊轴颈的总压力为：

$$N = (N_1 + N_2) = (q_0 + q + q')g \cdot L \cdot \cos\beta$$

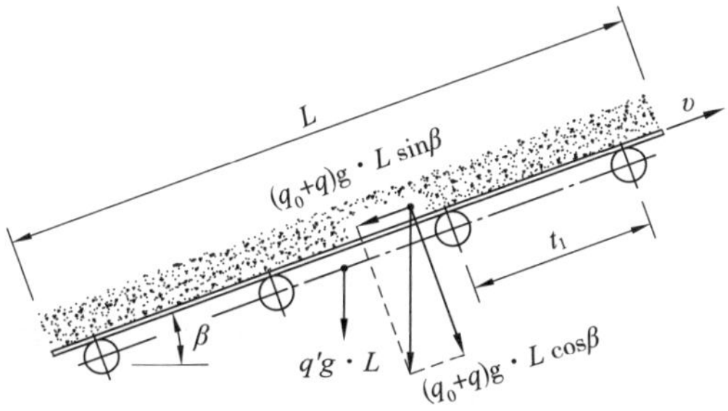

图 1-47　直线区段托辊受力图

因而，该区段输送带的运动阻力 P_1 为：

$$P_1 = N \cdot \omega' = (q_0 + q + q')g \cdot L \cdot \omega' \cdot \cos\beta$$

而输送带和物料的重力在斜面方向上的分力 P_2 为：

$$P_2 = (q_0 + q)g \cdot L \cdot \sin\beta$$

所以承载分支直线段运行总阻力 W_1（N）为：

$$\begin{aligned} W_1 &= P_1 + P_2 = (q_0 + q + q')g \cdot L \cdot \omega' \cdot \cos\beta \pm (q_0 + q)g \cdot L \cdot \sin\beta \\ &= (q_0 + q + q')g \cdot L_h \cdot \omega' \pm (q_0 + q)g \cdot H \end{aligned} \tag{1-43}$$

式中　q_0——输送带单位长度的质量，kg/m；

q——带上物料单位长度的质量，kg/m；

q'——上托辊转动部分折合到单位长度的质量，kg/m。$q'=\frac{G'}{t_1}$，G'为每组上托辊（槽形托辊）转动部分质量，见表 1-24；t_1 为上托辊间距；

g——重力加速度，取 $g=9.81\text{m/s}^2$；

L_h——输送机直线段在水平方向的投影长度，m；

H——输送机直线段在竖直方向的投影高度，m；

ω'——槽形托辊阻力系数，见表 1-16；

±——向上输送时取"+"号，向下输送时取"-"号。

表 1-24　托辊转动部分质量　单位：kg

托辊形式		带宽 B/mm							
		300	400	500	650	800	1000	1200	1400
槽型托辊 G'	铸铁座	6.8	8.1	12	12	14	20	25	27
	冲压座	5.2	6.2	8	9	11	17	20	22
	全塑料	—	—	3.5	3.7	4.2	6.0	6.8	7
平直托辊 G''	铸铁座	5.8	6.8	8	10	12	17	20	23
	冲压座	4.9	5.9	7	9	11	15	18	21
	全塑料	—	—	2	2.2	2.8	4.0	4.6	5.2

用同样的计算方法，可求得空载分支输送带运行阻力 W_2（N）为：

$$W_2=(q_0+q'')g\cdot L_h\cdot\omega''\pm q_0\cdot g\cdot H \tag{1-44}$$

式中　q''——下托辊转动部分折合到单位长度的质量，kg/m。$q''=\frac{G''}{t_2}$，G''为每组下托辊（平直托辊）转动部分质量，见表 1-24；t_2 为下托辊间距；

ω''——平直托辊阻力系数，见表 1-16；

±——向上运行时取"+"号，向下运行时取"-"号。

（2）凸弧区段运行阻力　凸弧区段的运行阻力，除了具有正常直线段所呈现的阻力外，还因为输送带两端的张力不在同一直线上，它们的合力形成了对托辊的压力，增加了托辊轴径上的力，从而增大了托辊的转动阻力。

如图 1-48 所示，凸弧段承载分支输送带运行阻力 W_3（N）为：

$$W_3=[S_i+(q_0+q+q')g\cdot R_2]\alpha\cdot\omega'\pm(q_0+q)g\cdot H \tag{1-45}$$

式中　S_i——输送带进弯处的张力，N；

R_2——凸弧段曲率半径，m；

α——凸弧段圆心角，rad；

H——凸弧段在竖直方向投影高度，m；

±——向上输送时取"+"号，向下输送时取"-"号。

对于无载分支，输送带运行阻力 W_4（N）为：

$$W_4=[S_i+(q_0+q'')g\cdot R_2]\alpha\cdot\omega''\pm q_0\cdot g\cdot H \tag{1-46}$$

式中各符号意义同前。

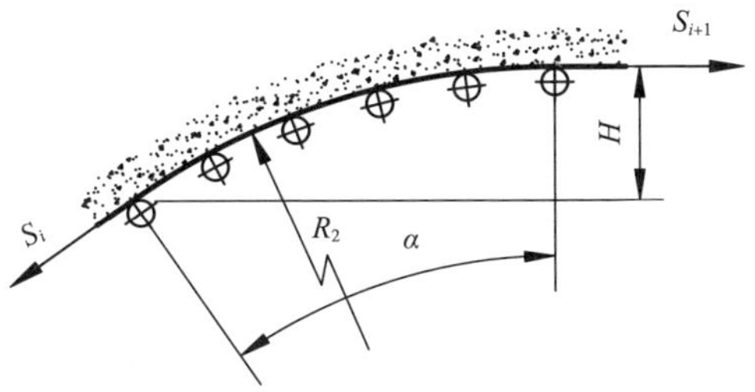

图 1-48　凸弧段运行阻力计算图

采用上述两式计算时比较费时。如欲简化，可按式（1-47）近似计算，取 $C=0.02$。但须将凸弧段的水平投影长度和竖直投影高度计入相邻的直线段。

（3）改向滚筒的运行阻力　该项阻力包括改向滚筒轴承摩擦阻力及输送带绕入、绕出滚筒时的僵性阻力。实验表明，输送带绕过改向滚筒时的运行阻力 W_5（N）大致与输送带绕入滚筒端的张力 S_i 成正比，即：

$$W_5 = C \cdot S_i \tag{1-47}$$

则输送带经过改向滚筒后，输送带绕出点的张力 S_{i+1}（N）为：

$$S_{i+1} = S_i + C \cdot S_i = (1 + C) \cdot S_i = K_T \cdot S_i \tag{1-48}$$

K_T 称为改向滚筒阻力系数，见表 1-25。

表 1-25　　改向滚筒阻力系数 K_T

输送带在滚筒上的包角 α	≈45°	≈90°	≈180°
阻力系数 K_T	1.02	1.03	1.04

输送带绕过驱动滚筒的阻力不再单独计算，而在驱动滚筒传动效率中加以考虑。

（4）加料处的阻力　输送带在加料处的阻力包括两个部分：物料加速时的惯性阻力 W_{6-1} 和导料板对物料、输送带的摩擦阻力 W_{6-2}。所以加料处的总阻力 W_6（N）为：

$$\begin{aligned} W_6 &= W_{6-1} + W_{6-2} \\ &= \frac{1}{2}q \cdot v^2 + 20.8B^2 \cdot l \cdot \gamma_0 \cdot g \end{aligned} \tag{1-49}$$

式中　q——单位长度物料的质量，kg/m；

v——输送带运行速度，m/s；

B——输送带宽度，m；

γ_0——物料容重，t/m³；

l——导料槽长度，m。

（5）卸料装置的阻力　卸料小车的运行阻力 W_7（N）按式（1-50）计算：

$$W_7 = 0.1S + q \cdot g \cdot H' \tag{1-50}$$

则输送带通过卸料小车后，输送带绕出点的张力 S_{i+1}（N）为：

$$S_{i+1} = 1.1S_i + q \cdot g \cdot H' \tag{1-51}$$

式中　S_i、S_{i+1}、H' 见图 1-49，H' 值见表 1-14。

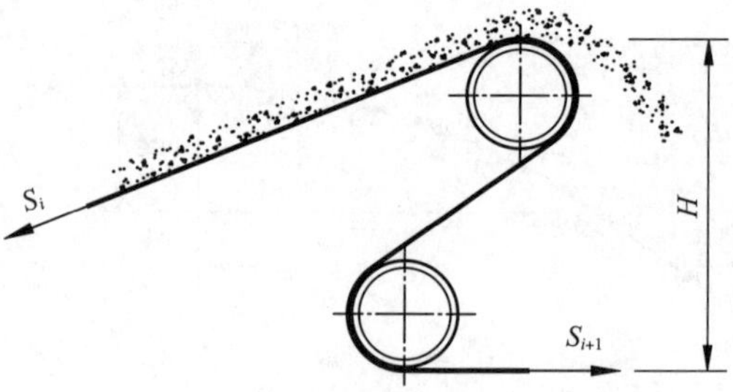

图 1-49 卸料小车阻力计算简图

犁式卸料器的运行阻力 W_8（N）按式（1-52）计算：

$$W_8 = \frac{1}{8}B \cdot q \cdot g + C \quad (1-52)$$

式中 C——与输送带宽度有关的附加犁头阻力，见表 1-26。

表 1-26 犁式卸料器犁头阻力

带宽/mm	500	650	800	1000	1200
犁头阻力/N	250	300	350	600	700

（6）清扫器阻力　各种类型清扫器的阻力 W_9（N）可按式（1-53）计算：

$$W_9 = K_q \cdot B \quad (1-53)$$

式中 B——输送带宽度，m；

K_q——清扫器阻力系数（N/m）。刮板清扫器取 $K_q = 700 \sim 1000$；旋转刷清扫器取 $K_q = 210 \sim 350$；空段清扫器取 $K_q = 200$。黏性物料取大值，非黏性物料取小值。

2. 输送带各特征点张力的确定

用前面的方法计算出了输送带各区段的运行阻力，即可计算各个特征点的张力。

如图 1-50 所示，对于任一区段的输送带，如果其后端的张力为 S_i，运行阻力为 $W_{i\sim(i+1)}$，则根据力的平衡原理，可计算出前进端的张力 S_{i+1}：

$$S_{i+1} = S_i + W_{i\sim(i+1)} \quad (1-54)$$

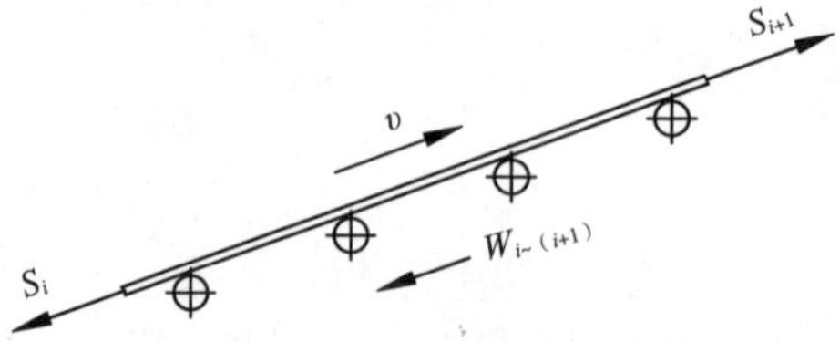

图 1-50 输送带受力平衡图

通常，逐点张力计算法的顺序是从驱动滚筒的绕出点开始，暂设此点的张力为 S_1，然后沿着输送带的运行方向依次计算各区段的运行阻力和各特征点的张力，最后得到输送带在驱动滚筒绕入点的张力 S_n 与绕出点张力 S_1 的函数关系式为 $S_n=f(S_1)$。再根据式（1-14）驱动滚筒正常工作的条件，便可得到求解 S_1 与 S_n 的方程组：

$$\begin{cases} S_n = f(S_1) \\ S_n = S_1 \cdot \left(\dfrac{e^{\mu \cdot \alpha} - 1}{K} + 1\right) \end{cases} \tag{1-55}$$

联立求解，求出 S_1 与 S_n 之值，即可逐点算出输送带在其余各特征点的张力。

上述张力是根据输送带不打滑条件计算得到的。此外输送带的张力还必须满足下垂度的要求，所以在各点张力计算之后还要进行下垂度的验算。如果最小张力不能满足下垂度的要求，则需将最小张力提高重新计算。

输送带全长的张力分布如图 1-51 所示。

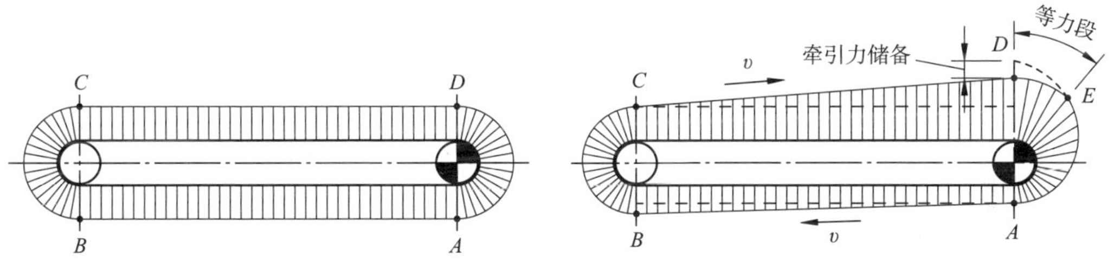

（1）　　（2）

图 1-51　输送带张力分布图

（1）输送带静止时的张力分布　（2）输送带运行时的张力分布

3. 功率计算

驱动滚筒驱动输送带运行所需的圆周力 P（N）为：

$$P = (S_n - S_1) + W_{清}$$

驱动滚筒所需的轴功率 N_0（kW）为：

$$N_0 = \frac{P \cdot v}{1000} = \frac{(S_n - S_1) + W_{清}}{1000} v \tag{1-56}$$

式中　$W_{清}$——头部清扫器阻力。

电动机功率可按式（1-42）计算。

计算例题 2：某粮食加工厂使用的一条带式输送机布置形式见图 1-52，试用逐点张力法计算输送带最大张力，并确定电机功率，校核输送带强度。

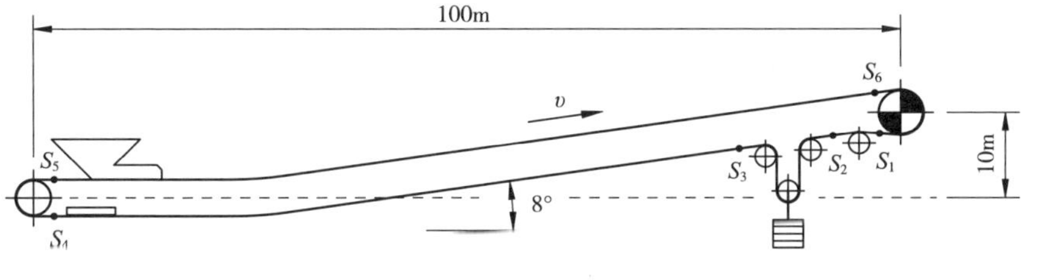

图 1-52　计算例题 2 附图

（1）已知条件

①输送稻谷，容重 $\gamma_0=0.56\text{t/m}^3$，输送量 $Q=85\text{t/h}$，带速 $v=2.0\text{m/s}$；

②输送带宽度 $B=500\text{mm}$，薄型输送带，CC-56 棉织帆布带芯，3 层帆布，上、下覆盖胶层厚度分别为 1.5mm、1.0mm；

③上托辊为三节槽形，托辊间距 $t_1=1.5\text{m}$；下托辊为平直形，间距 $t_2=2.5\text{m}$；

④尾部给料，头部卸料（胶面滚筒），加料区导料板长度 $l=2\text{m}$，设有空段清扫器；

⑤工作环境：室内工作，湿度大，空气含尘较多。

（2）计算步骤

①从驱动滚筒绕出点开始，将输送带分段并对各个特征点标注，如图 1-52 所示。

②基础数据计算。

单位长度物料质量：$$q=\frac{Q}{3.6v}=\frac{85}{3.6\times2.0}=11.8\quad(\text{kg/m})$$

单位长度输送带质量：$$q_0=1.2B(1.1i+\delta_1+\delta_2)$$
$$=1.2\times0.5\times(1.1\times3+1.5+1.0)=3.48\quad(\text{kg/m})$$

单位长度内托辊质量：查表 1-24，按冲压座，上托辊 $G'=8$（kg），下托辊 $G''=7$（kg），则：

$$q'=\frac{G'}{t_1}=\frac{8}{1.5}=5.3\quad(\text{kg/m})\qquad q''=\frac{G''}{t_2}=\frac{7}{2.5}=2.8\quad(\text{kg})$$

③计算各特征点的张力。

计算式	参数
$S_1=S_1$（N）	
$S_2=K_T\cdot S_1=1.02S_1$（N）	查表 1-25，$K_T=1.02$
$S_3=K_T\cdot S_2=(1.03\times1.04\times1.03)\times1.02S_1=1.13S_1$（N）	查表 1-25，三个滚筒的阻力系数分别为 1.03、1.04、1.03
$W_{3-4}=(q_0+q'')g\cdot L_h\cdot\omega''\pm q_0\cdot g\cdot H$ $=(3.48+2.8)\times9.81\times100\times0.035-3.48\times9.81\times10$ $=-125.76$（N）	$L_h=100\text{m}$，$H=10\text{m}$ 查表 1-16，上托辊 $\omega'=0.04$；下托辊 $\omega''=0.035$
$W_9=K_q\cdot B=200\times0.5=100$（N）	取 $K_q=200$
$S_4=S_3+W_{3-4}+W_9$ $=1.13S_1-125.76+100=1.13S_1-25.76$（N）	
$S_5=K_T\cdot S_4=1.04\times(1.13S_1-25.76)=1.18S_1-26.79$（N）	查表 1-25，$K_T=1.04$
$W_{5-6}=(q_0+q+q')g\cdot L_h\cdot\omega'\pm(q_0+q)g\cdot H$ $=(3.48+11.8+5.3)\times9.81\times100\times0.04$ $+(3.48+11.8)\times9.81\times10$ $=2306.53$（N）	
$W_6=\frac{1}{2}q\cdot v^2+20.8B^2\cdot l\cdot\gamma\cdot g$ $=\frac{1}{2}\times11.8\times2^2+20.8\times0.5^2\times2\times0.56\times9.81$ $=80.7$（N）	
$S_6=S_5+W_{5-6}+W_6$ $=(1.18S_1-26.79)+2306.53+80.7$ $=1.18S_1+2360.44$（N）	

将 S_6 计算式与驱动滚筒正常工作条件［式（1-14）］联立可得方程组：

$$\begin{cases} S_6 = 1.18S_1 + 2360.44 \\ S_6 = S_1 \cdot (\dfrac{e^{\mu \cdot \alpha} - 1}{K} + 1) \end{cases}$$

查表 1-10，胶面滚筒摩擦因数 $\mu = 0.35$；输送带对滚筒包角 $\alpha = 200° = 3.49$ rad；取牵引力储备系数 $K = 1.5$。解方程组得：

$S_1 = 1668.16$（N）

$S_2 = 1701.52$（N）

$S_3 = 1885.02$（N）

$S_4 = 1859.26$（N）

$S_5 = 1941.64$（N）

$S_6 = 4328.87$（N）

④验算输送带下垂度。

根据式（1-28），输送带承载分支最小张力应满足（按下垂度 2%计算）：

$$S_{\min上} \geqslant 6.25(q_0 + q)g \cdot t = 6.25 \times (3.48 + 11.8) \times 9.81 \times 1.5 = 1405.28(\mathrm{N})$$

承载分支最小张力 $S_5 = 1941.64$（N）> 1405.28（N），满足要求。

⑤验算输送带强度。

根据输送带强度计算式（1-1）：

$$S_{\max} \leqslant \frac{B \cdot i \cdot \sigma}{m}(\mathrm{N})$$

查表 1-2，得 $\sigma = 56$N/（mm·层）；查表 1-3，取 $m = 8$。则：

$$\frac{B \cdot i \cdot \sigma}{m} = \frac{500 \times 3 \times 56}{8} = 10500(\mathrm{N})$$

$S_{\max} = S_6 = 4328.87$（N）$< \dfrac{B \cdot i \cdot \sigma}{m} = 10500(\mathrm{N})$，输送带强度足够。

⑥计算电动机功率。

驱动滚筒轴功率：

$$N_0 = \frac{(S_n - S_1) + W_{清}}{1000}v = \frac{4328.87 - 1668.16 + 0}{1000} \times 2.0 = 5.32(\mathrm{kW})$$

电动机功率：

$$N_{电} = K\frac{N_0}{\eta}(\mathrm{kW})$$

取电机储备系数 $K = 1.05$，传动效率 $\eta = 0.88$（如前，含液力耦合器），则电动机功率：

$$N_{电} = 1.05 \times \frac{5.67}{0.88} = 6.35(\mathrm{kW})$$

根据电动机规格系列，选配功率 7.5kW。

第五节　气垫带式输送机

气垫带式输送机简称气垫机，是 20 世纪 70 年代由荷兰研制的一种新型带式输送设备。

我国于20世纪80年代引入该技术，并在20世纪80年代中期自行制造了第一台带宽为1m的样机用于煤矿，从此拉开了气垫输送机在我国推广应用的序幕。

一、气垫带式输送机的原理和特点

气垫带式输送机是用直长、连续的实体槽支承输送带，并在实体槽与输送带之间鼓入空气，利用空气薄层（称为“气垫”）将输送带浮起，因而称为气垫带式输送机。其结构是：在输送带下面沿输送带长度布置一条通长的气室，气室的横断面为“◡”形，上部的凹槽用以承托输送带，称为“盘槽”。由离心鼓风机向气室鼓气，空气从盘槽的气孔溢出，在盘槽与输送带之间形成厚度很小并具有一定压力的气膜（即气垫），将输送带托起。气膜厚度一般不超过1mm。其工作原理如图1-53所示。

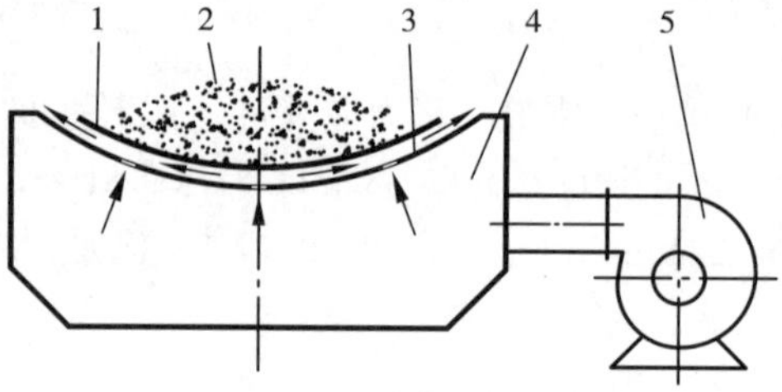

图1-53　气垫带式输送机工作原理图

1—输送带　2—物料　3—气室盘槽　4—气室　5—风机

与托辊带式输送机相比，气垫带式输送机具有以下优点。

①结构简单：气垫带式输送机用实体盘槽作为支承装置，节省了大量的托辊，减少了运转部件，设备投资少，维修费用低。

②运行平稳、工作可靠：输送带在连续、平直的盘槽内滑行，在加料对中的前提下输送带不会出现跑偏、撒料或输送带撕裂现象，且适合正、反方向的变向输送。

③输送量大：由于输送带运行平稳，因而可以采用更高的输送带速度，并增加物料在输送带上的堆积体积，提高输送机的输送量。

④运行阻力小：输送带浮在气垫上滑行，运行阻力比托辊支承小得多，因此可降低动力消耗，减轻输送带磨损，减小输送带的张力。动力消耗可降低10%～20%，输送带寿命可提高50%。

⑤输送倾角大：稳定、无振动的运行可以使输送机的允许最大倾角提高3°～5°。

⑥便于密闭输送：可方便地在承载分支上方加装防雨罩，避免粉尘飞扬，并可在露天环境使用。

气垫带式输送机的缺点是：不能输送沉重的块料和硬包装货件；抗横向力能力差，要求加料必须对中，否则输送带会跑偏；输送带水的湿物料时容易造成盘槽气孔堵塞。

二、气垫带式输送机应用范围

气垫带式输送机广泛用于煤炭、电力、化工、粮食、港口和建材等行业，输送容重不大于2.5t/m^{3}的各种粉状、粒状和粒度不大的块状物料。当采用浅槽形盘槽（盘槽角$\lambda<45°$）

时，也可以输送软包装的成件物品；采用深槽形盘槽（盘槽角 $\lambda \geqslant 45°$）时，则更适宜输送粉状和易流动的散状物料。适用的工作环境温度为-25~40℃。

气垫带式输送机可以水平输送、倾斜输送，也可以作凸弧或凹弧转向输送。倾斜输送时，不同物料允许的输送最大倾角见表 1-27。

表 1-27　各种物料允许的最大输送倾角

物料种类	物料名称	允许的最大输送倾角/（°）	物料种类	物料名称	允许的最大输送倾角/（°）
袋装物料	亚麻和黄麻袋子	18~20	散状物料	新木屑	21
	纸制袋子	15~17		铁矿石	21~24
	玉米	19		原煤或焦炭	21~24
散状物料	小麦、大米	18		干砂	19
	土豆	16		湿砂	23~28
	盐	23		水泥	18~23
	化肥	15~18		碎石和烁石	19~24

输送散状物料时，允许的物料粒度取决于带宽、带速、盘槽槽角和输送倾角，也取决于大块物料出现的频率。各种带宽适用的物料最大粒度见表 1-28。输送成件物品时，要求货件在输送带上的压强不大于 5kPa。

表 1-28　各种带宽适用的物料最大粒度

带宽/mm	500	650	800	1000	1200	1400
最大粒度/mm	100	150	200	300	350	350

对于长度很短的输送机，或者是沿全长具有多个加料点或卸料点的输送机，因气室短、加料或卸料点多，不宜采用气垫带式输送机。

三、气垫带式输送机的型式与规格

气垫带式输送机按照固定方式分为固定式和移动式两大类。按照气室的配置形式不同，分为半气垫型和全气垫型两类，如图 1-54（1）（2）所示。半气垫型是上分支（承载分支）输送带采用气垫支承，下分支用托辊支承。该结构使用最广泛，主要适用于室内和有输送走廊的场合。全气垫型是上、下分支输送带均用气垫支承，它能充分体现气垫机的优点。但设备造价较高，重量较重。

无论半气垫型还是全气垫型，其上部气室均可根据需要加装防尘或防雨罩（即封闭型），如图 1-54（3）所示。用于防尘时，应在密闭的防尘罩上部外接吸尘管道。

气垫带式输送机的布置形式与托辊带式输送机一样，可以水平布置、倾斜布置、水平转倾斜或者倾斜转水平等。

按 JB/T 7854—2008《气垫带式输送机》行业标准规定，气垫带式输送机的基本规格如表 1-29 所示。

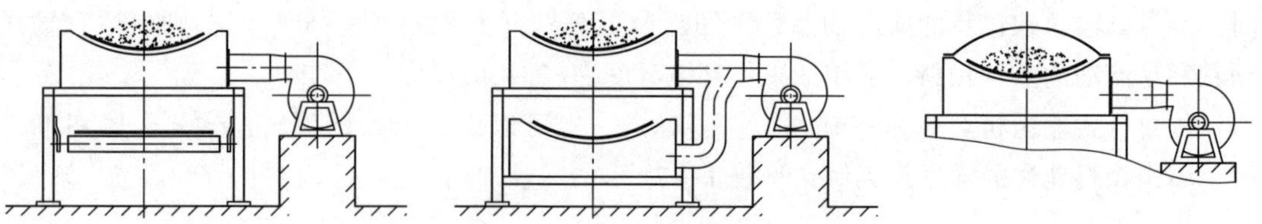

图 1-54 气垫带式输送机的类型

（1）半气垫型 （2）全气垫型 （3）封闭型

表 1-29 气垫带式输送机的基本参数

带宽/mm	300，400，500，650，800，1000，1200，1400，1600，1800，2000，2200，2400
名义带速/（m/s）	0.25，0.315，0.4，0.5，0.63，0.8，1.0，1.25，1.6，2.0，2.5，3.15，4.0，4.5，5.0，5.6，6.3
滚筒直径/mm	200，250，315，400，500，630，800，1000，1250，1400，1600，1800
托辊直径/mm	63.5，76，89，108，133，159，194，219

四、气垫带式输送机的构造与构件

气垫带式输送机总体结构如图 1-55 所示，主要由输送带、驱动滚筒、改向滚筒、供气装置（鼓风机）、气室、托辊、加料装置、卸料装置、张紧装置、清扫装置以及机架、安全保护装置等部件组成。

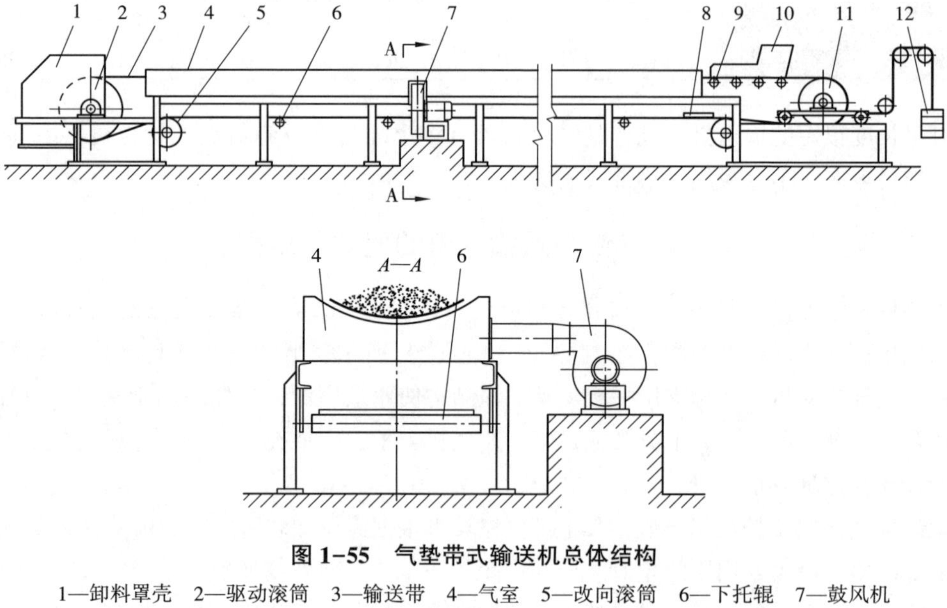

图 1-55 气垫带式输送机总体结构

1—卸料罩壳 2—驱动滚筒 3—输送带 4—气室 5—改向滚筒 6—下托辊 7—鼓风机 8—空段清扫器 9—缓冲托辊 10—加料斗 11—尾部滚筒 12—张紧重锤

气垫带式输送机的整体构造、大多数构件与托辊带式输送机相同，在此仅介绍气垫带式输送机的专用构件。

1. 气室

气室的作用是通过盘槽的气孔向输送带下面供气并形成气垫，支承输送带及物料，是输送机的重要部件。气室是由薄钢板折弯成形后焊接而成，或者用螺栓连接而成。气室的断面形状有多种样式，有矩形、梯形、月牙形、双圆弧形、折边双圆弧形等，见图 1-56。矩形和梯形气室成型容易、制造简单，但底板刚度较差，而且耗材较多，适宜用于带宽为 300~650mm 的小型输送机。带宽为 800mm 以上的输送机宜采用底板为弧形或折边弧形的气室。

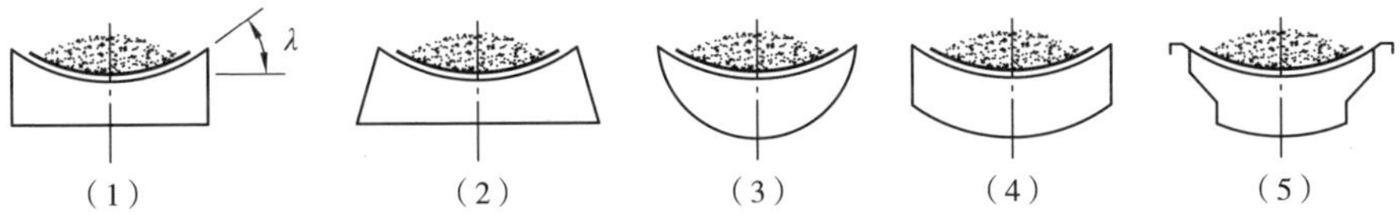

图 1-56　气垫带式输送机气室断面形状

(1) 矩形　(2) 梯形　(3) 月牙形　(4) 双圆弧形　(5) 折边双圆弧形

盘槽是气室的关键构件，其形状结构对气垫的形成、空气流量及输送机的生产能力有直接的影响。盘槽的断面形状有圆弧形、直边圆弧形、抛物线形、椭圆弧形等。从理论上讲，盘槽断面的曲线形状应该是底部半径小，两侧半径逐渐变大，至边缘变为直线，这种形状符合输送带横向弯曲时的形变规律，所以比较而言直边圆弧形和抛物线形更为合理。其中直边圆弧形因易于加工、输送带随形性好、承载物料断面较大而广泛应用。气室盘槽边缘倾角 λ（简称“盘槽角”）有 20°、25°、30°直至 60°多种规格。通常来讲，盘槽角越大，输送带上装料的断面积越大，输送能力越高。但盘槽角超过一定值时输送量反而下降，较为常用的盘槽角为 30°~45°。

盘槽气孔（也称节流孔）必须保证能在盘槽与输送带之间形成稳定、均匀的气垫。按照气垫带式输送机最初的理论，气孔应该是沿盘槽底部中心线的一条狭缝，气体从狭缝吹出后沿弧形盘槽向两侧扩散，最后排入大气。但这样的狭缝在制造上难以做到，变通的办法是以间隔的小孔代替。目前普遍采用的气孔是直径 2~5mm（有的大至 8mm）的圆孔，按一定规则在盘槽上布置。孔的形状可做成上小下大的锥形孔，以降低被杂物堵塞的可能性。气孔的布置方式有多种，归纳起来可分为四类：单排孔、中央集中布孔、均匀布孔、渐变布孔，如图 1-57 所示。

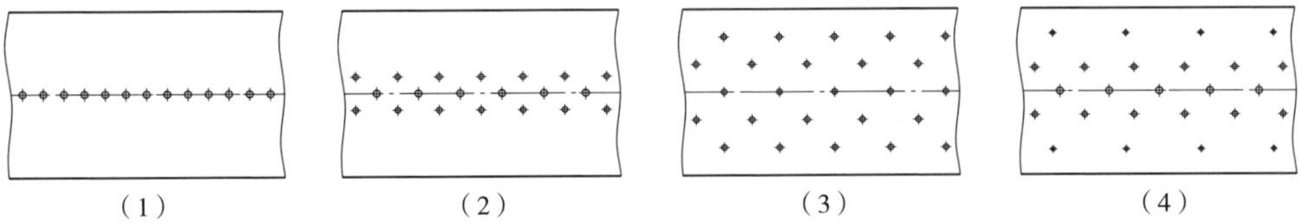

图 1-57　盘槽气孔布置方式

(1) 单排孔　(2) 中央集中布孔　(3) 均匀布孔　(4) 渐变布孔

单排孔是在槽底中心线上密集布置一排圆孔或长形孔；中央集中布孔是在槽底中央区域集中布置数排圆孔；均匀布孔是在盘槽整个宽度上均匀布置大小相等的孔；渐变布孔是槽底中部气孔较密或者孔径较大，向两侧逐渐变稀或者孔径逐渐减小。各种布孔方式在实践中均有应用，而渐变布孔使用效果更佳。均匀布孔时，气孔的排距和孔距为70~200mm，开孔率在0.25‰~1‰。集中布孔的孔距则要小得多。

由于输送机线路较长，气室需要分节制造，安装时通过焊接或者螺栓法兰连接在一起。气室标准节长度一般为3m或4m，非标准节为2m、2.5m、3.5m。对于输送机的凹弧段，由于弧形气室较难加工，可用直线气室进行拼接，以折线代替弧线，每节气室长度1m，相邻两节气室的转角1°~2°。凸弧段不宜使用气室支承。

2. 供气装置

供气装置是向气垫带式输送机供气的组合体，它由鼓风机、风管、调节阀门以及消声器等组成。鼓风机采用的是离心式通风机，气垫带式输送机专用的机型有5-48、5-50、6-27、6-41、7-36系列，也可以选用9-19、9-26、CQ等系列。各种风机所能提供的风量、风压不同，可根据设计计算的风量、风压值进行匹配选择。

通风机一般安装在输送机整体气室的中部。长度在120m以下的输送机，可采用一台风机供风；长度较大的输送机，可选用多台风机供风，一般可按每100m布置一台风机。风机的安装位置一般选择在输送机侧面，将风机安放在固定的基础上，功率较小的风机也可以通过落地支架安装在输送机上方。风机可从气室的一侧或两侧向气室供气，气室的进风口应适当加大，以减轻气室内进风口处的气旋涡流。

为消除风机噪声，需要安装消声器或隔音箱。消声器水平布置，装在风机进风口，功率小于5.5kW的风机可以不加消声器。当风机功率较大时，机械振动噪声也大，应考虑选用隔音箱，将整个通风机罩住，此时不再配置消声器。

3. 加料装置

气室是用薄钢板制成，不能承受大负荷的冲击，所以当物料落差较大且物料的粒度和容重也较大时，加料处输送带下面要采用缓冲托辊支承。此处需要将气室断开，通过旁通管将断开的气室连接起来。如果物料落差不超过2m，而且物料粒度不大于50mm时，则可直接在气室上加料。

加料最好采用供料器给料，或者设置进料导管或导槽，使物料下落的方向与输送带运行方向一致，并且对准输送机的中心线，以免因加料不正使输送带跑偏和撒料。加料流量允许有10%的上下波动，即使短时间中断加料，气垫带式输送机仍能正常运行。

加料点不能设在曲线段，最好设在水平段，也可设在倾斜段。设计大倾角的输送机时，应尽量将加料段设在水平段。

4. 中间卸料装置

气垫带式输送机中间卸料采用固定式犁式卸料器，一般是将卸料处的气室断开，用可变槽角的托辊支承，也可采用盘槽角较小（15°~20°）的特殊气室支承。断开的气室用旁通管连接。适用于带速2.5m/s以下、物料粒度50mm以下的输送机。

5. 托辊

气垫带式输送机所用的托辊与普通带式输送机完全相同，主要用于半气垫型空载分支支承以及承载分支特殊位置的支承。特殊位置除了前面所述的加料段、卸料段外，还有凸弧段和头尾过渡段。

在凸弧段，因为输送带两端的张力不在一条直线上，张力的合力会对气室产生额外的压力，致使气垫无法形成，造成输送带与盘槽的“干”摩擦，所以凸弧段通常要用托辊支承。

但如果弧段的转弯半径很大，则仍可使用气室支承。使用托辊支承时，前后断开的气室可用旁通管连接或者用两台风机分别供气。

在头尾过渡段，输送带在滚筒处是平面形状，在气室盘槽上为圆弧状，因此在头、尾滚筒与气室端部之间有一段过渡段。过渡段不适合用气室支承，应布置2~3组槽角不同的托辊组支承过渡。

五、气垫带式输送机的设计与计算

1. 带速的确定

气垫带式输送机可采用较高的带速，常用带速为0.8~5m/s，最高可达到7m/s。选择带速的基本原则是：

(1) 输送小颗粒的、易流动的、不怕破碎的物料，应选择高带速。

(2) 水平的、距离较长的输送机，应选择较高的带速；输送机倾角越大、输送距离越短，则所选带速应越低。

(3) 输送粉尘量很大的物料时，应选择低带速，可取0.5~1.0m/s。

(4) 采用犁式卸料器的输送机，带速应不超过2.5m/s。

(5) 输送成件物品时，带速应不超过1.25m/s。

2. 输送带运行阻力的计算

气垫带式输送机输送带运行阻力的计算方法与前面讲的托辊带式输送机完全相同，仅仅是气垫支承的阻力系数与托辊支承不同。槽形托辊的阻力系数为0.02~0.04，而气垫支承阻力系数仅为0.006~0.012。通过逐点张力法计算输送带运行阻力，可最终求出输送带各点张力、最大张力、以及所需的驱动功率，此处不再赘述。

3. 鼓风机压力和风量的计算

(1) 空气在气室内的压力

$$H_0 = (1+\varepsilon)\left(\frac{1}{s_0}q_0 + K\frac{1}{s}q\right)\cdot g\ (\mathrm{N/m^2}) \tag{1-57}$$

式中 s_0——输送带成槽后的弦长，m。可通过计算或作图获得，也可近似取值：盘槽角为30°~60°时，弦长 $s_0 \approx$ (0.96~0.83) B，槽角小者取大值，B 为带宽；

s——输送带上物料的横断面弦长（图1-58），m。算法同上；

q_0——每米长度输送带的质量，kg/m；

q——每米长度物料的质量，kg/m；

K——与盘槽角等有关的系数，1.00~1.30；

ε——压力系数，一般取0.6~0.8；

g——重力加速度，取 g=9.81m/s^2。

则所需鼓风机风压：

$$H_{风} = (1.1 \sim 1.2)H_0\ (\mathrm{N/m^2}) \tag{1-58}$$

式中 1.1~1.2为风机储备系数。

(2) 气室全长所需风量

$$Q_0 = 3600 \times \left[\frac{\delta^3 \sin\lambda(B^2\gamma_0 + 0.0698\lambda q_0)}{6\mu_a B^2}\right] L\cdot Y\cdot g\ (\mathrm{m^3/h}) \tag{1-59}$$

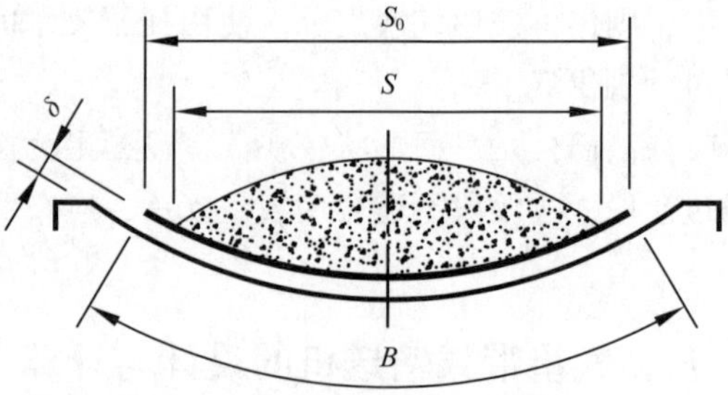

图 1-58 输送带与物料弦长

式中 δ——输送带边缘气膜厚度，m。气膜厚度通常小于 1mm，一般取 0.4~0.8mm；

λ——盘槽角，（°）；

B——带宽，m；

γ_0——物料容重，kg/m^3；

μ_a——气室内空气的动力黏度，$\mu_a=1.85\times10^{-5}Pa\cdot s$；

L——气室长度，m；

Y——与带宽等有关的系数，$Y=1.0\sim1.12$。

q_0、g 意义同前。

则所需鼓风机风量：

$$Q_{风} = (1.1 \sim 1.2)Q_0\ (m^3/h) \tag{1-60}$$

式中 1.1~1.2——风机储备系数。

空气在气室内流动时会产生一定的压降，但压降很小，可在风机储备系数中予以考虑，不再单独计算。

第六节 其他型式的带式输送机

一、封闭单托辊带式输送机

封闭单托辊带式输送机是将输送带、托辊安装于矩形横断面的机壳内，以达到密闭、防尘的目的，如图 1-59 所示。为便于更换和维修，承载分支的托辊没有采用传统的两节或三节槽形托辊组，而是用的线轴形单托辊，其轴承被固定于机壳两侧壁的外侧。而空载分支不用托辊支承，直接让输送带沿机壳底部滑行。线轴形托辊虽然构造简单，但转动时中部细腰的线速度和两端挡圈的线速度不一致，必然产生与输送带之间的滑动摩擦，造成输送带、托辊磨损以及动力消耗增加。由于结构的特点，中间卸料装置多数采用犁式卸料器，但也有用双滚筒卸料的。这种输送机最初由美国布鲁克公司（BROCK）制造，2005 年引入我国。国产化以后逐渐在国内推广，目前单机最大产量达到 1200t 小麦/h，总体效果不错。

封闭单托辊带式输送机输送能力见表 1-30。

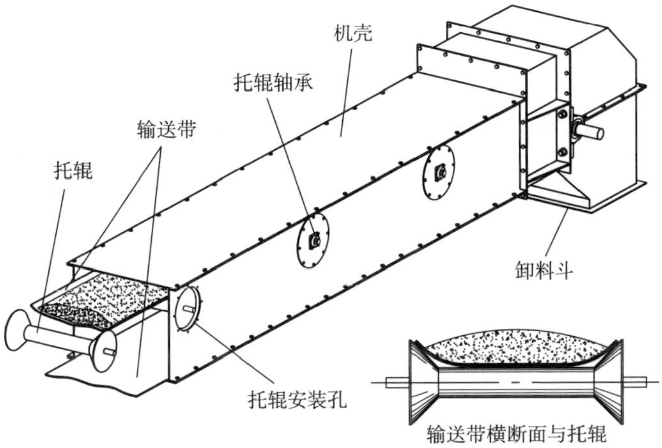

图 1-59 封闭单托辊带式输送机

表 1-30 封闭单托辊带式输送机输送能力 单位：t/h

带速/(m/s)	带宽/mm					
	500	650	800	1000	1200	1400
1.6	90	175	275	450	660	920
2	120	220	340	560	825	1150
2.5	150	270	430	700	1030	1435
3.15	—	—	540	880	1300	1800

注：表中输送能力值是以小麦计算（$\gamma_0=0.75t/m^3$）。

二、移动式带式输送机

如图 1-60 所示，移动式带式输送机是在普通带式输送机的基础上，增加了移动装置和机身俯仰装置，可以随用随挪，用于车站、码头、仓库、建筑工地、料场等场合，完成散料、成件物品的输送、入仓、堆垛、装卸车等作业。由于重量和体积限制，机身不能做得太大，一般长度为 5~15m（长的有 18~20m），输送带宽度 400~800mm，带体较薄，滚筒直径相应较小。输送带承载分支常为较浅的槽形，输送成件物品也可采用平形。带速通常为 1~2.5m/s，包、散两用的输送机也可将带速设计成快、慢两种速度。此外，如果根据使用需要再增加水平回转、升降、伸缩功能，则成为回转（也称转向）带式输送机、升降带式输送机、伸缩带式输送机。

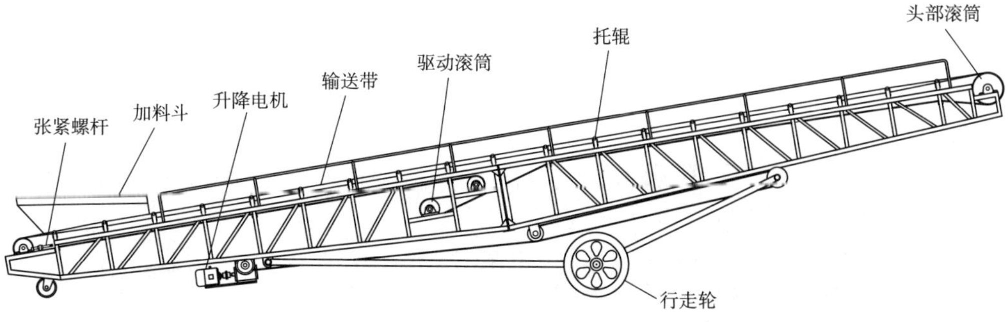

图 1-60 移动式带式输送机

各种规格移动式带式输送机输送能力见表 1-31。

表 1-31　　移动式带式输送机的输送能力　　单位：m^3/h

带速/（m/s）	带宽/mm				机身长度/m	机身最大倾角
	400	500	650	800		
1.0	39	66	119	187	5~20m	≤24°
1.25	49	82	149	234		
1.6	63	105	190	300		
2.0	78	132	238	374		
2.5	98	165	297	468		

注：表中的输送量是在输送机倾斜角 15°、托辊槽角 20°、物料动堆积角 23°时的计算值。

三、“U”形带式输送机

“U”形带式输送机是利用 3 个或 5 个普通托辊组成的托辊组，将输送带横断面托举成“U”形，可算作是最深的槽形，如图 1-61 所示。由于输送带横向尺寸变小，输送机可以在水平面以一定的曲率半径转弯。“U”形横断面还能够增加输送带的装载量，提高输送机的输送量，并且有利于提高输送机的爬坡能力。

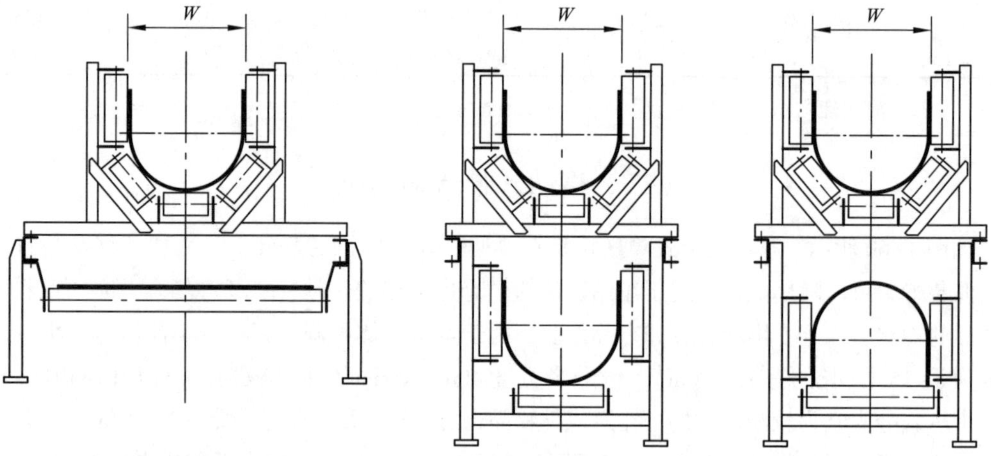

（1）　　（2）　　（3）

图 1-61　“U”形带式输送机

（1）空载分支为平直形　（2）空载分支为正“U”形　（3）空载分支为反“U”形

U 形带式输送机输送能力见表 1-32。

表 1-32　　U 形带式输送机输送能力　　单位：m^3/h

带宽 B/mm	开口尺寸 $W=B/2$ 带速 v/（m/s）							开口尺寸 $W=B/3$ 带速 v/（m/s）						
	1	1.25	1.6	2	2.5	3.15	4	1	1.25	1.6	2	2.5	3.15	4
650	198	248	317	396				97	121	155	194			

续表

带宽 B/mm	开口尺寸 W=B/2							开口尺寸 W=B/3						
	带速 υ/(m/s)							带速 υ/(m/s)						
	1	1.25	1.6	2	2.5	3.15	4	1	1.25	1.6	2	2.5	3.15	4
800		386	494	616	771	970			197	252	315	393	496	
1000			789	986	1233	1553				403	503	629	792	
1200			1154	1442	1803	2271	2884			592	740	925	1166	1480
1400			1587	1984	2480	3124	3968			813	1016	1271	1601	2032
1600			2089	2612	3264	4113	5224			1100	1376	1720	2167	2752
1800				3326	4157	5238	6652				1752	2190	2760	3504
2000				4126	5157	6498	8252				2165	2706	3410	4330

注：表中 B 为输送带宽度。

四、管状带式输送机

如图 1-62 所示，管状带式输送机是利用 6 个或 8 个普通托辊组成的环形托辊组，将输送带卷成圆管状，物料被包围在圆管状的输送带内，实现了密闭输送。同时圆管状的输送带增大了与物料间的摩擦力，因此，可以进行较大倾角的输送（可达 30°左右）。同“U”形带一样，较小的横向尺寸允许输送机在水平面以一定的曲率半径转弯。但这种输送机的托辊组结构复杂，输送带运量小，其输送能力仅为同等带宽普通带式输送机的 1/3。

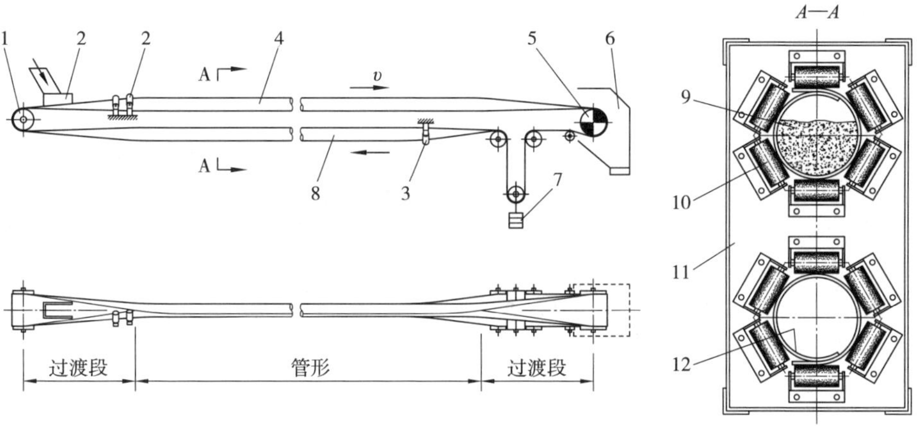

图 1-62　管状带式输送机

1—尾部滚筒　2—导料槽　3—压边辊　4—管状承载分支　5—驱动滚筒　6—卸料斗　7—张紧装置　8—空载分支　9—物料　10—托辊　11—机架中间框架　12—输送带

管状带式输送机的主要参数见表 1-33。

表 1-33　　管状带式输送机的主要参数

管径/mm	大致带宽/mm	输送截面积/m^2	最大带速/(m/s)	输送能力/(m^3/h)	物料最大粒度/mm
150	550	0.013	2.0	94	50
200	750	0.023	2.0	165	70
250	900	0.037	2.5	333	80
300	1100	0.053	2.5	477	100
350	1300	0.072	3.0	777	120
400	1450	0.094	3.15	1065	130
500	1800	0.147	3.75	1985	160
600	2200	0.212	4.0	3053	200
700	2550	0.288	4.5	4666	250
850	3100	0.426	5.0	7668	300

五、吊挂管状带式输送机

吊挂管状带式输送机是将装有物料的输送带卷起后用吊具夹住并吊在空中，吊具沿架设在空中的轨道运行，实现物料的输送，如图 1-63 所示。吊挂管状带式输送机的特点是：①封闭输送，物料不受环境的影响；②爬坡能力大，输送倾角比普通带式输送机大 20°以上；③输送线路可水平转弯；④输送机中部没有托辊，因而可以不设输送机通廊，并且便于跨过道路、河流、建筑物等。

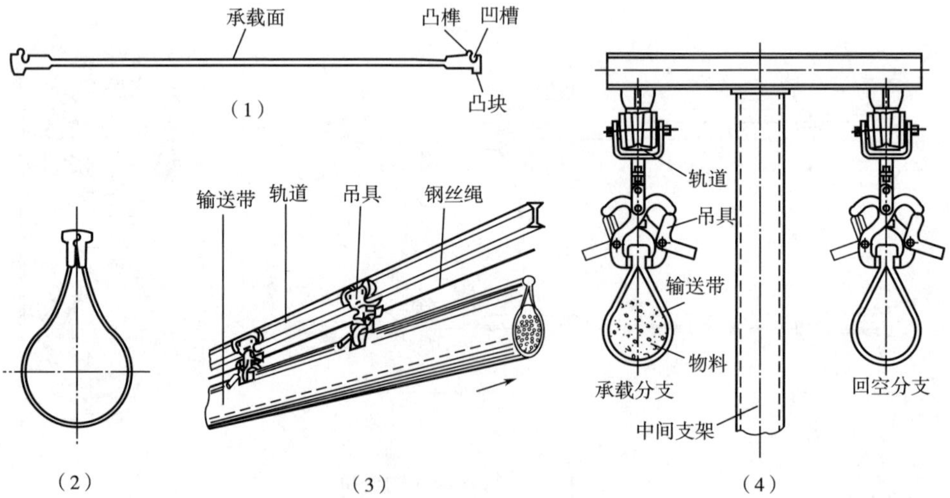

图 1-63　吊挂管状带式输送机

(1) 展平的输送带　(2) 卷起的输送带　(3) 输送带被吊起　(4) 输送机中段断面图

吊挂管状带式输送机的主要参数见表 1-34。

表 1-34　　吊挂管状带式输送机的主要参数

带宽/mm	不同带速（m/s）时的输送能力/（m^3/h）				允许的物料粒度/mm		在水平面内的曲率半径/m
	0.8	1.0	1.25	1.6	均匀时	不均匀时	
600	36	45	56	70	40	90	30
750	60	75	94	117	50	112	37.5
900		119	149	186	60	135	45
1050		174	217	271	70	157	52.5
1200			290	363	80	180	60
1400			396	496	100	210	70

六、波形挡边带式输送机

波形挡边带式输送机是采用特制的波形挡边带以实现物料大倾角输送，如图 1-64 所示。波形挡边带是以普通的织物芯橡胶带或钢绳橡胶带作为基带，在其承载面的两侧粘上一定高度（80~400mm）、呈波浪形的橡胶挡边，并在两条挡边之间每隔一定距离固定一块横隔板，形成许多个可装载物料的格室。这种输送机可实现大倾角输送甚至垂直提升散料，最大提升高度可达 200m，其最大输送量可达 2500m^3/h。其缺点是：输送带使用寿命比普通平面输送带要短；卸料后输送带表面黏附的物料难以清扫，只能依靠专门的振打装置进行振动清理。

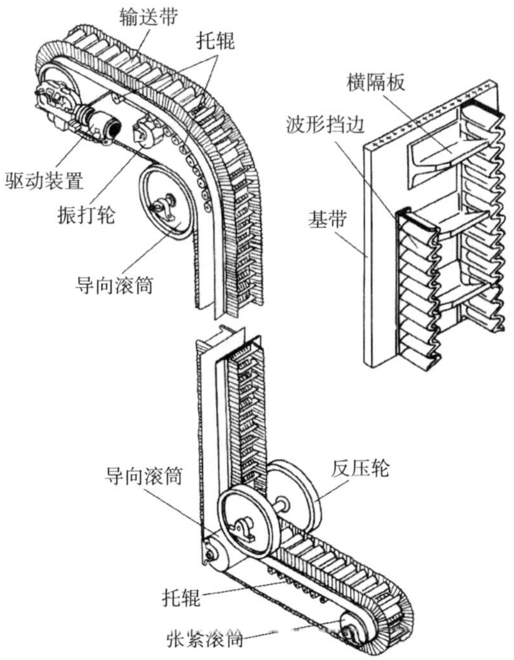

图 1-64　波形挡边带式输送机

波形挡边带式输送机的主要参数见表 1-35。

表 1-35　　波形挡边带式输送机的主要参数

项目		带宽/mm																	
		500						650						800					
挡边高度/mm		80		100		125		100		125		160		125		160		200	
横隔板间距/mm		126	252	126	252	252	378	126	252	252	378	252	378	252	378	252	378	252	378
输送能力/（m^3/h）	倾角 β= 90°	14	7	20	10	15	10	29	14	21	14	35	23	25	16	40	27	66	44
项目		带宽/mm																	
		1000						1200						1400					
挡边高度/mm		200		240		300		240		300		400		240		300		400	
横隔板间距/mm		252	378	378	504	420	588	378	504	420	588	420	588	378	504	420	588	420	588
输送能力/（m^3/h）	倾角 β=30°	274	217	305	244	372	302	380	303	518	421	720	640	487	390	664	539	923	821
	倾角 β=90°	99	66	99	74	128	92	123	92	178	128	295	211	158	118	229	164	379	270

注：输送能力按带速 v=1m/s 计算。

七、压带式输送机

压带式（也称夹带式）输送机是利用两条平行相对的输送带将物料夹在中间进行大倾角或垂直向上的输送，如图 1-65 所示。两条输送带一条为承载带，一条为覆盖带，通过机械压力或气体压力将覆盖带压在承载带上。如果输送成件物品，覆盖带可采用具有延弹性的带子，以适应不同货物的尺寸变化。压带式输送机可实现垂直向上输送，输送带运行速度可达 6m/s，输送能力可达 4000t/h ，最大提升高度 175m，广泛应用于煤炭、粮食工业以及港口装、卸船等场合。压带式输送机的缺点是结构复杂，能耗高，输送带磨损快。

美国大陆输送机设备公司生产的几种压带式输送机参数见表 1-36。

表 1-36　　美国大陆输送机设备公司生产的压带式输送机参数

序号	带宽/mm	带速/（m/s）	输送物料	输送量/（t/h）	输送倾角/（°）	提升高度/m	长度/m	驱动功率/kW 上带	驱动功率/kW 下带
1	914	2.03	木屑	65.3	90	15.5	31.4	7.5	7.5
2	1 219	2.03	木屑	173	53	32.6	49.3	22.4	22.4
3	1 372	2.79	精煤	726	90	76.2	90.2	112	112
4	1 372	3.56	原煤	1 089	65	30.7	44.2	93.2	93.2
5	1 524	0~6.1	多种	~2903	30~60	7.9~19.5	35	75	112
6	1 829	4.57	煤	2 903	35	29	61.9	149	224
7	1 829	4.06	谷物	1 361	90	22	181	112	112
8	2 000	2.67	铜矿石	4 000	35.5	93.5	173.7	450	900

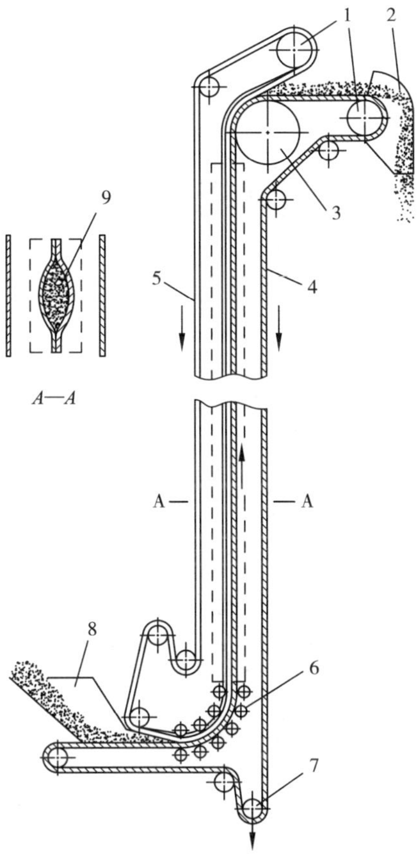

图 1-65 压带式输送机

1—驱动滚筒 2—卸料斗 3—改向滚筒 4—承载带 5—覆盖带 6—边辊 7—张紧滚筒 8—供料装置 9—被运物料

第二章 埋刮板输送机

CHAPTER 2

第一节 概述

埋刮板输送机是输送粉状、颗粒状及小块状等散状物料的连续输送设备，被广泛用于化工、建材、冶金、电力、粮食、轻工等行业。埋刮板输送机在工作时，因其刮板链条的有载分支被埋在物料中与物料一起形成整体连续的料流向前移动，故称为埋刮板输送机。

一、埋刮板输送机的一般结构

埋刮板输送机是由封闭断面的壳体、刮板链条、驱动装置及张紧装置等部件组成。图 2-1 是水平埋刮板输送机的结构图。埋刮板输送机工作时，物料从进料口进入机壳底部，受到刮板链条的推力，与刮板链条形成整体一同向前移动。到了卸料口处，物料依靠自重从机壳排出，刮板链条则沿机壳上部的导轨返回。驱动装置的作用是将电动机的动力传递给刮板链条，张紧装置的作用是保持刮板链条具有一定的初始张紧力。

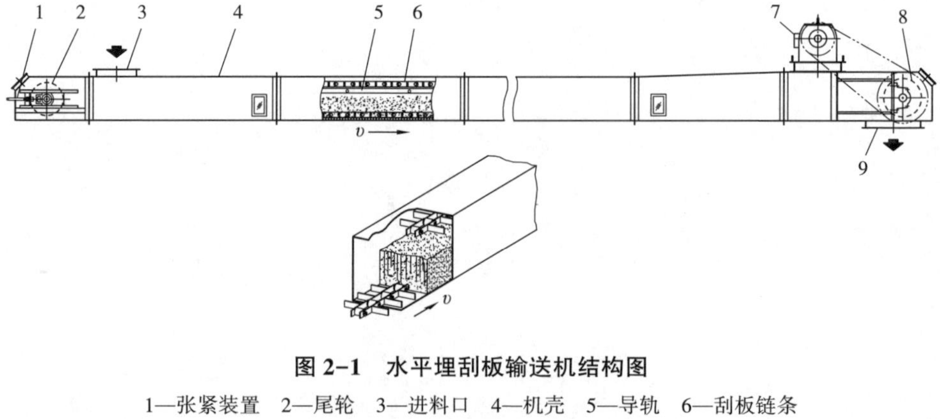

图 2-1 水平埋刮板输送机结构图

1—张紧装置 2—尾轮 3—进料口 4—机壳 5—导轨 6—刮板链条

7—驱动装置 8—头轮 9—出料口

二、埋刮板输送机的类型

埋刮板输送机有多种型式，可根据不同的原则加以分类。

1. 按用途和使用范围分类

按用途和使用范围可分为普通型和特殊型。普通型埋刮板输送机用于输送一般性能的粉尘状、小颗粒状和小块状物料，能够在-25℃～80℃的环境下安全可靠的工作。特殊型埋刮板输送机用于输送有某种特殊性能的散状物料，例如，用于输送高温物料的热料型（物料温度为120～450℃）、用于输送有毒性渗透性物料的气密型（例如，油脂加工厂浸出车间对含溶剂湿粕的输送）、用于输送磨琢性物料的耐磨型。此外，还有用于输送粮食类物料的粮食专用型，用于输送腐蚀性很强物料的耐腐蚀型（机槽内喷镀或涂覆耐腐材料或采用不锈钢制造），为港口设计的各种专用埋刮板输送机（例如，埋刮板卸船机）等。特殊型与普通型的输送原理完全相同，只是在普通型的基础上，突出地发展了某一方面的优点，使之更加适应某种或某类物料的输送，以满足其特殊要求。

根据其对物料特性的适应性，埋刮板输送机可分为5种类型。各种类型和其所适应的物料种类见表2-1。

表2-1 埋刮板输送机的类型及其所适应的物料种类

类型	普通型	热料型	高温型	耐磨型	气密型
代号	—	R	—	M	F
适用物料	常用物料	120～450℃	450～850℃	磨琢性物料	有毒性或渗漏性物料

注：高温型埋刮板输送机的代号在最新的国家标准（GB/T 10596—2021）中未做规定。

2. 按结构和布置型式分类

按布置型式可分为标准布置型式和非标准布置型式。标准布置型式又称基本布置型式，其工艺布置方式和零部件结构均已规范化。非标准布置型式多是根据用户的工艺要求单独设计，但要求与标准布置型式的差别不能太大，且要尽量选用标准零部件。埋刮板输送机按结构分为6种型式，其型式和代号如表2-2所示，结构和布置型式见图2-2。这6种标准布置型式主要用于普通型埋刮板输送机，特殊型埋刮板输送机的标准布置型式较少，例如热料型只有水平布置型式。

表2-2 埋刮板输送机的型式和代号（按结构和布置型式）

型式	水平型	垂直型	Z型	平面环型	立面环型	扣环型
代号	S	C	Z	P	L	K
倾斜角度 β	0～25°	0～90°	60°～90°	—	—	60°～90°

（1）水平型（MS型） 水平型埋刮板输送机如图2-3所示，主要用来进行水平或小倾角的输送作业。一般情况下，其安装倾角为$0 \leqslant \beta \leqslant 15°$，在采用特殊设计时，倾角$\beta$可达到30°。单台输送机的输送长度可达80～120m，机槽宽度从120mm到1250mm共11种规格，最大输送量可达1200m^3/h，可十分方便地实现多点进料和多点卸料。

还有一种给料型（MG型）埋刮板输送机，其布置型式虽然与MS型相同，但其结构与

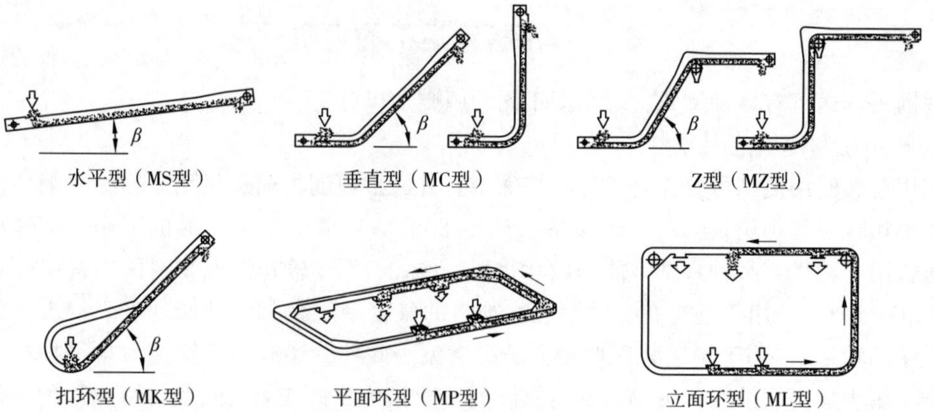

图 2-2　埋刮板输送机的结构和布置型式

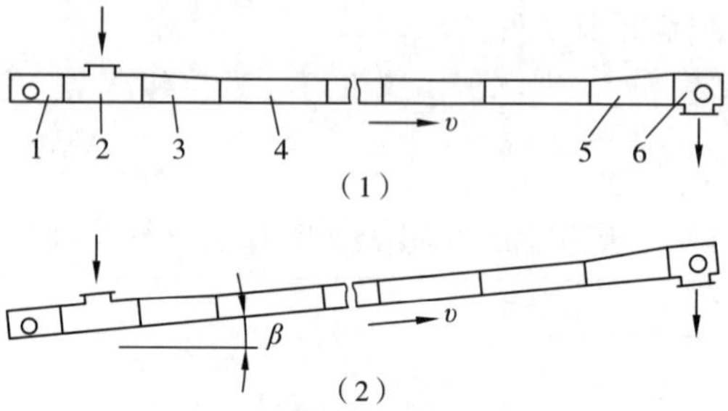

图 2-3　水平型（MS 型）埋刮板输送机

（1）水平布置　（2）倾斜布置

1—尾部　2—加料段　3，5—过渡段　4—水平中间段　6—头部

MS 型有区别，如图 2-4 所示。MG 型的中间段是上下隔离的槽体，或虽为一体但被整体隔板分为独立的上下两腔。物料首先进入上方机槽向一个方向输送，在适当的位置再落到下方机槽向反方向输送。在上方机槽的加料口处配备料层高度控制器，通过改变料层高度来调节输送量的大小，从而实现按需要给料的工艺要求。该机型的另一个特点是可利用一台设备同时输送几种物料，也可以进行混合输送。

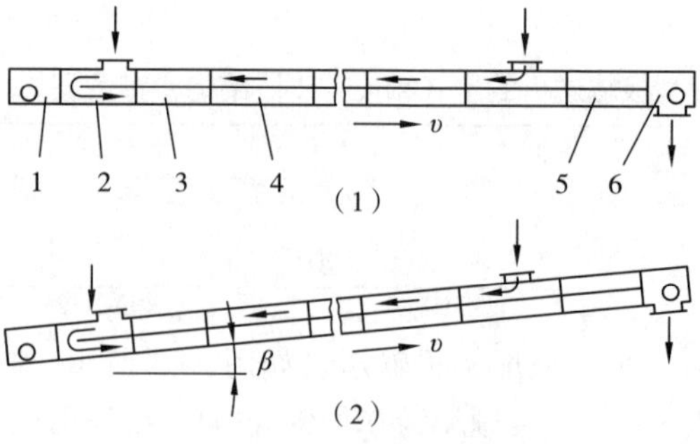

图 2-4　给料型（MG 型）埋刮板输送机

（1）水平布置　（2）倾斜布置

1—尾部　2—加料段　3，5—过渡段（有时可取消）　4—水平中间段　6—头部

（2）垂直型（MC 型）　垂直型埋刮板输送机如图2-5 所示，主要用来完成垂直提升或大倾角的输送作业，有 90°、75°、60°、45°、30°等 5 种标准布置倾角，使用最多的是 90°和 60°。单台输送机的物料提升高度可达 30~40m，机槽宽度自 120mm 到 630mm 共有 8 种规格，最大输送量可达 500m^3/h，可以实现多点进料，但无法实现多点卸料。

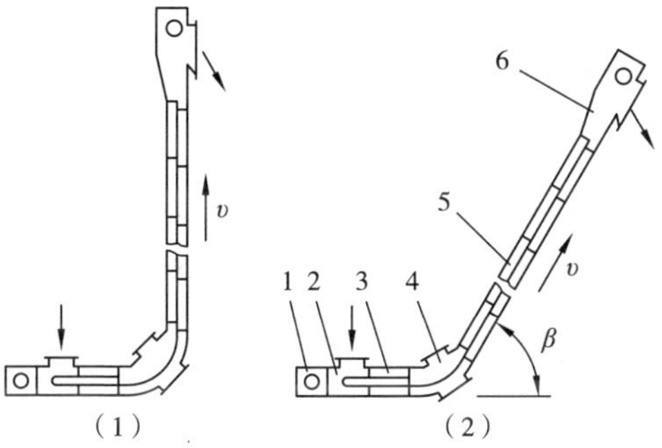

图 2-5　垂直型（MC 型）埋刮板输送机

（1）垂直布置　（2）倾斜布置

1—尾部　2—加料段　3—下水平段　4—弯曲段　5—垂直中间段　6—头部

（3）Z 型（MZ 型）　Z 型埋刮板输送机如图2-6 所示，主要用来完成“下水平-垂直提升或大倾角提升-上水平”的物料输送作业，其布置倾角为 60°≤β≤90°，β 小于 60° 较少见。其垂直提升高度一般不超过 20m，上水平段输送长度一般不超过 30m。由于输送路径较复杂，这种结构型式推荐用于输送 $\gamma_0 \leq 1t/m^3$ 的轻物料。MZ 型的槽宽规格从 120mm 到 630mm 共有 8 种，最大输送量可达 500m^3/h。在上水平段可以方便地实现多点卸料。其刮板型式为 V 型，采用内向布置。

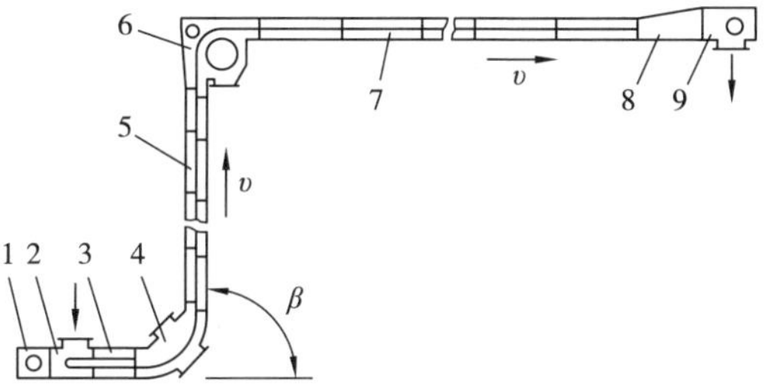

图 2-6　Z 型（MZ 型）埋刮板输送机

1—尾部　2—加料段　3—下水平段　4—弯曲段　5—垂直中间段

6—上回转段　7—上水平段　8—过渡段　9—头部

（4）扣环型（MK 型）　扣环型埋刮板输送机如图2-7 所示，与 MC 型有些相似，都是用来完成垂直提升或大倾角的输送作业，它有 90°、60°、45°和 30°等 4 种标准布置倾角，通常使用的倾角为 90°和 60°。它与 MC 型的区别在于，下部物料的入口处没有下水平段，而是一个 α=180°的弯曲段，在弯曲段最低点的部位加料。MK 型适用于工作场地十分狭窄，且无法容纳几米长的下水平段的场所，提升高度一般不超过 30m。本机型的槽宽规格及最大输送量与 MC 型相同。这种输送机无法实现多点加料，但能够直接插入料堆中自行取料，以适应港口卸船的要求。该机型多使用模锻链条和 V 型刮板，刮板链条采用外向布置。

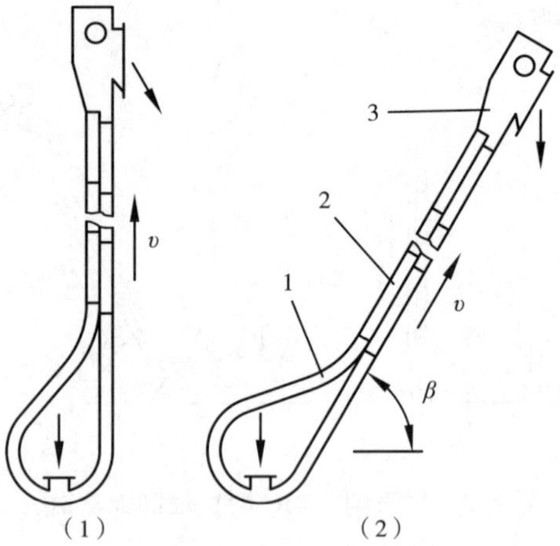

图 2-7 扣环型（MK 型）埋刮板输送机

（1）垂直布置 （2）倾斜布置

1—弯曲（加料）段 2—垂直中间段 3—头部

（5）平面环形（MP 型） 平面环形埋刮板输送机如图2-8 所示，能在一个水平面内完成输送作业。它由 4 个水平段、头部、尾部及两个平面回转段组成，刮板链条在一个水平面内形成封闭的链环，输送长度可达 100m 左右。其特点是：每一水平段都为水平布置，不允许有任何倾角；每一拐弯处的转角均为 90°，不能作其他角度的拐弯；每个平面回转段中都有导轮，轮上装有滚动轴承，以滚动摩擦代替滑动摩擦，降低运行阻力；各壳体的断面内只有一股单向运行的刮板链条，不像 MS 型、MC 型、MZ 型那样分有上下两腔，因此壳体高度较低，机槽内不需设回程导轨。刮板链条的张紧有两种方式，一种仍在尾部张紧，另一种是使用可调节的伸缩套筒。

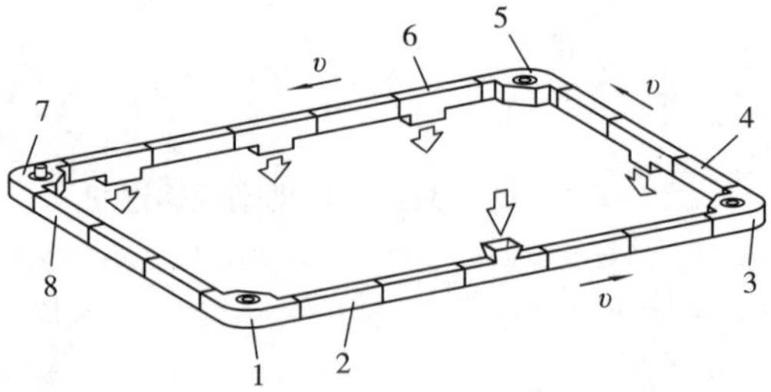

图 2-8 平面环形（MP 型）埋刮板输送机

1—尾部 2—第一水平中间段 3—第一回转段 4—第二水平中间段 5—第二回转段

6—第三水平中间段 7—头部 8—第四水平中间段

MP 型的槽宽规格从 120mm 到 1000mm 共有 10 种，最大输送量可达 1000m^3/h 以上。它可以十分方便地实现多点加料和多点卸料，用这种输送机作为平面型物料分配器最为合适。该机型只使用模锻链条和 L 型刮板，在输送机内相当于外向布置型式。

（6）立面环型（ML 型）　立面环型埋刮板输送机如图2-9 所示，能在一个垂直立面内完成物料输送作业。它由头部、垂直中间段、尾部、下水平段、弯曲段、上回转段及上水平段组成。物料自下水平段的某一位置进入机槽，经弯曲段转入垂直提升，通过上回转段后进入上水平输送，在上水平段的某一位置卸出物料，刮板链条在一个垂直的平面内形成封闭的链环。本机型的水平输送距离可达 30m，垂直提升高度可达 20m，每个转弯处的转角均为 90°。同 MP 型一样，它的壳体高度较低，壳体断面内只有一股单向运行的刮板链条，没有回程导轨，刮板链条的张紧装置只能设在尾部。

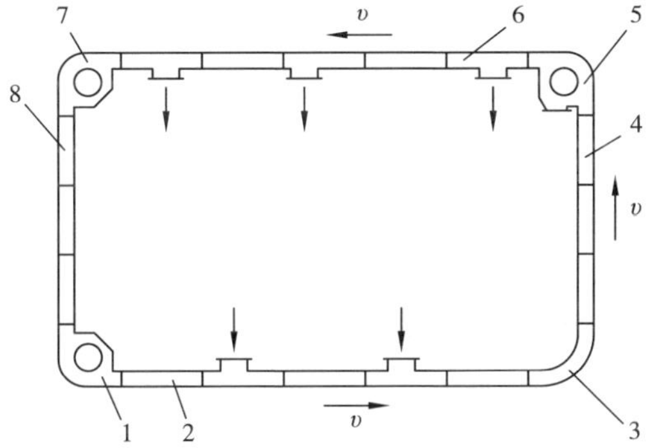

图 2-9　立面环型（ML 型）埋刮板输送机

1—尾部　2—下水平段　3—弯曲段　4、8—垂直中间段　5—上回转段　6—上水平段　7—头部

本机型的槽宽规格及最大输送量与 MC 型相同。在下水平段增设加料口及在上水平段增设卸料口，能实现多点加料及卸料。这种布置型式特别适合于多个料仓间的物料循环输送，可以完成物料的进仓、出仓、倒仓等多种作业。该机型多使用模锻链和 V 型及 O 型刮板，刮板链条在输送机中相当于外向布置型式。

3. 按固定方式分类

按固定方式可分为固定式和移动式埋刮板输送机。固定式埋刮板输送机的机体和驱动装置均与安装基础固接在一起，无法移动。移动式是在机体中部的适当部位安装一副行走轮，驱动装置安装在靠近头部的壳体上，使输送机可以行走。埋刮板输送机通常使用的是固定式，移动式较少见，只有机槽宽度较小、输送距离不长的水平型埋刮板输送机才采用移动式。

4. 按承载性质分类

按承载性质可分为重型和轻型，且分类的方法有两种，一种是按物料容重分：输送物料容重 $\gamma_0>1.0\text{t/m}^3$ 的为重型，输送物料容重 $\gamma_0\leqslant1.0\text{t/m}^3$ 的为轻型；另一种是按输送机的重量分：机体的钢板较厚，设备重量大的为重型，输送粮食类等轻物料时，机体钢板较薄，在相同输送长度或提升高度的情况下，设备重量减少约 1/3，这种产品为轻型。移动式及粮食专用型埋刮板输送机都属于轻型。

按照国家有关标准规定，埋刮板输送机的型号采用如下方式表示：

M　S　R　□
- □——主要规格：机槽宽度（cm）
- R——特性代号：R表示热料型。若为普通机型可不标注
- S——型式代号：S表示水平型
- M——种类代号：M表示埋刮板输送机

粮油工业中的埋刮板输送机，一般采用下列方式表示：

T　GS　S　□
- □——主要规格：机槽宽度（cm）
- S——型式代号：S——水平型，C——垂直型，Z——Z型
- GS——种类代号：GS表示刮板输送机
- T——专业代号：T表示粮油通用机械设备

三、埋刮板输送机的特点

埋刮板输送机的主要优点：使用范围广，输送物料的品种多，许多其他连续输送机械难以输送的物料都可以采用埋刮板输送机进行输送；密闭性能好，物料在封闭的机槽内输送，不抛撒，不泄漏，能防尘、防水、防毒、防爆，显著改善劳动条件，防止环境污染；工艺布置十分灵活，可用于各不同方向的物料输送；容易实现多点加料或多点卸料；体积小，占地面积小，可在比较狭窄的工作场地使用；输送过程中物料与刮板链条之间基本上无相对运动，故对物料的损伤小；安装容易，操作、维修方便，运行安全可靠。

埋刮板输送机的缺点：输送距离和提升高度有一定的限制；刮板链条与机槽的磨损较大，磨损部位主要是链条关节处、机槽底板及导轨，特别是输送磨琢性较大的粉尘状物料时磨损更为严重；功率消耗较大；不适于输送黏性大的、悬浮性大的、块度较大的及磨损性很大的物料。

埋刮板输送机的刮板链条衬板采用高分子聚合物制成，具有耐磨、减震、降低噪声等优点。采用电机和液力耦合器、减速机传动，能实现满载起动，具有过敏保护的功能。埋刮板输送机配有各种安全保护装置，如防堵开关、卸爆装置、失速传感器、尾端积料自动清理装置等，尽量避免发生事故或减少损失。

第二节　埋刮板输送机的主要构件

本节主要介绍 MS 型、MC 型、MZ 型三种最常用机型的主要构件。

一、刮板和链条

刮板和链条是埋刮板输送机的承载牵引构件，由许多链节通过销轴等零件连接而成。链节通常由不同型式的刮板和链条焊接或铆接而成，也有整体铸造的。根据机槽宽度、节距大小、承载能力及物料特性的不同，刮板和链条有各种不同的型式。

1. 刮板

埋刮板输送机的刮板型式很多，GB/T 10596—2021《埋刮板输送机》规定了刮板的 7 种

基本型式及其代号，见表 2-3。

表 2-3 刮板的基本型式及其代号

T 型	U 型	B 型	V 型	O 型	L 型	H 型

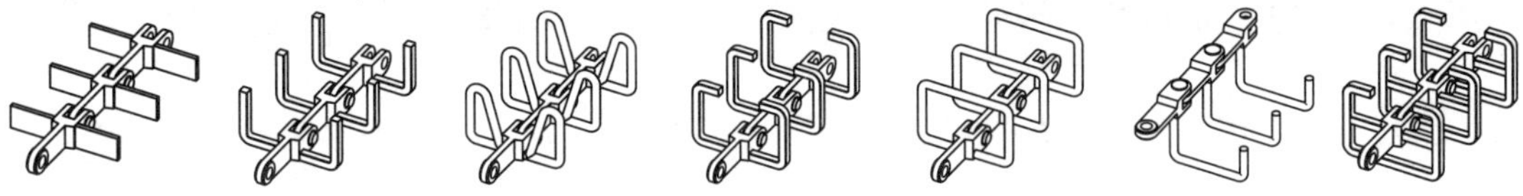

在生产应用中，根据输送机的机型、机槽宽度和物料性质的不同，各种刮板在上列基本型式的基础上，又可变化出不同的型式。常见的刮板型式如图 2-10 所示。

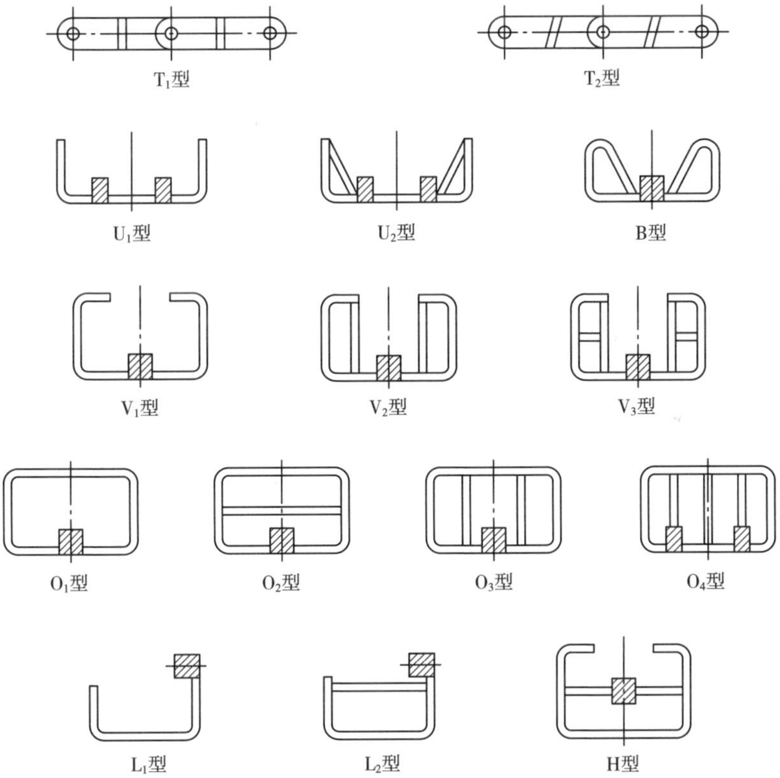

图 2-10 埋刮板输送机常见的刮板型式

T 型刮板的结构比较简单，常用于机槽宽度不大的水平型埋刮板输送机。U 型刮板用于机槽宽度较大的水平型埋刮板输送机，它的输送能力较 T 型强。B 型刮板具有更强的输送能力，可用于倾角较大的水平型输送机。V 型刮板主要有 V_1、V_2、V_3 几种型式，常用的为 V_1 型，用于垂直提升的各种埋刮板输送机中。O 型刮板主要有 O_1、O_2、O_3、O_4 等几种型式，常用的为 O_1 和 O_4 型，它是一个封闭式的刮板，刚性及强度好，用于机槽宽度较大和各种垂直提升的埋刮板输送机。L 型刮板有 L_1 和 L_2 两种型式，最常见的为 L_1 型，它适用于 MP 型埋刮板输送机。H 形刮板适用于 MK 型埋刮板输送机，其输送能力也很强。

MZ 型以及带托轮 B 型头部的 MC 型输送机，因为刮板必须内向布置，故仅能使用 V 型刮板。各种刮板可适配的机型见表 2-4。

表 2-4　　不同型式的刮板可适配的机型

输送机结构型式		MS	MC	MZ	MP	ML	MK
刮板型式	T	●					
	U	●	●	●		●	●
	V	●	●	●		●	●
	B	●	●	●		●	●
	O		●			●	
	L				●		
	H		●				●

对于输送性能较好和黏性较大的物料，可选用形状简单的刮板；对悬浮性强和流散性好的物料，应选用包围系数大和形状较复杂的刮板；在输送容重较大的物料或机槽较宽时，为保证刮板的强度和刚度，应选用焊有斜撑的刮板；当输送易产生浮链的物料时，刮板应向后倾斜 10°～20°焊在链条上，见图 2-11。

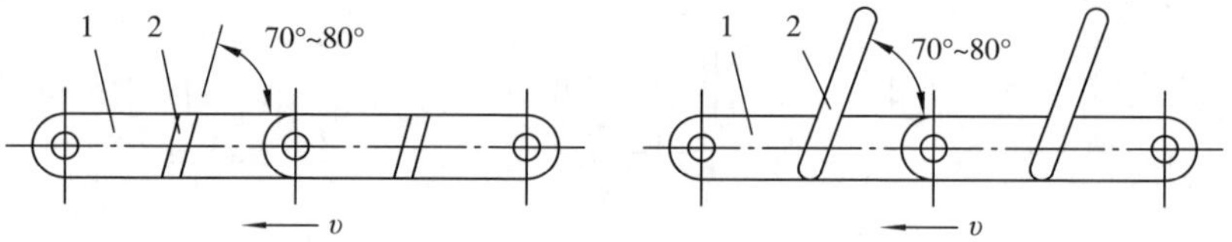

图 2-11　倾斜安装的刮板

1—链条　2—刮板

刮板的材料一般采用 Q235A 钢或 Q235F 钢，只有在特别重要的场合才使用 45 钢。T 型刮板一般用 5～10mm 的扁钢制成；U 型、V 型、O 型刮板一般采用 ϕ14mm～ϕ22mm 的圆钢或（14mm×14mm）～（20mm×20mm）的方钢弯折而成。L 型刮板多采用（14mm×14mm）～（20mm×20mm）的方钢弯折而成。

每台埋刮板输送机可使用一种型式的刮板，也可根据物料特性使用两种以上的刮板。

刮板节距通常与链条节距相等，即每节链条安装一副刮板。当工作载荷较小时，也可以每两节链条安装一副刮板。刮板间距过大，会导致物料与刮板间的相对滑移，降低生产率，增加动力消耗。刮板节距过小，则加大了刮板链条的自重，增加了运动阻力。刮板间距一般在不大于机槽宽度时能得到较好的效果。

刮板（除 T 型以外）的布置分外向和内向两种，见图 2-12。外向布置的刮板在机槽由水平到垂直的弯道处，有载分支和无载分支中链条均和隔板接触，运转平稳，噪声小；外向布置的刮板有利于观察刮板链条的运行状态，维修和更换刮板链条也方便，并有利于物料的卸出；但机槽头部和尾部的结构尺寸较大，并且当刮板从弯曲段向垂直段过渡时，刮板之间的空间逐渐减少，对物料产生压缩，增大了物料运行的阻力。内向布置的刮板在机槽弯道处两个分支的刮板均会与隔板接触，刮板容易损坏，并引起噪声，但这种布置的机头和机尾结构尺寸小。MZ 型埋刮板输送机只能将刮板内向布置。而 O 型刮板只能用于外向布置。

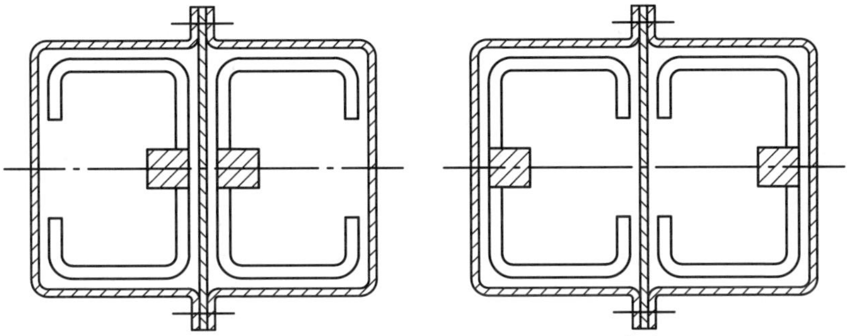

（1）　　　　（2）

图 2-12　刮板的布置方向

（1）外向布置　（2）内向布置

刮板与机槽的间隙，应至少在物料粒径的 2 倍以上，通常取 10~20mm，小规格的设备取小值，大规格的设备取大值。间隙过小，运行过程中刮板容易与侧壁相碰撞，物料容易卡在刮板与机槽之间，增大运行阻力，加速刮板及机槽的磨损，甚至造成刮板损坏和断链事故。间隙过大，不利于物料克服机槽的摩擦阻力，导致机槽内物料颗粒之间产生相对滑移，使机槽中物料的平均运动速度下降，生产率降低。

一般要在刮板链条的整个长度上均匀地安装 2~3 个清扫刮板。清扫刮板是形状相同而尺寸略大于刮板的橡胶板，用螺钉将清扫刮板固定在原有刮板上，使刮板与机槽不存在间隙。当清扫刮板运动时，可将机槽内剩余的物料清扫干净。

2. 链条

链条是埋刮板输送机用于物料输送的承载牵引构件，它属于输送用链条，特点是结构简单、节距大。输送链条的类型有多种，按结构形式分为模锻链、滚子链和双板链，见图 2-13。此外还有一种圆环链，主要用于管链输送机。

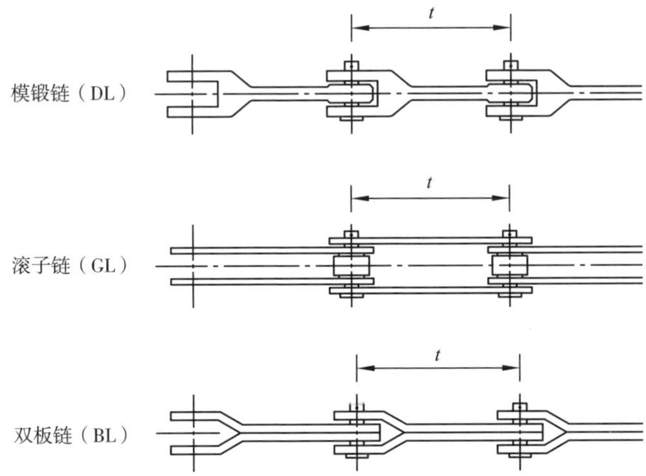

图 2-13　埋刮板输送机常见的链条型式

（图中 t 为链条节距）

（1）模锻链（DL） 模锻链由链杆与销轴组成。链杆通过模锻、钻、铣等机械加工过程制成，使用时，用销轴将链杆连在一起形成链条，刮板焊接在链杆上。这种链条具有结构简单、使用可靠、装卸方便、对物料的适应性强等特点。链杆各断面可进行等强度设计，这样在相同强度和相同节距的条件下，模锻链条的重量最轻。但这种链条在制造时需要专用模具，机械加工量较大，制造成本高，适于专业厂大批量生产。

（2）滚子链（GL） 滚子链由内链板、外链板、滚子和销轴等零件装配而成。这种链条工作时，链轮轮齿与滚子啮合，转动灵活，可减少磨损，延长使用寿命。由于滚子可在导轨上滚动运行，从而减少了运动阻力。这种链条结构简单，可以用普通机械设备加工制造，但它的重量较大，拆换链条时必须成对更换。

套筒滚子链（TL）属于滚子链的一种。它的结构是套筒紧固在内链板上，滚子活套在套筒上，然后用销轴将内外链板组合在一起。这种链条传动时，轮齿通过滚子将力传动给套筒，改善了销轴的受力状况，减少了销轴的磨损。它的缺点是制造工艺复杂，造价高，灰尘容易进入转动的缝隙中，使滚子和套筒转动困难。

图 2-14 所示是一种带有弯片的链条，属滚子链的变体型式。其优点是在改变链条节数时可以单节增减，而不像一般滚子链要成对地增减。应用它可以减少张紧装置的计算行程。这种链条的缺点是在链片上作用附加弯曲力矩，比一般链条自重稍大。

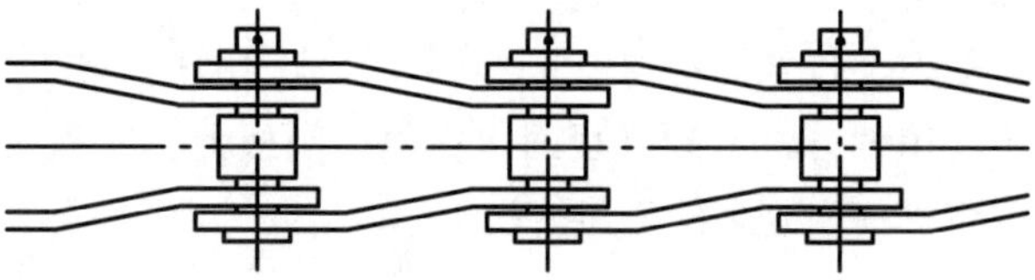

图 2-14 带有弯片的滚子链

（3）双板链（BL） 双板链由冲压成型的两块钢板经焊接或铆接成链杆，再用销轴联接而成。这种链条结构简单，制造容易，价格低廉，装拆方便，节距较大，承载能力强。缺点是无法进行等强度设计，自重最大，铰点磨损快，使用寿命短。

链条中各零件的作用不同，应选用不同的材料和不同的加工工艺。链杆或链板通常选用使用性能不低于 GB/T 699—2015《优质碳素结构钢》中 45 号钢的材料制造，并进行调质处理，调质硬度为 HB217~255（布氏硬度）；或用 $45Mn_2$ 合金钢制造并进行调质处理，硬度达到 HB235~286。销轴选用 45 号钢制造并经调质处理，调质硬度 HB200~235。套筒、滚子采用使用性能不低于 GB/T 699—2015《优质碳素结构钢》中 15 号钢的材料制造，并进行渗碳处理，渗碳层厚度为 0.7~1.2mm，热处理硬度要求为 HRC35~45（洛氏硬度）。各零件配装时，销轴的硬度应低于链杆或链板的硬度，这样可以减轻销轴对链杆或链板的磨损，延长链条的使用寿命，而磨损的销轴则可以较方便地更换。

链条的节距应根据输送机规格大小来选用。链条节距小，则节点多造价高，抵抗刮板（O、V 型）倾覆能力差；链条节距过大，则传动的稳定性差，且增加动载荷。表 2-5 列出了刮板链条节距与机槽宽度的对应关系。

表 2-5 刮板链条节距与机槽宽度的对应关系 单位：mm

<table>
<tr><th>机槽宽度 B</th><th>120</th><th>160</th><th>200</th><th>250</th><th>320</th><th>400</th><th>500</th><th>630</th><th>800</th><th>1000</th><th>1250</th></tr>
<tr><td rowspan="7">链条节距 t</td><td colspan="3">80</td><td></td><td></td><td></td><td></td><td></td><td></td><td></td><td></td></tr>
<tr><td colspan="4">100</td><td></td><td></td><td></td><td></td><td></td><td></td><td></td></tr>
<tr><td></td><td></td><td colspan="3">125</td><td></td><td></td><td></td><td></td><td></td><td></td></tr>
<tr><td></td><td></td><td></td><td></td><td colspan="4">160</td><td></td><td></td><td></td></tr>
<tr><td></td><td></td><td></td><td></td><td></td><td colspan="4">200</td><td></td><td></td></tr>
<tr><td></td><td></td><td></td><td></td><td></td><td colspan="5">250</td><td></td></tr>
<tr><td></td><td></td><td></td><td></td><td></td><td></td><td></td><td></td><td colspan="3">315</td></tr>
</table>

链条的选取除考虑被输送物料的特性等因素外，还必须考虑链条强度应满足最大张力的要求。计算公式为：

$$S_{max} \leqslant \frac{[P]}{K} \tag{2-1}$$

式中 S_{max}——链条的最大张力，N；

$[P]$——链条许用载荷，N，可参考相应的手册选取。需要说明的是，输送链条的许用载荷比其破断载荷小得多，安全系数为 5~7 或者更高。

K——链条使用系数，$K=K_v \cdot K_L \cdot K_u$。其中：

K_v——链条速度系数。当链条速度 $v \leqslant 0.32$m/s 时，取 $K_v=1.0$；当链速 $v=0.32 \sim 0.5$m/s 时，取 $K_v=1.2$；当链速 $v=0.5 \sim 0.8$m/s 时，取 $K_v=1.4$；

K_L——链条长度系数。当输送机长度 $L \leqslant 50$m 时，取 $K_L=1.0$；当长度 $L>50$m 时，取 $K_L=L/50$；

K_u——物料性能系数。对于粒状粮食，取 $K_u=1.1$；对于粉状粮食，取 $K_u=1.0$。

如果单根链条的强度不能满足最大总张力的要求，可考虑使用双排链或多排链的刮板链条，否则需要重新设计和选用其他型式的链条。

表 2-6 列出了部分刮板链条的许用载荷值及其重量，供参考。

表 2-6 刮板链条许用载荷及重量参考值

刮板链条型式	输送机型号	节距/mm	许用载荷/kN	每米重量/kg/m	刮板链条型式	输送机型号	节距/mm	许用载荷/kN	每米重量/kg/m
模锻链 T 型刮板	MS16	100	15	5.92	模锻链 V 型刮板（O 型刮板）	MC16	100	15	9.74（10.64）
	MS20	125	23	7.2		MC20	125	23	10.35（11.33）
	MS25	160	31	12.2		MC25	160	31	17.43（18.9）
						MC40	200	40	32（33.5）
滚子链 T 型刮板	MS16	100	15	8.1	滚子链 V 型刮板（O 型刮板）	MC16	100	17	11.6（12.4）
	MS20	125	23	11.3		MC20	125	26	14.7（15.9）
	MS25	160	31	14.7		MC25	160	35	18.6（20.0）
双板链 U 型刮板	MS32	200	29×2	35.3	模锻链 V 型刮板	MZ16	100	22	12.7
	MS40	200	44×2	36.3		MZ20	125	29	15.1
	MS50	250	100	38.5		MZ25	160	44	19.3
双板链 O 型刮板	MC32	200	29	40.9（O） 42.3（O_4）		MZ32	200	44	35
						MZ40	200	55	45

注：①右侧括号内的数字对应于左侧括号内的 O 型刮板；

②同一节距的链条有多种（抗拉）强度等级，本表所列只是其中的一种。

二、链轮

如图 2-15 所示，由于埋刮板输送机的刮板链条与一般链条不同，因此与其配套的链轮也与一般的不同，特点是齿距大、齿数少。齿数通常为 8~12，最少不得少于 6 齿。驱动轮可用较多的齿数，以降低传动中的动载荷；张紧轮用较少的齿数，以减小设备体积和重量。对于叉形链条（模锻链和双板链），链轮需要特殊的齿形与之配合，称为叉形齿，见图 2-15（3）的叉形链链轮。叉形的沟槽用来承放链杆，叉形齿的齿廓面与链杆的突出部分接触，将链轮的圆周力传给链条。

链轮的节圆直径可用下式计算：

$$D_{节} = \frac{t}{\sin(180/Z)} \quad (\text{mm}) \tag{2-2}$$

式中 t——链条节距，即链轮齿距，mm；

Z——链轮齿数。

埋刮板输送机的尾轮可以使用和头轮相似的齿轮，也可以使用不分齿的光轮。光轮有两种型式，一种是轮面上开有沟槽，见图 2-15（4），用于叉形链条；另一种是轮面较宽但没有沟槽，为一光滑面，用于套筒滚子链条。尾轮个数随链条种类和排数的不同可为 1~2 个。尾轮直径一般小于头轮直径，以减小机尾段高度。尾轮轴的轴承采用双列向心球面轴承，可以自动调心。

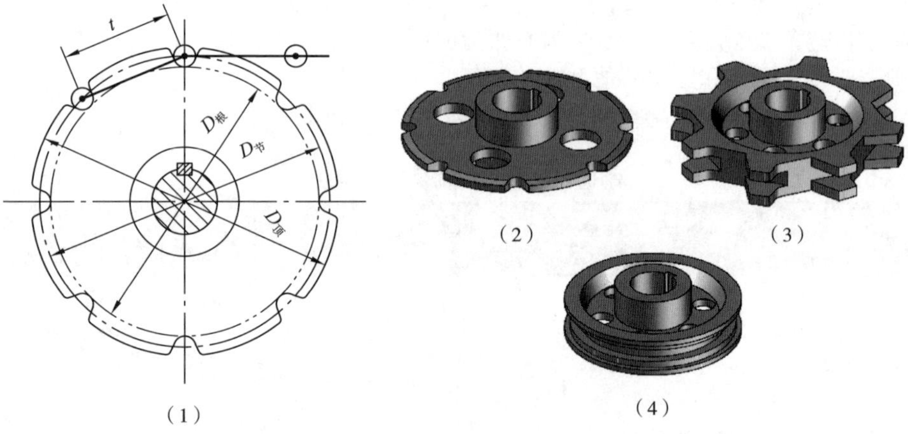

图 2-15 链轮的型式

（1）链轮主要尺寸 （2）滚子链链轮 （3）叉形链链轮 （4）光轮

驱动链轮（头轮）一般使用 45 号钢或 ZG45 铸钢制成，轮齿须经淬火处理，使硬度达到 HRC 45~50；张紧链轮、导向链轮、导轮和托轮使用材料及制造与头轮基本相同。目前也有使用 QT60-2 球墨铸铁铸成的链轮，经正火、回火处理后，表面硬度可达 HB 242~285。

表 2-7 是系列化的埋刮板输送机链轮直径，可作为设计参考。

表 2-7 链轮的参考直径 单位：mm

机型	链条节距		头轮		尾轮	有载分支导向轮（光轮）	无载分支导向轮
			齿数	节圆直径			
MS 型和 MC 型	16	100	8	258.69	230	—	—
	20	125	8	324.01	290	—	—
	25	160	8	412.86	370	—	—
	32	200	8	514.76	450	—	—
	40	200	8	514.76	450	—	—
MZ 型	16	100	11	351.43	320	520	280
	20	125	11	440.06	320	600	300
	25	160	10	511.33	410	640	360
	32	200	8	514.76			
	40	200	8	514.76			

三、机壳

埋刮板输送机的机壳可分为机头段、机尾段、进料段、中间段、过渡段等。

1. 机头段

机头段的结构见图 2-16。MS 型和 MZ 型埋刮板输送机头部仅有一种型式。MC 型埋刮板输送机的头部有 A、B 两种型式。A 型有壳体上罩和壳体下部两部分，用法兰连接，卸料口开在侧面，还带有安装框架。B 型则多一个托轮轴系，结构也更为复杂。当输送机垂直布置即 $\alpha=90°$时，其头部可用 A 型或 B 型；当输送机倾斜布置时，其头部只能选用 A 型。对于流动性较好，易于卸出的物料，宜选用 A 型；对于卸出有困难的物料，则应选用 B 型。MC16~25 型埋刮板输送机可选用 A 型或 B 型头部两种型式，MC32 及 MC32 以上型的埋刮板输送机只能选用 A 型头部。

机头段由头部壳体和头轮轴系两大部分组成。头部壳体的断面为矩形，用 4.5~8mm 厚的钢板焊接而成。MS 型及 MZ 型的头部壳体前端用端盖板封住，后端法兰与过渡段相连，上部开有观察口，下部开有卸料口，两侧焊有安装轴承座的支承板。壳体中部装有脱链板、支承导轨和刮料刀。脱链板和支承导轨用来协助链条方便地从链轮上绕出，刮料刀伸入到头轮轮槽中（对模锻链和双板链），便于清除刮板链条带到头轮轮槽中的积料。卸料口开设的位置应与链轮保持一段距离，以防止物料进入轮齿啮合区，压碎物料或造成轮槽卡料。

头轮轴系主要包括头轮、头轮轴、轴承、轴承座及轴上的紧固零件和密封件等，通过头轮轴伸出端上的大链轮与传动链条、小链轮及驱动装置相连接。轴承采用双列向心球面滚子轴承，可以自动调心。

2. 机尾段

机尾段结构见图 2-17，它主要由尾部壳体、尾轮轴系及链条张紧装置三大部分组成。尾部壳体是用 4.5~8mm 厚的钢板焊接而成的矩形断面壳体，后端用端盖板封住，前端法兰与

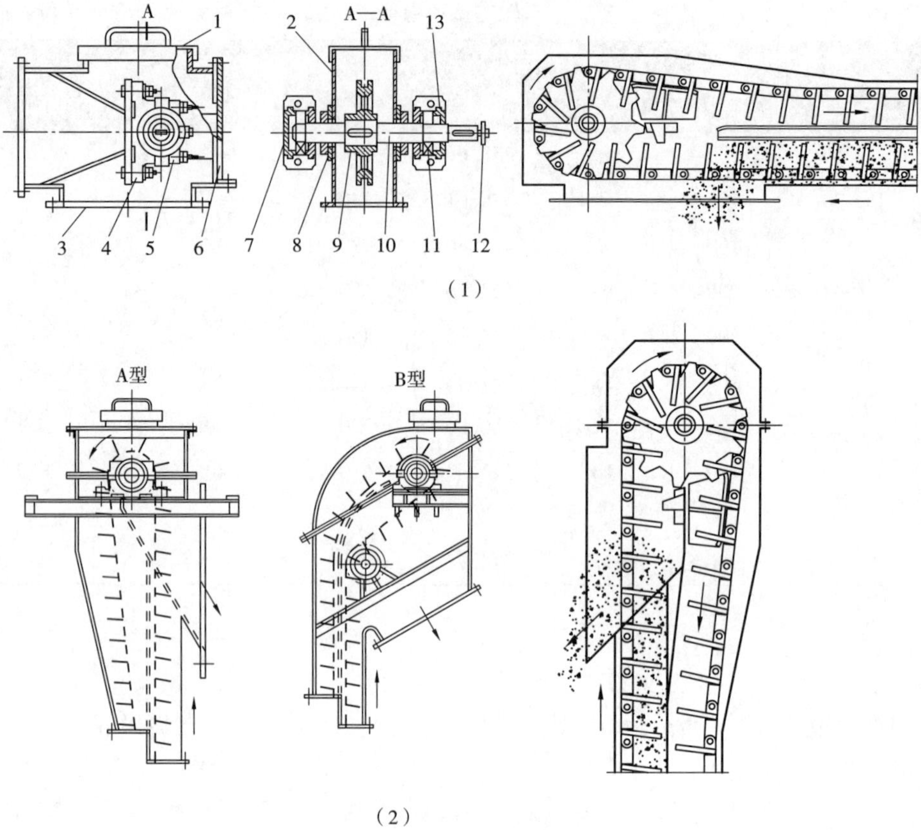

图 2-16　机头段的结构

（1）用于 MS、MZ 型的头部　（2）用于 MC 型的头部（左为 A 型，右为 B 型）

1—观察盖　2—头部壳体　3—卸料口　4—轴承座　5—轴承盖　6—端盖板　7—闷盖　8—侧压板　9—头轮　10—头轮轴　11—滚动轴承　12—轴端挡板　13—透盖

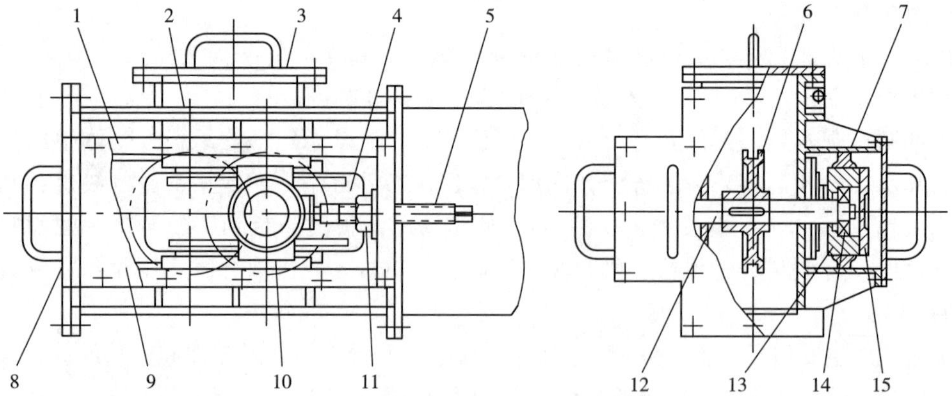

图 2-17　机尾段的结构

1—尾部壳体　2—上盖板　3—观察盖　4—滑动板　5—张紧螺杆　6—尾轮　7—上导轨　8—端盖板　9—侧盖板　10—下导轨　11—锁紧螺母　12—尾轮轴　13—轴承座　14—轴承　15—闷盖

加料段相连，上部开有观察口，下部用钢板焊死，两侧面焊成封闭的两腔，腔内安装有轴承座、链条张紧装置、上下导轨及滑动板等零部件。两腔的最外侧用盖板封住，仅让与尾部壳体平行的两根张紧螺杆从两侧伸出，以便于操作。尾部轴系主要包括尾轮、尾轮轴、轴承、轴承座及轴上的紧固零件和密封件等。轴承座置于上下导轨之间，并与张紧螺杆相连，尾轮轴系可随着张紧螺杆的移动而移动，以实现刮板链条的张紧或放松。张紧螺杆上配有锁紧螺母，调节好链条的松紧度后，需将张紧螺杆上的锁紧螺母紧固好，以防链条松动。

张紧装置可分为螺杆式、弹簧螺杆式、坠重式等。螺杆式张紧装置依靠人工旋转螺杆进行张紧，由于输送机牵引构件的张力在工作中不能保持恒定，而是经常变化，因此，必须定期进行查看和调整。调整中，牵引构件“过分张紧”以及偶然过载没有自动调节的可能等，都是这种张紧装置的缺点。弹簧螺杆式则在一定程度上弥补了单纯螺杆式的不足，其结构见图 2-18。螺杆式张紧装置的优点是外形尺寸小且结构紧凑。

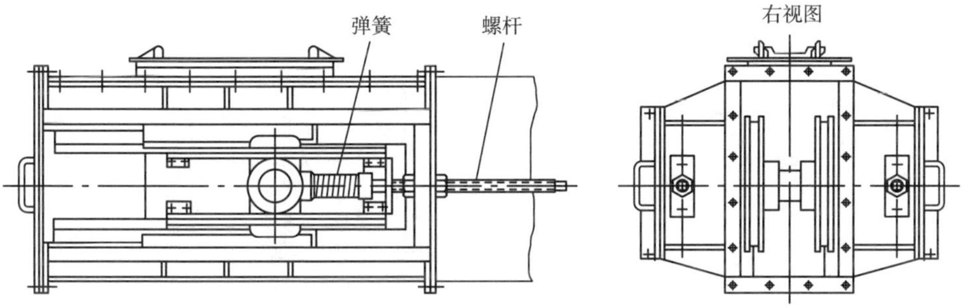

图 2-18　弹簧螺杆式张紧装置

坠重式张紧装置能够自动地保持牵引构件在工作过程中张力的恒定，但是结构复杂庞大。坠重式张紧装置适用于大型的长距离输送的埋刮板输送机。图 2-19 所示为水平小车坠重式张紧装置。

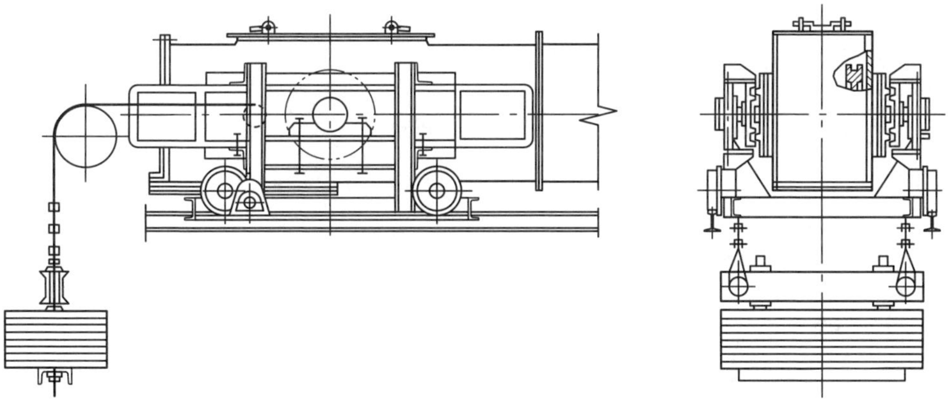

图 2-19　水平小车坠重式张紧装置

螺杆式张紧装置的行程应根据机槽宽度而定，当机槽宽度小于 250mm 时，张紧行程等于机槽宽度；当机槽宽度大于 250mm 时，张紧行程取 250~300mm。坠重式张紧装置的行程一般为 800mm。

所有型式的尾部张紧装置应调节灵活，刮板链条应松紧适度，尾部张紧装置已利用的行程应不超过全行程的50%。对于小车式张紧装置，小车相对主机应滑动自如，行走轨道的中心线与输送机机槽对称中心线的对称度应为4mm。

3. 进料段

进料段有A型和B型之分，见图2-20。其所对应的加料口分别称A型加料口和B型加料口。A型加料口为上加料形式。物料自机壳顶板进入无载分支，穿过回程运行的刮板链条落到壳体下部的有载分支。A型进料段的结构简单，但刮板链条的运行速度不宜过高，否则易造成尾部积料。B型加料口为两侧加料形式（通常下倾角为55°）。物料自两侧的斜面直接进入壳体下部的有载分支，不与回程的刮板链条发生任何接触。这种进料段结构较复杂，但避免了物料在无载分支中的破碎。对于一般的散状物料，只要不与加料口侧壁斜板产生黏附，应优先选用B型加料口。只有当物料水分含量较大、黏附性较强、流动性不好时，才选用A型加料口。进料段的长度一般为1.5m。

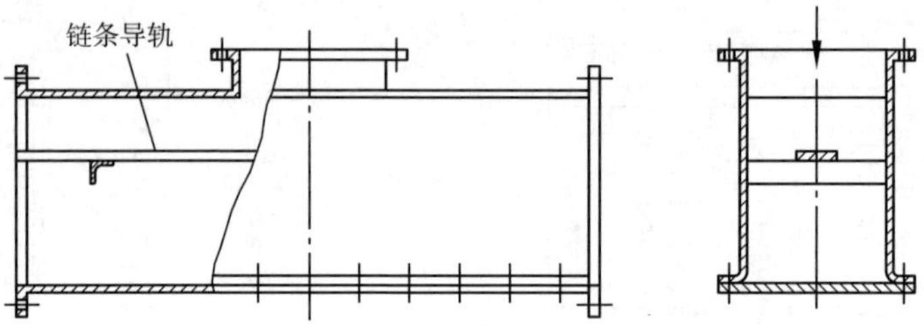

（1）

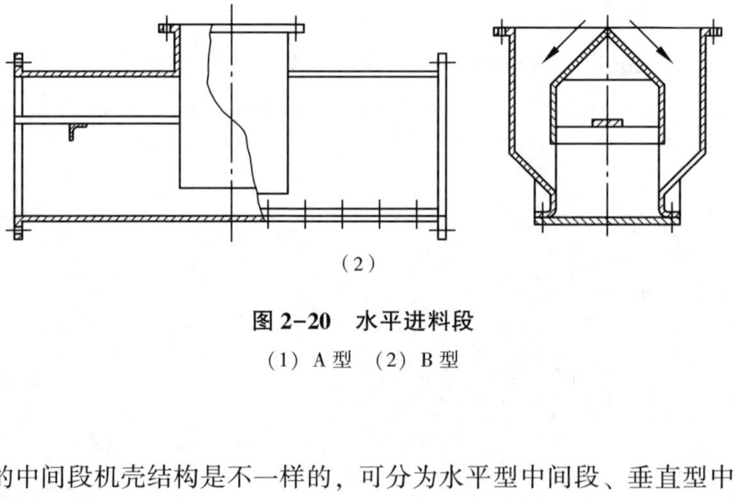

（2）

图2-20　水平进料段

（1）A型　（2）B型

4. 中间段

不同机型的中间段机壳结构是不一样的，可分为水平型中间段、垂直型中间段及平面环型和立面环型中间段三种。图2-21所示为不同机型中间段的横截面形状。

水平型中间段承担水平输送或为垂直输送段供料的作用。当输送倾角小于被输送物料的内摩擦角时，机壳可制成无隔板型。当输送倾角较大或作为供料段使用时，机壳内两个分支之间应安装隔板。无隔板水平段内按一定距离安装角钢制成的横梁，横梁上安装导轨，用来承载回程分支的链条，如图2-22（1）所示。有的机型为了增加机槽底板和隔板的使用寿命，也在其上安装导轨，由导轨承载链条。导轨用扁钢或工字钢制成，材质多为45号优质碳素钢，并经表面淬火，使其硬度达HRC 40~50。水平型中间段壳体中的隔板或支承导轨，

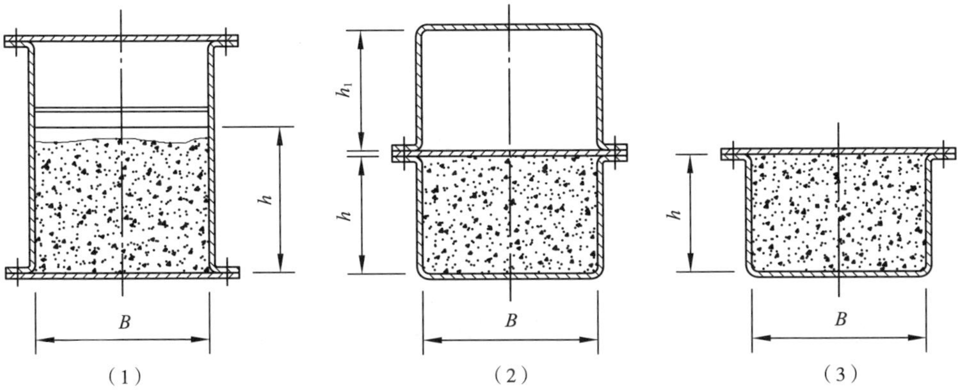

图 2-21　不同机型中间段的截面形状

（1）水平型中间段截面　（2）垂直型中间段截面　（3）平面环形和立面环形中间段截面

将壳体分隔成上下两部分，下部为有载分支，上部为无载分支。水平型中间段的底板上可以根据需要开设多个卸料口。

垂直型中间段壳体中有隔板，将壳体分为有载分支和无载分支两部分。通常无载分支机筒的高度 h_1 比有载分支 h 大 10~15mm，目的是减少刮板链条与机槽的碰撞。两分支机槽连接口应相互错开，有利于保持安装后机壳的平直度，如图 2-22（2）所示。

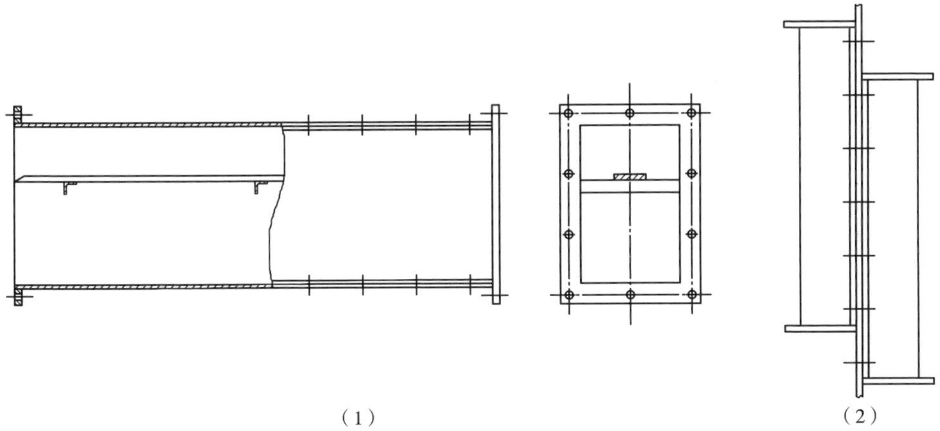

图 2-22　水平型中间段和垂直型中间段

（1）水平型中间段　（2）垂直型中间段

平面环型中间段及其中 L 型刮板的布置形式如图 2-23 所示。

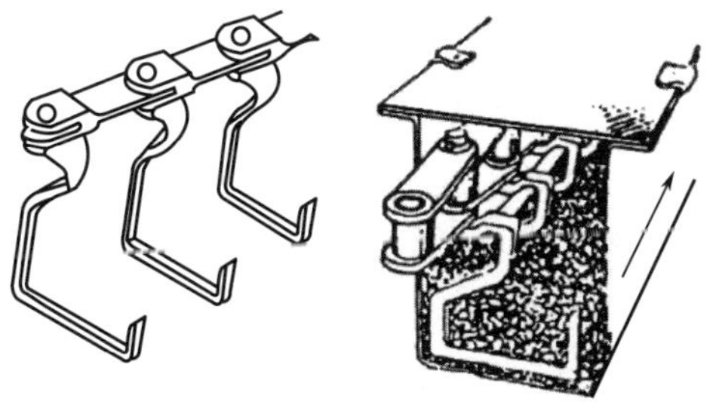

图 2-23　平面环型中间段及 L 型刮板在其中的布置形式

中间段机壳的节数和长度可以根据输送机长度或提升高度自由地选用和组合。一般单节壳体长度为500~3000mm，应优先选用2000mm的长度。MC型和MZ型的下水平段通常只用一节，其长度一般为1500mm，必要时可略为加长或缩短。中间段的两端焊有法兰，供安装时进行拼接。各段机槽法兰内口的连接应平整、密合，如有错位，只允许刮板链条运行前方的法兰口稍低，其值不应大于2mm。不同机型的机槽宽度和承载机槽高度见表2-8。

表2-8　不同机型的机槽宽度和承载机槽高度　单位：mm

<table>
<tr><th colspan="2">机槽宽度 B</th><th>120</th><th>160</th><th>200</th><th>250</th><th>320</th><th>400</th><th>500</th><th>630</th><th>800</th><th>1000</th><th>1250</th></tr>
<tr><td>特性代号</td><td>型式代号</td><td colspan="11">承载机槽高度 h</td></tr>
<tr><td rowspan="6">普通型
M
（耐磨型）
F
（气密型）</td><td>S
（水平型）</td><td rowspan="2">120</td><td rowspan="2">160</td><td rowspan="2">200</td><td rowspan="2">250</td><td rowspan="2">320</td><td rowspan="2">360</td><td rowspan="2">400</td><td rowspan="2">500</td><td rowspan="2">600</td><td rowspan="2">700</td><td rowspan="2">700</td></tr>
<tr><td>P
（平面环型）</td></tr>
<tr><td>C
（垂直型）</td><td rowspan="4">100</td><td rowspan="4">120</td><td rowspan="4">130</td><td rowspan="4">160</td><td rowspan="4">200</td><td rowspan="4">250</td><td rowspan="4">280</td><td rowspan="4">320</td><td rowspan="4">400</td><td rowspan="4" colspan="2">—</td></tr>
<tr><td>Z（Z型）</td></tr>
<tr><td>L（立面环型）</td></tr>
<tr><td>K
（扣环型）</td></tr>
<tr><td rowspan="2">R
（热料型）</td><td>S
（水平型）</td><td rowspan="2" colspan="2">—</td><td colspan="2">250</td><td colspan="2">360</td><td colspan="2">500</td><td rowspan="2" colspan="3">—</td></tr>
<tr><td>C
（垂直型）</td><td>130</td><td>160</td><td>200</td><td>250</td><td>280</td><td>320</td></tr>
</table>

热料型MSR32、MSR40水平中间段有两种结构型式，一种是带水夹套的钢制壳体，另一种是铸铁壳体。前者壳体外壁两侧和底部均有水夹套，用冷却水降低物料温度以确保壳体不因热变形而降低刚度；后者为整体式铸铁壳体，无另加的中间轨道，刮板链条直接在与壳体一起铸出的平直凸缘上行走。这两种结构型式的水平中间段断面见图2-24。热料型过渡段仅有钢制带水夹套的一种型式。

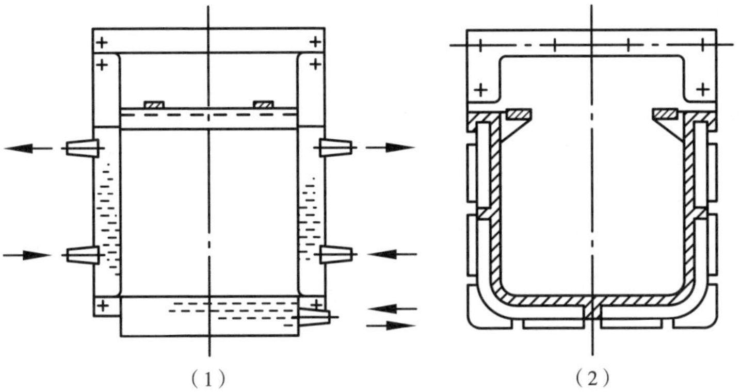

图 2-24　MSR 型埋刮板输送机中间段结构图

(1) 带水夹套水平中间段　(2) 铸铁水平中间段

5. 过渡段

(1) 机头段到水平中间段的过渡段　如图 2-25 所示，水平型机头段内因安装头轮，机壳高度大于水平中间段，为此中间需安装过渡段，以便把机头与水平中间段连在一起。这种过渡段的长度一般为 1500mm。

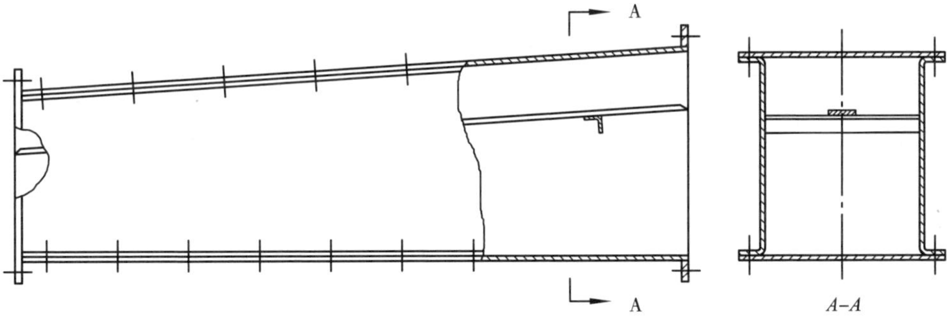

图 2-25　机头段到水平段的过渡段

(2) 水平段到垂直段的弯曲过渡段　如图 2-26 所示，弯曲过渡段的壳体分为上下两部分，下面是承载壳体，上面是空载壳体，中间用弯曲隔板隔开。弯曲隔板靠承载段的一面上，点焊固定着用 45 号扁钢制造的导轨，导轨与中间隔板曲率应一致并贴合紧密，局部凸起量不应大于 1.5mm，导轨条数根据刮板的内、外向及链条排数而定。空载壳体靠下水平端法兰处，也装有一条或两条水平导轨，以控制回程刮板链条的位置，使之顺利进入下水平段。弯曲过渡段的上、下方应设置检修孔和排料孔，以利于检修和排除物料。

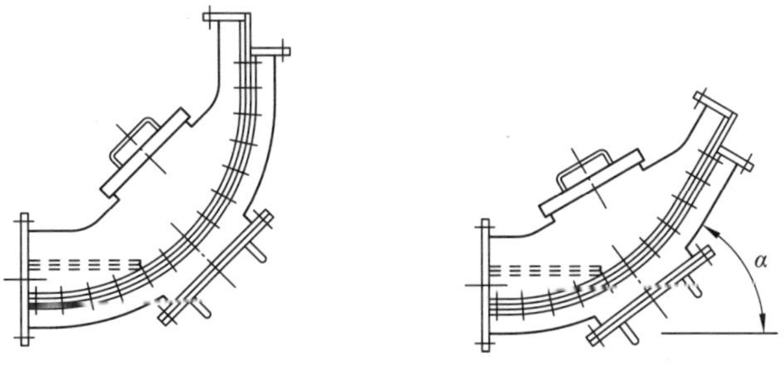

图 2-26　水平段到垂直段的弯曲过渡段

弯曲过渡段的转角通常应按标准角度来选用。对 MC 型有 30°、45°、60°、75°、90°五种标准角度。对 MZ 型有 60°和 90°两种。弯曲段的曲率半径为链条节距的 8~12 倍，当链条节距小于 100mm 时，曲率半径应为链条节距的 10~15 倍。

（3）垂直段到水平段的上回转过渡段　如图 2-27 所示，该过渡段分为三大部分：上回转段壳体、导轮轴系及托轮轴系。上回转段壳体由空载壳体、承载壳体和回料斗组成。空载壳体和承载壳体之间有一中间隔板，将两个壳体完全分开。空载壳体中装有托轮轴系和支承导轨，对回程刮板链条起引导及支托作用。托轮可以是有齿的链轮，也可以是无齿的光轮或托轮，轮的直径一般取 $D_1=2.5h$（h 为机槽高度）。承载壳体中及回料斗内装有导轮轴系，导轮通过弯曲底板上的开槽伸入到承载壳体内，运行中靠刮板链条的摩擦带动导轮及轴一起转动。导向轮为光面滚筒型结构，滚筒直径 $D_2=3.5h$。回料斗的作用是将由导轮与轮槽间的缝隙漏下的物料通过回料接管送到垂直中间段的空载壳体中，它对保证导轮的转动及上回转段的正常工作有很大作用。在设计、制造及维修时，都必须保证导轮在支承壳体中的正确位置：一是轮面与弯曲底板的高度差，二是导轮与轮槽两侧间隙值的大小及均匀性。导轮与承载机槽底板导轮槽的侧隙应小于 2mm。导轮、托轮的对称中心面对机槽对称中心面的对称度应为 2mm。导轮、托轮均应转动灵活，不应有擦、刮、碰现象。

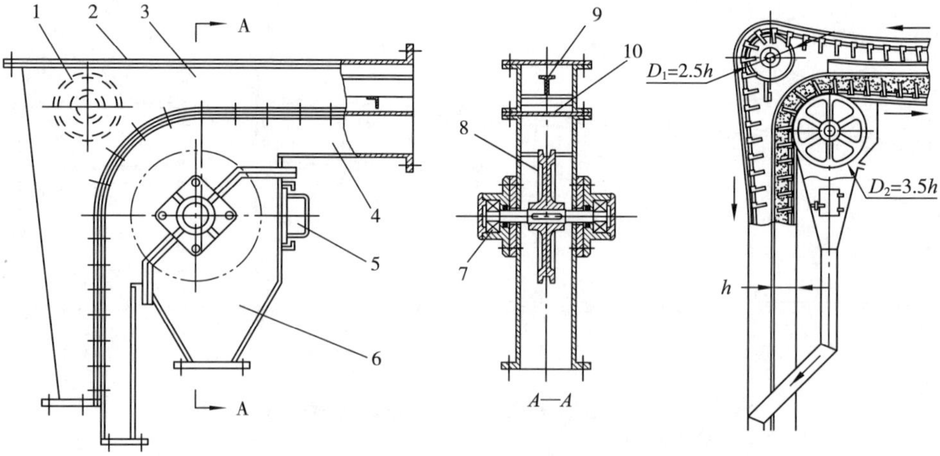

图 2-27　垂直段到水平段的上回转过渡段

1—托轮　2—上盖板　3—空载壳体　4—承载壳体　5—观察盖　6—回料斗
7—轴承　8—导轮　9—导轨　10—中间隔板

在埋刮板输送机的各个轮子中，导轮的直径最大，因为刮板链条在上回转段处的绕转角度是 90°，所以至少要有 4~5 节刮板链条贴紧在导轮面上，才能产生足够的摩擦力带动导轮及轴转动，同时还要减小链条所受的附加弯矩。托轮和导轮轴系是由托（导）轮、轮轴、轴承座、双列向心球面轴承、端盖及密封垫组成。托轮和导轮的材料通常与头轮相同。

目前，有的机型在垂直段至水平段的上回转过渡段内装设弧形导轨，使两分支的刮板链条均依赖导轨实行转向，这样虽然增加了一部分链条运行阻力，但使设备结构简化了许多。

用于输送各种含强挥发性、强渗透性溶剂或用于防爆场所的密封型埋刮板输送机，其壳体全部采用整体式焊接结构，以确保其密封性，而普通型埋刮板输送机可采用维修方便的可拆式壳体结构；密封型埋刮板输送机的头、尾部转轴与壳体间采用盘根密封方式，其密封性能优于毡圈密封的普通型埋刮板输送机；密封型埋刮板输送机的垂直壳体采用平法兰，便于压紧密封，而普通型的垂直壳体端面法兰为交错式结构，具有定位方便的特点；密封型埋刮板输送机的驱动装置及电器要用防爆型。

四、驱动装置

埋刮板输送机动力输入的明显特点是转速低、扭矩大，这就要求驱动装置具有较大的变速比。驱动装置的基本组成如图 2-28 所示，由电动机、减速器、联轴器、传动链条、链轮、滚动轴承、刮板链条等组成。电动机经联轴器与减速器高速轴直联，减速器低速轴通过开式链传动与头轮轴相联。减速器通常采用圆柱齿轮减速器，也可采用与电机直联的齿轮减速器或摆线针轮减速器。开式链传动通常使用套筒滚子链，其结构及工作参数与一般用链传动相同。

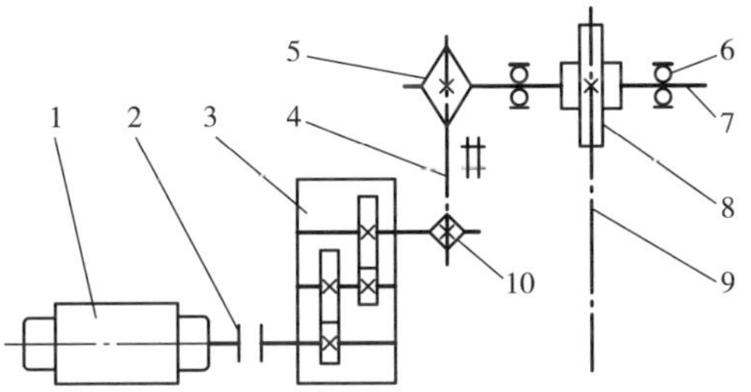

图 2-28 驱动装置的基本组成

1—电动机 2—联轴器 3—减速器 4—传动链条 5—大链轮 6—滚动轴承
7—头轮轴 8—头轮 9—刮板链条 10—小链轮

大功率的输送机在传动装置中应使用液力耦合器（也称液力联轴器），将其安装在电动机与减速器之间，以柔性联接代替普通联轴器的刚性联接。液力耦合器在输送机过载时会打滑空转，限制更大扭矩的传递，从而避免输送机及传动机件因超载而造成损坏。

驱动装置常见的布置方式如图 2-29 所示。大功率的输送机常采用（1）（2）所示的方式，功率不大时可采用（3）（4）的方式。其中图 2-29（2）所示为减速机与输送机头轮轴直联，这种方式应注意两轴的同心度问题，可选择具有位移补偿的可移式联轴器。

埋刮板输送机应装有过载保护装置和断链报警装置。当输送机产生的冲击载荷使其过载电流超过规定要求时，过载保护装置应能使电动机在规定的时间内停止工作。当输送机出现断链事故时，断链报警装置应能在规定的时间内使电动机停止工作，并同时发出报警信号。

安全保护装置是保护埋刮板输送机正常运行和及时排除故障、防止设备主要零部件及电机等因事故而造成损坏的必不可少的辅助设施，有电气保护、机械保护、机电结合保护等几种。

（1）过电流保护 属于电气保护，它是在驱动装置的电气部分配备电机过电流保护器，以防止超载时电机负载过大而损坏电机。虽然过电流保护能起到一定的保护作用，但仍然存在着两个主要问题无法解决：①埋刮板输送机超载有两种，一是持续超载，二是短时或瞬时超载。第一种情况是不允许的，也不可能长期持续下去。第二种情况则比较复杂，因某种临时性故障发生短时超载是常有发生的，其发展结果是持续超载或自行排除。也就是说，短时超载并不意味着一定要出事故，即不意味着输送机一定要停止工作。但过电流保护不可能判

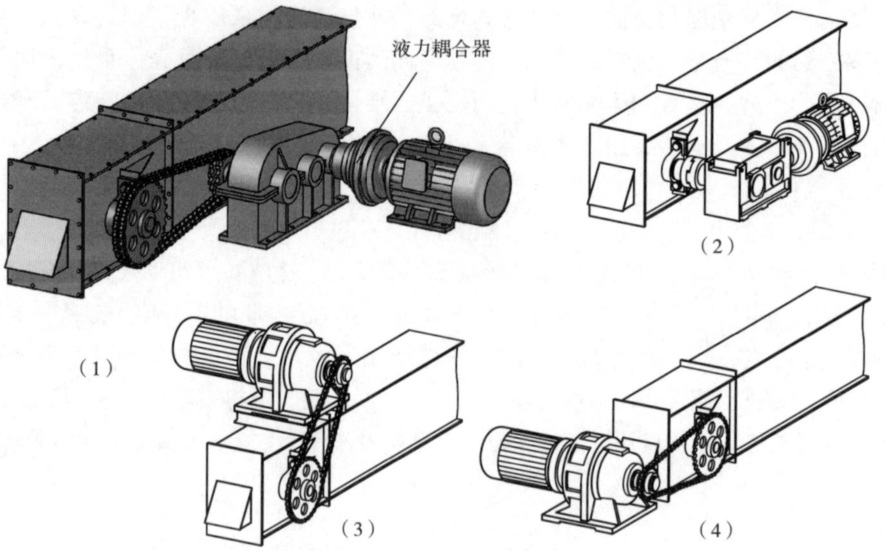

图 2-29　驱动装置的布置方式

断和识别这一点，只要负载电流一上升到规定的极限值，输送机就立即停止工作。在实际生产中，过电流保护往往造成许多不必要的停机现象，使那些可以自行排除的故障无法排除。②出事故后不一定能有效地起到保护设备的作用。如埋刮板输送机的最大事故是链条拉断。断链有两种可能，一种是超载，过电流保护能起作用；另一种是由于个别链条质量太差，许用载荷值不够或因开口销磨损破坏，销轴自链孔中脱出，造成“脱链”现象，这种并未超载的断链或脱链发生时，过电流保护装置起不到作用，电机不会停止转动，结果造成刮板链条挤坏壳体，头尾部零件被拉坏的重大事故。

（2）安全销保护　属于机械保护，它是通过在大链轮与头轮之间增设安全剪切销来对驱动装置和设备本身进行保护的，其安装部位及结构见图 2-30。在头轮轴 7 与大链轮 3 之间加了一连接套 2，连接套与头轮之间用键 4 传递扭矩，大链轮与连接套用安全销 1 传递扭矩。正常工作时，大链轮通过安全销带动连接套，连接套通过键带动头轮轴，使输送机运行。当超载或遇意外事故时，工作扭矩大于安全销所能传递的最大扭矩时，安全销被剪断，大链轮在连接套上空转，从而保护了减速机及输送机的其他机件。这种机械保护方法也同样存在一些不足，不能完全适应埋刮板输送机的工作特性和运行特点，其表现为：由于输送机的输送距离、提升高度、物料性能等变化较大，刮板链条所受的最大张力也有很大差别，作为安全销设计依据的工作载荷值难以确定，安全销的强度与实际工作载荷不一致时，起不到安全保护作用。另外，安全销的抗剪切强度与材质、加工尺寸及精度、热处理方法等有很大关系，某一因素的微小变化会使其剪切强度发生较大的改变。尽管如此，由于这种方法十分简单易行，所需零件少，故仍得到较为广泛的使用。特别是当刮板链条的最大工作载荷与其许用载荷十分接近、输送速度较低时，采用安全销保护有较好的效果。

（3）断链保护装置　它是一种机电结合的、通过一个电控箱操作和控制的安全保护器，由电源、电子集成时控装置、断链保护器、执行继电器和电铃等组成。断链保护装置具有短路保护、过载保护、断链自动停车及自动报警等功能，基本能适应埋刮板输送机的使用特性。当断链、脱链时，尾轮停转，切断主机电源，同时报警停车，直至操作人员断开电源后，警报才能解除。电动机过载时，由热继电器保护，及时停车。

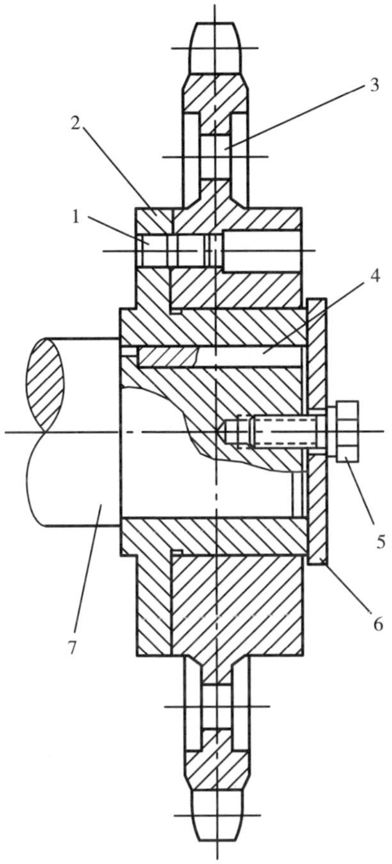

图 2-30　安全销的安装部位及结构

1—安全销　2—连接套　3—大链轮　4—键　5—螺钉　6—挡圈　7—头轮轴

第三节　埋刮板输送机工作过程分析

一、链传动原理

埋刮板输送机的牵引构件为链条，在工作中，驱动链轮通过轮齿与链节的啮合，将圆周力传递给牵引链条，链条上的刮板再将力传递给被输送的物料。链传动是一种啮合传动，它和摩擦传动比较，优点是链条的强度高，能保证准确的传动比，传动效率高，工作安全可靠，链受拉伸后伸长度小，容易固接承载构件，耐腐蚀，不怕油和热。链传动的缺点是链条自重大，磨损严重，传动不平稳，不适于高速运行，工作时有冲击和噪声。

1. 链传动的运动特性

为了便于说明问题，设链条主动边从水平位置绕入链轮，见图 2-31，当链节进入驱动链轮时，节点 1 总是随着链轮的转动不断地改变着位置，当节点 1 的动径与轮的垂直轴线间夹角为 ψ 时，链速 v 为节点的圆周速度在水平方向的分速度，即：

$$v = R\omega\cos\varphi \tag{2-3}$$

由于 φ 角范围为 $-\alpha/2$ 到 $\alpha/2$，其中 α 为链节距 t 在链轮上对应的中心角，并且 $\alpha=360°/Z$，Z 为链轮齿数。因此，当链轮转速 ω 为常量时，链速 v 是变量。在 $\varphi=-\alpha/2$ 及 $\alpha/2$ 时，$v=v_{min}=R\omega\cos(\alpha/2)$；在 $\varphi=0$ 时，$v=v_{max}=R\omega$。由上可知，链速是作周期性的变化，因此，给链传动带来了速度的不均匀。链节距越大或链轮齿数越少，链速的不均匀性越显著。图 2-32 是链速 v 和加速度 a 随时间 t 的变化关系。

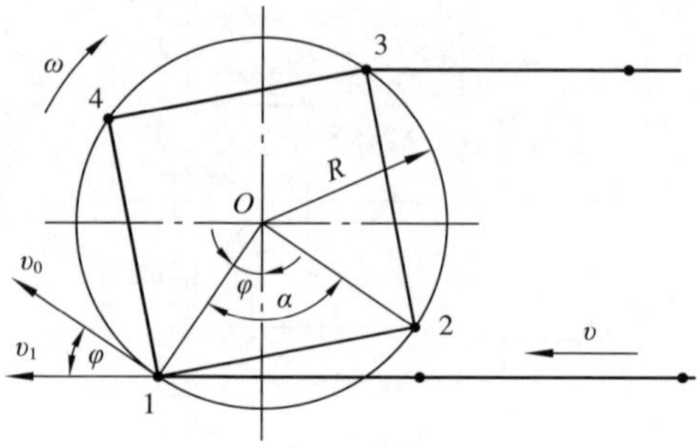

图 2-31　链传动运动图

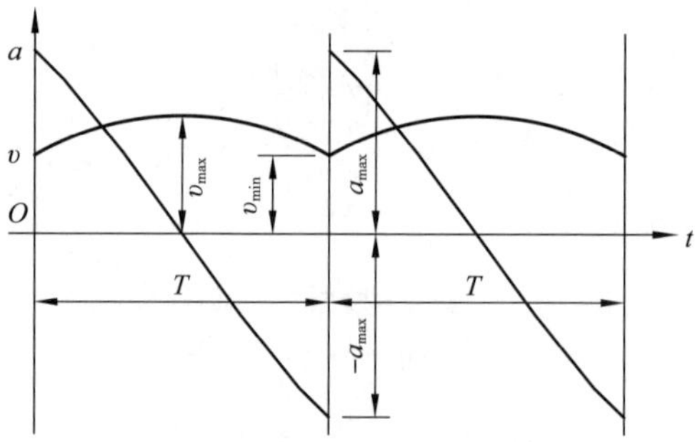

图 2-32　链条的速度和加速度变化图

链节点 1 在水平方向分速度作周期性变化的同时，链条在垂直方向上还要作上下摆动。在 $-\alpha/2\leqslant\varphi\leqslant0$ 时，以变速下降，在 $0\leqslant\varphi\leqslant\alpha/2$ 时，以变速上升，这种时上时下、时快时慢的变化，形成了链传动的不稳定性和有规律的振动。

牵引链条在其前进方向的平移加速度 a 可以作为速度对时间的一次导数而求出，或者作为向心加速度 $a_0=R\omega^2$ 在水平方向上的分量而求出，即：

$$a = -a_0\sin\varphi = -R\omega^2\sin\varphi \tag{2-4}$$

当 $\varphi=0$ 时，加速度 $a=0$（$v=v_{max}$），而当 $\varphi=-\alpha/2$ 和 $\alpha/2$ 时，得到正、负最大加速度：

$$\pm a_{max} = R\omega^2\sin(\alpha/2) \tag{2-5}$$

已知 $\omega=\dfrac{2\pi n}{60}$，$\sin\dfrac{\alpha}{2}=\dfrac{t}{2R}$，$n=\dfrac{60v}{Zt}$，代入式（2-5）可以得出：

$$\pm a_{max} = 2\pi^2\left(\frac{v}{Zt}\right)^2 t = \frac{\pi^2}{1800}n^2 t \tag{2-6}$$

式中 n——驱动链轮转速，r/min；

ω——驱动链轮角速度，rad/s；

α——链节 t 所对应的中心角，(°)；

t——链条节距，m；

R——链轮节圆半径，m；

v——链条工作平均速度，m/s；

Z——链轮齿数。

由图 2-32 可以看出，在一个周期 T 的终了和在下一个周期 T 开始的瞬间，即链轮齿与链条链节刚啮合的瞬间，链条平移的加速度由 $-a_{max}$ 突增到 $+a_{max}$，增大的绝对值是 $2|a_{max}|$。

由式（2-6）可以看出，链条的速度（或者链轮的转速）越高、链条节距越大、链轮的齿数越少，链条平移的加速度越大。

2. 链传动中的动载荷

链传动时对传动件引起动载荷的主要原因如下。

（1）由链条平移加速度的变化引起的动载荷　由前述已知轮齿与链节开始啮合的瞬间，链条平移的加速度增加 $2|a_{max}|$，如果以 m 表示参与平移加速度部分的质量，则瞬间链条张力增加 $2|ma_{max}|$。由于这一力在瞬间突然由正向改成反向，又称它为突加载荷，根据突加载荷比一般静载荷在构件中所形成的应力大一倍的理论，即“双倍效应理论”，则计算这一力在链条中产生的效应力为 $2\times2|ma_{max}|$。又链轮轮齿与链节刚啮合的瞬时，链条的加速度为负值，其惯性力的方向与链条运动的方向相同，惯性力使链条的总张力减小，故计算链条实际张力时，应减去惯性力 $|ma_{max}|$，则链条瞬时的最大总张力 S_{max}（N）为：

$$S_{max} = S_j + S_d = S_j + 2 \times 2|ma_{max}| - |ma_{max}| = S_j + 3|ma_{max}| \tag{2-7}$$

式中 S_j——链条静载张力，N；

S_d——链条动载张力，N。

式中的参与质量 m（kg）可按式（2-8）计算：

$$m = (q + q_0C)L \tag{2-8}$$

式中：q——机槽内单位长度物料的质量，kg/m；

q_0——单位长度刮板链条的质量，kg/m；

L——输送长度，m；

C——折算系数。当 $L<25$m 时，$C=2.0$；当 $L=26\sim60$m，$C=1.5$；当 $L>60$m 时，$C=1.0$。

式（2-8）中，如果链条是绝对刚性的，则应 $C=2$，表示上、下两分支的质量。但实际上链条具有一定的弹性，且在无支承段具有一定的下垂度，加之尾部弹簧张紧或重锤张紧的弹缩性，加速度不可能在瞬间传递到链条的全部长度上。链条越长，这种影响越显著，C 值越小。

不过，以式（2-7）计算的张力仍然要比实际大，这是因为：①链轮动力输入侧的机件及转速并非绝对刚性，能够缓和链条加速度带来的一部分冲击力；②被输送物料并非刚性固体，加速度产生的惯性力会破坏物料内部力的平衡，一部分甚至大部分物料不能随链条一起加速，因而减少了参与加速的质量。这些因素的影响在计算惯性力时应加以考虑。

（2）由链节和轮齿的冲击引起的动载荷　当链节绕入链轮的瞬间，链节和轮齿的运动速度方向是不一致的，啮合时，立即产生斜向冲击。作用在轮齿和链节上的冲击动能 E 为：

$$E = \frac{q_0 t^3 n^2}{C} \quad (\text{J})$$

式中　n——链轮转速，r/min；

　　　C——常数，其值与轮齿形状有关。

链节与轮齿的冲击动能 E 越大，它对链传动的破坏作用也越大，由于轮齿和链节的连续冲击，使链传动产生振动和噪声，这些都将增加传动件的损坏，也增加动能的消耗。为了减少冲击能量，应该采用较小的链条节距、较多的轮齿、较低的链速以及适宜的轮齿齿形。

（3）链条运动轨迹的变化和链条振动引起的动载荷　传动中链条运动的轨迹无论在起动时还是在正常工作时，都会发生改变。另外，链传动中，链条除因加速度的变化引起横向振动外，还会因链轮是个多边形而引起纵向振动，这些振动都会引起附加动载荷，使传动件受到损伤，并引起噪声。目前这项附加动载荷尚不能提出实用的计算式进行计算。

由上述可知：链传动中的速度不均匀，冲击、振动及噪声都会不可避免地产生动载荷，但只要恰当地选择某些结构参数和工作参数，可以把它降低到最低限度。在进行链条强度计算时，除应考虑链条的静载荷外，还应计入动载荷。一般情况下，只计入由链条平移加速度的变化引起的动载荷，其他几项则在选用链条时的安全系数 K 中予以考虑。

二、水平输送过程分析

埋刮板输送机作水平输送时，承受刮板直接推力而发生移动的物料层称为牵引层，牵引层以上的物料称为被牵引层。被牵引层物料的重力使牵引层与被牵引层之间产生内摩擦力，当两层之间的内摩擦力大于槽壁对被牵引层物料的外摩擦力时，被牵引层物料就会随同牵引层物料一起并形成连续整体的料流随着刮板链条向前输送。

输送倾角 $\beta=0$ 时，机槽内物料受力状态如图 2-33 所示。图中 F_1 为一个刮板间距内两层物料间的内摩擦力，F_2 为机槽两个侧壁对一个刮板间距内被牵引层物料的运动阻力。

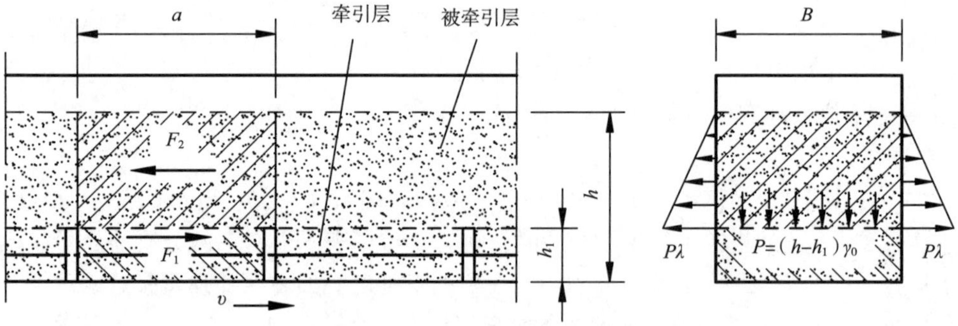

图 2-33　水平输送时物料受力图

F_1（N）的大小决定于被牵引层物料的重力和物料内摩擦因数，即：

$$F_1 = B(h - h_1) a \gamma_0 f_n \tag{2-9}$$

式中　B——机槽宽度，m；

　　　h——物料层高度，m；

　　　h_1——牵引层高度，即刮板高度，m；

a——相邻刮板的间距，m；

γ_0——物料容重，N/m^3；

f_n——物料内摩擦因数。

已知被牵引层物料底面上的压强 $P=(h-h_1)\gamma_0$，则此处对机槽侧壁的侧压强为 $(h-h_1)\gamma_0\lambda$，λ 为物料的侧压系数。侧压强的大小与物料深度成正比，故物料对侧壁的平均侧压强为 $\frac{1}{2}(h-h_1)\gamma_0\lambda$，则物料对机槽两个侧壁的总压力为 $2\times\frac{1}{2}(h-h_1)\gamma_0\lambda a(h-h_1)=(h-h_1)^2a\gamma_0\lambda$。故机槽侧壁阻力 F_2（N）：

$$F_2=(h-h_1)^2a\gamma_0\lambda f_w \quad (2-10)$$

式中　f_w——物料与机槽侧壁的摩擦因数。

被牵引层物料能够随牵引层一起运动的条件为 $F_1\geqslant F_2$，即：

$$B(h-h_1)a\gamma_0 f_n\geqslant(h-h_1)^2a\gamma_0\lambda f_w \quad (2-11)$$

对上式进行整理，得：

$$\frac{(h-h_1)}{B}\leqslant\frac{f_n}{\gamma_0 f_w} \quad (2-12)$$

式（2-12）即是水平型埋刮板输送机的工作条件。由式子可以看到：机槽的宽度越大、物料层的高度越小，则对输送越有利；物料的表面越粗糙、机槽内壁越光滑，则对输送越有利。当被输送物料与机槽材料确定之后，f_n、f_w、λ 为确定值，所以物料正常输送的条件便取决于机槽的尺寸。为了保证稳定、可靠的输送并节省动力，机槽的工作高度 h 与宽度 B 之比值应取得低一些，这是因为机槽侧壁对物料运动的阻力与物料层的高度平方值成正比（式 2-10），降低料层高度有利于减少输送过程的能量消耗，提高输送机的效率。设计时多取机槽有效高宽比 $h/B\leqslant1$。

三、垂直输送过程分析

埋刮板输送机垂直输送时，物料在垂直方向受到自身重力、刮板推力及下端物料对上层物料的支承力，这些垂直方向的压力在物料中产生了横向的侧压力，形成了使物料内部保持相对稳定的内摩擦力以及物料与机筒之间的外摩擦力。如图 2-34（1）所示，受刮板直接推动的物料称为牵引层，其余的物料称为被牵引层。当牵引层与被牵引层之间的内摩擦力足以克服被牵引层的重力以及与机筒壁的摩擦力时，物料便能随刮板链条整体向上运动。

如图 2-34（2）所示，在垂直输送段的两刮板间取被牵引层的一个薄层，其厚度为 dH，面积为 A，周界是与机筒侧壁接触的边长 L_1 和与牵引层接触的边长 L_2 如图 2-34（1）所示。该薄层上表面承受上方的垂直压强为 P_a，下表面承受下方支反力，其压强为 P_a+dP_a；四个侧面承受的压强为 P。

该薄层受到向下的力有：上方的压力 $P_a\cdot A$；物料的重力 $A\cdot dH\cdot\gamma_0$；机筒的摩擦阻力 $F_1=P\cdot dH\cdot L_1\cdot f_w$。受到向上的力有：下方的支反力 $(P_a+dP_a)A$；牵引层对其摩擦力 $F_2=P\cdot dH\cdot L_2\cdot f_n$。上述各式中，$f_n$ 与 f_w 为物料的内摩擦因数与外摩擦因数，γ_0 为物料的容重。

于是薄层物料能够向上运动的条件为：

$$(P_a+dP_a)A+P\cdot dH\cdot L_2\cdot f_n\geqslant P_a\cdot A+A\cdot dH\cdot\gamma_0+P\cdot dH\cdot L_1\cdot f_w$$

在稳定输送状态下，薄层上升的动力完全来自牵引层的摩擦力，而非下部的推力 $A\cdot P_a$，

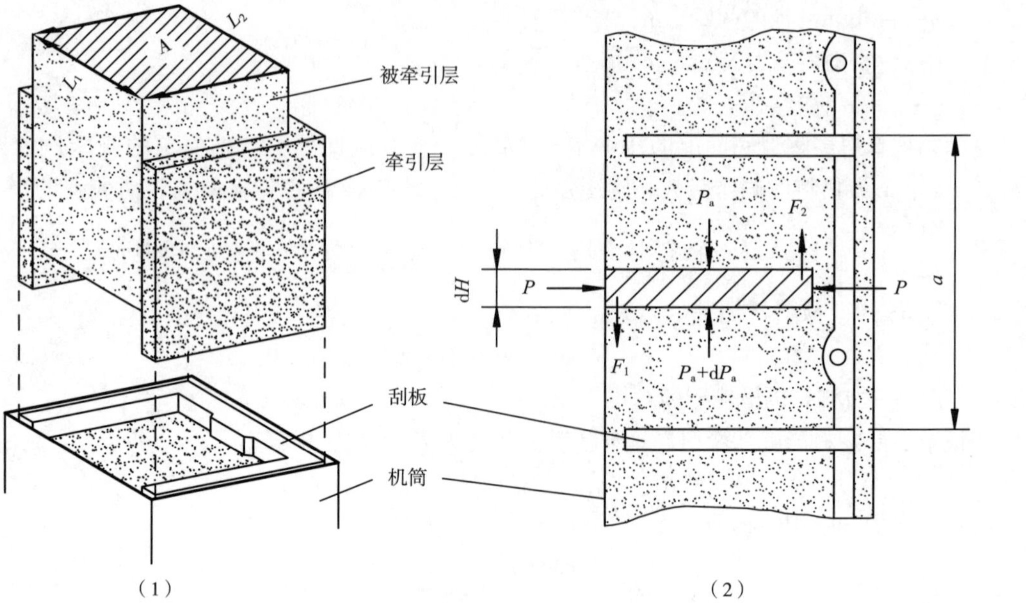

图 2-34 垂直输送分析图

（1）结构图 （2）分析图

即 $P_a=0$,。所以上式简化为：

$$P \cdot dH \cdot L_2 \cdot f_n \geqslant A \cdot dH \cdot \gamma_0 + P \cdot dH \cdot L_1 \cdot f_w$$

消去 dH 后得到：

$$P \cdot L_2 \cdot f_n \geqslant A \cdot \gamma_0 + P \cdot L_1 \cdot f_w \tag{2-13}$$

这就是物料整体上行的条件。

由式（2-13）可以看到，垂直型埋刮板输送机能够正常工作必须满足以下条件：

（1）垂直输送段的下方必须不断进料，以保证被牵引料柱的下方有足够的支反力，从而形成足够的侧压力满足正常输送的要求。

（2）机筒内壁光滑，对物料提升有利，即物料的外摩擦因数 f_w 越小，物料运动受的阻力也越小，上述不等式越容易成立。

（3）应选用包围系数大的刮板型式（如 U 型、V 型、O 型刮板）对输送有利，因为 L_2 越大，上述不等式容易成立。

（4）物料的容重 γ_0 越小、内摩擦因数 f_n 越大时，对输送越有利，明显的例子就是垂直型埋刮板输送机输送稻谷比输送小麦更容易。

正常输送时，物料的受力总是处于极限平衡状态，即各个方向的合力为 0。所以根据式（2-13），可知物料对机筒侧壁的侧压力为：

$$P = \frac{A \cdot \gamma}{L_2 \cdot f_n - L_1 \cdot f_w} \tag{2-14}$$

四、埋刮板输送机运行故障分析

1. 卡料

卡料发生在头轮轮槽处。当埋刮板输送机采用模锻链和双板链时，其头轮中间有一窄而深的轮槽，物料自头轮卸料口卸出时，链条上有时还残存极少量的物料随链条与头轮的啮合而进入头轮轮槽，若不能及时清除，这些物料将越积越多，越压越实，久而久之填满头轮轮槽，称为卡料现象。卡料影响了链条与头轮的正常啮合，严重时将链条抬起，使输送机无法正常工作。轮槽卡料还迫使链条承受一种强大的附加载荷，迫使链条伸长，甚至导致断链。解决的方法是在输送机头部卸料口适当部位增加一套破拱卸料板和清扫板，并在壳体中部设置一块深入头轮轮槽的刮刀（图 2-35）。卸料板起强制辅助卸料作用，它能把压实结块的物料破坏冲散，使物料顺利卸下。清扫板是一块硬橡皮，通过压板和螺栓连接在卸料板上，清扫板紧挨着链条上表面，可以有效地清除链条上的残料。刮刀则可清除少量进入轮槽的物料，刮刀应尽量贴近头轮根圆，与头轮轮槽两侧和根圆面间的间隙可取 2~3mm。

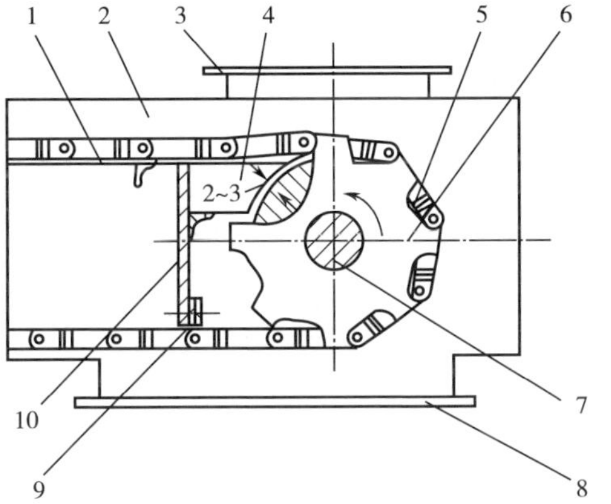

图 2-35 防止头轮轮槽卡料的措施

1—支撑导轨 2—头部壳体 3—观察口 4—刮料刀 5—刮板链条 6—头轮 7—头轮轴 8—卸料口 9—清扫板 10—卸料板

2. 积料

积料是埋刮板输送机最容易发生的一种故障，在壳体内的任何部位都有可能产生积料，最常见的多发生在头部、尾部、上回转段、弯曲段等处。

（1）头部积料 头部积料与头轮卡料是两个不同的概念，前者是整体性的，后者是局部性的，卡料不一定引起头部积料，而积料后必然导致轮槽卡料。头部积料通常只出现在 MS 型和 MZ 型埋刮板输送机中。其原因主要是卸料口卸料受到阻碍，物料在卸料口处不能完全卸净，部分剩余物料随着刮板链条的运行带到头部堆积造成的。解决头部积料的方法是物料必须在卸料口处完全卸净，并设法将不可避免带到头部的少量物料返回到承载壳体中去，不允许在头部停留聚集。影响卸料不净的原因很多，如刮板链条与物料的不适应，卸料口距离头轮太近，卸料口不通畅等。对于中间卸料方式，要求物料在中间卸料口处尽量卸净，头部卸料口不要关闭，让残余物料有个出处，不致在头部堆积。

（2）尾部积料 尾部积料主要取决于选用的加料段型式。选用 A 型加料段容易出现积料，因为采用 A 型加料段时，回程的刮板链条在空载段要从加入的物料中穿过，这样刮板链条必然会把一些物料带到尾部壳体中去。尾部积料带来的后果是增大运行阻力，甚至使尾轮卡死而无法转动；尾轮槽一旦被积料填平，将导致链条跑偏，刮板与壳体侧壁产生磨损、碰撞及变形，甚至还会使链条脱离尾轮。避免和解决的方法是：应尽量选用 B 型加料段。若采用 A 型加料段，最好采用图 2-36 所示的结构，在加料段空载壳体内靠近尾部一侧的上方，增设用硬橡皮制作的扫料板；在尾部壳体靠近加料段一侧的中间部位上，设置一个与壳体内腔等宽的挡料板；装设一块连接在尾轮轴上，并能与尾轮轴一起轴向移动（但不能转动）的圆弧形挡板，挡板与尾轮的间隙在保证刮板链条顺利通过的条件下取较小值（一般可取 10~20mm），其作用是使物料无法在尾部聚集，只能被承载分支的刮板链条带走。对 MS 型埋刮板输送机，在作倾斜布置时，倾角不能过大，否则物料容易向尾部滑动，造成尾部积料。

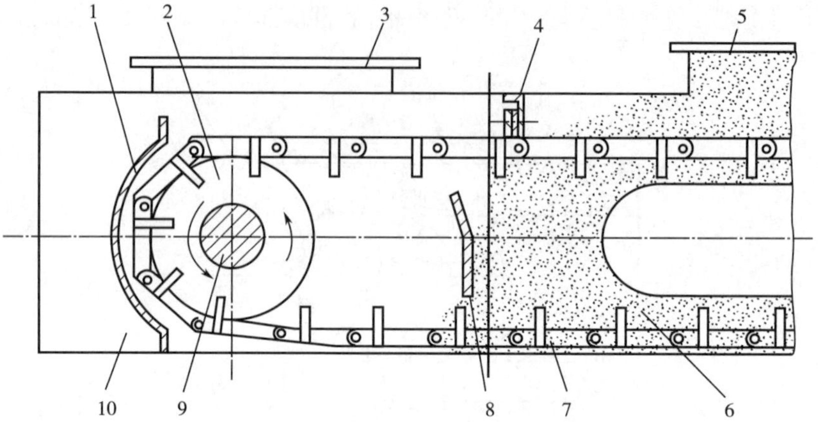

图 2-36　预防尾部积料的措施

1—圆弧挡板　2—尾轮　3—观察口　4—扫料板　5—加料口　6—加料段壳体　7—刮板链条
8—挡料板　9—尾轮轴　10—尾部壳体

（3）弯曲段积料　对于垂直型埋刮板输送机，在卸料口处没有卸净的、残留在刮板链条上的物料，随刮板链条进入垂直中间段的空载壳体中，然后落到弯曲段的空载壳体内聚集起来。当物料输送性能较好时，它会被刮板链条带回到加料口和尾部；当输送物料性能较差时，如压结性较大、吸湿后固化性较大或黏结性较强，刮板链条不仅无法将其带走，反而会被强行抬起，迫使刮板链条与上盖板发生强烈摩擦，直接影响刮板链条的正常运行。预防的方法可将支撑导轨及导轨底板改成曲线形状，使其与刮板链条的运动轨迹相吻合，这样使物料无法在弯曲段空载壳体内聚积，而只能被刮板链条带回到加料口或尾部（图 2-37）。

MZ 型埋刮板输送机弯曲段（上回转段）积料。正常情况下，导轮轮面高出承载壳体底部弯板约 5mm，弯板上开有比导轮轮面宽 2~4mm 的槽（图 2-38），在导轮两侧形成 1~2mm 的间隙。输送过程中一部分细小的物料通过这个间隙落到回料斗里，再通过回料溜管返回到垂直中间段的空载壳体中，不会产生积料。但如果弯板上的槽开得太宽，与导轮两侧形成的间隙过大，或者导轮与底部弯板的高度差太小，单位时间内落进回料斗的物料量太多，或者回料斗不通畅，就会出现上回转段的积料现象。其后果是妨碍了导轮的正常转动，一旦导轮卡死，刮板链条只得从导轮上滑过，链条的运行阻力与张力将大大增加，甚至造成断链的不良后果。预防和改进的措施是：保持导轮与弯板槽的间隙尽可能地小和均匀，保证导轮与弯板间的高差不减小；要求回料溜管在任何情况下都畅通无阻。另外，在回料斗壳体中导轮的两侧各配置一连接在导轮轴上的搅拌器，还可将导轮轴从轴承座的两侧伸出，在轴上装一直

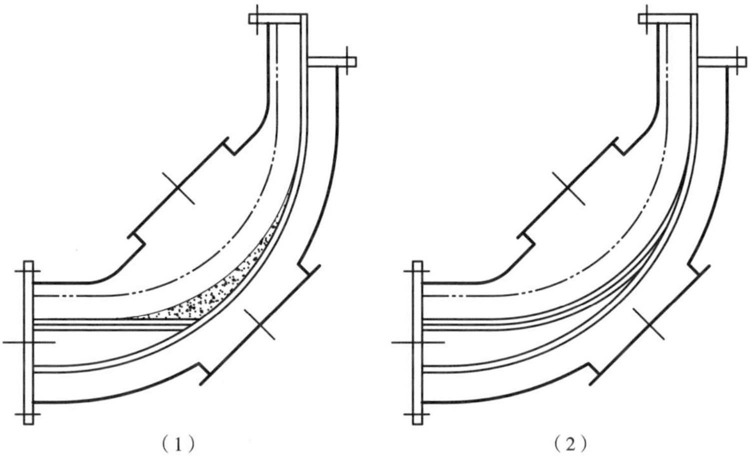

图 2-37　弯曲段结构的改进

(1) 改进前有积料　(2) 改进后无积料

径较大的手轮或长手柄，搅拌器和手轮可随导轮轴转动。这样搅拌器就可对回料斗内积存的物料起搅散作用，同时还可观察导轮是否正常运行。在手轮停止转动时，可人工转动手轮，排除积料，使导轮恢复正常工作。此外，在加料口处也有积料的可能，这主要是由于进料不均匀、物料流动性差。

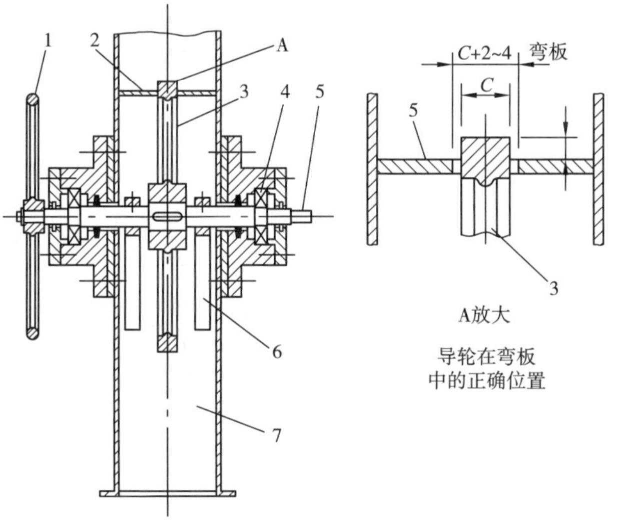

图 2-38　预防上回转段积料的措施

1—手轮　2—弯板　3—导轮　4—轴承　5—导轮轴　6—搅拌器　7—回料斗

3. 返料

返料是指物料在头部卸料口卸不净，少量被带回到空载壳体的现象。轻度返料尚属正常，而严重返料则降低了输送机的输送效率，增大了动力消耗。对 MS 型及 MZ 型埋刮板输送机来说，因中间段壳体的上下分支是连通的，返回到空载段的物料可重新落到承载段壳体中去，返料还不算大问题，而对 MC 型埋刮板输送机，严重返料则会造成弯曲段积料或尾部积料。

引起严重返料的主要原因有两个：一是物料湿度大，黏附性较强；二是刮板型式过于复杂，物料与刮板链条产生黏连，甚至压结成一整体，造成卸料困难。解决的方法除降低物料湿度和选用较为简单的刮板型式外，还需在头部卸料口处采取强制卸料措施。如图 2-39 所示的方法是在卸料口上方刮板链条与头轮啮合之前的位置增设卸料板，利用卸料板破除刮板内因起拱或压结而未卸下的物料。

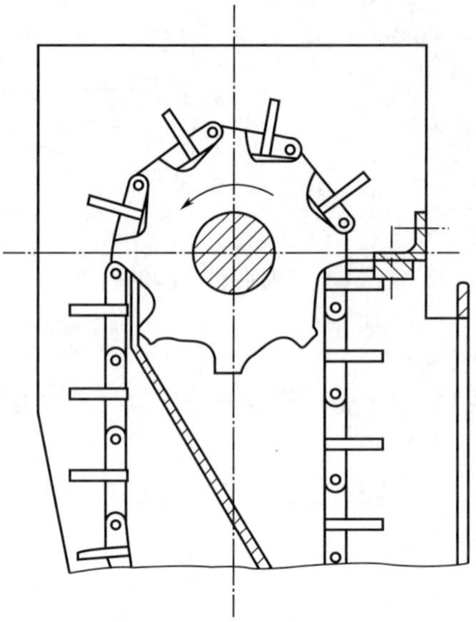

图 2-39　固定式卸料板

4. 浮链

浮链多见于 MS 型及 MZ 型埋刮板输送机。工作时，刮板链条不是埋在物料中，而是被物料向上抬起、浮在物料中上层的现象。浮链使埋刮板输送机工作的基本原理遭到破坏，轻者增大运行阻力，降低输送效率；重者刮板链条无法正常运行。浮链一旦发生，就不可能自动排除或减轻，只会越来越严重。产生浮链现象的原因主要有两个：一是物料特性，当物料呈粉尘状、小颗粒状，且黏附性和压结性较强，特别是吸湿后易固化，输送中最容易引起浮链。二是选用的机型及刮板链条不尽合理，输送机的有关技术参数选择不太恰当，例如，槽宽太小、输送速度偏大、链条自重小，输送距离过长、中间部位刮板链条的下压力不够大等。物料特性是引起浮链的主要原因，刮板选型是一个次要原因，或者说是外部原因。

解决浮链的方法有：①对易产生浮链的物料，应选用槽宽较大的机型、较大重量的套筒滚子链、物料的运行速度适当减小、输送距离不宜太长。若实在需要，可采用两台较短的输送机串联工作。②输送易产生浮链的物料时，可将刮板倾斜 70°焊接在链条上，使链条在运行中产生一个向下压的垂直分力，让刮板链条贴着槽底运行。输送浮链现象不严重的物料时，宜采用一节垂直、一节倾斜地把刮板交错焊接在链节上的办法。③为了减少物料在机槽死角处的积存，底板上不宜安装导轨，并尽量减小刮板的弯曲圆角。刮板与机槽的间隙要小，最好在刮板链条上配置几个清扫刮板。④对普通型埋刮板输送机，可在机槽的承载壳体内每隔 2~4m 配置一段压板压住链条，强制刮板链条不得浮起，见图 2-40。⑤停机时打开水平中间段的上盖板检查机槽底部是否有物料的固化压结层，若发现有较硬结层，应及时清除。

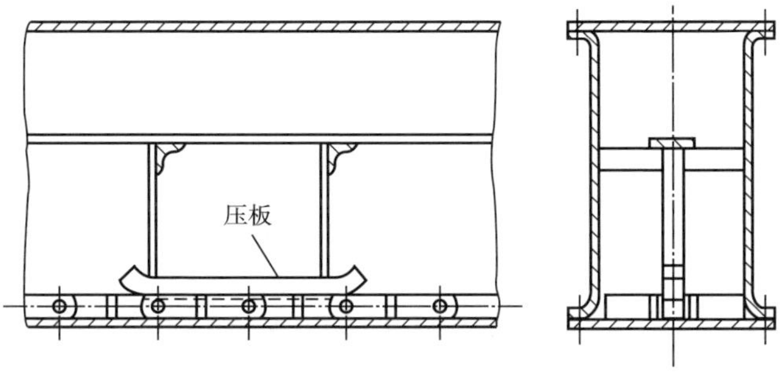

图 2-40 配备压板防止浮链

5. 噪声

埋刮板输送机运行时，空载运行噪声较大，负载运行噪声较小。引起噪声大的原因有：刮板与机槽的间隙太小；刮板链条与头轮啮合不良，或有干涉现象；设备制造质量不良，如壳体不平直、有歪斜、内凹现象；每段壳体的接口及导轨接头处尺寸偏差大；壳体底板或导轨不平直；刮板链条总体尺寸超差等；安装质量不高，如整机直线度超差，头、尾轮不对中引起刮板链条跑偏，刮板与壳体侧壁发生擦碰；壳体法兰安装内口有错位现象，导轨未接正；张紧装置对刮板链条张的过紧或过松等。其中直线度超差和刮板链条跑偏是噪声增大的主要原因。

6. 刮板链条的运行故障

（1）刮板链条跑偏　运行中，刮板链条始终跑偏或摆动式跑偏的现象。跑偏轻时，增大链条的运行阻力，有噪声，影响链条的使用寿命；跑偏重时，会引起刮板变形、折断，无法正常工作。

（2）刮板链条拉断　链条质量不好，链条中的销轴、链杆或链板被磨损后强度下降，工作中的意外载荷都能导致断链。

（3）刮板变形、脱落或断裂　刮板变形主要因卡碰、硬物挤压所致。变形主要有刮板内扣、外张、扭曲，见图 2-41。脱落是因焊接不良引起的。

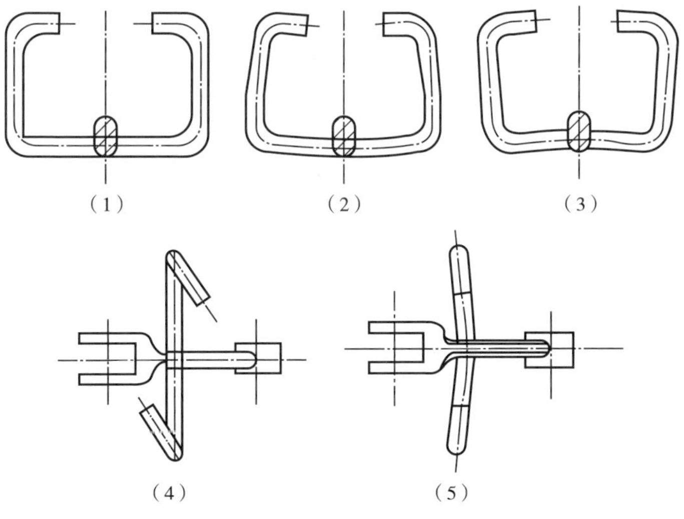

图 2-41 刮板变形的主要型式

（1）正常状态 （2）内扣 （3）外张 （4）扭曲 （5）向后弯曲

（4）跳齿与掉链　链节磨损后，节距增大，见图 2-42，链节节距增大势必沿着轮齿齿廓向外移动，节距增大越多或链轮齿数越多时，链节向外移动也越多，当向外移动的距离超越齿顶后，则形成跳齿现象。链节跳齿时，若链轮轴倾斜或链条稍有横向摆动即形成掉链。

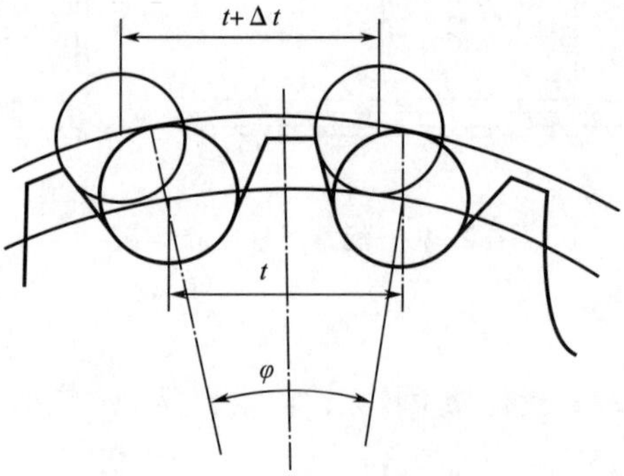

图 2-42　链节伸长对啮合的影响

（5）运行不同步　对于双板链或大机槽中两根并列运行的刮板链条，若输送机的头、尾轮发生轴向移动，或相互错位、倾斜等现象，则机槽中刮板链条的运行不同步。

第四节　埋刮板输送机的设计与计算

一、生产率的计算

埋刮板输送机的生产率按式（2-15）计算。

$$Q = 3600Bhv\gamma_0\eta \tag{2-15}$$

式中　Q——埋刮板输送机的生产率，t/h；

B——机槽有效宽度，m。机槽有效宽度已系列化，其系列值见表 2-8；

h——机槽有效高度，m。通常取 $h \leqslant B$，其系列值见表 2-8；

v——刮板链条平均运动速度，m/s；

γ_0——物料容重，t/m^3。允许的物料容重为 0.2~1.8t/m^3；

η——输送效率。

刮板链条的运动速度应根据被输送物料的特性、机型特征、工艺要求等条件进行选取。速度低则生产率小，所需机件大而沉重；速度过高会使物料滞后于链条的现象严重，动耗增大、构件磨损加快、机械的使用寿命降低。输送原粮时，速度可选高些；输送流动性好、悬浮性大、磨损性大、易破碎、易燃易爆的物料及料胚，速度应选低些；水平输送的速度可以选高些，垂直输送的速度应选低些。一般速度范围是 0.08~0.8m/s。在粮油工业中，通常输送原粮取 v=0.3~0.5m/s；面粉取 v=0.2m/s，浸出粕及胚片取 v=0.1~0.2m/s。

粮食专用型埋刮板输送机的刮板链条运行速度比普通机型的要大，且运量大、输送距离长。例如，ZMS100 用以输送小麦时，最大输送量可达 1250t/h，最大输送距离可达 80m，链速可达 1.3m/s。

刮板链条速度 v（m/s）应优先采用下列数值：0.08、0.10、0.125、0.16、0.20、0.25、0.315、0.40、0.50、0.63、0.80、1.00、1.25。

输送效率 η 是考虑各种因素对生产率的影响而设的系数，这些因素包括：水平机槽内物料的实际深度低于机槽有效高度；刮板链条占据了机槽一定的空间；链条运动中的振动和冲击使物料的运动速度滞后于链条运动速度；机槽底部和边角有物料残留。故 $\eta<1$。

输送效率 η 与物料特性、刮板链条速度、刮板链条型式、机槽尺寸和使用条件等因素有关。水平输送谷物时（$\beta=0°$），机槽宽度 $B\leqslant200$mm 时，取 $\eta=0.8\sim0.9$；机槽 $B>200$mm 时，取 $\eta=0.7\sim0.8$。倾斜输送（$\beta\leqslant15°$）时，输送效率取 $\eta'=\eta K'$，其中 η 为水平输送时的输送效率，K'为倾斜系数，见表 2-9。垂直输送谷物时（$\beta>15°$），输送效率可取 $\eta=0.65\sim0.80$。对于悬浮性比较大的、流动性比较好的、黏附性和压结性比较大的物料应取小值。

表 2-9　　倾斜系数 K'

倾斜角 β	0°~2.5°	2.5°~5°	5°~7.5°	7.5°~10°	10°~12.5°	12.5°~15°
倾斜系数 K'	1.00	0.95	0.90	0.85	0.80	0.70

二、刮板链条运行阻力的计算

1. 水平或小倾角（$0°\leqslant\beta\leqslant15°$）输送段的阻力

（1）有载分支阻力 W_1（N）　此段阻力包括机槽底板对刮板链条及物料的摩擦阻力，机槽侧板对物料的摩擦阻力，物料位能增加的直接阻力，即：

$$W_1 = (q_0 + q)gf_pL\cos\beta + \lambda\gamma_0 gh^2 f_w L + (q_0 + q)gL\sin\beta \tag{2-16}$$

式中　q_0——单位长度刮板链条质量，kg/m；

q——单位长度物料的质量，kg/m。水平输送可按 $q=\dfrac{Q}{3.6v}$ 计算，Q 为生产率，t/h；v 为刮板链条平均速度，m/s。对于悬浮性强或流散性强的物料时，计算时应考虑物料速度滞后带来的影响，取 $v'=(0.8\sim0.9)v$；

g——重力加速度，$g=9.81\text{m/s}^2$；

f_w——物料与机槽侧壁之间的摩擦因数；

f_p——平均摩擦因数。$f_p=\dfrac{\mu+f_w}{2}$，其中 μ 为链条与机槽底板或导轨的摩擦因数；

L——水平或倾斜段长度，m；

β——输送倾角，(°)；

λ——物料的侧压系数。对于谷物建议取 0.6~0.7，流散性好的物料取大值；

γ_0——物料容重，kg/m^3；

h——机槽内的物料深度，m。

（2）无载分支阻力 W_2（N）　包括刮板链条与导轨（或隔板）的摩擦阻力及刮板链条位能变化的直接阻力，即：

$$W_2 = q_0 g\mu L\cos\beta - q_0 gL\sin\beta \tag{2-17}$$

2. 大倾角或垂直（15°≤ β ≤90°）段的阻力

（1）有载分支阻力 W_3（N） 它包括机壳四壁对物料的摩擦阻力，以及物料位能增加的直接阻力。由式（2-14）知机壳内物料对机筒四壁的侧压强为：

$$P = \frac{A \cdot \gamma_0 g}{L_2 \cdot f_n - L_1 \cdot f_w}$$

因而：

$$W_3 = \frac{2(B+h)LBh\gamma_0 g f_w}{L_2 f_n - L_1 f_w} + (q_0 + q)gL\sin\beta + q_0 g\mu L\cos\beta \tag{2-18}$$

式中 L——倾斜或垂直段长度，m；

q——单位长度物料的质量，kg/m。垂直输送 $q = K_a Bh\gamma_0$，$B \times h$ 为机筒横截面积，m^2；K_a 是刮板链条占据机筒空间而设的系数，约为0.92；γ_0 为物料容重，kg/m^3。

（2）无载分支阻力 W_4（N） 包括刮板链条与导轨（或隔板）的摩擦阻力及刮板链条位能变化的直接阻力，即：

$$W_4 = q_0 gL\mu\cos\beta - q_0 g L\sin\beta \tag{2-19}$$

3. 过渡段阻力

（1）有载分支阻力 W_5（N） 它包括刮板链条滑过弧形导轨的摩擦阻力、机槽对物料摩擦阻力及刮板链条和物料位能变化的直接阻力（图2-43）。其中，刮板链条滑过弧形导轨的摩擦阻力，可用欧拉公式进行计算。

$$W_5 = S_{入}(e^{\mu\alpha} - 1) + \frac{2(B+h)BhR\alpha\gamma_0 g f_w}{L_2 f_n - L_1 f_w} + \sin\frac{\alpha}{2}(q_0 + q)gR\alpha \tag{2-20}$$

式中 $S_{入}$——刮板链条进入过渡段时的张力，N；

α——过渡段转角，rad，见图2-44；

R——过渡段中心线曲率半径，m。

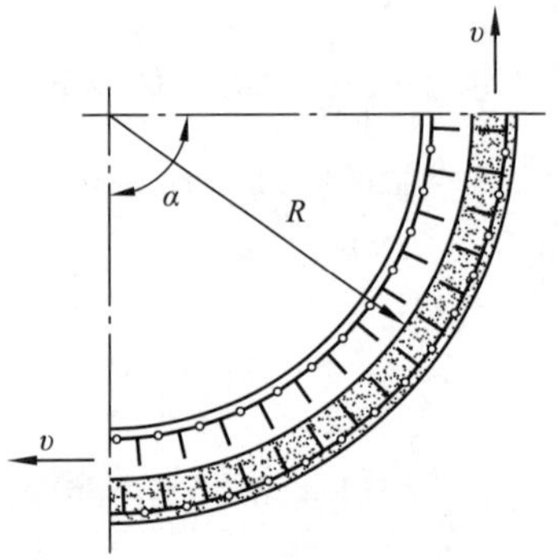

图2-43 过渡段的运行情况

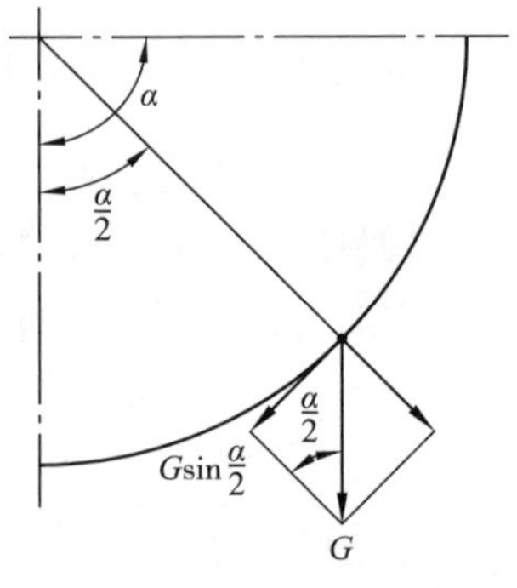

图2-44 过渡段转角

（2）无载分支阻力 W_6（N） 包括刮板链条滑过弧形导轨的摩擦阻力及刮板链条位能变化的直接阻力。

$$W_6 = S_{入}(e^{\mu\alpha} - 1) - \sin\frac{\alpha}{2} q_0 gR\alpha \tag{2-21}$$

为简化计算，过渡段有载分支和无载分支均可只计算第一项阻力，其他阻力可近似计入相邻的水平段和垂直段，计算时将水平段和垂直段的长度按直角转向取值即可。

4. 导向轮阻力 W_7（N）

这项阻力包括张紧链轮、导向轮、托轮等的轴承阻力及链条绕过时的刚性阻力。

$$W_7 = \xi S_{入} \quad (2-22)$$

式中 ξ——阻力系数，可取0.08~0.16，链条包角大时取大值，包角小时取小值；滑动轴承取大值，滚动轴承取小值。

5. 离心阻力 W_8（N）

物料在过渡段因其离心惯性力产生的摩擦力。

$$W_8 = q\frac{v^2}{R}R\alpha f_w = qv^2\alpha f_w \quad (2-23)$$

工程计算中，当 $v<0.5$m/s 时，此项阻力可忽略不计。

6. 进料段物料加速阻力 W_9（N）

进料加速阻力可根据“摩擦力所作功等于物料动能的增加”原理计算，即：

$$FL_0 = \frac{1}{2}mv^2$$

所以

$$W_9 = \frac{1.5}{2}qv^2 \quad (2-24)$$

式中 1.5—扩大系数。工程计算中，当 $v<0.5$m/s 时，此项阻力可忽略不计。

7. 刮板链条在驱动链轮上的刚性阻力 W_{10}（N）

$$W_{10} = 0.04(S_1 + S_n) \quad (2-25)$$

式中 S_1——链条在驱动轮绕出点的张力，N；

S_n——链条在驱动轮绕入点的张力，N。

三、刮板链条静张力的计算

刮板链条的静张力（以下简称张力）计算仍使用逐点计算法。

1. 最小张力的计算

为了减少链条的垂直方向振动，链条由导轨绕入链轮或由链轮绕出至导轨时，变角 δ 应尽量减小，无支承段的长度 A 最少应为4~6个链节长（图2-45）。又在链条绕出时，链条的最小张力必须保证在无支承段内有较小的下垂度，以保证链条顺利脱链；链条张力过小，容易引起有载分支链条产生浮链，使生产率下降。刮板链条的最小张力 S_{min}（N）可按式（2-26）计算：

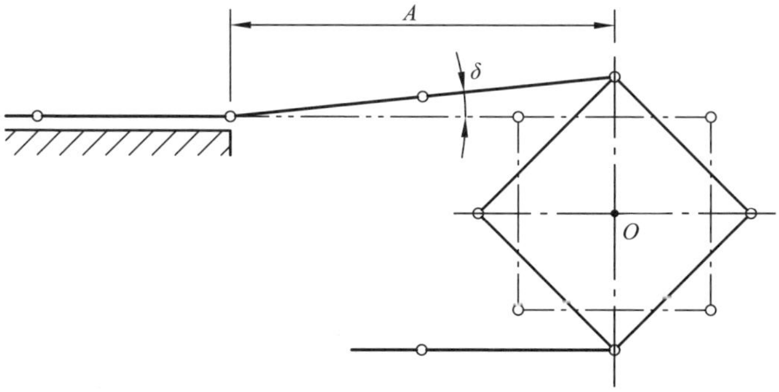

图2-45 链条绕出链轮时的变角

已知刮板链条的无支承段水平距离为 A（m）时，最大允许下垂度为［y_{max}］（m），且

$$[y_{max}] = \frac{q_0 g A^2}{8S_{min}} \tag{2-26}$$

式中 q_0——单位长度刮板链条质量，kg/m；

g——重力加速度，$g=9.81\text{m/s}^2$。

埋刮板输送机设计规定最大允许下垂度［y_{max}］$=0.02A$，故最小张力

$$S_{min} = 58.8q_0A \tag{2-27}$$

2. 各点张力 S_i（N）的计算

各点张力计算的原则与带式输送机的逐点张力计算法原则相同，即：

$$S_i = S_{i-1} + W_{(i-1)\sim i} \tag{2-28}$$

式中 S_{i-1}——刮板链条某点的前一点张力，N；

$W_{(i-1)\sim i}$——某点至某点前一点间的阻力，N。

3. 最大总张力 S_{max}（N）的计算

刮板链条的最大总张力 S_{max} 为链条承受的最大静载荷（静张力）与链条的动载荷之和。S_{max} 供选择链条用，见式（2-29）。

$$S_{max} = S_j + S_d = S_n + 3|ma_{max}| \tag{2-29}$$

式中 S_j——链条最大静载荷，N；

S_d——链条最大动载荷，N；

S_n——链条最大张力点的张力，一般为驱动轮绕入点张力，N；

m——参与运动的质量，kg，见式（2-8）；

a_{max}——最大加速度，m/s^2，见式（2-6）。

四、驱动功率的计算

1. 驱动链轮圆周力 P（N）的计算

由于刮板链条的动载荷是在正、负值之间周期性地变化，因此计算驱动链轮功率时不再计入链条动载荷，因而驱动链轮的圆周力 P 为：

$$P = (S_n - S_1) + W_{10} \tag{2-30}$$

式中 S_n——链条在驱动链轮绕入点的张力，N；

S_1——链条在驱动链轮绕出点的张力，N；

W_{10}——链长刚性阻力，N，见式（2-25）。

2. 驱动链轮轴功率 N_0（kW）的计算

$$N_0 = \frac{Pv}{1000} \tag{2-31}$$

式中 P——驱动链轮圆周力，N；

v——刮板链条平均速度，m/s。

3. 所需配备电动机功率 $N_电$（kW）的计算

$$N_电 = K\frac{N_0}{\eta_0} \tag{2-32}$$

式中 K——电动机安全储备系数，$K=1.1\sim1.3$；

η_0——机械传动效率，$\eta_0=\eta_1\cdot\eta_2$。其中 η_1 为齿轮减速器传动效率，$\eta_1=0.92\sim0.94$；η_2 为开式链传动效率，$\eta_2=0.85\sim0.9$。

五、张紧力的计算

$$G=S_{张入}+S_{张出}(\mathrm{N}) \tag{2-33}$$

式中 G——张紧力，N；

$S_{张入}$——张紧链轮上链条绕入点张力，N；

$S_{张出}$——张紧链轮上链条绕出点张力，N。

六、链条最大张力及驱动功率的简易计算法

按逐点张力法计算埋刮板输送机刮板链条上各点的张力及配用电动机功率，虽然比较准确，但太复杂，下面介绍简易计算方法，供参考。

1. MS 型埋刮板输送机

（1）最大张力点张力 S_n 的计算

$$S_n=2.1q_0\cdot g\cdot\mu\cdot L_h+q\cdot g\left[f_w\cdot L_h\left(1+\frac{\lambda\cdot h'}{B\cdot\cos^2\beta}\right)+H\right]+S_0 \tag{2-34}$$

式中 S_n——刮板链条绕入头轮时的张力，即链条的最大静张力，N；

q_0——刮板链条每米长度的质量，kg/m；

q——机槽内每米长度物料的质量，kg/m；

L_h——输送机水平投影长度，m；

H——输送机垂直投影高度，m；

μ——链条与底板（导轨）的摩擦因数，钢对钢可取 0.4~0.5，输送干燥谷物时取小值，其他取大值，滚子链利用滚子滑行时可减小 10%；

f_w——物料与机槽侧壁、底板之间的摩擦因数，参考值如下：小麦 0.28，玉米 0.31，稻谷 0.22，大米 0.36，大豆 0.34，潮湿、有黏性的物料增大取值；

λ——物料对机槽侧壁的侧压系数，对于粮食物料，建议取 $\lambda=0.6\sim0.7$；

B——机槽宽度，m；

h'——机槽内物料的深度，m；

β——输送机倾角；

g——重力加速度，$g=9.81\mathrm{m/s^2}$；

S_0——链条初张力，N。根据机型大小可取 $S_0=500\sim2000$N。

（2）轴功率 N_0（kW）的计算

$$N_0=\frac{(1.05S_n-S_0)\cdot v}{1000} \tag{2-35}$$

输送谷物时，可用更简易的方法直接计算轴功率：

$$N_0=(22q_0L_h\mu v+K_bQL_hf_w+3.0QH)/1000 \tag{2-36}$$

式中 K_b——与机槽高宽比有关的系数。当机槽宽度 $B\leqslant320$mm 时，取 $K_b=4.5$；当机槽宽度 $B=400\sim800$mm 时，取 $K_b=4.2$；当 $B\geqslant1000$mm 时，取 $K_b=4.0$。

2. MC 型、MZ 型埋刮板输送机

（1）最大张力点张力 S_n（N）可参考式（2-37）进行估算。此计算式适用于垂直段（或倾斜段）空载链条的下行重力大于该段和上水平段导轨的摩擦阻力。

$$S_n = (2.1K_wL_1 + L_2)q_0g\mu + 1.5(K_wL_1 + L_2)qgf_w + (q_0 + K_pq)gH \tag{2-37}$$

式中 K_w——弯道附加阻力系数，见表 2-10；

K_p——垂直提升阻力系数。K_p 大小与物料性质、刮板尺寸及间距、机筒尺寸及宽厚比均有关系，一般可按表 2-11 选取。

L_1、L_2——输送机水平投影长度，见图 2-46。

表 2-10 弯道附加阻力系数 K_w

转弯角度 α	30°	45°	60°	75°	90°
弯道阻力系数 K_w	1.3	1.5	1.7	1.9	2.2

表 2-11 垂直提升阻力系数 K_p

输送机型号		16	20	25	32	40
垂直提升阻力系数 K_p	MC 型	1.9	2.1	2.3	2.7	3.2
	MZ 型	2.2	2.4	2.8	3.4	4.0

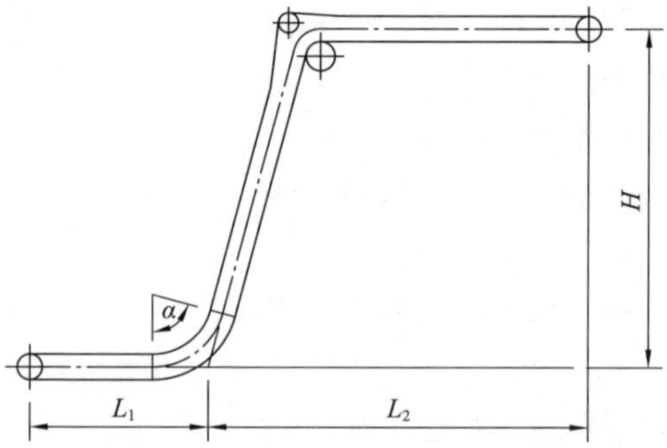

图 2-46 MC 型、MZ 型阻力计算参考图

（2）轴功率的 N_0（kW）计算

$$N_0 = \frac{(1.05S_n + q_0L_2\mu g - q_0Hg) \cdot v}{1000} \tag{2-38}$$

3. 链条最大总张力 S_{max}（N）按下式计算：

$$S_{max} = (1 + K_jC_1)S_n \tag{2-39}$$

式中 C_1——动载荷系数，可参考图 2-47 选取；

K_j——折减系数，当输送机长度 $L<25$m 时，$K_j=1.0$；当 $L=26\sim60$m，$K_j=0.92$；当 $L>60$m 时，$K_j=0.85$。

计算例题：某粮食加工厂需选用一条输送量 50t/h 的埋刮板输送机（图 2-48），倾斜向上 5°输送大麦，机身总长 40m。试确定该机的型式及主要参数，并用逐点张力计算法和简易计算法计算链条最大张力、电机功率，并验算链条强度。

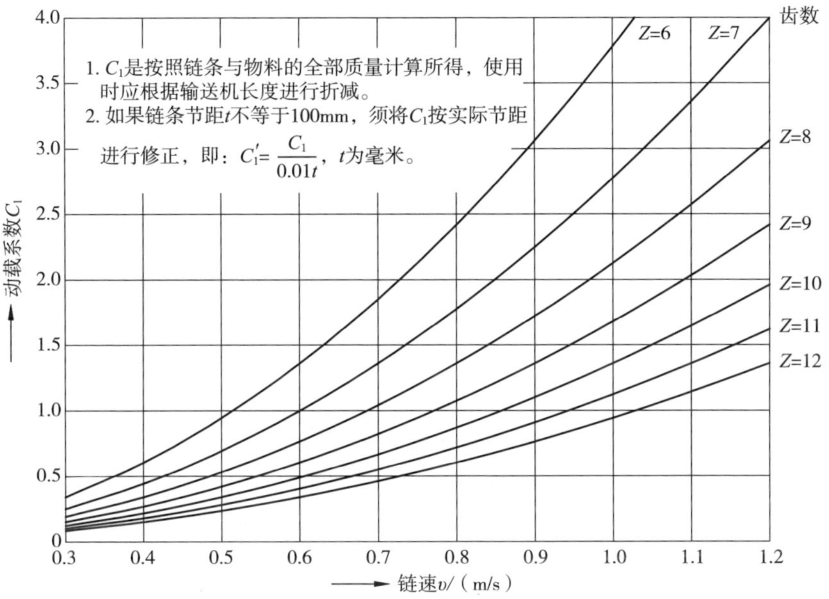

图 2-47 动载荷系数

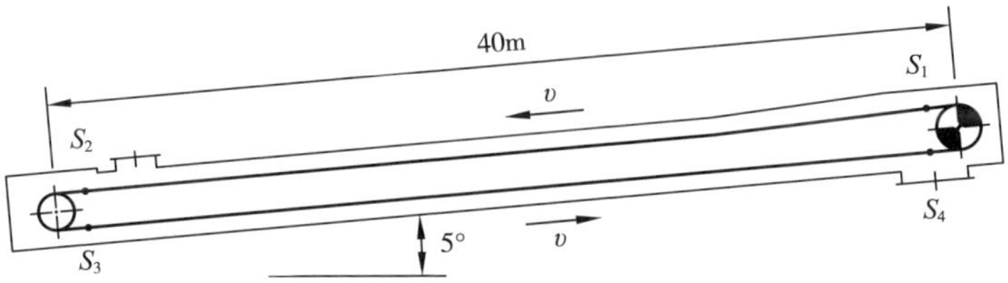

图 2-48 计算例题附图

解：选用 MS（水平）型埋刮板输送机，取链条速度 $v=0.32\text{m/s}$。

（1）计算机槽宽度

查粮油物料特性表可知，大麦容重 $\gamma_0=0.63\text{t/m}^3$。倾斜输送效率 $\eta'=\eta\times K'=0.75\times0.95=0.71$。

根据式（2-15）：$Q=3600Bhv\gamma_0\eta'$，暂取机槽 $B=h$，则：

$$B=\sqrt{B\cdot h}=\sqrt{\frac{Q}{3600v\gamma_0\eta'}}=\sqrt{\frac{50}{3600\times0.32\times0.63\times0.71}}=0.312\ (\text{m})=312\ (\text{mm})$$

查表 2-5，取 $B=320\text{mm}$，则该机型号为：MS32。

参考表 2-6，选用双板链、U 型刮板，链条节距 200mm，许用载荷［P］$=29\times2=58$ kN，每米重量 $q_0=35.3\text{kg/m}$。

参考表 2-7，驱动链轮齿数取 $Z=8$，尾轮用光轮。

（2）用逐点张力法计算链条运行阻力

①物料线载荷：$q=\dfrac{Q}{3.6v}=\dfrac{50}{3.6\times0.32}=43.4\ (\text{kg/m})$

②物料在机槽中的实际深度：$h'=\dfrac{q}{B\gamma_0}=\dfrac{43.4}{0.32\times0.63\times1000}=0.215\ (\text{m})$

③取链条对机槽的摩擦因数 $\mu=0.4$。

查粮油物料特性表可知，大麦对钢板的摩擦角 $\rho=20°$，滑动摩擦因数 $f_d=0.85\times\tan20°=0.31$。

大麦与链条对机槽的平均摩擦因数：$f_p=\dfrac{\mu+f_w}{2}=\dfrac{0.4+0.31}{2}=0.355$

大麦的侧压系数取 $\lambda=0.7$。

④各项阻力的计算。

$$\begin{aligned}W_{1-2}&=q_0g\mu L\cos\beta-q_0gL\sin\beta\\&=35.3\times9.81\times0.4\times40\times\cos5°-35.3\times9.81\times40\times\sin5°=4312.3(\text{N})\end{aligned}$$

$$W_{2-3}=\xi S_{入}=0.12S_2$$

链条速度小于 0.5m/s，物料加速阻力忽略不计。

$$\begin{aligned}W_{3-4}&=(q_0+q)gf_pL\cos\beta+\lambda\gamma_0gh^2f_wL+(q_0+q)gL\sin\beta\\&=(35.3+43.4)\times9.81\times0.355\times40\times\cos5°+0.7\times630\times9.81\times0.215^2\times0.31\times40\\&\quad+(35.3+43.4)\times9.81\times40\times\sin5°\\&=16092.6(\text{N})\end{aligned}$$

$$W_{4-1}=0.04(S_1+S_4)$$

⑤取头轮绕出处无支承段长度等于 4 倍链节长，则链条的最小张力：

$$S_1=S_{\min}=58.8q_0A=58.8\times35.3\times0.8=1660.5(\text{N})$$

则链条其他各点的张力：

$$S_2=S_1+W_{1-2}=1660.5+4312.3=5972.8(\text{N})$$

$$S_3=S_2+W_{2-3}=S_2+0.12S_2=5972.8+0.12\times5972.8=6689.5(\text{N})$$

$$S_4=S_3+W_{3-4}=6689.5+16092.6=22782.1(\text{N})$$

$$W_{4-1}=0.04(S_1+S_4)=0.04\times(1660.5+22782.1)=977.7(\text{N})$$

（3）驱动功率计算

轴功率：$N_0=\dfrac{Pv}{1000}=\dfrac{(S_4-S_1)+W_{4-1}}{1000}v=\dfrac{22782.1-1660.5+977.7}{1000}\times0.32=7.07(\text{kW})$

减速机与链条传动效率分别取 0.94 和 0.88，电动机安全储备系数 1.2，则：

$$电机功率：N_{电}=K\frac{N_0}{\eta_0}=1.2\times\frac{7.07}{0.83}=10.2(\text{kW})$$

按照电机功率系列，取 11kW。

（4）链条最大总张力的计算及强度校核

据式 2-29，$S_{\max}=S_j+S_d=S_4+3|ma_{\max}|$

其中：$m=(q+q_0C)L=(43.4+35.3\times1.5)\times40=3854.0(\text{kg})$

$$a_{\max}=2\pi^2\frac{v^2}{Z^2t}=2\times3.14^2\times\frac{0.32^2}{8^2\times0.2}=0.16(\text{m/s}^2)$$

则：$S_{\max}=22782.1+3\times3854.0\times0.16=24632.0(\text{N})$

根据式（2-1），链条的抗拉强度应满足：$S_{\max}K\leqslant[P]$。其中链条的使用系数为：$K=1.0\times1.0\times1.1=1.1$，则：

$$S_{\max}K=24632.0\times1.1=27095.2(\text{N})=27.1(\text{kN})$$

强度比较：[P] =58（kN）> 27.1（kN），链条的强度足够。

（5）用简易计算法计算

①链条最大静张力。

取链条初张力 $S_0=1800N$。

$$S_4 = 2.1q_0 \cdot g \cdot \mu \cdot L_h + q \cdot g[f_w \cdot L_h\left(1+\frac{\lambda \cdot h'}{B \cdot \cos^2\beta}\right)+H]+S_0$$

$$= 2.1 \times 35.3 \times 9.81 \times 0.4 \times 40 \times \cos5°$$

$$+ 43.4 \times 9.81 \times [0.31 \times 40 \times \cos5° \times (1+\frac{0.7 \times 0.215}{0.32 \times \cos^2 5°}) + 40 \times \sin5°] + 1800$$

$$= 22627.0(N)$$

②轴功率。

$$N_0 = \frac{(1.05S_4 - S_0) \cdot v}{1000} = \frac{(1.05 \times 22627.0 - 1800) \times 0.32}{1000} = 7.03\ (kW)$$

③链条最大总张力。

根据链速 $v=0.32m/s$、链轮齿数 $Z=8$、链条节距 $t=200mm$，由图 2-47 查得 $C_1=0.24$。由于链条节距为 200mm，所以 $C_1'=\frac{C_1}{0.01 \times 200}=\frac{0.24}{2}=0.12$。

$$S_{max}=(1+K_jC_1')\ S_4=(1+0.92 \times 0.12) \times 22627.0=25125.0\ (N)$$

第五节　普通刮板输送机

一、概述

图 2-49 是普通刮板输送机的示意图，它由牵引构件、刮板、机壳、驱动轮等部件组成。为了防止牵引构件的无载分支下垂和有载分支上浮，有些刮板输送机还在牵引构件的下和上装有托辊和压辊。工作时，物料由进料口进入机槽，物料被运动着的刮板推动沿机槽前进，当物料行至卸料口时，物料在自身重力作用下由出料口卸出。

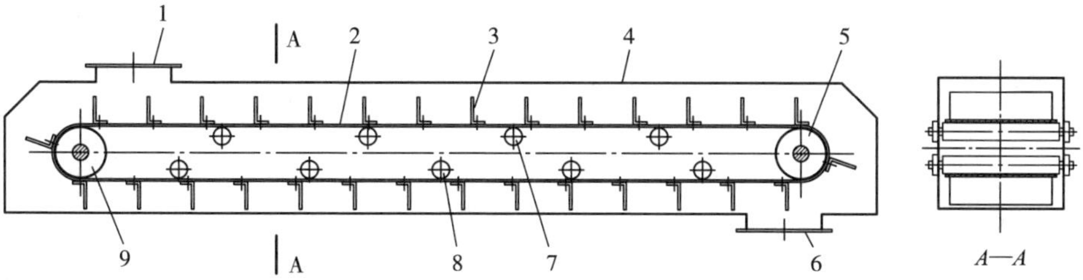

图 2-49　普通刮板输送机的示意图

1—进料口　2—牵引构件　3—刮板　4—机壳　5—驱动轮

6—出料口　7—托辊　8—压辊　9—尾轮

刮板输送机以水平输送为主，也可进行倾斜输送，有时也能进行“倾斜-水平”或“水平-倾斜”输送。但不管哪种输送形式，其输送倾角通常不大于30°。在弯曲段需要较大的过渡半径，通常取 $R=4\sim10$m。当水平输送时，可进行单层或双层输送。倾斜输送时，只可进行单层输送。普通刮板输送机的输送长度一般不超过60m，生产率不超过200t/h。矿用刮板输送机的输送长度可达250m，输送量可达1500t/h。

刮板输送机可以用来输送各种粉末状、小颗粒和块状的流动性较好的散粒物料，如煤炭、矿石、沙子、水泥及谷物等，但它不适宜输送易碾碎的脆性物料。

普通刮板输送机的优点是：结构简单；整个输送长度上可在任意点进料或卸料；机壳能够密闭，可防止输送物料时粉尘飞扬；整机体积小，工艺布置灵活；当其尾部不设置机壳时，可将尾部插入料堆自行取料输送。因此，在粮食仓库中可将其组合成各种形式的扒粮机，用于散装粮食的装卸。普通刮板输送机的缺点是：物料在机槽内的运动阻力大；牵引构件容易下垂，使刮板与槽底接触，加快了机件的磨损；工作时刮板处于悬臂受力状态，刮板高度不能太大，因此，输送效率较低。在粮油工业中普通刮板输送机一般用作轻质物料的短距离输送。

二、普通刮板输送机的主要构件

1. 牵引构件

普通刮板输送机的牵引构件可以是链条、输送带或钢丝绳，以链条应用最多。常用的链条型式是套筒滚子链和模锻链。链条的根数根据刮板宽度确定，当刮板宽度大于400mm时，通常采用两根链条。输送带通常使用宽度100~300mm的橡胶传动带。用输送带作牵引构件时，刮板输送机的有载分支应安装压辊，以防止胶带漂浮使生产率下降。无载分支应安装托辊，以防止胶带过度下垂。托辊和压辊的结构与带式输送机的托辊结构相同。钢丝绳通常使用单根或双根，绳上按一定距离用钢丝绳卡或夹板螺栓固定刮板。钢丝绳轮为缺口槽轮，轮缺口处放置刮板，槽内卧置钢丝绳。钢丝绳的缺点是极易产生弹性或塑性形变，使刮板间距变大而不能准确地进入绳轮缺口，破坏绳轮的正常驱动。使用单根绳传动时，绳上刮板容易扭转破坏刮板的正常工作。

2. 刮板

刮板按形状的不同，可分为梯形、矩形、半圆形、圆形、环形、折边矩形等多种，如图2-50所示。刮板的材料可选用2~8mm的钢板、木板或橡胶板。为了增加刮板的刚度，可在刮板的边沿或背后附加角钢或扁钢。刮板的高度应低于机槽的工作高度，刮板的宽度应小于料槽的宽度。两者之间隙一般为5~10mm。

3. 机壳

机壳一般为钢板制成的密封壳体，壳体的顶板和底板上开设进料口和卸料口。壳体的头部和尾部分别安装驱动轮和张紧轮，机壳的下半部为输送物料的料槽，料槽的断面形状与刮板的形状相适应。整个机壳由多节组合而成。某些刮板输送机采用敞开式料槽，可以在料槽上任意一点装料。料槽的装满程度由供料闸门进行控制。槽底的卸料闸门可以是沿料槽中心线运动的纵向闸门，也可以是垂直于料槽中心线的横向闸门。卸料闸门可以控制卸料口开启的大小，通过一个卸料口卸出部分物料，其余物料将沿着料槽继续前移，并在下一个卸料口卸出。用这种方法可以在输送机不同点上定量卸出物料。

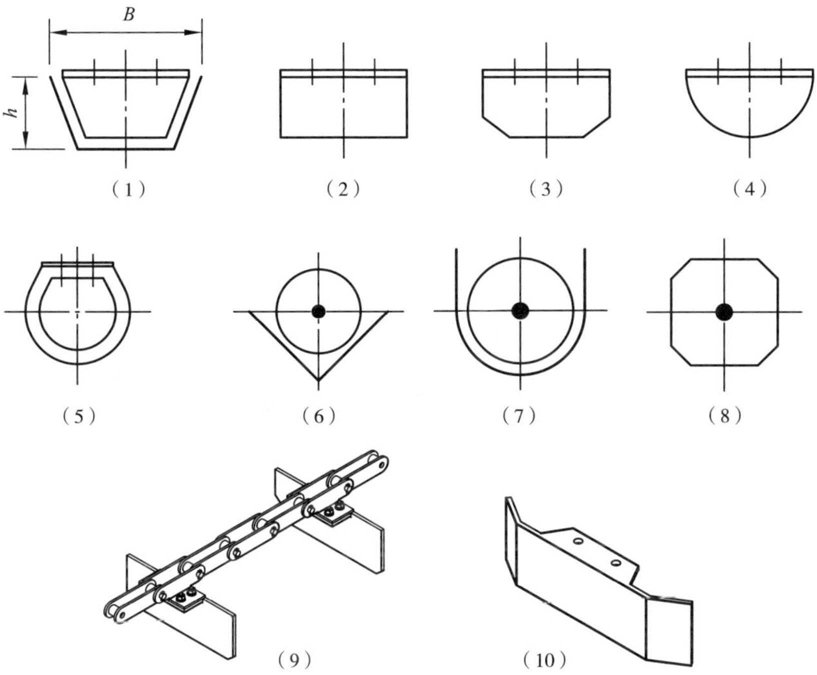

图 2-50　普通刮板输送机的刮板形状

(1)(3)梯形刮板　(2)(8)(9)矩形刮板　(4)半圆形刮板　(5)环形刮板
(6)(7)圆形刮板　(10)折边矩形刮板

4. 驱动装置及张紧装置

用输送带作牵引构件时，驱动装置及张紧装置与带式输送机基本相同；用链条作牵引构件时，驱动装置及张紧装置与埋刮板输送机基本相同。为了防止刮板的漂浮，链条的初张力要比其他型式输送机牵引构件的初张力大，一般取 3000~10000N。

三、普通刮板输送机的设计计算

普通刮板输送机的计算，主要是根据给定的生产率来确定料槽断面面积，即确定料槽的宽度 B 和高度 h，以及确定输送机的驱动功率。

1. 生产率 Q（t/h）的计算

普通刮板输送机的生产率，取决于料槽内刮板前物料的重量、刮板的运动速度、刮板间距等参数。它们之间的关系可用式（2-40）表示：

$$Q = 3600\frac{i\ \gamma_0}{a}v \tag{2-40}$$

式中：i——每块刮板前堆积物料的体积，m^3；

γ_0——物料容重，t/m^3；

a——刮板间距，m；

v——刮板运动速度，m/s。

物料在刮板前面堆积成一份一份的，由实验可知，它们的纵向截面近似于不等边梯形，如图 2-51 所示。在输送过程中，物料颗粒间并不稳定，经常产生内部位移。在底部和两侧边处的物料颗粒，由于摩擦力作用而沿着刮板向上推挤，并在刮板的前方堆起，然后沿着物料的倒塌面向前滑移。如图中箭头所示的循环运动。如果料槽的宽度 B 和高度 h 以及刮板的间距 a 选择得不合适，物料层的高度就可能增大，高出刮板的物料就会向后滑到刮板后面，这是必须要避免的。

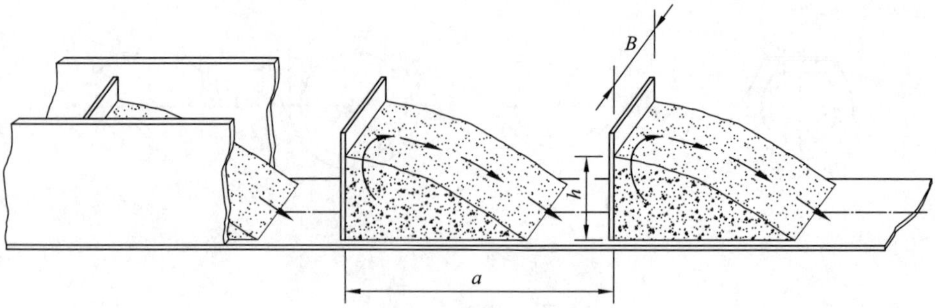

图 2-51 刮板前物料形状

对矩形断面的料槽，一般取 $B=(3\sim4)h$，$a=(2\sim6)h$。输送粉状物料、倾斜输送，或用于移动式的刮板输送机，刮板间距 a 应取得小些。当采用链条作牵引构件时，a 必须是链条节距 t 的整数倍。为此，对矩形断面料槽，输送生产率 Q（t/h）可写成：

$$Q = 3600BhC\psi\gamma_0 v \tag{2-41}$$

式中 B——料槽宽度，m；

h——料槽有效高度，m；

C——倾斜料槽输送影响系数，见表 2-12；

ψ——料槽充满系数；对于流动性较好的物料取 $\psi=0.5\sim0.6$；对于流动性差的物料，取 $\psi=0.7\sim0.8$，刮板间距 a 大时，ψ 应取小值；

v——刮板运动速度，m/s，一般可在 0.1～0.9m/s 的范围内选取，少数情况下可达 1.0m/s 以上。

对其他形状料槽生产率的计算方法，可根据式（2-41）进行适当增减。

表 2-12 输送机倾斜布置时的影响系数 C

物料性质	倾斜输送角度 β					
	0°	10°	20°	30°	35°	40°
散落性好	1.00	0.85	0.65	0.50	—	—
散落性差	1.00	1.00	0.85	0.75	0.60	0.50

2. 功率 $N_{电}$（kW）的计算

普通刮板输送机所需电动机功率 $N_{电}$ 可按式（2-42）计算：

$$N_{电} = \frac{K_1 Q}{367\eta}(K_2 L + H) \tag{2-42}$$

式中 Q——生产率，t/h；

K_1——电动机储备系数，取 $K_1=1.1\sim1.3$；

H——倾斜输送时，物料提升高度，m；

K_2——阻力系数。输送粮食类物料时，取 $K_2=1.5\sim3.0$。生产率大时取小值；

L——输送机长度，m；

η——传动效率，参考前面埋刮板输送机。

第六节　管链式输送机

管链式输送机是以圆环链作为牵引构件、装配圆形的刮板（也称链片、盘片）在封闭的圆形管道内以链条带动盘片推动物料前进达到输送物料的目的。输送物料，可以输送粉状、小颗粒状及小块状物料，如面粉、淀粉、谷物、奶粉、食品添加剂等，可以水平、倾斜、垂直输送或者多次转向的组合输送，见图 2-52。

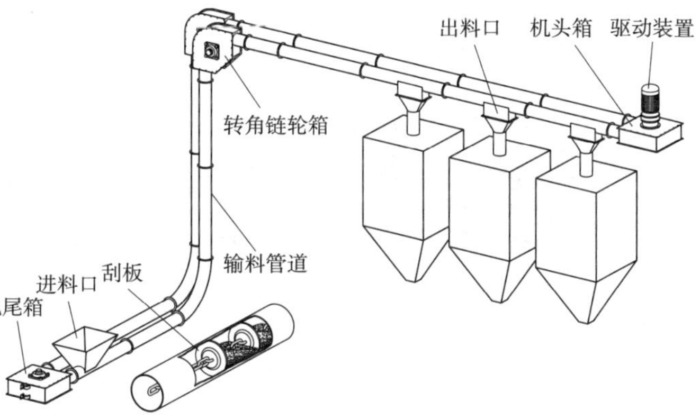

图 2-52　管链式输送机

管链式输送机的工作原理：当水平输送时，物料颗粒受到链片在运动方向的推力。当料层间的内摩擦力大于物料与管壁的外摩擦力时，物料就随链片向前运动，形成稳定的料流；当垂直输送时，管内物料颗粒受链片向上推力，因为下部给料阻止上部物料下滑，产生了横向侧压力，所以增强了物料的内摩擦力，当物料间的内摩擦力大于物料与管内壁外摩擦力及物料自重时，物料就随链片向上输送，形成连续料流。

管链式输送机的主要特点是：①密闭输送，无尘、安全、卫生；②结构紧凑，占用空间小；③输送线路灵活，可以在三维空间改变输送方向，根据物料输送的路径任意选择水平、倾斜、垂直的组合，实现 U 型、Z 型、L 型等各种路径的输送；④物料沿着管子平滑输送，物料破损少，缓慢的弯道输送使很少的物料颗粒产生碎屑；⑤料板（刮板）采用改性聚合物，耐磨性好，对原料无污染，同时也可降低成本。

管链式输送机中链板绕过链轮的状态见图 2-53。链板在管道内的运行状态见图 2-54。

管链式刮板输送机的最大水平输送距离可达 60m，最大提升高度可达 40m，最大输送能力可达 $300m^3/h$。管链式刮板输送机的规格及技术参数见表 2-13。

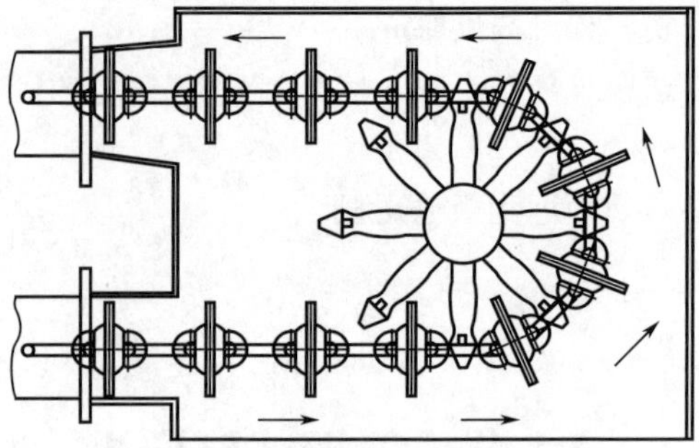

图 2-53　链板绕过链轮的状态

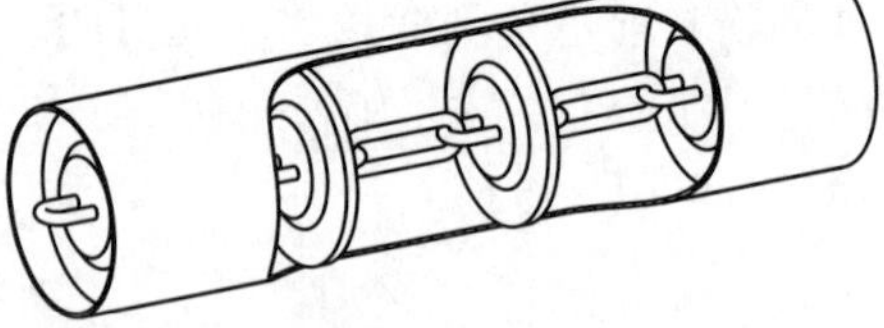

图 2-54　链板在管道内的运行状态

表 2-13　　管链式刮板输送机的规格及技术参数

项目	型号															
	GL-80		GL-100		GL-150		GL-200		GL-250		GL-300		GL-350		GL-400	
管道内径/mm	80		100		150		200		250		300		350		400	
输送量/(m^3/h)	3.9	5.2	6.0	8.0	13.7	18.2	27.4	36.5	43.4	58.0	61.0	81.4	83.0	110	107.4	143.2
链轮转速/(r/min)	20.7	27.6	17.5	23.4	13.4	17.9	11.4	15.2	9.5	12.7	7.9	10.5	6.9	9.2	6.1	8.2
链条线速度/(m/s)	0.3	0.4	0.3	0.4	0.3	0.4	0.3	0.4	0.3	0.4	0.3	0.4	0.3	0.4	0.3	0.4

第三章

CHAPTER 3

斗式提升机

第一节 概述

斗式提升机是专门用在竖直或大倾角（β>70°）方向向上输送物料的设备，简称斗提机或提升机。它可以输送粉状、粒状或小块状物料，在粮油、化工、矿山、建材、冶金、电力、轻工等行业广泛应用。

一、斗式提升机的一般结构及工作过程

斗式提升机的一般结构如图 3-1 所示，它主要由牵引构件（橡胶带或链条）、承载构件（料斗）、头轮和底轮、驱动装置、张紧装置、机壳等组成。如果从整体结构上进行划分，可将斗式提升机自上而下分为三部分：机头、机筒、机座。

牵引构件为挠性的链条或者皮带，环绕于头轮和底轮上，并被张紧装置张紧。在牵引构件的全长上，每隔一定距离安装一个料斗。为保证安全以及防止物料抛撒和灰尘飞扬，这些运动部件要用机壳封闭。工作时，外部的驱动装置通过头轮带动牵引构件和料斗运行，物料从机座的进料口进入机座底部，被向前运动的料斗挖起并向上提升。到达机头后，物料在重力和离心力的作用下脱离料斗，从卸料口排出。

二、斗式提升机的特点

斗式提升机的优点是结构简单、紧凑、维修方便、占地面积小；有良好的密封性，可避免灰尘飞扬；生产率大，提升高度大；工作平稳可靠，噪声低；耗用动力少（若与气力输送相比，其动力消耗量仅为气力输送的 1/10~1/5）；如果将提升机底部插入料堆，能自动取料而不需要专门的供料设备，可用于散料卸船、卸车等。斗式提升机的缺点是对过载敏感，料斗容易损坏，机壳内部空气含尘浓度高，不能在水平方向输送物料等。

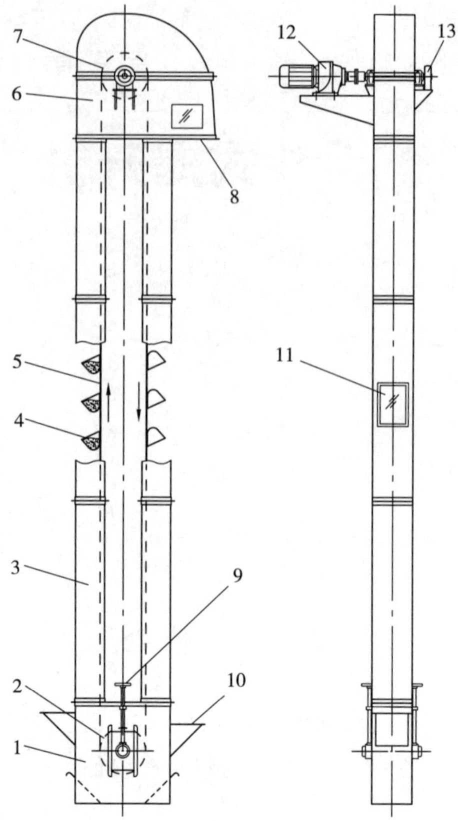

图 3-1　斗式提升机的一般结构

1—机座　2—底轮　3—机筒　4—料斗　5—牵引构件　6—机头　7—头轮　8—出料口

9—张紧装置　10—进料口　11—观察窗　12—驱动装置　13—止逆装置

三、斗式提升机的应用范围

斗式提升机可输送各种松散的粉状、粒状物料和碎块物料，例如粮食、面粉、米糠、水泥、化肥、碎石、碎煤等，专用的斗式提升机也可以输送含水的物料。采用钢制料斗的提升机，如果用普通橡胶带作牵引构件，允许物料温度不超过 60℃；采用耐热橡胶带时允许温度不超过 200℃；采用链牵引时则允许温度不超过 250℃。如果是塑料料斗，根据料斗材料不同所允许的温度为 80~120℃。

一般情况下使用的多是垂直斗式提升机，但当使用条件或工艺布置有特殊要求时，也可采用倾斜式提升机。倾斜式提升机存在的主要问题是牵引构件下垂，造成料斗和机壳摩擦碰撞，若增加支承装置又会使结构变得复杂，因此很少使用。

斗式提升机的提升高度一般在 40m 以下，生产率在 1000t/h 以下。目前我国生产的大型斗式提升机，采用钢丝绳芯带式牵引时最大提升高度达到 120m，采用链式牵引达到 50m，最大产量达到 1500t/h。在国外，一些用在矿井中的大型提升机采用抗拉强度极高的钢丝绳芯橡胶带作牵引构件，并以专门的设备进行定量供料，使最大产量达到 2000t/h，最大提升高度达 350m。

四、斗式提升机的分类及代号

按照斗式提升机的工作速度不同或结构特征不同，斗式提升机可分为多种类型。按固定与否可分为固定式和移动式；按牵引构件的类型可分为带式（即带斗提升机）和链式（即链斗提升机）两种；按照料斗的运行速度可分为低速（<1m/s）、中速（1~2.5m/s）和高速（>2.5m/s）三种。斗式提升机的类型根据其使用条件和所输送物料的性质如块度、重度、温度、脆性、流散性等来选择。

按照国家标准 GB/T 37519—2019《粮油机械　斗式提升机》规定，粮食斗式提升机的型号表示方式为：

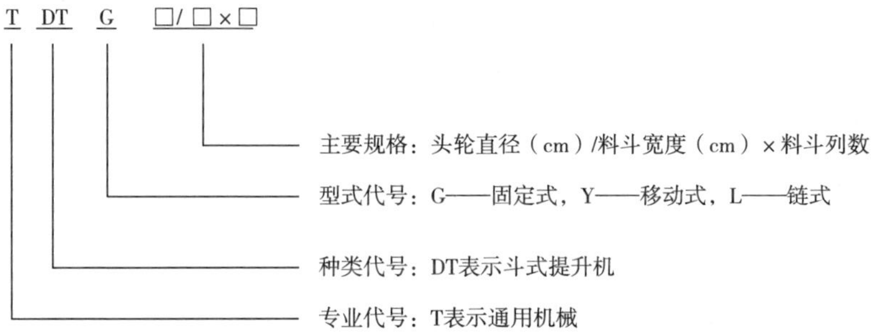

第二节　斗式提升机的主要构件

一、牵引构件

斗式提升机的牵引构件有带式和链式两种。

带式牵引的优点是成本低、重量轻、噪声小、运行平稳，可以采用较高的线速度获得较高的生产率。同时，带子的弹性在料斗装料时具有减振作用。因此，带式牵引比链式牵引应用广泛。但带子强度不如链条，且耐油、耐热性差。

牵引带通常采用橡胶帆布传动带或提升机专用的各类提升带。橡胶帆布带是将数层帆布用橡胶黏合而成，具有较高的强度、耐磨性和较长的使用寿命，可用于机械传动、输送、提升等多种场合。提升带是由输送带扩展而来，有多种类型：按带芯结构分为多层帆布芯、单层帆布芯（整芯）、钢丝绳芯三种；按帆布芯材料又分棉、尼龙、聚酯帆布等多种；覆盖层材料主要为橡胶和 PVC 两种。各类提升带有不同等级的抗拉强度，可参考第一章第二节的输送带技术参数部分。

橡胶帆布（棉）传动带的规格及机械性能见表 3-1。

表 3-1　　橡胶帆布（棉）传动带规格及机械性能

宽度 B/mm	帆布层数	单层拉伸强度（棉布）/（N/mm·层）	各层间附着力/（N/cm²）	每层帆布厚度/mm
100、112、125、140、160、180	4~6			
200、224、250、280、315	4~10	>55	>12	1.2
355、400、450、500、560	6~12			

牵引带的宽度根据料斗的宽度而定。单列布置的料斗，当斗宽在 300mm 以下时，选择的带宽应比料斗宽度大 10~20mm；对于较大的料斗，带宽应比料斗宽度大 30~40mm。双列布置的料斗，带宽应为两个料斗的宽度再增加 40~80mm。牵引带的厚度必须满足强度的要求，强度的计算方法与第一章输送带相同，但因固定料斗需要在带子上打孔，所以安全系数应比输送带增大 10%。

带子的连接有以下几种方法：搭接、平接和角接（图 3-2）。搭接易于操作，使用较多，但接头处不平整，接触带轮时有冲击，且因厚度增加使得挠性变差。带子搭接时，接头的方向应顺着运行的方向［图 3-2（1）中的箭头方向］。平接的带子运行时对带轮没有冲击，运转平稳，但接头处挠性差。角接的带子挠性好、强度高、接头平整，但操作较为复杂，一般只用于大型的提升机。

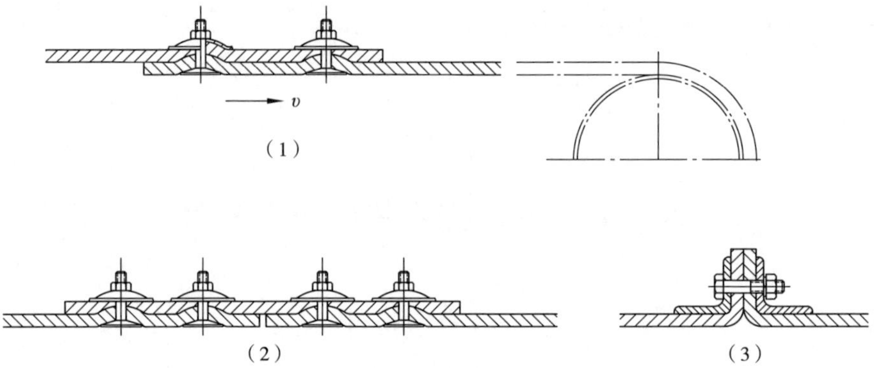

图 3-2　带子的连接方法

（1）搭接　（2）平接　（3）角接

在一些不适合使用橡胶带的场合，比如提升的物料比较沉重、难于挖取、含油量大，或温度高于 150℃时，宜采用链条作为牵引构件。负载较小时可使用单排链，负载较大时可使用双排或多排链。链条的优点是强度大，伸长量小，传递动力可靠，易于固接料斗。链条的缺点是自重大，价格高，运转时有冲击、振动和噪声，链速不宜过高（<1.6m/s）。

常用的链条主要有环链和滚子链。环链有多种型式，制造工艺有焊接、锻造和铸造。焊接环链见图 3-3（1），是用圆钢制成的，结构简单，但节距误差较大，因铰点是点接触，耐磨性较差。滚子链见图 3-3（2），由内外链板、销轴、套筒（或没有套筒）和滚子组成。这种链条结构合理、强度高、磨损少，但价格较高。滚子链的结构及强度计算见第二章第二节的链条部分。此外还有一种链条称为钩头方框链，见图 3-3（3），它是用方框环上的钩头相互连接，此种链的铰接处是开启的，因此，拆装非常方便。这种链与轮齿啮合时，轮齿与钩头相接触，接触面积大，耐磨性好，但制造比较复杂。

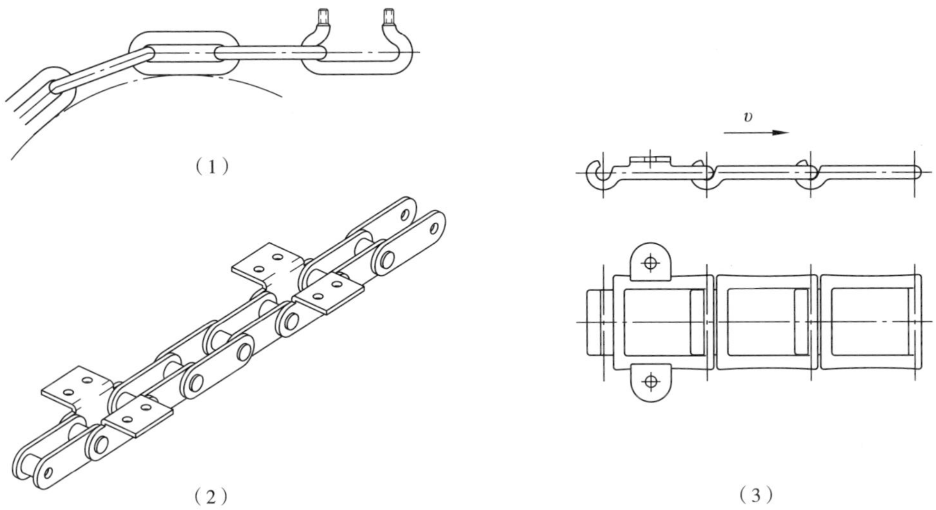

图 3-3 提升机常用链条

（1）环链 （2）滚子链 （3）方框链

二、料斗

料斗是斗式提升机的承载构件，按照制造材料的不同分为钢斗和塑料斗两大类。输送粮食用的钢斗是用 1~2.5mm 的薄钢板焊接或冲压而成。有些料斗为了增加斗口边缘的刚度和耐磨性，在外缘口焊有加强钢板。塑料斗是用高密度聚乙烯、尼龙或聚氨酯经模压成型，其特点是重量轻、耐磨、价格便宜，与机壳发生碰撞时不会产生火花。但塑料斗的刚度小，使用过程中容易变形，所以适用于输送粒度小、容重小的物料。目前粮油工业中塑料斗的应用越来越多。

根据料斗的形状特征或者结构的不同，料斗可分为：深型斗、浅型斗、隔板型斗、无底型斗、三角型斗等型式，如图 3-4 所示。

深型斗［图 3-4（1）］的特征是深度大、有效容积大、底角小（γ 角）。深型斗盛料较多，但装满或者卸净用的时间较长，适用于输送流动性好、干燥的粒状物料。

浅型斗［图 3-4（2）］的特征是深度小、有效容积小、底角大。浅型斗盛料少、容易装满也容易卸净，适用于输送流动性差、潮湿的粒状或粉状物料。图中左为焊接斗，右为冲压斗。

隔板斗［图 3-4（3）］是一种改良型料斗，从整体看好似一个深斗用隔板分成了上下两部分，具有上下两个口，因此它集中了深型斗和浅型斗的优点，深度大、盛料多、装料快、卸料快、容易装满和卸净，适宜输送流动性好的粒状物料。其缺点是自重大，重心偏距大，在提升过程中料斗容易前倾而撒料，卸料时斗的底部容易翘起，影响料斗卸净。

无底型斗［图 3-4（4）］即没有底，形似上口大、下口小的漏斗。使用中将若干个

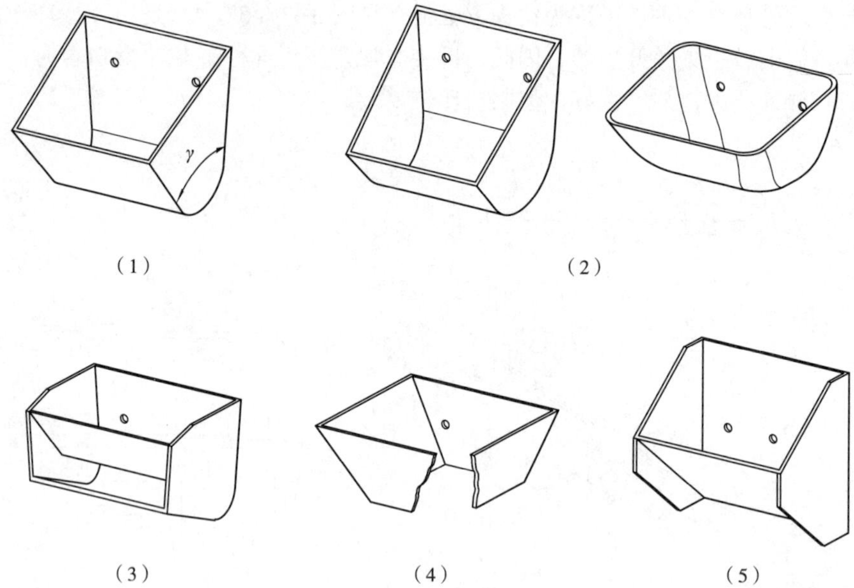

图 3-4 料斗的型式

（1）深型斗 （2）浅型斗 （3）隔板型斗 （4）无底型斗 （5）三角型斗

（5~10 个）无底斗组成一组，斗与斗之间紧密相接，在最下面配一个有底斗。这样，一组料斗便构成一个筒状的容器，大大提高了装载量。由于单个斗的深度较小，因此也容易装满和卸净。无底斗的缺点是提升过程中容易撒料，因此，不适合高度大的提升机。

图 3-4（5）所示是专门用以输送沉重物料和怕破碎物料的三角形料斗。这种料斗的两侧壁比前壁突出一定的高度，形成一个导料槽。料斗密集排列，而且运行速度很低。在卸料时，后面料斗卸出的物料经过前面料斗的导料槽流向卸料口。

表 3-2、表 3-3、表 3-4、表 3-5 列出了部分目前常用的塑料深型、浅型料斗及部分钢制料斗的参数规格，供设计参考。

表 3-2　　　塑料深型料斗规格（摘选）

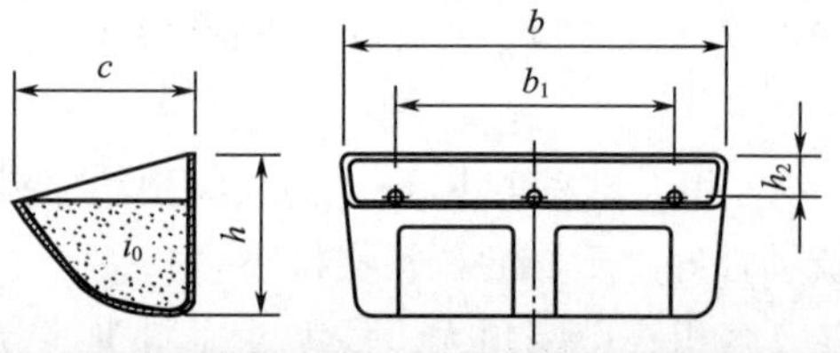

1. 适于重力式卸料或混合式卸料。
2. 建议提升机线速度 $v \leqslant 2.5\text{m/s}$。
3. 推荐以“可用容积” i 作为工程设计的计算容积。“可用容积” $i \approx (1+10\%)\ i_0$。

型号	b/mm	c/mm	h/mm	h_2/mm	b_1/mm	孔径/mm	平装容积 i_0/L	可用容积 i/L	建议料斗最小间距 a/mm	(i/a)/(L/m)
DS0705	78	55	71	20	40×1	7	0.06	0.07	100	≤0.70
DS0807	90	75	64	20	50×1	7	0.14	0.15	105	≤1.43
DS1009	100	90	93	24	50×1	7	0.26	0.29	125	≤2.32
DS1109	116	92	85	25	60×1	7	0.27	0.3	120	≤2.50

续表

型号	b/mm	c/mm	h/mm	h_2/mm	b_1/mm	孔径/mm	平装容积 i_0/L	可用容积 i/L	建议料斗最小间距 a/mm	(i/a)/(L/m)
DS1309	130	90	80	25	60×1	7	0.23	0.25	115	≤2.17
DS1311	134	115	94	35	60×1	7	0.51	0.56	140	≤4.00
DS1812	188	125	115	40	120×1	9	0.66	0.73	150	≤4.87
DS1814	188	140	130	40	120×1	9	1.28	1.41	165	≤8.55
DS2312	235	125	125	40	120×1	9	1.2	1.32	165	≤8.00
DS2314	235	140	130	40	85×2	9	1.45	1.6	170	≤9.41
DS2814	280	140	139	40	100×2	9	1.83	2.01	180	≤10.39
DS2816	282	168	154	45	100×2	9	2.74	3.01	200	≤15.05
DS3114	312	147	146	45	80×3	9	2.09	2.3	180	≤12.78
DS3118	315	190	175	45	85×3	9	3.2	3.52	220	≤16.00
DS3518	358	190	180	50	95×3	9	4.63	5.09	220	≤23.14
DS3621	365	220	200	55	95×3	9	6.45	7.1	250	≤28.40
DS4121	418	222	200	55	85×4	9	7.97	8.77	250	≤35.08
DS4621	460	220	200	55	95×4	9	8.7	9.57	250	≤38.28

表 3-3　　塑料浅型料斗规格（摘选）

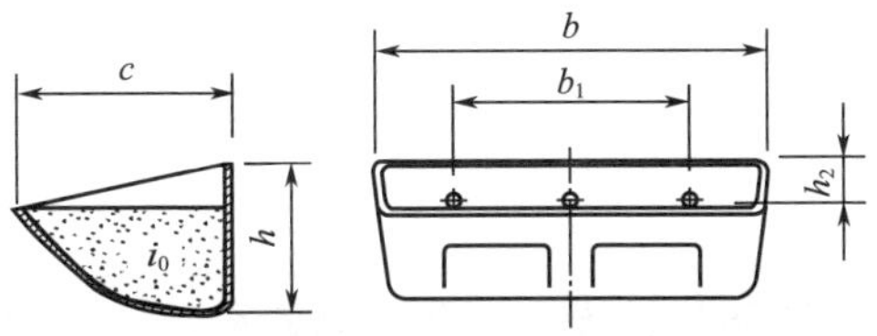

1. 适于高速离心式卸料和较轻物料的提升
2. 建议提升机线速度 $v \leqslant 3.5$m/s
3. 推荐以“可用容积” i 作为工程设计的计算容积。“可用容积” $i \approx (1+5\%)\ i_0$

型号	b/mm	c/mm	h/mm	h_2/mm	b_1/mm	孔径/mm	平装容积 i_0/L	可用容积 i/L	料斗最小间距 a/mm	(i/a)/(L/m)
DQ1009	106	93	66	25	50	7	0.21	0.22	110	≤2.0
DQ1311	136	114	72	25	60	7	0.3	0.32	135	≤2.37
DQ1312	138	120	91	30	60	7	0.61	0.64	145	≤4.41
DQ1814	186	140	87	30	100	9	0.78	0.82	165	≤4.97
DQ2312	234	125	95	35	120	9	1.1	1.16	150	≤7.73
DQ2315	235	155	91	30	120	9	1.42	1.49	180	≤8.28
DQ2417	248	178	120	40	120	9	2.18	2.3	205	≤11.22

续表

型号	b/mm	c/mm	h/mm	h_2/mm	b_1/mm	孔径/mm	平装容积 i_0/L	可用容积 i/L	建议料斗最小间距 a/mm	(i/a)/(L/m)
DQ2814	285	143	96	30	90×2	9	1.51	1.59	170	≤9.35
DQ2817	290	178	120	40	90×2	9	2.5	2.63	205	≤12.83
DQ3321	337	215	140	40	85×3	9	3.7	3.9	240	≤16.25
DQ3823	382	230	165	45	100×3	9	6	6.3	255	≤24.71
DQ4423	447	230	165	45	90×4	9	7.3	7.67	255	≤30.08
DQ4726	470	260	170	50	95×4	9	9.4	9.9	285	≤34.74
DQ5121	519	225	168	50	100×4	11	8.6	9.46	250	≤37.84
DQ5626	569	260	170	50	115×4	11	11.75	12.35	285	≤43.33

表 3-4　　钢制隔板型料斗规格

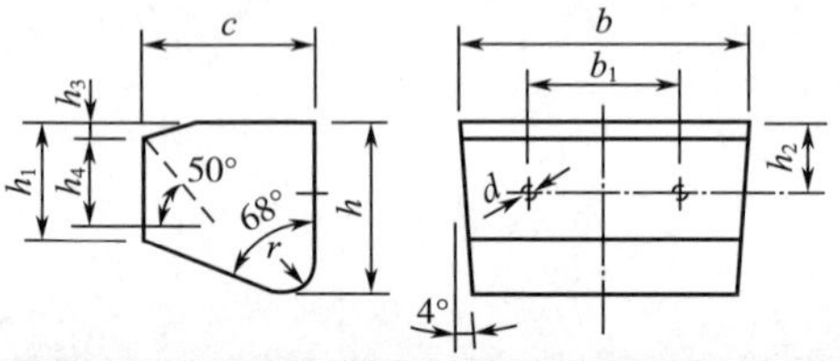

料斗容积：$i \approx \frac{1}{2} b \cdot c \cdot h$

型号	料斗尺寸/mm										料斗容积	料斗间距	(i/a)/(L/m)	钢板厚/mm
	b	c	h	h_1	h_2	h_3	h_4	r	b_1	d	i/L	a/mm		
DG160×110	160	110	110	77	44	10	60	25	90	9	1.25	250~300	5.0~4.17	1.5
DG220×125	220	125	125	85	50	11	70	25	80×2	9	2.2	300~400	7.33~5.5	2.0
DG320×150	320	150	150	100	60	13	80	25	85×3	9	4.6	350~400	13.14~11.5	2.0

表 3-5　　钢制无底型料斗规格

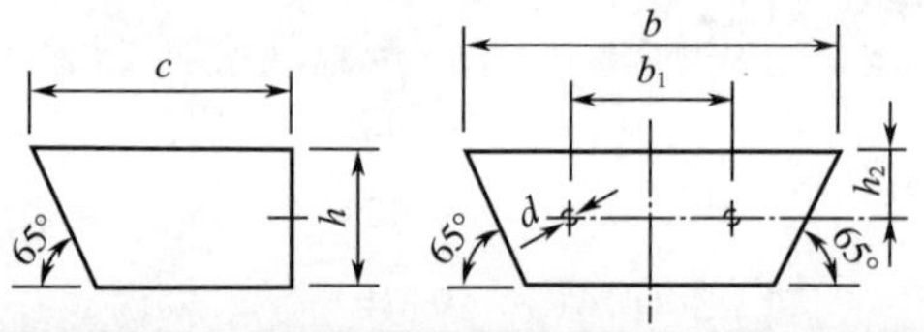

1. 单斗容积：$i \approx 0.7b \cdot c \cdot h$
2. 每组容积 $i' = n \times i$，n 为每组料斗个数，一般为5~10个

型号	料斗尺寸/mm						两组间距	每斗容积	每组容积	(i/a)/(L/m)	螺钉数/(只)	钢板厚/mm
	b	c	h	h_2	b_1	d	a/mm	i/L	i'/L			
DW90×75-5	90	75	40	20	50	7	320	0.18	0.90	2.82	2	1.5
DW90×75-10							550		1.80	3.28		

续表

型号	料斗尺寸/mm						两组间距	每斗容积	每组容积	(i/a)/ (L/m)	螺钉数/(只)	钢板厚/mm
	b	c	h	h_2	b_1	d	a/mm	i/L	i'/L			
DW110×90-5	110	90	45	22	60	7	345	0.31	1.55	4.50	2	1.5
DW110×90-10							600		3.10	5.18		
DW130×110-5	130	110	45	22	80	9	345	0.48	2.40	6.94	2	2
DW130×110-10							600		4.80	8.00		
DW180×125-5	180	125	60	30	60×2	9	420	0.99	4.95	11.80	3	2
DW180×125-10							750		8.90	13.20		
DW230×140-5	230	140	70	35	85×2	9	540	1.70	8.50	15.70	3	2
DW230×140-10							940		17.00	18.10		
DW280×140-5	280	140	70	35	100×2	9	540	2.10	10.50	19.40	3	2
DW280×140-10							940		21.00	22.30		

在提升粉状物料时，常在料斗底部钻若干个直径 6mm 左右的小孔，用以在装料或卸料时排泄、补充斗内空气，使料斗装料、卸料顺利。

料斗在牵引构件上的排列间距，有稀疏型［图 3-5（1）］、密集型［图 3-5（2）］和分组型［图 3-5（3）］三种。一般的料斗均采用稀疏型排列，只有三角形料斗采用密集型排列，无底型料斗采用分组型排列。稀疏型排列的料斗间距要适当，间距过大会降低提升机的生产率，间距过小会影响正常的装料和卸料。一般的料斗间距（口到口或底到底）可参考料斗规格表的数值（表中数值为可用的最小间距），也可按式（3-1）计算：

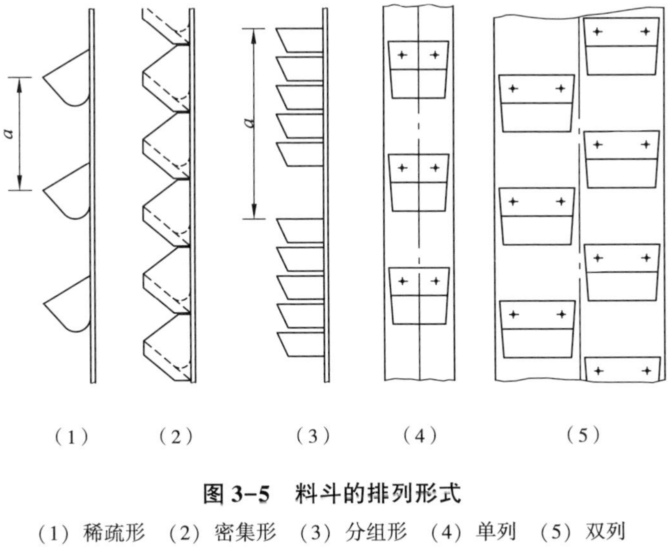

图 3-5 料斗的排列形式

（1）稀疏形 （2）密集形 （3）分组形 （4）单列 （5）双列

$$\text{重力式卸料时：} a = (2.5 \sim 3.5)\ h \qquad (3\text{-}1)$$

混合式卸料时：$a=(2.0\sim2.5)h$

离心式卸料时：$a=(1.5\sim2.0)h$

式中　a——料斗间距；

　　　h——料斗高度。

无底料斗的间距 a，根据每组所组合的料斗数目而定。料斗与料斗之间的净空距离，一般为 5~15mm，而组与组之间的净空距离，一般为 100~200mm。

料斗在牵引构件上可以单列［图 3-5（4）］、双列［图 3-5（5）］或三列、四列布置，这要根据输送量的要求而定。一般中、小型提升机采用单列布置，大型提升机采用多列布置。多列布置时，应将两列料斗交错排列。

料斗与牵引带的连接多采用特制的沉头螺栓（图 3-6）。这种螺栓的头部特别大，可以减小带子的局部应力，头部背面的尖刺或筋用以防止螺钉转动。料斗后壁的螺钉孔相应地凹进，以保持连接处带子背面平整（图 3-7）。螺栓规格有 M6、M8、M10 三种，长度有 16~40mm 多种。另一种连接方法是在橡胶带上预先制成凸起橡胶块，然后把料斗装在橡胶块上。这种方法的优点是不需在橡胶带上打孔，保持了带子的原有强度。料斗与链条的连接有两种形式，若用单链牵引时在斗背连接［图 3-8（1）］，若用双链牵引时在斗侧连接［图 3-8（2）］。单链牵引容易产生扭曲现象，故仅用于提升高度较低、产量较小的提升机。

图 3-6　皮带螺栓

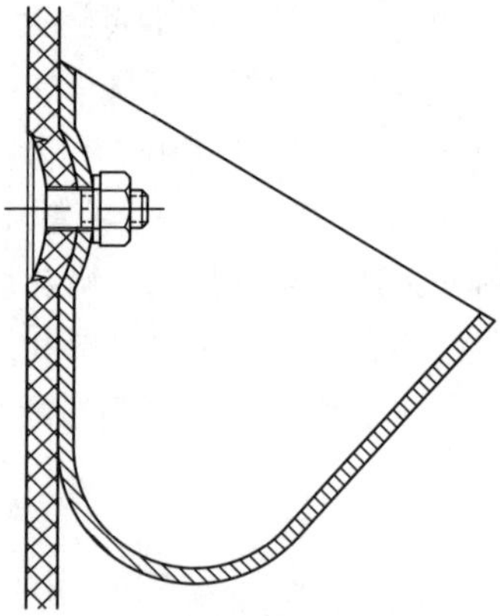

图 3-7　料斗在带子上的固定方式

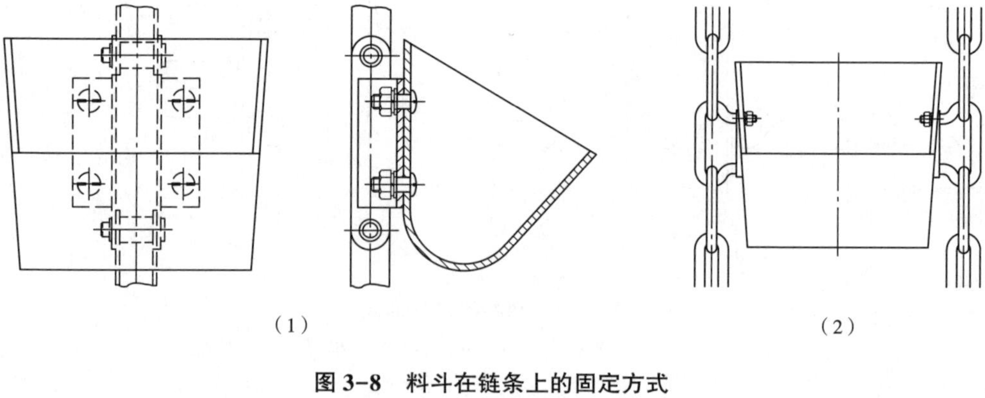

（1）　　　（2）

图 3-8　料斗在链条上的固定方式

（1）单链牵引　（2）双链牵引

三、头轮和底轮

以皮带作牵引构件的斗式提升机，头轮和底轮多是用铸铁或铸钢制成，宽度较大时也可用钢板焊接制成，如图 3-9（1）（2）（3）所示。底轮也可以制成鼠笼状，以防止底轮和牵引带之间夹料，见图 3-9（4）。头轮和底轮的形状，应制成中部凸起的鼓形，能有效防止皮带跑偏，凸起高度为 2~4mm。头轮和底轮的宽度应比牵引带宽度大 20~50mm。正常情况下头轮均是作为驱动轮，为增大头轮表面的摩擦因数、避免皮带打滑，对于产量较大或高度较大的提升机，应在头轮的圆周表面覆盖橡胶层，见图 3-9（2）。

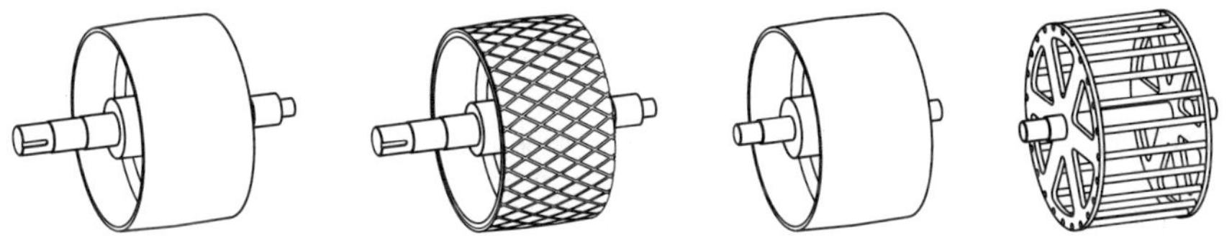

（1）　　（2）　　（3）　　（4）

图 3-9　头轮和底轮

（1）光面头轮　（2）胶面头轮　（3）光面底轮　（4）鼠笼式底轮

头轮直径 D 的大小应符合下面三个方面的要求：①与产量和提升高度相适应，产量较大的或提升高度较大的应取较大的头轮直径；②要符合所要求的卸料方式，即符合 $v = K\sqrt{D}$ 的要求（见本章第三节内容），为此：

$$\left.\begin{aligned} &\text{离心式卸料时}: D \leqslant 0.204v^2 \\ &\text{混合式卸料时}: D = (0.205\sim0.286)v^2 \\ &\text{重力式卸料时}: D = (0.306\sim0.612)v^2 \end{aligned}\right\}$$

③与牵引带厚度相适应，避免带子绕过头轮时产生过大的弯曲应力。头轮直径 D 可按式（3-2）计算：

$$D \geqslant (100\sim125)i \tag{3-2}$$

式中　i——牵引带帆布层数。

目前我国粮食工业中常用的斗式提升机的头轮直径有两个系列。表 3-6 所列是 1976 年全国制粉设备定型设计中所确定的直径系列，以及对应的提升高度和料斗规格；表 3-7 所列是引进消化国外产品的直径系列。

表 3-6　　头轮直径系列（Ⅰ）与料斗规格

最大高度/m	头轮直径/mm	料斗宽度/mm						
10	150	90	110					
15	200	90	110	130				
20	260		110	130	180			
25	360		110	130	180	230		
30	480			130	180	230	280	
35	630				180	230	280	320

表 3-7　　头轮直径系列（Ⅱ）与料斗规格

最大高度/m	头轮直径/mm	料斗宽度/mm
30	300	90~180
30	400	110~240
40	500	130~280
50	600	180~400
60	800	460~560（单排、双排）
60	1000	460~560（双排、三排）
60	1200（1250）	560（三排、四排）

底轮的直径，一般情况下做成与头轮相同。当头轮直径较大时，有时为了减小机座体积和料斗的挖料阻力，底轮的直径可减小到头轮直径的1/2~2/3，此时需在下行分支的接近机座处安装一个导向轮，使牵引构件倾斜进入机座。

当牵引构件是链条时，头轮和底轮须采用与链条型式相适应的链轮。链轮的直径 D（mm）要符合卸料方式的要求，并且须经下面计算最后确定：

$$D = \frac{t}{\sin\frac{180^\circ}{Z}} \tag{3-3}$$

式中　t——链条节距，mm；

Z——链轮齿数。通常取 $Z=12\sim20$，链速很低时可取更小的值。

四、机壳

斗式提升机的机壳，常用1~2mm厚的钢板制成。机壳自下而上可分为机座外壳、机筒和机头外壳三部分。

（一）机座外壳

机座位于提升机最下部，可直接安装在地面上。机座外壳的结构如图3-10所示，由壳体、进料斗、排料口、张紧装置等构成。

壳体的尺寸取决于底轮和料斗的大小及运转的要求。壳体的长度和宽度应能够容纳底轮以及从底轮绕过的料斗，并留出足够的间隙；高度应保证底轮在最高位置时不碰触机座顶板，底轮在最低位置时料斗与机座底面保持30~40mm的距离。

进料斗的大小必须满足进料量的要求。进料斗底板的倾角应大于45°，以保证物料能顺利流入机座。机座的两侧均可设置进料斗（图3-10），位于牵引构件下行侧的进料斗（称为顺向进料）底边应低于底轮的水平中心线，以减小料斗在机座内推料的阻力；位于牵引构件上行侧的进料斗（称为逆向进料）底边应高于底轮的水平中心线，以提高料斗的装满系数。根据使用的需要，机座可以一侧进料也可以两侧同时进料。排料口设在机座两侧的下方并安装插板，用来排除机座堵塞故障或清理其内存留的物料。在机座的侧板上还可以安装观察窗，用来观察机座内的物料和料斗的工作情况。

张紧装置设在壳体两侧的墙板上，通过向下压紧底轮来张紧皮带。底轮的轴承安装在可

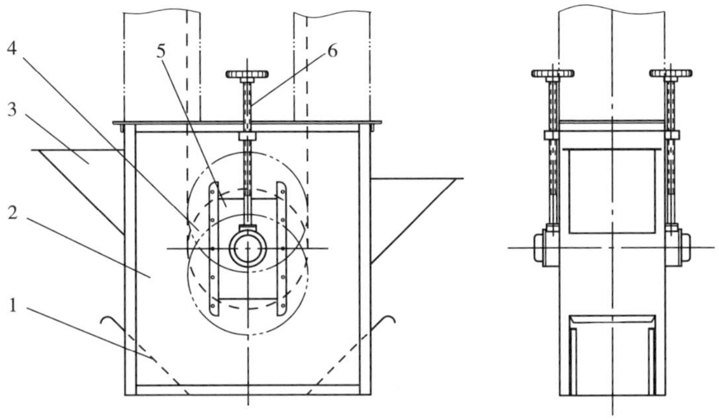

图 3-10　机座外壳的结构

1—排料口插板　2—壳体　3—进料斗　4—底轮　5—滑板　6—张紧装置

以沿滑槽上下移动的滑板上，滑板与张紧装置相连。张紧装置的型式有螺杆式、弹簧螺杆式和重锤式三种。螺杆式张紧装置如图 3-10 所示，其结构简单，应用广泛，但张力会随着牵引构件伸长而减小，需要人工调节。弹簧螺杆式由于增加了螺旋压力弹簧，在一定程度上弥补了螺杆式的不足。重锤式的张紧装置如图 3-11 所示，它是以重块的重力来张紧皮带，其体积稍大但张力恒定，适用于大型的提升机。底轮的张紧行程一般为 150~400mm。

图 3-12 为高度可调的圆底形机座。下部的圆底形壳体与上部的壳体套接，可上下移动。底轮固定在该壳体上，可随壳体一起移动。张紧皮带时，通过张紧螺杆将圆底形壳体向下压即可。这种结构的优点是机座底部没有死角、很少积料，避免了粮食物料长期积存而出现腐烂变质的情况。

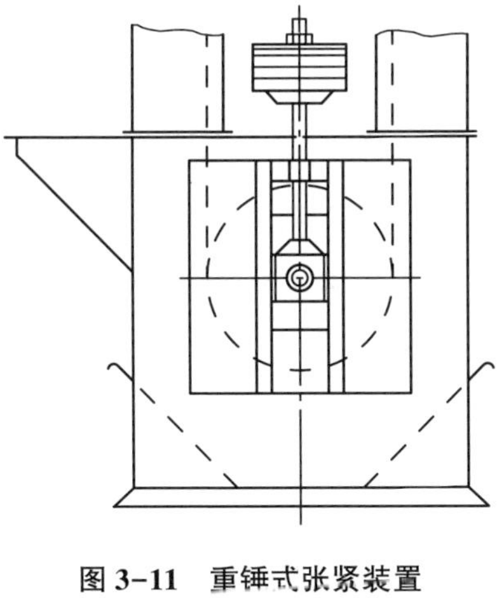

图 3-11　重锤式张紧装置

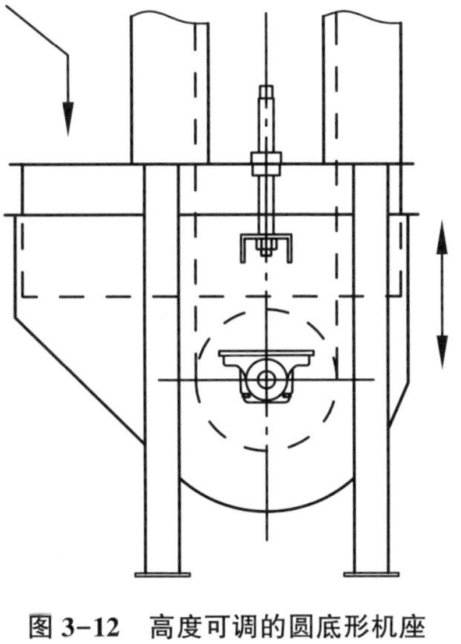

图 3-12　高度可调的圆底形机座

图 3-13 为直接从料堆取料的斗式提升机的机座，它没有外壳和进料斗，底轮的下半部分和料斗暴露在机外，底轮的轴承座和张紧装置安装在机筒下端。为了保证机器的安全工

作，暴露在外的料斗周围应安装防护栅栏。

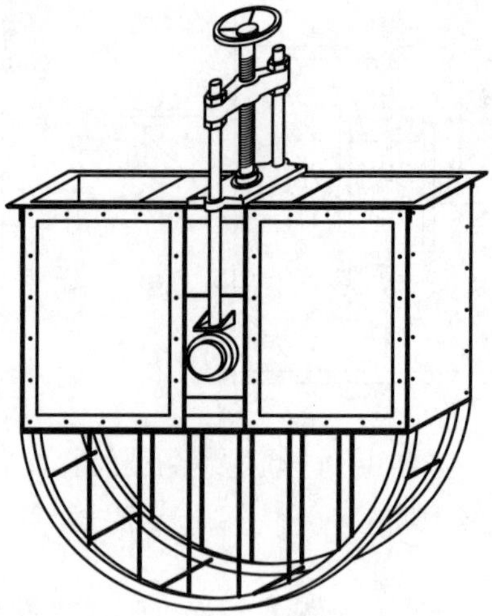

图 3-13　自动取料的机座

（二）机筒

斗式提升机的机筒一般为矩形截面，常用 1~2mm 厚的钢板制成。机筒的四条棱线上配以角钢，以加强其刚度。机筒由一段一段的标准节组装而成，每节长度 2~2.5m，每节的两端焊有角钢，作为连接法兰。连接时法兰之间应加衬垫，再用螺栓紧固，以保证机筒的密封性能。

多数提升机都采用双体式机筒，将上行和下行的牵引构件分别置于两根机筒中，见图 3-14（1）。低速工作的提升机，为了简化结构可采用单体式机筒，将上行和下行的牵引构件放在同一机筒内。高速工作的提升机只能用双体式机筒，否则在单体式机筒内会产生涡状气流使粉尘长期悬浮，成为火灾的隐患。安装在竖井内的提升机，可以不要机筒。

机筒在穿过每层楼的楼板时，都应设置玻璃观察窗，以便观察料斗的工作情况。观察窗的宽度和机筒相等，长度为 300~500mm；观察窗的安装高度为其中心线离地面 1.5m 左右，便于人员观察。在机筒全长的中下段，还应设置一个检修门，用于连接牵引构件和拆装料斗的操作。检修门的长度为 1.0~1.7m，见图 3-14（2）。

机筒的横截面尺寸，应保证料斗在其中运行时不发生碰撞，并与机头外壳和机座外壳宽度一致。料斗前沿与筒壁间应保持 40~90mm 的距离，带子两侧应各有 30~50mm 的距离，带子背面应有 20~60mm 的距离，见图 3-15。大型提升机各个尺寸应适当加大。

除矩形截面的机筒外，也有用圆形截面的机筒。这种机筒用钢管制成，它的刚度好，制造方便，适宜配用半圆形的料斗。

（三）机头外壳

斗式提升机的机头外壳结构如图 3-16 所示。壳体侧面的观察窗，用以观察料斗的卸料状况。卸料口内侧上方的舌板，用来引导物料流向卸料口，避免物料落入机筒形成“回流”。舌板的位置可调，应使其上沿尽量靠近料斗前沿的运行轨迹。为保证料斗运行安全，舌板上端应使用柔性的材料。在机壳的顶部还应开设泄爆孔，以排泄万一发生粉尘爆炸时所产生的

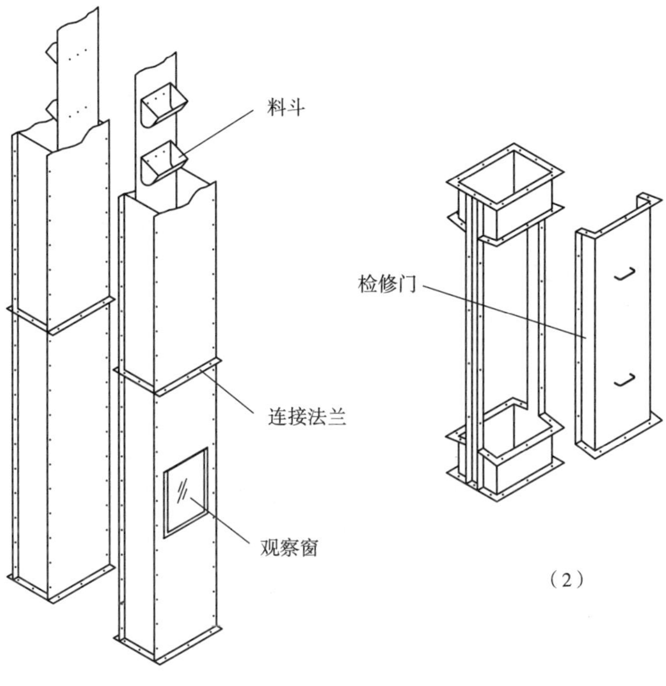

图 3-14　机筒的结构

（1）机筒　（2）检修门

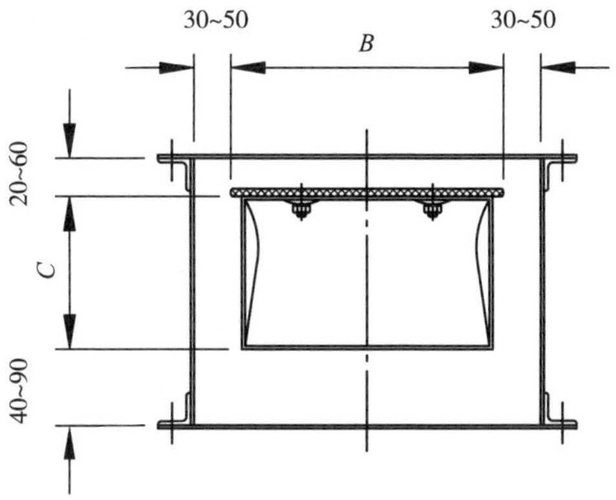

图 3-15　机筒的横截面尺寸

气体压力，减小损失。

机头上半部的罩壳形状及尺寸必须与料斗的卸料方式相适应，使从料斗内抛出的物料，在机壳的诱导下顺利地到达卸料口，避免发生“回流”。图 3-16（1）为离心式卸料的斗式提升机机头罩壳的一种样式，图 3-16（2）为重力式和混合式卸料的机头罩壳样式。

在设计离心式卸料的机头罩壳时，可按照本章第三节内容所叙述的方法，先绘出几个典型颗粒的抛料飞行轨迹，然后描绘一条包容所有轨迹的包络线，或是与颗粒飞行轨迹呈 18°以下相交的引导线，作为机头罩壳的轮廓线。实际上现代的一些斗式提升机，已经不按抛料曲线来设计机头罩壳，而是根据料斗前沿的运行轨迹来确定罩壳轮廓，既简化了设计，又方

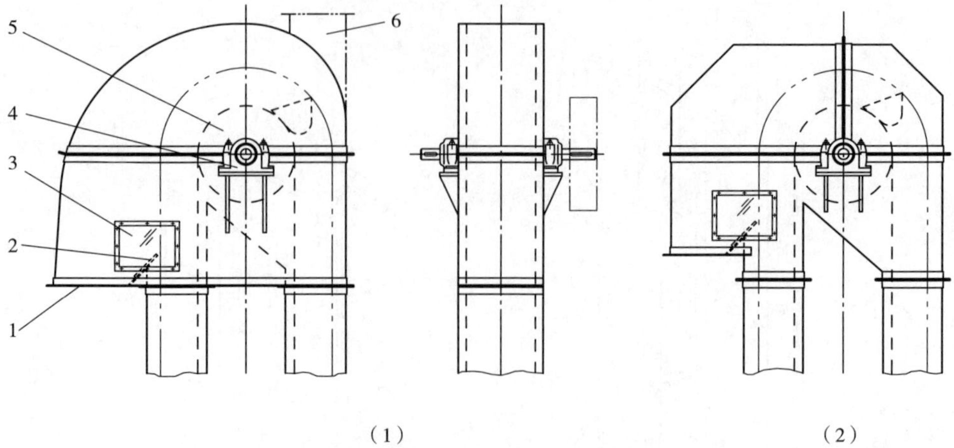

图 3-16　机头外壳结构

（1）离心式　（2）重力式和混合式

1—出料口　2—舌板　3—观察窗　4—轴承座　5—头轮　6—泄爆孔

便制造。罩壳应采用耐磨材料制造且便于更换。

当负载不大时，头轮的轴承座及传动装置均可直接固定在机壳上，这样既便于安装又节省空间。当负载较大时，头轮轴应另设支承装置。

五、止逆装置

在斗式提升机的头轮轴或驱动机构的轴上，常常安装逆止器以防止机构逆转。斗式提升机发生逆转的原因，主要是突然停电或其他故障，提升机的驱动轮失去动力，盛有物料的上行分支因其自重大于下行分支，便向下逆行。如果提升机高度较大或者生产率较大时，机座内便会堆积很多的物料，造成提升机严重堵塞、料斗损坏或皮带拉裂事故。安装逆止器后，便能防止此类事故的发生。

逆止器也称止逆器，有很多型式，提升机上常用的是滚柱逆止器和楔块逆止器，其构造和原理见第一章第二节的止逆装置部分。棘轮棘爪逆止器现在很少在提升机上使用。逆止器通常装在提升机头轮轴传动侧的另一端，也有在减速机内部置入楔块逆止器。

六、驱动装置

几乎所有的斗式提升机都采用上部头轮驱动。传动的形式很多，最简易、经济的形式是电动机通过两级皮带减速来驱动头轮，如图 3-17（1）所示，或者用带有摆线针轮减速器、或齿轮减速器的电动机（称为减速电机）通过 V 带驱动头轮，如图 3-17（2）所示。现在不少的提升机采用减速电机直联头轮轴如图 3-17（3）所示，简化了传动机构，减小了机构的重量和占用的空间，而且当电动机功率不大时，电机的支架可直接固定在机头外壳上，省去了安装平台。以上三种方式多应用于中小型的提升机。对于较大或大型的提升机，可采用图 3-17（4）（5）的形式，电动机通过 V 带传动或者与减速机直联，减速机的低速轴与提升机的头轮轴直联。

特别指出，图 3-17（5）中的减速机为斗式提升机专用减速机，在国内大型提升机上普

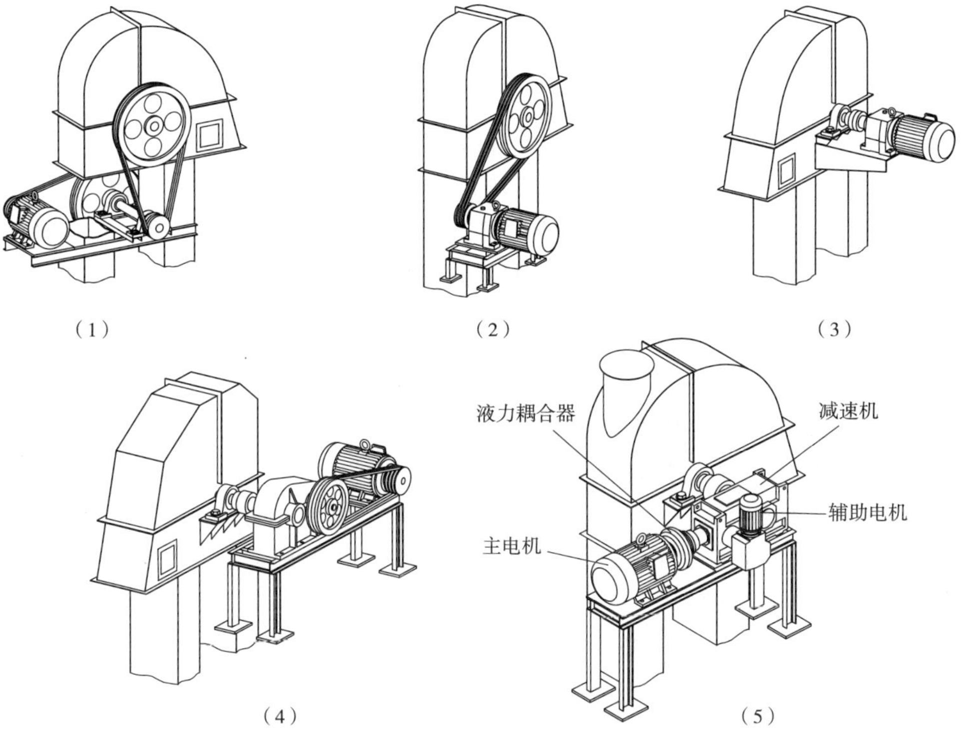

图 3-17　驱动装置的形式

遍应用。这种减速机有平行轴齿轮箱和直角轴齿轮箱两种，采用硬齿面斜齿轮传动，通过中空轴与提升机头部驱动轴连接，并在内部置入了小巧的楔块逆止器。该机具有主、辅两个电动机，主电机用于提升机的正常工作驱动，辅助电机用于提升机检修过程低速运行，而且可以进行遥控。液力耦合器装在主电机与减速机输入轴之间。

当斗提机的驱动功率大于 15kW 时，传动装置中应配液力耦合器。这样既能使斗式提升机启动平缓、运转平稳，又能在提升机过载时保护电机、减速器及牵引构件。当提升机功率超过 200kW 时，应在头轮两侧对称安装两套驱动装置。

斗式提升机的传动可以采用单机传动方式，也可以采用分组传动方式。单机传动是指每台提升机使用一台电机驱动；分组传动是指两台或两台以上的提升机共用一台电机驱动。单机传动的特点是操作灵活、维修方便，但传动装置成本高，动力配备较大。粮油加工厂过去用过分组传动，但出于安装和操作灵活性的原因，现在分组传动方式已很少见到。

第三节　斗式提升机工作过程分析

斗式提升机的全部工作可分为三个过程，即装料、提升和卸料。这三个过程紧密衔接，构成了斗式提升机的完整工作过程。任何一个过程出现问题，都会影响提升机的正常工作，轻则产生回流，降低产量，重则发生堵塞，造成停车。因此，必须深入研究斗式提升机在各个工作过程的工作原理，以寻求最理想的工作状态。

一、装料过程

装料过程是指空的料斗绕底轮从机座底部通过时装载物料的全过程。

料斗在装料过程中装满的程度如何，直接影响到斗式提升机的生产率。提升机的类型不同、工作条件不同，料斗的装满程度是不同的。料斗装得太浅，显然降低了提升机的生产率。装得太满，又容易在提升和卸料阶段造成回流和撒落，过多的回流量在工作中是不允许的。评价料斗的装满程度，通常用装满系数 ψ 来衡量：

$$\psi = \frac{\text{料斗内物料的体积}}{\text{料斗的容积}} \tag{3-4}$$

（一）斗式提升机的进料方式

如图 3-18 所示，斗式提升机的进料方式可分为顺向进料、逆向进料和料堆取料三种。输送粮食、饲料等流动性好、颗粒小的物料时，由于物料对料斗的阻力较小，因而允许料斗采用较高的运行速度，一般为 0.8~2m/s。特别是具有封闭机座的图 3-18（1）（2）两种方式，输送流动性好的颗粒物料时，料斗的速度可达到 3~4m/s 甚至更高。除了上述三种进料方式，还有一种方式是将逆向进料口设在更高的位置，并且料斗的运行速度很低（<1m/s），可以让大部分进机物料直接流入料斗，从而减小料斗在底部的挖料阻力。这种方式适合于块度较大或流动性很差的物料。

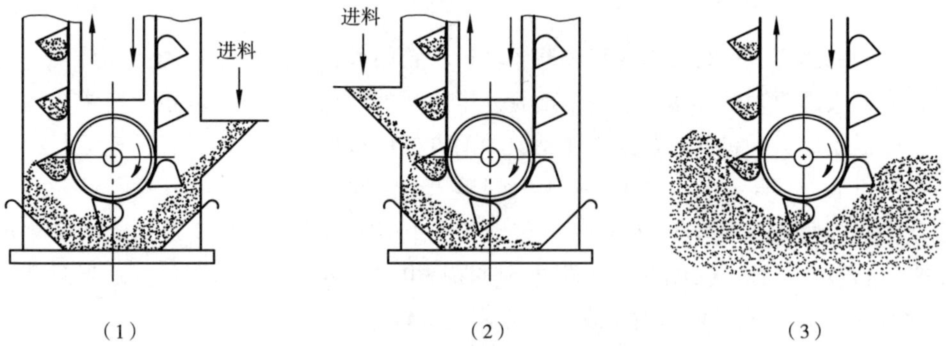

图 3-18　斗式提升机的进料方式

（1）顺向进料　（2）逆向进料　（3）料堆取料

（二）料斗的挖料过程

1. 顺向进料

顺向进料时，物料顺着料斗运动方向流入机座，与料斗的背面相遇。此时料斗不会立即装料，而是在物料堆中推动物料前进。当料斗转过底轮最低点后，随着斗口的向上翻转，物料逐渐被挖入斗内。

由图 3-19 不难看出，机座内上行侧的料位越高，料斗挖取的物料就越多，提升机的输送量就越大。料位的高度与进料流量的大小有关，流量越大，物料的堆积就越高，料斗的装料量就越大。当上行侧的料位达到或高于底轮水平中心线时，料斗即以直线运动状态从料堆中穿出，其装满系数达到极限。如果此时继续增加进料量，超限的物料只能滞留在机座里，使料位快速升高、料斗运行阻力大增，最终导致提升机堵塞停机。

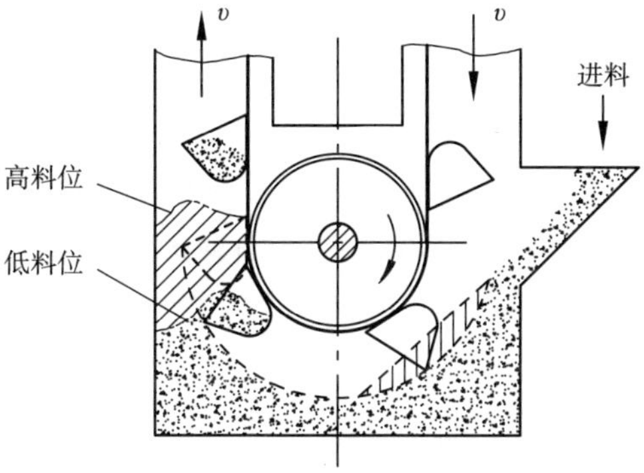

图 3-19　顺向进料方式

因而，顺向进料虽然能使料斗获得较高的装满系数，但料斗受到的阻力也很大，所以在设计时应取较低的装满系数。另外，进料斗的位置要低一些，让其底边处在底轮水平中心线以下，这样既可减小料斗推料阻力，也可减少物料进入料斗与带子的缝隙被夹住的机会。

2. 逆向进料

逆向进料时，物料迎着料斗运动方向流入机座，一部分流向机座底部，一部分可直接装入斗内。料斗在机座的下行侧只接触到很少的物料，到了上行侧才开始装料。

如图 3-20 所示，当进料口处于较高位置时，进机物料一部分直接注入了料斗，另一部分则流到了机座底部。这种方式可以使机座内的料位保持在较低的水平，料斗在机座内推料距离短，挖料阻力小，另外，物料注入时又能提高料斗的装满系数。为保证物料尽可能多地注入料斗，通常将进料口的底沿设在底轮水平中心线以上。如果进料口位置过低(如图 3-20 中阴影线)，便没有了注入过程，只能依靠料斗自行挖料，装满系数低。而逆向流入式进料的进料口位置很高，主要靠注入方式装料，基本上没有挖取，所以料斗所受阻力很小。需要注意的是，逆向进料时物料流入的速度不能太快，否则过大的冲击力反而会降低料斗的装满系数。

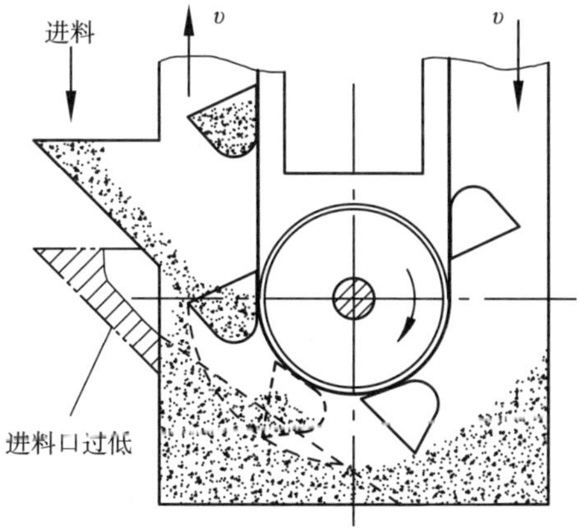

图 3-20　逆向进料方式

无论是顺向进料还是逆向进料，都必须控制好进机物料流量，才能防止堵塞，保证提升机正常工作。

3. 料堆取料

料堆取料常用于链斗式卸船机或卸车机的作业中，它是将提升机的裸露底轮插入料堆，使料斗从料堆中直接挖取物料。这种取料方式是通过改变底轮在料堆中的位置和插入深度来改变料斗的装满系数。操作时，要不断地向前、向下或向侧方移动提升机（或者移动下面的车或船），使料斗始终能“吃”住物料。由于没有机座外壳，料斗附近不易形成足够高的料位，因此料斗的装满系数低于顺向或逆向进料。为了提高装满系数，料斗的线速度要低一些，一般取 2.0m/s 以下。

（三）影响料斗装满系数的因素及对策

1. 进料方式

如上所述，通常情况下逆向进料比顺向进料的装满系数为高，动力消耗也小。在粮油加工厂中，输送颗粒物料的料斗运行速度一般为 1~2.5m/s，粉状物料为 0.6~1.5m/s，供料时如再设缓冲装置来降低物料的流速，这种情况下逆向进料明显对装满系数有利。而当料斗运行速度较快甚至达到 3~4m/s，或者物料进入机座的流速较快时，由于物料与料斗之间的冲击力较大，逆向进料反而对装满系数不利，并且这种冲击力会带来较大的动力消耗。因此在实际使用中，选择何种进料方式应视具体情况而定。另外还要看设备的具体安装位置，有时允许选择任一种进料方式，有时只能采用某一种进料方式，有时则要求同时采用两种进料方式。对于包括粮油物料在内的粒度不大、流动性较好的物料，各种进料方式都是可行的。

2. 机座内的料位

虽然提高料位能提高料斗的装满系数，但生产中仍须将料位控制在一定水平，特别是要低于底轮水平中心线。其目的一是为了减小料斗运行阻力，二是为了避免因供料流量的偶尔增加而造成机座堵塞。

3. 料斗的运行速度

料斗运行速度越高，装满系数越低（在其他条件相同的情况下）。因为速度高了，料斗绕底轮回转时的离心惯性力大，料斗与物料之间的冲击力也大，均不利于料斗的装满。但综合来讲，在一定范围内提高料斗速度能提高提升机的生产率。

4. 物料的特性

输送流动性好的粉状、颗粒状或极小块状的物料，装满系数较高，条件好时可达 0.9~0.95，常取 0.8~0.85，供料不均匀时取 0.7~0.75；而对于接近中等块度或更大块的物料，由于不能保证足够均匀地供料，则应取较低的装满系数，为 0.6~0.75；容易黏结的物料，对料斗的装满更为不利，装满系数应取 0.4~0.6。

除上述因素之外，研究还表明，料斗的装满系数随物料容重的增大而增大，随底轮直径的增大而减小。

在设计和选用斗式提升机时，不能设想让料斗完全地装满，应留有一定的余量。一则使提升机能够适应供料量的波动，二则可以减小动力消耗。输送一般的粮油物料，不同条件下料斗的装满系数 ψ 可参照表 3-8 选取。

表 3-8　　料斗的装满系数 ψ

料斗线速度/（m/s）	装满系数		
	逆向进料	顺向进料	料堆取料
1.0~1.5	0.95	0.90	0.60
1.5~2.5	0.90	0.80	0.50
2.5~4.0	0.80	0.70	0.40

二、提升过程

当料斗装料结束、从底轮绕出后，开始作匀速直线运动，将物料向上提升。在提升的过程中，要尽量避免斗内的物料抛撒出来。提升时撒料不但降低了斗提机的生产率，而且浪费了动力，还会造成物料的破碎。

造成料斗在提升过程中撒料的原因有：斗内物料装得太多，料斗及物料的重力使料斗前倾，料斗受到振动。下面分析料斗前倾和料斗振动的成因及其影响。

如图 3-21 所示，料斗在牵引构件上处于悬臂状态，料斗重力的作用会使料斗向前倾斜。料斗前倾度过大会造成斗内上部物料向料斗前沿滑动而撒出。下面分析前倾角 β 的大小与料斗尺寸、重量及牵引构件张力的关系。

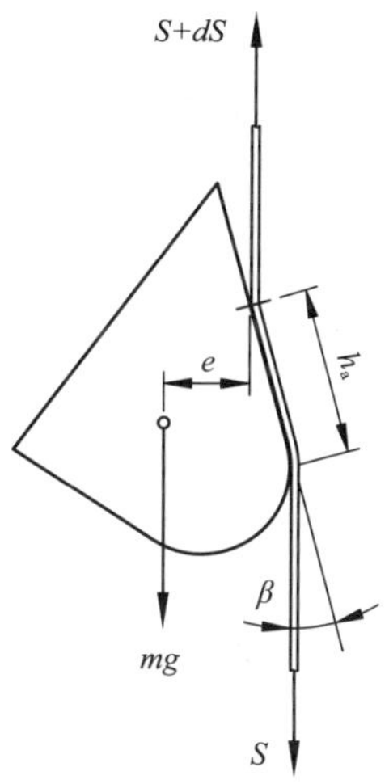

图 3-21　料斗在牵引构件上的受力状态

根据图 3-21 可列出力矩平衡方程：

$$S \cdot h_a \cdot \sin\beta = m \cdot g \cdot e \tag{3-5}$$

式中　S——料斗下方牵引构件的张力，N；

h_a——料斗安装孔高，m；

β——料斗前倾角，(°)；

m——料斗及斗内物料总重量，kg；

g——重力加速度，取 $g=9.81\text{m/s}^2$；

e——料斗重心偏距，m。e 可按下式求取：$e=c/4\sim c/3$，c 为料斗凸度。

如果要求料斗的前倾角不大于 2°，则可以计算出牵引构件需要的最小张力 S_{min}（N）为：

$$S_{min} = \frac{m \cdot g \cdot e}{h_a \cdot \sin 2°} = \frac{28.7m \cdot g \cdot e}{h_a} \tag{3-6}$$

在实际工作中，操作人员往往是通过经验来判断牵引构件的张紧程度。牵引构件既不能过松，也不能过紧，过松则料斗前倾角度大，造成回流，带式牵引构件还会出现打滑现象；过紧则增加了带（链）的运行阻力，无谓地增加了动力消耗，同时还会因张力过大造成牵引构件的过快磨损或者断裂。

牵引构件振动是料斗撒料的另一个原因。振动的时间越长、振动强度越大，则物料的抛撒量也越多。引起牵引构件振动的原因来自提升机自身构件的振动和工作环境的振动。提升机自身的振动主要来源于机上转动部件的不平衡。特别是当其振动频率与设备的固有频率接近时，便会出现共振，使牵引构件产生较大的抖动，造成料斗严重撒料。另外，带式牵引构件接口不平、链式牵引构件的节距过大、链速过高等，都会引起提升机不同程度的自身振动。如果发现提升机有振动现象，不管是内部的或外部的原因，都应及时解决。

三、卸料过程

当料斗到达机头后，开始沿头轮作匀速圆周运动。随着料斗斗口方向的改变，斗内物料在自身重力和离心惯性力的作用下，离开料斗并被引导至卸料口，此过程称为卸料。

理想的卸料应该是料斗内所有的物料都能从卸料口排出。未能排出的物料便顺着机筒落回机座，这就是所谓的“回流”。回流包括了未及时离开料斗或离开料斗但未能从卸料口排出的物料，以及在提升过程中从料斗撒落的物料。少量的回流是允许的，但若回流量过大，既降低设备的生产率，又浪费能量。因此，必须对料斗的卸料过程进行细致的研究，以确定斗式提升机合理的工作参数及料斗、机壳、头部罩壳等形状，尽量减少物料回流。

（一）三种卸料方式

物料从料斗中卸出有三种不同的方式：重力式、离心式和混合式。

如图 3-22 所示，当料斗随牵引构件一起绕头轮旋转时，斗内物料中的任一质点 M 除受重力 mg 作用外，还受离心力 $m\omega^2 r$ 的作用。二力的合力 T 的反向延长线，与头轮的竖向中心线相交于 P 点，P 点称为极点，极点至头轮中心的距离 h 称为极距。

由图 3-22（1）可以看出，△CTM∽△OPM，所以：

$$\frac{\overline{CM}}{\overline{CT}} = \frac{\overline{OM}}{\overline{OP}}$$

其中 $\overline{CM} = m\omega^2 r$，$\overline{CT} = mg$，$\overline{OM} = r$，$\overline{OP} = h$，代入上式后，得出：

$$\frac{m\omega^2 r}{mg} = \frac{r}{h}, \text{即 } h = \frac{g}{\omega^2} \tag{3-7}$$

又因为 $\omega = \dfrac{\pi n}{30}$，

所以：

$$h = \frac{g}{\left(\dfrac{\pi n}{30}\right)^2} = \frac{895}{n^2} \quad (\text{m}) \tag{3-8}$$

由上式可知，极距 h 的大小仅与头轮的转速有关，而与头轮直径、料斗位置或斗内颗粒位置无关。转速越高，极距越小。

根据极点所处位置的不同，可将料斗卸料区分为下列三种形式。

（1）当 $h > r_0 + c$ 时，极点位于料斗前沿的回转半径之外，由图 3-22（1）中相似三角形可知，物料所受的重力大于离心力。斗内的物料在合力 T 的作用下，向料斗后壁滑动而流出。这种卸料方式称为重力式卸料，如图 3-22（1）所示。

（2）当 $h < r_0$ 时，极点位于料斗后沿的回转半径之内，物料所受的离心力大于重力。斗内的物料在合力 T 的作用下，向料斗前壁滑动而抛出。这种卸料方式称为离心式卸料，如图 3-22（2）所示。

（3）当 $r_0 < h < r_0 + c$ 时，极点位于料斗前沿和后沿的回转半径之间。斗内物料在合力 T 的作用下，一部分按重力卸料方式从料斗后沿滑出，一部分按离心卸料方式从料斗前沿滑出，大部分的物料则向斗口直接倾出。因此，这种卸料方式称为混合式卸料，如图 3-22（3）所示。

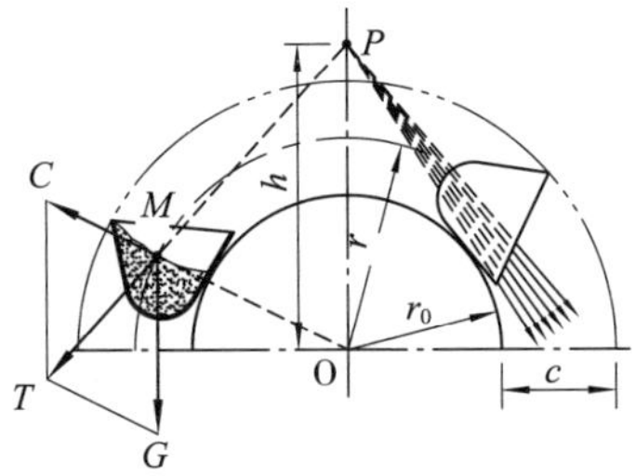

（1）

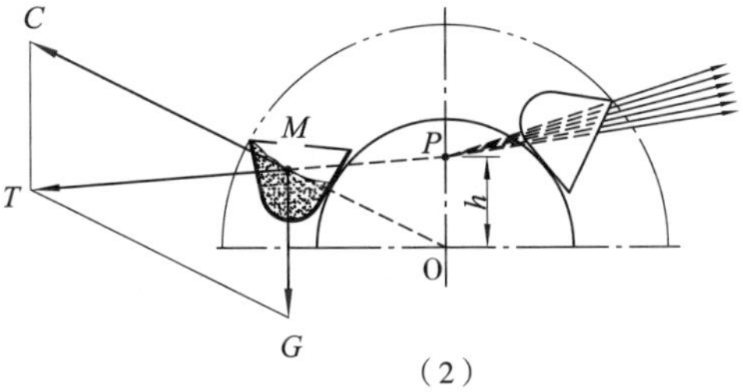

（2）

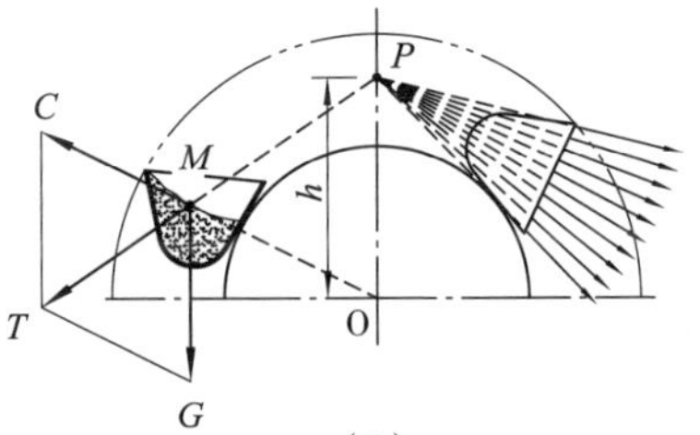

（3）

图 3-22　三种卸料方式

（1）重力式　（2）离心式　（3）混合式

实际计算中为简化起见，常将料斗凸度 c 略去不计，从而得到不同卸料方式的料斗速度 v 和头轮直径 D 的关系：

重力式卸料时，$h > r_0$，$mg > m\omega^2 r_0$ 或 $mg > m\dfrac{v^2}{r_0}$，$r_0 = \dfrac{D}{2}$，

得到：

$$\frac{v}{\sqrt{D}} < 2.2$$

同理可得，离心式卸料时，$\dfrac{v}{\sqrt{D}} > 2.2$

混合式卸料时，$\dfrac{v}{\sqrt{D}} = 2.2$

令

$$\frac{v}{\sqrt{D}} = K \tag{3-9}$$

K 称为速度系数。$K<2.2$ 时为重力式卸料，$K>2.2$ 时为离心式卸料，$K=2.2$ 时为混合式卸料。

对于流散性良好且不怕破碎的粉状、粒状和小块状物料，往往选用离心式卸料或混合式卸料。其料斗的运行速度较高，有利于提高产量，缩小提升机体积；而对于潮湿的、流散性

差、怕破碎、细粉状的物料，应选用重力式或混合式卸料。对于块度较大的、较沉重、磨琢性大的物料，则应选用重力式卸料，采用较低的料斗运行速度。离心式卸料由于料斗速度较高，故多采用带式牵引构件，目前最高速度已达5m/s。重力式和混合式卸料可采用带式或链式牵引构件。输送块状的或沉重的货料，应采用链式牵引构件，以0.4~0.8m/s的低速运行。

如前所述，提升机的料斗有多种型式，各种料斗对卸料方式的适应性也是不同的。深型、浅型料斗适应各种卸料方式，但深型料斗用于离心卸料时，运行速度不宜过高，否则会出现卸不净的问题。隔板斗与无底斗由于特殊的结构和排列方式，只适应离心卸料方式。

图3-23所示是由高速摄影机拍下的斗式提升机的卸料情形。图3-23（1）（2）所示是离心式卸料的情况，图3-23（1）极距与头轮半径之比 $h/r_0=0.23$，图3-23（2）极距与头轮半径之比 $h/r_0=0.72$。图3-23（3）所示是混合式卸料的情况，极距与头轮半径之比 $h/r_0=1$；图3-23（4）所示是重力式卸料的情况，极距与头轮半径之比 $h/r_0=2$。由图可以看到，离心式卸料时，物料是从料斗前沿被分散地抛出；重力式卸料时，物料是沿料斗后沿集中地向下倾出。并且，即使是离心式卸料，在料斗绕入头轮的初期，也仅有很少量的物料由料斗中抛出。总之，h/r_0 之值越小，物料开始卸出的时间越早，卸料的过程越长，物料抛掷距离越远，抛料的轨迹越分散。

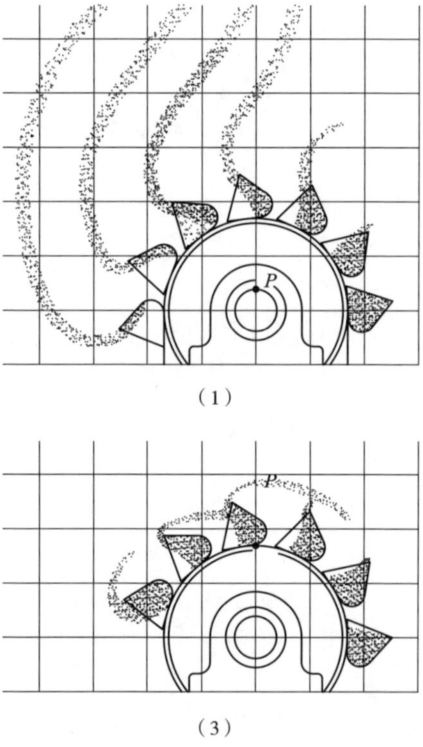

图3-23　各种卸料方式的卸料情形

（1）离心式卸料（高速）　（2）离心式卸料（中速）　（3）混合式卸料　（4）重力式卸料

（二）料斗的瞬时容量与极限料面

当料斗随牵引构件绕到头轮上时，起初物料相对于料斗可能是不动的。当料斗运动到一定位置后，表层的物料首先开始向料斗边沿移动，并从斗内卸出。随着料斗继续向前运动，物料逐层地陆续卸出，直至料斗全部卸空。

由此可以设想，料斗在头轮上处于不同的位置，其能够容纳的物料量是不同的。处于料斗容量范围内的物料留存于斗内，超出其容量范围的物料则被卸出。为了研究物料卸出的时间、运动的速度和方向，首先要研究料斗在不同位置的瞬时容量和物料的极限料面。

在料斗静止或作匀速直线运动时，斗内物料只受重力 mg 的作用。由于散料具有一定的内摩擦力，因而其表面能够在一定的限度内保持倾斜，倾斜的最大限度是该表面与水平面之间的夹角等于物料的内摩擦角 ρ_n（严格讲应该是物料的堆积角 ρ_0）。因而，与料斗前沿相交、斜度为 ρ_n 的平面就是物料的极限料面（如图 3-24 所示的 AB 线），极限料面与料斗构成的封闭空间就是料斗在该位置的瞬时容量。显然，处于极限料面以下的物料是稳定的，而处于极限料面以上的物料——如果存在的话，则会因本身重力沿斜面之分力的作用向料斗前沿滑动并从斗内滑出。

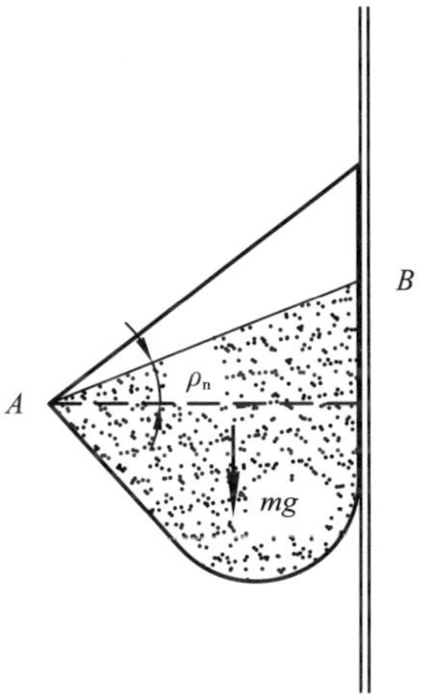

图 3-24 静止料斗的极限料面

当料斗绕头轮作匀速圆周运动时，斗内的物料除受重力的作用外，还受惯性离心力的作用。如前所述，这两个力的合力的反向延长线一定通过极点 P。

假如在斗内盛满了理想液体，理想液体的表面总是与力的方向垂直，否则液体就要发生流动。因为所有质点所受合力的方向均通过极点 P，所以液体的表面必然是垂直于从极点 P 引出的线束。符合上述条件的液体表面曲线，就是以极点 P 为圆心的圆弧，如图 3-25（1）所示。以极点 P 为圆心、通过料斗前沿的圆弧面 AC 就是料斗在该位置时液体的极限表面。

如果斗内装的是散粒物料，则散料的内摩擦力能够使散料表面与液体表面之间形成一个小于或等于内摩擦角 ρ_n 的角度。因此，物料的极限表面应该是一个与液体的圆弧表面 AC 呈夹角 ρ_n 的另一曲线 AD，如图 3-25（2）所示。下面建立该曲线的数学方程。

取 AD 曲线上一段无限小的线段 ds，将其放大为图 3-26 中的曲线段 MM_1，其对应于极点 P 的圆心角为 $d\theta$，端点 M 到极点的距离为 R。以极点 P 为圆心，过线段 ds 的端点 M 画圆弧 MM'。如前所述，曲线 $M \sim M_1$ 与圆弧 MM' 的夹角等于物料的内摩擦角 ρ_n。由于 $d\theta$ 无限小，可用直线代替弧线，连接 M、M_1 和 M、M'，得三角形 $\triangle MM_1M'$。其中：

$$\overline{M_1M'} = \overline{MM'}tg\rho_n$$

如果取动角 θ 逆时针方向为正，则与动角增量 $d\theta$ 相应的动径增量 dR 为负值，即：$\overline{M_1M'} = -dR$。并且：$\overline{MM'} = Rd\theta$。将 $\overline{M_1M'}$、$\overline{MM'}$ 代入上式，得：

$$\frac{dR}{R} = -tg\rho_n \cdot d\theta$$

曲线 AD 的起点在料斗前沿 A 点，即当 $\theta=0$ 时，$R=R_0$。故将上式写成定积分形式：

$$\int_{R_0}^{R} \frac{dR}{R} = -\int_0^{\theta} tg\rho_n \cdot d\theta$$

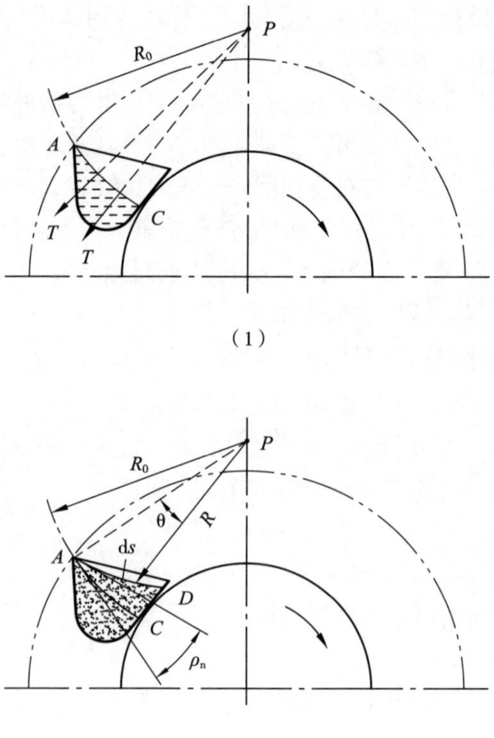

图 3-25　料斗的极限料面

（1）液体物料　（2）散粒物料

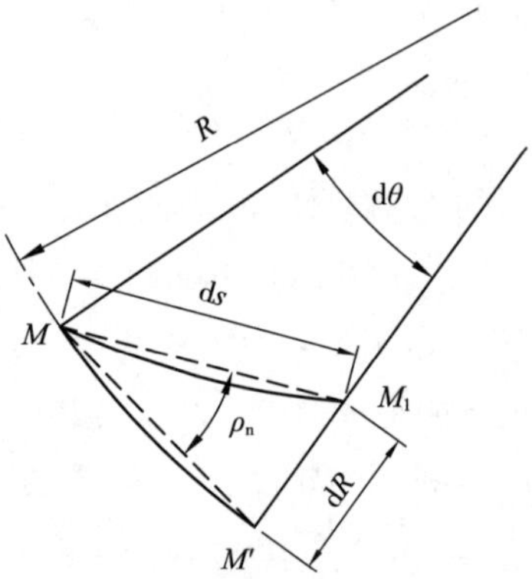

图 3-26　曲线方程微分求解图

积分后得：

$$R = R_0 e^{-\theta \cdot tg\rho_n} \tag{3-10}$$

上式为对数螺旋线方程式。因而，料斗中处于相对静止状态的物料，其表面曲线是一条起自极点 P 并经过料斗边沿的一段对数螺旋线。

对数螺旋线的作图方法如图 3-27（1）所示。以料斗边沿离极点较远的一侧为起点，取向径 R_0，并依次取任意角 θ_1、θ_2、θ_3…，根据式（3-10）计算出对应的 R_1、R_2、R_3…，即可得到平面上的若干点。将所得各点用一条平滑曲线连接，即得到所求的对数螺旋线。对数螺旋线外侧与料斗围成的空间即瞬时容量。

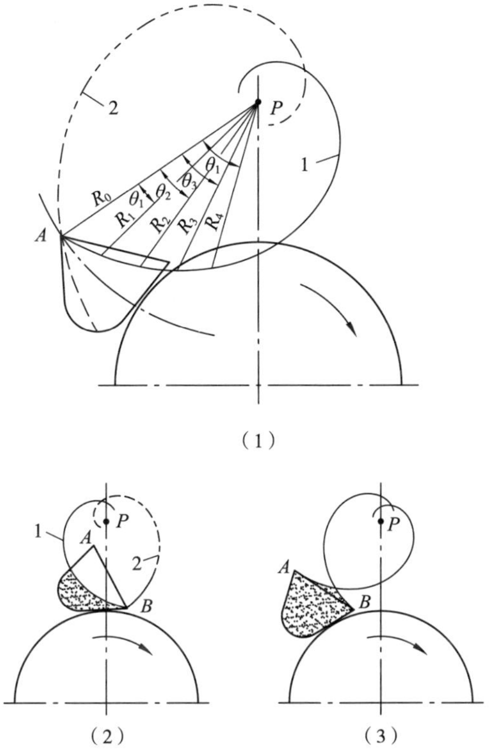

图 3-27　对数螺旋线的作图方法

虽然，通过料斗边沿的某一点可以作两条方向相反的对数螺旋线，但符合极限料面条件的只有一条，如图 3-27（1）（2）的曲线 1 所示。

有时，由料斗的某一个边沿作出的对数螺旋线切不到料斗轮廓，即不能形成封闭的空间，此时则需要由料斗的另一边沿再作一条对数螺旋线，这样料斗的极限料面便是由这两条对数螺旋线的线段所构成，如图 3-27（3）所示。

以上讨论了料斗极限料面曲线的作图方法。需要说明的是，极限料面并不代表料斗在某一时刻的物料实际表面，它所表明的是：位于极限料面以下的物料相对于料斗处于静止状态，而极限料面以上的物料因受力不平衡则处于滑动状态。极限料面实际上是物料稳定部分和不稳定部分的分界面。

下面通过瞬时容量的变化来讨论料斗的卸料进程。

在某一时刻，料斗的瞬时容量越小，表明其留存的物料越少，卸出的物料越多。处在头轮不同位置上的料斗，其瞬时容量是不同的；而在同一位置，如果极点的位置不同，或者斗内所装的物料特性不同，料斗的瞬时容量也是不同的。根据料斗瞬时容量的变化，可以找到料斗卸料过程的一些规律。

图 3-28（1）所示是离心式卸料时料斗在各个位置的瞬时容量。可以看出，在料斗绕上头轮后的一段时间，其瞬时容量是逐渐增加的，当料斗前沿到达极点 P 的水平线高度时，料

斗的瞬时容量达到最大。在此期间内，位于极限料面以上的物料逐渐向料斗前沿滑移，但只有很少的一部分抛出，因为较为靠里的物料尚未到达斗沿。所以，即使料斗装满程度很高甚至接近斗容的 100%，在绕上头轮的初期也只有很少一部分物料过早地从料斗卸出，这部分物料会因抛不到卸料口而形成“回流”，大量的物料则是在料斗从头轮水平中心线向上旋转 15°~20°才开始卸出。

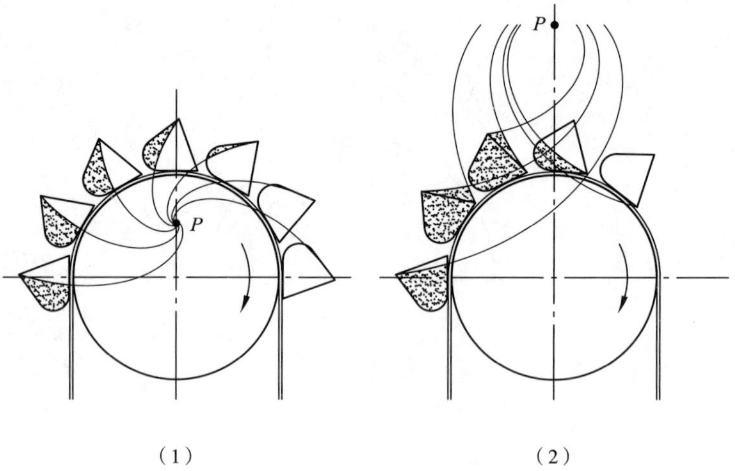

图 3-28　料斗在不同位置的瞬时容量

（1）离心式　（2）重力式

如果料斗在将要离开头轮时仍存在一定的瞬时容量，那么就说明料斗是不会完全卸空的。该容量内的物料只有在料斗行至下降的直线段后，才开始从料斗中卸出。

图 3-28（2）所示是重力式卸料时料斗在各个位置的瞬时容量。可以看出，在料斗绕上头轮的初期，其瞬时容量也是逐渐增加的，并且在某一区段内，料斗的瞬时容量会超出料斗的轮廓容积，所以此时物料不会从料斗卸出。在料斗即将到达头轮顶点时，瞬时容量迅速减小，物料集中地向料斗后沿移动。所以重力式卸料的特点是，在料斗旋转至接近头轮顶点时斗内物料开始移动，再转过一定角度后，所有物料便相当密集地由料斗的后沿卸出。这和离心式卸料不同，在离心式卸料中，物料是比较分散地在较大的一段回转圆弧上从料斗的前沿抛出的。

在混合式卸料中，只有较少的物料在料斗到达头轮顶点之前从料斗前沿卸出，大部分的物料是在料斗旋转至接近头轮的上顶点时，开始运动并从料斗的前沿和后沿卸出，而且被卸出的物料不如重力式卸料那样集中。

离心式、重力式、混合式卸料的情况也可从图 3-23 得到直观的了解。

另外，从图 3-29（1）可以看出，头轮转速越高（极距越小），开始卸料的时间就越早，而卸空的时间越晚，也就是卸料过程分散的区间越大。从图 3-29（2）可以看出，物料的内摩擦角越大，其开始卸出的时间越晚，最后卸空的时间也越晚。所以对于内摩擦因数大、流动性差的物料，应采用较低的头轮转速，并使用底角较大的料斗，保证物料卸空卸净。

（三）颗粒在斗内的运动过程

以上讨论了料斗的极限料面和料斗在头轮不同位置瞬时容量的变化。我们已经知道，绕头轮转动的料斗，其极限料面为一对数螺旋线，该极限料面是斗内物料相对静止与相对滑动部分

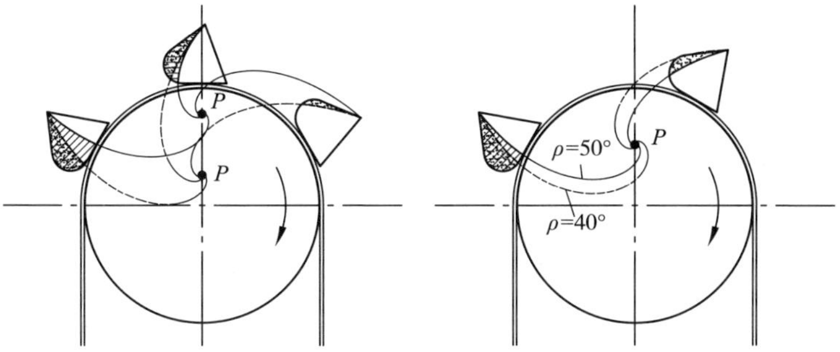

图 3-29　不同极距、不同物料特性对瞬时容量的影响

（1）不同极距　（2）不同内摩擦角

的分界面。滑动的物料将沿这一曲面向斗壁滑移，直至离开料斗。物料离开料斗时的绝对速度和方向取决于料斗运动及物料相对滑动的速度和方向。下面研究物料颗粒在斗内的滑动问题。

1. 颗粒滑动速度的计算式

为研究方便，我们取料斗内对数螺旋线的弦近似地作为滑移平面，并且假定：

①滑移平面相对于料斗是不动的；

②处于同一滑移平面上的颗粒之间没有相互作用。

现在研究微小颗粒沿着滑移平面 AB 运动的情况。如图 3-30 所示，设物料颗粒的原始位置（即 $t=0$ 时）在 M_0 处，并沿 A_0B_0 线滑移。M_0 的位置由与 A_0B_0 线垂交的半径 r_0、A_0M_0 间的长度 l_0 以及角度 φ_0 确定。经过 t 时间后，滑移线 A_0B_0 旋转至 AB，同时，物料颗粒由 M_0 滑移至 M，这时，M 的位置由 r、l_0+s 及 φ 来确定。

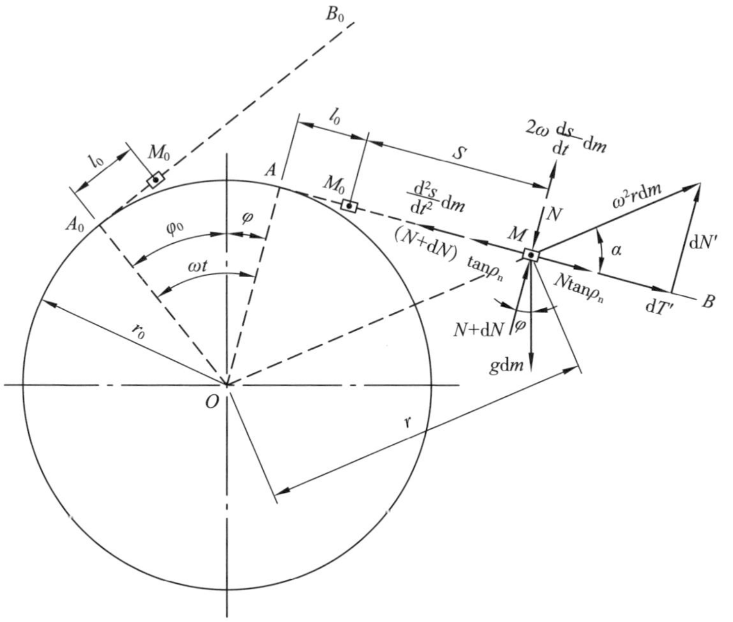

图 3-30　微小颗粒受力图

质量为 dm 的微小颗粒在转动的平面 AB 上运动时，受到以下力的作用：

①微小颗粒的重力 gdm；

②由上、下层物料所产生的正压力 N 和 $N+dN$；

③物料层间的摩擦力 $N\tan\rho_n$ 和（$N+dN$）$\tan\rho_n$，$\tan\rho_n=\mu$ 为物料的内摩擦因数；

④微小颗粒的惯性离心力 $\omega^2 rdm$，ω 为料斗的角速度。将惯性离心力分解为在运动方向的分力 dT' 及在法线方向上的分力 dN'：

$$dT'=\omega^2 rdm\cos\alpha \qquad dN'=\omega^2 rdm\sin\alpha$$

其中：

$$\alpha = \arccos\frac{l_0 + s}{r} \quad 或 \quad \alpha = \arcsin\frac{r_0}{r}$$

因而

$$dT'=(l_0+s)\omega^2 dm \qquad dN'=r_0\omega^2 dm$$

⑤由微小颗粒沿 AB 线滑移的相对加速度所引起的惯性力：

$$\frac{d^2s}{dt^2}dm$$

⑥由哥氏加速度所引起的附加惯性力，其方向与平面 AB 垂直并指向上：

$$2\omega v dm = 2\omega\frac{ds}{dt}dm$$

根据力的平衡条件可知：

$$\sum X' = 0$$

$$g\sin\varphi dm + (l_0 + s)\omega^2 dm + N\tan\rho_n - (N + dN)\tan\rho_n - \frac{d^2s}{dt^2}dm = 0$$

消去 $N\tan\rho_n$ 后，得：

$$\frac{d^2s}{dt^2}dm + \tan\rho_n dN - (l_0 + s)\omega^2 dm - g\sin\varphi dm = 0 \tag{3-11}$$

$$\sum Y' = 0$$

$$2\omega\frac{ds}{dt}dm + r_0\omega^2 dm + (N + dN) - N - g\cos\varphi dm = 0$$

消去 N 后，得：

$$dN = \left(g\cos\varphi - 2\omega\frac{ds}{dt} - r_0\omega^2\right)dm \tag{3-12}$$

将上式代入式（3-11）中，消去 dm 后，则得运动方程式：

$$\frac{d^2s}{dt^2} - 2\omega\frac{ds}{dt}\tan\rho_n - (l_0 + s + r_0\tan\rho_n)\omega^2 = g(\sin\varphi - \cos\varphi\tan\rho_n) \tag{3-13}$$

将全式除以 ω^2 得：

$$\frac{d^2s}{d(\omega t)^2} - 2\frac{ds}{d(\omega t)}\tan\rho_n - (l_0 + s + r_0\tan\rho_n) = \frac{g}{\omega^2}\frac{\sin(\varphi - \rho_n)}{\cos\rho_n} \tag{3-14}$$

根据初始条件，当 $\omega t=0$ 时，$s=0$ 和 $\frac{ds}{d(\omega t)}=0$，将该式积分，即求得滑移距离 s：

$$s = (l_0 + r_0\mu)\left\{e^{\mu\omega t}\left[ch\left(\frac{\omega t}{\cos\rho_n}\right) - sh\left(\frac{\omega t}{\cos\rho_n}\right)\sin\rho_n\right] - 1\right\}$$
$$+ \frac{he^{\mu\omega t}}{2}\left[sh\left(\frac{\omega t}{\cos\rho_n}\right)\cos(\varphi_0 - \rho_n) + ch\left(\frac{\omega t}{\cos\rho_n}\right)\sin(\varphi_0 - 2\rho_n)\right]$$

$$+\frac{h}{2}\sin(2\rho_n-\omega t-\varphi_0) \tag{3-15}$$

将此式对时间微分，可得滑移速度 v_c：

$$v_c=\omega e^{\mu\omega t}\left\{\left[(l_0+r_0\mu)\cos\rho_n+\frac{h}{2}\sin(\varphi_0-\rho_n)\right]\mathrm{sh}\left(\frac{\omega t}{\cos\rho_n}\right)+\frac{h}{2}\mathrm{ch}\left(\frac{\omega t}{\cos\rho_n}\right)\cos(\varphi_0-2\rho_n)\right\}-\frac{\omega h}{2}\cos(2\rho_n-\omega t-\varphi_0) \tag{3-16}$$

上两式中　h——极距，m。$h=\dfrac{g}{\omega^2}$；

ω——头轮转动角速度，rad/s。

2. l_0、r_0 和 φ_0 的确定

为求 s 和 v_c 的数值，必须确定表征初始条件的 l_0、r_0 和 φ_0 等值。我们已知当物料颗粒处在通过料斗边沿的对数螺旋线上时即开始滑动，因此可以采用作图的方法，找到颗粒与对数螺旋线相交时的上述诸参数。步骤如下：

（1）按比例绘出头轮及头轮上（任意位置）的料斗轮廓。

（2）选定料斗内某一点 M_0，过 M_0 向相应的料斗边沿作直线：离心式卸料时，直线引向料斗前沿，见图 3-31（1）；重力式卸料时，直线引向料斗后沿，见图 3-31（2）。该直线就是物料颗粒 M 将要沿之滑动的滑移平面。

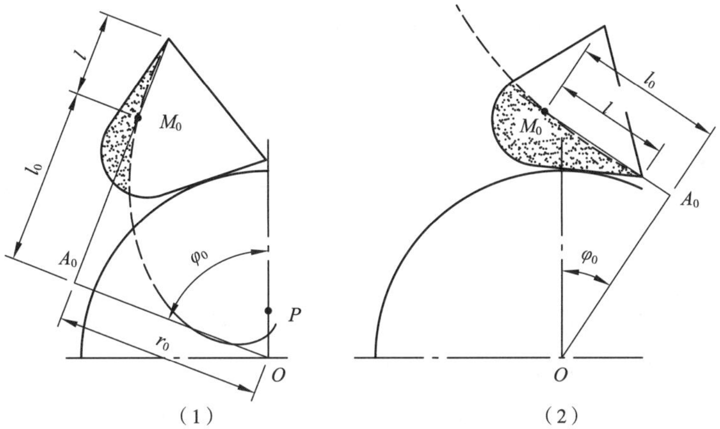

图 3-31　r_0、l_0　及 φ_0 图解法

（1）离心式　（2）重力式

（3）自头轮圆心向所画直线作垂线 OA_0，便可从图上量出 l_0 和 r_0。但要注意 l_0 取值的正负之分，当 A_0 位于滑移方向的反向时取 l_0 为正，见图 3-31（1）；反之为负，见图 3-31（2）。

（4）确定物料开始滑移时的相位角 φ_0：将上述的料斗轮廓制成样板，并按照物料的内摩擦角制作一个对数螺旋线样板。然后，绕头轮中心旋转料斗样板，同时，绕极点旋转对数螺旋线样板，当到达某一位置时，对数螺旋线既通过所研究的物料颗粒点 M_0，又通过料斗的边沿。此时，直线 OA_0 与头轮竖直中心线的夹角即是所求的 φ_0。这里应注意 φ_0 角的符号，从滚筒的竖直中心线起顺时针为正，逆时针为负。

以上的工作可以利用 AutoCAD 绘图软件方便地进行。

角 φ_0 的值也可以根据式（3-14）用分析法求得。在颗粒开始滑移的瞬间：

$$\varphi = \varphi_0, s = 0, \frac{ds}{dt} = 0, \frac{d^2 s}{dt^2} = 0$$

于是可得：

$$\sin(\varphi_0 - \rho_n) = -\frac{l_0 \cos\rho_n + r_0 \sin\rho_n}{h}$$

其中 $h = \frac{g}{\omega^2}$。因此：

$$\varphi_0 = \rho_n - \arcsin\left(\frac{l_0}{h}\cos\rho_n + \frac{r_0}{h}\sin\rho_n\right) \tag{3-17}$$

如果所求得的 φ_0 值是一过大的负数，也就是它的绝对值大于料斗刚绕入头轮时所对应的角度，那么就说明物料颗粒在料斗刚一绕上头轮就开始滑动了。

3. 在物料颗粒滑移的时间内，料斗所转过的角度 ωt

将上面所求的 l_0、r_0 和 φ_0 的值代入式（3-15）和式（3-16），就可以求出作为 ωt 函数的颗粒滑移路程 s 和滑移速度 v_c。然而，通常我们所需要的不是由转角 ωt 来求路程 s，而是根据滑移路程 s 来确定转角 ωt 值，从而确定物料颗粒从料斗或滑移表面分离时刻料斗的相位角。

物料颗粒沿滑移表面滑动直至与料斗分离，有三种可能的情况：①颗粒沿滑移表面到达料斗边沿后卸出，这时颗粒的滑移路程 $s=l$，l 为颗粒的初始位置至斗沿的距离。②颗粒在滑动过程中尚未到达料斗边沿就离开滑移表面，即颗粒与滑移表面之间的正压力降到了零，这时 $s<l$。③在料斗即将离开头轮的时刻，颗粒仍未离开滑移表面。

判断颗粒能否到达料斗边沿，可根据式（3-12）并取 $dN=0$，结合式（3-16）和式（3-15）求出滑移路程 s，并与 l 相比较后得出。判断颗粒能否在料斗离开头轮前卸出，可将颗粒开始滑移至料斗离开头轮期间的料斗转角代入式（3-15），解出颗粒在料斗即将离开头轮时的滑移路程 s，并与 l 相比较后得出。

进行上述计算特别是由滑移路程 s 来反求转角 ωt，计算工作十分复杂。可行的方法是利用计算机高级语言编程进行计算或者试算，此外还可利用近似公式计算。

对于从料斗中最后卸出的物料，应进行卸空校验。一般料斗最深处的物料颗粒可能最后卸出。校验的步骤是：如图 3-32 所示，先确定料斗最深处的 M_0 点，按前面所述的方法，确定该颗粒开始滑移时的 l_0、r_0 和 φ_0，同时量取料斗的安装固定点 C 至绕出头轮处之间的夹角 $(\omega t)_0$，然后求出 ωt。当 $\omega t<(\omega t)_0$ 时，说明物料颗粒在它随头轮旋转的区间内能够卸出，否则说明不能卸出。不能卸出时，应求出物料颗粒在料斗回转 $(\omega t)_0$ 的时间内所滑过的距离 s，作为绘制抛料曲线的依据。

4. 颗粒的滑移路程 s、滑移速度 v_c、料斗转角 ωt 近似计算式

为了简化计算过程，在作了某些合理的假设后，可得到颗粒滑移路程 s（m）的近似计算式：

$$s \approx h\frac{(\omega t)^3}{6}\cos(\varphi_0 - \rho_n) \tag{3-18}$$

对 s 进行微分，可得到滑移速度 v_c（m/s）的近似计算式：

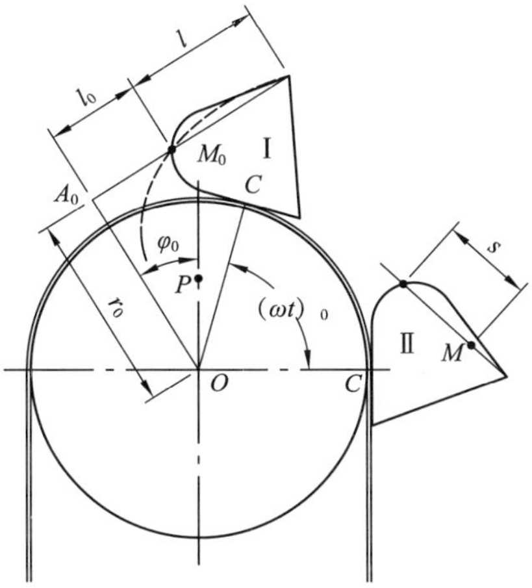

图 3-32　物料卸空的校验

$$v_c \approx \frac{\omega h(\omega t)^2}{2}\cos(\varphi_0 - \rho_n) \tag{3-19}$$

在离心式卸料情况下，如果能够确定物料颗粒是从料斗边沿卸出，可以采用如下方法近似计算颗粒从料斗边沿脱离时的料斗转角 ωt（°）：

$$\omega t \approx 104 \times \sqrt[3]{\frac{l}{h\cos(\varphi_0 - \rho_n)}} \tag{3-20}$$

在重力式卸料情况下，可以用下式粗略估计当颗粒脱离滑移面时的料斗转角 ωt（rad）：

$$\omega t \approx \frac{\pi}{4}\sqrt{1 - \frac{r}{h}} - \frac{\varphi}{3} \tag{3-21}$$

上述四式中　l——颗粒初始位置至料斗边沿的距离，m；

h——极距，m；

r——所研究的物料颗粒至头轮旋转中心的半径，m；

φ_0——角度，rad，见图 3-31；

ω——头轮转动角速度，rad/s。

（四）抛料曲线及机头罩壳的绘制

在确定了物料颗粒从料斗卸出时的位置、速度和方向以后，就可以绘制其抛料曲线。绘制抛料曲线的目的在于，根据抛料曲线正确地确定机头罩壳的形状和尺寸。

1. 离心式卸料的画法

如图 3-33 所示，任意选定的颗粒 M，在料斗中由点 M_0 开始滑移，经过路程 $s=l$ 后，到达料斗边沿卸出。在物料滑移期间，料斗向前旋转了 ωt 角度。颗粒开始滑移时的 l_0、r_0 和 φ_0 及料斗相位角 φ' 可直接由图上量出，ωt 可通过计算求出。则颗粒卸出时的相对速度及料斗边沿的位置即可确定。

卸出时，物料颗粒一方面沿着滑移平面以相对速度 v_c 滑动，另一方面还随料斗边沿以牵连速度 v_r 作圆周运动。因此，物料颗粒由料斗中卸出时的绝对速度 v_a 是相对速度 v_c 与圆周速度 v_r 的矢量和。

确定物料颗粒的抛料曲线，较简便的方法是采用斜角坐标（X_1-Y_1）。如图 3-33 所示，取斗沿抛出点 M 为坐标原点，取绝对速度 v_a 方向为 X_1 轴，取竖直方向为 Y_1 轴，即得抛料曲

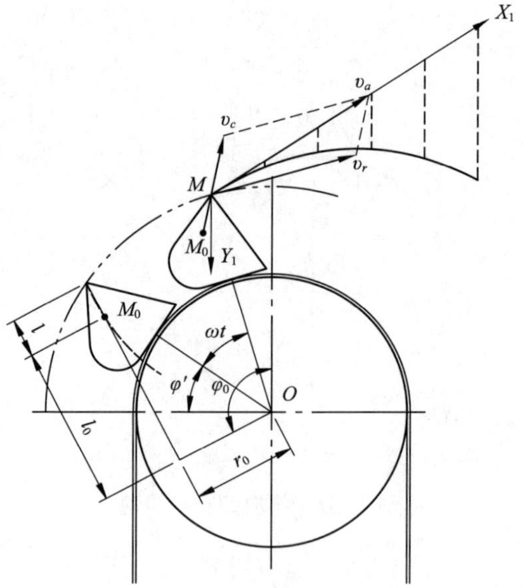

图 3-33 抛料曲线绘制方法

线的斜角坐标系。颗粒沿初速度方向的抛射距离和沿重力的自由下落距离分别为：

$$X_1 = v_a t \qquad Y_1 = \frac{1}{2}gt^2$$

消去 t，得抛料曲线的斜角坐标方程式为：

$$Y_1 = \frac{g}{2v_a^2}X_1^{\ 2} \tag{3-22}$$

这是一个抛物线方程式，根据此式便可绘出颗粒 M 的抛料曲线。再用同样的方法绘出其他若干个颗粒的抛料曲线，即可按照所有抛物线的形态确定机头罩壳的形状。

下面讨论选择哪些颗粒作为绘制抛料曲线的对象。料斗绕入头轮后，起初只有少数颗粒从料斗抛出，大量的卸料则是在料斗转过 15°~20°后才开始。因此可把料斗转过 15°~20°时位于料斗边沿上的颗粒 M_1 作为第一个选择对象。然后选择最后从料斗中卸出的那部分物料的代表颗粒 M_2（料斗前壁与底的接合处）和 M_3（料斗最深处），见图 3-34。其他的一些颗粒则选择在离前壁不太远的深浅不同的位置。

机头罩壳的形状和尺寸必须与物料的运动轨迹相适应，避免物料与机壳产生强烈碰撞，并且使物料不受阻挡地落入卸料口。图 3-34 中，如果以所有抛物线的包络线作为机头罩壳轮廓线，便能保证物料不与机壳碰撞（图 3-34 曲线 1）。这虽然是最理想的状况，但是这样做往往会导致机头尺寸过于庞大。为了缩小机头的外形尺寸，对于磨琢性小、不易破碎的粮油物料，允许其飞行曲线与机壳以 0°~18°的角度相交（图 3-34 曲线 2），物料和机壳接触后轻微反弹或者沿机壳壁滑行，最后落入卸料口。

2. 重力式和混合式卸料的画法

对于重力式卸料，由于物料比较集中地由料斗后沿向下倾出，所以不需要去求多个颗粒的抛料曲线，通常只需绘出料斗内侧两个颗粒的运动轨迹，用以确定卸料口的位置。建议颗粒之一取在料斗后壁与底部接合处的 M_1，颗粒之二取在离旋转中心最近的 M_2（图 3-35）。

对于混合式卸料，上方抛料曲线的求法与离心式卸料相同，下方曲线的求法与重力式卸料相同。

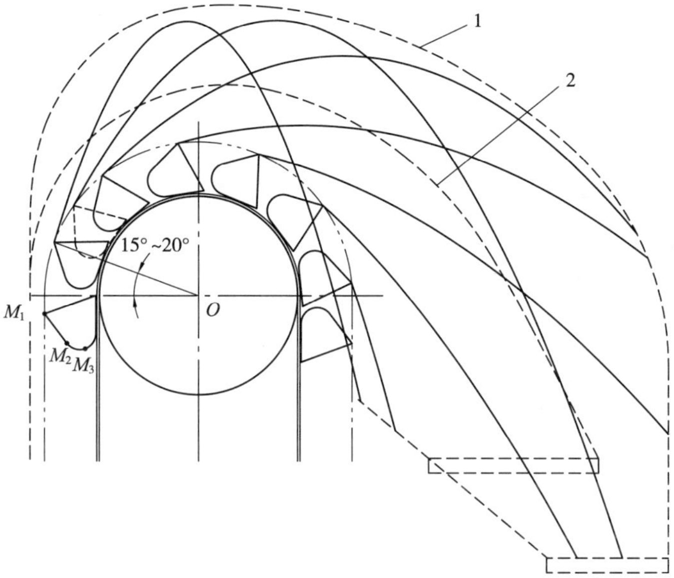

图 3-34　颗粒抛料曲线及机头罩壳轮廓

1—包络式罩壳　2—引导式罩壳

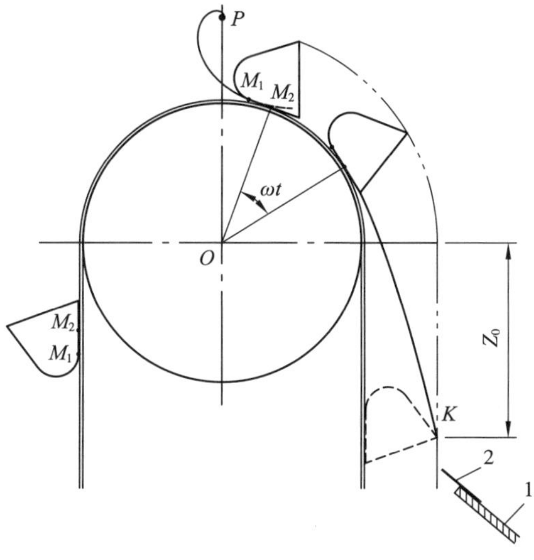

图 3-35　重力式卸料抛料曲线

1—卸料口导板　2—橡胶板

由于物料从料斗卸出时抛料的范围较小，所以重力式和混合式卸料的机头罩壳可以按物料运动轨迹的包络线来制造，而且还可以用折线来代替弧形轮廓线。

机头卸料口的设置应保证尽可能多的物料从卸料口排出，减少回流量。确定卸料口导板位置的最简便方法是采用作图法。图 3-35 中，根据颗粒 M_1 和 M_2 的运动轨迹，便可定出最低的轨迹与料斗前沿运动轨迹的交点 K，此点是卸料口导板 1（舌板）允许的最高点。实际上的导板位置一般要比图中的 K 点略低（Z_0 略大），并稍微向后退一些，以防料斗碰到该板的边沿。但为了减小导板与料斗前沿的间隙并保证运行安全，常在导板上端固定一块橡胶板

2，并使它突出于导板之外。

第四节　斗式提升机的设计与计算

斗式提升机的主要参数有：生产率、料斗容积、运行阻力、牵引构件张力、驱动功率等。

一、生产率计算

斗式提升机的生产率取决于牵引构件单位长度上的物料质量（也称为线载荷）和料斗的运动速度。如果物料线载荷为 q（kg/m），料斗速度为 v（m/s），则斗式提升机的生产率 Q（t/h）为：

$$Q = \frac{3600}{1000} \cdot qv = 3.6qv \tag{3-23}$$

物料线载荷取决于牵引构件每米长度上的料斗个数和每个料斗所装的物料质量 q（kg/m），即：

$$q = \frac{i}{a}\gamma_0\psi \tag{3-24}$$

式中　i——料斗容积，L；

a——料斗间距，m；

γ_0——物料容重，kg/L 或 t/m^3；

ψ——料斗装满系数，见表 3-8。

将式（3-24）代入式（3-23），得

$$Q = 3.6\frac{i}{a}\gamma_0\psi v \tag{3-25}$$

料斗的提升速度应视被输送物料的性质而定。输送流散性好、不怕破碎的粒状物料时，取 v=1.0~3.0m/s，一般不超过 3.5m/s；输送流散性差、怕破碎或粉状的物料时，取 v=0.6~1.5m/s；牵引构件为链条时，取 $v \leq 1.6$m/s。

二、料斗容积的计算选取

根据生产中所需要的输送量，可以利用式（3-25）求出牵引构件单位长度上所需的料斗容积 $\frac{i}{a}$。但是应注意，由于斗式提升机对过载比较敏感，所以设计的提升机输送能力一定要大于生产所需要的输送量，否则在工作时进料量稍有增加，就会发生机座堵塞事故，中断生产。因此，单位长度上料斗容积的计算式为：

$$\frac{i}{a} = \frac{KQ}{3.6\gamma_0\psi v}\ (\text{L/m}) \tag{3-26}$$

式中　K——进料不均匀系数，取 K=1.2~1.4，生产率大时取小值，反之取大值。

其余各符号意义同前。

根据计算出的 $\frac{i}{a}$，可从料斗规格表中选取合适的料斗规格。

三、斗式提升机运行阻力的计算

垂直型斗式提升机的运行阻力包括：料斗挖料阻力、料斗垂直运行时各项重力形成的阻力、牵引构件绕过头轮和底轮时的转动阻力和挠曲阻力。

（一）挖料阻力 W_1（N）

料斗在机座中挖料时，要受到如下的阻力，料斗在料堆中移动时的摩擦阻力，物料加速时的惯性力，向高处移动时物料的重力。挖料阻力的大小与物料的特性、进料方式、料斗的大小和形状、料斗间距、运行速度、机座的大小、机座内物料的充盈状态等多种因素有关。因此，挖料阻力难于精确计算，实用的计算方法是采用式（3-27）：

$$W_1 = K_W \cdot q \cdot v \cdot g \tag{3-27}$$

式中　q——物料线载荷，kg/m；

v——料斗提升速度，m/s；

g——重力加速度，$g=9.81\text{m/s}^2$；

K_W——挖料阻力系数，$K_W=1.2\sim3.0$。顺向进料、底轮直径较大、物料容重较大或颗粒较大时，K_W 取大值，反之取小值。

（二）底轮的运行阻力 W_2（N）

牵引构件绕过底轮时的阻力，包括牵引构件的刚性阻力和底轮轴承的摩擦阻力，用式（3-28）计算：

$$W_2 = K_d \cdot S_i \tag{3-28}$$

式中　S_i——牵引构件绕入底轮时的张力（N）；

K_d——底轮阻力系数。带式牵引，取 $K_d=0.02\sim0.04$；链式牵引，取 $K_d=0.06\sim0.08$。

（三）提升段阻力 W_3（N）

提升段的阻力来自牵引构件、料斗及斗内物料的重力。提升阻力用式（3-29）计算：

$$W_3 = (q_0 + q) \cdot H \cdot g \tag{3-29}$$

式中　q_0——每米长度牵引构件质量与料斗质量之和，kg/m；

q——物料线载荷，kg/m；

H——提升段高度，m。

（四）下行段阻力 W_4（N）

牵引构件及料斗在下行段运行时，重力对其形成的阻力为负值。用式（3-30）计算：

$$W_4 = -q_0 \cdot H \cdot g \tag{3-30}$$

各符号意义同式（3-29）。

（五）头轮的运行阻力 W_5（N）

牵引构件绕过头轮时的阻力，包括牵引构件的刚性阻力和头轮轴承的摩擦阻力，用式（3-31）计算：

$$W_5 = K_t \cdot (S_i + S_{i+1}) \tag{3-31}$$

式中　K_t——头轮阻力系数，取 $K_t=0.03\sim0.05$；

S_i——牵引构件在头轮绕入点的张力，N；

S_{i+1}——牵引构件在头轮绕出点的张力，N。

四、牵引构件张力及驱动功率的计算

（一）牵引构件张力计算

斗式提升机牵引构件的张力，仍按第一章内容介绍的逐点张力法进行计算。

如图 3-36（1）所示，沿牵引构件的运行方向，确定各个特征点并进行编号，以头轮（驱动轮）绕出点为第 1 点，底轮绕入点为第 2 点，底轮绕出点为第 3 点，头轮绕入点为第 4 点。

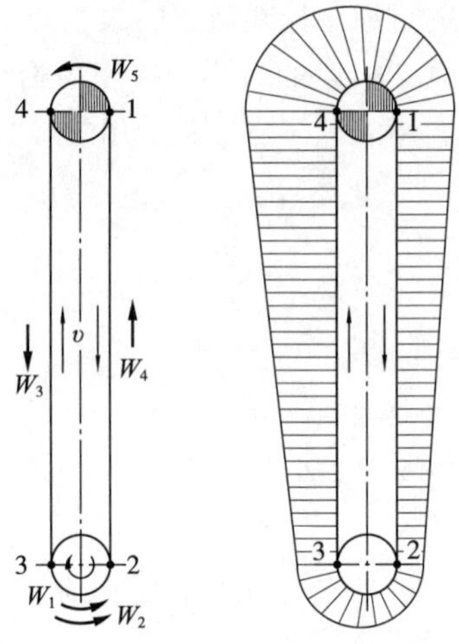

图 3-36　牵引构件张力计算图

（1）计算分段图　（2）张力分布图

各个特征点之间张力的关系式为：

$$S_2 = S_1 + W_4$$
$$S_3 = S_2 + W_1 + W_2$$
$$S_4 = S_3 + W_3$$

其中 W_4 为提升机下行分支的重力，此阻力为负值。因此不难看出，最大张力点位于头轮绕入点（第 4 点），最小张力点位于底轮绕入点（第 2 点），即 $S_{min} = S_2$，$S_{max} = S_4$。牵引构件的张力分布如图 3-36（2）所示。

牵引构件的张力应保证其自身及料斗能够稳定运行，并保持上行侧料斗不出现过大前倾，且最小张力 S_2 不小于底轮质量的 1/2。通常 S_2（N）可参考式（3-32）确定：

$$S_2 = KB \tag{3-32}$$

式中　B——牵引带宽度，mm；

　　K——系数，可取 $K=5\sim8$。

当牵引构件为带子时，头轮绕入和绕出点的张力 S_4（N）必须符合式（3-33）要求（详见第一章）：

$$S_4 \leqslant S_1 \cdot \left(\frac{e^{\mu \cdot \alpha} - 1}{K} + 1\right) \tag{3-33}$$

式中　S_4、S_1——分别为牵引带在头轮绕入点和绕出点的张力，N；

μ——牵引带与头轮表面的摩擦因数；

α——牵引带在头轮上的包角，弧度；

K——牵引力储备系数，一般取 $K=1.3\sim1.7$。

（二）驱动功率计算

头轮的轴功率 N_0（kW）：

$$N_0=\frac{(S_4-S_1)+W_5}{1000}\cdot v \tag{3-34}$$

式中　v——料斗提升速度，m/s。

电动机功率的计算 $N_{电}$（kW）：

$$N_{电}=K\frac{N_0}{\eta} \tag{3-35}$$

式中　K——电动机功率储备系数。提升高度 $H<10$m，取 $K=1.45$；$10\text{m}\leqslant H<20$m，取 $K=1.25$；$H\geqslant20$m，取 $K=1.15$；

η——传动效率。用齿轮减速器时，取 $\eta=0.94$；V 带两级传动时，取 $\eta=0.85$；平皮带两级传动时，取 $\eta=0.90$。如有液力耦合器，应再乘以 0.96（传动比）。

五、牵引构件最大张力及轴功率的简易计算法

（一）牵引构件的最大张力 S_{max}（N）计算

对于带式牵引的提升机，按式（3-36）计算：

$$S_{max}=1.15H(q+2.5q_0)g \tag{3-36}$$

式中　H——提升段高度，m；

q——物料线载荷（kg/m）；

q_0——每米长度内牵引构件质量与料斗质量之和（kg/m）。在 q_0 无确实数据时，可按式（3-37）计算：

$$q_0=K_0\cdot q \tag{3-37}$$

式中　K_0——牵引构件及料斗的自重系数，按表 3-9 选用。

表 3-9　　牵引构件及料斗的自重系数 K_0

牵引构件	料斗	物料线载荷/（kg/m）					
		2 以下	2~5	5~10	10~20	20~40	40 以上
带式	深斗	2.16	1.87	1.68	1.52	1.37	1.23
	浅斗	3.1	2.68	2.41	2.18	1.97	1.76
单链	深斗	3.98	2.97	2.41	1.96	—	—
	浅斗	5.31	3.96	3.22	2.61	—	—
双链	深斗	—	3.63	2.95	2.39	1.94	1.58
	浅斗	—	4.95	4.02	3.26	2.65	2.15

注：被输送物料的容重以 0.75t/m³ 计，料斗的装满程度以盛水量为准。

（二）轴功率 N_0（kW）的简易计算方法一

$$N_0 = 1.15\frac{Q \cdot H}{367} + \frac{C \cdot q_0 \cdot H \cdot v}{367} = \frac{QH}{367}(1.15 + K_0 \cdot K_1) \tag{3-38}$$

式中第一项是提升物料的有用功率，第二项是部件空转所消耗的功率。

式中 Q——提升机生产率，t/h；

C——系数；

K_0——自重系数，见表 3-9；

K_1——系数，带式牵引取 $K_1=0.44$，链式牵引取 $K_1=0.36$。

其余符号意义同前。

（三）轴功率 N_0（kW）的简易计算方法二

该算法适合于带斗式粮食提升机的功率计算。

$$N_0 = K_p \cdot Q \cdot (H + h_0) \tag{3-39}$$

式中 K_p——系数，$K_p=0.0031 \sim 0.0035$。输送量 $Q<10$t/h 时，取 $K_p=0.0035$；$Q>100$t/h 时，取 $K_p=0.0031$；中间按比例取值；

h_0——由挖料阻力折算的虚拟高度：$v \leqslant 1.5$m/s 时，取 $h_0=4$；$v=2.0$m/s 时，取 $h_0=5$；$v=2.5$m/s 时，取 $h_0=6$；$v=3.0$m/s 时，取 $h_0=7$。

计算例题：某斗式提升机输送小麦，设计生产率 $Q=100$t/h，提升高度 $H=38$m，小麦容重 $\gamma_0=0.75$t/m^3。试确定该机的型号规格、驱动功率。

解：根据被输送物料的性质，选用深型料斗（也可选浅型）、离心式卸料、带式牵引。参照表 1-1 输送带技术参数，牵引带选择 EP-200 聚酯带。

（1）取带速 $v=2.0$m/s；根据表 3-8，取装满系数 $\psi=0.8$。根据式（3-26）得：

$$\frac{i}{a} = \frac{KQ}{3.6\gamma_0\psi v} = \frac{1.2 \times 100}{3.6 \times 0.75 \times 0.8 \times 2.0} = 27.78\ (\text{L/m})$$

进料不均匀系数取 $K=1.2$。

根据表 3-2，选用料斗 DS3621，宽×凸×高 = 365mm×220mm×200mm，斗容 $i=7.1$ L，间距 $a=250$mm，$\frac{i}{a}=28.4$L/m。取带宽 B=斗宽+（30~40）= 395~405mm，取 400mm，初定帆布芯层数 $i=4$ 层。

（2）根据表 3-7，选取头轮直径 $D=600$mm，宽度 $B_1=B$+（20~50）= 430mm，底轮直径及宽度与头轮相同。卸料速度系数为：

$$K = \frac{v}{\sqrt{D}} = \frac{2.0}{\sqrt{0.6}} = 2.58$$

属于离心卸料方式。

（3）运行阻力的计算：

$$q = \frac{Q}{3.6 \cdot v} = \frac{100}{3.6 \times 2.0} = 13.89\ (\text{kg/m})$$

$$q_0 = K_0 \cdot q = 1.52 \times 13.89 = 21.11\ (\text{kg/m})$$

K_0 见表 3-9。

挖料阻力：

$$W_1 = K_W \cdot q \cdot v \cdot g = 1.7 \times 13.89 \times 2.0 \times 9.81 = 463.29\ (\text{N})$$

底轮阻力：

$$W_2 = K_d \cdot S_i = 0.03S_2\ (\text{N})$$

提升段阻力：

$$W_3 = (q_0 + q) \cdot H \cdot g = (21.11 + 13.89) \times 38 \times 9.81 = 13047.3\ (\text{N})$$

下行段阻力：

$$W_4 = -q_0 \cdot H \cdot g = -21.11 \times 38 \times 9.81 = -7869.39\ (\text{N})$$

头轮阻力：

$$W_5 = K_t \cdot (S_i + S_{i+1}) = 0.04 \times (S_4 + S_1)\ (\text{N})$$

（4）各点张力的计算（图 3-37）：

$$S_1 = S_1$$

$$S_2 = S_1 + W_4$$

$$S_3 = S_2 + W_1 + W_2$$

$$S_4 = S_3 + W_3$$

第 2 点是最小张力点，根据式（3－32），取 $S_2 = 5 \times 400 = 2000\text{N}$，则：

$$S_1 = S_2 - W_4 = 2000 - (-7869.39) = 9869.39\ (\text{N})$$

$$S_2 = 2000\ (\text{N})$$

$$S_3 = S_2 + W_1 + W_2 = 2000 + 463.29 + (0.03 \times 2000) = 2523.29\ (\text{N})$$

$$S_4 = S_3 + W_3 = 2523.29 + 13047.3 = 15570.59\ (\text{N})$$

$$W_5 = 0.04 \times (S_4 + S_1) = 0.04 \times (15570.59 + 9869.39) = 1017.6\ (\text{N})$$

（5）用式（3-33）校核带子张力是否符合不打滑要求：

$$S_4 \leqslant S_1 \cdot \left(\frac{e^{\mu \cdot \alpha} - 1}{K} + 1\right)$$

已知头轮包角 $\alpha = 180°$，头轮与胶带摩擦因数 $\mu = 0.25$。取 $K = 1.4$，则：

$$S_4 = 15570.59 < 9869.39 \times \left(\frac{e^{0.25 \times 3.14} - 1}{1.4} + 1\right) = 18275.34$$

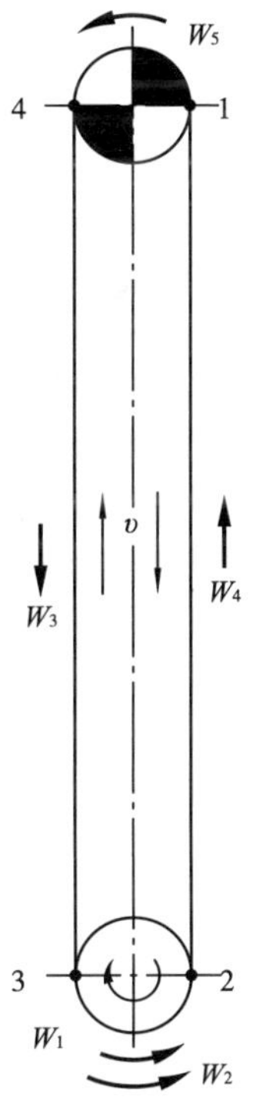

图 3-37　计算例题附图

符合不打滑要求。

（6）用 S_4 校核胶带抗拉强度。

$$\frac{B \cdot i \cdot [\sigma]}{m} = \frac{400 \times 4 \times 200}{12} = 26666.67\ (\text{N}) \quad > \quad S_4 = 15570.59\ (\text{N})$$

强度足够。

（7）计算头轮轴功率 N_0 及所配电动机功率 $N_{电}$。根据式（3-34）：

$$N_0 = \frac{(S_4 - S_1) + W_5}{1000} \cdot v = \frac{(15570.59 - 9869.39) + 1017.6}{1000} \times 2.0 = 13.44\ (\text{kW})$$

取电机储备系数 $K = 1.15$，传动效率 $\eta = 0.96 \times 0.94 = 0.9$（液力耦合器效率 0.96，二级齿轮减速器效率 0.94），则电机功率：

$$N_{电} = K\frac{N_0}{\eta} = 1.15 \times \frac{13.44}{0.9} = 17.17\,(\mathrm{kW})$$

查阅电机性能规格表，选取电动机功率 18.5kW。

第五节　斗式提升机的故障分析及安全措施

一、常见故障的原因分析及排除

斗式提升机在使用过程中，要求既能达到设计产量，节省能耗，又不损伤被输送的物料。使用过程中如发现下列问题，应及时进行处理。

（一）堵塞

机座被物料堵塞，使牵引件不能运转，因而造成机器停转甚至电机过载而损坏。

提升机堵塞的原因：①供料先于启动；②牵引带张力不足导致打滑；③供料量过大；④有大块物料落入机座导致料斗卡死；⑤回流（或称回料）太多导致堵塞等。

防止堵塞的方法：严格遵守提升机开车和停车程序，调节好张紧装置，使牵引带确保必要的张力；严格控制供料量；如果回流过多，应及时查找原因并予以解决。

（二）回流

提升机在工作中，不应有严重回流现象（不超过 1%）。提升机回流会降低输送量、增加动力消耗和损伤粮食，使机壳和牵引件迅速磨损。

产生回流的原因：①料斗运行速度太慢或太快，从料斗卸出的物料不能抛入卸料口而落入机座；②机头外形尺寸设计不正确，或卸料口底板过高，或舌板前伸不够，使物料不能流入卸料口；③料斗形状不正确或者与运行速度不匹配，使料斗卸不干净，残余的物料形成回流；④卸料口排料不畅等。

解决办法是调整料斗运行速度，修改机头外形尺寸，降低卸料口底板，调节舌板位置，或更换料斗。

（三）粮粒破碎率高

提升机在正常工作下，粮粒破碎率要求不超过 1%。粮粒破碎率高的原因：①料斗边沿尖锐；②机座内有堵塞的粮食；③粮食落于底轮与牵引带之间；④料斗速度过快；⑤回流过多等。

（四）提升机机头罩壳磨损快和动力消耗大

提升机机头罩壳磨损快和动力消耗大的原因：①轴承安装不良、损坏、积灰或润滑不好，造成阻力增加；②牵引带太紧；③超负荷运载，机座积料过多；④回流多；⑤料斗及牵引构件与机壳摩擦；⑥机头罩壳设计不好；⑦料斗速度过高、物料冲击罩壳等。

（五）输送量降低

提升机达不到输送量的原因：①牵引带打滑；②电压低、电机转速不足；③进料口位置不正确，装满系数低；④进料不匀；⑤回流严重；⑥料斗容量不足或间距过大。

（六）皮带跑偏

提升机皮带跑偏的原因：①头轮或底轮的轴心不在水平线上，对于头轮是安装方面的问题，对于底轮是安装或皮带张紧操作方面的问题；②头轮或底轮外圆加工不精确或表面粘有杂物，造成两端直径不等；③头轮或底轮外圆未按要求加工成鼓桶形；④皮带接头不正。

二、保证安全运行的措施

斗式提升机的工作构件及物料运动速度相对较快，而且是在封闭的机壳内运行，因而在输送含尘物料时，极易因粉尘飞扬造成机壳内的空气含尘量很高。在粮食行业，被输送物料中所含的多为具有可燃性的有机尘，如果空气的含尘浓度过大，遇明火就有急剧燃烧而形成粉尘爆炸的可能。据资料介绍，国外粮食立筒库粉尘爆炸事件，有近 1/4 起源于斗式提升机。因此，斗式提升机的设计和使用必须考虑防爆措施。另一方面，提升机因皮带跑偏、堵塞、逆转等故障会造成部件或机构的毁坏。因此，为了保证生产、人身和设备安全，对斗式提升机必须采取安全措施。

（1）装设泄爆孔　泄爆孔就是在机壳上开设若干个孔，然后盖上橡胶盖，当机内压力突然增大时，橡胶盖就被冲开从而泄爆降压，避免更大事故的发生。泄爆孔多数设于机头，也可设于机座。

（2）在进料口和卸料口附近安装吸风管　以降低机内粉尘浓度，使其形不成爆炸的条件。

（3）在底轮轴上装设转速检测器　通过监测底轮的转速，可以判别牵引带是否在驱动轮上打滑。

（4）采用塑料料斗　塑料料斗是用聚丙烯或聚乙烯加 1%抗静电剂压制而成，在使用中不会因与机壳碰撞而产生火花。

（5）采用热电偶检测轴承的温度，防止轴承过热而成为粉尘爆炸的引燃源。

（6）在驱动轮表面加胶衬以防牵引带打滑。

（7）装设牵引带跑偏报警器。

（8）在传动装置中采用液力耦合器，实现柔性传动，保护牵引构件和传动装置。

（9）在传动装置中采用逆止器，防止提升机因突然断电而发生倒转。

（10）在机座上装设料位指示器，以便在物料堆积过高时自动报警。

第四章

CHAPTER 4

螺旋输送机

第一节　概述

螺旋输送机俗称“绞龙”，是一种无挠性牵引构件的连续输送设备，它依靠螺旋叶片的旋转将物料沿机槽向前推进，从而实现输送的目的。螺旋输送机可输送粉状、粒状及小块状的物料，既能水平输送，也能倾斜或者垂直向上输送，广泛应用于粮油、化工、建材等工业领域。

一、螺旋输送机的一般结构

螺旋输送机的一般结构如图 4-1 所示，由机槽、螺旋体（由螺旋叶片和螺旋轴组成）、两端轴承、中间悬挂轴承及驱动装置所组成。螺旋体由两端轴承和中间悬挂轴承支承，由一端或者两端的电机驱动产生旋转运动。工作时，物料从上方的进料口进入机槽，在旋转的螺旋叶片推动下，沿着料槽作轴向移动，直至卸料口排出。

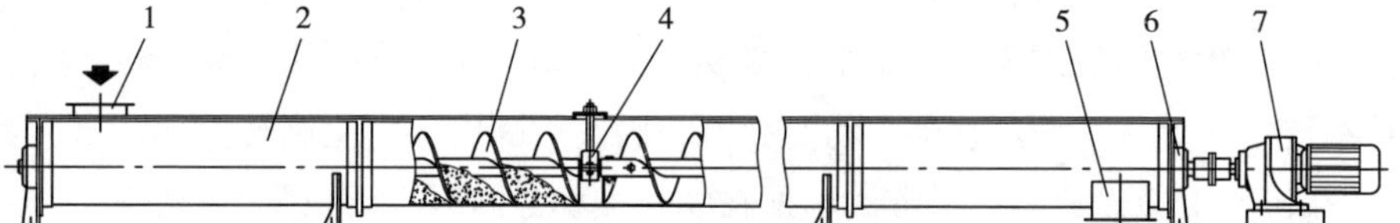

图 4-1　螺旋输送机的一般结构

1—进料口　2—机槽　3—螺旋体　4—悬挂轴承　5—出料口　6—端部轴承　7—驱动装置

二、螺旋输送机的特点及应用范围

螺旋输送机的主要优点是：结构简单、制造成本较低、易于维修；机槽密闭性较好；可以多点进料和多点卸料；一台输送机可在不同的区段实现不同方向的输送；在输送过程中还可以对物料进行混合、搅拌、松散、加热和冷却等工艺作业。

螺旋输送机的主要缺点是：在输送过程中，由于物料与机槽及螺旋叶片的摩擦，以及螺旋叶片对物料的搅拌翻动，致使输送功率消耗较大；机槽和螺旋叶片磨损较快，对物料有一定的破碎作用。螺旋输送机对超载敏感，需要均匀进料，否则容易产生堵塞现象。由于结构的原因，输送长度受到限制。

螺旋输送机适宜输送粉状、颗粒状和小块状物料，不适宜输送长纤维状、坚硬大块状、易黏结成块及易破碎的物料。特殊型式的螺旋输送机也可以输送成件物品，如袋、包、箱等。螺旋输送机主要用于距离不太长的水平输送，或小倾角输送，少数情况也用于大倾角和垂直输送。水平输送长度一般小于 40m，最长不超过 70m，输送量不超过 300t/h。垂直输送机的输送高度一般不大于 10m，输送量不超过 70t/h。倾斜输送高度一般不超过 15m。螺旋输送机的特种型式常被用作供料、计量、搅拌、烘干、仁壳分离、出仓以及连续加压等设备。

三、螺旋输送机的类型

螺旋输送机有多种类型，按照输送方向及工作原理的不同可将其分为：水平螺旋输送机、垂直螺旋输送机以及处于两者之间的倾斜螺旋输送机，如图 4-2 所示。

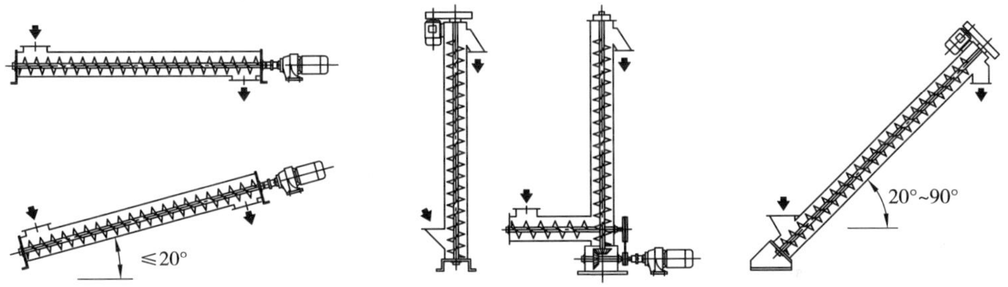

（1）　（2）　（3）

图 4-2　螺旋输送机的基本类型

（1）水平螺旋输送机　（2）垂直螺旋输送机　（3）倾斜螺旋输送机

（1）水平螺旋输送机　水平螺旋输送机如图 4-2（1）所示，用于水平输送或小角度倾斜（≤20°）输送。其机槽断面形状多为“U”形，有时也可采用圆形机槽（机筒）。螺旋体转速一般在 200r/min 以下，因而也称“慢速螺旋输送机”。

（2）垂直螺旋输送机　垂直螺旋输送机如图 4-2（2）所示，用于垂直提升一般的粉状、粒状物料。其机壳为封闭的圆筒，进料方式有自流式进料和强制式进料两种。螺旋体转速通常在 200r/min 以上，因而也称“快速螺旋输送机”。

（3）倾斜螺旋输送机　倾斜螺旋输送机如图 4-2（3）所示，用于倾角大于 20°的向上倾斜输送。倾斜螺旋输送机的结构与垂直式相似，机壳为圆筒形，螺旋体高速旋转，也属于“快速螺旋输送机”。

若按结构的不同进行种类划分，螺旋输送机又可分为：

（1）普通螺旋输送机——采用“U”形机槽、满面式螺旋叶片、刚性轴。

（2）圆管螺旋输送机——机槽为圆筒形。

（3）无轴螺旋输送机——螺旋叶片没有中心轴，叶片既是推料部件也是受力部件。

（4）可弯曲螺旋输送机——柔性螺旋体可随机筒的弯曲而弯曲。

（5）移动式螺旋输送机——具有移动装置，多用于粮库、车站、码头、料场等。

除此以外，利用螺旋输送机的原理实现特殊功能的设备也很多，如螺旋供料器、螺旋出仓机、混合机、成件物品螺旋输送机等。本章主要介绍常用的水平螺旋输送机和垂直螺旋输送机，对其他的型式仅作简单介绍。

四、螺旋输送机的代号

在粮油工业中，通常以下列形式表示螺旋输送机的型号规格：

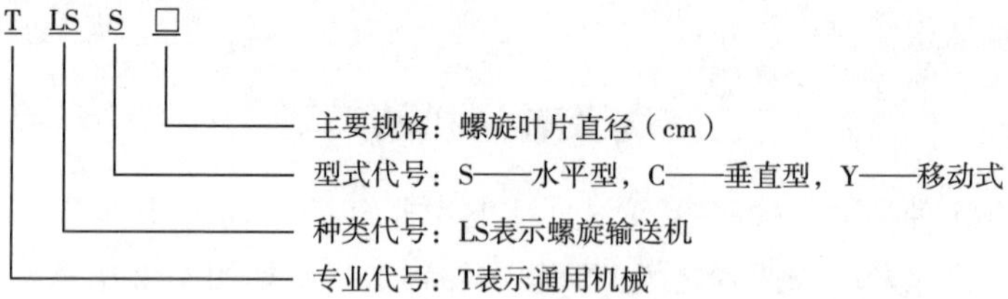

在某些行业，水平螺旋输送机用 LSS 或 LS 表示，垂直螺旋输送机用 LSC 或 LC 表示。

第二节　螺旋输送机的主要构件

螺旋输送机的主要构件有螺旋叶片、螺旋轴、轴承、机槽、驱动装置等，分别介绍如下。

一、螺旋叶片

1. 螺旋叶片的类型及特点

根据输送工艺的要求，螺旋叶片可制成多种的型式。常用的型式有满面式、带式、月牙式、桨式、齿式、无轴式六种，如图 4-3 所示。

图 4-3（1）为满面式螺旋叶片，叶片的内沿紧贴在轴上，形成完整的螺旋面。这种叶片构造简单，输送能力强，适宜输送散落性较好的、干燥的颗粒状或粉状物料，是使用最广泛的叶片型式，在粮油工业中常用来输送原粮、油料、面粉等。

图 4-3（2）为带式螺旋叶片，窄长的叶片与轴之间有较大的空隙，叶片通过杆件支撑固定在轴上。这种叶片避免了物料在叶片根部（贴轴部位）黏附和结块问题，所以适于输送黏性、易结块的物料。当机槽内物料过多或输送前方出现阻塞时，超过叶片高度的物料会从叶片上方向后回落，不断地翻滚运动，而不致造成太大的动力过载。利用这个特点，带式叶片也常作为散料混合机、和面机等设备的工作部件，但其输送效率较低。

图 4-3（3）（4）分别为月牙式、桨式叶片。这两种叶片不是连续的螺旋实体，而是独立的叶片在轴上按螺旋规律排列。这种非连续的叶片在进行输送的同时对物料有较强的搅拌和混合作用，但输送效率较低，特别是桨式叶片。面粉厂的小麦着水混合机和打麦机、油脂

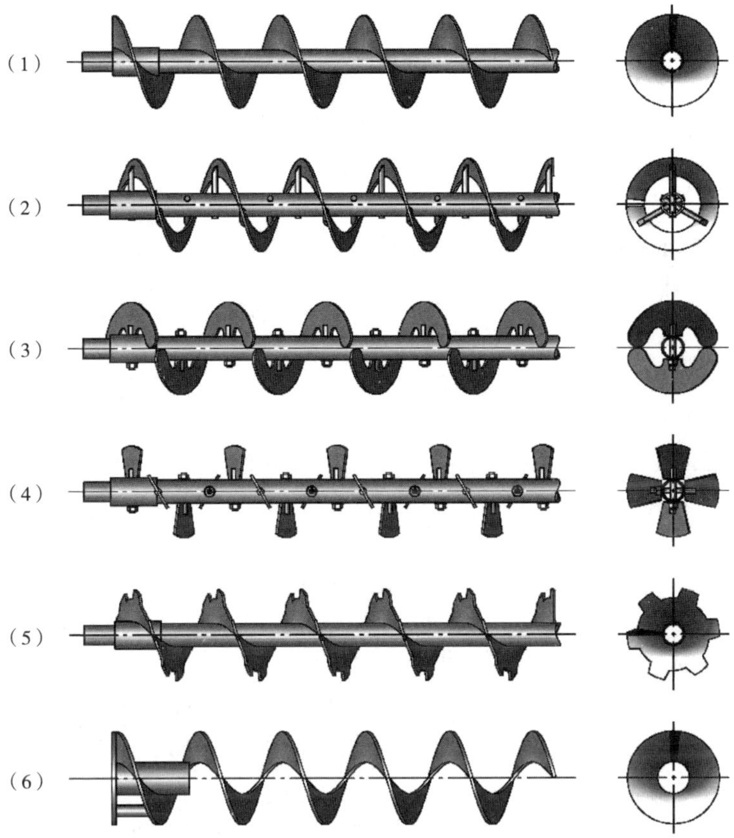

图 4-3　螺旋叶片的型式

(1) 满面式　(2) 带式　(3) 月牙式　(4) 浆式　(5) 齿式　(6) 无轴式

厂仁壳分离的圆打筛以及一些专用的混合设备，用的就是桨式叶片。

图 4-3 (5) 为齿式螺旋叶片的一种。由于这种叶片的外沿有齿形缺口，能在输送过程中对物料起到切割、松散、搅拌的作用，因而适用于输送黏性或容易被压实的物料。

图 4-3 (6) 为无轴式叶片，其特点就是没有中心轴，如同螺旋弹簧一般。由于没有中心轴，叶片在各个方向的受力就需要叶片自身来承受，所以叶片厚度必须加大，以获得较大的强度。这种叶片的优点是能够输送块状的或黏性的物料，并能避免柔性杂物缠绕。采用小直径、弹性的无轴螺旋叶片与金属或塑料软管配合，可制成可任意弯曲的螺旋输送机。

根据螺旋叶片在转动轴上盘绕方向的不同，螺旋叶片分为左旋和右旋两种。无论左旋和右旋，其输送作用是相同的。判断螺旋的旋向可按图 4-4 (1) 所示的方法。

螺旋叶片的旋向及螺旋轴的转向二者决定了物料的输送方向。判别物料的输送方向可采用左、右手定则，即：右螺旋用左手，左螺旋用右手，以弯曲四指的方向指着螺旋轴的转向，拇指所指方向即为物料的输送方向，如图 4-4 (2) (3) 所示。如果同一轴上装有两种旋向的螺旋叶片，则可实现两个相反方向的输送，如图 4-4 (4) (5) 所示。

螺旋输送机的叶片可以是单头、双头甚至是三头，但最常用的是右旋单头螺旋。多头螺旋主要用于工艺搅拌及混合设备中。

在各种型式的螺旋叶片中，满面式叶片是最主要、最常见的输送用叶片。只有当使用条

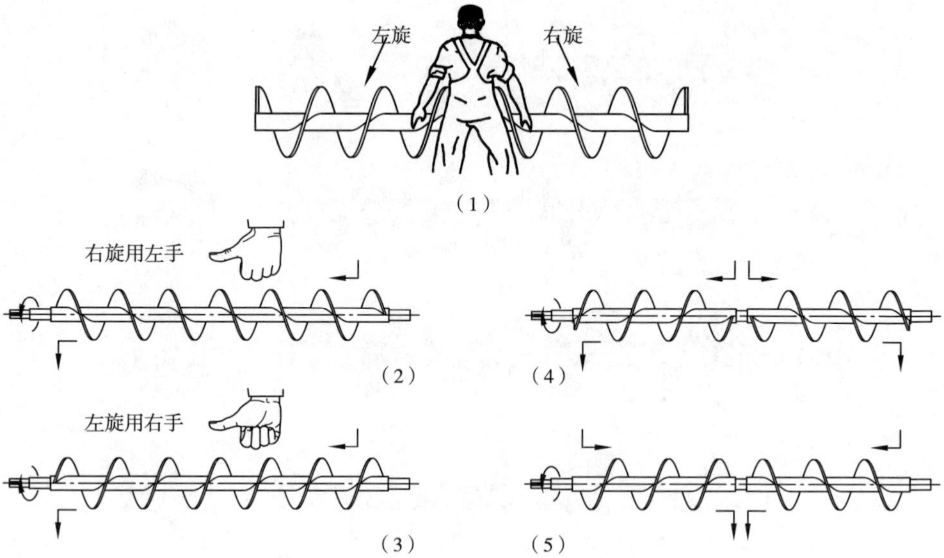

图 4-4　螺旋叶片的旋向及物料输送方向

件有特殊要求时，才会采用其他型式的叶片。

满面式叶片根据不同的使用要求可制成不同的形式，比如长螺距、短螺距、渐变直径、渐变螺距、单头螺旋、双头螺旋等。标准螺距的叶片（螺距等于叶片直径）适用于大部分的输送场合，应用最广泛。短螺距（螺距≤2/3 叶片直径）常用于倾角超过 20°的倾斜输送机及垂直输送机，也可用于螺旋供料器，较短的螺距可防止流态化的物料朝出口自流。长螺距（螺距≥1.5 倍叶片直径）一般用来搅动流态化的物料或者快速输送流动性极好的物料。变螺距或变直径的叶片可用于螺旋供料器或仓底出料机，能够使仓内物料沿螺旋体全长均匀出仓。变螺距的叶片也用于挤压机和强制供料器。

满面式螺旋叶片通常为正螺旋面（也称直母线螺旋面）。正螺旋面的母线是一条垂直于螺旋轴的直线，当母线与轴线不垂直或母线为曲线时所形成的螺旋面称为非正螺旋面。某些曲面螺旋叶片可以提高螺旋输送机的输送效率，但此种叶片难以制作，故很少采用。

螺旋叶片表面上某点的法线与螺旋轴线平行线的夹角称为该点的螺旋升角。处在不同半径上各点的升角是不同的，半径越大升角越小。螺旋叶片外侧升角 $\alpha_{外}$ 和内侧升角 $\alpha_{内}$ 分别为：

$$\alpha_{外} = \arctan\left(\frac{S}{\pi D}\right) \tag{4-1}$$

$$\alpha_{内} = \arctan\left(\frac{S}{\pi d}\right) \tag{4-2}$$

式中　S——螺距，m；

D——螺旋叶片直径，m；

d——螺旋轴直径，m。

因为 $D>d$，故 $\alpha_{内}>\alpha_{外}$，即螺旋叶片的外侧升角最小，内侧升角最大。

2. 螺旋叶片规格

在粮油工业中，水平螺旋输送机的螺旋叶片直径自 100mm 至 800mm 共 10 种规格，见

表 4-1，常用一般在 500mm 以下。叶片的螺距 S 可根据叶片直径、输送机的类型以及被输送物料的特性来选取，通常采用表 4-1 推荐的标准值。

表 4-1 水平型螺旋输送机规格与螺旋叶片尺寸（满面式）

型号	TLSS10	TLSS12	TLSS16	TLSS20	TLSS25	TLSS32	TLSS40	TLSS50	TLSS63	TLSS80
叶片直径 D/mm	100	120（125）	160	200	250	320（315）	400	500	630	800
螺距 S/mm	100	120（125）	160	200	250	320（315）	355	400	450	500
转速 n/(r/min)	71~140	63~125	56~112	50~100	45~90	40~80	36~71	32~63	25~50	20~40

注：①括号内为 GB/T 36865—2018《粮油机械　螺旋输送机》中的数据，列出供参考；

②表中转速为推荐值，选用时可根据具体情况进行调整。

螺距的大小与叶片直径具有一定的比例关系，即：$S=iD$。直径 D 越大，则 i 越小。当叶片直径不大于 500mm 时，可按下列公式计算选取螺距 S：

$$\left.\begin{aligned}&\text{满面式}: S = (0.8 \sim 1.0)D\\&\text{带式}: S = 1.0D\\&\text{桨式}: S = 1.2D\\&\text{垂直输送}: S = (0.6 \sim 0.7)D\end{aligned}\right\} \tag{4-3}$$

选取合适的螺距，有利于提高输送机的输送量、降低动力消耗。一般来说，输送流散性好的物料可取较大的螺距，输送流散性差的物料则应取较小的螺距；水平输送可取较大的螺距，倾斜向上输送则应取较小的螺距。

3. 螺旋叶片的制法

粮油工业所用的螺旋输送机，螺旋叶片通常采用厚度为 2~8mm 的优质碳素钢板或锰钢板制作，食品加工厂使用的叶片多用不锈钢制作。输送原粮时，螺旋叶片特别是叶片的外沿磨损较快，为了增加耐磨性，可对其进行热处理使叶片表面硬化。若输送磨琢性大的物料，可在叶片表面用耐磨焊丝堆焊出合金耐磨层，或者涂抹高分子耐磨材料。

月牙式和桨式叶片可利用模具冲裁、各种手段切割获得，然后焊上固定杆供安装即可。

满面式螺旋叶片的制作方法主要有以下几种。

（1）缠绕成型法　将带钢强制缠绕在螺旋形模具的空隙内，迫使其成型。缠绕时叶片的内缘受压，外缘受拉，叶片容易出现弯曲变形；外缘被拉伸变长、变薄，易产生裂纹；每种规格的叶片都要有专用的模具。

（2）冷轧成型法　将带钢通过冷轧机上一对锥形轧辊进行碾压，使带钢的一个侧边延展伸长，从而使带钢发生平面弯曲，形成连续多圈的环状件。再令其通过螺旋分导装置，则成为有一定螺距的左旋或右旋螺旋叶片。这种方法制作的叶片其根部较厚，外边缘较薄。

（3）单片拉伸法　先将钢板裁成有缺口的平面圆环，再经过冲压或专用的挤压设备使其成为螺旋状叶片，然后将各个叶片在轴上焊接相连。或者，先将各个缺口圆环相互焊接连在一起，然后套在轴上用工具沿轴向拉开，焊接固定。单片拉伸法生产的螺旋叶片整体厚度一致，但制造效率较低。缺口圆环的下料尺寸，可参考图 4-5 以及下面的计算公式。

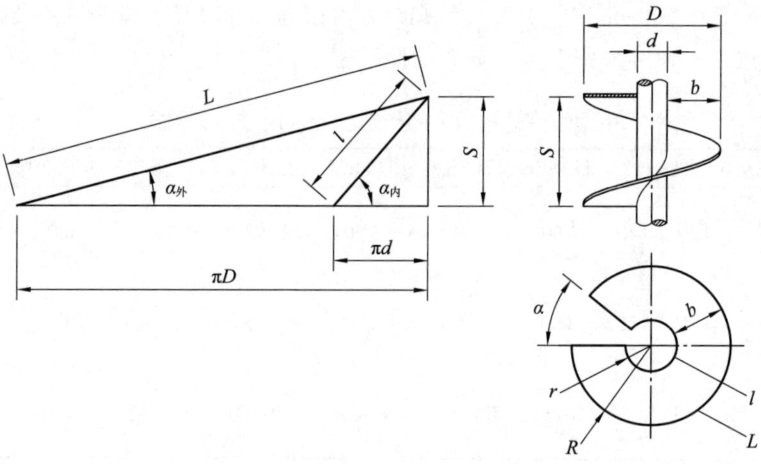

图 4–5　满面式叶片下料尺寸计算图

图中 D 为螺旋叶片直径，d 为螺旋轴直径，S 为螺距。图左半部的 L 与 l 分别是螺旋叶片外侧螺旋线和内侧螺旋线的展开长度，$\alpha_{外}$ 和 $\alpha_{内}$ 则分别代表了螺旋叶片外、内侧的螺旋升角。根据勾股定理，叶片外侧螺旋线的长度为：

$$L = \sqrt{(\pi D)^2 + S^2} \tag{4-4}$$

内侧螺旋线的长度为：

$$l = \sqrt{(\pi d)^2 + S^2} \tag{4-5}$$

因为螺旋线 L 和 l 在平面上是圆心角相同的两条同心圆弧，假设这两个圆弧的半径分别为 R 和 r，则：

$$\frac{R}{r} = \frac{L}{l} \quad 或 \quad r = \frac{l}{L}R$$

又因为叶片的宽度 b 为：

$$b = \frac{D - d}{2} \quad 及 \quad R = r + b$$

由此可以求得：

$$r = \frac{bl}{L - l} \tag{4-6}$$

$$R = \frac{bL}{L - l} \tag{4-7}$$

根据 R 和 r 的值，可以在钢板上进行下料，制出钢板圆环，然后求出缺口的圆心角 α，将圆环切开即成。α 角的大小按式（4–8）计算：

$$\alpha = \frac{2\pi R - L}{2\pi R} \times 360° \tag{4-8}$$

使用缺了口的圆环制作螺旋叶片存在两个问题：一是每个圆环都切去了圆心角为 α 的一段，浪费了材料；二是每个叶片的长度正好绕轴一周，因而它们彼此间的连接焊缝均在螺旋轴的同一侧，造成了整个螺旋体的质量分布不均匀，运转不平衡。所以在实际制作中，这个 α 角的缺口可以不切，只需将圆环沿半径切开一个口即可。这样，每个叶片在轴上盘绕的长度超过一个螺距，既节省了材料，又将叶片的各个接口错开了位置。

二、螺旋轴

螺旋输送机的螺旋轴一般采用无缝钢管制成的空心轴，这是因为轴体在承受相同扭矩的情况下，空心轴所需的材料和重量比实心轴要节省，而且两段轴之间的连接也较方便。不过，在轴与轴的连接处以及安装轴承的位置，仍需使用一小段实心轴或者法兰盘。

为了便于制造和装配，包括轴、叶片在内的螺旋体一般制成 2~3m 长的标准段，使用时再将各段连接起来。轴与轴的连接方法如图 4-6 所示。图 4-6（1）是常用的实心轴连接方法，将两段空心轴（或称轴管）套在同一根实心轴的两端，轴管的外面再套一段长度为（2~3）d（d 为轴径）的套筒，然后用螺栓横穿套筒、轴管及轴头并将螺栓锁紧。套筒的作用是加强连接处轴管的强度，所以套筒应预先套在轴上，并与轴、螺旋叶片焊在一起。如果轴所受扭矩不大，连接时该套筒也可以省去。

除了实心轴连接方法外，也可采用如图 4-6（2）所示的法兰盘连接方法，或图 4-6（3）所示的实心轴燕尾槽连接方法。这两种连接方法的优点是便于轴的拆装，但法兰盘直径要尽量缩小，以免影响物料从下面通过。

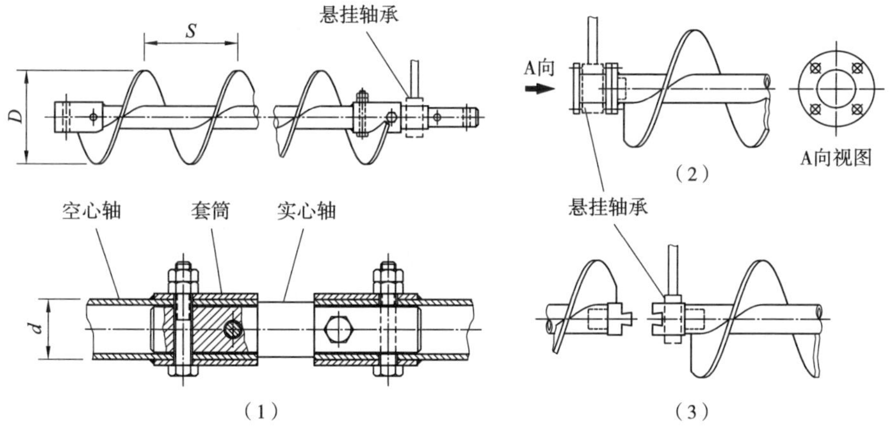

图 4-6　螺旋轴的连接方法

（1）常用的实心轴连接方法　（2）法兰盘连接方法　（3）实心轴燕尾槽连接方法

螺旋轴直径 d 的大小与所传递的扭矩有关。用于输送粮油物料时，满面式叶片的螺旋轴直径常根据下述关系式确定：

$$d=(0.2\sim0.35)D \tag{4-9}$$

式中　D——叶片直径，m。

叶片直径 D 较大时应取该范围的下限，反之取上限。选择的直径应符合无缝钢管的尺寸规格，并要对确定的轴径进行强度校核。几种常用的螺旋轴尺寸见表 4-2。

表 4-2　水平螺旋输送机螺旋叶片与螺旋轴的系列尺寸　单位：mm

螺旋叶片直径 D	100	120	160	200	250	320	400	500
螺旋轴直径 d	30	36	36	42	48	60	70	90

通常情况下可用冷轧无缝钢管制作螺旋轴，当输送食品类物料或一些有腐蚀性的物料时应采用不锈钢管制作。

三、轴承

水平螺旋输送机的螺旋轴由头、尾两端轴承及中间悬挂轴承支承，长度较短的输送机可以不设中间悬挂轴承。

端部轴承可装在机槽两端的端盖上，也可以独立安装，如图 4-7 所示。端部轴承除了承受径向载荷外，还要承受由于螺旋叶片推进物料而产生的轴向力，所以两端的轴承中必须有一个止推轴承。止推轴承应安装在输送机的头部（即物料前进方向的一端），这样可使螺旋轴全长处于受拉状态，比轴向受压具有更好的稳定性。止推轴承的类型可选择如图 4-8 所示的一对方向相反的圆锥滚子轴承，也可选择向心球轴承与推力球轴承组合使用。输送机的驱动装置应与止推轴承置于同一端，以免驱动装置受螺旋轴“窜轴”的影响。

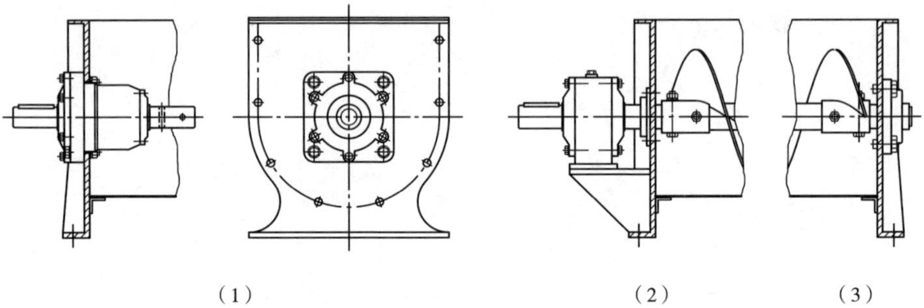

图 4-7　端部轴承安装形式

（1）安装于端盖　（2）独立安装　（3）安装于端盖的带座轴承

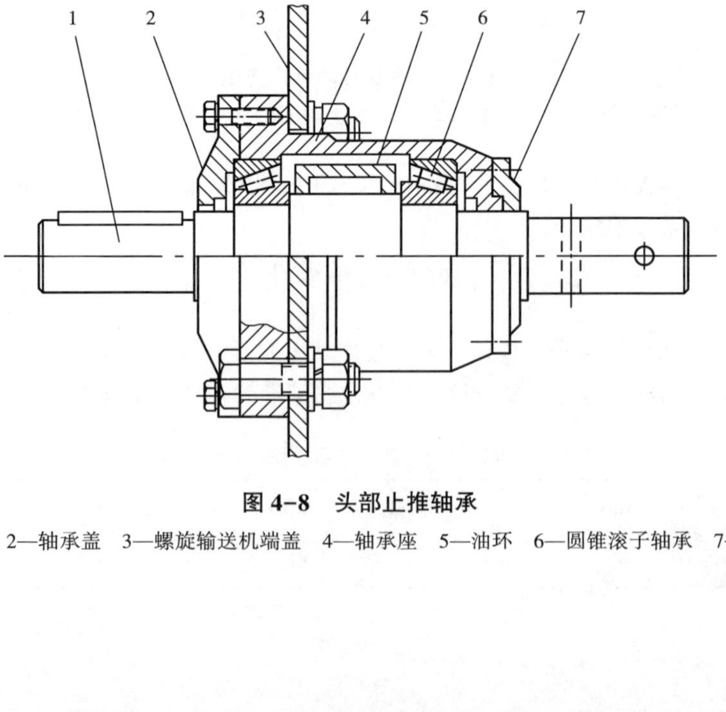

图 4-8　头部止推轴承

1—轴　2—轴承盖　3—螺旋输送机端盖　4—轴承座　5—油环　6—圆锥滚子轴承　7—压盖

尾端轴承主要承受径向载荷和少量的轴向载荷，通常采用单列或双列向心球轴承，安装方式与头部轴承相同。对于非重要场合，可采用自带轴承座且两面有密封圈的带座轴承，直接安装在机槽端盖上，安装、拆卸及维护非常方便。

一些特殊的螺旋输送机如螺旋供料器、螺旋计量秤等，因长度较短、轴承受力很小，端部轴承的安装方式相对简单，有的甚至可以仅在一端用双轴承支承。

对于机长度超过 3m 的螺旋输送机，为了避免螺旋轴发生弯曲，每隔 2~3m 应设置一个中间悬挂轴承。悬挂轴承设在螺旋轴的各个连接处，在实心轴上安装轴承，再通过吊杆、支架支在机槽两侧壁的内壁上或上沿，如图 4-9 所示。悬挂轴承一般采用剖分式的滑动轴承，其轴瓦由巴氏合金、青铜、减磨铸铁、石墨、尼龙等减磨材料制成。某些情况下为了减小阻力，也可采用滚动轴承，但要对轴承进行可靠的密封，防止被运物料的微小颗粒进入轴承中。轴承的润滑可通过吊杆的中心孔注油，输送粮食、油料及食品的螺旋输送机要采用植物油润滑，或采用有良好密封措施的粉末冶金含油轴承，以防止对物料的污染。

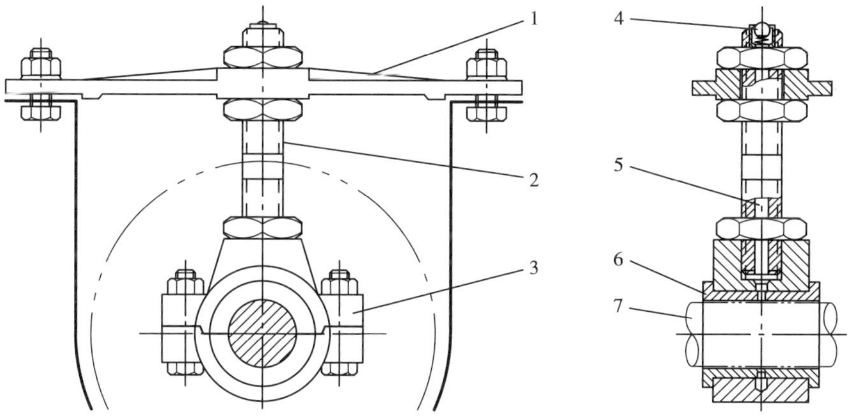

图 4-9 中间悬挂轴承

1—支架 2—吊杆 3—轴承座 4—油杯 5—注油孔 6—剖分式轴瓦 7—实心轴

在悬挂轴承处，螺旋叶片必须是断开的，故此处会有物料堆积，为了避免发生堵塞，悬挂轴承的横断面尺寸和长度都应尽量小。并且，靠近悬挂轴承处的螺旋叶片推料阻力较大，当输送磨琢性较大的物料时，应将该处的叶片加厚。悬挂轴承的上方支架在机槽的上沿应能够沿输送机纵向移动，以跟随螺旋轴的轴向位移。

垂直螺旋输送机通常不使用中间轴承，只靠上下两端轴承支承，因此，其输送高度受到了限制。某些情况下如果必须使用中间支承，则应采取特殊的支承形式，比如 Siwertell 螺旋卸船机的垂直螺旋中间段采用的是螺旋叶片外径支承方式，能够保持螺旋叶片的连续性。

垂直螺旋输送机的端轴承主要承受螺旋体、物料重量以及物料上升的摩擦阻力等轴向力，径向力很小，一般在其上端和下端均安装止推轴承。图 4-10 是上端轴承的一种形式，由推力球轴承和双列向心球轴承组成，除此以外也可以采用图 4-8 所示的圆锥滚子轴承。下端轴承应视该处是否有传动装置而采用与上端轴承相似的结构或者简化的结构。特殊用途的短小输送机也可以不设下端轴承，例如，粮库使用的移动式快速螺旋装车机，因其下部进料段螺旋体裸露在机筒外，所以螺旋轴的下端便不加任何支承，成为“浮动轴”。

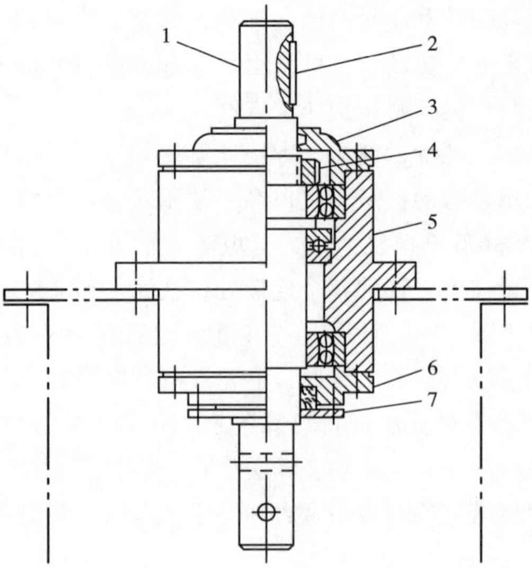

图 4-10　垂直螺旋输送机上端轴承

1—轴　2—平键　3—上轴承盖　4—紧定螺母　5—轴承座　6—下轴承盖　7—压板

四、机槽

螺旋输送机的机槽有 U 形和圆筒形两种，如图 4-11 所示。一般输送用的是 U 形机槽。

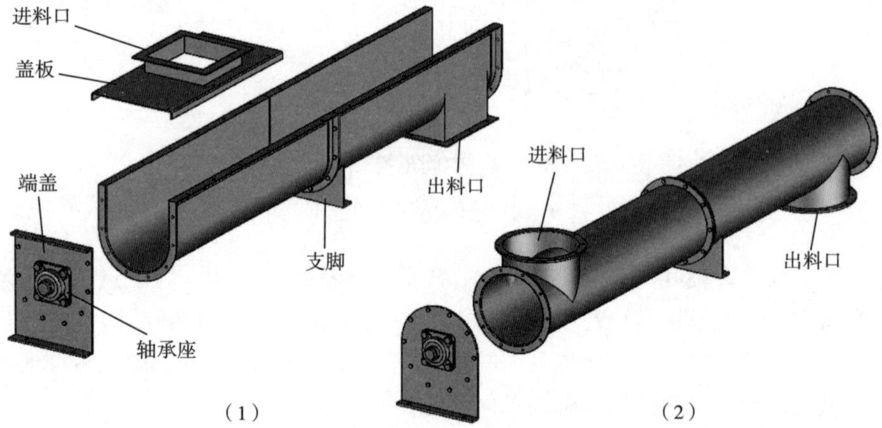

图 4-11　机槽的型式

（1）U 形机槽　（2）圆筒形机槽

U 形机槽一般用厚度 2~6mm 的钢板制成，其两侧壁垂直，底部呈半圆形。侧壁的上边沿采用纵向角钢（或者钢板折边）做成法兰边，借此提高机槽的刚度并方便固定盖板。下部半圆的内径应大于螺旋叶片的半径，使叶片与机槽之间保持一定的间距（输送粮油物料一般为 8~12mm）。机槽上部用盖板封闭，盖板可用木板或钢板制作，并用螺栓或弹簧卡子固定在机槽上沿的法兰边上，需要时可以打开，以便对机槽内进行检查。

长度超过 3.5m 的机槽，需要分节制作，再通过端面法兰用螺栓进行连接。通常标准节的长度为 2.0m、2.5m 或者 3.0m，然后根据需要再配以不同尺寸的选配节。连接和安装机槽时一定要保证机槽中心的直线度，否则，螺旋轴会在工作时反复弯曲造成疲劳破坏，轴承的使用寿命也将大大缩短。机槽两端设有端盖，端盖上安装端部轴承。机槽下面每隔 2~3m 应设置支脚支撑。

进料口开在机槽的盖板上，可在现场根据工艺需要开口焊接。卸料口一般应提前做好，必要时也可现场开口。卸料口一般做成方形，以便和控制出料的平板闸门连接。进料口的位置要注意躲开中间悬挂轴承，卸料口位置要躲开机槽接头和下方的支腿。

根据使用要求，有时可将机槽半圆形的底部做成可以拆卸的活动底，便于快速、方便地清理输送机内部。当需要对物料进行加热、冷却或干燥时，可以制成带有夹套的机槽，夹套内通入连续流动的换热介质。

圆筒形机槽又称机筒，一般采用焊接钢管或无缝钢管制成，或使用硬质塑料管。对开式机筒是由两个带有折边法兰的半圆形机筒用螺栓连在一起而构成的机筒。机筒的内径要比螺旋叶片直径大些，它们之间的缝隙为 5~10mm。圆形机筒的密封性好、刚度大，但不方便安装中间吊挂轴承。圆形机筒主要用在：①垂直螺旋输送机；②物料充满机槽的输送机（如料仓出料口）；③有严格密封要求的输送机（如油厂浸出车间的封闭螺旋输送机）。当物料完全充满机筒时，其输送量比 U 形机槽输送机要大得多，这种输送机称为“圆管螺旋输送机”。

采用螺旋输送机输送食品时，必须保持清洁、避免污染。所有与食品接触的零部件必须采用不锈钢材质制造，有些部件还要求磨光或抛光处理。

五、驱动装置

螺旋输送机的驱动装置由电动机、减速器及联轴器等组成，图 4-12 所示是水平螺旋输送机常见的几种传动布置形式。

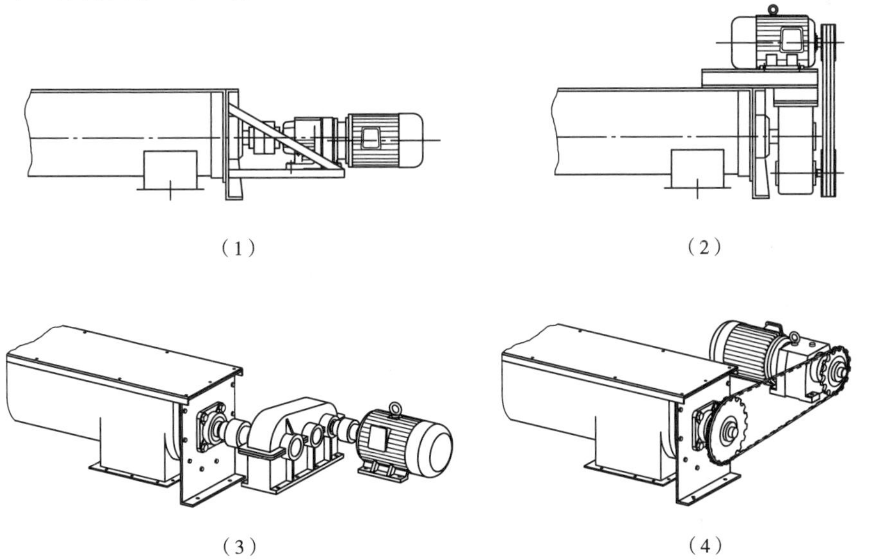

（1）　　（2）

（3）　　（4）

图 4-12　水平螺旋输送机传动布置型式

（1）齿轮减速电动机通过联轴器直联　（2）电动机及轴装减速器组合　（3）电动机与减速器组合

（4）减速电动机结合链条

图 4-12（1）为齿轮减速电动机通过联轴器直联的传动形式，这种传动形式安装方便，结构紧凑，在粮油工业中应用非常普遍。图 4-12（2）为电动机及轴装减速器组合的传动形式，减速器的空心轴直接套装在螺旋轴上，电动机通过三角皮带传动减速器，通过改变皮带轮直径可改变螺旋输送机的转速。图 4-12（3）为电动机与减速器组合的传动形式，此形式可以在电机与减速器之间安装液力耦合器。图 4-12（4）为减速电动机结合链条传动的形式，减速电机可安装于左右或上方等不同的位置，布置比较灵活。功率较大的螺旋输送机，驱动装置中应使用液力耦合器，以期在过载时保护电机、减速器及螺旋轴，并使设备起动平缓。

垂直螺旋输送机常见的传动布置型式见图 4-13。

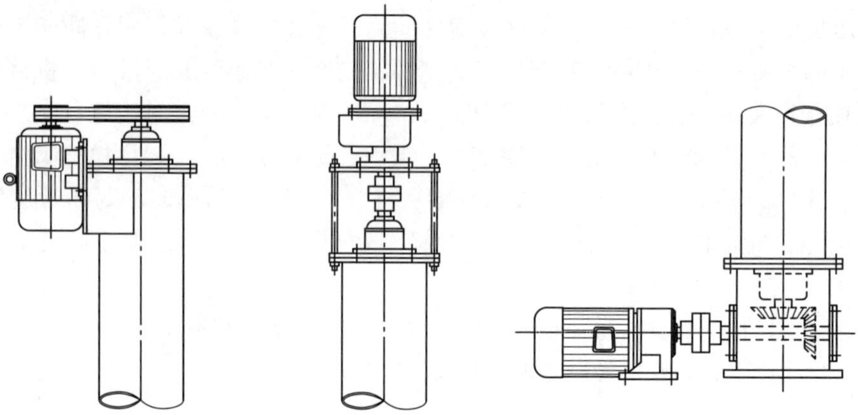

（1）　　（2）　　（3）

图 4-13　垂直螺旋输送机传动布置型式

（1）头部三角带传动　（2）头部电机直联传动　（3）下部传动

需要注意，螺旋输送机所有暴露的运转部件要加装可拆卸的安全防护罩。

第三节　水平螺旋输送机的工作原理及设计计算

水平螺旋输送机结构型式很多，这里只讨论满面式叶片、U 形机槽输送机的工作情况。

一、机槽内物料的运动规律

1. 机槽内物料的运动状态

当螺旋体转动时，机槽内的物料受到旋转叶片的推力和摩擦力，产生随叶片绕轴旋转的趋势；而物料的重力和机槽的摩擦力则阻止物料旋转，使物料保持在机槽底部。这样，旋转的螺旋叶片与不转的物料产生相对运动，从而迫使物料产生轴向运动，沿机槽纵向连续向前推进，此情形就如同被夹持不转的螺母在旋转的螺杆上作直线运动一样。

物料被叶片向前推进时，会在叶片前产生聚积，聚集的物料除了沿机槽纵向运动外，还因受到旋转叶片圆周方向分力的作用产生横向运动，向机槽一侧偏斜并向上堆积，形成如图 4-14 所示的“料簇”。当料簇堆积到一定高度后，料簇表面的倾斜度足以让物料颗粒自由下滑，此后料簇高度将不再增加，一部分被叶片翻搅上来的物料在到达料簇最高点后会随即沿斜面塌下。该倾斜面与水平面之间的夹角 ρ_d 称为物料的倒塌角，其值为：

$$\rho_d \leqslant 0.7\rho_0$$

式中　ρ_d——螺旋输送机稳定工作时物料面形成的倒塌角，(°)；

ρ_0——物料的静堆积角，(°)。

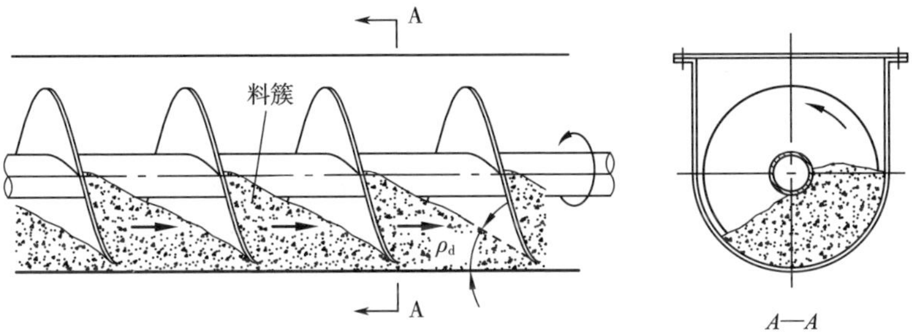

图 4-14　物料在料槽中的状态

料簇的体积大小和间距决定了物料在机槽内的充满程度，体积越大或间距越小则充满程度越高，输送机的输送量就越大。料簇体积大小与机槽横截面尺寸、料簇高度、物料倒塌角等有关。料簇高度一般不能超过螺旋轴的高度，否则一部分物料会在螺旋轴和叶片的带动下从轴上方翻过，形成“过轴料流”。物料在机槽内的充满程度用充填系数 ψ 表示，其值为机槽内物料的平均横截面积与螺旋叶片横向投影面积之比，即：

$$\psi = \frac{4F}{\pi D^2} \tag{4-10}$$

式中　F——机槽内物料的平均横截面积，m^2；

D——螺旋叶片直径，m。

2. 单颗粒物料的运动分析

从整体来看，机槽内的各个料簇是直线向前运动。但从单颗物料来看，由于受螺旋叶片圆周方向作用力的影响，其运动方式并非单纯的直线运动，而是在复杂的空间运动中，不断地翻滚向前。下面分析受螺旋叶片作用的物料颗粒的运动规律。

如图 4-15（1）所示，取料簇中任意位置与叶片接触的物料颗粒 A 为研究对象，其所处位置叶片的螺旋升角为 α，旋转半径为 r。叶片对物料的作用力有法向压力 $P_{法}$、切向摩擦力 $P_{切}$，二力的合力为 P。忽略重力的影响，P 的方向与叶片的法线偏离了 ρ 角，ρ 角等于物料对叶片表面的摩擦角。

颗粒 A 在合力 P 的作用下，在料簇中沿 P 的方向运动，速度为 v。此速度可分解为轴向速度 $v_{轴}$和圆周速度 $v_{圆}$，如图 4-15（2）所示。

若螺旋叶片的转速为 n，则颗粒 A 的运动速度可由图中三角形 ABC 求得：

$$v\cos\rho = \overline{AB}\sin\alpha$$

因为
$$\overline{AB} = \frac{2n\pi r}{60}$$

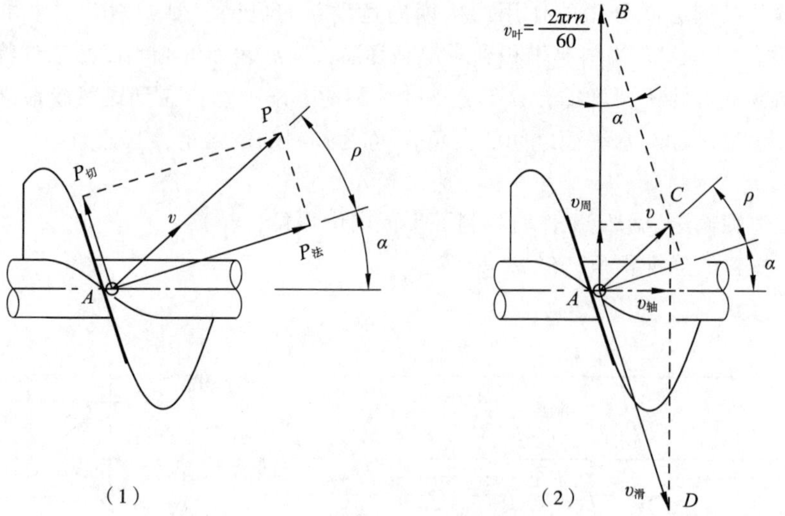

图 4-15　物料颗粒运动分析图

（1）颗粒的受力方向　（2）颗粒的运动速度分析

所以
$$v = \frac{2n\pi r}{60} \cdot \frac{\sin\alpha}{\cos\rho}$$

轴向速度为：
$$v_{轴} = v\cos(\alpha+\rho) = \frac{2n\pi r}{60} \cdot \frac{\cos(\alpha+\rho)\cdot\sin\alpha}{\cos\rho}$$

圆周速度为：
$$v_{圆} = v\sin(\alpha+\rho) = \frac{2n\pi r}{60} \cdot \frac{\sin(\alpha+\rho)\cdot\sin\alpha}{\cos\rho}$$

将上两式变换，并将摩擦因数 $f=\tan\rho$ 代入，得到：

$$v_{轴} = \frac{2n\pi r}{60} \cdot \sin\alpha(\cos\alpha - f\sin\alpha) \tag{4-11}$$

$$v_{圆} = \frac{2n\pi r}{60} \cdot \sin\alpha(\sin\alpha + f\cos\alpha) \tag{4-12}$$

由图 4-5 可知，$\tan\alpha = \frac{S}{2\pi r}$，$\sin\alpha = \frac{1}{\sqrt{1+\left(\frac{S}{2\pi r}\right)^2}}$，$\cos\alpha = \frac{\frac{S}{2\pi r}}{\sqrt{1+\left(\frac{S}{2\pi r}\right)^2}}$。

将上述各式代入式（4-11）、式（4-12），得到颗粒的轴向速度和圆周速度计算式：

$$v_{轴} = \frac{nS}{60} \cdot \frac{1 - f\frac{S}{2\pi r}}{\left(\frac{S}{2\pi r}\right)^2 + 1} \tag{4-13}$$

$$v_{圆} = \frac{nS}{60} \cdot \frac{\frac{S}{2\pi r} + f}{\left(\frac{S}{2\pi r}\right)^2 + 1} \tag{4-14}$$

式中　S——螺旋叶片的螺距，m；

n——螺旋叶片的转速，r/min；

r——所研究的物料颗粒离轴线的半径，m；

f——物料对螺旋叶片表面的摩擦因数，$f=\tan\rho$。

由此可知，物料颗粒在旋转叶片的作用下既有轴向运动，又有圆周运动。但在叶片不同的半径上，运动的速度又各不相同。图 4-16 为几种不同螺距条件下的速度 $v_{轴}$ 和 $v_{圆}$ 随半径变化的曲线图。由图中可知，物料颗粒的圆周速度 $v_{圆}$ 沿叶片半径由内向外是不相等的，因此，物料在运移过程中必然产生颗粒之间的相对滑动。靠近螺旋轴的物料其圆周速度比外层的大，但轴向输送速度却很低，所以该处的物料会较快地绕轴旋转并到达料簇表面，然后沿料簇倾斜面向斜前方滑下，成为物料前进中的一种附加料流。而在靠近叶片外侧的物料，其轴向输送速度要大于圆周速度，附加料流要少一些。附加料流造成了物料内部的翻滚，对输送是不利的，并会增加动力消耗。但附加料流有助于物料在输送过程中混合搅拌。

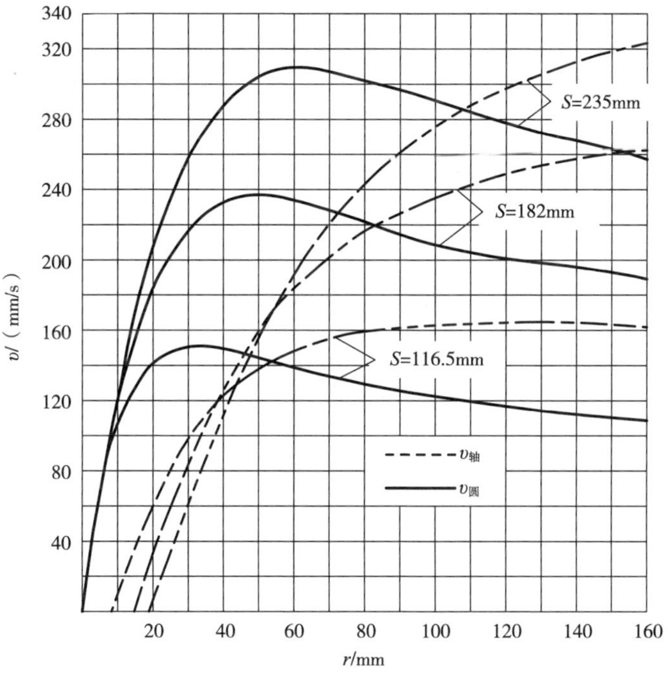

图 4-16　速度 $v_{圆}$ 和 $v_{轴}$ 随半径 r 而变化的曲线（$n=100$r/min、$f=0.477$）

为了减轻附加料流的问题，可采用如图 4-17 所示的弯曲母线螺旋叶片。这种叶片的工作面为内弧形（凹形），使叶片对物料法向压力的方向发生了改变。这样在靠近螺旋轴的区域具有指向外圆的径向力，增加了内层物料对外层物料的压力和摩擦力，可使螺旋轴附近的附加料流有所减小。在叶片外侧，也具有指向内圆的径向力，使该处物料对料槽壁的压力降低，减轻了物料滑移的能量消耗。这种叶片的另一优点是能减少“过轴料流”的发生。

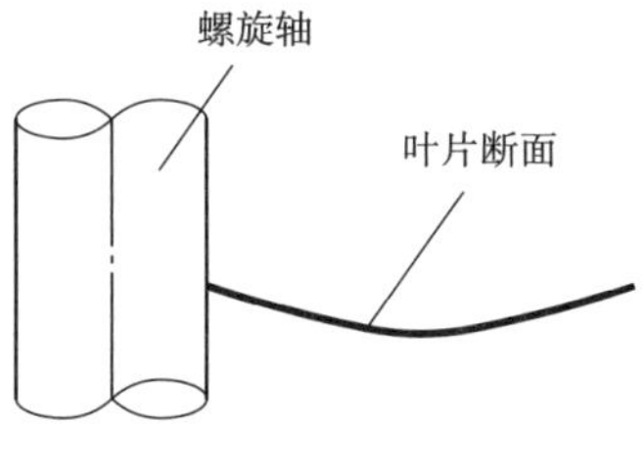

图 4-17　弯曲母线螺旋面的形状

二、物料正常输送的条件和影响因素

1. 螺旋升角对物料正常输送的影响

分析叶片螺旋升角对物料正常输送的影响，需从两个方面加以考虑。

（1）物料获得轴向速度的条件　由图 4-15 可知，物料沿螺旋轴向输送的条件是 $v_{轴}>0$。代入到式（4-11）得到：

$$v_{轴} = \frac{2n\pi r}{60} \cdot \sin\alpha(\cos\alpha - f\sin\alpha) > 0$$

为了使 $v_{轴}>0$，则必须保证：$(\cos\alpha - f\sin\alpha) > 0$

得到：

$$\alpha < 90° - \rho \tag{4-15}$$

（2）物料沿叶片自由下滑的条件　对于处在料簇上部表面与叶片接触的物料，必须保证其在重力的作用下沿叶片顺利下滑。否则，这些物料会随叶片的旋转向上运动，最后从螺旋轴的另一侧落下，掉到叶片后面，成为“过轴料流”。过轴料流是一种纯横向料流，不但物料不能向前输送，而且增加了动力消耗。下面分析物料在叶片上滑动的条件。

如图 4-18 所示，螺旋输送机倾角为 β，处于叶片某点上的物料颗粒 A，受自身重力 G、叶片法向压力 N、摩擦力 $N \cdot f$（f 为物料与叶片间的摩擦因数）的作用。如果叶片此处的螺旋升角为 α，则颗粒下滑的条件为：

$$G\cos(\alpha + \beta) > N \cdot f$$

其中：$N = G\sin(\alpha + \beta)$，$f = \tan\rho$（$\rho$ 为物料与叶片间的摩擦角），代入上式并化简：

$$\cot(\alpha + \beta) > \tan\rho$$

得到物料沿叶片下滑的条件为：

$$\alpha < 90° - \rho - \beta \tag{4-16}$$

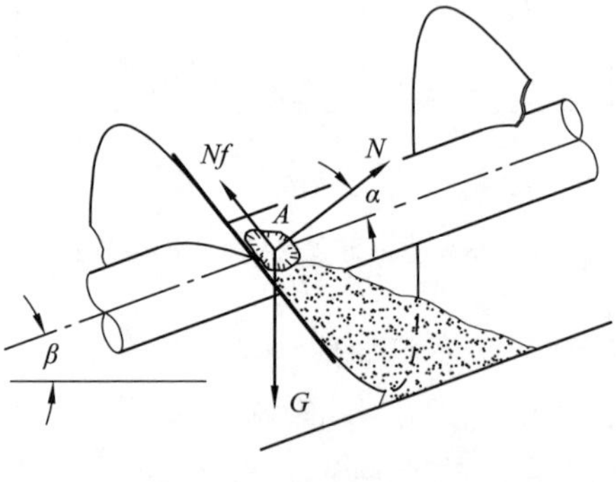

图 4-18　物料在叶片上滑动的条件

对比式（4-15），式（4-16）对升角的要求更高，故螺旋升角应该按式（4-16）的下滑条件校验。

因为螺旋叶片内侧的螺旋升角 $\alpha_{内}$ 最大，所以叶片的螺旋升角须保证：

$$\alpha_{内} < 90° - \rho - \beta \tag{4-17}$$

式中　ρ——物料与叶片表面间的摩擦角，（°）；

　　β——螺旋输送机倾角，（°）。

2. 螺距以及叶片与物料的摩擦因数对输送的影响

对于同一直径的螺旋叶片，螺距 S 越大则螺旋升角 α 越大。根据前面的分析可知，螺旋升角 α 越大则颗粒获得的圆周速度就越大，靠近叶片的物料会出现越多的附加料流。特别是在叶片内侧，会过早、过多地出现过轴料流，降低输送效率。但过小的 S 也是不可取的，因为螺距过小会形成前后叶片夹持物料，影响物料的正常输送，同样会降低输送效率。物料与叶片间的摩擦因数 f 则是越小越好，较小的 f 可减小动力消耗，降低颗粒的圆周速度，减少附加料流，减少或避免过轴料流，有利于提高输送效率。

图 4-19 绘出了水平螺旋输送机的生产率 V 与 S/D 比值及物料与叶片间摩擦因数 f 的关系。由图可知，S/D 比值的适宜范围是 0.8～1.25，在此范围之外，生产率则明显下降。同时，物料与叶片间摩擦因数的大小对产量也有较大的影响，摩擦因数越大则生产率越低，特别是当 S/D 比值较大时，随着摩擦因数 f 的增大，产量下降严重。例如，当 $S/D=2.4$ 时，若 $f=0.3$，则 $V=950$；若 $f=0.9$，则 $V=0$，即此时物料只随叶片转动而其轴向运动停止。因此，除适当选择 S/D 比值外，还应恰当地选择叶片的材料及其光滑程度，以尽量减小物料与叶片间的摩擦因数。

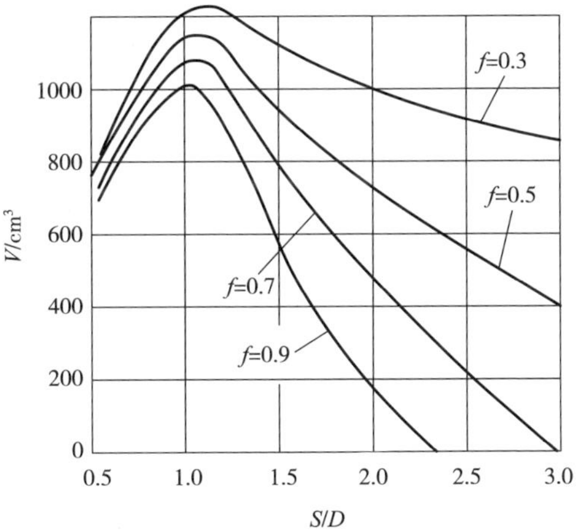

图 4-19　螺旋输送机容积生产率与 S/D 的关系

总之，对于水平型螺旋输送机来讲，比值 S/D 是一个关键参数。S/D 值过小或过大都会降低输送机的生产率和工作效率。只有当 S/D 比值适宜时，输送机才能高效地进行输送。

3. 充填系数对输送过程的影响

机槽中物料的充填系数 ψ 越大，输送机的生产率就越高。充填系数的大小影响物料输送的状态和能量消耗。图 4-20 是输送卵石时，不同充填系数时的料簇形态及料层间滑移情况。由于同一螺旋母线上各点物料的运动轨迹和速度不同，必然形成物料内部的相对滑移。当充填系数较小时（$\psi=5\%$），料簇的高度低且大部分靠近槽壁，物料的运动滑移面几乎平行于输送方向［图 4-20（1）］。这时物料颗粒在轴向的运动要比圆周方向显著得多，垂直于输送方向的附加料流很少，单位能量消耗也较低。但是，当充填系数提高（$\psi=13\%$ 或 $\psi=40\%$）时，物料运动的滑移面将变陡［图 4-20（2）（3）］。此时，物料在圆周方向的运动加强，在输送方向的运动减弱，附加料流增大，导致物料翻滚加剧和能量消耗增加。同时，充填系数的提高使料簇高度提高，如果料簇的高度超过了螺旋轴，靠近螺旋轴的物料会随叶片和轴的转动从轴上方越过，成为过轴料流，造成动力浪费。因而，对于水平型螺旋输送机来说，物料的充填系数不能过大，一般应小于45%。

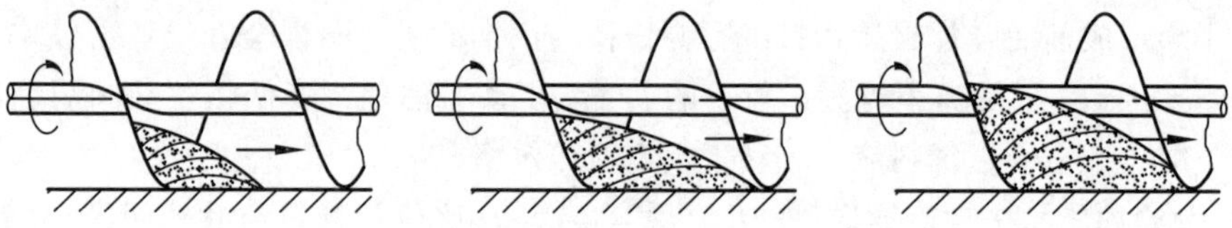

图 4-20　不同充填系数时的料簇形态与物料滑移面

（1）$\psi=5\%$　（2）$\psi=13\%$　（3）$\psi=40\%$

充填系数大小主要与被输送物料的性质有关。由图4-14可以看出，在料簇高度一定时，物料的倒塌角越小则料簇体积越大，所以流散性好的物料具有较高的充填系数。实际应用中，输送细粉、易流动且没有磨琢性或有轻微磨琢性的散状物料时（如谷物等），充填系数可达0.45；输送易黏结或具有中等程度磨琢性的细粒或小块的物料，充填系数应限制在0.3左右；对于磨琢性极大的物料（如矿石等），充填系数应进一步加以限制，大约只能取0.15。

输送流散性差的物料，可适当地减小螺距，通过减小料簇的间距来提高充填系数。

4. 螺旋体的最大许用转速

通过试验得知，螺旋体在一定的转速内，对物料颗粒运动状态的影响并不显著。但是当超过一定转速时，物料颗粒便开始产生径向跳跃，从而对输送过程产生不利影响。因此，螺旋输送机的转速不能超过最大的许用转速。最大许用转速 n_{max}（r/min）通常用式（4-18）确定：

$$n_{max} = \frac{A}{\sqrt{D}} \tag{4-18}$$

式中　D——螺旋叶片直径，m；

A——物料特性系数，由表4-3查出。

在满足输送量要求的前提下，螺旋输送机应选用较低的转速，以减轻物料对叶片及机壳磨损，延长使用寿命。输送具有磨琢性的物料时，更应降低螺旋体转速。

三、水平螺旋输送机的设计计算

（一）生产率 Q（t/h）的计算

水平螺旋输送机的生产率可按式（4-19）计算：

$$Q = 3600Fv\gamma_0 \tag{4-19}$$

式中　F——机槽内物料的横断面积，m^2；

v——物料在机槽内的前进速度，m/s；

γ_0——物料的容重，t/m^3。

机槽内物料的横断面积 F 为：

$$F = \frac{\pi D^2}{4}\psi CK_1$$

式中　D——螺旋叶片直径，m；

ψ——机槽的充填系数，见表 4-3；

C——倾斜布置的输送机对 F 的影响系数（倾斜修正系数），见表 4-4；

K_1——螺旋叶片的型式对输送速度 v 的影响系数（叶片修正系数），见表 4-4。

表 4-3　各种散粒物料的特性系数

物料名称	推荐充填系数 ψ	物料特性系数 A
面粉	0.30~0.40	40
小麦	0.30~0.40	65
稻谷	0.30~0.40	60
麸皮、米糠、胚片	0.20~0.35	40~50
棉籽	0.30~0.35	55
向日葵	0.25~0.30	50
菜籽、芝麻	0.25~0.35	45
碎油饼	0.25~0.30	40
大豆、花生仁、蓖麻	0.20~0.30	45

表 4-4　倾斜修正系数 C 与叶片修正系数 K_1

输送机倾斜角度/（°）	5	10	15	20
修正系数 C	0.9	0.8	0.7	0.65
叶片型式	满面式	齿式	带式	桨式
K_1	1.0	0.8	0.7	0.5

物料在机槽内的前进速度 v（m/s）可用式（4-20）计算：

$$v = \frac{Sn}{60} \tag{4-20}$$

式中　S——螺旋叶片的螺距，m；

n——螺旋体转速，r/min。

将 F、v（t/h）的各关系式代入式（4-19）中，得到：

$$Q = 47D^2Sn\psi\gamma_0CK_1$$

（二）螺旋叶片直径 *D* 和转速 *n* 的确定

在已知螺旋输送机所需生产率 Q 的前提下，可以根据生产率计算公式反算出叶片直径 D，然后再确定其他参数并进行验算。需注意的是，当输送粒度较大的物料时，叶片直径应在满足生产率的基础上适当加大；输送块状物料时，叶片直径既要满足生产率要求，还要满足物料块度的要求；输送磨琢性强的物料，则应选择较大的叶片直径、较低的转速。

根据式（4-20），可得到计算螺旋叶片直径 D（m）的公式：

$$D = \sqrt{\frac{Q}{47Sn\psi\gamma_0CK_1}} \tag{4-21}$$

其中转速 n（r/min）不能超过最大许用转速，即：

$$n \leqslant n_{max} = \frac{A}{\sqrt{D}} \tag{4-22}$$

叶片的螺距 S 与直径 D 有一定的比例关系，即 $S=iD$［参见式（4-3）］。将此式和式（4-22）代入式（4-21）得到：

$$D \geqslant \sqrt[2.5]{\frac{Q}{47iA\psi\gamma_0 CK_1}} \tag{4-23}$$

计算的 D 值应圆整到系列标准值，可对照表 4-1 中的直径规格靠上取值。

最后再按下式计算螺旋体的实际转速 n（r/min）：

$$n = \frac{Q}{47D^2 \cdot S \cdot \psi \cdot \gamma_0 \cdot C \cdot K_1} \tag{4-24}$$

各符号意义同前。

（三）驱动功率的计算

水平螺旋输送机输送物料时，其功率消耗主要产生于：物料与机槽、叶片之间的摩擦阻力；提升物料（倾斜向上输送时）的阻力；物料被搅拌、挤碎所产生的阻力；轴承和传动装置的运行阻力等。上述诸项阻力中，有的可以用数学方法计算出来，有的则无法计算，因而螺旋输送机的功率常按式（4-25）和式（4-26）进行计算：

轴功率 $N_{轴}$（kW）：

$$N_{轴} = \frac{Q}{367}(L\omega_0 \pm H) + \frac{DL}{20} \tag{4-25}$$

电机功率 $N_{电}$（kW）：

$$N_{电} = K\frac{N_{轴}}{\eta} \tag{4-26}$$

式中 Q——螺旋输送机生产率，t/h；

L——输送机全长，m；

H——倾斜输送机垂直投影高度，m。向上输送取“+”号，向下输送取“-”号；

ω_0——物料的总阻力系数。对于一般的谷物及其加工产品，取 $\omega_0=1.8\sim2.0$；对于摩擦阻力大的物料如湿麦、稻壳、面粉、麸皮等，取 $\omega_0=2.2\sim2.6$。

D——螺旋叶片直径，m；

K——功率储备系数，一般取 1.2~1.5；

η——传动装置的总效率，一般取 0.88~0.94。

计算例题 1：设计一台水平型螺旋输送机，用于倾斜 10°向上输送小麦（容重 $\gamma_0=0.78\text{t/m}^3$），输送机总长 14m，要求输送量达到 20t/h。确定该机的主要参数。

解：(1) 确定螺旋叶片直径 D

该机单纯用于输送，因而选用满面式叶片。倾斜输送取较小的螺距，故取 $S=0.8D$。已知 $Q=20\text{t/h}$；小麦容重 $\gamma_0=0.78\text{t/m}^3$；查表 4-3 取 $A=65$，$\psi=0.35$；查表 4-4，$C=0.8$，$K_1=1.0$。

根据式（4-23），螺旋叶片直径为：

$$D \geqslant \sqrt[2.5]{\frac{Q}{47iA\psi\gamma_0 CK_1}} = \sqrt[2.5]{\frac{20}{47\times0.8\times65\times0.35\times0.78\times0.8\times1}} = 0.269(\text{m})$$

查表 4-1，按照靠上取值的原则，取 $D=320\text{mm}$，则 $S=0.8D=256\text{mm}$。

(2) 确定螺旋体的实际转速 n

根据式（4-24），螺旋体的实际转速为：

$$n = \frac{Q}{47D^2 S\psi\gamma_0 CK_1} = \frac{20}{47\times0.32^2\times0.252\times0.35\times0.78\times0.8\times1} = 75.5(\text{r/min})$$

为保证输送机的生产率，取 $n=80$（r/min）。

用式（4-18）验算转速 n，其中 $A=65$，

$$n_{\max}=\frac{A}{\sqrt{D}}=\frac{65}{\sqrt{0.32}}=114.9(\text{r/min})$$

验算结果 $n<n_{\max}$，可以满足要求。

（3）验算螺旋叶片的螺旋升角

根据表 4-2，取螺旋轴径 $d=60\text{mm}$，按式（4-2）计算叶片内侧的螺旋升角：

$$\alpha_{内}=\arctan\left(\frac{S}{\pi d}\right)=\arctan\left(\frac{256}{3.14\times60}\right)=53.7°$$

按照式（4-17）的要求：$\alpha_{内}<90°-\rho-\beta$。已知 $\beta=10°$；查粮油物料特性表可知，$\rho=22°$。所以：

$$90°-\rho-\beta=90°-22°-10°=58°>\alpha_{内}。$$

满足要求。

（4）驱动功率的计算

已知：$Q=20\text{t/h}$；$L=14\text{m}$；$H=14\times\sin10°=2.43\text{m}$；取 $\omega_0=1.9$。则轴功率：

$$N_{轴}=\frac{Q}{367}(L\omega_0\pm H)+\frac{DL}{20}=\frac{20}{367}(14\times1.9\pm2.43)+\frac{0.32\times14}{20}=1.81(\text{kW})$$

取 $\eta=0.9$，$K=1.4$。则电机功率：

$$N_{电}=K\frac{N_{轴}}{\eta}=1.4\times\frac{1.81}{0.9}=2.82(\text{kW})$$

选电机功率 $N=3.0\text{kW}$。

第四节　垂直螺旋输送机的工作原理及设计计算

一、垂直螺旋输送机的结构

垂直螺旋输送机也称“立式绞龙”或“快速螺旋输送机”，用于垂直或大倾角向上提升磨琢性小、不易黏结的粉状、粒状物料，如谷物、油料、面粉、水泥、砂子等。其结构如图 4-21 所示，螺旋体安装于圆筒形的机壳内，依靠上、下两端的轴承支承定位，一般不设中间轴承。叶片为满面式，螺距较小。机壳上部设出料口，下部设进料口。进料方式有自流进料［图 4-21（1）］和强制进料［图 4-21（2）］两种，强制进料能提高垂直段的输送效率。电动机可置于顶部也可放在底部。由于动力消耗较高以及结构的限制，该机型的输送量和提升高度都不大。

除了上述的“自流”和“强制”进料方式外，垂直螺旋输送机还可以从料堆中自动取料。方法是将螺旋体的末端从机筒伸出，直接插入料堆即可。这种方式常用于螺旋式散粮灌包机、散料螺旋卸船机等，如图 4-22 所示。图中图 4-22（1）为简单的伸缩机筒式，通过机筒伸缩可改变螺旋体的伸出长度，调节进料量。当螺旋体长度不大时，其下端可以不设轴承支承。裸露的螺旋体周围装有防护罩，保证人身及设备安全。图 4-22（2）是由 Siwertell 公司（瑞典）设计的螺旋卸船机的供料装置，该段的机筒能够以与主螺旋相反的方向转动且能无级调速，筒外装有螺旋叶片，下端有供料翼板，转动的机筒具有掘进、向主螺旋强制供料的功能，能够大大提高筒内主螺旋的提升效率。

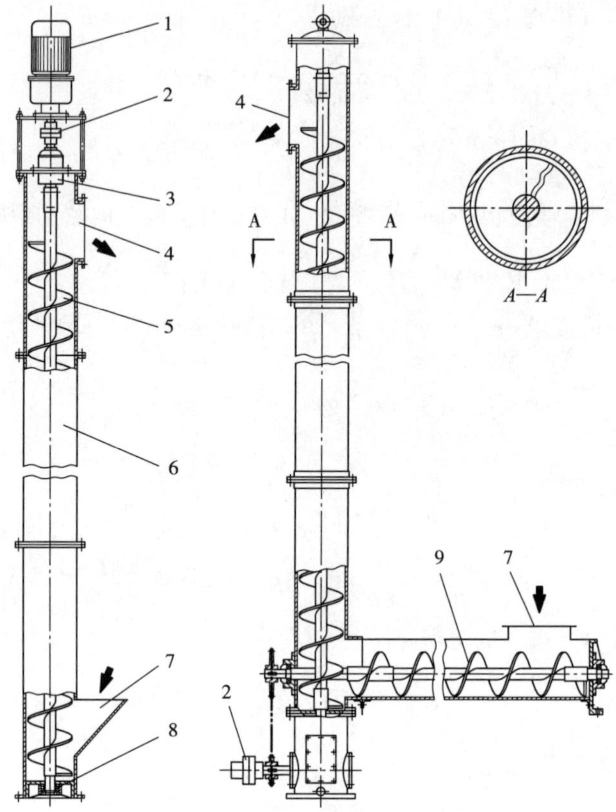

（1）　　（2）

图 4-21　垂直螺旋输送机

（1）自流式进料的垂直螺旋输送机　（2）强制式进料的垂直螺旋输送机

1—电动机　2—联轴器　3—上端轴承　4—出料口　5—螺旋体　6—机壳　7—进料口　8—底座轴承　9—供料螺旋

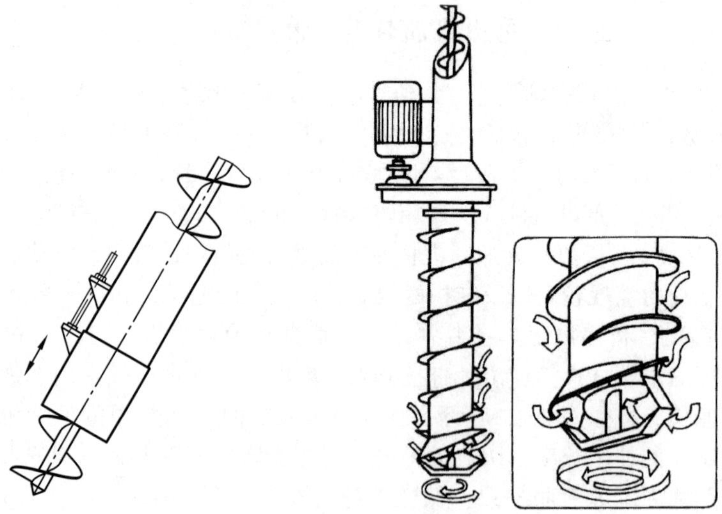

（1）　　（2）

图 4-22　垂直螺旋输送机自动供料装置

（1）简单的伸缩机筒式　（2）供料装置

二、垂直螺旋输送机的工作原理

（一）垂直输送的基本原理

当物料均匀地进入机筒，与高速旋转的螺旋叶片相遇后，物料首先在叶片上滑动，同时在叶片压力和摩擦力的推动下逐渐随着叶片绕螺旋轴旋转。随着转速的提高，物料在惯性离心力的作用下沿叶片表面向四周滑动，受到机筒的约束后紧贴筒壁聚集（图 4-23），旋转的同时受到筒壁的摩擦阻力。当物料的转速足够高时，筒壁对物料的摩擦阻力超过了叶片对物料的旋转推动力，此时物料的转速必然低于叶片转速，物料与叶片之间发生相对运动，从而使物料在自身旋转的同时产生轴向运动，以螺旋线的轨迹向上运移。

由此可知，垂直螺旋输送机与水平螺旋输送机的输送原理是不相同的。在水平螺旋输送机中阻止物料随叶片旋转的力是物料的重力，而垂直螺旋输送机中阻止物料随叶片等速旋转的力是物料与机筒内壁间的摩擦力，该力由物料旋转所产生的离心力而形成。所以，垂直螺旋输送机能够向上输送物料的必要条件是螺旋体应具有足够高的转速。

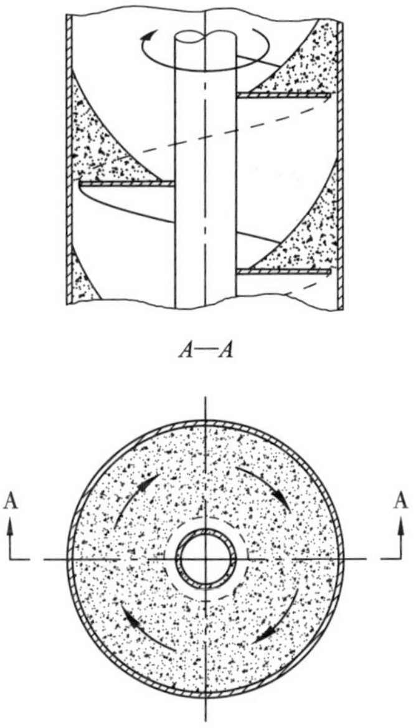

图 4-23　机筒内物料的分布状态

（二）螺旋体临界转速的确定

我们首先分析物料在垂直螺旋输送机中的运动状态。如图 4-24 所示，取螺旋叶片上任意位置 1 的颗粒 *M* 作为研究对象，该颗粒在叶片摩擦力的作用下随叶片一起转动（假设叶片的倾角不足以使颗粒下滑）。根据螺旋体转速大小的不同，该颗粒具有三种不同的运动状态：

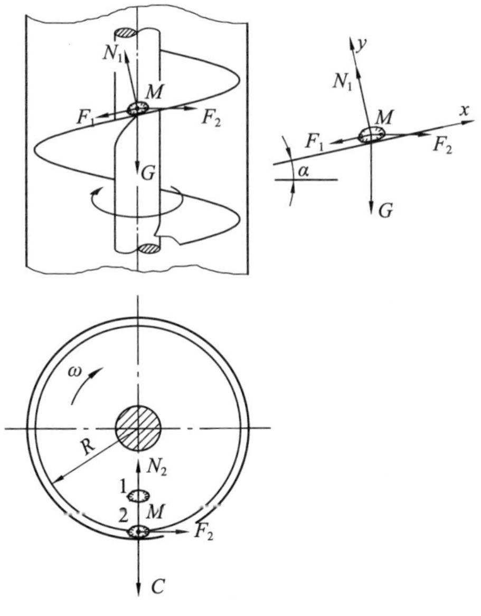

图 4-24　物料颗粒受力分析

（1）当螺旋体转速不高时，颗粒的惯性离心力 C 小于叶片表面对其摩擦力，这时颗粒将在原位置随叶片一起旋转，既不会向叶片外沿滑动，也不会向上输送。

（2）当螺旋体转速提高时，颗粒的惯性离心力 C 增大，当 C 大于叶片表面对颗粒的摩擦力时，颗粒将向叶片边沿滑动，从位置 1 移到位置 2 并紧贴机筒内壁。这时颗粒与机筒内壁产生摩擦力 F_2，但若 F_2 不足以克服叶片对颗粒的旋转推动力，颗粒将继续随叶片一起旋转，因而也不能向上输送。

（3）当螺旋体转速足够高时，颗粒的惯性离心力 C 大大增加，致使颗粒与筒壁的摩擦力 F_2 在 α 斜面上的分力足以克服颗粒与叶片的摩擦力 F_1 以及颗粒重力沿 α 斜面的分力，颗粒被迫沿 α 斜面向上滑动，产生垂直向上的分速度，沿着与叶片旋向相反的螺旋形轨迹上升。

下面讨论螺旋输送机的临界转速——物料在即将上升的临界状态下螺旋体的转速。

如图 4-24 所示，当颗粒 M 到达位置 2、紧贴机筒内壁旋转时，作用于该颗粒上的力有：

①颗粒的重力 $G=mg$，其方向垂直向下；

②颗粒的离心力 $C=m\omega^2R$，其方向由螺旋轴心指向机筒内壁；

③叶片对颗粒的支反力 N_1，其方向与螺旋叶片表面垂直；

④颗粒与叶片表面的摩擦力 $F_1=N_1f_{叶}$，其方向与颗粒相对运动方向相反，因为颗粒运动的趋势是沿叶片表面向上，故 F_1 沿叶片表面向下；

⑤机筒对颗粒的支反力 N_2，与颗粒的离心力 C 共线反向；

⑥机筒内壁对颗粒的摩擦力 $F_2=N_2f_{壳}$，其方向与颗粒的绝对速度方向相反。当颗粒尚未沿叶片向上滑行时，此力与机筒轴线垂直。

在极限情况下，这些力处于平衡状态。将各个力分别投影到 x 和 y 轴，可得：

$$F_2\cos\alpha = G\sin\alpha + F_1$$
$$N_1 = G\cos\alpha + F_2\sin\alpha$$

代入已知值，解得：

$$\omega_{临}^2 = \frac{g}{Rf_{壳}}\tan(\alpha + \rho_{叶})$$

故临界转速 $n_{临}$ 为：

$$n_{临} = \frac{30}{\pi}\sqrt{\frac{g}{Rf_{壳}}\tan(\alpha + \rho_{叶})} \quad (\mathrm{r/min}) \tag{4-27}$$

近似为：

$$n_{临} = 30\sqrt{\frac{\tan(\alpha + \rho_{叶})}{Rf_{壳}}} \quad (\mathrm{r/min}) \tag{4-28}$$

式中 R——物料回转半径，近似按螺旋叶片半径，m；

α——螺旋叶片外侧的升角，(°)；

$\rho_{叶}$——物料与螺旋叶片之间的摩擦角，(°)；

$f_{壳}$——物料与机筒内壁之间的摩擦因数。

由上式可知：①如果 $\alpha+\rho_{叶}=90°$，则 $n_{临}=\infty$，实际上输送机是无法工作的，因此，必须使 $\alpha+\rho_{叶}<90°$，即 $\alpha<90°-\rho_{叶}$。②当 $f_{壳}$ 趋近于 0 时，$n_{临}$ 便趋向于无穷大，输送机同样无法工作。所以对于垂直螺旋输送机来说，为了能够使其在合理的转速范围内工作，应该采用较小的螺距（较小的升角）、尽可能光滑的叶片，机筒内壁应具有适当的粗糙度。

（三）物料的垂直上升速度 $v_{上}$

如果螺旋体的转速 n 超过临界转速 $n_{临}$，则螺旋叶片的圆周速度将大于颗粒绕筒壁旋转的圆周速度，于是颗粒在螺旋叶片上逆向滑动，产生垂直向上的分速度，开始沿升角为 γ 的螺旋线轨迹向上运动，如图 4-25 所示。图中颗粒的牵引速度 $v_{牵}$ 为螺旋叶片外沿的圆周速度，其方向与螺旋叶片轴线垂直；相对速度 $v_{相}$ 为颗粒沿叶片滑动的速度，方向沿螺旋面向上；此时颗粒的绝对速度为 $v_{绝}$，它与水平面的夹角 γ 称为物料升角。根据正弦定理推得：

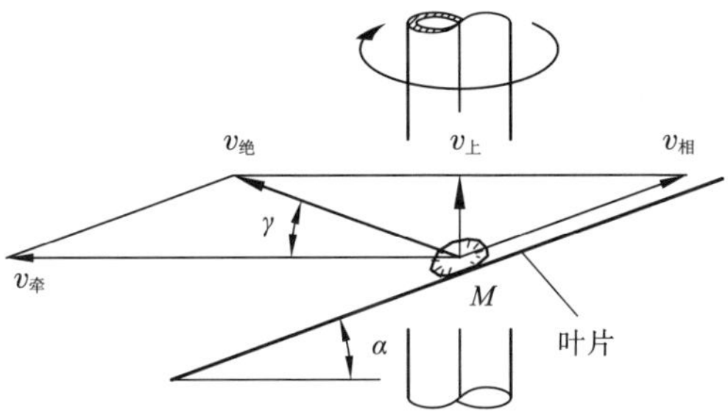

图 4-25　物料颗粒的运动分析

$$v_{绝} = v_{牵}\frac{\sin\alpha}{\sin(\alpha+\gamma)} \tag{4-29}$$

颗粒的垂直上升速度 $v_{上}$ 为：

$$v_{上} = v_{绝}\sin\gamma = v_{牵}\frac{\sin\alpha \cdot \sin\gamma}{\sin(\alpha+\gamma)} \tag{4-30}$$

此时颗粒的运动轨迹不是围绕螺旋轴线的平面圆周运动，而是沿着截面半径为 R、升角为 γ 的螺旋线运动。该螺旋线的曲率半径为 $R_1 = \dfrac{R}{\cos^2\gamma}$，故颗粒沿螺旋线运动的惯性离心力：

$$C = \frac{mv_{绝}^2}{R_1} = \frac{mv_{绝}^2\cos^2\gamma}{R} \tag{4-31}$$

图 4-26 是颗粒 M 在运动平面上的受力图，与图 4-24 不同的是，机筒对颗粒的摩擦力 F_2 的方向随着颗粒绝对速度 $v_{绝}$ 方向的变化而与水平线呈 γ 角度。图中 N_1' 为叶片对颗粒的支反力和摩擦力二者的合力，这个力的方向是一定的，与叶片法线之间的偏角为 $\rho_{叶}$。

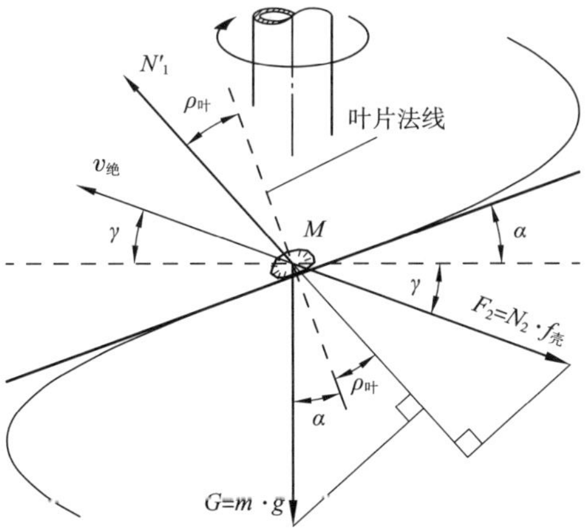

图 4-26　作用在物料颗粒上的平衡力系

将各力投影到 N_1' 方向线的垂线上（这样便于计算），根据力的平衡原理，可得：

$$N_2 f_{壳}\sin(90° - \alpha - \rho_{叶} - \gamma) = mg\sin(\alpha + \rho_{叶})$$

可写成

$$C \cdot f_{壳}\cos(\alpha + \rho_{叶} + \gamma) = mg\sin(\alpha + \rho_{叶}) \tag{4-32}$$

将式（4-31）代入上式，整理后得到：

$$v_{绝} = \frac{1}{\cos\gamma}\sqrt{\frac{R \cdot g\sin(\alpha + \rho_{叶})}{f_{壳}\cos(\alpha + \rho_{叶} + \gamma)}} \tag{4-33}$$

将式（4-29）代入式（4-33），得到：

$$v_{牵} = \left(1 + \frac{\tan\gamma}{\tan\alpha}\right)\sqrt{\frac{R \cdot g\sin(\alpha + \rho_{叶})}{f_{壳}\cos(\alpha + \rho_{叶} + \gamma)}} \tag{4-34}$$

$v_{牵}$为螺旋叶片外沿的圆周速度，即 $v_{牵} = \frac{n\pi R}{30}$，代入上式可得到螺旋体的转速 n 与物料升角 γ 之间的关系为：

$$n = \frac{30}{\pi}\left(1 + \frac{\tan\gamma}{\tan\alpha}\right)\sqrt{\frac{g\sin(\alpha + \rho_{叶})}{R \cdot f_{壳}\cos(\alpha + \rho_{叶} + \gamma)}} \tag{4-35}$$

上式表明，当垂直螺旋输送机的结构及物料特性一定时，螺旋体转速 n 与物料升角 γ 存在一一对应关系，即：随着 n 的提高，γ 角也随之增大。同时表明，如果 $\alpha+\rho_{叶}+\gamma$ 接近 90°，则转速 n 将趋于无穷大，所以物料升角 γ 的范围是 $0 \leqslant \gamma < (90° - \alpha - \rho_{叶})$。

将 $v_{牵} = \frac{n\pi R}{30}$ 代入式（4-30）后得到：

$$v_{上} = \frac{n\pi R}{30} \cdot \frac{\sin\alpha \cdot \sin\gamma}{\sin(\alpha + \gamma)} \tag{4-36}$$

物料垂直上升速度 $v_{上}$与螺旋体转速 n 之间的关系 $v_{上}=f(n)$ 可采用列表法求解，即先给出一系列的 γ，通过式（4-35）计算出对应的 n，然后将求得的 n 和 γ 代入到式（4-36），可求出 $v_{上}$。

假设物料不随叶片旋转，而是直线上升，则其上升速度为：$v_0 = \frac{nS}{60}$。将物料实际上升速度 $v_{上}$与假设的直线上升速度 v_0 之比称为物料的速度系数，以 i 表示，则不难求出：

$$i = \frac{v_{上}}{v_0} = \frac{2\pi R}{S} \cdot \frac{\sin\alpha \cdot \sin\gamma}{\sin(\alpha + \gamma)} = \frac{1}{\tan\alpha} \cdot \frac{\sin\alpha \cdot \sin\gamma}{\sin(\alpha + \gamma)} = \frac{\cos\alpha \cdot \sin\gamma}{\sin(\alpha + \gamma)} \tag{4-37}$$

某些特殊的垂直螺旋输送机通过改进供料方式，使机筒内的物料充填系数很高。例如，图 4-22（2）所示的对转机头，能使输送机的充填系数 ψ 高达 70%~90%，甚至可达 90%以上。当螺旋体转速和机筒以一定的转速匹配时，甚至可以观察到物料并无旋转运动而只有垂直上升运动。这种垂直螺旋输送机的工作原理不能再用单一颗粒受到惯性离心力的作用来加以说明，而应对整个物料柱的运动进行分析。

三、垂直螺旋输送机的计算

（一）生产率的计算

垂直螺旋输送机的生产率 Q（t/h）可按下式计算：

$$Q = 3600\frac{\pi(D^2 - d^2)}{4}v_{上}\psi\gamma_0 = 2827D^2(1 - \varepsilon^2)v_{上}\psi\gamma_0 \tag{4-38}$$

式中 D——螺旋叶片直径，m；

d——螺旋轴直径，m；

ε——螺旋轴直径与螺旋叶片直径之比，$d/D=0.2\sim0.35$；

ψ——充填系数，垂直使用时取 $\psi=0.3\sim0.5$；倾斜使用时取 $\psi=0.5\sim0.7$；转速较高时取较大值；

γ_0——物料容重，t/m^3；

$v_上$——物料上升速度，m/s。

将式（4-36）代入式（4-38）得：

$$Q = 148D^3(1-\varepsilon^2)n\psi\gamma_0\frac{\sin\alpha\cdot\sin\gamma}{\sin(\alpha+\gamma)} \tag{4-39}$$

式中　n——螺旋体转速，r/min。

（二）轴功率的计算

当垂直螺旋输送机工作时，由于机筒内壁给予物料的摩擦阻力，方能使物料与叶片间产生相对运动。因此可用物料所受的摩擦阻力矩作为功率计算的基础。摩擦阻力矩 M_f（kN·m）为：

$$M_f = C\cdot f_{壳}\cos\gamma\cdot R_0 \tag{4-40}$$

式中　$C\cdot f_{壳}\cos\gamma$——机槽壁对物料的摩擦力在水平方向的分力，kN；

R_0——机筒内侧半径，m。为方便计算，近似取 $R_0=R$，R 为叶片半径。

参照式（4-32）可知：

$$C\cdot f_{壳} = \frac{\sin(\alpha+\rho_{叶})}{\cos(\alpha+\rho_{叶}+\gamma)}\cdot\sum mg \tag{4-41}$$

式中　α——螺旋叶片升角；

$\rho_{叶}$——物料与叶片摩擦角；

$\sum mg$——机筒内物料的重力，kN。

机筒内物料的重力 $\sum mg$（kN）可由式（4-42）求得：

$$\sum mg = qH = \frac{QHg}{3600v_上} = \frac{QH}{367v_上} \tag{4-42}$$

将式（4-36）、式（4-40）、式（4-41）、式（4-42）代入下式即可求得轴功率 $N_{轴}$（kW）：

$$N_{轴} = M_f\omega = \frac{M_f n\pi}{30} = \frac{QH\sin(\alpha+\rho_{叶})\sin(\alpha+\gamma)}{367\sin\alpha\tan\gamma\cos(\alpha+\rho_{叶}+\gamma)} \tag{4-43}$$

（三）输送能效

输送能效是指垂直螺旋输送机提升物料的有效功率与消耗的总功率之比。提升物料的有效功率 N（kW）应为：

$$N = \frac{QH}{367} \tag{4-44}$$

则输送能效 η 为：

$$\eta = \frac{N}{N_{轴}} = \frac{\sin\alpha\tan\gamma\cos(\alpha+\rho_{叶}+\gamma)}{\sin(\alpha+\rho_{叶})\sin(\alpha+\gamma)} \tag{4-45}$$

由上式可知，垂直螺旋输送机的输送能效 η 与螺旋叶片升角 α、物料与叶片摩擦角 $\rho_{叶}$、物料升角 γ 诸因素有关。而 γ 则与螺旋转速 n、机筒对物料摩擦因数 $f_{壳}$ 等有关。图 4-27 所示为 $\rho_{叶}=20°$ 时 α、γ 与 η 的关系曲线；图 4-28 所示为 $\alpha=10.8°$ 时 γ、$\rho_{叶}$ 与 η 的关系曲线。

图 4-27、图 4-28 表明了输送能效 η 随 α、$\rho_{叶}$、γ 的变化规律。在进行输送机设计和计算时，可以根据已知的 α、$\rho_{叶}$ 从图中找到最高能效下的 γ，然后计算对应的 n 和其他参数。

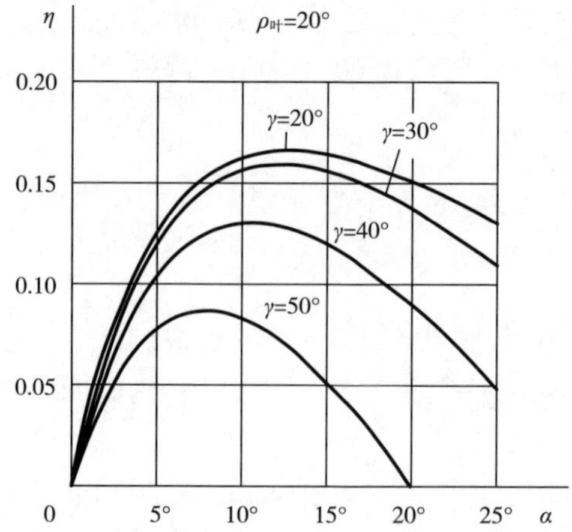

图 4-27　α、γ 与 η 的关系曲线

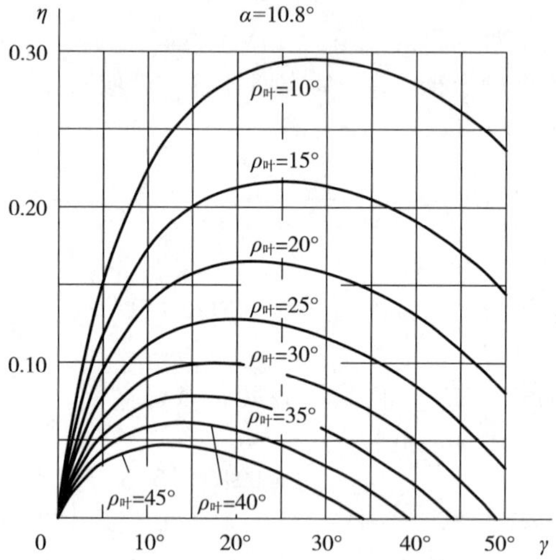

图 4-28　γ、$\rho_{叶}$ 与 η 的关系曲线

在影响能效 η 的各种因素中，摩擦角 $\rho_{叶}$ 由物料和叶片的性质决定，是一定的。若要提高 η 就必须合理地选择螺旋升角 α 与物料升角 γ。例如当物料与叶片的摩擦角 $\rho_{叶}=20°$ 时，取物料升角 $\gamma=20°\sim30°$、螺旋叶片升角 $\alpha=10°\sim20°$，输送能效最高，可达 17%。实验证明，当机筒中最外层和最内层物料处的螺旋升角的算术平均值 $\alpha_{平均}$ 为 15°左右时，对不同的物料都可取得较高的输送能效。因此，在设计垂直螺旋输送机时，叶片螺距与直径的比值 S/D 取 0.6~0.7、充填系数 ψ 取 0.3~0.5 是比较适宜的。

从这里我们知道，垂直螺旋输送机的输送能效是很低的，因为工作中的大部分功率消耗在了物料与叶片及机筒的摩擦上。需要指出的是，式（4-45）所计算的输送能效仅是单纯提升物料的能效，里面没有包含螺旋轴转动、物料卡阻等机械损耗，所以输送机的实际能效应该比式（4-45）计算的低。

（四）垂直螺旋输送机的简化计算

1. 生产率的计算

根据式（4-39），按通常的使用情况取 $\alpha=10.8°$（即螺距 $S=0.6D$），参考图 4-28 在高

效点取 $\gamma=21°$，并忽略螺旋轴占用的体积，可得到生产率 Q（t/h）的式（4-46）：

$$Q = 18.84D^3 n\psi\gamma_0 \tag{4-46}$$

式中 D——螺旋叶片直径，m；

n——螺旋体转速，r/min。当确定的转速 $n \approx \dfrac{195}{\sqrt{D}}$ 时，计算结果更准确一些；

γ_0——物料容重，t/m³；

ψ——充填系数，垂直使用时取 $\psi=0.3\sim0.5$；倾斜使用时取 $\psi=0.5\sim0.7$；转速较高时取较大值。

垂直螺旋输送机的工作转速 n 一般要比计算的临界转速 $n_{临}$ 大 1 倍或 1 倍以上，通常都在 200r/min 以上。实践证明最佳转速为 450～600r/min，如果达到 700r/min 以上，输送机的单位电耗将大大增加。在满足输送量要求的前提下，选用较低转速也可减少物料对螺旋叶片及机壳的磨损，延长输送机寿命。

2. 驱动功率的计算

将式（4-43）进行简化，可得到驱动功率的近似计算式：

轴功率 $N_{轴}$（kW）：

$$N_{轴} = \frac{QH}{367}\omega_0 \tag{4-47}$$

电机功率 $N_{电}$（kW）：

$$N_{电} = K\frac{N_{轴}}{\eta} \tag{4-48}$$

式中 Q——输送机生产率，t/h；

H——物料提升高度，m；

ω_0——物料的阻力系数，输送谷物时取 $\omega_0=5.5\sim7.5$，表面光滑的物料取小值，反之取大值。

K——功率储备系数，一般取 1.2～1.5；

η——传动装置的总效率，这里可取 $\eta=0.65\sim0.75$。

LC 型垂直螺旋输送机的技术特性参见表 4-5。

表 4-5 LC 型垂直螺旋输送机技术特性

规格	LC200			LC250			LC315		
螺旋直径/mm	200			250			315		
螺旋转速/（r/min）	450			415			380		
输送量/（m³/h）	29.5			51			95		
输送高度/m	2.5~5.5	6~7	7.5~10	2.5~4	4.5~5.5	6~7.5	2.5~4	4.5~5.5	6.5~8
功率/kW	3	4	5.5	4	5.5	7.5	7.5	11	15
输送高度/m	10.5~13.5	14~15		8~11	11.5~15		8.5~12	12.5~15	
功率/kW	7.5	11		11	15		2×11（双驱动）	2×15（双驱动）	

计算例题 2：设计一台输送大豆的垂直螺旋输送机，要求输送量 $Q=15$t/h，提升高度为 10m。试以内径为 200mm 的钢管为机筒，确定螺旋体的尺寸及其他参数。

解：1. 确定螺旋体的尺寸

（1）根据螺旋叶片与机壳内壁间隙 5～10mm 的要求，选用螺旋叶片直径 $D=180$mm。

（2）根据 $S=(0.6\sim0.7)D=108\sim126\text{mm}$；取 $S=120\text{mm}$。

（3）根据 $d=(0.2\sim0.35)D=36\sim63\text{mm}$，取 $d=45\text{mm}$。

（4）螺旋叶片外侧的螺旋升角：$\alpha_1=\arctan\dfrac{S}{\pi D}=12°$。

2. 确定螺旋体转速 n

（1）确定物料升角 γ

根据式（4-45），$\eta=\dfrac{\sin\alpha\tan\gamma\cos(\alpha+\rho_{叶}+\gamma)}{\sin(\alpha+\rho_{叶})\ \sin(\alpha+\gamma)}$

已知 $\alpha=12°$，$\rho_{叶}=19°$，代入上式得：

$$\eta=\frac{\sin12°\cdot\tan\gamma\cdot\cos(12°+19°+\gamma)}{\sin(12°+19°)\cdot\sin(12°+\gamma)}=\frac{1.669\tan\gamma-\tan^2\gamma}{1+4.745\tan\gamma}$$

求上式的极大值，得 $\gamma=22.7°$，即当 $\gamma=22.7°$时输送机的输送能效最高。

$$\eta=\frac{1.669\tan22.7°-\tan^2 22.7°}{1+4.745\tan22.7°}=0.175$$

（2）确定螺旋体的转速 n

根据式（4-35）知：$n=\dfrac{30}{\pi}\left(1+\dfrac{\tan\gamma}{\tan\alpha}\right)\sqrt{\dfrac{g\sin(\alpha+\rho_{叶})}{R\cdot f_{壳}\cos(\alpha+\rho_{叶}+\gamma)}}$

已知：$\alpha=12°$，$\rho_{叶}=19°$，$\gamma=22.7°$，$R=D/2=0.09\text{m}$，$g=9.81$，$f_{壳}=\tan19°=0.344$。

将上述数据代入上式，得到：

$$n=\frac{30}{\pi}\left(1+\frac{\tan22.7°}{\tan12°}\right)\sqrt{\frac{9.81\sin(12°+19°)}{0.09\times0.344\cos(12°+19°+22.7)}}=470\quad(\text{r/min})$$

（3）校核输送量

根据式（4-39）

$$Q=148D^3(1-\varepsilon^2)n\psi\gamma_0\frac{\sin\alpha\cdot\sin\gamma}{\sin(\alpha+\gamma)}$$

已知 $D=0.18$，$\varepsilon=d/D=45/180=0.25$，$n=470$，取 $\psi=0.45$，$\gamma_0=0.72$，$\alpha=12°$，$\gamma=22.7°$。将上述数据代入上式，得：

$$Q=148\times0.18^3(1-0.25^2)\times470\times0.45\times0.72\frac{\sin12°\cdot\sin22.7°}{\sin(12°+22.7°)}=17.37\quad(\text{t/h})$$，满足要求。

3. 确定所需的轴功率 $N_{轴}$

根据式（4-43）

$$N_{轴}=\frac{QH\sin(\alpha+\rho_{叶})\ \sin(\alpha+\gamma)}{367\sin\alpha\tan\gamma\cos(\alpha+\rho_{叶}+\gamma)}$$

已知 $Q=15$，$H=10$，$\alpha=12°$，$\rho_{叶}=19°$，$\gamma=22.7°$。

将上述数据代入上式，得：

$$N_{轴}=\frac{15\times10}{367}\cdot\frac{\sin(12°+19°)\cdot\sin(12°+22.7°)}{\sin12°\cdot\tan22.7°\cdot\cos(12°+19°+22.7°)}=2.34\ (\text{kW})$$

计算例题 3：将例题 2 的参数，采用简易计算公式计算生产率及轴功率。

解：1. 生产率的计算

根据式（4-46），$Q=18.84D^3n\psi\gamma_0$

已知 $D=180\text{mm}$，$n=470\text{r/min}$，$\psi=0.45$，$\gamma_0=0.72\text{t/m}^3$。将上述数据代入上式，得：

$$Q = 18.84D^3 n\psi\gamma_0$$

$$Q=18.84D^3 \cdot n \cdot \psi \cdot \gamma_0=18.84\times(0.18)^3\times470\times0.45\times0.72=16.73(\text{t/h})$$

2. 轴功率的计算

根据式（4-47），$N_{轴} = \dfrac{QH}{367}\omega_0$

已知 $Q=15\text{t/h}$，$H=10\text{m}$，取 $\omega_0=6.0$。将上述数据代入上式，得：

$$N_{轴} = \frac{15 \times 10}{367} \times 6.0 = 2.45(\text{kW})$$

第五节　其他型式的螺旋输送机

粮油工业生产中除了使用上述的水平、垂直螺旋输送机外，还有一些特殊型式的螺旋输送设备，现分别介绍如下。

一、移动式螺旋输送机

移动式螺旋输送机是粮食仓库中常见的一种输送设备，它主要用于粮食出仓、上囤、装车、灌仓等作业。如图 4-29 所示，移动式螺旋输送机采用满面式叶片、圆形机筒，机筒下端的螺旋体裸露在外，用以插入粮堆掏取物料。物料进入机筒后，被高速旋转的螺旋体向上输送，到达上端后从卸料口卸出。整个输送机架设在可移动的车架上，车架可以通过调整支架距离等方法调整输送机的仰升高度。

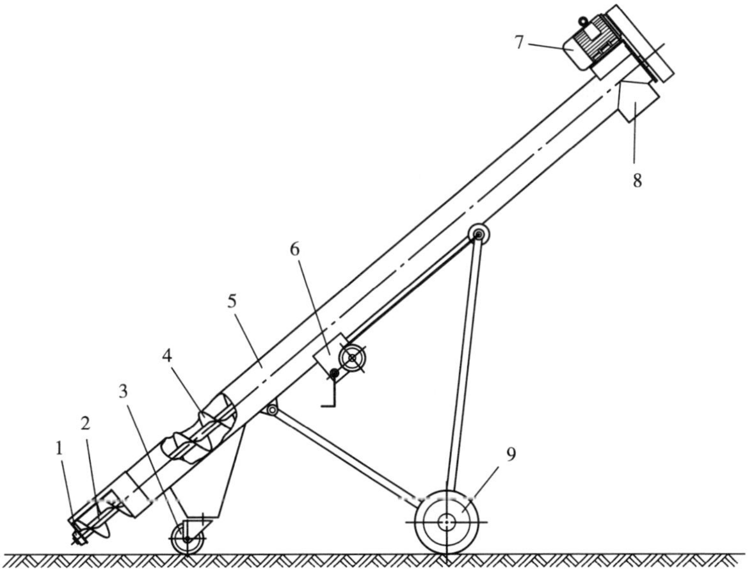

图 4-29　移动式螺旋输送机

1—尾端轴承　2—进料段　3—万向轮　4—螺旋体　5—机筒　6—升降操控装置　7—电动机　8—出料口　9—行走轮

移动式螺旋输送机的结构及生产率、功率计算与垂直螺旋输送机基本相同，主要区别在于尾部裸露的进料段。根据经验，输送机的生产率与进料段的结构有关，分述如下。

（1）进料段长度　输送机工作时，进料段必须完全插入料堆内以掏取和加速物料。多数情况下，进料段的适宜长度为300mm。有些设计，将机筒下端做成可伸缩的套筒，随时可以调节螺旋体裸露的长度。裸露段最大长度一般为三个螺距。

（2）进料段的螺距　由于进料段没有机筒，因而将其螺距做得比机筒内的正常螺距小一些，以降低螺旋升角，减小螺旋面对物料的侧向分力，增大轴向分力，从而提高生产率。

（3）进料段螺旋直径　适当增加进料段螺旋直径，可有效提高输送机的生产率。也可在增大直径的同时将进料段的螺旋叶片做成双头，可达到强制进料并增大充满系数的目的。

（4）进料段的轴承与栅罩　为了保护人身安全和设备安全，裸露的进料段应加装保护栅罩。但栅罩会使进料不畅，影响生产率。有些输送机不但将栅罩取消，而且取消了尾端轴承而成为浮动轴，这种办法可使设备的生产率提高，但降低了设备的安全性。

二、内螺旋输送机

内螺旋输送机又称滚筒输送机或螺旋管输送机，它是一只横卧在支承滚轮上的可转动圆筒，在圆筒的内壁焊有连续螺旋叶片，形成内螺旋滚筒。物料从一端进入滚筒，滚筒的转动使物料与螺旋叶片之间产生相对运动，沿着螺旋槽被输送至滚筒的另一端卸出，见图4-30。

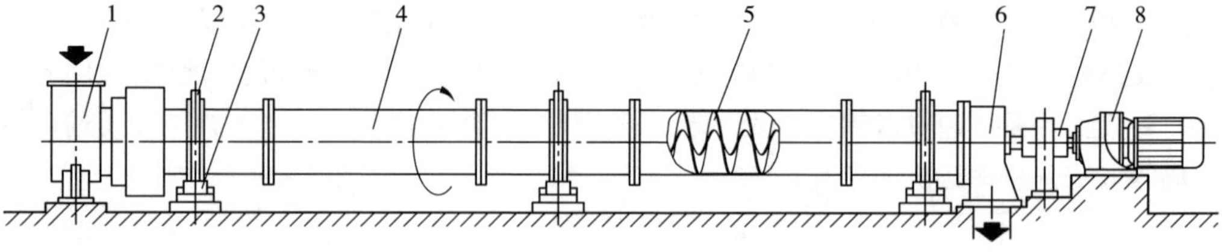

图4-30　内螺旋输送机

1—进料装置　2—滚轮　3—托轮　4—滚筒　5—内螺旋叶片　6—出料装置　7—浮动联轴器　8—减速电机

内螺旋输送机的优点是：密封性好，减少了粉尘飞扬；可输送纤维状的和温度较高的物料；无卡阻现象，不损伤物料；物料与筒体及螺旋叶片之间摩擦较轻，故设备磨损小、维修费用低；输送的同时可完成冷却、干燥、混合等作业，若筒壁上开孔还可实现筛分功能。内螺旋输送机的缺点是占地大，噪声大；中间进料或卸料需要有专门的装置；不宜输送特别易碎或黏性的物料。

常见的滚筒直径规格有300mm、400mm、500mm、600mm、800mm等。叶片螺距一般取$S \approx 0.5D_{内}$，叶片高度取$h=(0.2 \sim 0.3)D_{内}$。输送量一般不大于50t/h，输送速度为0.07～0.15m/s。

滚筒转动时，将物料向高处携带，物料靠自身重力不断地向下滚动或滑动，从而和螺旋叶片产生相对运动。如果滚筒转速过高，物料就会因惯性离心力的作用紧贴在筒壁上，随滚筒一起转动，便无法进行输送。所以滚筒的工作转速有一个极限数值，此值由条件$C<mg$（物料的离心力小于重力）确定，得到：

$$n < \frac{42.3}{\sqrt{D}}\ (\mathrm{r/min}) \tag{4-49}$$

式中　D——滚筒内径，m。

由实践得知，当转速 $n = (20 \sim 30)\dfrac{1}{\sqrt{D}}$ 时，输送机的输送量最大。

内螺旋输送机生产率计算方法与水平螺旋输送机算法相同，充填系数取 $\psi = 0.2 \sim 0.3$。功率计算也可按照水平螺旋输送机功率计算式进行计算。

三、可弯曲螺旋输送机

前面所讲的水平、垂直及内螺旋输送机，由于结构上的限制只能直线输送物料，而不能进行空间可弯曲输送。这里介绍的可弯曲螺旋输送机则可实现空间任意方向的弯曲，被用来输送粉状、粒状及污泥等物料。

可弯曲螺旋输送机有两种主要的型式——有螺旋轴和无螺旋轴。有螺旋轴的螺旋体是用一根高强度挠性材料制成心轴，心轴上套装具有一定硬度、耐磨性及耐腐蚀性的特种合成橡胶制成的螺旋叶片，从而使螺旋体具有可挠曲性，并可按使用现场的要求，任意弯曲布置，图 4-31 所示是其布置型式之一。无螺旋轴的螺旋体则是采用合金钢制成的、状似弹簧的无轴螺旋叶片，将螺旋叶片穿入可弯曲的塑料管道中，即可在任意方向弯曲输送。这种输送机主要用于散粮集运过程中的粮食装车，将机头固定在车帮上，进料段直接插入粮堆即可进行输送，俗称软管螺旋吸（抽）粮机，如图 4-32 所示。

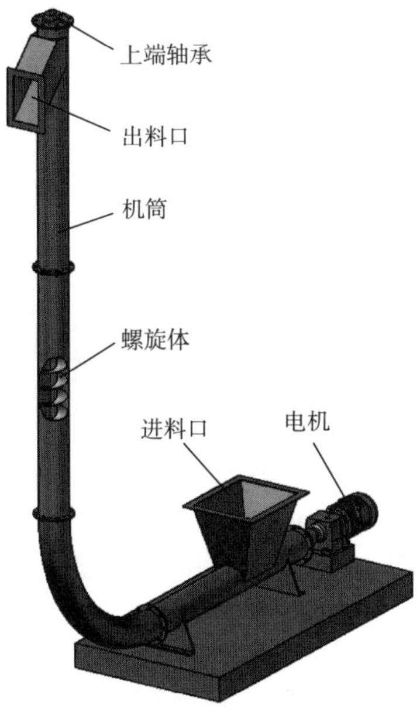

图 4-31　有轴式可弯曲螺旋输送机

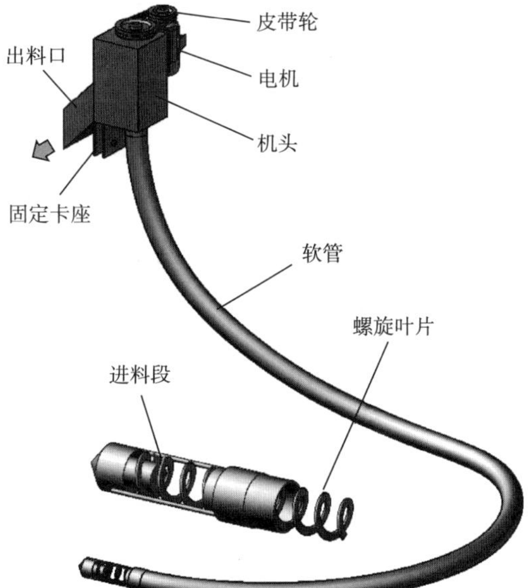

图 4-32　无轴式可弯曲螺旋输送机

可弯曲螺旋输送机的主要特点：一条输送机可以实现空间多方向输送；没有中间轴承，构造简单，安装及维修方便；螺旋叶片或管道为非金属材料，工作噪声小；当采用图 4-31 的布置型式时，水平段具有强迫进料的功能，其效果比一般的垂直螺旋输送机要好。

可弯曲螺旋输送机的长度一般不超过 15m，输送量不超过 10t/h，弯曲的曲率半径最小为 1000mm。

四、螺旋供料器

供料器也称给料机、喂料器，设在贮仓、贮斗、包装斗、料垛及类似装置的底部，用以控制从料仓中卸出物料的流量，并将物料转运至输送设备或生产设备。螺旋供料器的机身一般较短，采用圆形机筒，其进料口必须充满物料（100%负载），并通过螺旋叶片的参数（直径、螺距）变化以及螺旋体转速的变化，将卸料流量控制在所要求的范围内。螺旋体可采用变径或变距的螺旋叶片，或者两种同时应用。也可以根据需要在一个供料器上并排使用两个或多个螺旋体。螺旋供料器的类型因使用要求的不同有许多不同的设计，常见的类型见图 4-33。

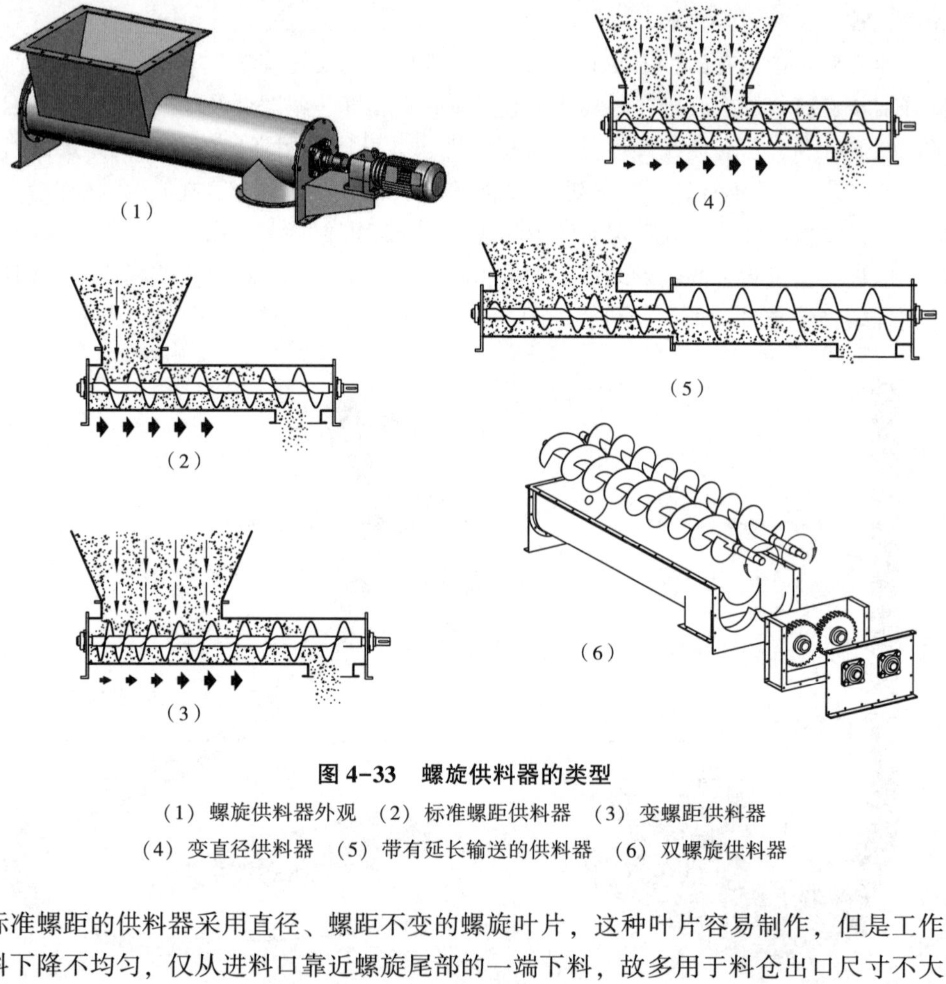

图 4-33　螺旋供料器的类型

（1）螺旋供料器外观　（2）标准螺距供料器　（3）变螺距供料器
（4）变直径供料器　（5）带有延长输送的供料器　（6）双螺旋供料器

标准螺距的供料器采用直径、螺距不变的螺旋叶片，这种叶片容易制作，但是工作时仓内物料下降不均匀，仅从进料口靠近螺旋尾部的一端下料，故多用于料仓出口尺寸不大的场合。而变距或变径的供料器则能沿整个进料口长度均匀下料。带有延长输送的锥形螺旋供料器是供料器和输送机的组合型式，小直径的进料端在满料状态工作，当物料到达大直径螺旋时，物料的充满程度下降到正常输送的水平。双螺旋供料器由一对平行的螺旋体构成，通常一个为右螺旋，另一个为左螺旋，在同一个机槽中反向转动。两个螺旋体的叶片可根据使用要求相互交错或不交错布置。大多数双螺旋供料器都向外侧旋转，这时物料在两条螺旋体的外侧向下运动，中间相邻的一侧向上运动，因此可减少物料在侧面的阻塞，并防止物料在上方结拱。螺旋供料器的最短长度必须保证在停机状态下叶片能够阻止物料向出料口自流。

螺旋供料器的物料推进速度、生产率和功率可通过下面方法计算。

1. 机筒内物料的推进速度 v（m/s）

$$v = \frac{n \cdot S}{60} \times \frac{1}{\left(1 + \frac{S}{\pi D} \cdot \tan\beta\right)} \tag{4-50}$$

式中　n——螺旋体转速，r/min；

S——叶片的螺距，m；

D——螺旋叶片直径，m；

β——物料运动方向角，即叶片外沿处物料的运动方向与螺旋轴平行线的夹角。β 可由下式求得：

$$\tan\beta = \left(\frac{D}{D_0}\right)^2 \times \frac{3\pi Df + 4S}{4\pi D - 6Sf} \tag{4-51}$$

式中　D_0——机筒内径，m；

f——物料与螺旋叶片间的摩擦因数。

其余符号同前。

2. 供料流量 Q（t/h）的计算

$$Q = 47D_0^3 \cdot n \cdot \gamma_0 \cdot \eta_z \tag{4-52}$$

式中　D_0——机筒内径，m；

η_z——总输送效率。物料与叶片的摩擦因数 f 越大，则 η_z 越小。对于粮食物料，可取 $\eta_z = 0.60 \sim 0.67$。

其余符号同前。

3. 功率参考算法

轴功率 $N_{轴}$（kW）：

$$N_{轴} = \frac{Q}{367}(L + \zeta J)\omega_0 \tag{4-53}$$

所需电机功率 $N_{电}$（kW）：

$$N_{电} = K\frac{N_{轴}}{\eta_{总}} \tag{4-54}$$

式中　Q——生产率，t/h；

L——输送长度，m；

ζ——进料口压力系数，与进料方式、物料性质有关。一般谷物可取 3～5（仅供参考）；

J——进料口长度，m；

ω_0——物料的总阻力系数，经验值。输送小麦等流动性好的物料，可取 $\omega_0 = 3.0 \sim 3.6$；输送面粉、麸糠等流动性差的物料，可取 $\omega_0 = 4.5 \sim 5.0$（仅供参考）；

K——功率储备系数。因常常满载启动，建议取 1.5～2.0。

五、多螺旋出仓机

多螺旋出仓机安装在贮仓或料斗的底部，以旋转的螺旋叶片推动物料强制出仓，主要用来解决流动性差的物料难以靠自流出仓的问题。由于安装了多螺旋出仓机的料仓为平底结构，缩短或取消了下料锥斗，因而能在有限的高度下增加仓的储存量，并且能避免物料结拱、阻塞。通过调节螺旋体的转速也能控制物料的卸出速度。

图 4-34 所示是一种活底的多螺旋出仓机，它由若干个平行排列的螺旋体组成，安装在贮仓或料斗的底部。物料将螺旋体完全掩埋，螺旋体转动时将物料沿整个宽度均匀地卸出。相邻的螺旋体采用不同旋向（左旋或右旋）的叶片，按相反方向转动。螺旋槽底可以是平底也可以是浅 U 形螺旋槽。这类卸料机无标准规格，需要向螺旋输送机制造厂家定制。

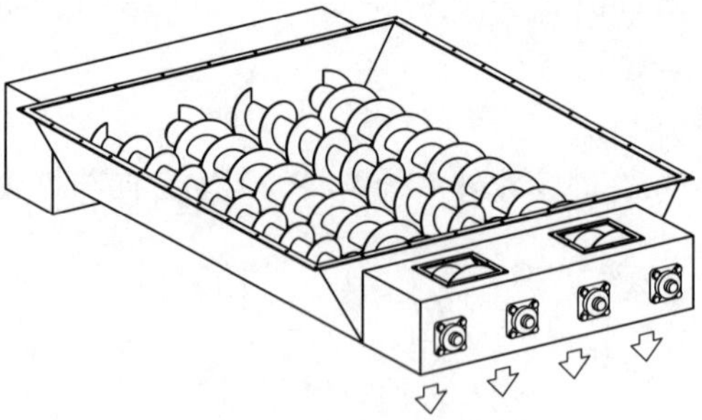

图 4-34　多螺旋卸料机

六、旋转式螺旋清仓机

对于大直径的圆筒仓，其底部不适合采用物料完全自流出仓的锥形底，而是采用较小坡度的锥形底或平底，仓底中央设卸料孔。物料出仓时首先靠自流卸料，等到物料到达其静止角不能够自流时，再由人工或机械完成剩余物料的清仓任务。旋转式螺旋清仓机就是专用的清仓设备，该机由螺旋体、驱动装置、头部的回转支承装置以及尾端的行走装置等组成（图 4-35）。螺旋体除了本身的自转，还能够绕筒仓中心立轴线回转（称为公转），实现对仓底的全覆盖清理。工作时，驱动装置驱动螺旋体旋转，将物料从四周推向中央的卸料孔。同时，尾部的行走装置推动螺旋体绕筒仓中心轴线缓慢回转，贴着仓底连续地向前吃进。当螺旋体绕仓内回转一周，即完成了整个清仓任务。

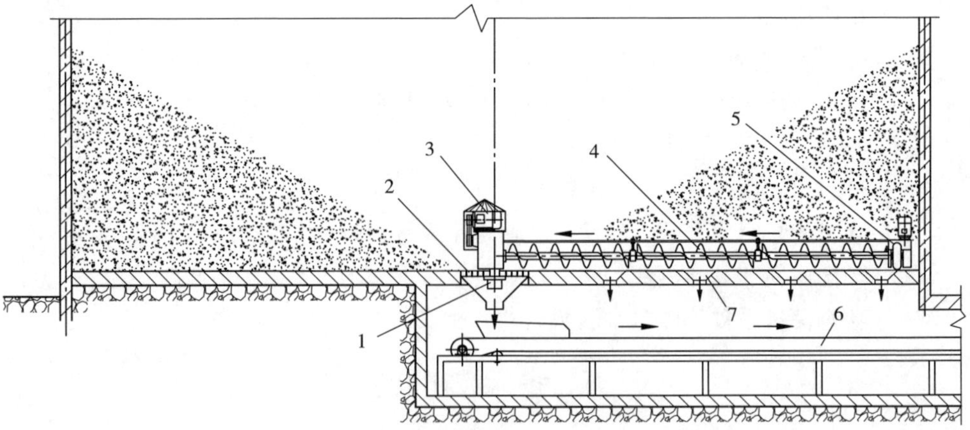

图 4-35　旋转式螺旋清仓机

1—回转支承装置　2—中央卸料孔　3—驱动装置　4—螺旋体　5—行走装置　6—输送机　7—辅助卸料孔

螺旋体的罩壳为半包围结构，开口朝向清仓机公转时的前进方向。罩壳与机架要有足够的强度和刚度，并沿着机身长度方向间隔布置支承轮，以承受自身重量及上方物料的压力。螺旋叶片可用单头或者双头螺旋，叶片一般采用满面式，若采用齿式叶片则可增加一定的破板结能力。为防止行走轮打滑空转，应在行走装置上增加配重或采用其他防滑措施。

为了解决螺旋体在完全被埋状态下启动困难的问题，应在仓底沿着下方输送机的方向开若干个辅助卸料孔，清仓机提前（筒仓装料前）停放在辅助卸料孔上方。当中央卸料孔自流卸料结束后，打开清仓机下方的辅助卸料孔卸料，待物料自流停止后再启动清仓机。

旋转式螺旋清仓机使用的螺旋直径为 300~1000mm，流量为 50~500t/h，适用的筒仓直径为 12~30m。经螺旋清仓后，会留有 30~50mm 厚的残余物料，仍需人工清理。

第五章

CHAPTER 5

振动输送机

第一节　概述

振动输送机是借助于输送料槽的往复振动使槽内物料向前移动，从而达到输送物料的目的。这种设备具有产量高、能耗低、工作可靠、结构简单、外形尺寸小、便于维修等优点，在机械、化工、食品、建材、冶金等各个行业应用广泛。

振动输送机属于无挠性牵引构件类连续输送设备，主要用于水平或小升角（小于10°）输送粒状或块状松散物料，也可输送粉状物料，但不宜输送水分较大的黏性物料。特殊需要时可用垂直振动输送机以螺旋状料槽向上输送散粒状物料。

一、振动输送机的基本结构

图5-1所示为水平振动输送机的结构示意图。振动输送机的主要组成部分有激振器、输送槽、主振弹簧、导向杆、隔振弹簧、平衡底架、进料口和卸料口等。

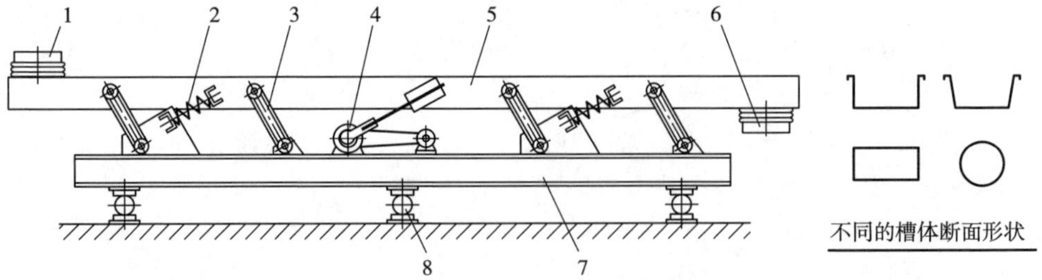

图5-1　水平振动输送机的结构示意

1—进料口　2—主振弹簧　3—导向杆　4—驱动装置（激振器）　5—槽体　6—卸料口　7—平衡底架　8—隔振弹簧

（1）激振器　激振器用以产生周期性变化的激振力，是维持振动输送机往复运动的动力来源。其激振力的大小，直接影响着输送槽的振幅。按照作用原理不同，激振器可分为机械式、电磁式、液压式和气压式。

（2）输送槽（输料管、承载体、槽体）与平衡底架（底架） 它们是振动系统中的两个振动质体,输送槽承载物料，做往复运动以输送物料；底架用以平衡槽体的惯性力，减少基础所受动载荷等。输送槽一般用钢板焊接而成，分为敞口和封闭两种槽形，有时候也可采用管式输送槽。

（3）主振弹簧与隔振弹簧 主振弹簧和隔振弹簧是振动系统的弹性元件。弹性元件有时还包括传送激振力的连杆弹簧。主振弹簧（共振弹簧或蓄能弹簧）的作用是使振动输送机有适宜的近共振的工作点（即频率比），使系统振动的动能和位能互相转化；隔振弹簧的作用是支承振动机构，减小系统传给基础的动载荷等。

（4）导向杆 导向杆的作用是限定输送槽与平衡底架的振动方向，使二者沿垂直于导向杆中心线作相对振动，并借助于平衡底架支撑槽体的重量。导向杆常借助于橡胶铰链与槽体和底架相连。

（5）进料口和卸料口 进料口和卸料口用于振动输送机的进料和卸料，需要借助软连接方式将其与相连设备之出料口或进料口相连接。

二、振动输送机的分类

根据振动输送机的不同工作特点，将其分类如下。

1. 按驱动装置形式分类

（1）弹性连杆式振动输送机 由弹性连杆驱动，其激振器如图 5-2 所示，主要由基座、偏心轴、连杆及橡胶弹簧等组成。槽体在偏心传动装置驱动下往复振动。

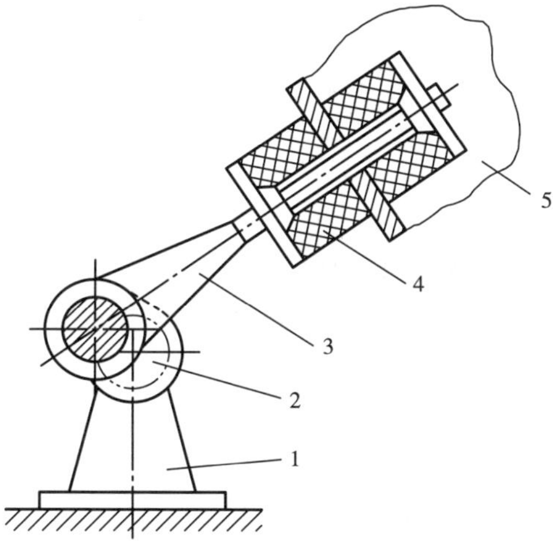

图 5-2 弹性连杆式激振器

1—基座 2—偏心轴 3—连杆 4—橡胶弹簧 5—槽体

（2）惯性式振动输送机 由惯性激振器（图 5-3）所产生的惯性激振力驱动。惯性激振器主要由驱动装置、偏心块、主轴、轴承和轴承座等组成，偏心块回转时所产生的周期性变化的惯性离心力 P 即为激振力。根据主轴的数量可将其分为单轴和双轴惯性振动输送机。惯性激振器的偏心块旋转时产生较大惯性力，且结构简单紧凑。现多用振动电机驱动（电机两端轴伸上带有偏心块）。图中 m 为偏心块质量，ω 为偏心块旋转角速度。

（3）电磁式振动输送机　利用电磁激振器（图 5-4）所产生的电磁激振力使输料槽作受迫振动。当输入交流电的频率为 50HZ 时，经过半波整流后，其振动频率为 3000 次/min。图中 m_1 为输料槽质量，m_2 为电磁激振器质量。

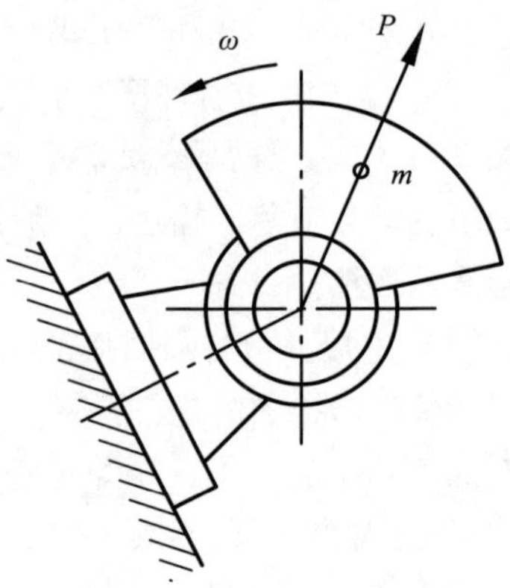

图 5-3　单轴惯性激振器

2. 按动力学状态和动力学因素分类

按动力学状态（主要指频率比，即工作频率 ω 与固有频率 ω_0 之比）可将振动输送机分为非共振（一般指在远超共振状态工作）类振动输送机和近共振类振动输送机。

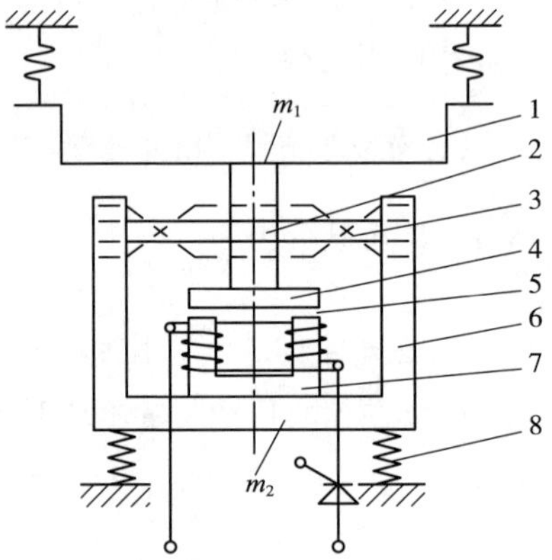

图 5-4　电磁激振器

1—槽体　2—连接叉　3—板弹簧　4—衔铁　5—气隙　6—壳体　7—铁芯　8—减振器

3. 按物料的输送方向分类

按物料的输送方向可将振动输送机分为：

（1）水平及微倾斜（向上或向下）振动输送机。

（2）垂直振动输送机。

4. 按物料在输料槽内的运动状态分类

按物料在输料槽内的运动状态振动输送机可分为：

（1）物料作滑行运动的振动输送机。

（2）物料作抛掷运动的振动输送机。

根据不同的特性，振动输送机还有很多不同的分类方法。例如，从振动系统的线性和非线性特征可分为线性振动输送机和非线性振动输送机两类。不过，实际生产中使用的绝大多数属于前者，即属于通过激振器的激振力，迫使输送槽按规定方向作简谐振动或近似简谐振动的振动输送机。

5. 按参振质体的数量分类

（1）单质体振动输送机。

（2）双质体振动输送机。

（3）多质体振动输送机。

三、振动输送机的特点

振动输送机的特点是：

（1）结构简单，相对运动零部件少，润滑点少，易损件少，维护保养方便。

（2）能量消耗较少，运行费用较低。

（3）对于含尘、有毒和带挥发性气体的物料可以实行密闭输送，有利于环境保护。

（4）在输送物料的同时，可以使物料得到松散和混合，给包装机定量供料或在配料系统均匀地配料。经过结构改进可在输送的同时实现物料的冷却、烘干、筛分和混合等工艺要求。

（5）可以输送高温物料，此时槽体要用耐热钢，温度达 500℃时要通风冷却，1000℃时用水夹套冷却。

（6）水平输送时输送量最大可达 200t/h，长度可达 50m。

（7）向上输送效率低，输送距离不长；输送粉状和含水量大、黏性的物料效果不佳；设计、制造、安装要求高，若有不当，会产生较大噪声和动载荷，影响正常工作，甚至会损坏相关零部件；某些机型对地基有一定的动载荷。

四、常见振动输送机的结构型式

振动输送机的种类很多，这里介绍生产中常见的几种类型。

（一）水平振动输送机

水平振动输送机用于水平或 10°以下的微倾斜输送，这类输送机有多种结构型式。

1. 弹性连杆振动输送机

这类振动输送机属偏心连杆（刚性、半刚性、弹性）振动输送机中的一种。由于弹性连杆具有传动机构受力小、起动转矩低、动力消耗省的优点，因而被广泛采用。

弹性连杆振动输送机常采用大振幅、低频率，因而可以实现大输送量和长距离的输送。其结构形式有如下三种。

（1）单槽体连杆振动输送机　如图 5-5 所示，该机由槽体、弹性连杆、主振弹簧、导向杆、固定底架等主要部件组成。槽体由导向杆作刚性支承，导向杆与槽体呈 60°角（也可呈 45°或 30°）安装，且垂直于主振弹簧，以控制槽体的振动方向。主振弹簧起调节槽体在近共振状态下工作的作用。主振弹簧为金属螺旋弹簧，形变增大时，储存能量；形变减小，则放出能量。但是，在振动输送机工作过程中，必然要消耗或损失一部分能量，这就需要激振器或驱动装置来补给。安装在固定底架上的电动机经 V 带减速传动，并将运动传到偏心轴上，轴的旋转运动使连杆作平面往复运动，再通过连杆和橡胶弹簧（或金属螺旋弹簧），将激振力传给槽体，并使之沿着导向杆规定的运动方向作近似于直线的振动，从而使槽体内的物料得到输送。连杆弹簧能减少起动转矩，避免传动部件受冲击载荷的影响，并实现系统的弹性振动。

这种振动输送机结构简单，便于制作和安装，其缺点是工作时槽体的惯性力得不到平衡，传递到建筑物或安装基础上的动载荷较大，需要有牢固的基础。因此，这种振动

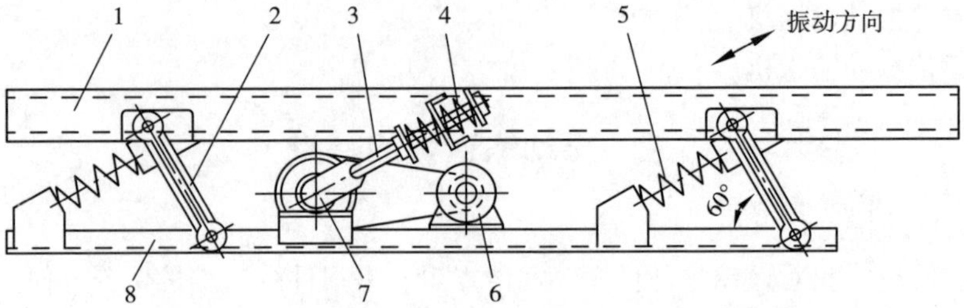

图 5-5　单槽体连杆振动输送机

1—槽体　2—导向杆　3—弹性连杆　4—连杆弹簧　5—主振弹簧　6—电动机　7—偏心轴　8—固定底架

输送机的槽体自重不宜太大，需要在较低的频率下工作，且不宜置于较高的楼层上使用。

为了减少传给基础的动载荷，可采用带隔振弹簧的单槽体振动输送机。

（2）带隔振弹簧的单槽体振动输送机　如图 5-6 所示，这种输送机与单槽连杆振动输送机的主要区别是底架上装有隔振弹簧。上质体为槽体，下质体为加有配重块的平衡底架，因此，工作起来槽体和底架都会产生振动而成为双质体的振动输送机。为了减少底架振动时的振幅，进而减少由弹簧传给基础的动载荷，常将底架的质量增至槽体质量的 3~5 倍。

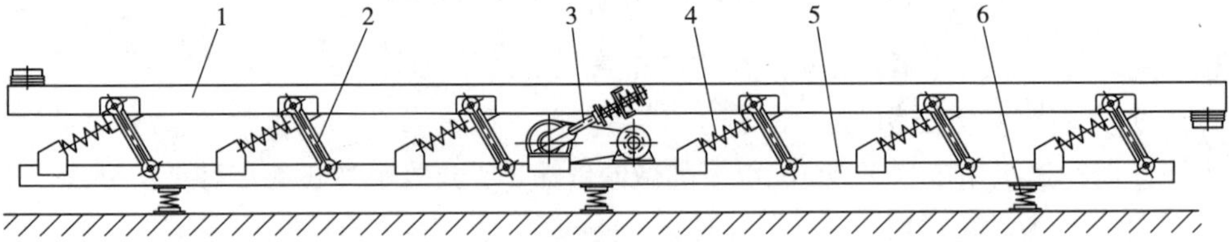

图 5-6　弹簧隔振单槽体振动输送机

1—槽体　2—导向杆　3—偏心连杆传动装置　4—主振弹簧　5—底架　6—隔振弹簧

这种输送机的传动装置、槽体、导向杆、主振弹簧与单槽体振动输送机没有本质区别，但因装有隔振弹簧，传给基础的动载荷就要小一些，也是在低临界近共振的状态下工作，振幅较稳定。

（3）弹簧隔振双槽平衡式振动输送机　如图 5-7 所示，这种输送机采用两个质量近似相等的槽体同时输送物料，槽体间的惯性力能获得较好平衡，且输送量大。上下槽体由装有橡胶铰链的导向杆连接，导向杆的中点通过橡胶铰链与支架联系在一起，支架固定在底架上，即槽体靠支架支承。主振弹簧采用剪切橡胶弹簧，由弹性连杆驱动，从而使剪切橡胶弹簧、连杆弹簧与上下槽体组成在近共振状态下工作的主振动系统。该机底架可用隔振弹簧支承在基础上，而成为弹簧隔振的双槽平衡式振动输送机。这种输送机有良好的隔振性能，工作起来噪声小，可置于高层建筑上使用。如果这种输送机不但两槽体的质量得到了严格的平衡，而且工作中两槽体内的物料量相差也不悬殊，那么，其底架就可不用弹簧隔振而直接固定在基础上，成为固定底架的“平衡式”双槽振动输送机。

弹性连杆振动输送机，一般适于长距离输送，单机输送距离通常在 30m 范围内，有的可

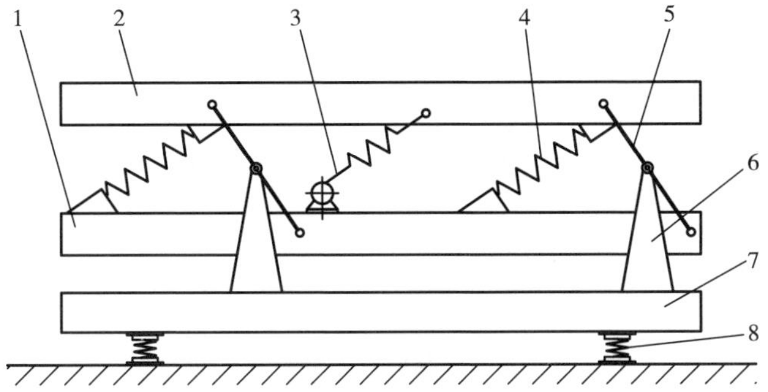

图 5-7　弹簧隔振双槽平衡式振动输送机

1—下槽体　2—上槽体　3—弹性连杆传动装置　4—主振弹簧　5—导向杆　6—支架　7—底架　8—隔振弹簧

达 50~120m；最大输送量为 200t/h。

2. 惯性式振动输送机

惯性式振动输送机采用惯性激振器或振动电机驱动。

惯性式振动输送机分为两类：在远超共振状态下工作的自同步式振动输送机和在低临界近共振状态下工作的单轴惯性式振动输送机。

(1) 自同步式振动输送机　如图 5-8 所示，该机主要由槽体、激振电机和隔振装置组成。槽体下方有两块承受激振力的推力板，激振电机就固定在推力板两侧。根据力学原理，两台激振电机可实现同步反向回转，因而称为自同步式振动输送机。激振电机的激振力方向垂直于两台激振电机的轴线组成的平面，槽体沿激振力的方向产生振动，使输送机在远超共振状态下工作。

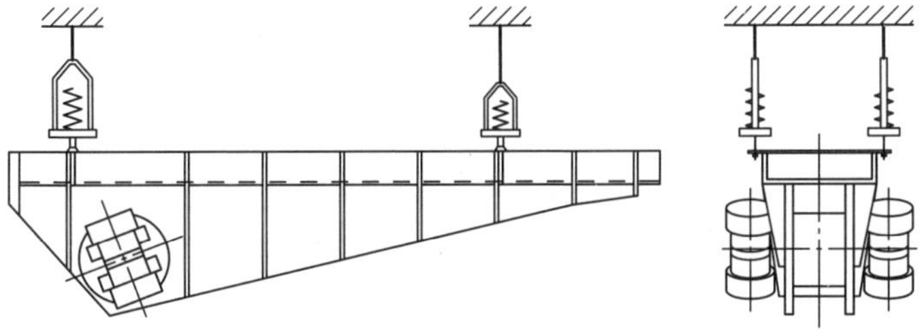

图 5-8　自同步式振动输送机

这种输送机可制成悬挂式或支承式，通常适于 5m 以内的短距离输送。

(2) 单轴惯性式振动输送机　如图 5-9 所示，该机主要由槽体、单轴惯性激振器、隔振弹簧等组成。槽体、平衡重、剪切橡胶弹簧及惯性激振器组成主振动系统。电动机通过 V 带带动激振器的主轴回转，主轴上的偏心块产生离心惯性力，使主振动系统产生近共振的振动。槽体与平衡重沿倾斜方向产生相对振动，使槽内的物料得到输送。槽体、平衡重与隔振弹簧组成隔振系统，并在远离共振的状态下工作。由于隔振系统的固有频率较小，隔振弹簧的刚度不大，而使这种双质体惯性近共振式输送机有较好的隔振性能。

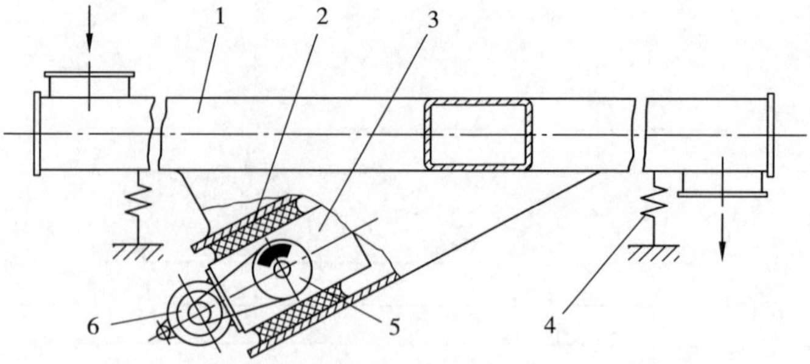

图 5-9　单轴惯性式振动输送机

1—槽体　2—剪切橡胶弹簧　3—平衡重　4—隔振弹簧　5—单轴惯性激振器　6—电动机

惯性式振动输送机除采用单轴式激振器外还可采用双轴式激振器。单轴惯性式激振器具有一套主轴和偏重块，能产生沿圆周方向变化的激振力；而双轴惯性式激振器具有两套平行布置的主轴和偏重块，两轴作等速反向回转，两偏重块始终处于对称位置，因此，在某一方向的激振力互相抵消，而与此方向垂直的激振力却互相合成，从而产生沿直线变化的激振力，并迫使槽体产生振动。

3. 电磁式振动输送机

电磁式振动输送机简称电振机，其激振源为电磁激振器。图 5-10 中 m_1 为由槽体、联接叉、衔铁、部分板弹簧以及物料的结合质量，m_2 为激振器壳体、铁芯线圈以及部分板弹簧的结合质量。根据激振器的多少，可分为单激振式与多激振式两种。激振器中的主振弹簧可以是板弹簧，也可是螺旋弹簧或橡胶弹簧，但以板弹簧的电磁式振动输送机用得最多。

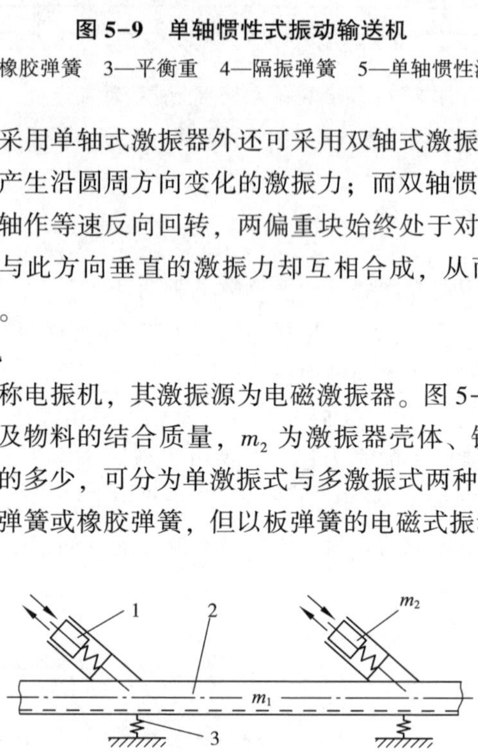

图 5-10　电磁振动输送机

1—电磁激振器　2—槽体　3—隔振弹簧

如图 5-10 所示，该机由电磁激振器驱动，槽体质量 m_1 与平衡质量 m_2 用弹簧组联在一起，形成一个双质体的定向振动系统。

电振机的工作频率高，振幅小，物料输送速度慢，对槽体刚度要求高。另外电振机受供电电压的影响较大，噪声也较大，但它操作安全可靠，调节物料量方便，因而常被用作定量供料装置——电磁振动供料器。

目前，单激振器驱动的电振机，其槽体长度一般不大于 6m，为增大输送距离，常采用多激振器驱动的电振机，这时需把多台激振器调整到同步运行的状态，这项工作比较困难。同时，电振机的成本较高，在不需要经常调整物料输送量的场合，以采用其他类型的输送机为宜。

（二）垂直振动输送机

垂直振动输送机可向上提升松散的粒状、块状和粉状物料，其最大输送量为 30t/h。垂直型振动输送机主要由输送塔（槽）、激振器、支承弹簧三部分组成（图 5-11）。垂直振动输送机按用途可分为螺旋式振动提升机和漏斗式振动供料机；按激振器形式的不同有惯性式、偏心连杆式和电磁式；按参振质体的多少有单质体和双质体之分。

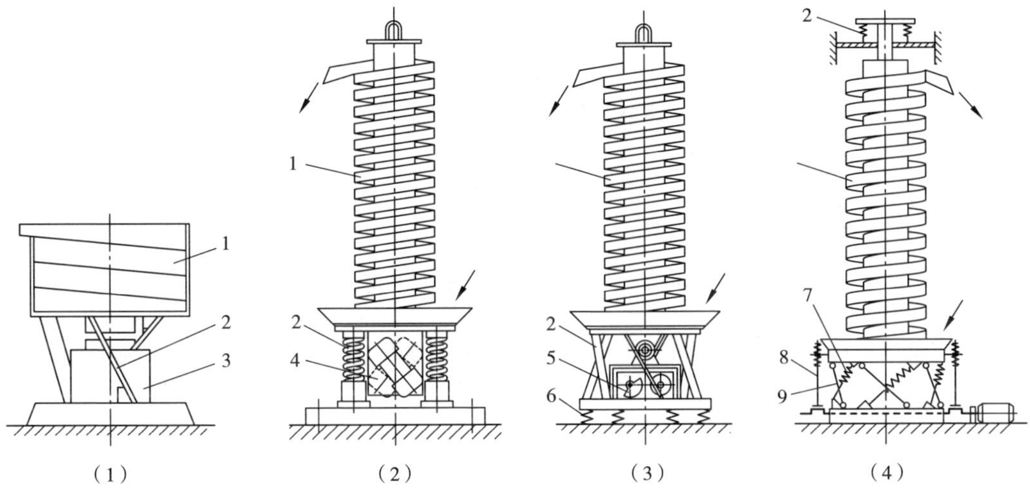

图 5-11 垂直型振动输送机

（1）电磁式 （2）单质体惯性式 （3）双质体惯性共振式 （4）单质体弹性连杆式

1—螺旋槽体 2—支承弹簧 3—电磁激振器 4—振动电机 5—惯性激振器

6—隔振弹簧 7—主振弹簧 8—弹性连杆 9—导向杆

如图所示，垂直振动输送机的槽体可支承或悬挂在支承弹簧（板弹簧或螺旋弹簧）上。工作中，槽体作沿垂直方向的直线振动和绕铅垂中心轴的扭转振动，两个振动的合成，使物料沿螺旋槽体的振动方向斜抛而得到输送。

电磁式的提升高度一般不超过 2m；惯性式一般在远超共振的状态下工作，其提升高度不超过 10m；偏心连杆式在低临界近共振的状态下工作，传给基础的动载荷较大。

垂直振动输送机的输料槽狭窄且成螺旋形上升，物料是向上输送，因此，它只适用于输送量小的场合。但由于输送线路较长，可在输送过程实现筛选、冷却和干燥等工艺功能。

第二节 槽体中物料的运动规律

一、水平振动输送机槽体的运动规律

振动输送机所用激振器不同或结构不同，其槽体的运动规律也不相同。现以刚性连杆式振动输送机为例，分析槽体的运动规律。

刚性连杆式振动输送机，其槽体由曲柄连杆驱动，连杆端部直接或通过橡胶铰链与槽体连接。如图 5-12 所示，曲柄半径 $OA=r$，角速度 ω，刚性连杆 AB 长 L。槽体由四根等长且平行的导向杆支承，其上各点的运动规律相同。导向杆长度为 l，其振动中心线与 OB 线垂直。

为了使讨论简化，近似认为：

（1）由于连杆长度 L、导向杆长度 l 均比曲柄偏心距 r 大得多，槽体的曲线起伏运动可近似看作是沿 OB 方向的直线往复运动；

（2）由于 r 很小，可近似认为槽体的振幅（或称单振幅）等于曲柄的半径，即 $\lambda=r$。

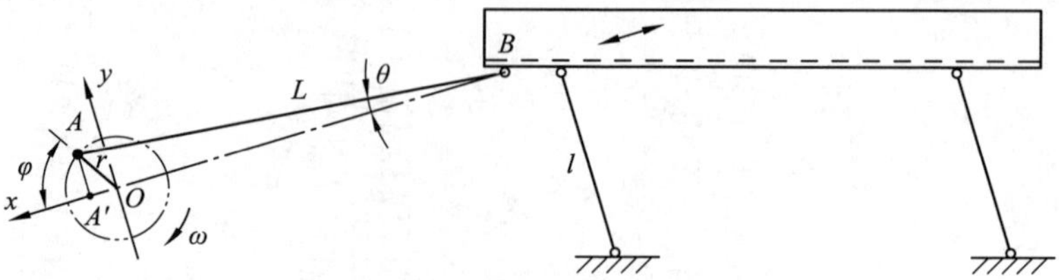

图 5-12　刚性连杆式振动输送机示意图

这样，曲柄 OA 作匀速圆周运动时，其端点 A 在 OB 线上的投影点 A' 的运动规律如下：

$$\left.\begin{aligned} x &= r\cos\varphi = r\cos\omega t \\ x' &= -r\omega\sin\omega t \\ x'' &= -r\omega^2\cos\omega t \end{aligned}\right\} \tag{5-1}$$

式中　φ——槽体的相位，等于 A 点在 xOy 平面内的相位角；

ω——槽体振动的圆频率，即 A 点的角速度，rad/s；

t——时间，s。以 A 点处于左侧 OB 连线上为起点。

槽体与连杆的公共点 B 的运动规律为：

$$x_1 = r\cos\omega t - L\cos\theta \tag{5-2}$$

由于连杆与 OB 的夹角 θ 很小，此时 $\cos\theta\approx1$，故式（5-2）可改写成：

$$x_1 = r\cos\omega t - L \tag{5-3}$$

则 B 点的速度 v 和加速度 a 分别为：

$$v = \frac{dx_1}{dt} = x'_1 = -r\omega\sin\omega t \tag{5-4}$$

$$a = \frac{d^2x_1}{dt^2} = x''_1 = -r\omega^2\cos\omega t \tag{5-5}$$

由式（5-5）可知，B 点运动的加速度 a 与其位移 x_1 成正比，但方向相反，即加速度 a 始终指向平衡位置（或振动中心）。根据简谐振动的定义。无论 $x=r\cos\omega t$ 或 $x=r\sin\omega t$，其加速度 a 恒指向振动中心的质点运动均为谐振动。也就是说，刚性连杆式振动输送机的槽体为简谐运动。

由于振幅 λ=常数，故这种振动称为限幅振动或定幅振动。

二、单一颗粒在振动槽中的运动规律

图 5-13 表示一个与水平面夹角为 α 的振动槽体，导向杆振动中心线与垂线的夹角为 β。当导向杆运动至其振动中心的右侧时，槽体加速度 a 的方向如图所示，此时，物料颗粒 m 受着重力 G、法向反力 N、惯性力 P 和摩擦力 F 的作用。已知 P 与 a 的方向相反，F 的方向和物粒的运动趋势（或运动）不同。现若要求物料能沿槽底向上滑行，则作用在物料颗粒上的摩擦力 F 的方向沿槽底向下（图 5-13）。因此，欲使物料在槽体中向 x 方向运动的条件为：

$$P\cos(\alpha+\beta) \geqslant [P\sin(\alpha+\beta)+G\cos\alpha]\tan\rho+G\sin\alpha \tag{5-6}$$

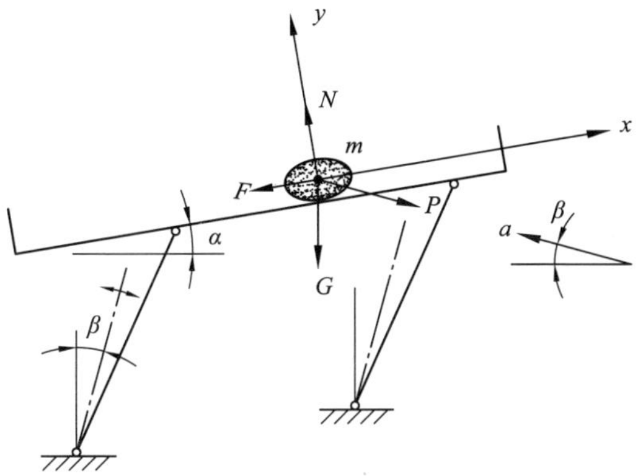

图 5-13　单一物料颗粒在振动槽中受力分析一

已知 $P=m\omega^2\lambda\cos\omega t$，$G=mg$

则 $m\omega^2\lambda\cos\omega t\cos(\alpha+\beta)-mg\sin\alpha \geqslant \tan\rho[m\omega^2\lambda\cos\omega t\sin(\alpha+\beta)+mg\cos\alpha]$

化简后得

$$\omega^2\lambda\cos\omega t\cdot\frac{\cos(\alpha+\beta+\rho)}{\cos\rho} \geqslant g\frac{\sin(\alpha+\rho)}{\cos\rho}$$

或

$$\frac{\omega^2\lambda}{g}\cos\omega t \geqslant \frac{\sin(\alpha+\rho)}{\cos(\alpha+\beta+\rho)} \tag{5-7}$$

式中　ρ——物料颗粒对槽体的摩擦角，(°)；

λ——槽体的振幅，m。

当 $\cos\omega t=1$ 时，$\frac{\omega^2\lambda}{g}\cos\omega t$ 的值最大。因此物料沿槽底向上滑行的基本条件为：

$$\frac{\omega^2\lambda}{g} \geqslant \frac{\sin(\alpha+\rho)}{\cos(\alpha+\beta+\rho)} \tag{5-8}$$

令 $\frac{\omega^2\lambda}{g}=K$，$\frac{\sin(\alpha+\rho)}{\cos(\alpha+\beta+\rho)}=K_1$，则物料颗粒沿槽底上滑的基本条件可表示为：$K \geqslant K_1$。工程上把 $\omega^2\lambda$ 与重力加速度 g 的比值称为振动强度或机械指数。

当导向杆运动至其振动中心的左侧（图 5-14）时，物料不沿槽底上行、而朝 x 方向沿槽底下滑的条件为：

$$P\cos(\alpha+\beta)+G\sin\alpha \geqslant \tan\rho[G\cos\alpha-P\sin(\alpha+\beta)]$$

整理后得：

$$\frac{\omega^2\lambda}{g}\cos\omega t \geqslant \frac{\sin(\rho-\alpha)}{\cos(\rho-\alpha-\beta)}$$

同上所述：

$$\frac{\omega^2\lambda}{g} \geqslant \frac{\sin(\rho-\alpha)}{\cos(\rho-\alpha-\beta)} \tag{5-9}$$

令 $\frac{\sin(\rho-\alpha)}{\cos(\rho-\alpha-\beta)}=K_2$，则物料颗粒沿槽底下滑的基本条件可表示为：$K \geqslant K_2$。

从图 5-14 看到，物料颗粒 m 有朝 y 方向跳起的可能。因此，物料颗粒跳离槽底的条件为（y 向）：

$$P\sin(\alpha+\beta) \geqslant G\cos\alpha$$

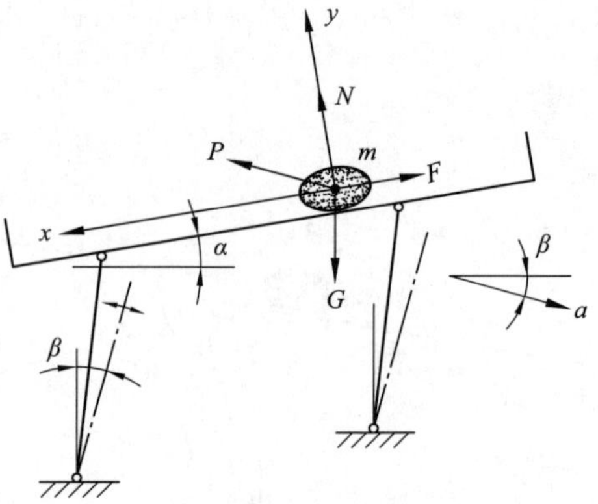

图 5-14　单一物料颗粒在振动槽中受力分析二

整理后得：
$$\frac{\omega^2\lambda}{g}\cos\omega t \geqslant \frac{\cos\alpha}{\sin(\alpha+\beta)}$$

同上所述：
$$\frac{\omega^2\lambda}{g} \geqslant \frac{\cos\alpha}{\sin(\alpha+\beta)}$$

令 $\frac{\cos\alpha}{\sin(\alpha+\beta)} = K_3$，则物料颗粒跳离槽底的基本条件可表示为：

$$K \geqslant K_3 \tag{5-10}$$

三、物料在槽内滑行的区域

式（5-8）、式（5-9）、式（5-10）表达的是在 $\cos\omega t=1$ 时，物料沿槽底向上滑行、向下滑行和从槽底跳起的基本条件。由于 $\cos\omega t$ 是在 $-1\sim1$ 之间周期性变化，当 $0<\cos\omega t<1$ 时，只要槽体的工作频率 ω 足够大，槽体中的物料仍有可能出现上滑、下滑、跳起的运动状态。因此，物料在振动的槽体内有一个滑行运动的区域。

（1）向上滑行区域　由式（5-7）、式（5-8）得：

$$\cos\omega t = K_1\frac{g}{\omega^2\lambda} = \frac{K_1}{K} \tag{5-11}$$

当导向杆在其振动中心右侧时，振动槽体的相位是 $-90°\leqslant\omega t\leqslant 90°$，则：

$$-(\omega t) = \arccos K_1\frac{g}{\omega^2\lambda} \tag{5-12a}$$

$$+(\omega t) = \arccos K_1\frac{g}{\omega^2\lambda} \tag{5-12b}$$

即物料在振动槽中向上滑行的区域是 $-\omega t\rightarrow+\omega t$，见图 5-15（1）的阴影部分。

（2）向下滑行区域　同理可得物料在振动槽中向下滑行的区域是 $+\omega t\rightarrow-\omega t$，见图 5-15（2）的非阴影部分。即

$$\pm\omega t = \arccos K_2\frac{g}{\omega^2\lambda} = \arccos\frac{K_2}{K} \tag{5-13}$$

因此，根据槽体倾角 α、导向杆倾斜角 β、物料与槽底的摩擦角 ρ、槽体的工作频率 ω、槽体的振幅 λ 及重力加速度 g，即可求出物料在槽中滑行运动的区域，也就可以判断出槽体在一个振动周期内，物料何时沿槽底向上滑行、何时沿槽底向下滑行、何时同槽体保持相对静止的状态。

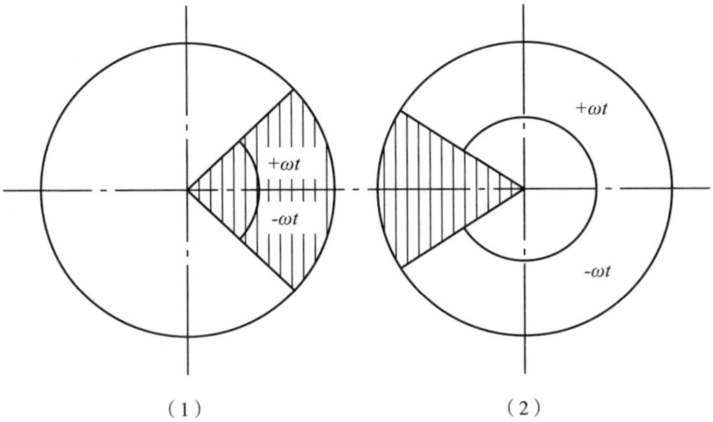

图 5-15　物料在槽中滑行运动的区域

四、物料的运动状态及选择

物料在交变往复周期性振动的槽体中，有五种不同的运动状态。

（1）纯下行　处于这种运动状态的物料上滑区为零，物料除对槽体保持相对静止外，就是沿槽体向下滑行。其条件是：

$$K_2 < \frac{\omega^2 \lambda}{g} < K_1 \tag{5-14}$$

（2）纯上行　处于这种运动状态的物料，同样除保持对槽体相对静止外，其他特点刚好与纯下行的相反。其条件是：

$$K_1 < \frac{\omega^2 \lambda}{g} < K_2 \tag{5-15}$$

振动输送机和振动给料机中的物料，均可采用上述两种运行状态。

（3）下行状态　物料在槽中向下运行的趋势大于向上运行的趋势，物料除对槽体相对静止外，可上行也可下行，但下行的时间多于上行的时间。条件是：

$$K_3 > \frac{\omega^2 \lambda}{g} > K_1 > K_2 \tag{5-16}$$

振动筛理机械中的物料多采用这种运动状态。

（4）上行状态　处于这种运动状态的物料，其特点正好与下行的相反，即物料在槽中上行的时间多于下行的时间。条件是：

$$K_3 > \frac{\omega^2 \lambda}{g} > K_2 > K_1 \tag{5-17}$$

粮油工业中的比重去石机，其石子在振动的鱼鳞筛板上就处于这种运行状态。

（5）抛掷跳跃状态　当物料跳离槽底，并按抛物线的轨迹向前运行一微小距离又落回槽底，然后再跳起的重复运行状态。条件是：

$$\frac{\omega^2 \lambda}{g} > K_3 \tag{5-18}$$

综合物料在振动槽体中的五种运行状态，从输送的角度考虑，可以使物料在槽中“滑行”，也可以使物料在槽中“跳跃”或“抛掷”。

物料在槽底滑行，彼此无冲击，噪声小，物料始终与槽底保持接触。在槽体振动的每一个周期内，物料沿槽底向前滑动一个微小距离，因而在槽体以一定的频率连续振动的情况下，便可将物料输送出去。

物料在槽底跳跃前进，即物料时而与槽底接触，时而与槽底脱离，向槽体的前上方作抛物线运动。物料每次被抛起之后，都向前行进一个微小距离，从而实现物料的连续输送。

对物料振动运行状态的选择，主要取决于物料的磨损性（表面粗糙程度）、对输送速度的要求、物料防破碎的要求、输送机的结构型式及槽体的运动规律等。

当输送不允许破碎的易碎性物料或粉状物时，常采用滑行运动的输送方式。因为在这种输送方式中，物料始终与槽体接触，彼此间没有空隙，不存在由于物料透气性不好形成气垫、影响物料运动的问题。但物料的滑行容易使输送机的槽体磨损，而且还要尽量避免物料的反向滑动。当用于对破碎无特殊要求的物料（粮食类散状物一般属此）输送时，通常选用抛掷运动的输送方式，因为在这种输送方式中，输送机的槽体磨损较轻，物料的输送速度一般大于滑行运动状态。因此，大多数振动输送机通常采用使物料作周期性抛掷的运动状态。

五、物料滑行运动的速度

虽然大多数振动输送机采用抛掷运动的物料输送方式，但仍有少数振动输送机采用滑行运动的方式。由于物料在振动槽中的滑动速度不易计算，这里只介绍一些试验数据（表 5-1），供参考。

表 5-1　　物料滑行运动的速度

物料与槽底的摩擦因数 f	0.3	0.4	0.5	0.6	0.7	0.8
物料在槽中滑行的平均速度/（m/s）	0.2~0.25	0.27~0.32	0.33~0.38	0.34~0.35	0.38~0.42	0.40~0.45

注：本表只适用于 $\alpha=0$，$\beta=20°\sim30°$，$n=300\sim400$r/min 的振动输送机。n 为振动频率，α、β 见图 5-13、图 5-14。

六、物料抛掷运动分析

（一）物料抛掷运动的条件及抛掷指数

如图 5-16 所示，设物料 M 的质量和重力分别为 m 和 G，槽底与水平面的夹角为 α。槽体沿 S 方向振动，振幅为 λ，振动方向角为 δ（振动方向与槽底平面的夹角）。S 为槽体工作面的位移，P 表示物料惯性力和重力沿 x 方向的分力之和，此力在不同时刻具有正反两个方向。当振动输送机工作时，根据达朗伯原理，作用在物料上的力的平衡方程式可表示为：

$$\left.\begin{aligned} -m\omega^2\lambda\sin\omega t\sin\delta + G\cos\alpha &= N \\ -m\omega^2\lambda\sin\omega t\cos\delta + G\sin\alpha &= F \\ F &\leqslant Nf \end{aligned}\right\} \tag{5-19}$$

式中　N——槽体对物料的支反力；

F——槽底对物料的摩擦力；

f——物料与槽底的摩擦因数。

当槽底对物料的法向反力 N 等于零时，物料开始离开槽底，也就是说，当物料所受惯性

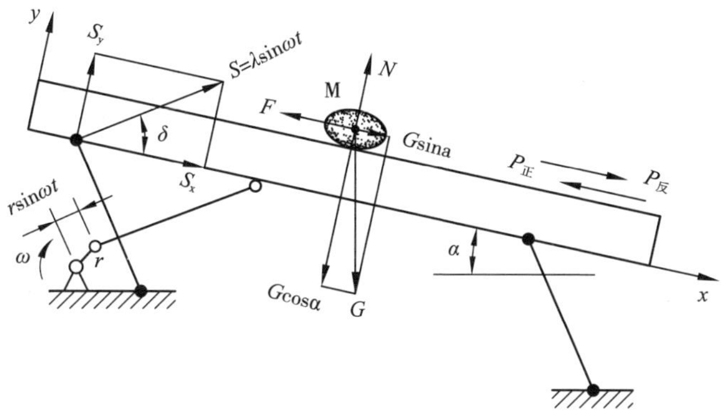

图 5-16　物料在槽体中受力分析

力的法向分力等于其重力的法向分力时，物料开始有可能出现抛掷运动的状态，即：

$$m\omega^2\lambda\sin\omega t_0\sin\delta = G\cos\alpha \tag{5-20}$$

式中　t_0——物料开始抛离槽底的时间。

设物料开始抛离槽底的相位角为 φ_0，则 $\varphi_0=\omega t_0$。那么，从式（5-20）可以求出物料抛离槽底的相位角（简称抛始角）：

$$\varphi_0 = \arcsin\frac{g\cos\alpha}{\omega^2\lambda\sin\delta} = \arcsin\frac{900g\cos\alpha}{\pi^2n^2\lambda\sin\delta} \tag{5-21}$$

式中　n——槽体每分钟的振动次数。

如同前面由图 5-14 分析物粒跳离槽底的条件那样：$P\sin(\alpha+\beta) \geqslant G\cos\alpha$，前后分析的结果并不矛盾，但此式中的（$\alpha+\beta$）等于式（5-20）中的 δ。

槽体振动中，物料在激振力方向上加速度的最大幅值为 $\omega^2\lambda$，其振动强度或机械指数：

$$K = \frac{\omega^2\lambda}{g} \tag{5-22}$$

因此，机械指数 K 实际上反映了物料所受激振力的强弱。K 值小，物料抛不起来，抛掷运动难以实现；K 值大，要求槽体有较好的强度和刚度，否则会影响输送机的正常工作。如前面分析的那样，物料抛掷运动的必要条件是 K 值不能太小，$K \geqslant K_3$ 见式（5-10）。

由上述分析可见，物料在振动槽中的运动状态，主要取决于所受法向加速度的大小。工程上把振动加速度的最大幅值在槽底法向分量与重力加速度在槽底的法向分量的比值 D 称为抛掷指数或抛料指数。

即：

$$D = \frac{\omega^2\lambda\sin\delta}{g\cos\alpha} = K\frac{\sin\delta}{\cos\alpha} = \frac{K}{K_3} \tag{5-23}$$

把 D 代入式（5-21），得出 φ_0 与 D 的关系式：

$$\varphi_0 = \arcsin\frac{1}{D} \tag{5-24}$$

当 $D<1$ 时，式（5-24）中的 φ_0 无解，物料不能出现抛掷运动，即保持相对静止或滑动的状况；

当 $D=1$ 时，物料处于跳离槽底与不跳离槽底的临界状态，即物料将要跳离而又未能跳离槽底的状况；

当 $D>1$ 时，式（5-24）中的 φ_0 有解。当槽体振动相位角等于抛始角 φ_0 时，物料开始抛离槽底，并沿抛物线轨迹向前运动。

因此，欲使物料按照抛掷运动的原理连续地得到输送的主要条件是抛掷指数 $D>1$。

已知 $\omega=\frac{2\pi n}{60}$，将其代入式（5-23），并选定振幅之后，便可按下式计算所需的振动次数：

$$n = 30\sqrt{\frac{Dg\cos\alpha}{\pi^2\lambda\sin\delta}} \tag{5-25}$$

若先选定振动次数，则振幅为

$$\lambda = \frac{900Dg\cos\alpha}{\pi^2 n^2\sin\delta} \tag{5-26}$$

前已述及，当振动相位角 φ 等于抛始角 φ_0 时，物料能抛离槽底实现抛掷运动，直至 φ 等于 φ_z（φ_z 为抛止角）时，物料重新落回槽底，或与槽体保持相对静止，或在槽内保持相对滑动。经过一个周期，即当 $\varphi=2\pi+\varphi_0$ 时，物料再次被抛起，并沿抛物线再次向前运动。图 5-17 分别表示了槽体和物料在垂直于槽底方向上的位移曲线 S_y 和 S_m。物料在槽体每一振动周期内均能出现一次抛掷运动，并在连续的抛掷运动中得以输送。

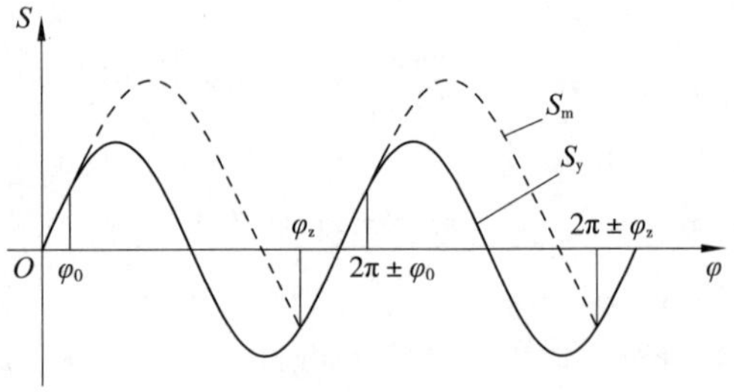

图 5-17　槽体与物料在垂直方向的位移曲线

（二）抛掷指数的选取及振动次数和振幅的计算

假设物料对槽体作相对运动，则在 y 方向和 x 方向的相对位移为 Δy、Δx；相对速度为 $\Delta y'$、$\Delta x'$；相对加速度为 $\Delta y''$、$\Delta x''$。这样，物料的惯性力和重力沿 x 方向的分力之和为：

$$P = -m(a_x+\Delta x'') + G\sin\alpha \tag{5-27}$$

而沿 y 方向，槽体对物料的法向反力（图 5-16）的大小为：

$$N = -m(a_y+\Delta y'') + G\cos\alpha \tag{5-28}$$

式中　α——槽体倾角。倾斜向下取“+”，倾斜向上取“-”。

物料被抛离槽体后，对槽体的正压力（即槽体对物料的法向反力）N 等于零。将槽体振动加速度的 y 向分量 $a_y=-\omega^2\lambda\sin\omega t\cdot\sin\delta$ 代入上式，便可求得物料沿垂直于槽体方向的相对运动方程：

$$m\Delta y'' = -G\cos\alpha + m\omega^2\lambda\sin\omega t\sin\delta \tag{5-29}$$

由于物料出现抛掷运动时，其振动相位角 φ 等于抛始角 φ_0，因此，对 $\Delta y''$ 进行一次由 φ_0 至 φ 的定积分，便可求得物料对槽体的相对速度在 y 方向的分量：

$$\Delta y' = -g\cos\alpha\left(\frac{\varphi-\varphi_0}{\omega}\right)^2 - \omega\lambda\sin\delta(\cos\varphi-\cos\varphi_0) \tag{5-30}$$

相对速度 $\Delta y'$ 对时间 t 再进行一次积分，即可求得物料对槽体的相对位移：

$$\Delta y = \frac{1}{2}g\cos\alpha\left(\frac{\varphi - \varphi_0}{\omega}\right)^2 - \lambda\sin\delta[(\sin\varphi - \sin\varphi_0) - \cos\varphi_0(\varphi - \varphi_0)] \tag{5-31}$$

由此可知，当物料在 y 方向的相对位移 Δy 重新等于零时，抛掷运动即告终止，此时，振动相位角 $\varphi = \varphi_z$，且 $\varphi_z = \omega t_z$（t_z 为物料终止抛掷运动的时间）。抛止角 φ_z 与抛始角 φ_0 之差，为物料抛掷运动时间内所经历的相位角 θ，这个角称为跳动角：$\theta = \varphi_z - \varphi_0$。因此，物料抛掷运动的终止条件为：$\varphi = \varphi_z$，$\Delta y=0$。将终止条件代入式（5-31）得

$$-\frac{1}{2}g\cos\alpha\left(\frac{\varphi_z - \varphi_0}{\omega}\right)^2 - \lambda\sin\delta[(\sin\varphi_z - \sin\varphi_0) - \cos\varphi_0(\varphi_z - \varphi_0)] = 0$$

已知 $\theta = \varphi_z - \varphi_0$，$\sin\varphi_0 = \dfrac{g\cos\alpha}{\omega^2\lambda\sin\delta}$，代入上式并化简得

$$\sin\varphi_z = \sin(\varphi_0 + \theta) = \sin\varphi_0 + \theta\cos\varphi_0 - \frac{\theta^2\sin\varphi_0}{2} \tag{5-32}$$

假若物料刚刚抛起，却又立即落入槽内，则 $\theta=0$，即 $\varphi_0=\varphi_z$。那么，由上式可得

$$\mathrm{ctan}\varphi_0 = \frac{\frac{1}{2}\theta^2 - (1 - \cos\theta)}{\theta - \sin\theta} = \frac{\cos\theta + \frac{1}{2}\theta^2 - 1}{\theta - \sin\theta} \tag{5-33}$$

上式表达了抛始角 φ_0 与跳动角 θ 之间的关系。若 φ_0 已按式（5-24）求出，则可按图 5-18 查出物料的跳动角 θ。

因为抛掷指数 D 与抛始角 φ_0 有以下关系：

$$\mathrm{ctan}\varphi_0 = \frac{\cos\varphi_0}{\sin\varphi_0}\sqrt{\frac{1}{\sin^2\varphi_0} - 1} = \sqrt{D^2 - 1}$$

或

$$D = \sqrt{\mathrm{ctan}^2\varphi_0 + 1} \tag{5-34}$$

将式（5-33）代入式（5-34）得

$$D = \sqrt{\left(\frac{\cos\theta + \frac{1}{2}\theta^2 - 1}{\theta - \sin\theta}\right)^2 + 1} \tag{5-35}$$

若以 i 表示物料跳动一次的时间与一个振动周期之比，即 $i = \dfrac{\theta}{2\pi}$，i 称为跳跃系数。将 $\theta = 2\pi \cdot i$ 代入式（5-35），便得到抛掷指数 D 与跳跃系数 i 的关系式（或由图 5-19 中的曲线表示）：

$$D = \sqrt{\left[\frac{\frac{1}{2}\theta^2 - (1 - \cos\theta)}{\theta - \sin\theta}\right]^2 + 1} = \sqrt{\left(\frac{\cos2\pi i + 2\pi^2 i^2 - 1}{2\pi i - \sin2\pi i}\right) + 1} \tag{5-36}$$

显然，当跳动角 $\theta=0°$，或跳跃系数 $i=0$ 时，可由式（5-36）求出抛掷指数 $D=1$。这时，如同在式（5-24）中讨论的那样，物料处于即将开始跳动而未出现跳动的临界状态，这种临界状态对应的振动次数与振幅可由式（5-25）和式（5-26）得出。

当跳动角 $\theta=2\pi$ 或 $i=1$，即物料跳动一次的时间等于一个振动周期时，由式（5-36）可计算出抛掷指数 $D = \sqrt{\pi^2 + 1} \approx 3.3$。与之相对应的振动次数和振幅，同样可由式（5-25）和式（5-26）求得：

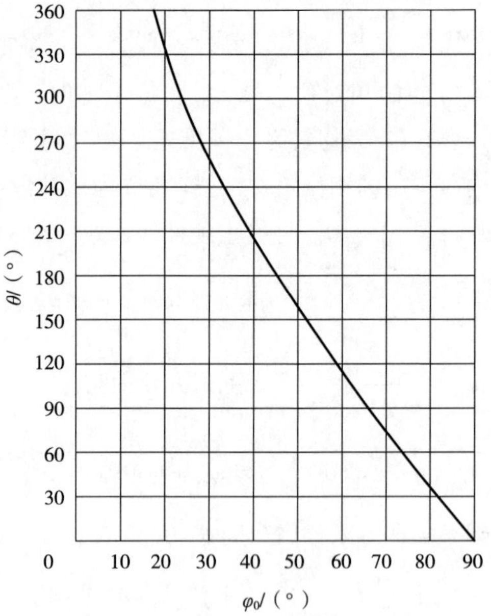

图 5-18　抛始角 φ_0 与跳动角 θ 之间的关系

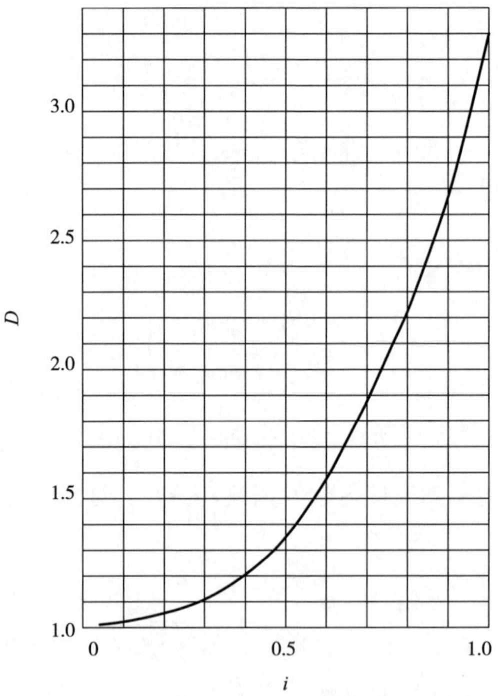

图 5-19　抛掷指数 D 与跳跃系数 i 的关系

$$\left.\begin{aligned} n &= 54.4\sqrt{\frac{g\cos\alpha}{\pi^2\lambda\sin\delta}}\text{（次/min）} \\ \lambda &= \frac{900\times 3.3g\cos\alpha}{\pi^2 n^2\sin\delta} \end{aligned}\right\} \tag{5-37}$$

对绝大多数按抛掷原理工作的振动输送机，希望在每一振动周期内物料有一次跳动，通常选取 $D<3.3$，同时，要求每次跳动有较大的跳动角 θ，这对减少能量消耗、缓和槽体磨损、提高输送机的工作效率都是有效的。因此，目前振动输送机的抛掷指数 D 一般在 1.5~3.3 范围内选取。

七、物料输送速度的计算

物料被抛离槽底并欲作 x 方向跳跃前进时，则所受惯性力和重力在 x 方向的分力（图 5-16）之和等于零，那么由式（5-27）得到物料的运动方程：

$$m(a_x + \Delta x'') = mg\sin\alpha$$

即：

$$\Delta x = g\sin\alpha + \omega^2\lambda\sin\omega t\cos\delta$$

$$= g\sin\alpha + \omega^2\lambda\sin\varphi\cos\delta \tag{5-38}$$

式中 $a_x = -\omega^2\lambda\sin\omega t\cos\delta$ 为槽体振动加速度的 x 向分量。对物料相对槽体在 x 方向运动的加速度 $\Delta x''$ 由 φ_0 至 φ_z 进行两次定积分，且知 $\theta=\varphi_z-\varphi_0$，便可求得物料每抛掷一次的相对位移。

$$\Delta x = \lambda\cos\delta\left(\sin\varphi_0 - \sin\varphi_z + \theta\cos\varphi_0 + \frac{g\sin\alpha}{2\omega\lambda\cos\delta}\theta^2\right) \tag{5-39}$$

利用式（5-32）得出的以下关系：

$$-\sin\varphi_z + \sin\varphi_0 + \theta\cos\varphi_0 = \frac{1}{2}\theta^2\sin\varphi_0$$

将其代入式（5-39）得：

$$\Delta x = \frac{1}{2}\theta^2\lambda\sin\varphi_0\cos\delta(1 + \tan\alpha\tan\delta) = \frac{2}{D}\lambda\pi^2 i^2\cos\delta(1 + \tan\alpha\tan\delta) \tag{5-40}$$

对于槽体每振动一个周期内物料只出现一次跳动的振动输送机，物料的理论平均速度等于每次跳动的相对位移 Δx 除以振动周期 $\frac{2\pi}{\omega}$，即：

$$v = \frac{\Delta x}{\frac{2\pi}{\omega}} = \omega\lambda\cos\delta\frac{\pi i^2}{D}(1 + \tan\alpha\tan\delta) = K_v\omega\lambda\cos\delta(1 + \tan\alpha\tan\delta) \tag{5-41}$$

式中 i——跳跃系数，$i = \frac{\theta}{2\pi}$；

K_v——速度降低系数，$K_v = \frac{\pi i^2}{D}$，其值可由表 5-2 查取。

表 5-2 抛掷指数 D 与速度降低系数 K_v 的关系

D	1.25	1.5	1.75	2	2.25	2.5	3	3.3
K_v	0.46	0.68	0.8	0.86	0.88	0.9	0.935	0.95

若槽体的倾角 $\alpha = 0°$，则物料抛掷运动的理论平均速度可由式（5-41）得到：

$$v_0 = K_v\omega\lambda\cos\delta \tag{5-42}$$

由表 5-2 可知，当 $D\leqslant3.3$（即 $i\leqslant1$）时，$K_v\leqslant0.95$，也就是说，此时速度降低系数的最大值为 0.95。因此，当 $D<3.3$ 时，水平振动输送机（$\alpha=0°$）中物料抛掷的理论平均速度，不能

超过槽体在 x 方向最大速度 $\omega\lambda\cos\delta$ 的 0.95 倍。工程上称 $\omega\lambda\cos\delta$ 为抛掷运动的极限速度：

$$v_1 = \omega\lambda\cos\delta \tag{5-43}$$

利用式（5-41）便可求出物料抛掷的理论平均速度。但试验结果表明，物料的实际输送速度与理论平均速度有一定偏差，其原因是：

（1）物料物理性质的影响　根据试验，在槽体水平安装、槽中料层厚度也不大的情况下，各种物料的实际输送速度与理论平均速度是不同的。因为不同物料有不同的物理性质：粒度大小、形状、容重、摩擦因数及水分含量等，其中以颗粒大小、摩擦因数和水分含量对物料实际输送速度的影响最为明显。细物料，特别是粉状物，其实际输送速度减小较多；潮湿物料的实际输送速度也较干燥物料的小。各种物料的输送速度必须通过实验才能准确确定。表 5-3 给出了粉状物料和潮湿物料的实际输送速度与理论平均速度的比值，即所谓物料性质影响系数 C_m。

（2）槽体倾角的影响　试验表明：当槽体倾斜向下时，特别是在倾角较大的情况下，实际输送速度远远大于理论平均速度，这是由于物料加速运动引起的。当输送机倾斜向上或倾斜向下的角度小于 8°时，物料的理论平均速度与实际输送速度相差不大，而当倾斜向下的角度大于 8°时，实际输送速度明显增大。表 5-3 列出了倾角对物料输送速度的影响系数 C_α。

（3）料层厚度的影响　料层厚度对物料输送速度有明显的影响。厚度增大，速度减小。试验表明：最上层物料的输送速度较下层的小。料层厚度对输送速度的影响系数 C_h 列于表 5-3。

表 5-3　　速度影响系数 C_m、C_α、C_h 值

物料物理性质	粒状干物		湿度不大		潮湿或粉状物		
物料物理性质影响系数 C_m	0.9~1		0.8~0.9		0.6~0.8		
槽体安装倾角 α/(°)	−15	−10	−5	0	+5	+10	+15
倾角影响系数 C_α	1	1	1	1	1	1.2~1.5	1.4~1.8
料层厚薄情况	较薄		中等		较厚		
料层厚度影响系数 C_h	0.95~1		0.85~0.95		0.65~0.85		

注：倾斜向上取“-”号，反之取“+”号。

因此，振动输送机物料的实际平均输送速度是按下式计算的：

$$\begin{aligned} v_m &= C_m C_\alpha C_h v \\ &= C_m C_\alpha C_h \omega\lambda\cos\delta \cdot (1 + \tan\alpha \cdot \tan\delta) K_v \end{aligned} \tag{5-44}$$

第三节　振动输送机运动学参数的选择与物料输送量的计算

一、振动输送机运动学参数的选择

1. 抛掷指数 D

大多数振动输送机选取抛掷运动状态，取 D=1.5~3.3。对电磁式振动输送机，取 D=

2.5~2.8；对惯性式或弹性连杆式振动输送机，取 $D=2.1\sim2.4$。当要求输送量大、输送机的零部件又有足够强度时，可选较大的抛掷指数；反之，应选较小的抛掷指数。

少数振动输送机采取滑行的运动状态，其抛掷指数宜取等于 1 或稍小于 1。此时的运动学参数也应按滑行运动确定。

2. 槽体倾角 α 及振动方向角 δ

对长距离输送的振动输送机（如惯性式和弹性连杆式），其槽体通常水平安装；对电磁式短距离输送的振动输送机，其槽体可水平也可倾斜安装，通常采用的倾斜角为 5°~10°。倾斜向下输送时，采用较大的倾角，对增大物料的输送速度、提高输送量有利，但会加速槽体的磨损，增大设备的安装高度。倾斜向上输送时，槽体的最大倾角一般取 10°~15°。若物料易滚动，宜取较小的倾角，反之可取较大的倾角。对球形颗粒的物料，不宜用振动输送机倾斜向上输送。试验证明，升角过大，物料的输送速度会急剧下降。升角每增加 1°，物料的输送速度约下降 2%。

振动方向角 δ（图 5-16）的选取，以保证输送机有较高的物料输送速度为宜。当输送磨琢性强、水分大或有黏性的物料时，宜取较大的 δ 值；当输送易碎、容重大或粉状物料时，宜取较小的 δ。对物料作抛掷运动的振动输送机，振动方向角 δ 通常按振动加速度 $\omega^2\lambda$ 与重力加速度 g 的比值（即振动强度 K）的大小在较有利的范围内选取。通常，当 $K=3$ 时，取 $\delta=35°\sim40°$；当 $K=4$ 时，取 $\delta=28°\sim33°$；当 $K=5$ 时，取 $\delta=24°\sim29°$；当 $K=6$ 时，取 $\delta=22°\sim27°$；当 $K=7$ 时，取 $\delta=20°\sim25°$。工业中应用的电磁振动输送机，一般 $\delta=20°\sim25°$；惯性式或弹性连杆式振动输送机，一般 $\delta=25°\sim35°$，最常见的是 $\delta=30°$。

3. 振动强度 K

对物料作抛掷运动的振动输送机，为使物料实现良好的抛掷运动和获得较大的输送速度，以及在不过分地加强输送机零部件的强度和刚度的前提下，能使机器有较长的使用期限，通常选用的振动强度为：

电磁式振动输送机，$K=5\sim10$，一般取 6~7.5；

惯性式振动输送机，$K=2\sim5$，一般取 3~5；

弹性连杆式振动输送机，$K=2.5\sim6$，常取 4 左右。

K 的大小还应结合物料的具体情况予以选定。对粉状物、潮湿或磨琢性物料，K 应取大值；欲防止物料破碎或减小噪声，K 应取小值。

4. 振动次数 n 和振幅 λ

振动输送机的振动次数 n 与振幅 λ、生产工艺及激振器的形式有关。

对于在抛掷状态下工作的振动输送机，视激振器形式的不同，其 n 和 λ 一般是这样选择的：

电磁式振动输送机，一般采用高频率小振幅。如 $n=3000$ 次/min，振幅 $\lambda=0.5\sim1$mm；如 $n=1500$ 次/min，振幅一般为 1.5~3mm。也有少数电振机的 $n=6000$ 次/min 或低于 1500 次/min。

惯性式振动输送机，一般采用中频中幅，少数用高频小幅。振动次数通常为 700~1800 次/min，最常用的是 700~1200 次/min，振幅为 1~10mm。因为大的振幅会加大偏心块的质量和增大起动转矩；过高的频率又会增大轴承的压力及机件的动应力与动力变形。

弹性连杆式振动输送机，通常选用低频率大振幅，少数采用中频中幅。振动次数通常为

400~1000 次/min，振幅 $\lambda=3\sim20$mm。

当振动次数和振幅选定之后，还应对振动强度 K 进行校核。实际使用的振动强度 K 应小于许用振动强度［K］，即

$$K=\frac{\omega^2\lambda}{g}=\frac{\pi^2n^2\lambda}{900g}<[K] \tag{5-45}$$

式中　［K］——许用振动强度，一般为 5~10。

当选用的 K 过大时，会增大振动输送机的动应力，影响机器零部件的使用寿命。

二、振动输送机输送量的计算

振动输送机物料输送量 Q（t/h）可按下式计算：

$$Q=3600hBv_m\gamma_0 \tag{5-46}$$

式中　h——料层厚宽度，m。一般取 $h=(0.5\sim0.7)H$，H 为槽体高度；若采用圆管，则可取 $h\leqslant\frac{d}{2}$，d 为管体内径；

B——槽体宽度，m。对双槽体振动输送机，其槽体宽度为 $2B$；

v_m——物料实际平均输送速度，m/s，由式（5-44）计算；

γ_0——物料的容重，t/m³。

计算例题：某单槽振动输送机，用于输送容重 $\gamma_0=0.75$t/m³ 的小麦，要求输送量 $Q=100$t/h，输送距离为 22m。试确定该振动输送机的运动学参数与工艺参数。

解：（1）选择物料运动状态

因为小麦不易破碎，欲获得较大的输送速度，故可选用抛掷运动的状态。又因输送距离较长，采用弹性连杆式振动输送机是适宜的。

（2）选取抛掷指数 D 和振动强度 K

对弹性连杆式，常取 $D=2.1\sim2.4$，$K=4$。

（3）槽体倾角 α 和振动方向角 δ 的确定

对用作长距离输送的振动输送机，常取 $\alpha=0°$。抛掷输送，当 $K=4$ 时，其振动方向角取 $\delta=30°$。

（4）振幅 λ 与振动次数 n 的计算与确定

对弹性连杆振动输送机，常采用低频率大振幅，因此，取 $\lambda=15$mm，则可按式（5-25）计算 n，即：

$$n=30\sqrt{\frac{Dg\cos\alpha}{\pi^2\lambda\sin\delta}}=30\sqrt{\frac{2.2\times9.8\cos0°}{3.14^2\times0.015\sin30°}}=512(\text{次}/\text{min})$$

现取 $n=520$ 次/min，则其 K 和 D 分别为：

$$K=\frac{\omega^2\lambda}{g}=\frac{\pi^2n^2\lambda}{900g}=\frac{3.14^2\times520^2\times0.015}{900\times9.8}=4.53$$

由式（5-45），$K=4.53<[K]=5\sim10$，故符合要求。

又由式（5-23）：

$$D=K\frac{\sin\delta}{\cos\alpha}=4.53\times\sin30°=2.27$$

（5）求物料的实际平均输送速度

因为 $\alpha=0°$，则其理论平均速度由式（5-42）得：

$$v_0 = K_v\omega\lambda\cos\delta = 0.89 \times \frac{3.14 \times 520}{30} \times 0.015 \times \cos30° = 0.63\,(\mathrm{m/s})$$

所以，物料的实际平均速度由式（5-44）得

$$v_{\mathrm{m}} = C_{\mathrm{m}}C_hC_av_0 = 0.9 \times 0.85 \times 1 \times 0.63 = 0.48\,(\mathrm{m/s})$$

（6）求槽体的断面和宽度

若取物料在槽内的厚度 $h=0.2\mathrm{m}$，因是单槽体，则槽体宽 B 由式（5-46）得：

$$B = \frac{Q}{3600hv_{\mathrm{m}}\gamma_0} = \frac{100}{3600 \times 0.2 \times 0.48 \times 0.75} = 0.39\,(\mathrm{m})$$

取 $B=0.4\mathrm{m}=400\mathrm{mm}$。

根据 $h=$（0.5~0.7）H，所以槽体高度 $H=\dfrac{0.2}{0.5\sim0.7}\approx 0.3\,(\mathrm{m})=300(\mathrm{mm})$

则槽体的横断面积 $S=0.12\mathrm{m}^2$

（7）求槽体内物料的重量

$$G = \frac{QL}{3600v_{\mathrm{m}}} = \frac{100 \times 22}{3600 \times 0.48} = 1.27(\mathrm{t})$$

第六章 辅助装置

CHAPTER 6

科学技术的进步和粮食机械输送设备的发展，为粮食仓储机械化和粮油加工过程连续化提供了有利的条件。然而，一个较为理想的生产过程，不仅需要合理地选用输送设备以完成物料输送，还需要恰当地使用与之相配套的辅助装置，以利于输送设备和其他输送设备或加工设备之间的衔接，实现各设备高效协同工作。辅助装置是粮食仓储机械化和粮油加工连续化、自动化的重要组成部分。其主要形式包括：溜管、溜槽、辊道、料仓、闸门、阀门和供料器等。

第一节 溜管

溜管又称自流管，是利用物料的重力作用通过封闭的管道从高处向低处输送物料的一种装置。溜管主要用于输送散状物料，在粮油加工厂、机械化粮仓以及其他加工、运输行业广泛使用。溜管具有不需要动力驱动、结构简单、制作方便、使用经济、工作可靠等优点，但只能作单向的向下输送，布置时需要满足一定的坡度要求。

一、溜管的一般构造

（一）溜管的材料和截面形状

根据制作材料的不同，溜管主要分为铁质溜管、木质溜管，少数场合也采用玻璃管或陶瓷管。其中，铁质溜管使用最为普遍，通常是采用薄钢板焊接或咬口而成，其断面形状有圆形、方形［有正方形、长方形（也称矩形）］。圆形溜管工艺布置灵活，制作、安装简便，节省材料和空间，但是底部受力比较集中，磨损快；方形溜管底部受力均匀，磨损较慢，同时底部可做成可拆式，便于磨损后更换，但当溜管立体倾斜布置及变换输送方向时连接较为麻烦。因此，在输送量不太大时，一般采用圆形溜管。输送粉状物料时，常用0.5~0.75mm镀锌钢板制作；输送粒状物料时，常用1~2mm钢板制作。当大流量输送粒状物料时，则宜采用2~4mm钢板，并内衬尼龙板或聚氨酯板超高分子质量聚乙烯板以增加耐磨性，或者直接采用耐磨钢板制造。

木质溜管通常采用 15~20mm 厚的杉木板，用木螺钉连接或者开企口镶拼而成，断面为正方形或长方形。由于木料的加工性能、使用性能不及钢材，所以木质溜管现在已基本不用。

玻璃溜管有圆形和矩形两种，前者由专业厂制造，后者由粮油加工厂自己制作。矩形玻璃溜管多以角钢或扁钢做成框架，镶以平板玻璃而成，可用于颗粒质量较大，表面硬度较高的颗粒物料和粗硬物料的输送。这种溜管制作简单，维修和更换方便，但是破损玻璃的碎粒若混在粮食或饲料中，对人畜具有较大的危害性，因此，其在粮油工业应慎用。

圆形的装配式预制溜管目前使用很广泛，由专业的制造厂家制造。预制溜管是用专门的设备制出各种标准管件，到使用现场进行拼接。其优点是安装速度快，外观整齐，不易锈蚀，而且便于调整管道改变工艺路线。管件通常是用 1~2mm 厚的冷轧钢板焊接而成，表里经烤漆或静电喷涂处理。图 6-1 所示是预制溜管的几种标准管件。

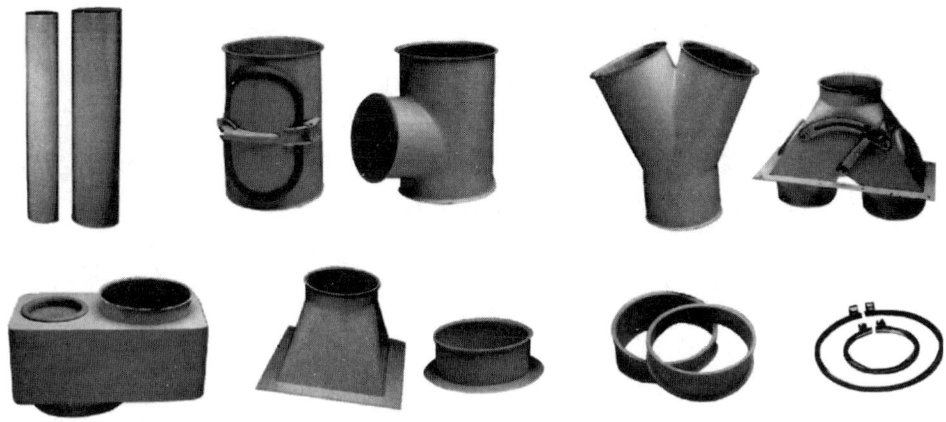

图 6-1　预制溜管标准管件

（二）辅助构件

1. 检查孔

在多数的溜管上，都应在方便操作的地方开设检查孔或活门，以便于排除堵塞、检查物料或工艺取样，同时要配置盖子，防止粉尘外扬。

2. 法兰盘

在溜管穿过楼板或与机器的连接处，以及溜管与溜管的连接处，应采用法兰盘连接固定，以免受振动而松脱。铁质法兰边宽 20~40mm；木质法兰边宽 45mm，厚 20mm。溜管的连接不宜采用焊接方式，因为焊接连接的溜管在进行维修、更换时需要明火作业，容易引起溜管内沉积的粉尘和空气中的氧在作业时发生粉尘爆炸。

3. 缓冲段

如果溜管中的物料流速较快，容易使溜管曲折处的管壁受物料冲击而过早磨损。为了缓和物料的冲击作用，延长溜管使用寿命，常在溜管曲折处设置如图 6-2（1）（2）所示的突出段，让突出的管端积存少量物料，避免物料与管壁直接撞击。对于接近垂直或垂直安装的管道，为了降低物料的下落速度，可做成如图 6-2（3）的形状将管道错开。

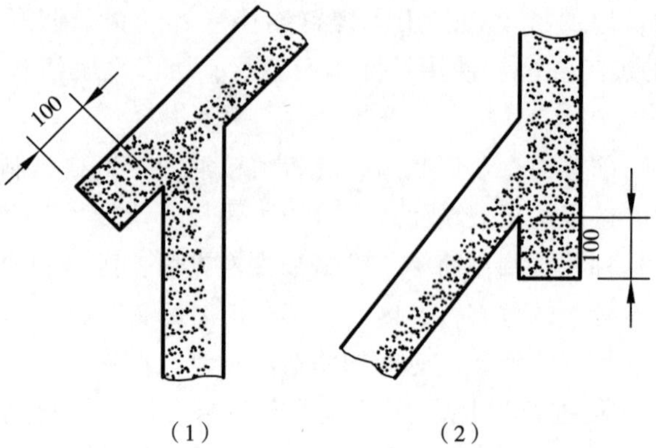

图 6-2 溜管缓冲段的型式

4. 拨斗

当因工艺要求，需要将物料分成两路或两路以上，或者改变物料的流向时，应设置拨斗（也称分流器或分路器），以达到控制物料去向和流量的目的。拨斗有两分式、三分式和四分式等几种型式，如图 6-3 所示。在管道的分叉处有一转轴，转轴的箱内部分固定一叶板，转轴的箱外部分则固定一拨针，拨针与叶板位于同一平面，沿滑道调节拨针和叶板的位置，就可改变左右两分管内物流的比例，或完全关闭一个分管。

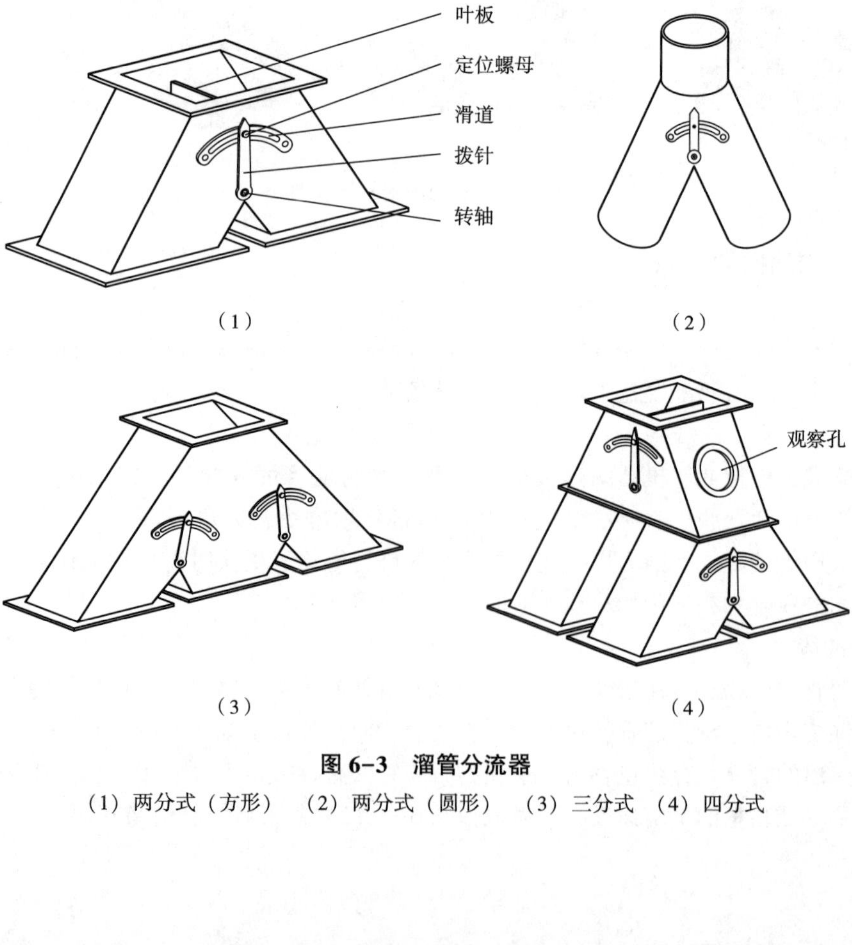

图 6-3 溜管分流器

（1）两分式（方形） （2）两分式（圆形） （3）三分式 （4）四分式

二、溜管内物料流动的基本原理

（一）物料颗粒在平板上的运动

如图 6-4 所示，颗粒能够由静止或初速度不为零的状态沿平板向下滑动，是由于颗粒自身重力沿平板向下的分力能够克服它与平板之间的摩擦阻力，即：

$$T \geqslant Nf \quad 或者 \quad G\text{sing}\alpha \geqslant G\cos\alpha f$$

化简后得：

$$\tan\alpha \geqslant \tan\rho \quad 或 \quad \alpha \geqslant \rho \tag{6-1}$$

式中　G——颗粒重力；

T——颗粒重力在斜面的切向分力，$T = G\sin\alpha$；

N——颗粒重力在斜面的法向分力，$N = G\cos\alpha$；

α——平板的倾斜角度；

f、ρ——颗粒对平板的摩擦因数和摩擦角，$f = \tan\rho$。

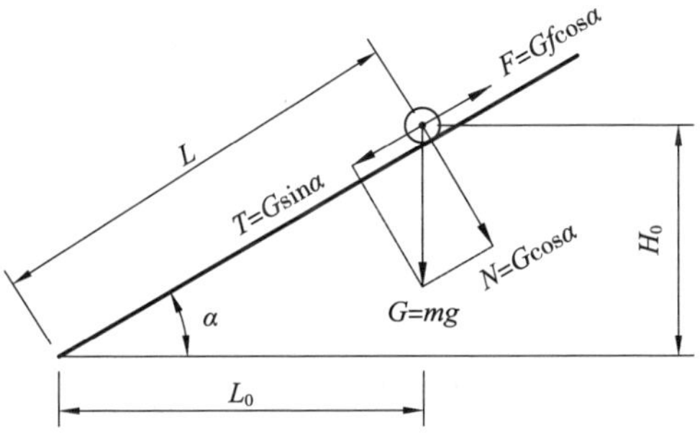

图 6-4　颗粒在平板上的受力分析

根据动力学原理，可列出颗粒的力学方程式：

$$ma = T - F = mg\sin\alpha - fmg\cos\alpha$$

得到：

$$a = g(\sin\alpha - f\cos\alpha) = g\cos\alpha(\tan\alpha - \tan\rho) \tag{6-2}$$

式中　a——颗粒运动加速度，m/s^2。

由式（6-2）可知：当 $\alpha>\rho$ 时，$a>0$，颗粒作加速运动；当 $\alpha=\rho$ 时，$a=0$，静止的颗粒不会流动，如果颗粒已有初速度，则颗粒按初速度沿平板等速滑动；当 $\alpha<\rho$ 时，$a<0$，静止的颗粒不流动，运动的颗粒逐渐减速直至停止。因此，欲使颗粒在平板上保持加速或匀速下滑，平板的倾斜角必须大于或等于颗粒与平板之间的摩擦角。

当颗粒在平板上滑动了路程 L 之后，其速度由初速度 v_0 增加到 v，根据能量守恒定律：

$$GH_0 = \frac{G}{2g}(v^2 - v_0^2) + NfL$$

其中，$H_0 = L\sin\alpha$，$N = G\cos\alpha$，$L_0 = L\cos\alpha$。将 H_0、N 代入上式并整理得：

$$v = \sqrt{2gL_0(\tan\alpha - \tan\rho) + v_0^2} \quad (m/s) \tag{6-3}$$

式中　v——颗粒的末速度，m/s；

v_0——颗粒的初速度，m/s；

L——物料在平板上滑动的路程，m；

L_0——平板上物料运动的水平距离，m；

H_0——平板上物料运动的垂直距离，m；

g——重力加速度，$g=9.81\text{m/s}^2$。

（二）物料在溜管内的流动条件

当大量物料在溜管内流动时，物料不但受到管底的摩擦阻力，还受到溜管侧壁的摩擦阻力。并且，溜管的截面形状、物料的充满程度不同，管壁对物料的阻力也不同。因此，物料在溜管内的流动条件不同于颗粒在平板上的流动。

图 6-5（1）是方形溜管内物料的压强分布图。设物料的容重为 γ_0，侧压系数为 λ，溜管的倾斜角为 α。在单位长度的管道内，物料对溜管底部的压力 N_1 和对侧壁的压力 N_2 分别为：

$$N_1 = bh\gamma_0 g\cos\alpha$$

$$N_2 = \frac{1}{2}h^2\gamma_0 g\lambda$$

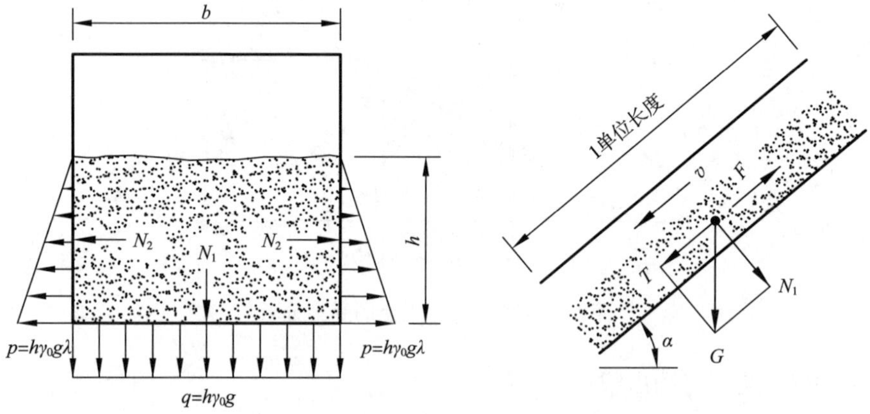

（1）　　　　（2）

图 6-5　方形溜管内物料对管壁的压强分布和作用力

（1）溜管横截面　（2）溜管侧面

物料受到的摩擦阻力为：

$$F = N_1 f + 2N_2 f = bh\gamma_0 g\cos\alpha f + 2 \times \frac{1}{2}h^2\gamma_0 g\lambda f$$

$$= bh\gamma_0 gf\left(\cos\alpha + \frac{h}{b}\lambda\right)$$

$$= \left(1 + \frac{h}{b\cos\alpha}\lambda\right) Gf\cos\alpha$$

G 为物料重力。

如图 6-5（2），物料在倾斜溜管内的流动条件是：

$$T \geqslant F$$

即：

$$G\sin\alpha \geqslant \left(1 + \frac{h}{b\cos\alpha}\lambda\right) Gf\cos\alpha$$

化简后得：

$$\tan\alpha \geqslant \left(1+\frac{h}{b\cos\alpha}\lambda\right)\tan\rho \tag{6-4}$$

一般情况下，α 为 27°~45°，由于 $\cos\alpha$ 的变化对计算结果影响不大，故取其平均值，从而可将式（6-4）简化为：

$$\tan\alpha \geqslant \left(1+\frac{h}{0.8b}\lambda\right)\tan\rho \tag{6-5}$$

令 $1+\frac{h}{0.8b}\lambda=\varepsilon_{方}$，则物料的流动条件为：

$$\tan\alpha \geqslant \varepsilon_{方}\cdot\tan\rho \tag{6-6}$$

$\varepsilon_{方}$为方形溜管的管形系数。

按同样的方法，可以求得圆形溜管的管形系数 $\varepsilon_{圆}$：

$$\varepsilon_{圆}=\frac{4}{\theta-\sin\theta}\left(\sin\frac{\theta}{2}-\frac{\theta}{2}\cos\frac{\theta}{2}\right) \tag{6-7}$$

式中 θ——圆形溜管中弓形的物料截面所对应的圆心角，rad。

角状（菱形）溜管的管形系数 $\varepsilon_{角}$：

$$\varepsilon_{角}=\begin{cases}\sin^{-1}\dfrac{\delta}{2} & （当充满系数\ \psi\leqslant 0.5）\\ \dfrac{2K^2}{1-2(1-K)^2}\cdot\sin^{-1}\dfrac{\delta}{2} & （当充满系数\ \psi>0.5）\end{cases} \tag{6-8}$$

式中 δ——角状溜管的底角，(°)；

K——角状溜管中物料深度 h 与溜管菱形截面总高度 h_0 之比，即 $K=\frac{h}{h_0}$。

所以，各种截面形状的溜管，物料的流动条件均可表示为：

$$\tan\alpha \geqslant \varepsilon\cdot\tan\rho \tag{6-9}$$

不同溜管截面形状的管形系数 ε 见表 6-1。

表 6-1 不同溜管的管形系数 ε

物料充满系数	0.2	0.3	0.4	0.5	0.6	0.7	0.8	0.9	1.0
圆形溜管	1.12	1.17	1.22	1.27	1.34	1.41	1.51	1.65	2.0
方形溜管	1.18	1.26	1.35	1.44	1.53	1.61	1.70	1.79	1.88
角状溜管	1.41				1.44	1.52	1.65	1.89	2.83

注：①物料的侧压系数以 0.7 计；

②角状溜管的底角以 90°计；

③圆形与角状溜管在物料充满系数大于 0.5 时，表中的 ε 仅作参考。

（三）物料在溜管内的流动速度

如前所述，物料在溜管内流动时，除受管底的摩擦阻力外，还受溜管侧壁的摩擦阻力。同时，物料在流动中还要受到空气的摩擦阻力。与空气的相对速度越高，受空气的阻力越大。因而，物料在溜管内的流动速度要低于颗粒在平板上的流速。实际应用中，物料的流速可按下列经验公式计算：

$$v = C\sqrt{2g \cdot L \cdot \cos\alpha(\tan\alpha - \tan\rho) + v_0^2} \quad (m/s) \tag{6-10}$$

若物料沿垂直溜管下落，其末速度为：

$$v = C\sqrt{2g \cdot H + v_0^2} \quad (m/s) \tag{6-11}$$

式中 C——系数，由实验测得。当溜管内空气流动畅通时，取 $C=0.8$；当溜管内空气流动不畅时（如空气在进、出口不能导入或排出），取 $C=0.65$；

v_0——物料进入溜管时的初速度，m/s；

H——物料在溜管内的下落高度，m。

为避免物料因下滑速度过快而造成物料破碎和对溜管转折处的冲击，用溜管输送物料时，物料的流速最好控制在2~4m/s。

溜管的曲折改向会降低物料的流动速度。改向角度越大，物料流速降低越多。它们之间的关系见表6-2。

表6-2 溜管改向角度与物料速度下降的百分比

溜管改向角度/（°）	10	20	30	40	50	60	70	80	90
速度降低百分数/%	3	7	15	25	37	55	75	90	100

溜管作圆弧形弯曲改向，同样会降低物料的流动速度。改向前后速度之间的近似关系为：

$$v = v_0 \cdot e^{-f \cdot \alpha} \tag{6-12}$$

式中 v——弯曲改向后的速度，m/s；

v_0——弯曲改向前的速度，m/s；

f——物料与管壁之间的摩擦因数；

α——溜管的改向角度，rad。

三、溜管倾斜角的确定

采用溜管输送物料时，适宜的溜管倾斜角取决于物料的特性、溜管的材料和形状以及使用条件。如前所述，物料在平板上滑动时，要求平板的倾斜角 $\alpha \geq \rho$，而当物料在溜管中流动时，要求溜管的倾斜角 $\tan\alpha \geq \varepsilon \cdot \tan\rho$，且 $\varepsilon>1$。这是因为溜管侧壁的摩擦力增加了物料流动阻力，必须增加溜管的斜度才能保证物料顺利流动。例如：

当物料充满系数为0.3时，圆形溜管：$\alpha \geq \rho+$（3°~5°）

方形溜管：$\alpha \geq \rho+$（5°~7°）

当物料充满系数为0.5时，圆形溜管：$\alpha \geq \rho+$（5°~7°）

方形溜管：$\alpha \geq \rho+$（8°~11°）

在滑动状态和静止状态下，物料对管壁的摩擦因数是不同的。一般谷物的动摩擦因数约为静摩擦因数的75%~95%，通常可取80%~85%，这在进行角度计算时应加以考虑。另外，确定溜管的倾斜角，还要考虑物料进入溜管时的运动情况。如果物料具有较高的初速度，则溜管的倾斜角只需能保持物料的正常流动即可；如果物料的初速度很低或接近于零，则溜管倾斜角需要在上述计算的基础上增加3°~5°或更多，使物料尽快地加速下滑。例如，提升机出口连接的溜管，倾斜角可以小一些；料仓下连接的溜管，其倾斜角则要大一些。

表 6-3 列出了溜管输送各种粮油物料所需的最小倾斜角，供工程设计时参考。

表 6-3 溜管的最小倾斜角

物料名称	溜管材料		物料名称	溜管材料	
	木板/(°)	钢板/(°)		木板/(°)	钢板/(°)
小麦	29~33	27~31	1 皮磨磨下物	37~40	35~37
稻谷	36~38	32~33	2 皮磨磨下物	38~41	35~40
玉米	24	24	3~5 皮磨磨下物	39~42	38~43
豌豆	20~23	20~21	麦渣（大粗粒）	34~36	31~34
糙米	30~36	25~30	粗麦心（中粗粒）	36~38	32~35
大米	40~43	36~39	细麦心（小粗粒）	38~40	36~37
米糠	47~50	43~47	粗粉	40~44	38~41
谷壳	45~55	44~52	粗麸皮	39~42	37~38
小米	23~25	20~23	细麸皮	40~42	37~40
心磨磨下物	44~46	41~43	标准粉	43~47	40~44
心磨平筛上层筛上物	40~43	39~40	吸风粉	46~50	42~46
心磨平筛下层筛上物	41~44	40~42	清理车间下脚料	38~40	34~36
一等粉	43~45	41~42	清理车间灰尘	46~48	41~42

注：①物料初速度为零时，用较大角度，反之用较小角度；
②物料水分若高于常态，溜管倾角应比表中所列角度增加 4°~9°；
③饲料厂、油厂的溜管倾角也可参照本表确定。

在工厂设计中，车间纵剖面图和横剖面图上所反映的溜管角度，通常是溜管倾角在车间纵横剖面图上的投影，多数情况下不等于溜管的实际倾斜角。溜管实际的倾斜角比投影角度要小。为了校验溜管的实际倾斜角是否符合物料流动的要求，必须对车间内每一支溜管的实际倾角进行校验。常用的校验方法有如下两种：

（1）直接计算 从平面布置图上量出溜管进、出口之间的水平距离 L，再从纵剖面或横剖面图量出溜管的垂直高度 H，然后根据 $\alpha=\arctan(H/L)$ 计算溜管倾角。

（2）使用倾斜角线解图（也称列夫雅金线解图）（图 6-6） 方法是：首先量出某根溜管在车间纵、横剖面图上的两个投影角度 α_1、α_2，然后在线解图的纵、横坐标上分别找到对应的点，并量出这两点间的距离 S。最后，用量得的距离在纵坐标或横坐标上量出一点，此点的角度值便是所要求的实际角度。例如，某溜管在车间纵、横剖面图上的投影角度分别是 $\alpha_1=33°$ 和 $\alpha_2=40°$，在纵坐标上找到 33°，在横坐标上找到 40°，量出这两点间的距离，再用此距离去纵（或横）坐标上量出一点，这一点的角度值 27° 即是该溜管的实际倾斜角 α。

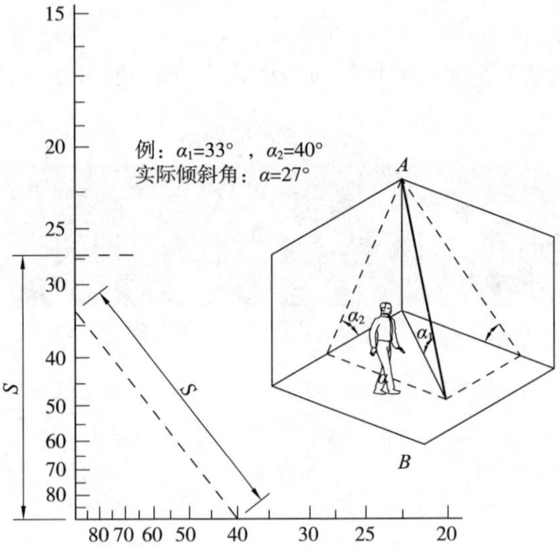

图 6-6　溜管倾斜角线解图

四、溜管的输送量计算

用溜管输送物料时，物料需要伴随空气一起流动，因此，溜管内物料并不是充满状态，仅占据了管道内的部分空间。在理论上，溜管的输送量可按式（6-13）计算：

$$Q = 3600F \cdot v \cdot \gamma_0 \cdot \psi \quad (t/h) \tag{6-13}$$

式中　F——溜管的横截面积，m^2；

v——物料流动速度。按物料进入溜管时的初速度计算，m/s；

γ_0——物料的容重，t/m^3；

ψ——物料充满系数。粒状物料取 $\psi=0.4\sim0.5$；粉状物料取 $\psi=0.2\sim0.25$。

在实际生产中，由于在开、停车时会出现流量的波动，使溜管内的瞬时流量超过正常流量，所以在设计中，往往按大于实际流量的数据来选择溜管的尺寸。另外，为了车间的整齐美观以及制作和安装的方便，同一车间内的溜管应尽量采用相同规格。不同生产规模车间所应用的溜管规格（断面尺寸）见表 6-4。

表 6-4　　不同生产规模车间溜管断面尺寸　　单位：mm

溜管种类	加工车间				原粮立筒库		
	生产率/（t/d）	清理车间	砻谷车间	制粉、碾米车间	生产率/（t/h）	溜管尺寸	
圆形溜管	100 以下	ϕ125	ϕ125	ϕ125	50	250×250	若采用圆形溜管，其截面积应等于方形管截面积
	100~200	ϕ140	ϕ140	ϕ140	100	300×300	
	200~400	ϕ140	ϕ160	ϕ140	200	350×350	
					300	400×400	
方形溜管	100 以下	110×110	110×110	110×110	400	450×450	
	100~200	125×125	125×125	125×125	600	500×500	
	200~400	150×150	150×150	125×125	800	600×600	

注：①生产率小于 50 t/d 的小型厂，可采用 ϕ75~ϕ100mm 的圆形溜管；

②表中所标立筒库溜管的生产率系指小麦（γ_0=0.75t/m^3）。

第二节　溜槽

溜槽主要作成件物品的降运之用。常见的溜槽有平直溜槽和螺旋溜槽两种。

一、平直溜槽

图 6-7 所示是平直溜槽的一个应用例子。粮包在自身重力的作用下，从高处沿溜槽下滑，到达指定位置后，再由人工搬运或码垛。

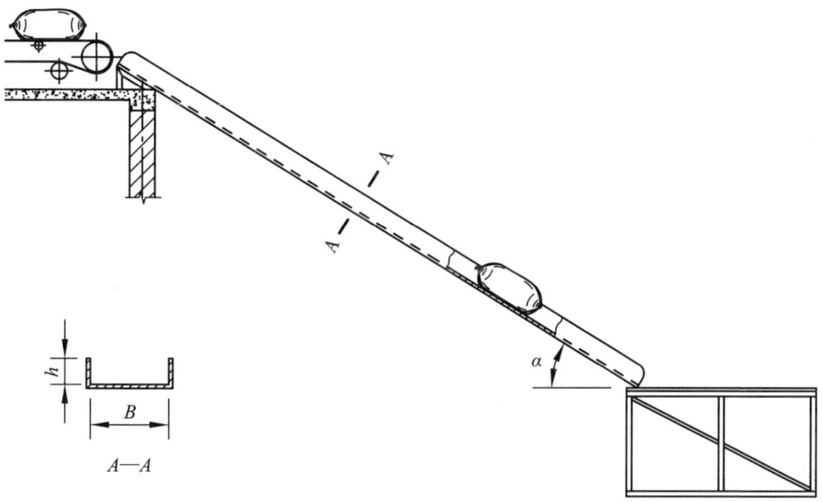

图 6-7　粮包平直溜槽

平直溜槽的断面形状多为“ ⊔ ”形，一般是用钢板、木板或竹板制成，也可用砖石和水泥砌成。若用钢板制作，可用 2~5mm 厚的钢板通过焊接或沉头螺栓拼接而成。若用木板制作，应选用厚度 30~50mm，干燥、表面光滑、质地坚硬的木料，并使木板纵向纹络与粮包滑行方向一致，以减小对粮包的滑行阻力和磨损。此外，也可以在木板表面铺一层薄钢板来减少阻力。竹板制成的溜槽，应将竹板削平，并使接头处平整光滑。砖石和水泥砌成的溜槽，应做成水磨石表面或在表面铺钢板或光滑石子，以提高其光滑度。

溜槽的宽度 B，应大于粮包宽度 100mm 左右；侧板的高度 h 应大于粮包厚度的 1/2。

粮包在溜槽上滑动，与颗粒在平板上滑动的原理相同。因而粮包的下滑条件是：

$$\tan\alpha \geqslant \tan\rho \quad \text{或} \quad \alpha \geqslant \rho \tag{6-14}$$

式中　α——溜槽的倾斜角，(°)；

ρ——粮包与溜槽间的摩擦角，(°)。

粮包在溜槽内下滑的末速度为：

$$v = \sqrt{2g \cdot L \cdot \cos\alpha(\tan\alpha - \tan\rho) + v_0^2} \quad (\text{m/s}) \tag{6-15}$$

式中 v——粮包的末速度，m/s；

v_0——粮包的初速度，m/s；

L——粮包在溜槽上滑动的距离，m；

g——重力加速度（$g=9.81\text{m/s}^2$）。

粮包到达溜槽末端的下滑速度不能太高，过高的速度会造成过大的冲击力，容易使粮包损坏和发生伤人事故。因此，粮包脱离溜槽时的速度应控制在 1.5m/s 以下，粮包越大，脱离速度应越低。粮包在滑行过程中的速度可以高一些，但不应高于 2.5m/s。

平直溜槽的倾斜角，应视粮包与溜槽之间的摩擦因数大小来确定，既要保证粮包顺利下滑，又要控制粮包的脱离速度不能太高。一般来说，长度较短的溜槽，其倾斜角可取 $\alpha=\rho+(3°\sim5°)$；长度较长的溜槽，如果粮包的初速度较低，应做成曲折形状（图 6-8）：第一段倾斜度较大，使粮包具有较大的下滑动力和速度。第二段倾斜度要小，使粮包稳速滑行，具有适宜的末速度。不经常使用的钢制溜槽，表面会因生锈而降低光滑度，所以设计时应将其倾斜角提高 2°~3°。表 6-5 为麻袋与常用溜槽制作材料之间的摩擦角。

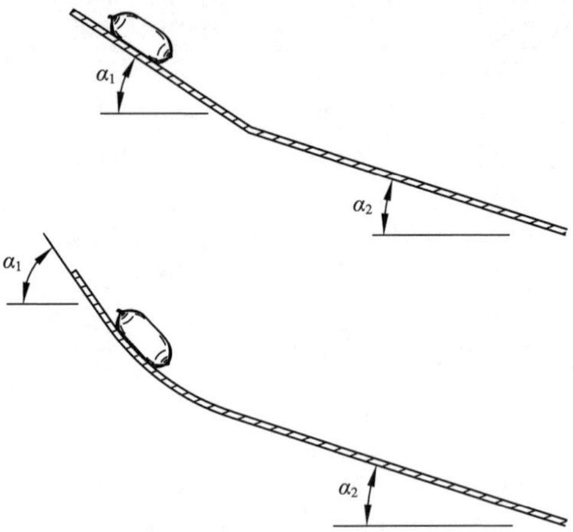

图 6-8 曲折溜槽

表 6-5 麻袋与溜槽制作材料之间的摩擦角 单位：（°）

摩擦角	材料				
	钢板	木板	竹板	水泥面	橡胶带
静摩擦角 ρ	24	24	15	24	31.5
动摩擦角 ρ_d	20	20	12	20	25

在实际应用中，有时会因场地限制，不得不将溜槽的倾斜度做得很大。这时为了控制粮包在溜槽内的滑动速度和终速度，就必须要采取一些缓冲措施。图 6-9 为常用的三种缓冲措施：图 6-9（1）为曲折导向板缓冲，利用缓冲板使粮包在下滑时走曲折路线，以增加粮包滑动的摩擦力和线路长度而达到减速的目的。图 6-9（2）为弹簧夹板缓冲，当粮包从夹板中间通过时，夹板的弹簧会有效地吸收粮包的运动能量，并给予粮包一定的摩擦阻力，使粮包速度降低。这种阻尼弹簧可以通过调节夹板的张合程度来调节阻尼力大小，因此适用范围较广。图 6-9（3）为波浪形滑道缓冲，其作用原理与曲折导向板缓冲相同。

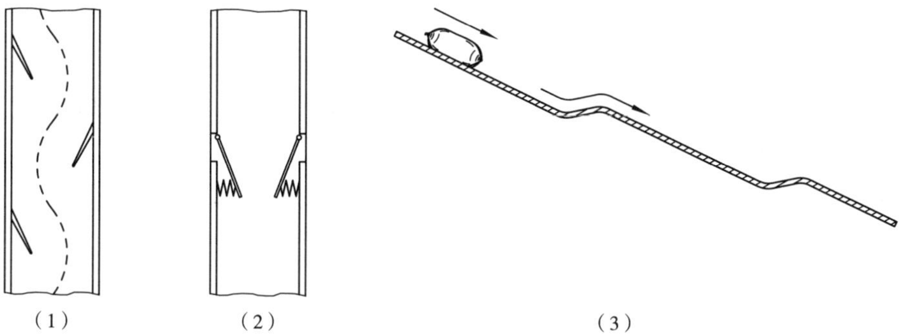

图 6-9 平直溜槽缓冲措施

(1) 曲折导向板缓冲 (2) 弹簧夹板缓冲 (3) 波浪形滑道缓冲

在平直溜槽的末端，应做一个长约 2m、高约 1.2m 的平台（图 6-7），使粮包在平台上迅速减速以便于人工接包。如果粮包需要继续下滑，则可以将平台台面的末端放下而成为倾斜板，使其与下方的溜槽连接，保证粮包继续滑行。

二、螺旋溜槽

螺旋溜槽主要用于粮包的垂直向下输送。螺旋溜槽一般用 2~3mm 薄钢板或 30~50mm 厚的木板做成，也可用铸铁件逐段拼接或水泥堆砌而成，如图 6-10 所示。图 6-10（1）为单螺旋溜槽，图 6-10（2）为双螺旋溜槽。前者只能输送单一品种的粮包，后者可以同时输送两种不同的粮包，在两个不同的地点卸下来。

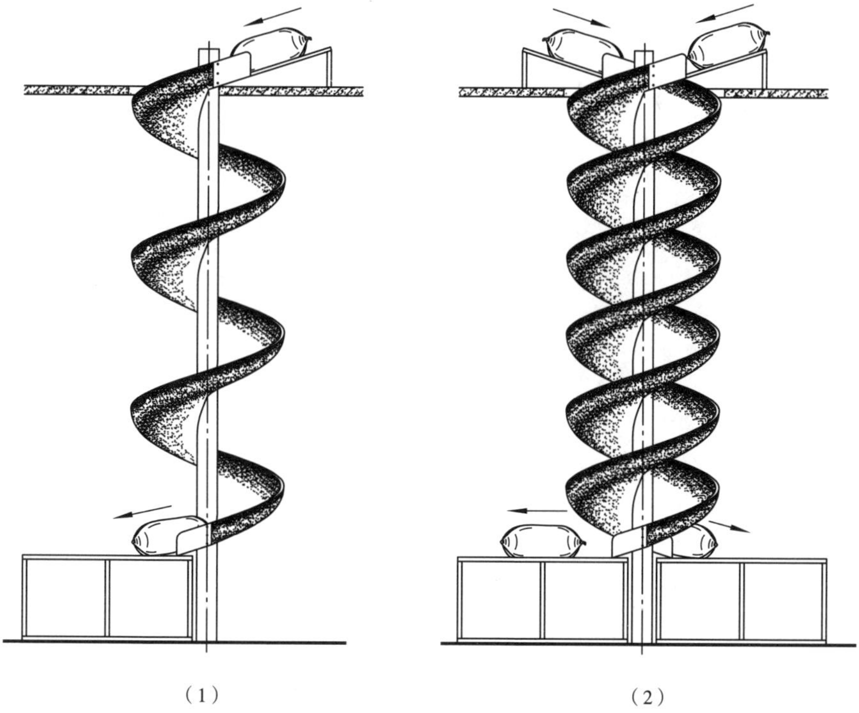

图 6-10 螺旋溜槽

(1) 单螺旋溜槽 (2) 双螺旋溜槽

（一）粮包沿螺旋溜槽下滑的条件

与平直溜槽不同，粮包沿螺旋溜槽曲线下滑除受自身重力作用外，还因绕立轴旋转而产生离心惯性力。因此，粮包在下滑过程中受到的阻力包括：槽底的摩擦阻力和侧壁的摩擦阻力两部分。而且，粮包的下滑速度越快，其离心力越大，受侧壁的摩擦阻力越大。图 6-11 是粮包下滑时的受力图。

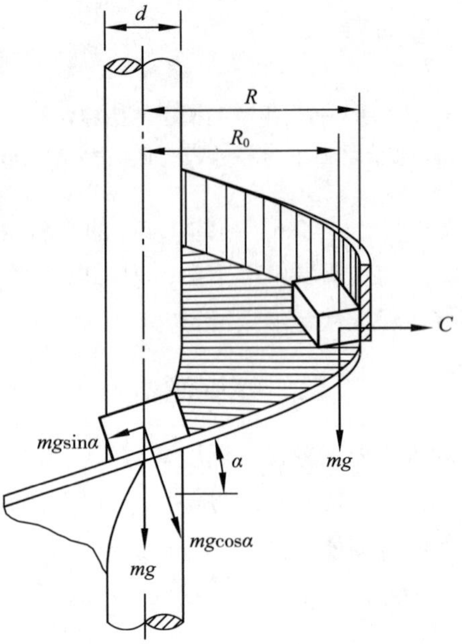

图 6-11　粮包下滑受力分析

设粮包的重力为 mg，沿滑动斜面的分力 $F = mg\sin\alpha$，对斜面的正压力 $N = mg\cos\alpha$，离心惯性力为 $C = \frac{m(v \cdot \cos\alpha)^2}{R_0}$，粮包与溜槽表面之间的摩擦因数为 f。当粮包达到恒速运动时，其受力平衡方程式为：

$$mg\sin\alpha = mg\cos\alpha \cdot f + m \cdot \frac{(v \cdot \cos\alpha)^2}{R_0} \cdot f \tag{6-16}$$

得到：

$$v = \sqrt{\frac{R_0 g}{f \cdot \cos\alpha}(\tan\alpha - \tan\rho)} \tag{6-17}$$

因此，粮包的下滑条件为：

$$\tan\alpha > \tan\rho \quad 或 \quad \alpha > \rho \tag{6-18}$$

式中　ρ——粮包与溜槽表面之间的摩擦角，（°）；

α——槽底外沿的螺旋升角，（°）；

v——粮包沿溜槽下滑速度，m/s；

R_0——粮包重心至溜槽立轴中心的间距，m。近似取作溜槽水平投影半径 R。

（二）螺旋溜槽尺寸的确定

如图 6-12 所示，螺旋溜槽的外沿螺旋升角 α 与溜槽的外径 D 、螺距 H 之间的关系是：

$$\tan\alpha = \frac{H}{\pi D} \tag{6-19}$$

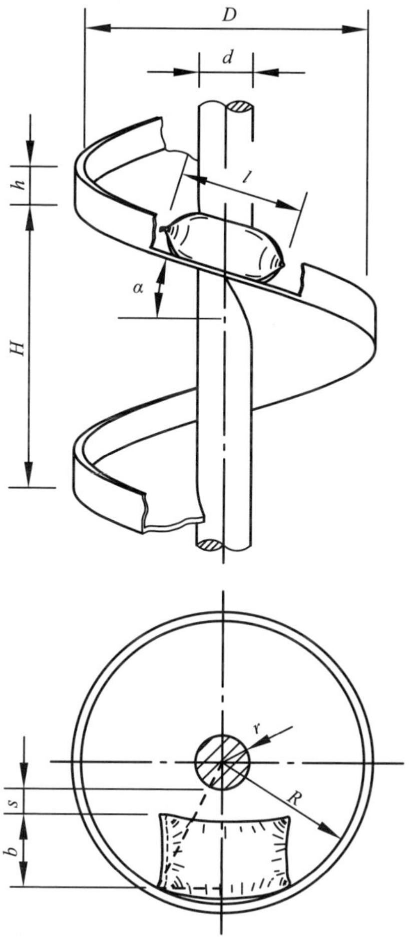

图 6-12　螺旋溜槽尺寸计算图

因此，根据式（6-18）所述粮包下滑条件，螺旋溜槽的尺寸必须满足：

$$\frac{H}{\pi D} > \tan\rho = f \tag{6-20}$$

由图可知，粮包长度 l 与螺旋溜槽水平投影半径 R 之间存在如下关系：

$$R^2 = (r+s+b)^2 + \left(\frac{l}{2}\cos\alpha\right)^2 \tag{6-21}$$

所以，螺旋溜槽的直径为：

$$D = 2 \times \sqrt{(r+s+b)^2 + \left(\frac{l}{2}\cos\alpha\right)^2} \quad (\text{mm}) \tag{6-22}$$

式中　r——中心立柱的半径，mm；

s——粮包边沿到中心立柱的间距，mm。通常取 40～80mm；

b——粮包宽度，mm；

l——粮包长度，mm。

一般在输送粮包时，中心立柱的直径取 $d=200\sim300$mm，溜槽的螺距取 $H=1200\sim3000$mm，螺旋升角取 $\alpha=\rho+$（5°~8°），侧板的高度取粮包厚度的 1/2~2/3。

三、溜槽的输送量计算

溜槽的输送量 Q（t/h）主要取决于粮包的单位重量和相邻两包的间隔时间，计算公式为：

$$Q = 3.6\frac{G}{t} \tag{6-23}$$

式中 G——每包物料的质量，kg；

t——相邻两包的间隔时间，s，按实际情况确定。单人接包码垛时，一般不小于 6s。

计算例题：用螺旋溜槽输送麻袋粮包，已知粮包长 $l=800$mm，宽 $b=600$mm，厚 $\delta=300$mm。螺旋溜槽用钢板制作，求此溜槽的主要参数及粮包的下滑速度。

解：查表 6-5，麻袋与钢板的摩擦角 $\rho=24°$，则摩擦因数 $f=0.45$。

取溜槽外沿螺旋升角 $\alpha=\rho+$（5°~8°）= 30°，$r=100$mm，$s=50$mm。

由式（6-22）得：

$$D = 2\times\sqrt{(r+s+b)^2+\left(\frac{l}{2}\cos\alpha\right)^2} = 2\times826 = 1652(\text{mm})\approx1.65(\text{m})$$

由式（6-19）得：

$$H = \pi D\tan\alpha = 3.14\times1.65\times\tan30° = 2.99(\text{m})\approx3.0(\text{m})$$

粮包中心的回转半径：

$$R_0 = r+s+\frac{b}{2} = 450(\text{mm}) = 0.45(\text{m})$$

由式（6-17），则可得到粮包的下滑速度：

$$v = \sqrt{\frac{R_0 g}{f\cdot\cos\alpha}(\tan\alpha-\tan\rho)} = \sqrt{\frac{0.45\times9.81}{0.45\times\cos30°}(\tan30°-\tan24°)} = 1.22\ (\text{m/s})$$

此速度是较为合适的。

新制成的溜槽和使用过的溜槽，对粮包的摩擦因数有较大的区别，所以合适的溜槽倾角最好由试验确定。另外，下滑速度可以通过改变螺距 H 进行适当调整，但是最小螺距必须满足式（6-20）。

第三节　辊道

辊道是一种可用于水平或小倾角输送成件物品的一种输送装置。一般构造如图 6-13 所示，主要由辊子、机架和支座三部分组成。根据工作方式的不同，辊道可分为有驱动和无驱动两类，这里只介绍无驱动的辊道。

无驱动装置辊道是借助货件的自身重力或人力和其他机械外力，使货件沿辊道移动，并以摩擦力带动辊子旋转，从而实现货件的移动。当水平或向上微斜输送时，较轻的货件，可用人力推移（粮油装具物品属此列）；较重的货件，则需采用机械或气力推杆移动。当向下倾斜输送时，若机身倾斜度小于 1.5%（斜面的垂直投影高度与水平投影长度之比），则货件

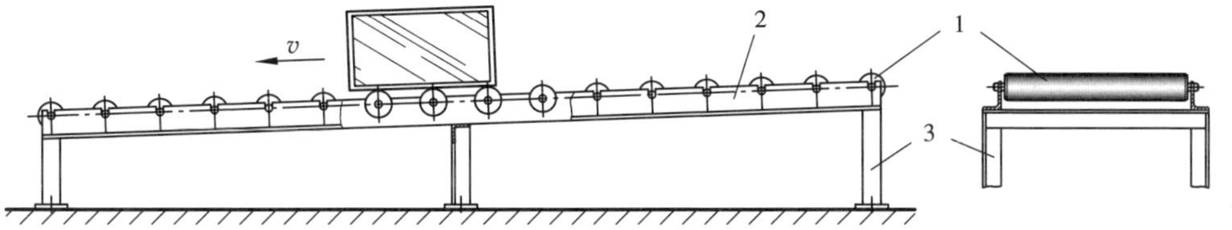

图 6-13　辊道的一般构造

1—辊子　2—机架　3—支座

需靠人力或其他外力推移，只有当机身的倾斜度大于 1.5%时，货件才能依靠自身重力作用自行向下滑移。但是，机身的倾斜度不宜过大，特别是对一些要求防冲击、防颠倒的物件，倾斜度太大，易发生行走太快，产生冲击和物件颠倒现象。

一、辊道的主要构件

（一）辊子

辊子也称滚柱，多由钢管制成，少数采用橡胶辊或塑料辊。根据结构型式，可以分为定轴式和转轴式；根据外观形状，可以分为圆柱形、圆盘形和圆锥形（图 6-14）。其中，最常用的是圆柱形，其两端装有滚动轴承和密封装置，中心轴两端开榫，以便在机架上固定并防止轴的转动，类似带式输送机的托辊。在货件支承底面许可的情况下，有时也可以采用圆盘形或双圆锥形结构。圆盘形辊子的优点是自重小、便于构成岔道、转辙器及曲线区段。

（1）　　（2）　　（3）

图 6-14　辊子的形状

（1）圆柱形　（2）圆盘形　（3）圆锥形

一般用途的辊道，其辊子或圆盘的直径为 50~180mm，重量较大的货件选取较大的直径。辊子表面一般有加工和不加工两种，辊径在无特殊情况下，应选择标准直径（表 6-6），不加工的辊径可取 76mm、89mm、108mm、133mm、159mm，加工的辊径可取 73mm、85mm、105mm、130mm、155mm。辊子的长度按货件的宽度确定，一般等于货件宽度或比货件宽度多出 50~100mm；圆盘的宽度常取 20~60mm。

表 6-6　　辊子标准系列型号　　单位：mm

辊子直径 D	25	40	50	60	76	89	108	133	159
辊子轴径 d	6	8	10	12	15	20	25	30	35
	8	10	12	15	20	25	30	35	40
	—	12	15	20	25	30	35	40	45
圆弧转弯段内侧半径 R	630 800			800 900 1000		1000 1250		1250 1600	

辊子的排列间距，是根据货件的长度和重量来确定的，要求货件在辊道上任意位置，至少要有两个以上的辊子承托。实际上，辊子的间距通常取货件长度的 1/3，这样无论货件处在什么位置，下面总有 3~4 个辊子在支承；对于要求防震的货件，辊子间距则取货件长度的 1/5~1/4。

由于粮油货件（袋、桶、箱）重量较轻，通常采用钢管制成的轻型圆柱辊子（图 6-15），并将表面进行加工。其主要尺寸见表 6-7。

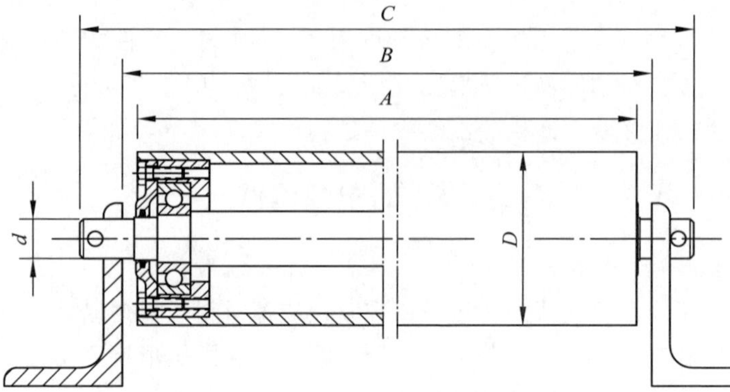

图 6-15　定轴式圆柱形辊子结构图

表 6-7　　　　　　　　　轻型圆柱形辊子主要规格尺寸

直径 D/mm	长度 A/mm	B/mm	C/mm	辊子总质量/kg	辊子转动部分质量/kg	承载能力
73（轴承内径 d=20）	300	344	361	4.6	3.4	单辊极限载荷 5880N，最大建议载荷 2940N
	400	444	461	5.7	4.2	
	500	544	561	6.8	5.0	
	650	694	711	8.5	6.1	
	800	844	861	10.1	7.2	
	1000	1044	1061	12.1	8.5	

注：辊子间距的系列尺寸有 100mm、150mm、200mm。

（二）机架

辊道的机架是用角钢（如 75mm×50mm×6mm）铆接或焊接而成。辊子的轴放置在角钢翼沿的缺口内（图 6-15）。相邻三个辊子为一组，并用铁丝从辊子中的洞眼中穿过，起连锁固定作用。

转弯段：如图 6-16（1）所示，辊子在转弯段上呈辐射状排列，转弯段的曲率半径通常取 R=（3~4）B，B 为辊道的宽度，R 的标准取值见表 6-6。货件在转弯段上移动时，除了滚动摩擦外，还存在滑动摩擦，因此货件受到较大的阻力。为减少滑动摩擦阻力，有时将转弯段的辊子做成外圈直径大、内圈直径小的锥形辊子，但是由于圆锥辊子制造复杂，现已很少采用。现今常用的办法是如图 6-16（1）的双排辊子，弯道外排辊子数目比内排多，货件在其上转弯运移时，内外排辊子能以不同角速度旋转，以减少货件的滑动摩擦阻力。

（1）　（2）　（3）

图 6-16　转弯段、转台、升降段

（1）转弯段俯视图　（2）转台俯视图　（3）升降段侧视图

转台：转台为一只可以作 90°转动的转盘，其上放置着若干排辊子，如图 6-16（2）所示。在两条辊道相交的地方，可以利用转台的作用，实现输送线路的切换或者将货件从一条辊道转换到另一条辊道上去。

升降段：如图 6-16（3）所示，将一段机架做成可以向上翻起的活动段，当人、车需要从此处通行时，就将它翻起；当辊道工作时就将它放下，接通辊道。

（三）支座

辊道机架的支座通常是用角钢制成。支座的高度以方便货件的放置和卸下为原则。为了满足不同操作环境和不同特性货件的需要，还可将支座做成可伸缩式，以方便调节辊道的高度和倾斜度。

二、辊道主要参数的计算

一般情况下，无驱动的辊道总是倾斜安装，以便于货件利用自身重力在运动方向的分力，克服运动中的阻力，自行地沿辊道从高处向低处滑动。

（一）货件沿辊道运动的总阻力

如图 6-17 所示，货件沿倾斜辊道运动时，所受的阻力主要由下列三部分组成。

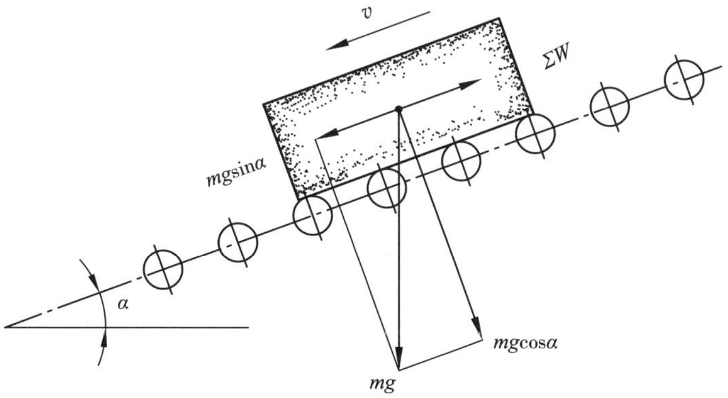

图 6-17　辊道上的货件受力图

1. 货件与辊子间的滚动阻力 W_1（N）

$$W_1 = mg\frac{2k}{D}\cos\alpha \tag{6-24}$$

式中 m——货件的质量，kg；

k——货件在辊子上移动时的滚动摩擦因数或力臂，钢质辊表面可取 k=0.02 cm；

D——辊子的直径，cm；

α——辊道的倾角，(°)。

2. 辊子轴颈处的摩擦阻力 W_2（N）

$$W_2 = (m + nq_0)g\mu\frac{d}{D}\cos\alpha \tag{6-25}$$

式中 n——与单件货物同时接触的辊子数；

q_0——每只辊子旋转部分的质量，kg；

μ——辊子轴承的摩擦因数，常取 μ=0.002~0.004；

d——辊子轴颈的直径，cm。

3. 货件移动时，需要靠其摩擦力驱动辊子旋转，因而辊子的惯性阻力 W_3（N）为：

$$W_3 = C\frac{q_0}{g}v^2\frac{Z}{L}\cos\alpha = C\frac{1}{gS}q_0v^2\cos\alpha \tag{6-26}$$

式中 v——辊子上货件的运动速度，m/s；

Z——辊道上辊子的数目；

L——辊道的长度，m；

S——辊子间距，m；

C——系数，因辊子旋转部分的所有质点并非都在圆周表面，取 C=0.8~0.9。

因此，货件沿辊道运动所受的总阻力 $\sum W$（N）为：

$$\begin{aligned}\sum W &= W_1 + W_2 + W_3 \\ &= \left[mg\frac{2k}{D} + (m + nq_0)g\mu\frac{d}{D} + \frac{C}{gS}q_0v^2\right]\cos\alpha\end{aligned} \tag{6-27}$$

（二）辊道的倾斜角

如图 6-17 所示，货件在辊道上自行运动的条件是其重力在运动方向的分力能够克服运动中的所有阻力，即：

$$mg\sin\alpha > \sum W \tag{6-28}$$

对自由放置在辊道上的货件，由于在开始运动的瞬间，其速度 v=0，所以辊子的惯性阻力也为零。因而将式（6-27）代入式（6-28），得到货件的运动条件为：

$$\tan\alpha > \left(1 + \frac{nq_0}{m}\right)m\frac{d}{D} + \frac{2k}{D} \tag{6-29}$$

由此可知，适当地增大辊子直径，有利于减小货件的运动阻力及辊道的倾斜角。

一般情况下，辊道的倾斜角多取 $\tan\alpha$=0.02~0.04，即具有 2%~4%的倾斜度。但转弯段的倾斜角，则要求增大 0.5°~1°。

（三）货件沿辊道运动的速度

货件沿辊道运动速度的大小，与辊道工作状况及附加阻力大小有关，情况较复杂。为简化计算，可按能量守恒定律列出货件运动方程式：

$$\frac{1}{2}m(v^2 - v_0^2) = (mg\sin\alpha - \sum W) \cdot L$$

$$= [mg\sin\alpha - mg\frac{2k}{D}\cos\alpha - (m + nq_0)g\mu\frac{d}{D}\cos\alpha - \frac{C}{gS}q_0v^2\cos\alpha] \cdot L \qquad (6-30)$$

将上式变换后得：

$$v = \sqrt{\frac{2gL\cos\alpha[\tan\alpha - \frac{2k}{D} - (1 + \frac{nq_0}{m})\mu\frac{d}{D}] + v_0^2}{1 + \frac{2CL\cos\alpha}{mgS}}} \quad (\text{m/s}) \qquad (6-31)$$

式中　v ——货件的运动速度，m/s；

v_0——货件进入辊道时的初速度，m/s；

L——货件在辊道上的运动距离，m。

货件在运动时，其速度越高，辊子的惯性阻力就越大，速度越低，辊子的惯性阻力就越小，所以运动的货件在理论上存在一个稳定速度。当货件的下滑力与总阻力平衡时，便达到了稳定速度。此时货件受力的平衡方程式为：

$$mg\sin\alpha = \left[mg\frac{2k}{D} + (m + nq_0)g\mu\frac{d}{D} + \frac{C}{gS}q_0v^2\right]\cos\alpha \qquad (6-32)$$

由式（6-32）可得，货件的稳定速度：

$$v = \sqrt{\frac{gS}{C}\left\{\left[\tan\alpha - \frac{(2k + \mu d)}{D}\right]\frac{mg}{q_0} - \frac{ng\mu d}{D}\right\}} \quad (\text{m/s}) \qquad (6-33)$$

在进行辊道构件的强度计算时，辊子的计算载荷 $P_{计}$ 可按下列方法来求：对于单排辊子，取 $P_{计}$=（0.5~0.7）$G_{物}$；对于双排辊子，取 $P_{计}$=（0.4~0.6）$G_{物}$。$G_{物}$为货件的重量。

计算例题：某油厂用辊道输送装满油的油桶。油桶高为900mm，直径为560mm，装满油后每桶总质量为180kg。辊道采用2%的倾斜度，起点与终点的高差0.5m。求辊道的主要参数及油桶到达辊道终点时的速度。

解：油桶在辊道上直立放置，底面为圆形。已知总质量180kg，G=1765N，则辊道中每个辊子的计算载荷 P=0.7G=1235.5N。根据表6-7确定辊子的规格为：直径 D=73mm，长度 A=560+（50~100）=650mm。并查得辊子转动部分的质量 q_0=6.1kg。

辊子间距：$t=l/3=560/3=187$mm，取150mm。

支承每只油桶的辊子平均个数：$n=560/150=3.73$（个）

辊道长度：　$$L = \sqrt{H^2 + \left(\frac{H}{2\%}\right)^2} = \sqrt{0.5^2 + \left(\frac{0.5}{0.02}\right)^2} \approx 25(\text{m})$$

辊道倾角：由 $\tan\alpha=2\%$，得 $\alpha \approx 1.15°$

根据式(6-31)，若油桶从初速度为零开始自由下滑，到达辊道终点时的速度为：

$$v = \sqrt{\frac{2gL\cos\alpha\left[\tan\alpha - \frac{2k}{D} - \left(1 + \frac{nq_0}{m}\right)\mu\frac{d}{D}\right] + v_0^2}{1 + \frac{2CL\cos\alpha}{mgS}}}$$

$$= \sqrt{\frac{2 \times 9.81 \times 25 \times \cos 1.15° \left[\tan 1.15° - \frac{2 \times 0.02}{7.3} - \left(1 + \frac{3.73 \times 6.1}{180}\right) \times 0.003 \times \frac{2}{7.3}\right]}{1 + \frac{2 \times 0.9 \times 25 \times \cos 1.15°}{180 \times 9.81 \times 0.15}}}$$

$= 2.39(\mathrm{m/s})$

假如辊道斜度不变而将长度无限延长，则油桶的稳定速度为：

$$v = \sqrt{\frac{gS}{C}\left\{\left[\tan\alpha - \frac{(2k + \mu d)}{D}\right]\frac{mg}{q_0} - \frac{ng\mu d}{D}\right\}}$$

$$= \sqrt{\frac{9.81 \times 0.15}{0.9}\left\{\left[\tan 1.15° - \frac{(2 \times 0.02 + 0.003 \times 2)}{7.3}\right] \times \frac{180 \times 9.81}{6.1} - \frac{3.73 \times 9.81 \times 0.003 \times 2}{7.3}\right\}}$$

$= 2.54(\mathrm{m/s})$

第四节　料仓

一、概述

料仓也称料斗或存仓，是在粮食储运和加工过程中，为协调各机械设备间的工作、均衡物料流量并暂时储存物料而设的一种装置，其容量一般在 $50\mathrm{m}^3$ 以下。料仓通常用钢板焊接而成，也可用木板或钢筋混凝土制作。料仓的类型很多，根据横截面形状的不同，料仓分为圆形、长圆形和方形等几种（图 6-18）。

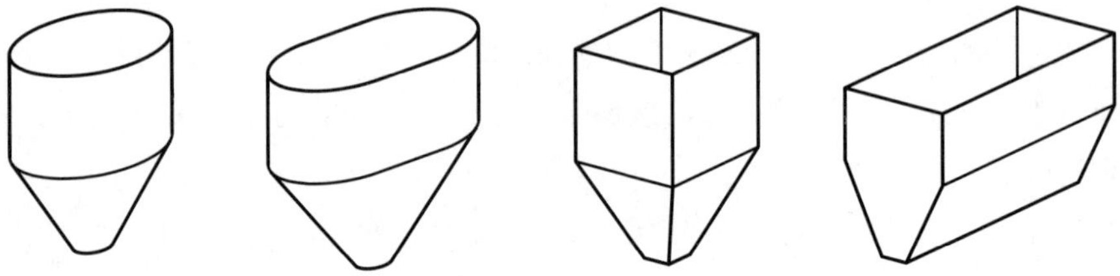

图 6-18　料仓的典型样式

按照料仓的尺寸比例分类，分为深仓和浅仓。当料仓高度大于最小宽度的 1.5 倍时称为深仓，反之则称为浅仓。

按照料仓的用途分类，分为过渡性料仓和贮存性料仓。过渡性料仓容量小，一般只起稳定流量或缓冲作用，物料在料仓内停留时间短。贮存性料仓能贮存一定量的物料，如汽车卸载时的受料斗、装车的备载仓等，物料在料仓内需停留一段时间。

按照料仓的动作方式分类，分为连续动作料仓和周期动作料仓。在连续动作的料仓中，物料处在不停的运动中，进出量基本平衡，所以物料的表面总是保持在一定高度范围内，如小麦加工过程中的净麦仓和油料轧坯机上的自带料仓。周期动作的料仓，进料或出料是随上下机构的工作周期性地进行，如斗式自动秤的上料斗、下料斗。

无论何种类型和何种材料制作的存仓，其形状和尺寸的设计应尽量能使物料以自流的方式顺畅地卸出,并且容积利用率高,节省材料。

二、物料从料仓中卸出的流动形式

物料依靠自身重力从料仓的出料口卸出时,有两种基本的流动形式:中心流动和整体流动。

1. 中心流动

中心流动又称漏斗形流动或柱塞流动,是在料仓的中心形成一个垂直向下的“通道”,四周的物料从料堆表面流向中心,从中心的“通道”呈柱状向下流动。料堆表面呈漏斗状,表面以下围绕料柱周围的物料则呈稳定状态,如图 6-19(1)所示。

当料仓的锥体部分较短、底部倾斜角较小时,便会产生中心流动的形式。中心流动的优点是:料仓的总体高度低,经济性好;物料卸出时整体稳定,不会对斗壁产生过大的动载荷;不磨损仓壁。中心流动的缺点是:中心的物料和外围的物料不同时卸出,会产生分级现象;后入仓的物料先出,先入仓的物料后出;物料容重变化时会引起出仓流量的变化;被压实的物料容易出现中心的空洞,即所谓的“鼠洞”,造成物料断流。

2. 整体流动

整体流动也称“流体式流动”,即当出料口打开时,仓内所有物料一起向下移动,如流体一般。料堆的表面基本保持平面,偶然会出现一些不规则的变化,如图 6-19(2)所示。

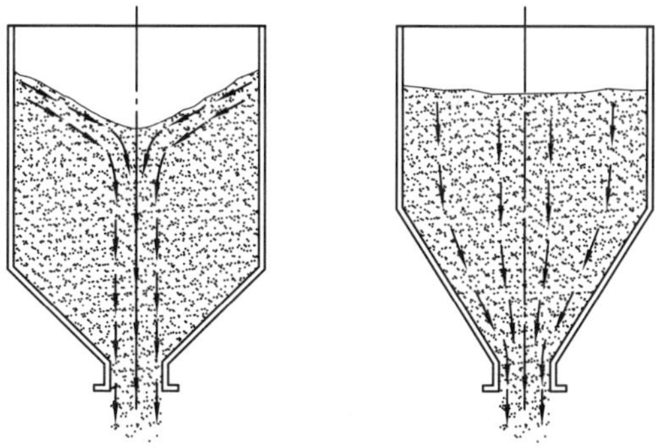

(1)中心流动　　(2)整体流动

图 6-19 物料卸出的流动形式

有下列四种情况之一时会出现整体流动:①连续动作的料仓,且仓壁的倾斜角大于$(45°+\varphi/2)$,φ 为物料的内摩擦角;②料仓受到强烈的振动;③仓底具有足够数量的出料口;④仓内物料具有足够多的水分而近似液体(如混凝土浆)。整体流动的优点是:消除了物料的不均匀分布、脉动及断流;减少了物料的自动分级;可保证先入仓的物料先卸出;料仓内不存在死角,卸料均匀。整体流动的缺点是:经济性较差,压实的物料在卸出时有可能产生料拱;对仓壁具有较高的压力;磨损仓壁。

从工艺的角度来讲,整体流动当然是较好的方式。但从建仓的经济性考虑,应优选中心流动方式。因此,如果要保持物料按顺序进出料仓或不允许出现物料自动分级现象,就要选择整体流动的仓型。否则可以考虑中心流动的仓型。

三、物料的卸出速度

物料从出料口流出的速度，与物料的性质、料仓的结构和形状、卸料口的形状和大小，以及装料高度等因素有关。

（一）中心流动形式的物料卸出速度：

$$v = \psi\sqrt{3.2g \cdot R}\ (\mathrm{m/s}) \tag{6-34}$$

式中 ψ——与物料性质有关的排料系数。对于流动性好的谷物、油料取 $\psi = 0.55 \sim 0.65$；大颗粒或块状物料取 $\psi = 0.3 \sim 0.5$；尘状或潮湿粉状物料取 $\psi = 0.2 \sim 0.25$；

g——重力加速度，$g = 9.81\mathrm{m/s^2}$；

R——料仓出料口的水力半径，m，按式（6-35）~式（6-38）计算。

出料口的水力半径 R（m）可按下式（6-35）计算：

$$R = \frac{F}{L} \tag{6-35}$$

式中 F——出料口的有效面积，$\mathrm{m^2}$。考虑到散粒物料颗粒对出料口面积的影响（图 6-20），不同形状的出料口面积为：

圆形出料口 $F = \dfrac{\pi(D - a')^2}{4}$；

正方形出料口 $F = (A - a')^2$；

矩形出料口 $F = (A - a')(B - a')$。

L——相应于上述出料口面积的周长，m。

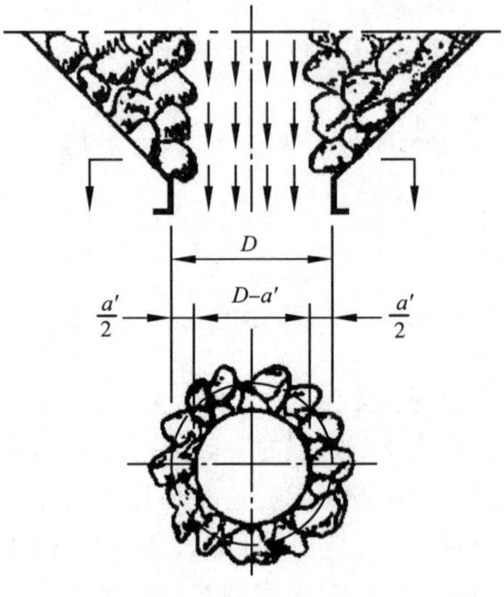

图 6-20 有效孔径计算图

因此，不同形状出料口的水力半径 R（m）可按式（6-36）、式（6-37）、式（6-38）计算：

圆形出料口 $$R = \frac{D - a'}{4} \tag{6-36}$$

正方形出料口 $$R = \frac{A - a'}{4} \tag{6-37}$$

矩形出料口 $$R = \frac{(A - a')(B - a')}{2(A + B - 2a')} \tag{6-38}$$

式中　D——圆形出料口的直径，m；

A、B——正方形及矩形出料口的边长，m；

a'——物料的典型颗粒尺寸，m。对颗粒均匀的粮油类物料，可按下式计算：

$$a' = \frac{a_{\max} + a_{\min}}{2}$$

（二）整体流动形式的物料卸出速度，可近似表示为：

$$v = \psi \sqrt{2gh} \quad (\mathrm{m/s}) \tag{6-39}$$

式中　h——料仓中物料层的高度，m。

其余符号含义同式（6-34）。

从式（6-34）和式（6-39）可以看出，以中心流动形式卸料时，物料由出料口卸出的速度随出料口尺寸的增大而提高。这是因为，出料口面积越大，物料所受的周边阻力与物料的下沉力之比越小，因而卸料速度越快。而在整体流动形式卸料时，卸出速度的大小则与出料口尺寸无直接关系。

在实际中还会出现介于中心流动和整体流动之间的出料形式，这种情况可近似地按中心流动或整体流动来计算出料速度。若料仓中物料的陷落面积界限接近于仓壁，则按整体流动形式计算；若陷落的面积比料仓截面小，则按中心流动形式计算。若出料形式难以确定，则按中心流动计算比较可靠。

四、物料结拱及消除措施

料仓内的物料在出料过程中，有时会在出料口上方形成料拱，即“结拱”或“架桥”（图 6-21）。料拱的形成是由于小颗粒物料之间的相互黏结或大块物料在出料时的偶然联接所致。料拱是特别有害的因素，它不但破坏了料仓工作的可靠性，导致物料输送的中断，而且在破拱时物料塌下的瞬间还会对仓壁产生很大的压力。

图 6-21　物料结拱图

在形成稳定料拱的情况下，与拱线相切的面上应力等于零，而在与拱线垂直的面上具有较大的压应力，此力沿拱线从拱中间到拱基处逐渐增大。料拱越大，拱的垂直截面上的压应力越大。如果料拱大到其截面上的压应力足以将拱桥压散时，料拱就被破坏了。因此，如果将出料口做得足够大，料拱便不会形成。

能够形成稳定料拱的出料口尺寸可由式（6-40）求出：

$$R_{拱} = \frac{\tau_0(1 + \sin\varphi)}{\gamma_0 \cdot g} \tag{6-40}$$

式中 $R_{拱}$——成拱口的水力半径，m；

τ_0——物料的初始抗剪强度，N/m^2。对短期（数日）存放的谷物，取 $\tau_0 = 170$；面粉、米糠等，取 $\tau_0 = 300$。若长期（数个月）存放，抗剪强度将大大超过上述值；

φ——物料的内摩擦角，（°）；

γ_0——物料的容重，kg/m^3。

所以，要防止物料成拱，料仓的出料口尺寸必须比成拱口尺寸大，即 $R>R_{拱}$。R 为料仓出料口的水力半径。对于易流的块状物料，出料口的最小尺寸至少应为典型颗粒最大尺寸的3~6倍。同时，出料口周围仓壁的内表面应光滑平整，不得有突起部分，突出的部分和仓壁的粗糙也会成为结拱的原因。

出料口尺寸的正确选择是防止物料结拱的基本方法。如果出料口的尺寸未能达到要求，则要采取别的办法防止结拱或进行破拱。破拱的原理是消除或削弱料拱线垂直截面上的压应力，减小物料之间、物料与仓壁之间的摩擦力。常用的破拱方法如下。

（一）机械振动法

机械振动法是用机械的方式使料仓及仓内物料振动，可以有效地防止结拱。有两种基本形式，即振动仓壁和直接振动仓内物料。

1. 振动仓壁

将振动器安装在料仓锥体部分的仓壁上，对仓壁进行振动，达到防拱破拱及清仓的目的。常用的振动器类型有气动式、电磁式和偏心旋转式三种。气动活塞振动器是用锤头振打仓壁的外表面。电磁振动器与其类似，两者均垂直于仓壁产生振动。偏心旋转振动器结构较为复杂，它是将高速旋转的偏心块产生的惯性力传递给仓壁使之产生振动。与其他类型振动器相比，其振幅小、频率高。

对钢板制作的料仓，振动器可直接装在仓壁上；对混凝土料仓，振动器一般装在钢制的振动板上，或将料仓下部制成金属漏斗，把振动器装在金属漏斗上（图6-22）。

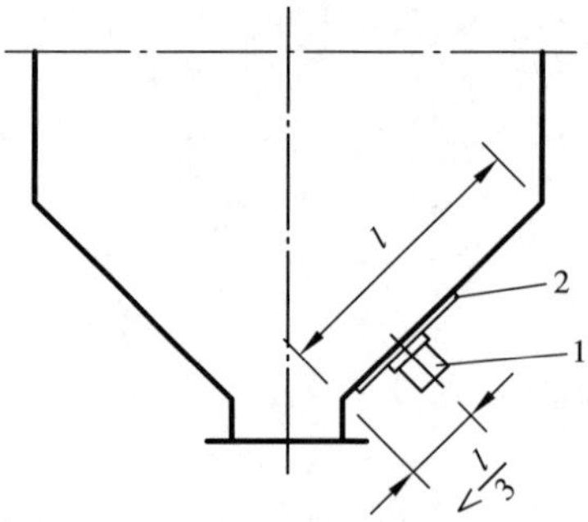

（1）钢制料仓

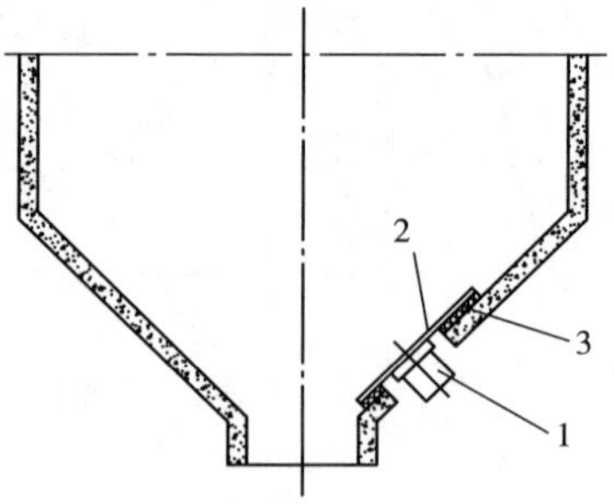

（2）混凝土料仓

图6-22 振动器的安装方式

1—振动器 2—振动板 3—橡胶垫板

振动器的振动效果取决于下列因素。

①振幅和频率：振幅和频率与物料的特性有密切的关系。一般来说，对于未加工的物料宜采用低频率、大振幅；对于细的粉状物料则宜采用高频率、小振幅。

②振动力：对于大多数的物料，施加的振动力大小可取料仓锥体部分物料重量的1/10。如果物料的容重大于1.44t/m^3，振动力应更大，可取锥体物料重量的1/7~1/5。

③安装：振动器应安装在钢制料斗斜面的加强板上，尽可能使之与仓内物料的接触表面加大。其位置要在“压力中心”的表面，通常可设在料仓锥斗下部低于1/3处。

2. 直接振动仓内物料

直接振动仓内物料所采用的设备，通常是仓底振动卸料器或仓底活化器，它的结构如图6-23所示。振动体通过弹性吊杆与固定体柔性连接，中间以橡胶带密封。工作时，振动电机产生的激振力使振动体及其内的活化板在平面方向作椭圆形的振动，使仓内物料受振而膨松，从活化板周围流向出料口。活化板的作用有三个：①将振动力传给物料，不但使物料平面振动，而且其倾斜的顶面能将水平位移变成对物料的垂直推力；②承受上部物料的压力，保持出口处物料松散；③使物料仅在振动器工作时才能向出料口流动。因此，振动卸料器不但能够通过振动实现防拱、破拱，而且在一定范围内可以通过改变工作参数来调节物料卸出量。其振动频率一般在25~50Hz。

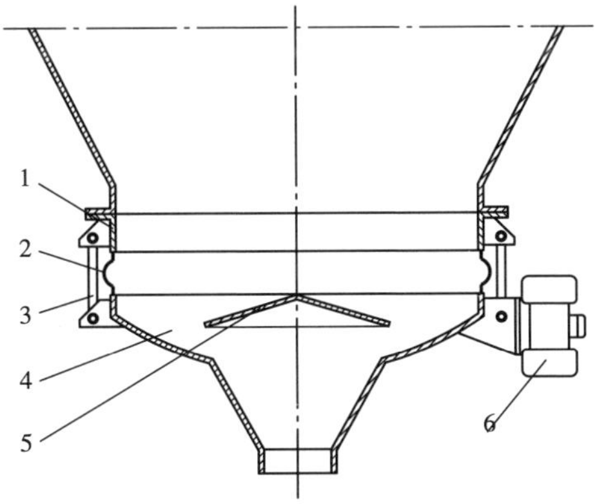

图6-23　仓底振动卸料器

1—固定体　2—密封橡胶带　3—弹性吊杆　4—振动体　5—伞形活化板　6—振动电机

需要注意的是，采用机械振动法破拱出仓时，振动器最好与料仓闸门或给料机连锁起来，使振动器只在闸门打开时才工作。如果振动器在闸门关闭时工作，料仓下部的物料可能会因受振而变得更加密实，使出仓更困难。

（二）气振法

气振法是靠压缩空气的动力作用，对料仓中的物料进行破拱或者清仓。常见的应用形式有两种：弹性气包和直接喷射（图6-24）。

第一种形式是将弹性气包安装在料仓内壁容易起拱的部位，间歇性地对气包充气，使气包膨胀（成为半球形或矩形），从而对物料施加推力，使料拱塌落。但这种推挤的方法有可能会将物料压实，反而形成更坚实的料拱。

第二种形式是将一个或多个空气喷嘴装在仓壁上，对仓内可能出现料拱的部位均匀地或

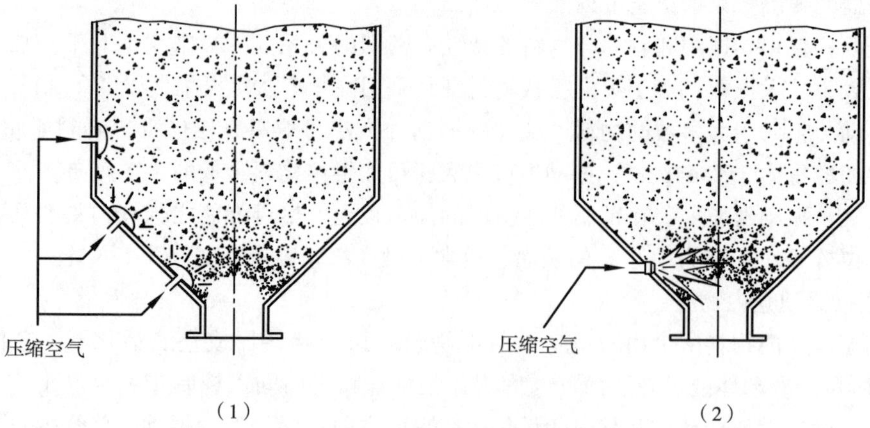

图 6-24　气动破拱方法

（1）弹性气包　（2）直接喷射

突发式地喷射高压气流，促使物料流动进而破拱。压缩空气的工作压力一般为 0.3~0.6MPa（300~600kN/m^2）。

（三）其他措施

1. 保证仓底足够的倾斜角

适当地加大仓底的倾斜角，有利于料仓顺利出料。但若仓底太陡，黏性的物料可能会造成堵塞。

2. 采用不对称的仓型

对于粒状物料，采用偏心出料口或把出料口开在料仓一侧的垂直壁上，物料结拱的可能性就小。这种方法适合于粒状的物料。

3. 在出料口上方设置挡板

对易于固结的物料，在出料口上方设置挡板，使物料从挡板四周流向出料口，这样减轻了出料口处的物料压力，减小了固结倾向，因此不易结拱。应注意从挡板边到仓壁或锥斗斜面的距离应比结拱口的尺寸略大些。

4. 采用双曲线形的锥斗

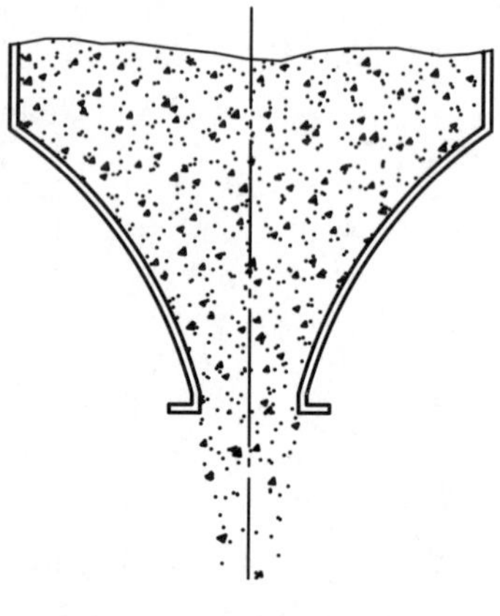

图 6-25　双曲线形锥斗

双曲线形锥斗如图 6-25 所示，其特点是：在锥斗内，斗壁对物料的摩擦阻力不随物料深度的变化而明显增加，因而出料速度快、连续、均匀。这种方法一般用于钢制的、方形截面的锥斗。

五、料仓的设计计算

（一）料仓容量的计算

料仓在装料时，物料是从落料点向四周流动，料堆的顶面呈尖锥状。所以一般情况下料仓是不会完全装满的，也就是说其有效容积要小于几何容积。有效容积与几何容积之比称为装满系数。

料仓的容量可按下式计算：

$$Q = V \cdot \gamma_0 \cdot \psi \tag{6-41}$$

式中　Q——料仓的容量，t；

V——料仓的几何容积，m^3；

γ_0——物料的容重，t/m^3；

ψ——料仓的装满系数，一般取0.75~0.85。深仓取大值，浅仓取小值。

（二）料仓形状的确定

料仓形状的选择，一方面要考虑到制造方便、用材较少的经济性，另一方面要考虑保证贮量和装料方便、卸料流畅。一般来说，圆形料仓的仓壁受力状态较矩形料仓为好，而且节省材料。但圆形料仓的占地面积较大。不对称（偏出料口）的仓型比对称的仓型更有利于物料的流动。具有垂直侧壁的料仓也有利于物料的流动，因为物料沿垂直壁更容易下滑，从而减少了结拱的可能性。对流动性差的物料应考虑两壁垂直。

根据使用的要求，料仓可为单出口或多出口。如果要求物料出仓时必须是整体流动，应考虑采用多出口仓；一般情况下可采用单出口仓。

仓底的倾斜角度要保证物料无停滞地顺利卸出。仓底的最小倾斜角 α 必须满足：

$$\alpha \geqslant \rho + (5^\circ \sim 10^\circ) \tag{6-42}$$

式中　ρ——物料对仓壁的静摩擦角，（°）。

对于用钢板制成的内壁光滑的锥斗，其倾斜度还可以较式（6-42）再减小一些。另外应注意，出料口四周各个方向上的仓底倾斜角有时是不同的，比如方形锥斗在两斜面的交线处倾斜度最小。设计时应加以考虑。

第五节　闸门、阀门

在机械化的物料输送路线中，经常需要对料仓或设备出料口进行开启或关闭，以及经常需要改变管道中物料的流动路线。这就需要设置相应的闸门、阀门。

一、闸门

闸门也称闭锁器，是用来开闭料仓、设备的出料口或调节出仓物料流量的一种设备。对闸门的基本要求是：外形尺寸小（尤其是高度）、重量轻、操作方便、密闭性好、卸料阻力小、不损伤物料。

（一）闸门的种类和特点

闸门按其结构型式的不同，可分为平面式闸门、料槽式闸门、扇形闸门、百页闸门和光圈式闸门等。

1. 平面式闸门

最简单的平面式闸门就是通常所说的插板（图6-26）。这种闸门适合用于小颗粒易流动的物料，在粮食行业使用非常广泛。平面式闸门的优点是高度尺寸小、结构紧凑且简单，并能调节物料流量。平面式闸门的缺点是平板上承受的压力较大，造成滑动阻力大、调节困难并容易卡住物料。

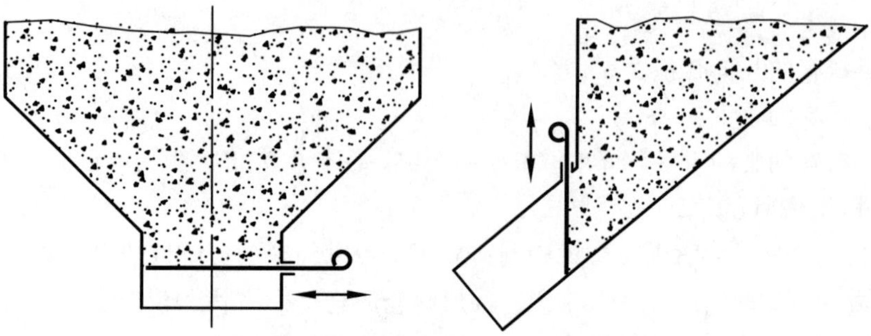

图 6-26　平面式闸门

（1）直口　（2）斜口

2. 料槽式闸门

料槽式闸门（图 6-27）是一种铰接于出料口下方的可转动溜槽。这种闸门通过平衡重块使溜槽抬起后处于水平状态。这时，从出料口流出的物料以静态自然坡角堆积于其上，从而堵住了物料的继续外流，达到切断料流的目的。

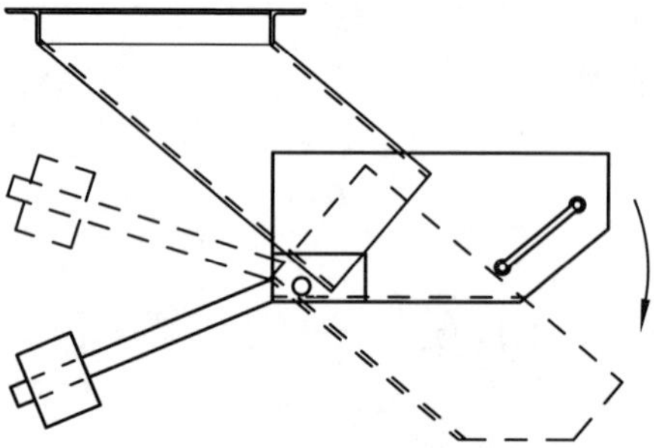

图 6-27　料槽式闸门

由于物料卸出的速度取决于溜槽倾斜的程度，因此，这种溜槽具有一定的调节物料流量的作用，且不会卡住物料。料槽式闸门的缺点是溜槽必须倾斜，占用较大的空间。

3. 扇形闸门

扇形闸门（图 6-28）具有一个可以绕铰接点摆动的圆弧形闸板，闸板绕铰点转动即可开闭料门。

与平面式闸门比较，它不存在由于导槽内的摩擦而引起的阻力，且本身铰接处的摩擦阻力很小，故在调节物料流量时既省力又方便。它适用于关闭有负荷的排料孔，也可将其安装于料仓出料溜管的终端。这种闸门可做成单扇式或双扇式，后者开闸更省力。

4. 百页闸门

百页闸门是在钢制的框架内，安装几个可转动的叶片，叶片的角度 α 可通过框架外的操作杆进行调节，从而实现闸门的启闭（图 6-29）。这种形式的闸门，具有结构简单、容易制

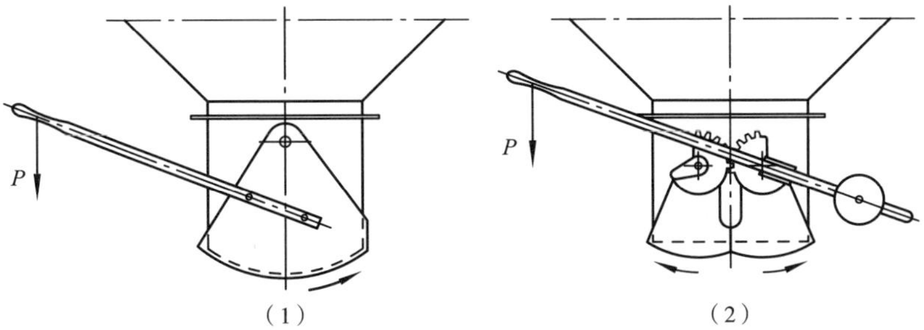

图 6-28 扇形闸门

（1）单扇式 （2）双扇式

造、操作灵活、占用空间少、卸料均匀等优点，且可以方便地调节卸料量，在一些场合也可作为供料器使用。

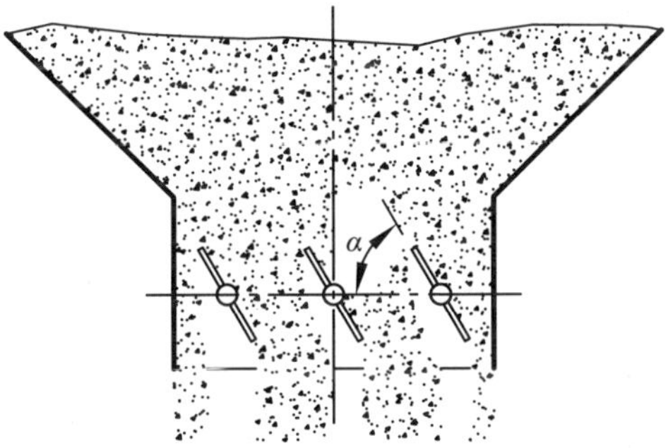

图 6-29 百页闸门

5. 光圈式闸门

如图 6-30 所示，这种闸门类似于照相机的光圈，可以从全开到全闭无级调节。其优点是通料孔呈近似的圆形且始终位于闸门中央，物料流动稳定、不易堵塞。光圈式闸门的缺点是结构比较复杂。

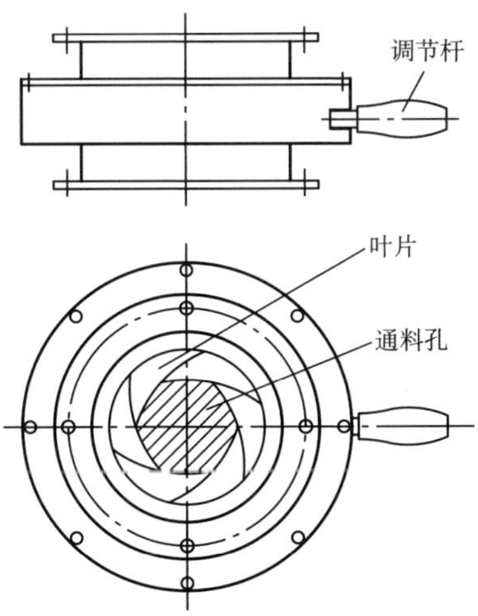

图 6-30 光圈式闸门

（二）平面式闸门的类型及规格

在粮食行业所用的闸门几乎全部是平面式闸门。平面式闸门除了前面所述的优点外，其另一个特点是密闭性好。比如常见的气密性平面闸门，能够适应粮食筒仓内部熏蒸的要求。

平面式闸门不仅用于料仓的出料口，还用于控制某些输送设备多点卸料。比如立筒仓上部的进仓设备，就需要配置多个闸门控制向各个料仓进料。

1. 平面式闸门的类型

平面式闸门的基本动作就是拉、推闸板使料门开或闭。根据驱动力的不同，平面式闸门可分为手动式、电动式、气动式，以及由两种型式组合的复合式等（图 6-31）。

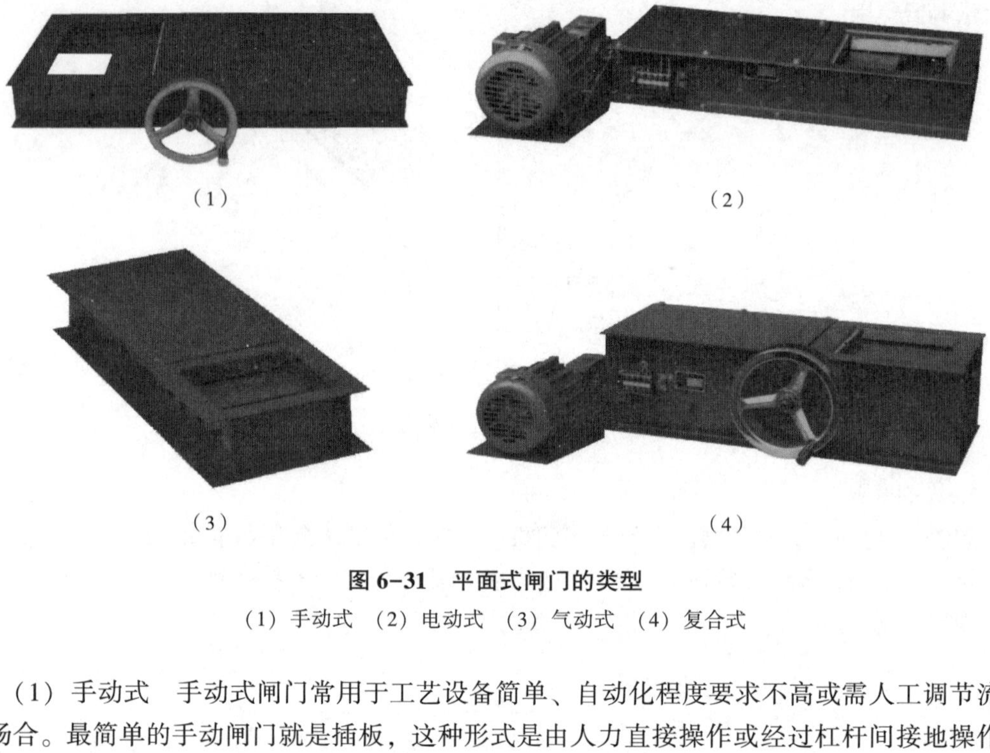

（1）　　（2）　　（3）　　（4）

图 6-31　平面式闸门的类型

（1）手动式　（2）电动式　（3）气动式　（4）复合式

（1）手动式　手动式闸门常用于工艺设备简单、自动化程度要求不高或需人工调节流量的场合。最简单的手动闸门就是插板，这种形式是由人力直接操作或经过杠杆间接地操作闸板使之移动。复杂一些的手动闸门采用齿条、链条或螺杆等传动装置，既减轻了操作的强度又能更精确地控制闸门的开度。

（2）电动式　电动闸门常用于自动化程度较高的工作系统中。它是由电动机驱动闸板的运行，通过减速、变向装置将电动机的转动变为闸板的直线移动。在闸门开、闭的极限位置设置行程开关以控制电动机的工作，通过改变行程开关的位置可改变闸门的开度。电动闸门的优点是：工作平稳、可靠；不受环境气温的影响。电动闸门的缺点是闸板运动速度慢、噪声大；闸门密封不严、漏料较多；行程开关经常失灵。

（3）气动式　同电动闸门一样，气动闸门常用在自动化的系统中。它是由气缸直接推动闸板运行，用电磁阀控制气路换向来实现气缸的往复移动，由行程开关控制闸门的开度。与电动闸门相比，气动闸门的优点是：控制系统简单；调节节流阀可改变闸板的运行速度；如遇系统断电，闸门可自动及时关闭。气动闸门的缺点是：需要供给压缩空气；因气缸结露结冰问题，不宜用于环境温度低于0℃的场合；如气阀漏气会造成闸板的蠕动。

（4）复合式　复合型的平面式闸门是在一个壳体内上下安装两个闸板——手动闸板和电动（或气动）闸板。通常，手动的在上方，电动（或气动）的在下方。这种复合型闸门的优点在于：①当电动或气动闸板不能正常工作时，可以启用手动操作；②下部的电动（或气动）闸板只用于料门的开和闭，上部的手动闸板用于控制物料的流量，使流量的调节工作变得简单而灵活。

（5）液压式　液压闸门也称电液闸门，一般由油泵电动机、液压油缸和活动闸门组成。闸门上部与料仓连接，下部与落料斗连接，闸门的钢板与油缸活塞杆铰接固定，通过油缸活塞杆的伸出、缩回实现闸门的位移和启闭。液压闸门具有结构简单、密封性好、操作灵活、控制方便等优点。

（6）PLC（可编程逻辑控制器）自动控制闸门系统　该系统通常由控制结构、执行结构、测量传感结构和控制对象四部分构成。这一系统中，控制对象是闸门；执行结构是电机；测量传感结构是闸位计；PLC是控制系统的核心，属控制结构，其通过继电器和接触器实现弱电对强电的控制，从而实现远程操控。基于PLC的闸门控制系统实现了对闸门控制的实时化和智能化，能够在误操作时，自动禁止并报警，并实现相关电气设备的自锁。

2. 平面式闸门常用规格

平面式闸门的代号有各种各样，各个生产企业都有自己的编制方法。闸门的规格则均以闸门通径尺寸（最大开口尺寸）表示。闸门的规格有多种，这里只列出常用的一些，供设计选用时参考（表6-8）。

表6-8　平面式闸门的规格及最大通过量

规格（$A \times B$）/mm×mm	最大流量/（t/h）（$\gamma_0 = 0.75t/m^3$）	电动机驱动时		气缸驱动时	
		额定功率/kW	额定电压/V	压缩空气耗量/（L/次）	气源工作压力/MPa
200×200	40	0.37	380	0.47	0.4~0.8
250×250	60	0.37		0.58	
300×300	120	0.37		0.70	
350×350	200	0.37		1.27	
400×400	250	0.55		1.45	
450×450	320	0.55		2.67	
500×500	400	0.55		2.96	
600×600	500	1.10		5.92	
700×700	650	1.50		7.31	
800×800	850	1.50		9.58	

二、阀门

这里讲的阀门，是指用于管道中控制物料流向、分配物料流量的装置，又称拨斗、分路阀、分流器等。对阀门的基本要求是：尺寸小，重量轻；操作方便，易于调节物料流量的分配；关闭严密，不串料；物料流动顺畅，不积料。

（一）阀门的种类和特点

阀门按其工作机构的种类，可分为翻板式阀门、摆管式（料筐式）阀门、转管式阀门等。

1. 翻板式阀门

翻板式阀门的基本结构如图 6-32 所示。这种阀门适合用于小颗粒易流动的物料，在粮食行业使用非常广泛。其优点是结构简单、紧凑、尺寸小，并能将物料按比例分成两路或两路以上。翻板式阀门的缺点是翻板受物料的冲力大，在物料流动时换向费力，有时会出现卡位或积料现象。翻板式阀门可以手动、电动或气动驱动。

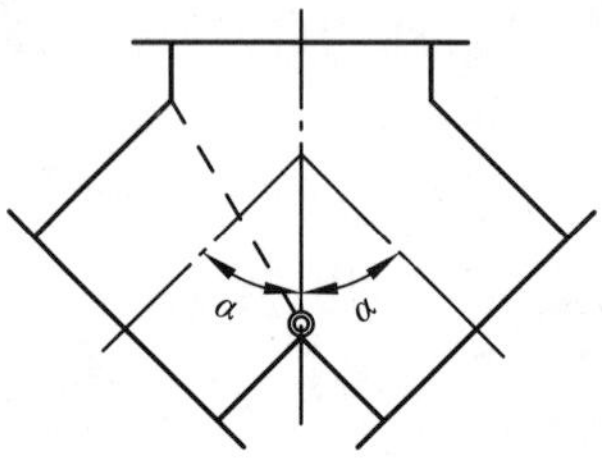

（1）

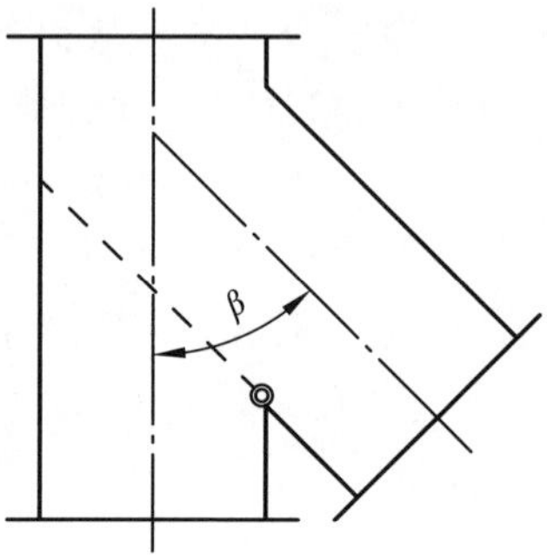

（2）

图 6-32　翻板式阀门

（1）正分式双路阀（正三通）　（2）偏分式双路阀（偏三通）

2. 摆管式阀门

摆管式阀门的基本结构如图 6-33 所示。这种阀门适合用于粒状的或块状的物料。其优点是摆管换向时受物料的冲击力影响不大，不会出现摆管卡位现象，物料不积存、不结块，并能将物料按比例分成两路。摆管式阀门的缺点是体积较大。摆管式阀门可以手动、电动或气动驱动。

3. 转管式阀门

转管式阀门也称分配盘，其基本结构如图 6-34 所示。这种阀门适合用于分配路线较多的场合，它可以将物料分配到八个或更多的线路中去。其分路多、体积较大，一般用于物料的分配入仓。转管式阀门可以手动或电动驱动。

（二）翻板式阀门的类型和常用规格

在粮食行业应用最多的是翻板式阀门。翻板式阀门的代号有各种各样，其规格均以阀门通径尺寸（最大开口尺寸）表示。

翻板式阀门的口径形状有方形和圆形，分路的数量有双路、三路（图 6-35）和四路，分路的形式有正分式和偏分式（图 6-32）。

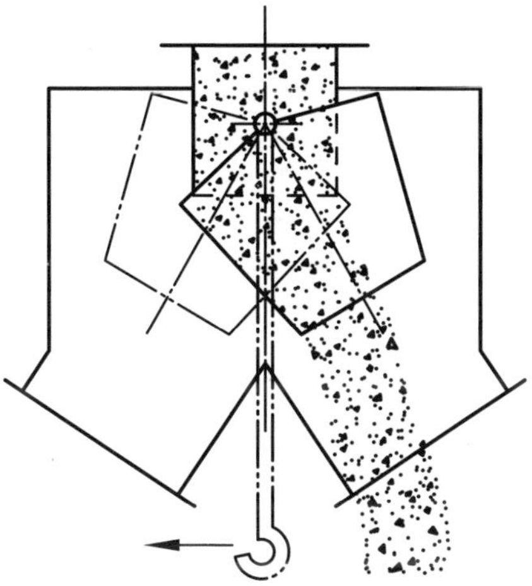

图 6-33　摆管式阀门

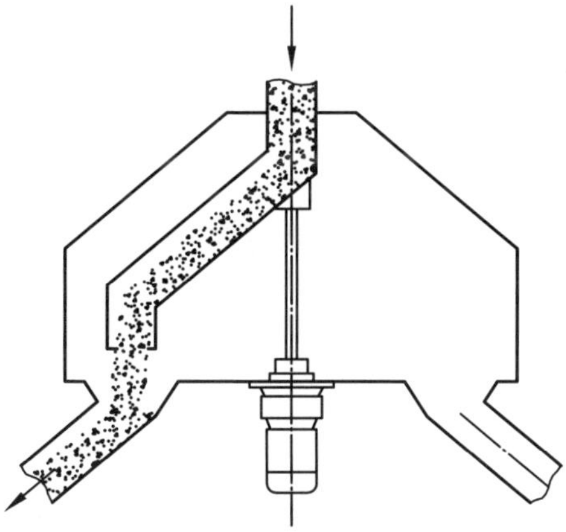

图 6-34　转管式阀门

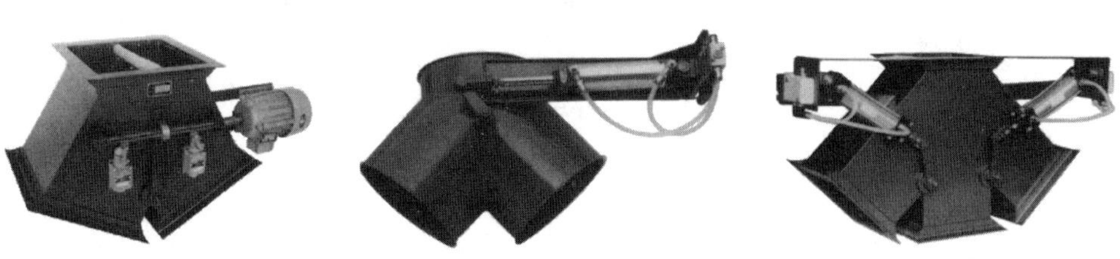

（1）　　（2）　　（3）

图 6-35　翻板式阀门的类型

（1）方形双路阀　（2）圆形双路阀　（3）方形三路阀

表 6-9 列出了部分双路阀门的规格，供设计选用时参考。

表 6-9　　翻板式双路阀门的规格及最大通过量

规格（$A \times B$）/mm×mm		最大流量/（t/h）（$\gamma_0=0.75\mathrm{t/m^3}$）	电机驱动		气缸驱动	
			额定功率/kW	额定电压/V	压缩空气耗量/（L/次）	气源工作压力/MPa
正方形	200×200	40	0.12	380	0.23~0.35	0.4~0.8
	250×250	60	0.12		0.23~0.35	
	300×300	120	0.12		0.23~0.35	
	350×350	200	0.18		0.23~0.35	
	400×400	250	0.18		0.23~0.35	
圆形	ϕ120	12	—	—	0.15~0.22	
	ϕ150	20	—		0.15~0.22	
	ϕ200	40	—		0.15~0.22	
	ϕ250	65	—		0.15~0.22	
	ϕ300	90	—		0.23~0.35	

注：正分式的偏斜角度 α 有 15°、22.5°、30°、45°，偏分式的偏斜角度 β 有 30°、45°、60°。

第六节　供料器

当需要均匀、连续不断地从料仓中卸出物料并需要控制流量时，则采用带有驱动装置的供料器。

供料器是物料贮运系统中的一种辅助性设备，其主要功能是将贮料设备（贮仓、料仓或料斗）中的物料连续均匀地供给其后的加工或输送设备中去。供料器可以通过改变物料流的断面大小以及本身工作构件的运动速度来调节物料的流量，所以其控制物料流量的能力要比闸门高得多。当供料器不工作时，它还可以起到闸门的作用。

对供料器的要求是：能保持所设定的流量；适应物料的物理特性；不破碎物料、不扬尘；工作安全，无噪声。

供料器的种类很多，按其承载机构运动方式的不同，大致可分为牵引式、回转式和振动式三类，如表 6-10 所示。

表 6-10　　供料器的分类

牵引式	回转式	振动式
带式供料器	叶轮供料器	电磁振动供料器
板式供料器	螺旋供料器	惯性振动供料器
刮板式供料器	滚筒供料器	往复式供料器
	圆盘供料器	摆动式供料器

设计和选择供料设备时，除应首先考虑用途和使用要求外，还应考虑物料性质、料仓型式和结构、供料量及其可调幅度、工作环境、安装位置及设备费用和维修要求等因素。

现将适于粮油工业应用的几种型式的供料器作简单介绍。

一、带式供料器

带式供料器是使用很广泛的一种供料设备，它实际上是一台短小的带式输送机，安装在料仓或其他贮料设备的下面（图6-36）。输送带的上分支支承在布置密集的托辊上或光滑的衬板上，下分支可以不加支承。通常，输送带是平的，在承载分支上面的两侧设置导料板，用来约束物料。导料板长度与机身长度相等。根据供料的距离，机身可长可短，一般为0.9~5m。工作时，输送带以较低的速度将物料连续供出。停止时，输送带上堆积的物料堵住了料仓的出料口。供料器的供料量由料仓出料口的闸门控制，或者通过改变输送的速度来控制。其供料量可达300m^3/h或更多。

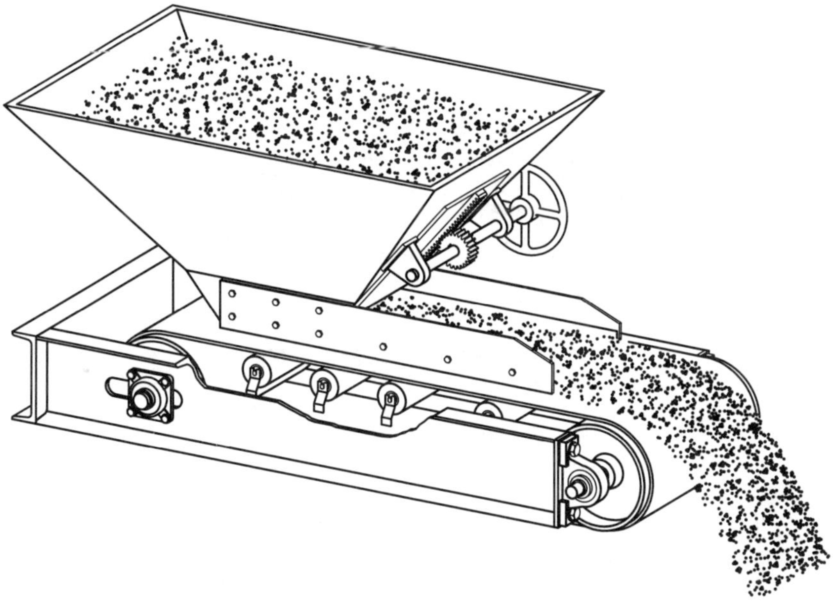

图6-36 基本的带式供料器

带式供料器适用于输送干燥的粉状、粒状以及中等块度的物料。如果配置效果好的清扫装置，还可输送潮湿的或较黏的物料。和带式输送机一样，带式供料器不能输送70℃以上的热物料，也不能输送有酸性、碱性、含油的和含有机溶剂等成分的物料。输送这类物料时，应采用专用的橡胶带或塑料带（如耐热、耐油、耐酸碱等）。

带式供料器的优点是：①制造和维修容易；②供料能力大，流量调节方便；③既可单向，也可双向供料，且供料均匀；④供料距离可长可短，在配置上有较大的灵活性。其缺点是：不能承受较大的料柱压力，当输送粒度大和坚硬的物料时，胶带磨损较快。

带式供料器的布置形式多为水平布置，也可以倾斜布置。当倾斜布置时，其最大容许倾斜角α可按式（6-43）计算：

$$\alpha \leq \rho - (10° \sim 15°) \qquad (6-43)$$

式中 ρ——散状物料与胶带的静摩擦角，(°)。

带式供料器的带速与物料性质以及工艺要求有关，通常在 0.05~0.45m/s。对于重物料和有磨琢性的物料取输送带速度 v=0.05~0.1m/s；对于较重的物料和磨琢性小的重物料取 v=0.1~0.2m/s；对于轻物料和无磨琢性的物料取 v=0.2m/s 以上。

由于输送带要承受来自料仓物料的压力，因此，料仓出口下面的区间托辊间距应很小，一般可取 140mm 左右。这样可避免输送带下垂，减少供料器的运行阻力。

为了防止撒料，供料器上分支两侧应装导料板。两导料板的间距 b 和高度 h_1 为：

$$b = (0.7 \sim 0.8)B \tag{6-44}$$

$$h_1 = (0.25 \sim 0.5)B \tag{6-45}$$

式中 B——输送带宽度，m。

采用普通橡胶带的带式供料器，其胶带的上覆盖胶厚度一般为 4.5~6mm。胶带的帆布层数应比在同样张力条件下的胶带输送机的层数增加 10%。

根据使用经验，供料器向下倾斜 1°~2°安装时，可以减小供料器的运行阻力。

供料器和料仓直联时，料仓的矩形出口按胶带的运行方向制成 4%~5%的倾斜度，如图 6-37 所示，这不仅能使卸料保持均匀，并且还能使供料器的运行阻力降低约 20%。

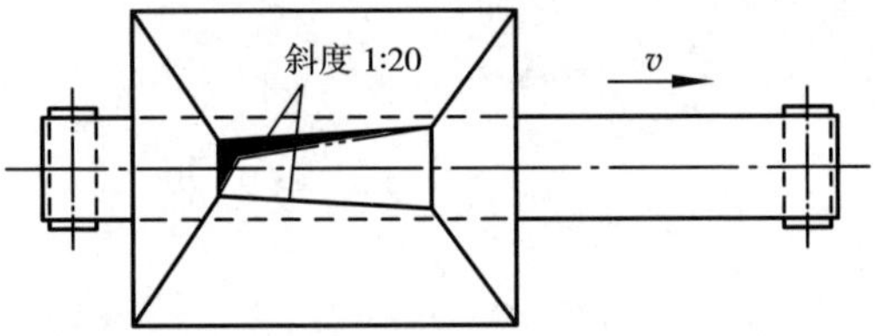

图 6-37 料仓出料口渐扩示意图

带式供料器的生产率 Q 可按下式计算：

$$Q = 3600b \cdot h_1 \cdot v \cdot \gamma_0 \cdot \psi \quad (t/h) \tag{6-46}$$

式中 b——两侧导料板的间距，m；

h_1——导料板的高度，m；

v——输送带速度，m/s；

γ_0——物料的容重，t/m³；

ψ——导料槽容积利用系数，取 0.75~0.8。

带式供料器为非标准设备，可按工艺要求选用现有图纸或重新设计，其零部件的选择和设计计算可参照带式输送机进行。带式供料器的基本参数见表 6-11。

表 6-11 带式供料器的基本参数

胶带宽度/mm	导料板间距/mm	导料板高度/mm	滚筒直径/mm	滚筒中心距/mm	胶带的帆布芯层数
400	280	190	108	500	2~4
500	380	200	108	600	3~5
650	500	260	108	750	3~6
800	600	280	159	950	4~8

二、电磁振动供料器

在粮油工业中，电磁振动供料器多用于粉状的、流动性差的物料出仓，均匀地向各种输送设备或加工设备供料（图 6-38）。这种供料器具有供料、破拱及闭锁料门的功能。

电磁振动供料器的工作原理类似于振动输送机，是利用一个或多个电磁体产生的周期性磁力，驱动槽体在规定的方向发生振动，从而使槽内的物料呈微跳跃式地向前抛掷移动。

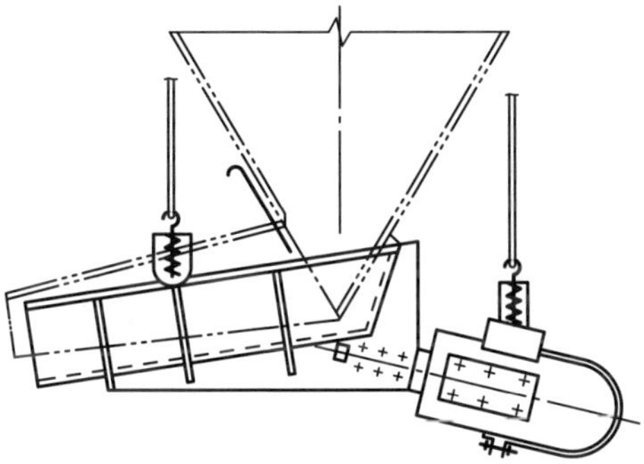

图 6-38　电磁振动供料器

电磁振动供料器的振动频率为 1500 次/min 或 3000 次/min，全振幅为 1~3mm，不同规格的供料能力为 0.1~600m^3/h。

和其他供料设备相比，电磁振动供料器具有以下特点：

①体积小、重量轻、结构简单，安装、维修方便。

②无转动的零部件，不需要润滑，不需要电动机和减速器，运行费用低。

③由于供料器运用了机械振动学的共振原理，双质体在低临界近共振状态下工作，因此消耗电能少。

④对于采用可控硅半波整流线路控制的电磁振动供料器，可通过调节可控硅开放角的办法方便地无级调节供料量，并可实现生产流程的集中控制和自动控制。

⑤由于在供料过程中，物料在料槽中连续地被抛起，并按抛物线轨迹向前作跳跃运动，因此对料槽的磨损较小。

电磁振动供料器的缺点是安装后的调整较复杂，调整不好会影响运行状况并引起噪声。

电磁振动供料器可以输送各种松散的粒状和粉状物料，也可以输送粒度达 500mm 的大块物料。对于粉状物料，可采取密封供料方式。这种供料器不宜输送黏性较大的、潮湿的物料或 300℃以上的热物料，也不适合用在有防爆要求的场合。

调节供料器的供料量通常采用如下两种方法：

①调节供料器的振幅。在额定振幅范围内，通过旋转控制箱电位器旋钮，可以直接调节振幅，从而可以无级地调节供料器的供料能力。

②调节料仓出料口闸门开度的大小，以改变料槽中料层的厚度，达到调节供料能力的目的。

电磁振动供料器的工艺配置及安装的合理与否，直接影响其使用性能和供料能力，为此应注意以下各点：

①电磁振动供料器不能承受过大的仓压，因为这将降低供料器的振幅，从而影响供料能力。为保证供料器的正常运行，必须尽量减少仓压对供料器的影响。

②为便于调节供料槽中料层的厚度和当检修供料器时截止物料从料仓中流出，应在料仓的出料口或在溜槽上设置闸门。为避免供料器槽体因物料的冲击而损坏，一般情况下，料仓不允许卸空，在料仓和供料器之间应保持一定的余料量。在空仓装料之前还应关闭出料口的闸门。

③电磁振动供料器的安装倾斜角对供料能力影响很大。通常推荐安装角度为向下倾斜10°，这时供料器的供料能力比水平时增大30%以上。但倾角不宜过大，倾角过大会增加物料的滑动，加快槽体的磨损，甚至造成物料自流。当然，供料器槽体也可向上微倾斜安装，但这将降低供料器的供料能力。

④电磁振动供料器一般均整体安装，安装后，在供料器上不允许固接任何刚性附件，并且其周围应有一定的游动间隙，使供料器不和其他设备碰撞。此间隙在供料器的长度方向上一般最小为50mm，在宽度方向上为25mm。

⑤安装后的供料器横向应水平，以免工作时物料向一侧偏移。

电磁振动供料器的设计计算，可参照振动输送机进行。

三、螺旋供料器

螺旋供料器广泛应用于粮食、饲料工业的配粉、配料系统中。其构造及工作原理均与螺旋输送机相似，不同之处主要是螺旋供料器的输送距离较短（一般不超过3m），采用封闭的圆管形外壳，因而也称“圆管绞龙”，见图6-39。有关螺旋供料器的类型、计算方法等内容在第四章第五节已作过介绍，此处不再赘述。

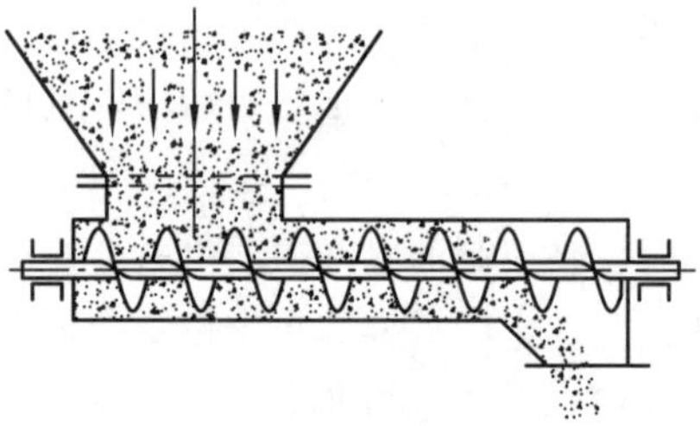

图6-39 螺旋供料器

常用螺旋供料器的规格见表6-12。

表6-12 螺旋供料器的规格

螺旋体直径/mm	150	200	250	300	400
螺距/mm	120	160	200	240	320
螺旋轴转速/r/min	75~90	60~75	50~75	50~60	30~50

四、叶轮供料器

叶轮供料器主要由两部分构成：铸铁或钢制的外壳和密封在其中的叶轮转子。外壳的顶部有进料口，底部有出料口。呈星状的叶轮转子随传动轴一起在封闭的壳体中回转。工作时，物料从上方的进料口落入叶轮相邻叶片间的空间内并随叶轮旋转，当转到下方的出料口时，物料靠自身的重力由出料口卸出。图 6-40 为典型的叶轮供料器。

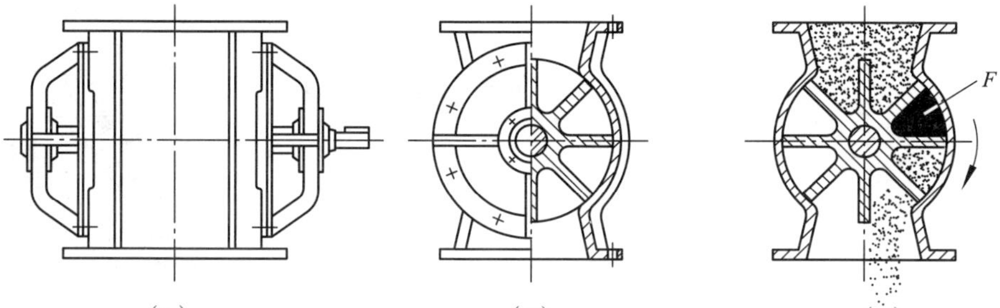

图 6-40　叶轮供料器

（1）主视图　（2）左视图　（3）工作状态图

（F 为叶轮每格的有效扇形截面积）

叶轮供料器具有结构简单、密封性好、供料均匀、运行可靠等优点，适于输送粉状、粒状的物料，在粮油工业中应用非常广泛。可以将它安装在料仓下面用以均匀出料，还可以在某些配料系统中作为配料器。由于叶轮供料器具有良好的密闭性，在散料气力输送系统中，还经常将它作为闭风供料器或卸料器（关风器）使用。叶轮供料器的供料能力一般在 $30m^3/h$ 以下，少数的用于气力输送系统中的关风器，通过能力可达 $300m^3/h$。

叶轮供料器的密封性可随使用的要求而有所不同。当它作为闭风供料器时，密封性要求就高。叶片外沿和壳体内壁间的间隙一般是非常小的（为 0.06~0.15mm），因此叶轮供料器不能用来处理坚硬的或磨琢性强的物料。对于中等磨琢性的物料，叶轮供料器要加大尺寸及慢速运转，并且必须在叶片的顶端装置特殊的耐磨叶顶。

叶轮供料器可以作为容积计量设备。物料的流量可通过改变叶轮的旋转速度或改变叶片间的充填容积来调节。例如将叶轮的充填空间沿轴向分割成多个不同比例的格子，在进口处控制向不同的格子进料便能获得不同的供料量。作为闭风供料（或卸料）器时，不能用来计量物料。

供料器叶轮的转速一般不超过 60r/min。当叶轮的直径越大、物料的悬浮性越好、流动性越差时，叶轮转速应越低。叶片数量一般为六个或八个。

叶轮供料器的供料能力按式（6-47）计算：

$$Q = 60Z \cdot F \cdot L \cdot n \cdot \psi \cdot \gamma_0 \tag{6-47}$$

式中　Q——供料能力，t/h；

Z——叶轮格数；

F——叶轮每格的有效扇形截面积，见图 6-40（3），m^2；

L——叶轮的有效工作宽度，m；

n——叶轮转速，r/min；

ψ——物料的充填系数，用以供料时取 $\psi=0.80\sim0.85$，用以闭风时取 $\psi=0.65\sim0.67$；

γ_0——物料的容重，t/m^3。

CHAPTER 7

第七章 气力输送

第一节　概述

一、气力输送的应用与发展

气力输送是利用风机产生的具有一定速度和压力的气流通过管道输送散状物料的技术，是物料的搬运方式之一。空气流动形成风，因而气力输送又称风力输送、风运或风送。

使固体颗粒物料悬浮于空气中通过管道输送的最初尝试，始于 19 世纪初期。1853 年世界上出现了在邮局内部传递信件的气力输送装置。粉粒状物料气力输送装置的发展始于 1866 年斯特蒂文特对除尘器的成功研制。1882 年在俄国圣彼得堡港出现了世界上第一台气力输送卸船装置，当初称为谷物卸船机，即现在的吸粮机。1886 年阿林顿进行了长距离气力输送纤维物料的研究，1890 年英国的多克哈姆发明了双筒形吸嘴并对吸送谷物的卸船机进行了深入研究。1893 年，英国也出现了吸粮机。发展到 20 世纪 30 年代，在荷兰的鹿特丹港和德国汉堡港的粮食码头上，吸粮机已成为散粮船主要的卸船设备，海运粮食的 90%以上是由吸粮机卸船的。1945 年在瑞士建成了世界上第一家气力输送面粉厂。

气力输送技术在我国的应用，起始于新中国成立初期。1959—1962 年在天津港和大连港开始使用移动式谷物气力输送装置卸船，到 20 世纪 90 年代，在我国的部分港口出现了大型气力输送卸船机，输送量达 600t/h。1958 年，我国第一家气力输送面粉厂在浙江金华建成。1966 年在江苏南京浦镇（现浦口区）建成了采用气力输送的大米厂。20 世纪 70 年代以后，面粉厂粉间物料的提升几乎全部采用气力输送技术。

气力输送技术发展至今，已广泛用于粮油加工、化工、建材、制药、食品等工业领域。气力输送的类型有多种，输送距离可由几米到数千米，输送量最大可达每小时千余吨。

物料的管道化、密闭化和自动化输送是现代散状物料输送技术的发展方向，而气力输送技术无疑是实现这种物流技术的最佳方式之一。

二、气力输送的特点

气力输送的最显著特点是动力来源为具有一定能量的气流，简化了传统复杂的机械装置；其次是管道输送，布置简单、灵活；第三是没有回路。具体有以下特点。

（1）输送管路占用空间小且管路布置灵活　输送管道可以安装在墙角、墙壁附近或天花板上，基本不占用厂房面积。只要设计出合适参数的弯头，输送管路就可以从建筑物或设备等障碍物的附近绕过。由于可以使用软管、多路阀和快速接头，很容易改变和控制物料的进、出口位置，从而实现灵活输送、装卸车船和进出仓。

（2）气力输送装置与其他机械输送装置相比更安全　统计表明，物料搬运事故中，斗式提升机、绞龙等机械式输送设备比气力输送发生的事故多得多，而且在发生粉尘爆炸的事件中，斗式提升机是最易引发粉尘爆炸的设备之一。所以，气力输送的应用不仅能大大减少工伤事故，而且还能减少火灾和粉尘爆炸引起的危险。

（3）管道输送系统密闭　可以避免物料抛洒、污损或混入异物，也避免了物料输送过程中扬尘对环境的污染，且输送装置内部无死角、不存料，因而更卫生。

（4）有利于实现自动化　改善劳动条件，降低劳动强度，有利于实现自动化。物料在管道中输送，运动部件少，易损件不多，大大减少工人的设备管理、维修工作量和费用。

（5）一风多用　此特点可提高某些生产设备的效率。气力输送管道内的空气可以来源于生产设备，因而对生产设备有除湿、降温和抑尘作用。在气力输送的输料管内，物料与气流接触充分，气流对物料有吸湿、冷却等作用。在卸料时，可以利用气流的空气动力作用，分离出颗粒物料中的微细部分或轻质物料，如尘土、细屑等，起到物料的风选分级作用。

（6）容易破碎的物料不易采用　气力输送属于高速气流输送物料，因此水分大、黏附性强、磨琢性大、容易破碎的物料不宜采用，且物料粒径不宜太大，一般小于 50mm。

三、气力输送的类型

气力输送有气力吸运和气力压运两种基本类型。气力吸运是将空气和物料一起吸入管道内，靠低于大气压强的气流输送物料，风机安装在管路系统的末端；气力压运即用高于大气压强的正压气流携带或推动物料进行输送，风机则安装在管路系统的始端。

1. 气力吸运

气力吸运输送装置如图 7-1 所示。物料的输送过程在风机的吸气段完成，根据输料管内的压力状况，也称为负压输送。这种输送方式具有以下特点。

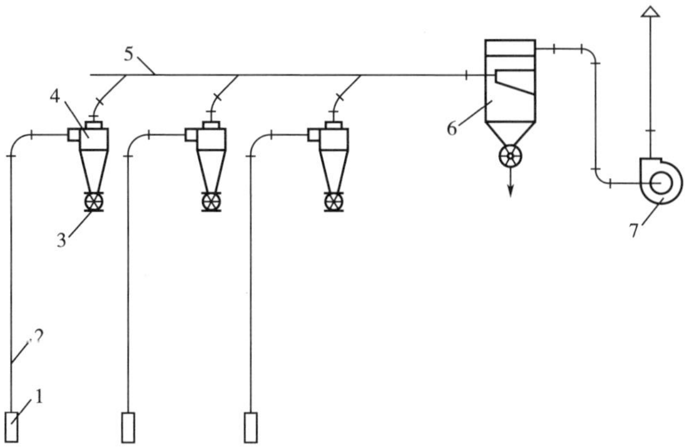

图 7-1　气力吸运输送装置

1—接料器　2— 输料管　3—闭风器　4—卸料器　5—汇集风管　6—除尘器　7—风机

（1）供料简单、方便。

（2）输料管内空气压强低于大气压，有利于供料处粉尘捕捉。

（3）能够从多处同时吸送物料，而集中一处卸料。

（4）特别适合位于深处、角落处物料的输送、清理。

（5）要求输料管、卸料器和除尘器气密性高。

（6）输送产量大。

气力吸运输送方式可以有一根或多根输料管。多根输料管气力吸运输送方式广泛应用于物料品种多、需要多次输送，或产量较大需要多根输料管分担输送的场合，图 7-1 所示即多根输料管气力吸运输送方式。如果只有一种物料，或多种物料可以混合成一种，或物料只需输送一次，即可采用单根输料管气力吸运输送方式。

单根输料管气力吸运输送方式如果用来卸散粮船、仓内散粮出仓或卸车时，常称为吸粮机。吸粮机可以做成固定式或者移动式。图 7-2 所示为轨道移动式吸粮机。

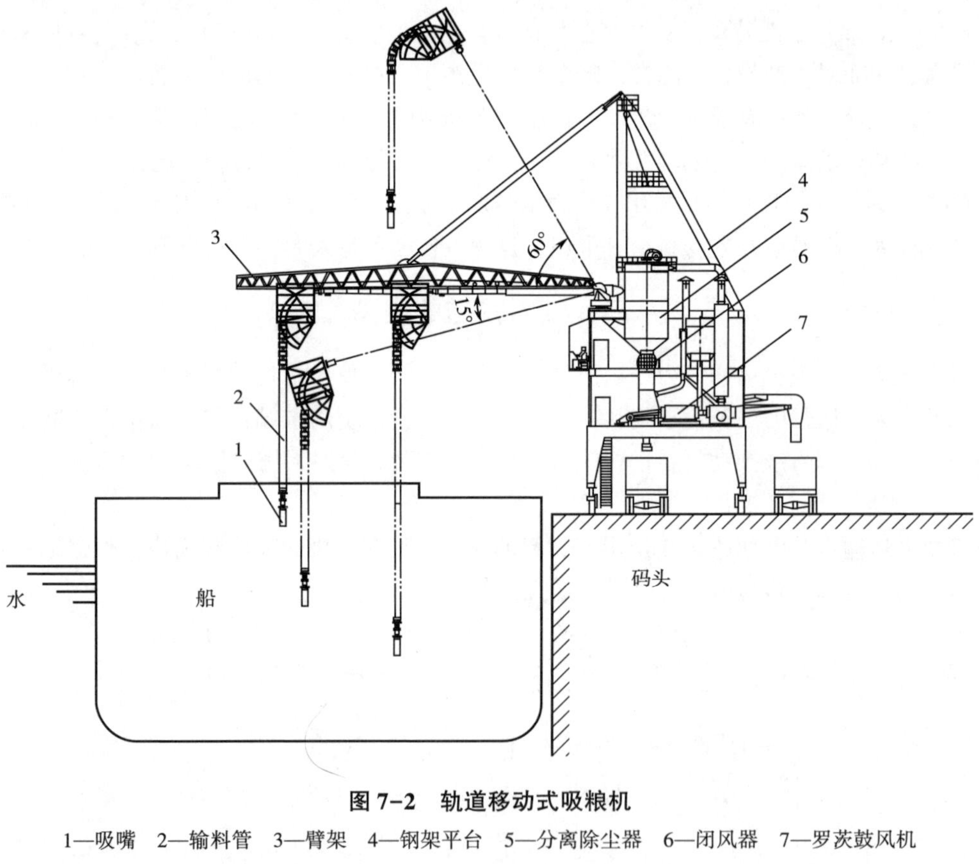

图 7-2　轨道移动式吸粮机

1—吸嘴　2—输料管　3—臂架　4—钢架平台　5—分离除尘器　6—闭风器　7—罗茨鼓风机

2. 气力压运

气力压运输送装置如图 7-3 所示。物料的输送过程在风机的压气段完成，根据输料管内的压力状况，也称为正压输送。这种输送方式具有以下特点。

（1）适合从一处向多处供料　即一处供料，多处卸料。

（2）卸料容易供料难　输料管内空气压强高于大气压，所以在通过输料管上的孔口供料时，管道内的空气就会由此喷出，使得供料困难而且漏风，造成输送不正常。因此，把大气压状态下的物料供入到正压输料管内必须采用特殊的供料装置，既能满足供料要求又能保持较高的气密性。而气力压运输送方式卸料容易，输料管末端喷出的物料，可在重力作用下自然沉降或利用存仓、大的容器作为重力式卸料器使用。也可选用离心式卸料器、惯性卸料器等安装在输料管末端用于卸料。

（3）输送系统要求气密性高。

（4）适合长距离输送。

气力压运输送方式因设备少、管道布置灵活、容易做到多点卸料等特点，在面粉厂配粉工序、食品车间的原料入仓、饲料加工厂的原料接收等场合得到广泛应用。

相比较而言，气力吸运供料器简单，卸料器（或称分离器）是主要设备，有利于将各处物料收集到一处或几处；气力压运则供料器复杂，是输送系统的关键设备，而卸料器简单或无卸料器，适合于将物料分散输送到各个地点。

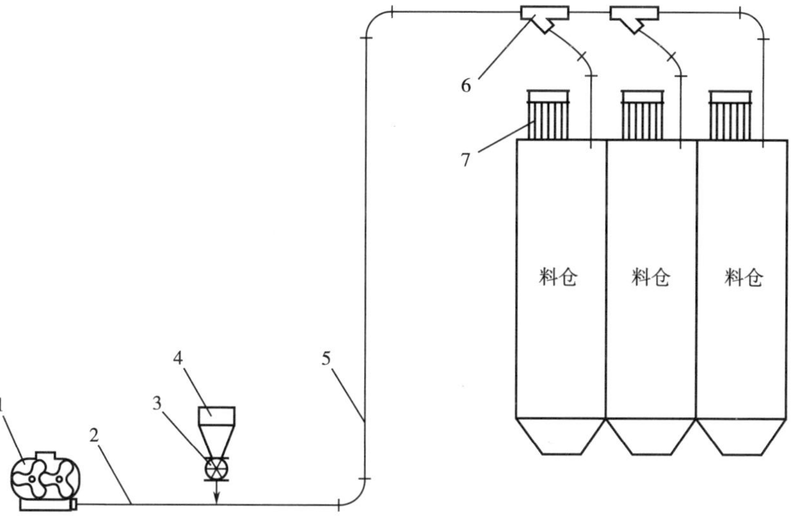

图 7-3　气力压运输送装置

1—风机　2—空气管道　3—供料器　4—料斗　5—输料管　6—双路阀　7—仓顶除尘器

3. 吸-压混合式气力输送

吸-压混合式气力输送装置如图 7-4 所示。一台风机，在风机的吸气段完成气力吸运或物料提升，又在风机的压气段进行压运输送，它综合了气力吸运和气力压运两种输送类型共同的优点，特别适合于散料的卸船（车）入仓、装包，或散料的清扫装车等。图 7-5 所示为吸-压混合式吸粮机示意图。

4. 空气输送槽

空气输送槽也是一种气力输送的类型，图 7-6 为空气输送槽示意图。它是利用物料在气流中处于流态化状态进行输送的，适用于面粉、水泥、煤粉、煤灰、矾土、石膏粉等易于流态化的粉状物料输送，对于水分含量高、流态化性能差的物料不宜采用。

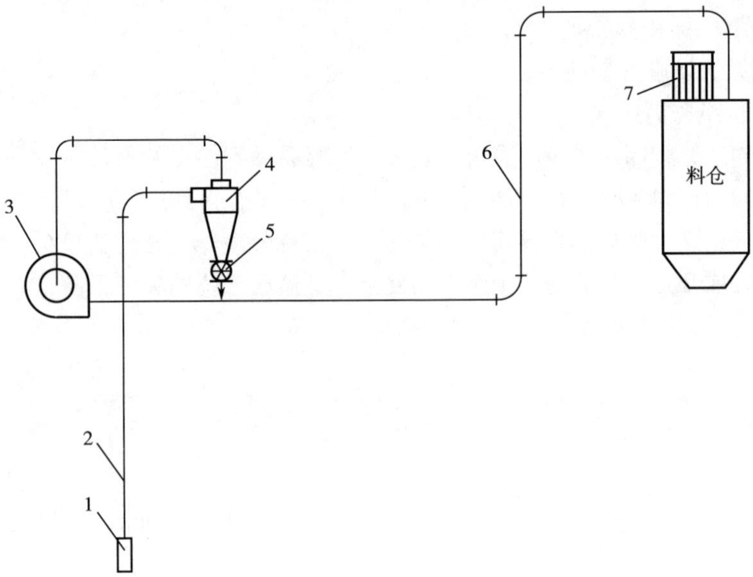

图 7-4　吸-压混合式气力输送装置

1—接料器　2—输料管　3—风机　4—卸料器　5—供料器　6—压送管　7—仓顶除尘器

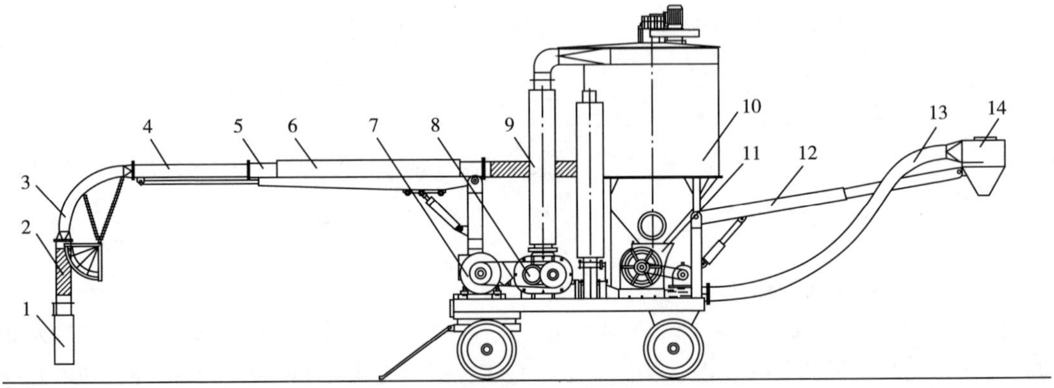

图 7-5　吸-压混合式吸粮机

1—吸嘴　2—软管　3—弯头　4—伸缩内管　5—伸缩外管　6—臂架
7—电动机　8—罗茨鼓风机　9—进口消音器　10—分离除尘器
11—闭风器　12—压送管道臂架　13—压送软管　14—卸料器

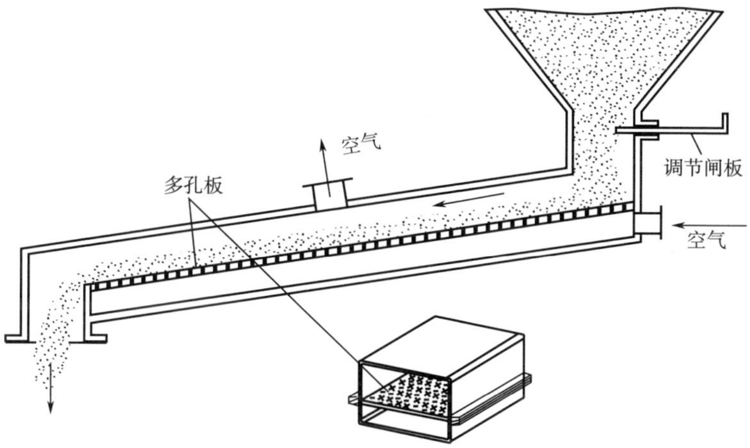

图 7-6　空气输送槽示意图

按照物料和气流在管道中两相流动的特征，气力输送装置还可分为稀相输送、密相输送和间断流输送（即栓流输送）三种类型。稀相输送是依靠具有较高速度的气流输送的，因而也称动压输送或悬浮输送；密相输送和栓流输送都是利用具有较高压力的气流进行输送的，也称静压输送或压力输送。

目前，气力输送装置型式以悬浮输送方式最为成熟、应用最多，即管道中气流速度足够高，颗粒在气流中呈悬浮的状态被输送。本章主要介绍悬浮式气力输送技术。

第二节　悬浮式气力输送的基本原理

一、物料颗粒的空气动力学特性

物料颗粒的空气动力学特性主要指其悬浮特性，悬浮特性指标即悬浮速度。悬浮速度反映了所输送物料的空气动力学特性，其数值大小由物料的密度、粒径、形状、表面状态、管道直径、空气密度等因素决定。

物料颗粒在边界无限、静止的空气中自由下落时，由于受到重力的作用，下落速度逐渐加快，同时，颗粒所受到的空气阻力也逐渐增大，最后当空气阻力增大到与颗粒所受到的浮力、重力处于力的平衡时，物料颗粒则等速下落，此时恒定的下落速度称为颗粒的沉降速度。反之，如果将某颗粒物料置于一垂直向上气流中，若气流速度小于颗粒的沉降速度，则气流中的颗粒将下降；若气流速度大于颗粒的沉降速度，则颗粒将跟随气流上升，即形成气力输送状态；若气流速度等于颗粒的沉降速度，则颗粒将处于某一位置上既不上升也不下降，即呈悬浮状态，此时的气流速度即是颗粒的悬浮速度。

在研究物料悬浮特性时，是向上运动的气流使物料颗粒处于悬浮状态，这时把气流对颗粒的空气阻力称为空气动力。

理论和实验表明，颗粒直径和颗粒的密度越大，则颗粒的悬浮速度就越高，表明只有较高的气流速度时该颗粒才会处于悬浮状态。

在管道中，由于颗粒与颗粒之间、颗粒与管壁之间的碰撞、摩擦以及管道有限空间的影响，颗粒群的悬浮速度要比单颗粒的悬浮速度小。部分颗粒物料实测悬浮速度参考值见表 7-1，面粉厂小麦及在制品悬浮速度见表 7-2。

表 7-1　　部分颗粒物料实测悬浮速度参考值

物料	密度/(kg/m^3)	容重/(kg/m^3)	粒径 d_s/mm	悬浮速度 u_t/(m/s)
小麦	1270~1490	650~820	4~4.5	6.5~11.5
稻谷	1020	550	3.6	7.5
糙米	1120~1220	820	5.0~6.9（长径）	7.7~9.0
玉米	1240~1350	600~720	9×8×6	9.8~13.5
大米	1480	620~680	10×3	8~8.5
大麦	1230~1300	600~700	3.5~4.2	8.7~10.5
大豆	1180~1220	560~720	3.5~10	10
面粉	1410	610	0.163~0.197	1.5~3.0
豌豆	1260~1370	750~800	6.0~5.5	15.0~17.5
花生	1020	620~640	21×12	12~14
荞麦	1180~1280	510~700	6×4×3	7.8~8.7
燕麦	1130~1250	390~500	2.58×4	7~7.5
裸麦	1260~1440	660~790	7.5×2.3×2.2	8.4~10.5
砂糖	1580	790~900	0.51~1.5	8.7~12
粗粒盐	1090	720	7.0~7.2	14.8~15.5
玉米淀粉	1530~1620	—	0.06	1.5~1.8
菜籽	1220	—	—	8.2
亚麻籽	1120	630~730	4×2.5×1.5	4.5~5.2
茶叶	—	1360	400	6.9
黑胡椒	1130~1250	390~500	2.5×4	11~12.5
葵花籽	790~940	260~440	11×6×4	7.3~8.4

表 7-2　　面粉厂小麦及在制品悬浮速度参考值

物料	容重/（kg/m³）	悬浮速度/（m/s）	物料	容重/（kg/m³）	悬浮速度/（m/s）
饱满小麦	720~820	8.5~11.5	尾磨磨下物	430~500	2.5~3.5
普通小麦	680~700	7.3~8.4	粗麦心	510	4.5~5.5
虫蚀小麦	—	7.1~7.3	细麦心	530	4.0~5.0
瘦长小麦	—	6.0~6.5	粗粉	400~450	3.5~4.5
碎麦	—	5.6~6.8	特一粉	560~600	2.3~3.0
1 皮磨下物	600~750	6.0~7.0	特二粉	450~500	2.0~3.0
2 皮磨下物	400~500	5.0~6.0	标准粉	430	2.0~3.0
3 皮、4 皮磨下物	350~400	2.0~3.0	次粉	430~600	2.0~3.0
前路心磨下物	480~620	4.0~5.0	粗麸皮	150~240	2.5~3.5
后路心磨下物	400~550	1.2~1.4	细麸皮	250~340	2.5~3.5
渣磨磨下物	450~580	4.5~5.5			

二、物料在气流中的运动

1. 输送气流速度与物料运动状态

在气力输送过程中，物料颗粒的运动状态主要受输送气流速度控制。在输送量一定时，气流速度越大，颗粒在管道内越接近均匀分布，处于完全悬浮状态输送；气流速度逐渐减小时，对于垂直管道会出现颗粒速度下降、物料分布出现密疏不均现象，而水平输料管则会出现越靠近管底分布越密的现象；当气流速度低于某一值时，对于垂直管道会出现局部管段掉料现象但又能够被提升，对于水平管则出现一部分颗粒在管底停滞，处于一边滑动，一边被气流推着输送的运动状态；当气流速度进一步减小时，水平输料管管底停滞的物料层作不稳定的移动，最后停顿，产生管道堵塞现象，而垂直输料管则出现管道中物料瞬间沉降，发生管道“掉料”和堵塞现象。

颗粒物料在水平输料管中不同输送气流速度时物料运动状态如图 7-7 所示。

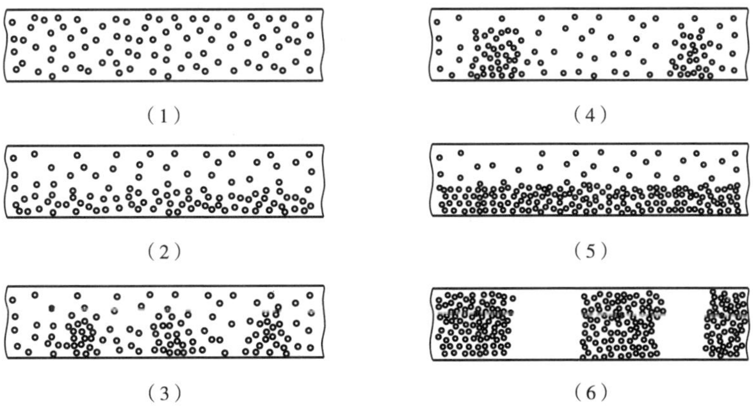

图 7-7　不同输送气流速度时的物料运动状态

(1) 悬浮流　(2) 管底流　(3) 疏密流　(4) 停滞流　(5) 部分流　(6) 柱塞流

（1）悬浮流　颗粒在管道中以完全悬浮状态输送，物料颗粒在气流中均匀分布。悬浮流是一种理想的输送状态，此时的输送气流速度特别高。

（2）管底流　输送气流速度有所降低，越接近管底区域物料颗粒分布越密，但没有出现停滞。颗粒一边作不规则的旋转、碰撞，一边被输送。

（3）疏密流　颗粒在管道中出现疏密不均现象，一部分颗粒在管底滑动但没有停顿。疏密流是颗粒悬浮输送的极限状态。

（4）停滞流　大部分颗粒失去悬浮能力，停滞在管底的颗粒在局部管段聚集在一起，使管道断面局部变狭窄，因此，在该处的气流速度最大，较高的气流速度又将停滞的颗粒吹走。颗粒在停滞聚集和吹走相互交替中处于不稳定输送状态。

（5）部分流　输送气流速度过小时颗粒堆积于管底，气流在管底堆积颗粒上部流动形成部分流。堆积于管底的物料上层表面，有部分颗粒在气流作用下作不规则移动，而且堆积的物料也会随着时间的变化作沙丘似的移动。

（6）柱塞流　管底堆积的物料层在局部管段已充满了输料管形成物料柱，物料柱在气流压力的推动下移动。

柱塞流时，物料颗粒在管道中已完全失去了悬浮能力而形成物料柱，在这种状况下的输送称为静压输送。其余五种输送状态是靠气流的动能输送的称为动能输送或悬浮输送。

2. 输送状态与空气动力

在垂直输料管中，空气动力对物料悬浮以至输送起着直接作用。空气动力与物料颗粒的重力在同一垂直线上，但方向相反。由于物料处于紊流气流中，颗粒有受到气流径向分力的作用，同时，由于颗粒本身的不规则以及颗粒之间、颗粒与管道内壁之间的碰撞、摩擦等引起的颗粒旋转产生的马格努斯效应，使颗粒会受到垂直于气流方向的力的作用。因此，在垂直输料管中物料以一种不规则的曲线作上升运动。

在水平输料管中，物料颗粒的重力方向与水平气流方向相垂直，因此，空气动力对颗粒的悬浮不起直接作用。但实际装置中物料颗粒在水平管道中仍能被正常悬浮输送，一般认为是由于物料颗粒在受到水平方向的空气动力之外还受到了如下所述的几种升力作用。

（1）紊流状态下水平气流速度在径向方向分速度产生的升力。

（2）输料管有效断面上存在速度梯度而引起的颗粒上下静压差所产生的升力。

（3）马格努斯效应　由于空气的黏滞性，旋转颗粒周围的空气被带动，形成与颗粒旋转方向一致的环流。颗粒周围的环流与管内气流速度叠加使颗粒上部的气流速度增加、压强下降，而颗粒下部的气流速度降低、压强升高，因而颗粒上下的压力差使颗粒产生了升力的作用，这一现象通常称为马格努斯效应。

（4）由于物料颗粒形状不规则产生的推力在垂直方向的分力。

（5）由于颗粒之间或与管壁碰撞而产生的跳跃，或受到反作用力的作用在垂直方向的分力。

这些力共同作用的结果，使颗粒在水平气流中不断处于悬浮状态并呈悬浮状态输送。水平管道中的气流速度越大，产生使颗粒悬浮的升力就越大，越有利于物料输送，但同时能量消耗也增大。因此，物料颗粒在水平管道中的输送不是一直线运动，而是颗粒悬浮和沉降交替出现的运动。

3. 输料管断面气流速度分布

纯空气管流时，在管道轴心线上速度具有最大值，而且速度分布对称于管道的轴心线。

在空气中混有物料流动时，即气力输送管道中，气流速度分布有很大的变化。

在水平管道中，由于颗粒的重力作用，越接近管底物料分布越密，使得最大速度的位置移到了管道轴心线之上。管底较低的气流速度会导致颗粒的运动速度减小，最后影响到物料的输送，严重时，会出现物料在管底停滞而使管道堵塞的现象。

4. 气力输送的压损特性

物料颗粒在管道中呈悬浮状态输送时，总存在着颗粒间或与管壁之间的碰撞或摩擦，这样会使颗粒损失一部分从气流那里得到的能量，也即气流具有的能量的一部分要消耗在颗粒与管壁的碰撞或摩擦上。而这部分能量损失是以气流压力损失的形式表现出来的。一般而言，气流速度越大，压力损失越显著；而气流速度过小时，颗粒又会产生停滞现象，加剧颗粒与管壁的摩擦，压力损失反而增大。

对于密度和表面粗糙度大致相同的物料，其粒度分布越广，压损也就越大。颗粒大小不一时，其速度、碰撞次数、加速度等运动情况不一样。小粒径颗粒比大粒径颗粒更容易加速，所以，从后面追上来的小颗粒就更多，并且小粒径颗粒易追过大粒径颗粒并和大粒径颗粒碰撞。所以，颗粒碰撞会损失一部分颗粒的动能，另外，大粒径颗粒后产生的旋涡也有可能将小粒径颗粒卷入，因此造成颗粒运动更为不规则，使压力损失增大。

三、气力输送系统的主要参数

气力输送系统的主要参数指计算物料量、输送浓度和输送风速等。这些参数的合理选择和确定，对气力输送装置的设计计算、经济评价等具有重要意义。

1. 计算物料量 $G_{算}$（t/h）

在进行气力输送的设计计算时，必须考虑气力输送装置实际运行中产量的波动性。计算物料量就是在按工艺要求的平均输送产量基础上再增加一定的余量而得到的。

$$G_{算}=\alpha G \tag{7-1}$$

式中　G——实际平均产量，t/h；

α——储备系数，$\alpha=1.0\sim1.2$。

面粉厂气力输送各种物料的储备系数一般在 1.05~1.2，见表 7-3。

表 7-3　面粉厂气力输送不同物料的储备系数 α

物料名称	小麦	1B	2B	3B、4B	心磨、渣磨	面粉
α	1~1.2	1.0~1.05	1.1~1.15	1.2	1.15~1.2	1.1

注：B 代表皮磨。

2. 输送浓度 μ（kg/kg）

输送浓度指单位时间内通过输料管有效断面的物料的质量与空气质量的比值。即：

$$\mu=\frac{M_s}{M_a}=\frac{M_s}{Q\rho_a} \tag{7-2}$$

式中　M_s——输料管中物料质量流量，kg/h，即 $M_s=1000G_{算}$；

M_a——输料管中空气质量流量，kg/h；

Q——输料管中空气流量，m^3/h；

ρ_a——输料管中空气密度，kg/m^3。

输送浓度大，即单位质量空气输送更多的物料，有利于增大输送能力。这时压力损失将增加，但所需的空气量将减小，因而输送所需的功率也将减少。同时，输料管管径、卸料器、除尘器等设备的尺寸也会减小。但是输送浓度选取得过大，实际运行中物料输送量发生波动时，易造成输料管掉料、堵塞等。

输送浓度的选取取决于气力输送装置的类型、输料管的布置、物料的性质和风机的类型等。

在面粉厂制粉车间，气力输送装置的输送浓度一般在4.5kg/kg以下；对于吸粮机等一些输送原粮的气力输送装置而且采用罗茨鼓风机为气源设备时，可以选取较高的输送浓度，但一般也不超过40kg/kg。

3. 输送风速 u_a（m/s）

输送风速是气力输送装置的重要参数，选择的输送风速是否合适关系到气力输送系统的性能好坏和经济性能高低。输送风速过低易造成输送产量低、不稳定，如脉动输送、掉料，甚至堵塞管道等；输送风速过高，反而使流动阻力增加过快，能耗增大，而且管道磨损快、破碎率高，输送产量也会下降。

输送风速往往由经验确定。通常，对于粒度均匀物料，输送风速为其悬浮速度的1.5~2.5倍；对于粒度分布不均匀的物料，以粒度分布中所占比例最大的物料悬浮速度为标准选取输送风速；对于粉状物料，为避免黏结管道和发生管道堵塞，输送风速取5~10倍的悬浮速度。对于粮油加工厂的常见物料，一般输送风速 $u_a \geqslant 18$m/s。

也可根据下式计算输送风速：

$$u_a = C_1\sqrt{\rho_s g} + C_2 L \tag{7-3}$$

式中 C_1——输送物料粒度系数，见表7-4；

C_2——输送物料的特性系数，$C_2 = (2\sim5)\times10^{-5}$，干燥的粉状物料取小值；

ρ_s——物料颗粒的密度，t/m³；

L——输送距离，当输送距离 $L \leqslant 100$m，式（7-3）中 C_2L 可忽略不计；

g——重力加速度，$g=9.81\text{m/s}^2$。

表7-4 输送物料粒度系数 C_1

物料品种	颗粒大小/mm	α	物料品种	颗粒大小/mm	α
粉状	0~1	10~16	细块状	10~20	20~22
均质粒状	1~10	16~20	中块状	40~80	22~25

四、气力输送系统的压损计算

进行气力输送系统的压损计算，目的是通过压损计算过程，选择出合适的输送风速、输送浓度；计算出输料管的管径；选出卸料器、除尘器和风机；保证多输料管气力输送系统每根输料管的阻力平衡以及气力输送辅助构件的选取和计算等。

（一）低真空气力输送系统压损计算

气力吸运输送型式根据工作压力的高低分为低真空气力输送（工作压强小于 9.8×10^3Pa）和高真空气力输送（工作压强为 $9.8\times10^3\sim4.9\times10^4$Pa）两种。

低真空气力输送系统中空气的压强、温度变化小，空气重度变化不大，在工程计算中常将低真空气力输送系统中的空气按不可压缩空气计算。粮油加工厂的负压气力输送多属于低真空气力输送系统。

在图 7-1 中，从空气携带物料进入气力输送装置到卸料器为止的部分，是直接用于输送物料的管网部分，此部分的压力损失，称为输送物料部分压损；卸料器之后的管网，物料已被卸料器卸掉，主要是通风管道和除尘器等辅助部分，这部分压力损失称为尾气净化部分压损。即：

$$\sum H = H_1 + H_2 \tag{7-4}$$

式中 $\sum H$——气力吸运系统总压损，Pa；

H_1——输送物料部分压损，Pa；

H_2——尾气净化部分压损，Pa。

因此，低真空气力吸运系统的压损计算，通过分别计算输送物料部分压损 H_1 和尾气净化部分压损 H_2 得到。

1. 输送物料部分压损 H_1 的计算

输送物料部分压损 H_1 由八项压损构成，即工艺设备压损、接料器压损、加速物料压损、提升物料压损、摩擦压损、弯头压损、弯头后的恢复压损和卸料器压损。

(1) 工艺设备压损 $H_{工}$ (Pa)　工艺设备压损中的设备指的是气力输送系统之外的生产设备，即气力输送系统输料管内的气流如果是经过生产设备来的，则需要计算这部分气流的阻力，此即工艺设备压损。如果输料管内气流没有经过生产设备，直接来自大气，则此项压损为零。

$$H_{工} = 9.81\varepsilon Q^2 \tag{7-5}$$

式中 ε——工艺设备的吸风阻力系数；

Q——通过工艺设备的风量，m^3/s。

设备通过的风量较少时，此项压损可估计或忽略不计。

(2) 接料器压损 $H_{接}$ (Pa)

$$H_{接} = \zeta \frac{u_a^2}{2g}\gamma_a \tag{7-6}$$

式中 ζ——接料器阻力系数；

γ_a——当地空气重度，N/m^3；

u_a——输料管中的输送风速，m/s；

$\frac{u_a^2}{2g}\gamma_a$——称为动压，其意义即空气以流速 u_a 流动而具有的能量，Pa。

(3) 加速物料压损 $H_{加}$(Pa)　物料进入接料器之后，具有较低的初速度，物料被气流加速到正常输送速度的压损即加速物料压损。

$$H_{加} = 9.81iG_{算} \tag{7-7}$$

式中 i——加速每吨物料的压损，$(kg/m^2)/t$，见表 7-5；

$G_{算}$——计算物料量，t/h。

表 7-5　气力输送计算表

（1）输送风速 $u_a = 18\text{m/s}$

输送风速 u_a/(m/s)	18						
动压/Pa	194.4						
D/mm	Q/(m^3/s)	R [(kg/m^2)/m]	$K_{谷平}$	$K_{粗平}$	$K_{细平}$	$i_{谷粗}$ [(kg/m^2)/t]	$i_{谷细}$ [(kg/m^2)/t]
60	183	7.04	0.469	0.103	0.069	165	179
65	215	6.39	0.495	0.128	0.086	141	152
70	249	5.83	0.524	0.154	0.103	121	131
75	286	5.39	0.552	0.180	0.120	106	115
80	326	4.96	0.586	0.205	0.137	93	100
85	368	4.56	0.604	0.233	0.154	82	89
90	412	4.26	0.626	0.251	0.171	73	79
95	459	3.98	0.655	0.282	0.188	66	71
100	509	3.75	0.685	0.308	0.205	59	64
105	561	3.55	0.702	0.334	0.223	54	58
110	616	3.33	0.727	0.360	0.240	49	53
115	673	3.15	0.765	0.385	0.257	45	48
120	733	2.99	0.785	0.411	0.274	41	45
125	795	2.82	0.805	0.437	0.291	38	41
130	860	2.72	0.828	0.462	0.308	35	38
135	927	2.58	0.852	0.488	0.325	33	35
140	997	2.46	0.874	0.514	0.342	30	33
145	1070	2.36	0.896	0.539	0.360	28	31
150	1145	2.26	0.918	0.565	0.377	26	29
155	1223	2.18	0.939	0.591	0.394	25	27
160	1303	2.08	0.956	0.616	0.411	23	25
170	1472	1.94	1.003	0.668	0.446	21	22
180	1643	1.84	1.048	0.714	0.479	18	19
190	1840	1.73	1.092	0.772	0.514	16	18
200	2038	1.63	1.136	0.823	0.548	15	16

（2）输送风速 $u_a = 19\text{m/s}$

输送风速 u_a/(m/s)	19						
动压/Pa	216.6						
D/mm	Q/(m^3/s)	R [(kg/m^2)/m]	$K_{谷平}$	$K_{粗平}$	$K_{细平}$	$i_{谷粗}$ [(kg/m^2)/t]	$i_{谷细}$ [(kg/m^2)/t]
60	193	7.73	0.448	0.092	0.064	174	188
65	227	7.04	0.471	0.119	0.080	148	161

续表

D/mm	Q/ (m^3/s)	R [(kg/m^2)/m]	$K_{谷平}$	$K_{粗平}$	$K_{细平}$	$i_{谷粗}$ [(kg/m^2)/t]	$i_{谷细}$ [(kg/m^2)/t]
70	263	6. 41	0. 500	0. 143	0. 096	128	138
75	302	5. 60	0. 526	0. 167	0. 112	111	121
80	344	5. 41	0. 558	0. 191	0. 127	98	106
85	388	5. 04	0. 577	0. 215	0. 143	88	94
90	435	4. 66	0. 598	0. 239	0. 159	77	84
95	485	4. 40	0. 623	0. 263	0. 175	69	75
100	537	4. 11	0. 646	0. 287	0. 191	63	68
105	592	3. 89	0. 667	0. 311	0. 207	57	61
110	650	3. 67	0. 693	0335	0. 223	52	56
115	711	3. 48	0. 722	0. 358	0. 239	47	51
120	774	3. 29	0. 747	0. 382	0. 255	44	47
125	839	3. 11	0. 767	0. 406	0. 271	40	43
130	908	2. 98	0. 791	0. 430	0. 287	37	40
135	979	2. 86	0. 815	0. 454	0. 303	34	37
140	1053	2. 72	0. 836	0. 478	0. 319	32	35
145	1129	2. 61	0. 856	0. 502	0. 335	30	32
150	1209	2. 50	0. 876	0. 526	0. 351	28	30
155	1291	2. 39	0. 897	0. 550	0. 366	26	28
160	1376	2. 29	0. 913	0. 574	0. 382	24	26. 5
170	1530	2. 18	0. 857	0. 622	0. 414	22	23. 5
180	1745	2. 03	1. 000	0. 669	0. 447	19	21
190	1942	1. 91	1. 042	0. 717	0. 478	17	18. 8
200	2150	1. 81	1. 083	0. 765	0. 510	26	17

（3）输送风速 u_a = 20m/s

输送风速 u_a/（m/s）	20						
动压/Pa	240. 0						
D/mm	Q/ (m^3/s)	R [(kg/m^2)/m]	$K_{谷平}$	$K_{粗平}$	$K_{细平}$	$i_{谷粗}$ [(kg/m^2)/t]	$i_{谷细}$ [(kg/m^2)/t]
60	204	8. 45	0. 425	0. 089	0. 060	183	198
65	239	7. 64	0. 449	0. 111	0. 074	156	169
70	277	7. 04	0. 476	0. 134	0. 089	135	146
75	318	6. 37	0. 501	0. 156	0. 104	111	127
80	362	5. 91	0. 531	0. 179	0. 119	103	112
85	409	5. 45	0. 549	0. 2101	0. 134	91	99

续表 7-5（2）

D/mm	Q/(m^3/s)	R [(kg/m^2)/m]	$K_{谷平}$	$K_{粗平}$	$K_{细平}$	$i_{谷粗}$ [(kg/m^2)/t]	$i_{谷细}$ [(kg/m^2)/t]
90	458	5.12	0.568	0.223	0.149	81	88
95	510	4.81	0.590	0.246	0.164	73	79
100	565	4.47	0.615	0.268	0.179	66	71
105	623	5.23	0.635	0.290	0.193	60	65
110	684	3.98	0.659	0.313	0.208	55	59
115	748	3.79	0.685	0.335	0.223	50	54
120	814	3.60	0.712	0.357	0.238	46	50
125	883	3.42	0.728	0.380	0.253	42	46
130	955	3.22	0.751	0.402	0.268	39	42
135	1030	3.12	0.774	0.424	0.283	36	39
140	1108	2.93	0.759	0.447	0.298	34	36
145	1189	2.85	0.814	0.469	0.313	31	34
150	1272	2.69	0.834	0.491	0.328	29	32
155	1359	2.61	0.852	0.514	0.342	27	30
160	1448	2.50	0.868	0.536	0.357	26	28
170	1635	2.39	0.912	0.581	0.387	23	25
180	1837	2.22	0.952	0.626	0.417	20	22
190	2045	2.10	0.993	0.670	0.447	18	20
200	2263	1.98	1.034	0.714	0.477	17	18

（4）输送风速 u_a = 21m/s

输送风速 u_a/（m/s）	21						
动压/Pa	264.6						
D/mm	Q/(m^3/s)	R [(kg/m^2)/m]	$K_{谷平}$	$K_{粗平}$	$K_{细平}$	$i_{谷粗}$ [(kg/m^2)/t]	$i_{谷细}$ [(kg/m^2)/t]
60	214	9.23	0.410	0.084	0.056	192	208
65	251	8.34	0.431	0.105	0.070	164	177
70	291	7.61	0.459	0.126	0.084	141	153
75	334	7.01	0.483	0.146	0.098	123	134
80	370	6.46	0.511	0.167	0.112	108	117
85	429	5.96	0.528	0.188	0.126	96	104
90	481	5.61	0.548	0.209	0.139	86	93
95	536	5.19	0.569	0.230	0.153	77	83
100	594	4.87	0.592	0.251	0.167	69	75
105	655	4.59	0.612	0.272	0.181	63	68

续表

D/mm	Q/(m^3/s)	R[(kg/m^2)/m]	$K_{谷平}$	$K_{粗平}$	$K_{细平}$	$i_{谷粗}$[(kg/m^2)/t]	$i_{谷细}$[(kg/m^2)/t]
110	718	4. 37	0. 635	0. 293	0. 195	57	62
115	785	4. 11	0. 661	0. 314	0. 209	52	57
120	855	3. 94	0. 685	0. 335	0. 223	48	52
125	928	3. 72	0. 702	0. 356	0. 237	44	48
130	1003	3. 53	0. 724	0. 377	0. 251	41	44
135	1082	3. 37	0. 746	0. 398	0. 265	38	41
140	1163	3. 24	0. 766	0. 418	0. 279	35	38
145	1248	3. 09	0. 785	0. 439	0. 293	33	36
150	1336	2. 97	0. 803	0. 460	0. 307	31	33
155	1427	2. 86	0. 821	0. 481	0. 321	29	31
160	1520	2. 71	0. 835	0. 502	0. 335	27	29
170	1718	2. 60	0. 877	0. 544	0. 363	24	26
180	1929	2. 43	0. 916	0. 586	0. 391	21	23
190	2145	2. 30	0. 955	0. 628	. 0418	19	21
200	2378	2. 21	0. 994	0. 669	0. 447	17	19

(5) 输送风速 u_a = 22m/s

输送风速 u_a/(m/s)		22					
动压/Pa		290. 4					
D/mm	Q/(m^3/s)	R[(kg/m^2)/m]	$K_{谷平}$	$K_{粗平}$	$K_{细平}$	$i_{谷粗}$[(kg/m^2)/t]	$i_{谷细}$[(kg/m^2)/t]
60	224	10. 07	0. 396	0. 079	0. 052	207	218
65	263	9. 12	0. 417	0. 098	0. 066	172	186
70	305	8. 29	0. 440	0. 118	0. 077	148	160
75	350	7. 61	0. 464	0. 138	0. 092	12 * 9	140
80	398	7. 02	0. 493	0. 157	0. 105	123	123
85	449	6. 49	0. 510	0. 177	0. 118	100	109
90	504	6. 04	0. 528	0. 197	0. 131	90	97
95	561	5. 63	0. 548	0. 216	0. 144	80	87
100	622	5. 32	0. 572	0. 236	0. 157	73	79
105	686	5. 01	0. 590	0. 256	0. 170	66	71
110	753	4. 74	0. 613	0. 275	0. 184	60	65
115	821	4. 47	0. 637	0. 295	0. 200	55	59
120	896	4. 24	0. 661	0. 315	0. 210	50	55
125	972	4. 09	0. 678	0. 334	0. 223	46	50

续表

D/mm	Q/（m^3/s）	R [（kg/m^2）/m]	$K_{谷平}$	$K_{粗平}$	$K_{细平}$	$i_{谷粗}$ [（kg/m^2）/t]	$i_{谷细}$ [（kg/m^2）/t]
130	1051	3. 85	0. 699	0. 354	0. 236	43	46
135	1133	3. 70	0. 720	0. 374	0. 249	40	43
140	1219	3. 50	0. 739	0. 393	0. 262	37	40
145	1308	3. 35	0. 757	0. 413	0. 275	34	37
150	1400	3. 23	0. 775	0. 432	0. 288	32	35
155	1495	3. 11	0. 793	0. 452	0. 302	30	33
160	1593	2. 93	0. 806	0. 472	0. 315	28	31
170	1800	2. 81	0. 848	0. 512	0. 341	25	27
180	2020	2. 64	0. 885	0. 551	0. 367	22	24
190	2247	2. 49	0. 922	0. 591	0. 394	20	22
200	2490	2. 38	0. 960	0. 630	0. 419	18	20

（6）输送风速 $u_a = 23$m/s

输送风速 u_a/（m/s）	23						
动压/Pa	317. 4						
D/mm	Q/（m^3/s）	R [（kg/m^2）/m]	$K_{谷平}$	$K_{粗平}$	$K_{细平}$	$i_{谷粗}$ [（kg/m^2）/t]	$i_{谷细}$ [（kg/m^2）/t]
60	234	10. 94	0. 385	0. 074	0. 049	211	228
65	275	9. 88	0. 407	0. 093	0. 062	180	194
70	319	9. 00	0. 436	0. 112	0. 074	155	168
75	367	8. 23	0. 453	0. 130	0. 087	135	146
80	416	7. 61	0. 480	0. 148	0. 098	119	128
85	470	7. 06	0. 496	0. 167	0. 110	105	114
90	527	6. 54	0. 514	0. 185	0. 124	94	101
95	587	6. 15	0. 537	0. 204	0. 136	84	91
100	650	5. 67	0. 561	0. 223	0. 148	76	82
105	717	5. 41	0. 575	0. 241	0. 161	69	74
110	770	5. 05	0. 596	0. 260	0. 173	63	68
115	860	4. 79	0. 620	0. 278	0. 185	57	62
120	936	4. 57	0. 644	0. 297	0. 198	53	57
125	1016	4. 31	0. 657	0. 315	0. 210	49	52
130	1099	4. 14	0. 678	0. 334	0. 223	45	49
135	1185	4. 02	0. 698	0. 352	0. 235	42	45
140	1274	3. 79	0. 718	0. 371	0. 247	39	42
145	1367	3. 63	0. 736	0. 389	0. 260	36	39

续表

D/mm	Q/ (m^3/s)	R [(kg/m^2)/m]	$K_{谷平}$	$K_{粗平}$	$K_{细平}$	$i_{谷粗}$ [(kg/m^2)/t]	$i_{谷细}$ [(kg/m^2)/t]
150	1463	3. 47	0. 753	0. 408	0. 272	34	37
155	1562	3. 30	0. 771	0. 426	0. 284	32	34
160	1665	3. 21	0. 785	0. 445	0. 300	30	32
170	1881	2. 96	0. 820	0. 479	0. 319	26	28
180	2109	2. 76	0. 860	0. 515	0. 344	23	25
190	2350	2. 58	0. 890	0. 552	0. 368	21	23
200	2604	2. 42	0. 930	0. 589	0. 393	19	20

（7）输送风速 $u_a = 24$m/s

输送风速 u_a/（m/s）	24						
动压/Pa	345. 6						
D/mm	Q/ (m^3/s)	R [(kg/m^2)/m]	$K_{谷平}$	$K_{粗平}$	$K_{细平}$	$i_{谷粗}$ [(kg/m^2)/t]	$i_{谷细}$ [(kg/m^2)/t]
60	244	11. 71	0. 375	0. 070	0. 047	220	238
65	287	10. 58	0. 396	0. 088	0. 058	188	203
70	333	9. 81	0. 420	0. 105	0. 070	162	175
75	382	8. 89	0. 440	0. 123	0. 081	141	152
80	434	8. 26	0. 467	0. 140	0. 093	124	134
85	490	7. 55	0. 482	0. 158	0. 105	111	119
90	550	7. 06	0. 500	0. 175	0. 117	98	106
95	612	6. 63	0. 519	0. 193	0. 128	88	95
100	679	6. 17	0. 539	0. 210	0. 140	79	86
105	748	5. 82	0. 558	0. 228	0. 152	72	78
110	821	5. 43	0. 580	0. 245	0. 164	66	71
115	898	5. 22	0. 604	0. 263	0. 175	60	65
120	977	4. 94	0. 627	0. 280	0. 187	55	60
125	1060	4. 66	0. 641	0. 299	0. 199	51	55
130	1147	4. 48	0. 661	0. 315	0. 210	47	51
135	1236	4. 23	0. 680	0. 333	0. 222	43	47
140	1330	4. 09	0. 698	0. 350	0. 234	40	44
145	1426	3. 92	0. 714	0. 368	0. 245	38	42
150	1527	3. 78	0. 731	0. 385	0. 257	35	38
155	1630	3. 60	0. 749	0. 403	0. 269	33	36
160	1738	3. 46	0. 763	0. 420	0. 280	31	34
170	1985	3. 17	0. 800	0. 451	0. 301	27	30
180	2193	2. 95	0. 830	0. 486	0. 324	24	26
190	2454	2. 78	0. 860	0. 520	0. 347	22	24
200	2716	2. 58	0. 890	0. 555	0. 370	20	21

（8）输送风速 $u_a=25m/s$

输送风速 u_a/（m/s）	25						
动压/Pa	375.0						
D/mm	Q/（m^3/s）	R [（kg/m^2）/m]	$K_{谷平}$	$K_{粗平}$	$K_{细平}$	$i_{谷粗}$ [（kg/m^2）/t]	$i_{谷细}$ [（kg/m^2）/t]
60	254	12.62	0.367	0.064	0.044	229	248
65	299	11.40	0.384	0.083	0.053	195	210
70	346	10.40	0.411	0.097	0.064	168	182
75	398	9.56	0.437	0.116	0.074	147	159
80	452	8.80	0.457	0.135	0.089	129	139
85	511	8.11	0.473	0.149	0.099	114	124
90	573	7.65	0.490	0.166	0.111	102	110
95	638	7.03	0.507	0.183	0.122	91	99
100	707	6.58	0.527	0.199	0.133	83	89
105	779	6.20	0.545	0.216	0.144	75	81
110	855	5.85	0.567	0.232	0.155	68	74
115	935	5.55	0.591	0.249	0.166	62	63
120	1018	5.32	0.613	0.266	0.177	57	62
125	1104	5.01	0.628	0.282	0.188	53	57
130	1194	4.78	0.647	0.299	0.199	49	53
135	1288	4.59	0.666	0.315	0.210	45	49
140	1385	4.36	0.684	0.332	0.221	42	46
145	1486	4.21	0.701	0.348	0.232	39	42
150	1590	4.02	0.718	0.365	0.243	37	40
155	1698	3.90	0.734	0.382	0.255	34	37
160	1810	3.75	0.747	0.398	0.266	32	35
170	2043	3.16	0.780	0.427	0.284	28	31
180	2290	2.94	0.810	0.464	0.306	25	28
190	2552	2.75	0.840	0.493	0.328	23	25
200	2830	2.57	0.870	0.525	0.349	21	22

加速每吨物料的压损 i 与物料的性质有关。如粮油加工厂的物料性质可分为三种：谷物原粮、粗物料和细物料。谷物原粮指还未加工过的粮食，如小麦、稻谷等；粗物料指小麦制粉中的 1 皮、2 皮和 1 心等物料；细物料为谷物原粮和粗物料以外的物料。

（4）提升物料压损 $H_{升}$（Pa）

$$H_{升} = \gamma_a \mu S \tag{7-8}$$

式中 μ——输送浓度，kg/kg；

S——物料在输料管中垂直提升的高度，m；

γ_a——当地空气重度，N/m^3。

（5）摩擦压损 $H_{摩}$（Pa）

$$H_{摩} = 9.81RL(1 + K\mu) \tag{7-9}$$

式中　R——空气通过每米管道的摩擦阻力，$(kg/m^2)/m$，见表 7-5；

L——输料管的长度，m，包括弯头的展开长度；

K——阻力系数，K 与物料的性质有关，见表 7-5。

水平输送时，不同物料可分别按下式计算：

对于谷物原粮　$K_{谷平} = \dfrac{0.15D}{u_a^{1.25}}$

对于粗物料　$K_{粗平} = \dfrac{0.135D}{u_a^{1.25}}$

对于细物料　$K_{细平} = \dfrac{0.11D}{u_a^{1.25}}$

式中　D——输料管直径，m。

（6）弯头压损 $H_{弯}$（Pa）

$$H_{弯} = \zeta_{弯}\frac{u_a^2}{2g}\gamma_a(1 + \mu) \tag{7-10}$$

式中　$\zeta_{弯}$——纯空气通过弯头的局部阻力系数，见表 7-6。

表 7-6　弯头阻力系数表

（1）圆形截面弯头阻力系数 $\zeta_{圆}$

弯头转角 α	不同曲率半径 R 下的阻力系数 $\zeta_{圆}$						
	D	$1.5D$	$2D$	$2.5D$	$3D$	$6D$	$10D$
30°	0.110	0.081	0.069	0.061	0.054	0.038	0.030
60°	0.18	0.14	0.12	0.10	0.091	0.064	0.051
90°	0.23	0.18	0.15	0.13	0.12	0.083	0.066

（2）矩形截面弯头阻力系数 $\zeta_{矩}$

$\zeta_{矩} = C\times\zeta_{圆}$										
a/b	0.25	0.5	0.75	1.0	1.25	1.50	1.75	2.0	2.5	3.0
C	1.8	1.5	1.2	1.0	0.8	0.68	0.53	0.47	0.40	0.40

注：表 7-6 弯头阻力系数表（2）矩形截面的尺寸宽为 a，高为 b。

（7）恢复压损 $H_{复}$(Pa)　物料和空气的混合物经过弯头后，由于输送方向的改变，物料颗粒之间、物料和弯头管壁之间就会有额外的碰撞和摩擦，运动的物料因此损失了一部分能量，这部分能量损失即称为恢复压损。为了保证物料在弯头之后仍能正常输送，物料和空气的混合物经过弯头之后仍需要加速，从而使物料的运动速度恢复到弯头前的运动状态。

当物料通过弯头其运动方向为由垂直向上转水平时，恢复压损为

$$H_{复} = C\Delta H_{加} \tag{7-11}$$

式中　C——弯头后水平管长度系数，见表 7-7；

Δ——输送量系数，见表 7-8。

当物料通过弯头其运动方向为由水平转向垂直向上时，恢复压损 $H_{复}$（Pa）为

$$H_{复}=2\Delta H_{加} \tag{7-12}$$

（8）卸料器压损 $H_{卸}$(Pa)　卸料器压损的一般表达式为

$$H_{卸}=\zeta_{卸}\frac{u_j^2}{2g}\gamma_a \tag{7-13}$$

式中　$\zeta_{卸}$——卸料器阻力系数；

u_j——卸料器进口风速，m/s。

所以，输送物料部分压损 H_1 为

$$H_1=H_{工}+H_{接}+H_{加}+H_{升}+H_{摩}+H_{弯}+H_{复}+H_{卸} \tag{7-14}$$

表 7-7　弯头后水平管长度系数 C

弯头后水平管长度/m	1	2	3	4	5
C	0.7	1	1.25	1.4	1.5

表 7-8　输送量系数 Δ

输送量 t/h	0.5 以下	1.0 以下	2.0 以下	3.0 以下	5.0 以下	5.0 以上
Δ	0.5	0.35	0.25	0.15	0.1	0.07

2. 尾气净化部分压损 H_2 的计算

尾气净化部分一般由汇集风管、连接管道和除尘器等三部分构成，因此，尾气净化部分的压损 H_2 为：

$$H_2=H_{汇}+H_{管}+H_{除} \tag{7-15}$$

式中　$H_{汇}$——汇集风管的压损，Pa；

$H_{管}$——连接管道的压损，Pa；

$H_{除}$——除尘器的压损，Pa。

气力输送系统尾气净化部分的汇集风管、连接管道，根据管道的变化特点可分为直长管道和局部构件两种，对应的阻力计算则分别按沿程摩阻和局部阻力进行。

局部变化的管道，常称为局部构件，如弯头、阀门、三通、变形管等，即直长管道以外的管道均称为局部构件。

（1）直长管道的压损计算　空气在直长管道中流动时，空气流动所受到的沿程不变的切应力称为沿程摩擦阻力，简称沿程摩阻。沿程摩阻是由于空气的黏滞性和管道内壁的粗糙性而引起的。

在直径为 D、管长为 L 的直长管道中，空气的平均速度为 v，空气密度为 ρ，则空气在这段直长管道内的沿程摩阻为

$$H_m=\frac{\lambda}{D}L\frac{\rho v^2}{2} \tag{7-16}$$

式中　H_m——沿程摩阻，Pa；

λ——沿程阻力系数，可查阅相关除尘风管阻力计算表得到；

L——管道长度，m；

D——管道直径，m；

v——管道内空气的平均流速，m/s；

ρ——空气密度，kg/m³。

式（7-16）还可表示为：

$$H_{\mathrm{m}}=LR \tag{7-17}$$

式中　R——每米长风管的沿程摩阻，即单位摩阻，Pa/m。可查阅相关除尘风管计算表得到。

（2）局部构件的压损计算　由于管道局部变化引起的，且集中在这一局部区域的阻碍和影响，称为局部阻力。

管道局部变化引起的气流速度的重新分布以及旋涡的产生，是局部阻力产生的主要原因。局部阻力按下式计算：

$$H_{\mathrm{j}}=\zeta\frac{\rho v^2}{2} \tag{7-18}$$

式中　H_{j}——局部阻力或局部损失，Pa；

ζ——局部构件阻力系数，可查阅相关通风管道局部构件阻力系数表得到；

v——局部构件的进口风速，m/s；

ρ——空气密度，kg/m³。

在气力输送装置中，汇集风管和连接管道的压损占系统总压损的比例比较低，因此，这部分压损也可估算得出。估算时，近似取300~500Pa。

（3）除尘器压损　除尘器的压损，可由所选择的除尘器性能参数表格中直接查得，或按局部阻力公式计算得到。

对于脉冲除尘器，一般根据处理风量和过滤风速等参数确定其型号规格，从而得到除尘器压损。

3. 低真空气力吸运系统输料管的阻力平衡

由多根输料管组成的气力吸运系统，各输料管处于并联状况，所以输料管必须进行阻力平衡，否则，系统运行后由于气流自动平衡的结果，会导致阻力较大的输料管风量下降，输送风速降低；而阻力较小的输料管风量上升，输送风速增大，使实际中运行的气力吸运系统各参数偏离设计，严重影响气力输送的正常运行，如某根输料管的产量降低、某根输料管发生掉料或堵塞等。

一般，任意两根输料管之间的输送物料压损（H_1）相差小于5%即认为阻力平衡。

输送物料压损不平衡时，可通过调整输料管的输送浓度或输送风速进行阻力平衡，或在两输料管的输送物料压损相差不是很大时，通过调节卸料器排风管上的阀门或卸料器阻力大小来实现阻力平衡。

在气力输送装置中，每根输料管上卸料器之后的排风口管道上均安装有阀门，目的是方便现场阻力平衡的调节。

4. 低真空气力吸运系统总风量、总压损的计算

低真空气力吸运系统总风量为每根输料管风量之和。即

$$\Sigma Q=Q_1+Q_2+\cdots+Q_n \tag{7-19}$$

式中　ΣQ——低真空气力吸运系统总风量；

Q_1——第1根输料管风量；

Q_n——第 n 根输料管风量。

低真空气力吸运系统总压损为输送物料压损和尾气净化部分压损之和。即

$$\sum H = H_1 + H_2 \tag{7-20}$$

式中 $\sum H$——低真空气力吸运系统总压损；

H_1——输送物料部分压损；

H_2——尾气净化部分压损。

对于多输料管气力吸运系统，输送物料部分压损 H_1 一般选取其中的最大值。

5. 计算风机参数和选择风机、电动机

计算风机参数：

$$H_{风机} = B_1 \times \sum H \tag{7-21}$$

$$Q_{风机} = B_2 \times \sum Q \tag{7-22}$$

式中 $H_{风机}$——风机全压；

$Q_{风机}$——风机风量；

B_1——全压波动系数，一般 $B_1 = 1.0 \sim 1.2$；

B_2——风量波动系数，一般 $B_2 = 1.0 \sim 1.2$。

式（7-21）、式（7-22）中，全压波动系数 B_1、风量波动系数 B_2 一般根据管网的复杂程度、产量稳定性等因素分别确定。

由风机参数 $H_{风机}$ 和 $Q_{风机}$ 查阅风机性能参数表，选择合适的风机、电动机。

（二）高真空气力吸运系统的压损计算

高真空气力输送与低真空气力输送的最大区别在于低真空气力输送系统是按不可压缩空气进行压损计算，而高真空吸送式气力输送是按可压缩空气进行压损计算的。下面介绍一种高真空气力输送的压损计算方法。

高真空气力输送系统的总压损包括启动加速压损、摩擦压损、提升压损和局部压损等四种。

1. 启动加速压损 ΔP_{qd}

这项压损产生于整个气力输送的加速段，其压损消耗于对空气、物料的启动和加速。

$$\Delta P_{qd} = (1 + \varphi\mu)\frac{u_a^2}{2g}\gamma_a \text{ (Pa)} \tag{7-23}$$

式中 μ——输送浓度，kg/kg；

φ——系数，$\varphi = (u_s/u_a)^2$；

γ_a——管道断面空气的重度，N/m^3；

u_s——输料管中颗粒的运动速度，m/s。

对于垂直输料管：$u_s = u_a - u_f$，u_f 为物料的悬浮速度。

对于水平输料管：$u_s \approx (0.7 \sim 0.85)\ u_a$

对于弯曲输料管：$u_s = (0.56 \sim 0.58)\ u_a$

2. 摩擦压损 ΔP_m

$$\Delta P_m = \left(P_s - \sqrt{P_s^2 - 2P_s\lambda_a \frac{L}{D}\frac{u_a^2}{2g}\gamma_a}\right) \cdot a \text{ (Pa)} \tag{7-24}$$

式中 P_s——初始状态压力，Pa；

γ_a——初始状态空气的重度，N/m^3；

u_a——初始状态空气的速度，m/s；

L——输料管长度，m；

λ_a——空气沿管道的摩擦阻力系数，一般取 $\lambda_a=0.02\sim0.03$，也可按下式计算：$\lambda_a=k_g(0.0125+0.0011/D)$，$k_g$ 为管道光洁系数，见表 7-9；

D——管道直径，m；

a——压损比。对水平管，$a=\sqrt{30/u_a}+0.2\mu$；对垂直管，$a=250/u_a^{1.5}+0.15\mu$。

表 7-9　管道光洁系数 k_g

输料管情况	内壁光滑	新焊接管	旧焊接管
K_g	1	1.3	1.6

3. 提升压损 ΔP_{fl}（Pa）

$$\Delta P_{fl}=\mu\gamma_a s\frac{(u_f\ \pm u_s\sin\theta)}{u_s} \tag{7-25}$$

式中　θ——管道倾角，(°)；

±——“+”表示物料上升，“-”表示物料下降；

s——输料管垂直高度，m。

4. 局部压损 ΔP_j（Pa）

在气力输送系统中，直长输料管之外的构件均为局部构件，如供料器、弯头、卸料器等。这些局部构件的压损包括纯空气的压损和物料引起的附加局部压损。

（1）接料器的局部压损

$$\Delta P_j=(1+\mu)\zeta\frac{u_a^2}{2g}\gamma_a \tag{7-26}$$

式中　ζ——接料器阻力系数，一般 $\zeta=1.5\sim3$。

（2）弯头的压损

$$\Delta P_j=(1+K_1\mu)\zeta\frac{u_a^2}{2g}\gamma_a \tag{7-27}$$

式中　ζ——弯头的阻力系数；

K_1——弯头的附加阻力系数，见表 7-10。

表 7-10　弯头的附加阻力系数 K_1

弯头的布置形式	K_1
垂直向上转水平 90°	1.6
水平转水平 90°	1.5
水平转垂直向上 90°	2.2
水平转垂直向上 90°（粉状物料）	0.7

（3）卸料器压损（Pa）

$$\Delta P_j=(1+K_f\mu)\zeta\frac{u_a^2}{2g}\gamma_a \tag{7-28}$$

式中　ζ——卸料器阻力系数；

K_f——卸料器的附加阻力系数，见表 7-11。

表 7-11 卸料器的附加阻力系数 K_f

卸料器进口风速/（m/s）	15	16	17	18	19	20	21
K_f	0.45	0.41	0.38	0.36	0.35	0.34	0.33

（三）气力压运输送系统压损计算介绍

气力压运系统的压损计算，目前还没有可以普遍适用的公式，大都是在一定条件下通过试验数据或经验等归纳出的计算式。本部分介绍一种压损计算方法，仅供参考。

本方法适用于系统压损在 40~80kPa 的压送装置，即采用饱和风量系数和单位功率因数进行设计计算。

1. 饱和风量系数和单位功率因数的确定

根据输送物料的种类和输送距离由表 7-12 确定饱和风量系数 $K_{饱}$ 和单位功率因数 $K_{功}$。

表 7-12 低压压送装置的饱和风量系数 $K_{饱}$ 和单位功率因数 $K_{功}$

物料名称	容重/（kg/m³）	压力系数 $K_{压}$	输送距离/m 30 $K_{饱}$	30 $K_{功}$	75 $K_{饱}$	75 $K_{功}$	120 $K_{饱}$	120 $K_{功}$	风速/（m/s）
玉米粒	720	2.66	0.056	1.21	0.068	1.78	0.081	2.11	16.8
面粉	640	1.33	0.043	1.46	0.056	1.78	0.068	2.19	11
粗玉米粉	528	1.86	0.05	1.21	0.081	1.94	0.10	2.35	21.3
小麦	768	2.66	0.056	1.21	0.068	1.70	0.081	2.11	16.8
麦芽	448	2.66	0.05	1.21	0.068	1.62	0.081	2.02	16.8
软饲料	320~640	2.02	0.081	2.02	0.106	2.51	0.119	3.00	21.3

2. 计算标准状态下的输送风量和输送浓度

$$Q_{标} = GK_{饱} \tag{7-29}$$

$$\mu = \frac{G}{1.2Q_{标}} \tag{7-30}$$

式中 $Q_{标}$——标准状态下的输送风量，m³/min；

G——输送量，kg/min；

μ——输送浓度，kg/kg。

3. 确定操作表压

由表 7-12 查得饱和风量系数 $K_{饱}$、单位功率因数 $K_{功}$ 和压力系数 $K_{压}$，计算操作表压 $P_{压}$（kPa）：

$$P_{压} = \frac{K_{功}}{K_{饱}} \cdot K_{压} \tag{7-31}$$

4. 计算供料器处的输送风量

表 7-12 中的风速是按供料器处的管内风量计算的，所以应将标准状态下的输送风量换算到供料器处压缩状态的输送风量 $Q_{供}$（m³/min）：

$$Q_{供} = \frac{101.3Q_{标}}{101.3 + P_{压}} \tag{7-32}$$

5. 计算输料管直径

首先计算管道直径系数 c：

$$c = \frac{Q_{供}}{v} \tag{7-33}$$

式中 v——表 7-12 中的风速，m/s。

根据式（7-33）计算出的管道直径系数 c，即可由表 7-13 选择管道直径。

表 7-13 管道直径系数 c

系列号	管径/mm						
	80	90	100	125	150	175	200
5	0.334	0.446	0.567	0.873	0.254	—	2.155
10	0.325	0.427	0.548	0.855	1.226	—	2.11
30	—	—	—	—	—	—	1.98
40	0.285	0.376	0.492	0.780	1.115	1.486	—

注：表中系列号实际为管道的壁厚。

管道直径也可用式（7-34）计算：

$$D_{内} = \sqrt{\frac{4Q_{供}}{60\pi v}} \tag{7-34}$$

式中 $D_{内}$——输料管内径，mm。

6. 计算供料器处压缩空气的漏风量

在计算风机风量时，要把供料器的漏风量计算在内。

叶轮式供料器的漏风量：

$$Q'_{漏} = 1.3i_{供} \times n_{供} \tag{7-35}$$

式中 $Q'_{漏}$——叶轮式供料器在操作表压状态下的压缩空气漏风量，m^3/min；

$i_{供}$——叶轮式供料器的有效容积，m^3/r；

$n_{供}$——叶轮式供料器的转速，r/min。

7. 计算供料器的漏风量

将供料器处压缩空气的漏风量换算到风机进口标准状态下的漏风量：

$$Q_{漏} = Q'_{漏} \times \frac{101.3 + P_{压}}{101.3} \tag{7-36}$$

式中 $Q_{漏}$——标准状态下的供料器漏风量，m^3/min。

8. 计算风机进风口风量

$$Q_{机} = Q_{标} + Q_{漏} \tag{7-37}$$

式中 $Q_{机}$——标准状态下风机进风口的风量（m^3/min）。

9. 选择风机

计算风机参数：

$$P_{风机} = (1.0 \sim 1.2)P_{压} \tag{7-38}$$

$$Q_{风机}=(1.0\sim1.2)Q_{机} \tag{7-39}$$

由参数 $P_{风机}$ 和 $Q_{风机}$ 选择风机和电动机。

第三节　气力输送的主要设备和构件

气力输送系统主要由供料器、输料管及管件、卸料器、除尘器和风机等五部分构成。

一、供料器

供料器的作用是把物料供入到气力输送的输料管中，在这里物料与气流混合并被气流加速和输送。在设计和选择供料器时，应满足以下要求。

(1) 物料供入输料管时，应能和气流充分混合，这样才能有效地发挥气流对物料的悬浮、加速和输送作用，不发生沉降、堆积或掉料现象。

(2) 供料器的结构应使空气畅顺进入，不产生过分扰动和涡流，以减少空气和物料流动的阻力。

(3) 进入输料管的物料运动方向与气流的方向一致，以减少气流对物料的加速能量损失。

(4) 不漏气、不漏料和不增碎。

(5) 定量供料，运行可靠，操作方便，占地面积小，高度低等。

（一）吸嘴型供料器

当气力输送装置（如吸粮机）用于车、船、仓库等散装物料的装卸、输送或清扫时，常把供料器称为吸嘴。对吸嘴有以下要求。

(1) 在进风量一定的情况下，产量大，阻力小，不掉料。

(2) 具有风量调节机构和补风装置，以达到最合适的输送浓度和吸送不同物料吸嘴操作的可调节性。

(3) 轻便，容易操作，便于插入料堆和拔出、移动，且能吸净料堆底部、角落处的物料。

(4) 能防止吸入绳头、铁丝等长尺寸杂质。对于容易发生粉尘爆炸的物料，还应防止吸入金属性杂质。

常用的吸嘴有单筒型吸嘴和双筒型吸嘴两种。

1. 单筒型吸嘴

单筒型吸嘴如图 7-8 所示。通常有直口型、喇叭口型、斜口型和扁口型四种。

(1) 直口吸嘴　结构简单，易于制作，但进口压力损失大。进风量和补风量无保证，且无调节功能。在靠近直口吸嘴端部有二次空气进风口，但二次空气进风口的大小是一定的，为了达到最佳输送量，必须靠频繁搬动吸嘴来改变端部埋入料堆的深度，因此，这种吸嘴很难获得连续、高效的输送。

(2) 喇叭口吸嘴　吸嘴端部做成喇叭口形状，是为了减少一次空气和物料进入吸嘴的阻力。在喇叭口以上直管段安装有一可转动的调节环，用来调节二次空气进风量。二次进风的

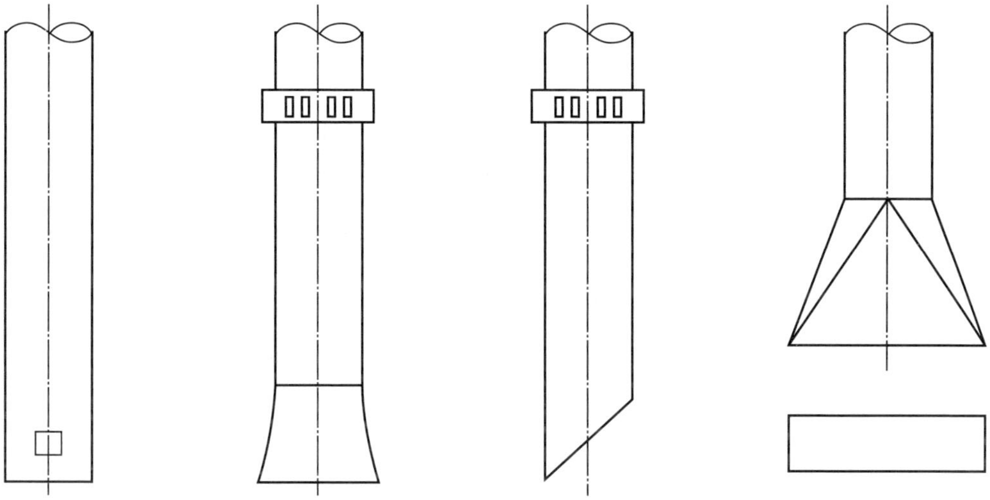

图 7-8　单筒型吸嘴

(1) 直口型　(2) 喇叭口型　(3) 斜口型　(4) 扁口型

作用是使进入吸嘴的物料获得更好的加速度，不容易发生管道堵塞，调节二次进风量可获得最佳的输送产量。

(3) 斜口吸嘴　主要用于船舱、仓库等处残余物料或容器角落物料的清扫，也可用于成堆散料的输送。一般有风量调节及二次补风装置。

(4) 扁口吸嘴　吸嘴端部为条缝型进口，主要便于平整场地上物料的清扫、输送等。

2. 双筒型吸嘴

双筒型吸嘴，如图 7-9 所示，它由入口处做成喇叭形的内筒和可以上下活动的外筒组成。内筒上端与输料管连接，物料及空气由吸嘴端部喇叭形口进入内筒，补充空气即二次空气经内外筒之间的环形空间由上而下流动进入内筒。通过调节外筒上下移动以改变内外筒下端端面的间隙 s，来调节吸嘴的最大输送产量和最佳输送浓度。

一般，双筒型吸嘴的内筒长度 $L_1 \geqslant 1000$mm，外筒长度 $L_2 \geqslant 700$mm，内外筒壁厚 δ 取 1.5~3mm。吸嘴内外筒端面间隙 s 和吸嘴插入料堆中的深度，对吸送不同种类的物料和气力输送装置采用不同类型的气源设备风机而数值不同，可在实际运行时调整确定。

吸嘴的压力损失 ΔP (Pa)，可按式 (7-40) 计算：

$$\Delta P = \zeta \frac{u_a^2}{2g} \gamma_a (1 + \mu k) \tag{7-40}$$

式中　ζ——吸嘴阻力系数，一般 $\zeta = 1.7$；

μ——输送浓度，kg/kg；

γ_a——吸嘴入口处的空气重度，N/m^3；

u_a——吸嘴入口处的空气速度，m/s；

k——系数。对不同的物料、不同的输送浓度取值不同。对于稻谷，管道的输送风速 $u_a = 18 \sim 22$m/s，$\mu = 18 \sim 40$kg/kg 时，$k = 2.9223 - 0.0518\mu - 0.0887 u_a$。

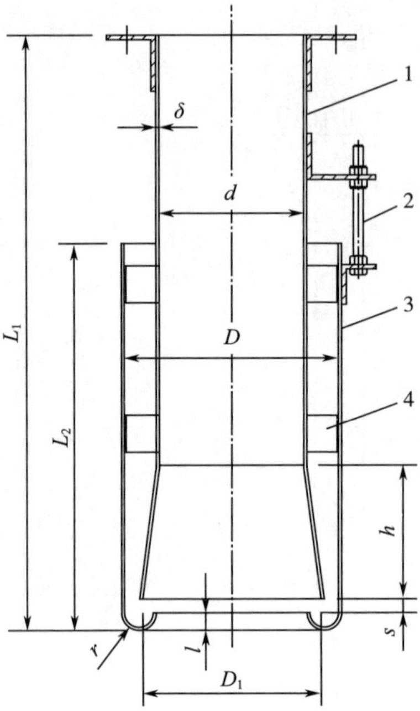

吸嘴外筒直径根据内外筒之间的环形截面积与内筒有效截面积相等的原则确定，即：

$$D=\sqrt{d^2+(d+2\delta)^2}$$

$$D_1=\sqrt{D^2-0.5d^2-2\delta}$$

$$h\approx 4.07(D_1-d)$$

$$l\approx(0.2\sim0.3)d$$

$$r=\frac{D-d-2\delta}{4}$$

图 7-9　双筒型吸嘴

1—内筒　2—调节螺栓　3—外筒　4—支撑块

当吸送散落性差、粒度不均匀的物料时，可采用带松动装置的转动吸嘴，使物料不断塌落松动，从而保证吸嘴连续吸送物料。

（二）三通类供料器

三通类供料器多属于吸气三通型式，主管道端部为进气口，支管为进料口。三通类供料器主要有四种类型，分别是立式三通供料器、诱导式供料器、卧式三通供料器和喷射式供料器。由于三通式供料器的物料多由位于较高处的设备出料口沿溜管自溜而来，也称接料器。

1. 立式三通供料器

这种供料器用在垂直提升或倾斜提升的气力输送管道上，结构如图 7-10 所示。

运行时，物料沿倾斜溜管落入到由喇叭口进气的立式三通供料器中，自下而上的气流使物料悬浮、加速和提升。为使物料能顺着气流方向进入且被均匀加速和输送，立式三通供料器的进料溜管（即三通的支管）和与进料溜管相连的垂直管道均为矩形截面，而且在进料溜管末端装有可调节的弧形淌板。弧形淌板的尾部弯曲方向与气流方向相同。当物料滑出淌板时，具有向上的初速度，易于被气流加速和输送。

2. 诱导式供料器

诱导式供料器如图 7-11 所示。物料沿圆形溜管下落，经圆变方变形管进入矩形截面的接料器，通过溜管底部的弧形淌板对物料的诱导作用进入气流中。在气流的带动下，先经过风速较高的小截面管道进行加速、提升，然后经方变圆变形管进入输料管正常输送。在弧形淌板处，安装有风量调节阀门（插板阀或旋转多孔板），以调节从供料器底部进风口的空气量。

诱导式供料器适用于粉粒状物料，具有料、气混合性能好，阻力小（阻力系数为 0.7 左右）等优点。

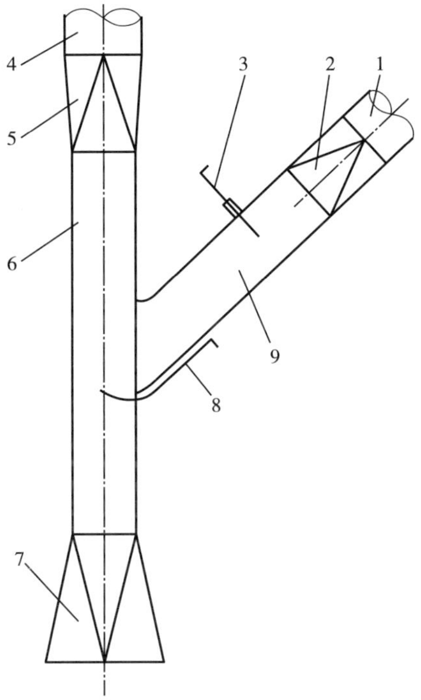

图 7-10　立式三通供料器

1—圆形溜管　2—圆变方变形管　3—插板　4—输料管
5—方变圆变形管　6—矩形管　7—喇叭形进风口　8—弧形淌板　9—矩形溜管

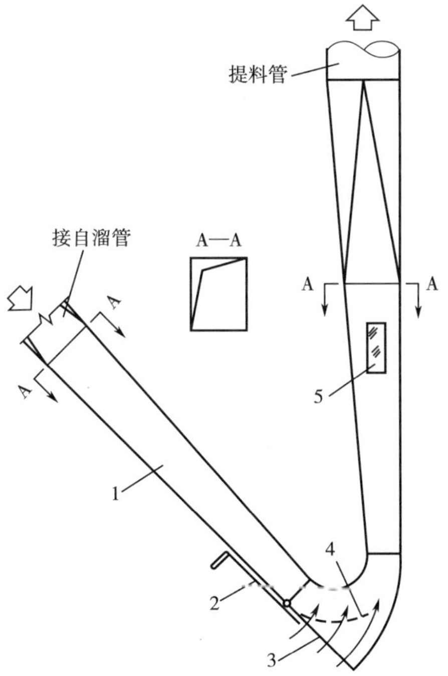

图 7-11　诱导式供料器

1—溜管　2—插板　3—进风口　4—弧形淌板　5—观察窗

3. 卧式三通供料器

卧式三通供料器的结构如图 7-12 所示，它主要用于水平输送管道的供料，体积小，高度低，常安装于设备底部。为防止供料不均匀引起的输料管堵塞，在卧式三通供料器的水平输料管中可以安装一长条形隔板。使得无论水平输料管是否堵塞，隔板以下空间是始终畅通的。如果供料均匀，可不安装隔板。

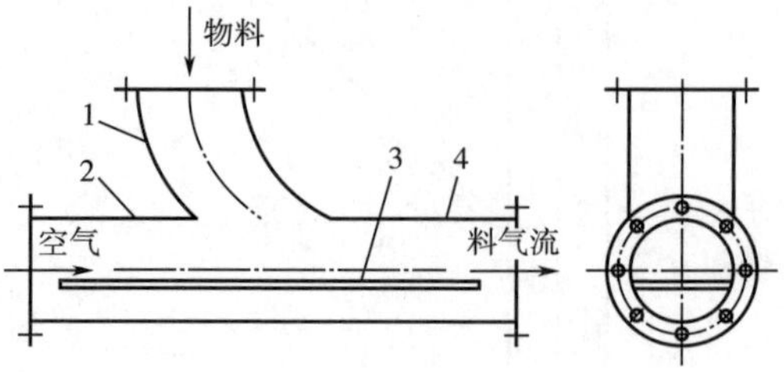

图 7-12　卧式三通供料器

1—进料管　2—进气管　3—隔板　4—输料管

卧式三通供料器的阻力系数 $\zeta=1.0$。

4. 喷射式供料器

喷射式供料器属于吹气三通或合流三通型式，主管道端部为进气口，气流来自风机的出气口，支管为进料口，多用于正压输送管道的供料。

喷射式供料器的结构如图 7-13 所示。

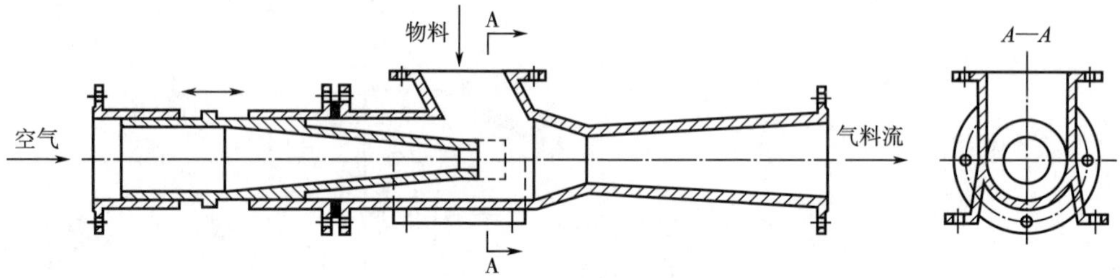

图 7-13　喷射式供料器

喷射式供料器的工作原理，是利用供料口处进气管道收缩形成类似喷嘴的形状，使气流速度增高即动压升高，静压下降，造成供料口处的静压等于或低于大气压，这样，管道内的正压气流不仅不会从供料口处喷出，由于引射作用，物料从供料口处被吸入到输气管道中，从而完成向正压气力输送管道的供料。

喷射式供料器在供料口的后面有一段渐扩管，在渐扩管中气流速度逐渐减小，静压逐渐升高，使气流转换到正常输送的气流速度和静压力。

喷射式供料器的优点是结构简单、尺寸小、无转动部件，缺点是输送浓度低、压力损失大。

（三）叶轮式供料器

叶轮式供料器，也称旋转式供料器、旋转式闭风器、关风器等。

叶轮式供料器的特点：能定量供料，而且可以通过调节叶轮的转速调节供料产量；性能稳定，结构紧凑、简单，体积小；气密性与加工精度、使用材料关系密切。

1. 叶轮式供料器的型式

在气力输送中，根据不同的需求，叶轮式供料器有多种型式。

图 7-14 为叶轮式供料器叶轮的两种基本型式，叶轮有侧面挡板和无侧面挡板。有侧面挡板可避免物料与端盖的直接接触，减少端盖的磨损，但粉体也可通过侧面挡板与机壳的间隙进入挡板和端盖的空腔，如果没有排料口，这部分粉体有时会阻碍叶轮旋转。无侧面挡板结构简单，但输送磨琢性高的物料时端盖易磨损。

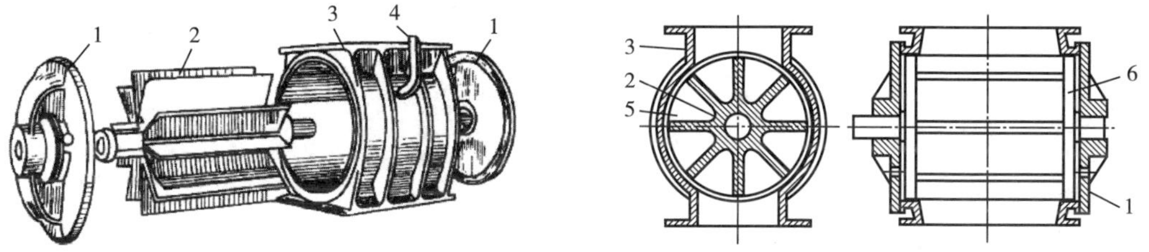

（1）　　（2）

图 7-14　叶轮式供料器叶轮的两种基本型式

（1）叶轮无侧面挡板　（2）叶轮有侧面挡板

1—端盖　2—叶轮　3—机壳　4—匀压管　5—格室　6—叶轮侧面挡板

图 7-15 为叶轮式供料器叶片的几种安装方式：平行式、螺旋式和 V 形式。平行式叶轮属于间断性卸料，而螺旋式和 V 形式叶轮可实现连续卸料。也可通过改变进料口的型式实现连续卸料。

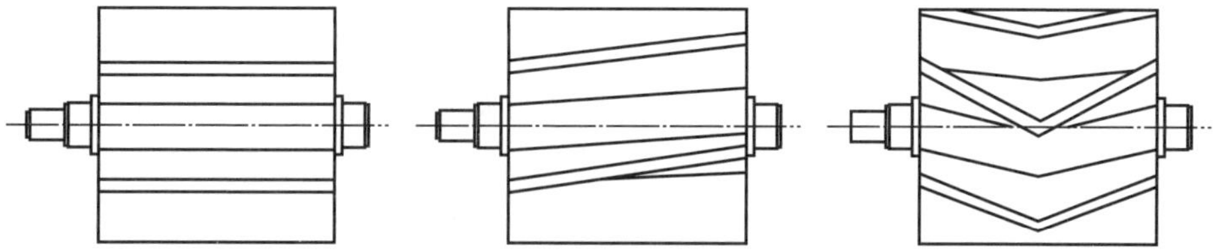

（1）　　（2）　　（3）

图 7-15　叶轮式供料器叶片的几种安装方式

（1）平行式　（2）螺旋式　（3）V 形

图 7-16 为吹通式叶轮式供料器，输送物料的管道直接安装在其两侧端盖上，转到机壳底部的叶轮空腔与输料管相通，输送气流可将叶轮空腔内的物料吹到输料管中。这种叶轮式供料器多用于气力压运输送装置中。而直落式叶轮式供料器（图 7-14）属于通用型，既可用作气力输送的供料器，也可用于除尘器、卸料器等设备的闭风、排灰等。

叶轮式供料器的进料口还可分为偏口式和直口式两种形式。偏口式叶轮式供料器即进料口和出料口中心线不在通过叶轮轴心的中心线上，其优点是可降低进机物料、出机物料对机壳的磨损，也可降低物料卡住叶轮的概率。直口式叶轮供料器即进料口、出料口中心线与通过叶轮轴心的叶轮中心线重合。

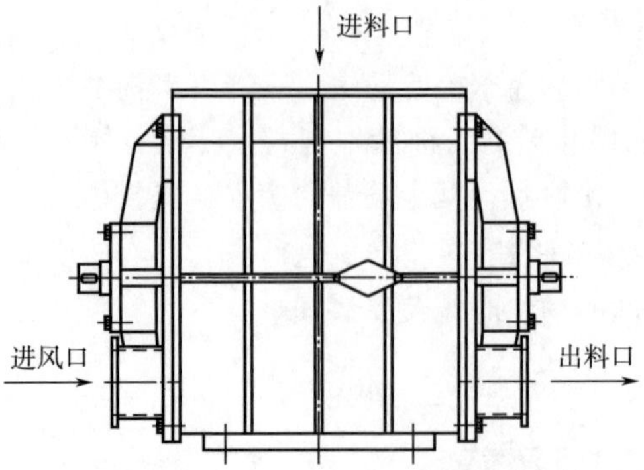

图 7-16 吹通式叶轮式供料器

叶轮式供料器运转时，由于叶片端部与机壳间的间隙小，对于大颗粒物料，或具有一定长度尺寸的物料如棍棒、铁丝、螺栓等，会经常卡住叶片而停转。因此，用于原粮输送的气力输送装置或吸粮机上，叶轮式供料器（闭风器）一般需设置防卡装置或机构。

叶轮式供料器（闭风器）常用的叶片防卡安全措施有：进料口内一侧安装弹性挡板、叶片端部安装刀具等，或在电气控制方面安装叶轮失速传感器、电动机电流过载保护等措施。

2. 叶轮式供料器的性能

（1）叶轮式供料器的气密性　叶轮式供料器的进料口和出料口之间存在着压差时，会出现从出料口向进料口的漏气现象。叶轮式供料器漏气严重即气密性差时，将严重影响其供料性能。

漏气的路径有两个，一是叶轮在转动时，每个格室在下行和上行时所容纳的空气量不同，造成空气量的进出差而形成漏气；二是由于叶轮与壳体的间隙引起的空气泄漏。叶轮转动形成的漏气是无法避免的，而叶轮与壳体间隙的泄漏可通过减小间隙的办法来减少漏气量。

在计算输送管道风量时，需要将叶轮的漏气量考虑进去。漏气量的计算有相关的公式，也可按照式（7-35）进行近似计算。

（2）叶轮式供料器的产量　叶轮式供料器的产量 G（t/h）由式（7-41）计算：

$$G = 0.06 n i \psi \gamma_s \qquad (7-41)$$

式中　n——叶轮转速，r/min，一般，$n \leqslant 60$r/min；

i——叶轮的有效容积，m^3；

ψ——叶轮的装满系数，$\psi = 0.6 \sim 0.8$；

γ_s——物料的容重，kg/m^3。

3. 气力压运输送装置中叶轮式供料器的安装

在气力压运输送装置中，由于叶轮式供料器安装在风机的压气段上，也即供料器的出料口处压力远远高于进料口处压力。随着叶轮的旋转，供料器出料口处的高压空气会随着叶轮旋转向上流向出料口处，尤其在叶轮的叶片旋转到离开供料器的机壳一瞬间，这部分高压空气瞬间释放，压力下降、体积膨胀，具有较高的冲击速度，对进机物料有阻滞作用，严重时物料可能完全被堵塞、供料器的产量为零。为了保证叶轮式供料器的进料正常、提高叶轮格室中物料的装满程度，常在壳体上安装匀压管，使叶轮的格室在旋转到供料口装料之前，将格室中的来自输料管的高压空气从匀压管中导出。

即使有匀压管或排气管措施，气力压运输送装置中叶轮式供料器的供料斗上，依然要设置这部分空气的排除装置。如作为除尘风网的一个扬尘点进行吸风；或在料斗上设置插入式除尘器或设置具有过滤功能的排气装置等。

二、输料管及管件

气力输送系统中，输料管多采用薄钢板焊接管或无缝钢管。对于低真空气力输送系统也可采用镀锌薄钢板卷制的管。

输料管也可使用软管，如金属软管、耐磨橡胶软管或套筒式软管等。但是，软管的阻力远大于钢管，一般是钢管的两倍或两倍以上，应尽量少用。

某些场合的气力输送输料管上，每隔一定距离需要安装观察窗，一般多用有机玻璃管。使用有机玻璃管时，需要注意有机玻璃管与输料管之间的气密性问题，以及气流、物料与有机玻璃管摩擦产生的静电排放等问题。

在输料管中，一般采用弯头、软管等构件来改变物料的输送方向。为了降低物料与弯头的碰撞、摩擦等造成的物料的破碎率、物料和管道的磨损以及减少能量损失，输料管上的弯头曲率半径一般取6~10倍管径或曲率半径$R \geqslant 1\mathrm{m}$。

为了提高弯头的耐磨性和减少更换频率，弯头可做成矩形截面弯头，并在易磨损的弯头外侧的内壁安装可拆卸的耐磨板，或将弯头外侧板做成可更换的盖板。

在气力输送装置中，尤其在气力压运的输料管道上，为了实现一处供料，多处卸料，即从一个供料点供料实现向多个散存仓或地点输送物料，常需在输料管道上安装分路阀。最常见的分路阀是双路阀，即分流三通。输料管中的物料流经此双路阀后，输送管路分为两路，一路为主路，另一路为支路，根据需要调节双路阀的阀体即可实现输送物料的目的地的更换。另一种分路阀是多路阀，即一条输送管路经此阀后可以分为多路。一个多路阀相当于多个串联使用的双路阀。

图7-17所示为气力输送输料管上双路阀的一种型式。料气两相流自左侧进入双路阀，图7-17（1）所示阀体旋转位置使物料进入1通道，图7-17（2）所示阀体旋转位置使物料进入2通道。

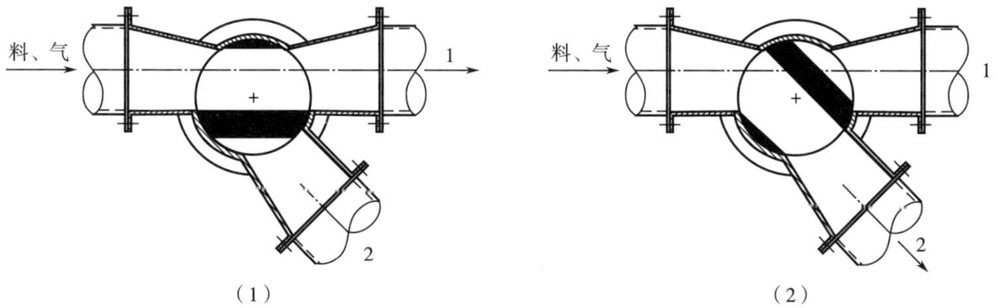

图7-17　双路阀的型式

（1）物料进1通道时阀体旋转位置　（2）物料进2通道时阀体旋转位置

一个双路阀可以实现将物料输送到两个输料点，多个双路阀串联使用可以将物料输送到多个输料点。如一条气力压运输送线，往 10 个料仓供料，则需要在输料管上串联 9 个双路阀来实现一处供料，10 处卸料。

三、卸料器

将物料从气流中分离出来的设备称为卸料器或分离器。常用的卸料器有离心式卸料器、惯性卸料器和重力式卸料器。惯性卸料器和重力式卸料器通称为容积式卸料器。对卸料器的要求是：

（1）分离效率高，阻力低　卸料器应最大限度地将输送物料从气流中分离出来，减少物料的损失，同时阻力低。

（2）性能稳定，排料连续可靠　要求卸料器在连续运行时，分离效率稳定，排料连续可靠，不漏气，不存料。

（3）体积小，高度低，操作简便。

有些使用场合，要求卸料器“一风多用”。气流除了用来输送物料之外，还可用来完成某些生产工艺效果，如气流分离轻杂、冷却物料等。

1. 离心式卸料器

离心式卸料器是利用物料和气流的混合物在做旋转运动时离心力的作用使物料与气流分离的设备，因此也称旋风卸料器或刹克龙。离心式卸料器的结构如图 7-18 所示。

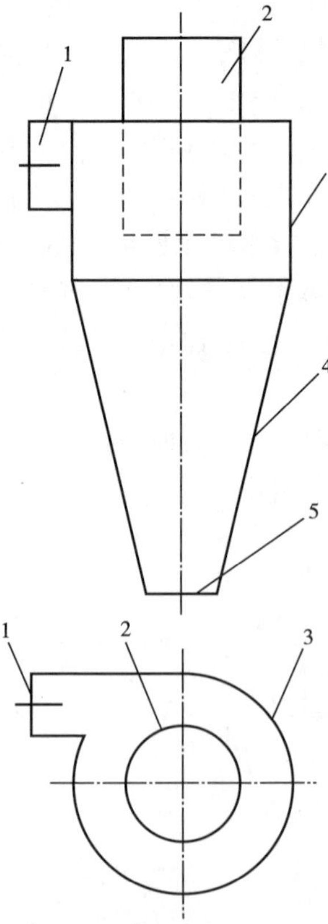

图 7-18　离心式卸料器

1—进风口　2—内筒体　3—外筒体　4—锥体　5—卸料口

离心式卸料器由切向进风口、外筒体、内筒体（排气口）和下部开有卸料口的圆锥体组成。工作时，气固两相流切向进入离心式卸料器筒体内部，作自上而下的螺旋运动，物料在离心力作用下被甩向离心式卸料器筒体内壁并在重力和向下气流的作用下向卸料口下落，最后经过安装在锥体排料口上的闭风器排出。到达锥体底部的气流又转而向上形成内涡旋经排气管排出。

图 7-19 为另一种形式的离心式卸料器，没有外筒体部分，主体仅为一锥体。

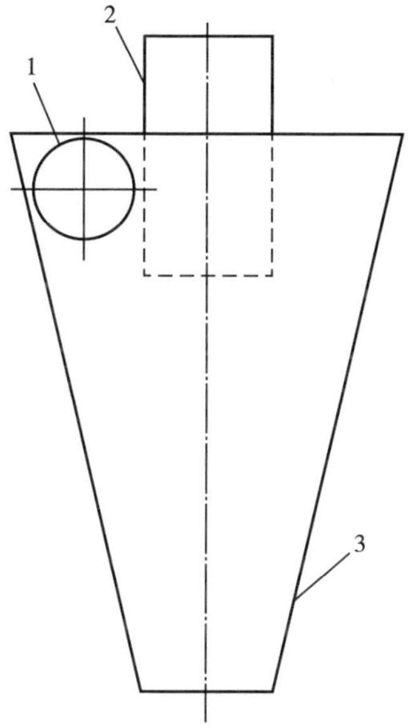

图 7-19 锥形离心式卸料器

1—进风口 2—内筒体 3—锥体

影响离心式卸料器卸料效率的因素如下。

（1）进口气流速度 进口气流速度大，颗粒所受到的离心力就大，有利于物料的分离。但进口气流速度过高，会使离心式卸料器阻力增大，而且高速气流还可能将已经分离出的物料再次带走。因此，进口气流速度一般控制在 $u_a=10\sim20\text{m/s}$。

（2）物料的粒径 物料颗粒粒径越大，离心力越强，越有利于分离。

（3）进口物料浓度 进口气流中所含的物料浓度高时，会由于颗粒之间相互的碰撞、黏附和“夹持”作用，将气流中的小粒径物料分离出来。

（4）筒体直径 在相同的进口气流速度时，筒体直径越小，离心力越强，越有利于物料分离。所以，选择离心式卸料器时，应尽量选择小筒体直径。

（5）锥体高度 一般认为较高的锥体高度，能使物料受到较长时间的离心力作用，有利于提高分离效率。

（6）排料口的气密性能 离心式卸料器卸料时，排料口不应漏风。排料口漏风将使排料困难而且分离效率大大降低。实验表明，当漏风率为 5%时，离心式卸料器的分离效率下降一半；当漏风率为 15%时，离心式卸料器的分离效率接近零。保证排料口的气密性，就是要选择气密性好的闭风器，既能达到气密性高，又能顺利排料。

离心式卸料器的名称由进风口形式和型号两部分构成。进风口形式有三种，即内旋进口形式、外旋进口形式和下旋进口形式，如图 7-20 所示。

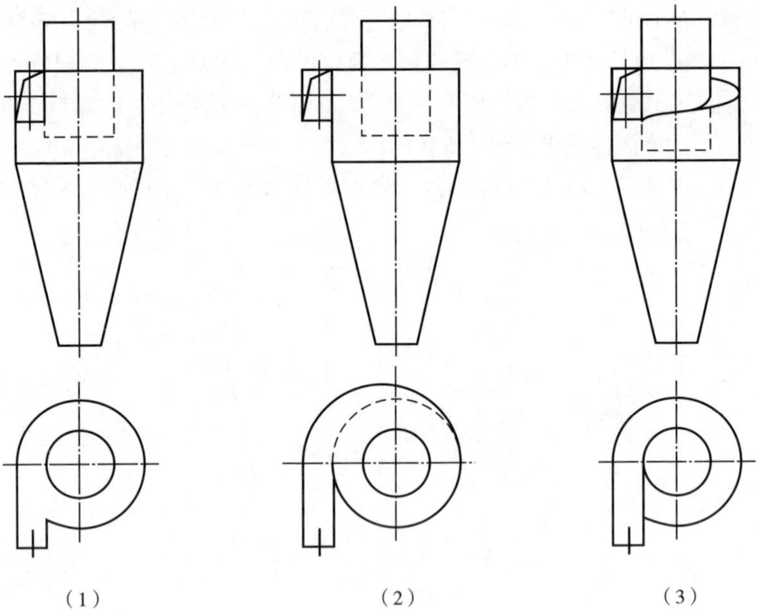

图 7-20 离心式卸料器的进风口形式

（1）内旋进口形式 （2）外旋进口形式 （3）下旋进口形式

离心式卸料器的型号：

$\frac{\text{排气管直径}}{\text{外筒体直径}}\times 100$ 后取整的数：如 38 型、45 型、50 型、55 型、60 型等。

粮油加工行业常用的离心式卸料器有内旋 50 型、下旋 55 型和下旋 60 型等。

离心式卸料器的规格即外筒体直径。外筒体直径是离心式卸料器的特征尺寸，离心式卸料器的各部分尺寸均为外筒体直径的倍数。

离心式卸料器的主要性能参数有卸料效率、阻力和处理风量等。

（1）卸料效率 η 卸料效率指单位时间内离心式卸料器分离出的物料量占进机物料量的百分比。

$$\eta = \frac{M}{M_1}\times 100\% \tag{7-42}$$

式中 M——单位时间内卸料器分离出的物料量，kg/h；

M_1——单位时间内进入卸料器的物料量，kg/h。

（2）阻力 ΔH(Pa) 卸料器的阻力即气固两相流经过卸料器时的能量损失。卸料器阻力一般可用局部阻力计算公式得到，即

$$\Delta H = \zeta \frac{u_j^2}{2g}\gamma_a \tag{7-43}$$

式中 ζ——卸料器的阻力系数；

u_j——卸料器的进口风速，m/s；

γ_a——进口气流的空气重度，N/m^3。

（3）处理风量 Q 处理风量即与卸料器相连接的输料管中的风量。处理风量是选择卸料器的依据。

离心式卸料器可根据处理风量和进口气流速度这两个参数，通过查阅表 7-14 离心式卸料（除尘）器性能表格选出。图 7-21 为下旋 60 型、下旋 55 型和内旋 50 型离心式卸料器的各部分尺寸图。

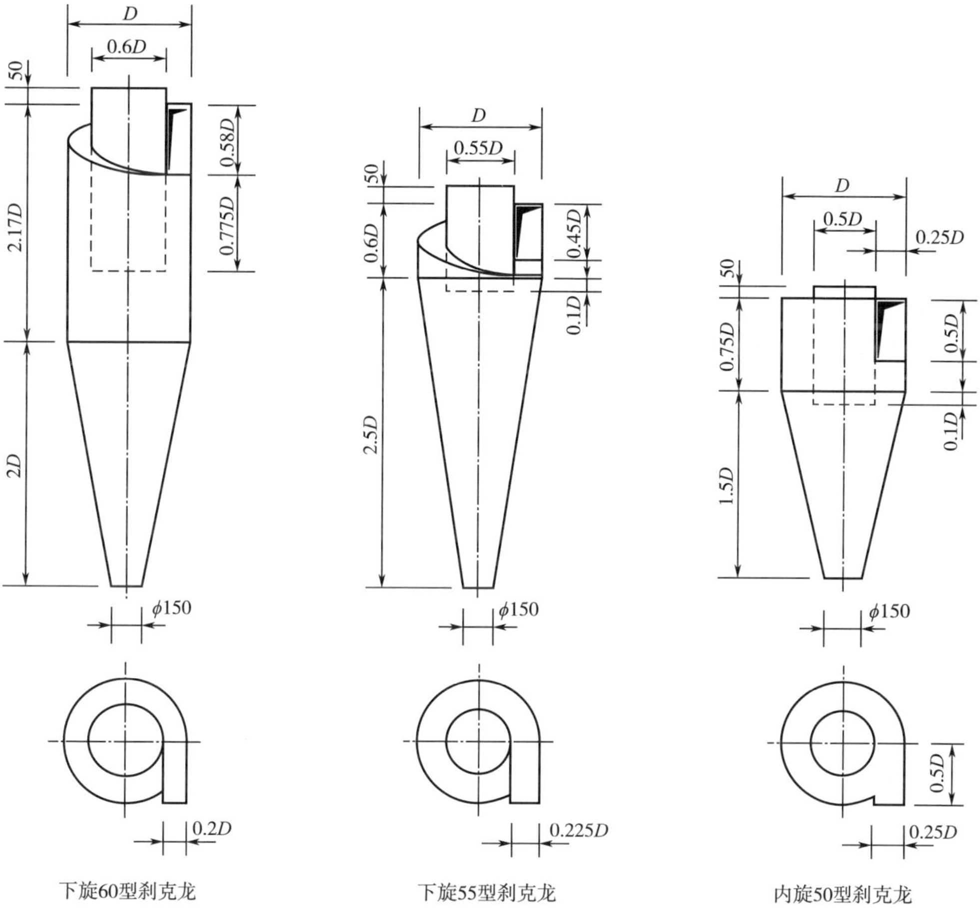

图 7-21　离心式卸料器尺寸图

表 7-14　　离心式卸料（除尘）器性能表

（1）下旋 60 型处理风量和阻力表

u/(m/s)	H/Pa	D/mm										
		250	275	300	325	350	375	400	425	450	475	500
12	402	314	380	450	529	614	710	802	906	1020	1130	1252
13	461	340	412	487	574	665	768	870	982	1105	1225	1355
14	540	365	443	525	617	715	827	935	1057	1190	1320	1450
15	628	391	475	561	662	766	886	1000	1132	1275	1415	1566
16	706	417	507	600	706	819	945	1065	1210	1360	1510	1670
17	795	444	530	637	750	870	1006	1135	1285	1445	1605	1775
18	893	470	570	674	795	920	1064	1200	1360	1530	1700	1880

注：①表中 D—外筒体直径，u—进口风速，H—阻力；

②表中处理风量的单位是 m^3/h，下同。

（2）下旋 55 型处理风量和阻力表

u/(m/s)	H/Pa	D/mm											
		250	300	325	350	375	400	425	450	475	500	550	600
12	491	272	393	458	536	609	700	782	881	976	1093	1322	1570
13	579	295	426	496	580	660	758	847	955	1057	1184	1432	1704
14	667	318	459	534	625	711	816	912	1028	1139	1275	1542	1835
15	785	340	491	572	670	761	875	977	1102	1220	1366	1650	1966
16	883	363	524	610	714	812	933	1042	1175	1302	1457	1763	2097

（3）内旋 50 型处理风量和阻力表

u/(m/s)	H/Pa	D/mm								
		500	550	600	650	700	750	800	900	1000
12	441	1350	1630	1940	2280	2650	3040	3460	4360	5400
13	520	1460	1770	2100	2460	2870	3300	3740	4730	5850
14	598	1570	1900	2270	2660	3090	3550	4030	5100	6300
15	687	1685	2040	2430	2840	3310	3800	4320	5450	6750
16	785	1800	2180	2590	3030	3530	4050	4610	5820	7200

2. 容积式卸料器

容积式卸料器是利用筒体有效截面的突然扩大、气流速度的显著降低，使气流失去携带物料的能力，物料在重力的作用下从气流中分离出来。容积式卸料器也称重力式卸料器。容积式卸料器的结构如图 7-22 所示。

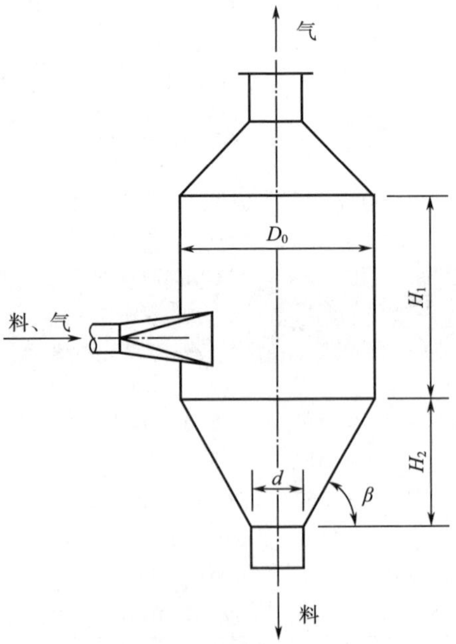

图 7-22　容积式卸料器

容积式卸料器的筒体直径 D_0（m）：

$$D_0 = 1.13\sqrt{\frac{Q}{3600u_t}} \tag{7-44}$$

式中　Q——卸料器处理风量，m^3/h；

u_t——筒体部分有效截面上的气流速度，一般取 $u_t=(0.03\sim0.1)\ u_f$；

u_f——物料的悬浮速度，m/s。

容积式卸料器筒体部分的高度 H_1（m）：

$$H_1 = CD_0 \tag{7-45}$$

式中　C——系数，对于粒径大于3mm的颗粒，$C=1.0\sim1.5$；对于粒径 0.5~3mm 的颗粒，$C=1.3\sim1.8$；对于粒径小于 0.5mm 的颗粒，$C=1.5\sim2.0$。

容积式卸料器排料斗锥体高度 H_2（m）：

$$H_2 = 0.5(D_0 - d)\tan\beta \tag{7-46}$$

式中　d——排料斗下部出料口直径，m；

β——锥体壁与水平面的夹角，一般 $\beta\geq$ 物料自流角。

容积式卸料器的压损 ΔP（Pa）：

$$\Delta P = \zeta\frac{u_j^2}{2g}\gamma_a(1+\mu k) \tag{7-47}$$

式中　ζ——容积式卸料器的阻力系数，一般 $\zeta=3\sim6$；

γ_a——容积式卸料器进口处的空气重度，N/m^3；

k——系数，$k=0.2\sim0.4$；

μ——输料管内物料的输送浓度，kg/kg；

u_j——容积式卸料器进口风速，m/s。

在卸料器的排料口，必须配备专门的装置隔断系统内、外的空气流通，同时又不妨碍物料的卸出，这就是闭风器。闭风器是卸料器正常运行必须配置的辅助设备，其性能直接影响卸料器能否正常运行。对闭风器的性能要求是：

①气密性好，漏风率低；

②不卡料，不增碎；

③产量稳定，排料连续可靠；

④体积小，高度低。

气力输送装置中常用的闭风器是叶轮式闭风器，也称叶轮式供料器。即叶轮式闭风器既可作为闭风器使用，也可作为供料器使用。

叶轮式闭风器的选择，一般依据叶轮式闭风器的有效容积（i）来选择。可以通过调节叶轮式闭风器的转速改变其产量，但转速一般不超过60r/min。

粮油加工行业常用的叶轮式闭风器有 TGFY1.6、TGFY2.8、TGFY4、TGFY5、TGFY7、TCFY9 等型号。

绞龙式闭风器和压力门式闭风器，多用于除尘风网中除尘器的排料。

四、除尘器

为了使气力输送系统的尾气粉尘浓度达到国家排放标准的要求、保护风机以及回收气流中有用的物料，在卸料器之后需安装除尘器，对尾气进行进一步的净化。气力输送装置中常用的除尘器有离心式除尘器和过滤式除尘器两种。同卸料器一样，各种除尘器的排料口也要安装闭风器。

1. 离心式除尘器

离心式除尘器的结构、原理和性能同上述离心式卸料器。

离心式除尘器主要用于粒径为 5~10μm 或更大的粉尘分离。当处理风量较大时，常选择多个离心式除尘器并联使用，如二联、四联等。一般，经过离心式除尘器净化后的空气很难达到粉尘排放标准的要求。

2. 过滤式除尘器

过滤式除尘器是利用织物——滤布，来对含尘气流进行过滤除尘。由于滤布一般做成袋子形状，因而又称为布袋除尘器。过滤式除尘器是气力输送系统尾气排放浓度达到环保要求必用的除尘设备。

过滤式除尘器的显著特点是对微细粒径粉尘的除尘效率特别高。

过滤式除尘器对含尘空气的净化原理，首先是滤布的筛滤作用。滤布的孔径一般为 20~50μm，表面起绒的滤布有效孔径为 5~10μm，因此新滤布的除尘效率不高。但新滤布使用一段时间后，随着滤布上黏附的粉尘增多，滤布上的粉尘层对含尘气流的过滤成为主要方面。实质上，正是由于滤布上粉尘层（称为粉尘初层）的过滤作用，才使过滤式除尘器能够除下更为微细的粉尘。为了防止过滤式除尘器滤布上粉尘越积越多，阻力越来越大，滤布上的积尘必须及时清除。

常用的清灰方式有机械振打和气流喷吹两种。机械振打结构简单，强度高，但不均匀，易磨损滤袋。目前以气流喷吹清灰最为常用：利用与过滤气流方向相反的气流（简称反吹风）使滤袋瞬间膨胀、震动、变形，从而使滤袋上的粉尘脱落。因为反吹风气流的喷吹时间一般在 0.1~0.2s，具有脉冲的特性，因而，气流清灰的布袋除尘器又常称为脉冲除尘器。

脉冲除尘器根据反吹风气源设备的压力高低可分为：高压脉冲除尘器（反吹风气流的压强 0.5~0.7MPa，一般空气压缩机供气）、低压脉冲除尘器（反吹风气流压强为 50kPa 左右，一般罗茨鼓风机或气泵供气）、回转反吹风布袋除尘器（反吹风气流压强 5kPa 左右，一般高压离心通风机供气）等。

影响过滤式除尘器除尘效率的因素：

（1）滤布的性能　滤布是过滤式除尘器的主要部件，除尘效率、设备阻力和维修管理等都与滤布的特性有关，正确选择滤料对使用好布袋除尘器具有重要意义。良好的滤料必须具备：容尘量大，过滤效率高；透气性好，阻力低；机械性能好，抗拉、抗磨和耐折；耐腐蚀，防静电，吸湿性小等特点。常用的滤布有工业涤纶绒布 208#、针刺尼、复合滤布等。

（2）过滤风速　含尘气流穿过滤布的速度即过滤风速，常用每分钟多少米来表示过滤风速的大小，即 m/min。有时也用单位时间单位面积滤布所处理的空气量——单位负荷表示，单位是 $m^3/(m^2 \cdot h)$。

过滤风速是过滤式除尘器的一个重要参数。较高的过滤风速，可增大过滤式除尘器的处理风量，即节省滤布，减小设备体积；但阻力也增加，同时滤布两侧的压差大，会使一些微细粉尘渗入滤布内部、并被气流带走，致使排放浓度增加，除尘效率下降；而且较高的过滤风速也会把滤布上的粉尘重新吹起和加速滤布上粉尘层的形成，使清灰频繁、清灰喷吹气流使用量增大、清灰系统庞大。

一般，人工清灰时，过滤风速低于 0.5m/min；机械振动清灰时，过滤风速低于 2m/min；气流喷吹清灰时，过滤风速低于 4m/min。

（3）工作环境条件　过滤式除尘器的除尘效率与含尘空气的温度、湿度，粉尘的形状、浓度、粒径大小等以及环境的温湿度等因素关系密切。当含尘空气的温度低于露点温度时，水分会在滤布上凝结，造成粉尘层黏附性强、结块不易清掉。当空气或粉尘湿度较高时，也不利于滤布清灰。

（4）清灰效果　清灰对过滤式除尘器能否正常工作起着关键作用。滤袋不清灰或清灰效果差，过滤式除尘器的阻力将越来越高，会使得气力输送系统的总风量逐渐下降，导致气力输送的输送产量下降、直至无法正常运行。

常用的过滤式除尘器为脉冲除尘器。

脉冲除尘器根据布袋清灰气流的压力高低分为高压脉冲除尘器（图 7-23）和低压脉冲除尘器（图 7-24）。高压脉冲除尘器以空气压缩机为反吹风气源设备，低压脉冲除尘器以罗茨鼓风机或气泵为反吹风气源设备。

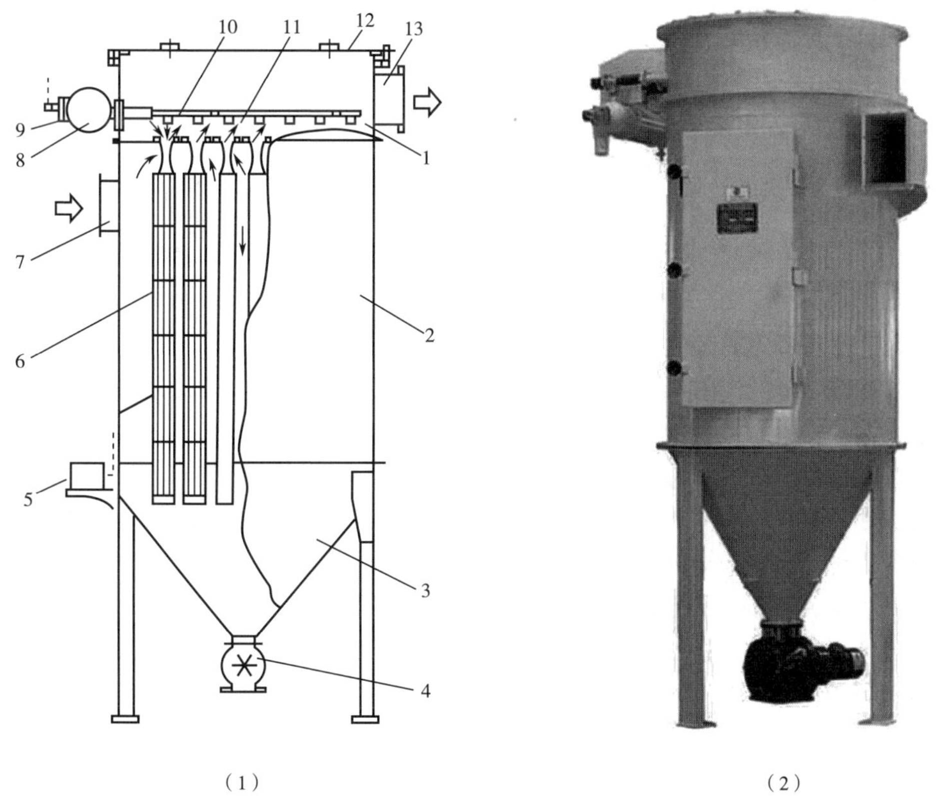

图 7-23　高压脉冲除尘器

（1）高压脉冲除尘器结构　（2）高压脉冲除尘器外形

1—上部箱体　2—中部箱体　3—下部箱体　4—闭风器　5—脉冲控制仪　6—滤袋及骨架
7—进气口　8—气包　9—脉冲阀　10—喷吹管　11—文氏管　12—顶盖　13—净化出气口

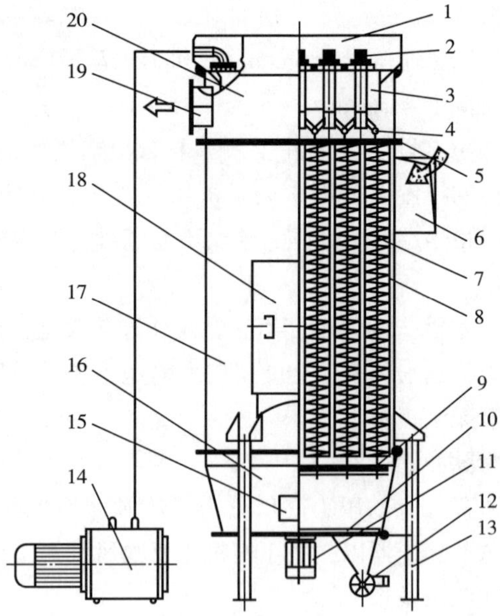

图 7-24　低压脉冲除尘器

低压脉冲除尘器结构

1—上箱体盖板　2—脉冲阀　3—气室　4—喷嘴　5—多孔板　6—进气口　7—滤袋骨架　8—滤袋　9—滤袋固定架　10—排灰刮板　11—刮板电机　12—闭风器　13—支腿　14—气泵或罗茨鼓风机　15—灰斗检修门　16—下箱体　17—中箱体　18—检修门　19—净化空气出口　20—上箱体

高压脉冲除尘器和低压脉冲除尘器两者对含尘空气的净化原理是相同的，都是布袋的过滤作用，而且均为外滤式，即粉尘被截留在布袋的外表面上。为防止布袋被吸瘪，布袋内均设置有骨架。二者最大的区别是各自特有的清灰系统。

高压脉冲除尘器的气流喷吹清灰系统由储气包、脉冲阀、喷吹管、文氏管和脉冲控制仪等构成。

脉冲阀是气流喷吹系统的重要构件，高压脉冲除尘器的脉冲阀属于高压脉冲阀。脉冲阀的一端连接压缩空气储气包，另一端连接喷吹管。脉冲阀的背压室接控制阀，脉冲控制仪控制着控制阀和脉冲阀的开启和关闭。当脉冲控制仪没有信号输出时，控制阀的排气口被关闭，脉冲阀处于关闭状态；当脉冲控制仪有信号输出时，控制阀的排气口被打开与大气相通，使得脉冲阀的背压室压力迅速降低，膜片两侧产生压力差，膜片在压力差作用下产生位移，脉冲阀喷吹喷口被打开，此时压缩空气从储气包通过脉冲阀进入喷吹管，进入喷吹管中的高压空气经管底部的小孔喷出，当这股喷吹气流通过文氏管时，文氏管诱导数倍于压缩空气的周围空气进入布袋，造成布袋内部瞬间正压，使布袋膨胀从而实现清灰。

高压脉冲除尘器的气流喷吹清灰系统中，压缩空气的供气设备主要由空气压缩机、贮气罐、过滤器、干燥机等构成。空气压缩机可以选择螺杆式或活塞式。为了保证压缩空气的洁净，减少压缩空气中油、水等成分对脉冲阀的影响，压缩空气气源设备中需配置多级过滤器以及干燥机等对压缩空气进行净化处理。

低压脉冲除尘器的反吹风系统主要由位于上部筒体内部的高压气室、低压脉冲阀、喷吹管、文氏管、脉冲控制仪以及气源设备风机或气泵等组成。

一般，低压脉冲除尘器采用一阀一袋或一阀两袋（也有一阀三袋或四袋）的喷吹结构。采用一阀两袋，即一个脉冲阀同时喷吹两个布袋。

五、风机

气力输送装置是利用风机产生的正压气流或负压气流通过管道来输送物料的，因此风机是气力输送装置的关键设备。

风机属于空气机械，空气机械的种类繁多，按照空气通过风机产生压力的高低，空气机械可分为：

（1）通风机　排气压力不超过 $1500\times9.81N/m^2$

（2）鼓风机　排气压力在（1500~20000）$\times9.81N/m^2$

（3）压缩机　排气压力大于 $20000\times9.81N/m^2$

按工作原理空气机械可分为：

（1）容积式空气机械　依靠在气缸内往复运动的活塞或旋转运动部件的作用，使气体体积缩小而提高空气的压力。如活塞式空气压缩机、罗茨鼓风机等。

（2）透平式空气机械　即叶轮式空气机械，利用高速旋转的叶轮对气流作功提高气体的压力和风速。如离心式通风机（鼓风机、压缩机）、轴流式通风机（鼓风机）等。

通风机是排气压力不超过 $1500\times9.81N/m^2$ 的空气输送设备，多属于叶轮式空气机械类型。从气流进入和排出通风机的流动方向，通风机可以分为离心式通风机和轴流风机两种类型。

根据气流通过风机后产生压力的高低不同，离心式通风机又分为低压离心通风机、中压离心通风机和高压离心通风机三种类型。

（1）低压离心通风机　压力小于 $100\times9.81N/m^2$。

（2）中压离心通风机　压力范围（100~300）$\times9.81N/m^2$。

（3）高压离心通风机　压力范围（300~1500）$\times9.81N/m^2$。

中、低压离心通风机多用在通风除尘系统中，而气力输送系统中的风机一般为高压离心通风机（鼓风机）、罗茨鼓风机等。

（一）离心式通风机（鼓风机）

1. 离心式通风机构造

离心式通风机由进风口、叶轮、机壳、轴及轴承等组成，如图 7-25 所示。

（1）进风口　将气流均匀地导向叶轮，流动阻力最小。

（2）叶轮　是离心式通风机的唯一运转部件，正是叶轮的旋转对气流做功才使通过风机的空气压力升高。

（3）机壳　离心式通风机的机壳为蜗卷形，由两块侧板和一蜗卷形板组成。蜗卷与叶轮之间的截面面积沿着叶轮旋转方向逐渐增大，目的是尽量减少气流在机壳内的流动损失。

（4）轴和轴承。

2. 离心式通风机工作过程

离心式通风机工作时，叶轮高速旋转，充满在叶轮中的空气在离心力作用下被甩向叶轮外侧，使空气受到压缩，压力升高，并汇集到蜗壳形机壳内，在经过断面逐渐扩大的蜗壳形机壳时，速度逐渐降低，空气的一部分动能转化为静压，最后以较高的静压由机壳的排气口排出。与此同时，由于叶轮内部的空气被甩出，叶轮中心区域形成负压，进风口外面的空气在压力差作用下，从进风口流入。由于叶轮连续旋转，空气就不断地被吸入和压出，从而形成连续地输送具有一定压力气流的作用。

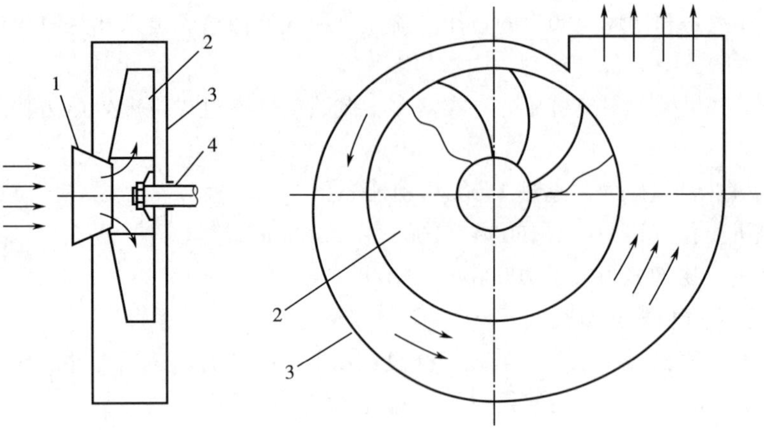

图 7-25　离心式通风机构造

（1）风机剖面图　（2）风机立面图

1—进风口　2—叶轮　3—机壳　4—轴

3. 离心式通风机的主要性能参数

（1）风机的全压　单位体积空气通过风机所获得的能量，称为离心式通风机的全压。由能量方程式计算的风机全压表达式：

$$H_{风机} = H_{o2} - H_{o1} \tag{7-48}$$

式中　$H_{风机}$——风机全压，Pa；

H_{o2}——风机出风口断面的全压，Pa；

H_{o1}——风机进风口断面的全压，Pa。

（2）风机的风量　风机的风量指单位时间内通过风机的气体体积数，单位为 m^3/h 或 m^3/s。

（3）转速　转速指叶轮的旋转速度。风机性能参数与叶轮转速的关系：

$$\frac{Q_1}{Q_2} = \frac{n_1}{n_2};\quad \frac{H_1}{H_2} = \frac{n_1^2}{n_2^2};\quad \frac{N_1}{N_2} = \frac{n_1^3}{n_2^3} \tag{7-49}$$

式中　Q_1、H_1、N_1——风机在转速 n_1 时的风量、全压、轴功率；

Q_2、H_2、N_2——风机在转速 n_2 时的风量、全压、轴功率。

上式也称为风机的比例定律。表明，风机转速变化时，风机的风量、全压、轴功率随之改变。因此，可以通过调节转速改变风机的风量，是调节风机风量的方法之一。

（4）效率和功率　空气通过风机所获得的能量（输出功率）与输入风机的能量（输入功率）之比为离心通风机的效率。

$$\eta = \frac{N_{out}}{N_{in}} \times 100\% \tag{7-50}$$

式中　η——离心式通风机的全压效率，%；

N_{out}——风机的有效功率或输出功率，kW；

N_{in}——风机的轴功率或输入功率，kW。

离心通风机的输出功率：

$$N_{out} = \frac{HQ}{1000} \tag{7-51}$$

式中　Q——风机的风量，m^3/s；

H——风机的全压，Pa。

根据式（7-50）和式（7-51），离心通风机的输入功率：

$$N_{in} = \frac{HQ}{1000\eta} \tag{7-52}$$

所以，离心通风机的电动机功率：

$$N_d = K\frac{HQ}{1000\eta\eta_c} \tag{7-53}$$

式中　N_d——风机的电动机功率，kW；

η_c——风机传动效率。风机与电动机同轴传动，$\eta_c = 100\%$；联轴器传动，$\eta_c = 98\%$；三角带传动，$\eta_c = 95\%$；平皮带传动，$\eta_c = 85\%$。

K——电动机容量安全系数，见表 7-15。

表 7-15　　电动机容量安全系数 K

风机轴功率/kW	<0.5	0.5~1	1~2	2~5	>5
安全系数 K	1.5	1.4	1.3	1.2	1.15

4. 离心式通风机的性能曲线和工况调节

（1）离心式通风机的性能曲线　离心通风机可以在不同的风量下工作。但在不同的风量下工作时，风机的全压、功率和效率不同。离心式通风机的全压和风量（$H\sim Q$）、轴功率和风量（$N\sim Q$）及效率和风量（$\eta\sim Q$）变化关系绘成的曲线称为离心式通风机的性能曲线。因为转速影响风机的性能参数，所以风机的性能曲线是与一定的转速相对应的。

图 7-26 为不同叶片安装方式风机的性能曲线图，其中图 7-26（1）为前向叶片风机的性能曲线；图 7-26（2）为径向叶片风机的性能曲线；图 7-26（3）为后向叶片风机的性能曲线。

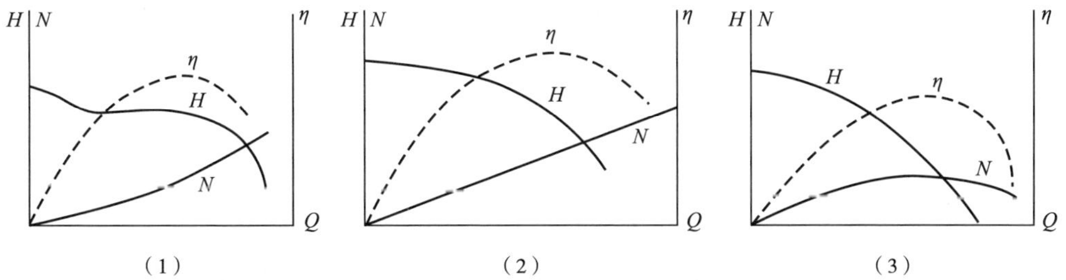

图 7-26　不同叶片安装方式风机的性能曲线

（1）前向叶片风机的性能曲线　（2）径向叶片风机的性能曲线　（3）后向叶片风机的性能曲线

不同叶片安装方式风机的性能曲线不同，但有共同之处：离心通风机的全压均具有随着风量增加而减小的趋势，在风量较小时具有较高的全压；离心通风机的轴功率对于前向叶片风机和径向叶片风机，随着风量的增加而增大，而后向叶片风机的轴功率随着风量的增加有减小的趋势；随着风量的增大，离心通风机的效率均具有先增大、后减小的趋势，即风机效率具有最高值。说明离心通风机虽然可以在不同的风量下工作，但只有在最适风量工作时效率才最高。在实际工程上，风机在不低于最高效率 90%的区域内（即风机的高效区）工作都认为是经济的。

图 7-27 为 6-30 型离心通风机以公称转速表示的风机性能曲线。图中以不同机号（如 No. 4、No. 5、No. 6、No. 7 和 No. 8）的风量为横坐标，全压为纵坐标绘出了不同风量下的全压曲线（图中的横向曲线）和效率曲线（图中的纵向曲线）。

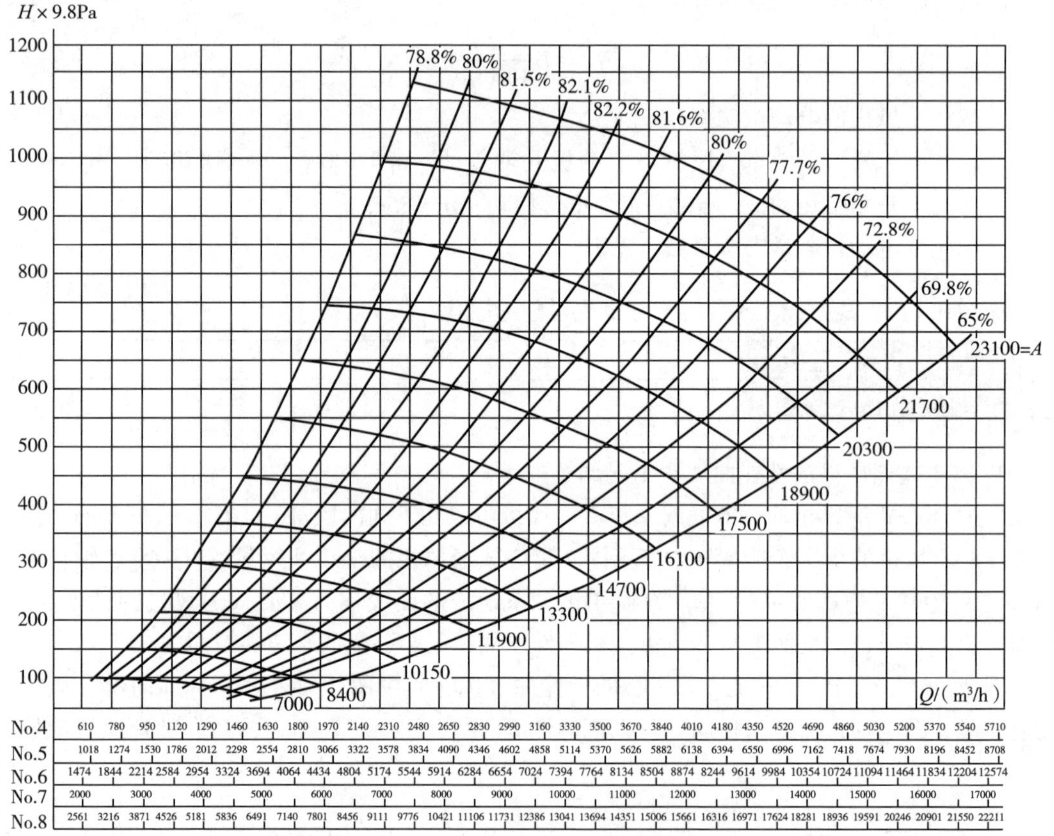

图 7-27　6-30 型离心通风机性能曲线

图 7-27 中，每条横向曲线的右侧表示的数值为公称转速（用 A 表示）。公称转速为机号和风机实际转速的乘积。每条纵向曲线的上部所标数值为风机的效率。

（2）离心通风机的工作点和工况调节　风机可以在不同的风量和压力下工作，但是，当某风机安装到某一特定管网中之后，风机提供多大的风量和压力呢？这个问题即风机的工作点问题。

管网的总阻力随风量变化关系绘制的曲线称为管网特性曲线，即 $\sum H \sim Q$ 曲线。

将风机性能曲线和管网特性曲线绘制在同一坐标图中，两条曲线会有一交点，该交点就是风机的工作点，如图 7-28 所示中的 A 点。

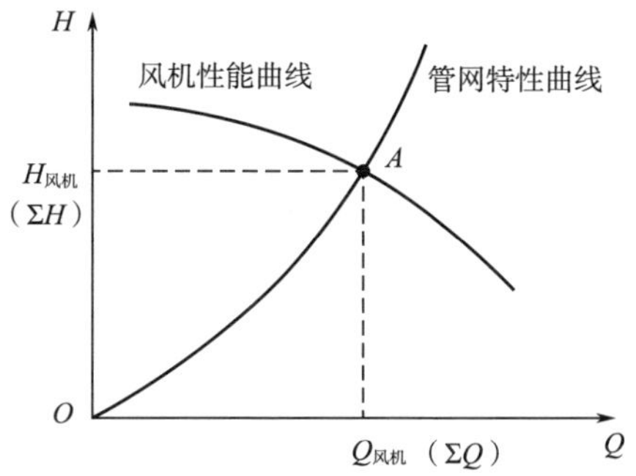

图 7-28　离心通风机的工作点

风机的工作点具有双重意义：该点的横坐标既是管网的风量，也是风机的风量；该点的纵坐标既是管网的总阻力，也是风机的全压。也即风机提供的全压等于管网的总阻力；风机提供的风量为管网的风量。所以，风机的工作点是选择风机的理论依据。

$$H_{风机}=\sum H \tag{7-54}$$

$$Q_{风机}=\sum Q \tag{7-55}$$

式中　$H_{风机}$——风机的全压；

$Q_{风机}$——风机的风量；

$\sum H$ ——管网总阻力；

$\sum Q$ ——管网总风量。

在实际工程上，考虑到风机运行的安全性和可靠性，往往在实际管网总阻力、总风量的基础上再增加 0~20%的余量来确定风机参数，即

$$H_{风机}=(1.0\sim1.2)\sum H \tag{7-56}$$

$$Q_{风机}=(1.0\sim1.2)\sum Q \tag{7-57}$$

风机运行时，由于生产工艺的要求和变化，需要经常调节和改变风机的运行参数，此即风机工作点的调节。改变风机的工作点，主要措施有阀门调节、风机转速调节和风机的联合工作等三种。

①阀门调节：依靠调节安装在风机进风口或排气口管道上的阀门开启程度，即改变管网特性曲线改变风机的工作点。如果生产工艺要求降低管网的风量，则需要逐渐关闭管网上的阀门，此时阀门的阻力升高，通过管网的风量下降，风机提供的风量也随即降低，而风机全压升高。阀门调节简便易行，但将风机输出的能量消耗在阀门上是不经济的。

②转速调节：依靠改变风机转速，即改变风机性能曲线调整风机的工作点。如果生产工艺要求增加管网的风量，而管网上的阀门已经开到最大，此时可以通过增加风机转速以提高风机的全压、风量，来提高管网的风量。风机提高转速调节工作点的前提条件，是风机转速有调节的余地，即不超过风机的额定转速且电动机功率允许。转速调节没有额外的能量损失，是比较经济的方法。

③风机的串联和并联：当管网阻力较大或风量较大，一台风机难于胜任时，可以考虑选

择风机的串联和并联工作。但一般认为风机的联合工作是不得已而为之，应避免使用或慎重使用。因为风机的联合工作总会有额外的能量损失。

5. 离心式通风机的选用

（1）离心式通风机的名称　离心式通风机的名称较为复杂，现举例说明。如某台离心式通风机的全称为6-23-11No. 7 C 右 90°。

各符号意义如下：

①“6”——表示风机的全压系数乘 10 后取整的数。风机全压系数的计算：

$$\overline{H} = \frac{H}{\rho u_2^2} \tag{7-58}$$

式中 $\overline{H}$——全压系数；

u_2——叶轮最大直径处圆周速度，m/s；

H——风机全压，Pa；

ρ——空气密度，kg/m³。

②“23”——表示风机在最高效率下的比转数。比转数为离心式通风机的综合特性参数，比转数大于 60 为低压离心式通风机；比转数不超过 30 为高压离心式通风机；比转数在 30~60 为中压离心式通风机。

比转数 n_s 的计算：

$$n_s = n\frac{Q^{0.5}}{H^{0.75}} \tag{7-59}$$

式中 n——叶轮转速，r/min；

H——风机全压，Pa；

Q——风机风量，m³/s。

③“11”——第一个“1”表示风机进口形式为单侧吸入；第二个“1”表示设计顺序。

④“No. 7”——表示风机的机号，实质为风机叶轮直径，单位为分米，即叶轮直径 7dm。

⑤“C”——表示风机的传动方式为 C 式。离心通风机有 A、B、C、D、E、F 等 6 种传动方式，如图 7-29 所示。A 式传动：电动机直联传动，即风机与电动机同轴，传动效率 η= 100%；B 式传动：悬臂支撑皮带传动，皮带轮在轴承座之间；C 式传动：悬臂支撑皮带传动，皮带轮在轴承座外侧；D 式传动：悬臂支撑联轴器传动；E 式传动：双支撑装置皮带传动；F 式传动：双支撑装置联轴器传动。

⑥“右”——表示风机叶轮的旋转方向，右旋。风机叶轮旋转方向有左旋和右旋两种，站在离心通风机传动侧判断，叶轮旋转方向为顺时针方向即右旋，叶轮旋转方向为逆时针方向即左旋。

⑦“90°”——表示风机出风口方向角为 90°，用角度表示，如图 7-30 所示。

（2）离心式通风机的选用

①根据气力输送管网的总压损（ΣH）和总风量（ΣQ），各增加 0~20%的余量后来计算风机的全压和风量，即

$$风机的全压:H=(1.0\sim1.2)\Sigma H \tag{7-60}$$

$$风机的风量:Q=(1.0\sim1.2)\Sigma Q \tag{7-61}$$

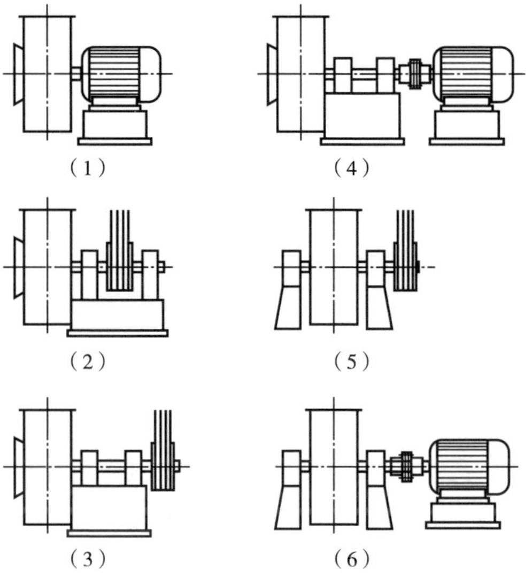

图 7-29　离心式通风机的传动方式

（1）A 式传动　（2）B 式传动　（3）C 式传动　（4）D 式传动　（5）E 式传动　（6）F 式传动

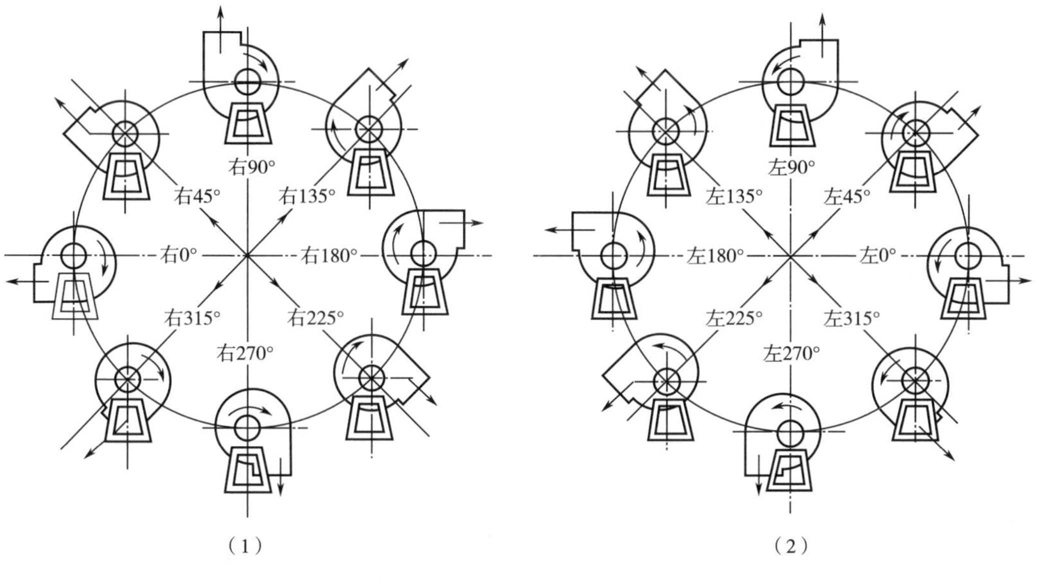

图 7-30　离心式通风机出风口方向

（1）右旋离心式通风机　（2）左旋离心式通风机

②风机在高效区工作。所选风机效率应落在风机最高效率的 90%的区间内。

③风机的调节性能好。风机的性能适应气力输送管网的压损特性，即系统阻力多变而要求风量基本稳定，且风机不易过载。

④转速低，噪声低。

⑤风机叶片不积尘，耐磨损。

气力输送系统常用的离心式通风机有：6-23、6-30、5-18、6-28、9-19、9-26 等型号，均属于高压离心通风机。6-23、6-30 型离心式通风机属于传统高压风机，在小型谷物加工厂普遍使用，现在由于粮油加工厂规模的增大、楼层的增高使用较少。6-23 型离心式通风机具有在同等压力下风机的风量较小的特点，6-30 型离心式通风机在同等压力下比 6-23 型风机风量大 40%左右。

其中 6-23、6-30、5-18、6-28 等型号的离心通风机属于后向叶片风机，噪声低，效率高，运转平稳。而 9-19、9-26 等型号的离心通风机属于前向叶片风机。

（二）罗茨鼓风机

罗茨鼓风机属于容积式空气机械。1859 年由美国的弗朗西斯和菲兰德·罗茨两兄弟发明并由此得名。罗茨鼓风机的风量通常在 0.5～1000m^3/min，单级工作压力在-53.3～98kPa，广泛应用于各工业领域。

1. 罗茨鼓风机结构和工作原理

罗茨鼓风机主要由机壳、一对转子、同步齿轮传动部分和油箱等构成，如图 7-31 所示。转子是罗茨鼓风机的旋转部件，两个转子通过同步齿轮传动，进行转速相同、方向相反的旋转运动。转子有双叶和三叶之分，如图 7-32 所示。一般，三叶转子的罗茨鼓风机运转噪声低、输出气流脉动性弱、气流稳定。罗茨鼓风机的转子之间、转子与机壳之间有适当的工作间隙，但是无油润滑。根据两个转子的轴是水平安装或是垂直安装，罗茨鼓风机分为卧式和立式两种。

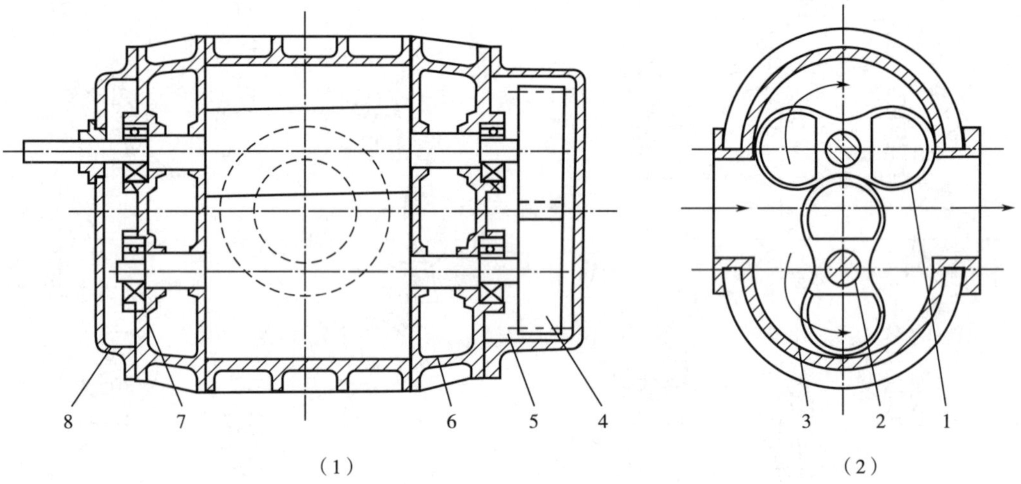

图 7-31　罗茨鼓风机

（1）罗茨鼓风机纵剖面图　（2）罗茨鼓风机横剖面图

1—主动转子　2—从动转子　3—机壳　4—同步齿轮　5—主油箱　6—墙板　7—轴承　8—副油箱

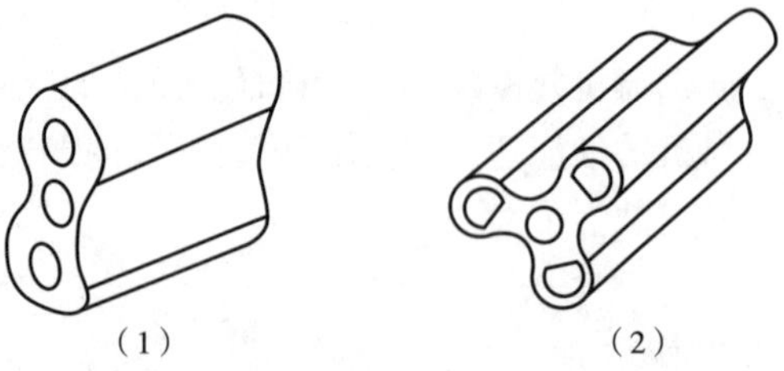

图 7-32　罗茨鼓风机转子形状

（1）双叶　（2）三叶

罗茨鼓风机工作原理示意图如图 7-33 所示。当两个位差 90°的转子在机壳内等速反向旋转时，进入机壳内被转子和机壳及转子两端墙板包围而形成的空气随着转子的旋转，在受到转子的作用和排气端具有一定压力的空气的压缩作用下而提高压力。因此罗茨鼓风机所产生的压力取决于管网阻力。同时，为防止管道堵塞或超负荷工作造成电动机过载，在罗茨鼓风机管网中必须安装安全阀而且禁止安装阻力阀门。

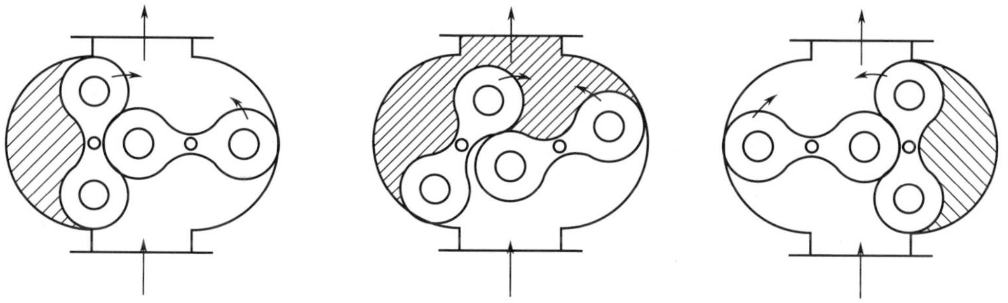

（1）　　（2）　　（3）

图 7-33　罗茨鼓风机工作原理示意图

（1）转子旋转位置 1　（2）转子旋转位置 2　（3）转子旋转位置 3

2. 罗茨鼓风机的性能和特点

（1）风量　由于一个转子旋转一周与机壳形成两个密闭空腔，所以双叶罗茨鼓风机的理论风量 Q_T（m^3/min）为

$$Q_T = 4ALn \tag{7-62}$$

式中　A——转子与机壳内壁之间的截面面积，m^2；

L——转子长度，m；

n——转子转速，r/min。

由于罗茨鼓风机转子与转子之间、转子与机壳之间存在着间隙，因而在罗茨鼓风机工作时，会有部分空气从具有高压的排气侧通过间隙向低压的进气侧泄漏，使得罗茨鼓风机的实际风量小于理论风量。罗茨鼓风机的实际风量 Q 为

$$Q = \eta_{容} Q_T \tag{7-63}$$

式中　$\eta_{容}$——罗茨鼓风机的容积效率。

罗茨鼓风机的容积效率数值大小与罗茨鼓风机的加工精度和压力高低有关。

显然，罗茨鼓风机的风量与转速成正比，可以通过改变转速来提高或降低风量，但在提高转速时，应注意罗茨鼓风机的允许限度及电动机功率。

罗茨鼓风机的风量，一般采用分钟流量表示，即 m^3/min。

罗茨鼓风机产品样本或铭牌上的流量（风量），为标准状况下的容积流量。对于罗茨鼓风机，指进风口处于压力 101.325kPa，温度 20℃，相对湿度 50%的空气状态时，单位时间内排出的气体在进气状态下的容积；对罗茨真空泵，指进气温度 20℃，排气压力为 101.325kPa 时，单位时间内吸入的空气在进气状态下的容积。

（2）罗茨鼓风机的压力　罗茨鼓风机的压力一般用静压表示，单位为 Pa 或者 kPa。

罗茨鼓风机的压力不取决于风机本身，而取决于所连接的管网阻力。也即所连接的管网

阻力有多大，罗茨鼓风机就提供多大的压力。从理论上讲，只要电动机功率允许，罗茨风机可以在任何压力下工作。

根据罗茨鼓风机压力变化的特点，罗茨鼓风机的连接管道上禁止安装阻力性阀门，而必须安装安全阀（即卸压阀）。

（3）轴功率　原动机传给风机轴的功率，即风机轴功率。罗茨鼓风机轴功率可以根据风机的静压和风量等参数计算：

$$N = \frac{HQ}{1000 \times 60\eta_{容}\ \eta_{机}} \qquad (7-64)$$

式中　N——罗茨鼓风机轴功率，kW；

H——罗茨鼓风机静压，Pa；

Q——风量，m^3/min；

$\eta_{容}$——罗茨鼓风机的容积效率，一般 $\eta_{容}=0.75\sim0.85$；

$\eta_{机}$——罗茨鼓风机的机械效率，一般 $\eta_{机}=0.82\sim0.92$。

罗茨鼓风机的轴功率计算出后，可根据传动效率计算出所需配置的电动机功率。

（4）罗茨鼓风机的性能曲线　罗茨鼓风机的性能曲线主要指罗茨鼓风机的风量和压力变化关系的曲线 $Q\sim H$ 及轴功率和压力变化关系的曲线 $N\sim H$。

图 7-34 所示为罗茨鼓风机的 $Q\sim H$、$N\sim H$ 性能曲线。从图中的 $Q\sim H$ 性能曲线可以看出，在一定转速下，罗茨鼓风机的压力变化量较大时，风量的变化量非常小，基本不变。而功率曲线表明，功率随着压力的增高而增加。

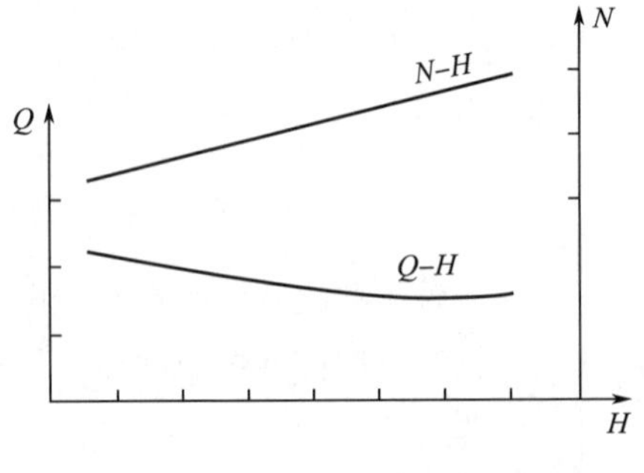

图 7-34　罗茨鼓风机的性能曲线

性能曲线表明，罗茨鼓风机特别适用于那种管网阻力多变而风量要求基本稳定的场合。

罗茨鼓风机的出风口和进风口之间是靠转子和转子之间、转子和机壳之间的精密配合隔开的，由于进出口之间压力差导致的空气在机壳内的间隙泄漏和罗茨鼓风机脉冲输气，罗茨鼓风机在运转时会发出较大的噪声，因此罗茨鼓风机必须在进出口配置消音器。此外，罗茨鼓风机要求进入风机的空气应是干净空气，否则空气中的粉尘等杂质会加速转子表面、机壳内壁的磨损而造成转子之间、转子与机壳之间的间隙增大，导致罗茨鼓风机性能下降甚至报废。

罗茨鼓风机工作时，由于部分压力能以及摩擦等，罗茨鼓风机的机壳会发热，为了保护风机安全运转，罗茨鼓风机需要冷却。一般当罗茨鼓风机升压小于 49kPa 时，采用自然冷却方式；当升压大于49kPa时，采用循环水冷却方式。

罗茨鼓风机既可用于正压鼓气，此时称为罗茨鼓风机；也可用于真空领域作为真空泵使用，此时称为罗茨真空泵。

选择罗茨鼓风机时，根据所连接管网的总风量和总阻力，各增加0~20%的余量计算出风机的参数后，选择相应参数风量和压力的罗茨鼓风机即可。

在粮油加工行业，罗茨鼓风机主要用于低压脉冲除尘器的反吹风清灰气源设备、气力压运输送装置和吸粮机中。

第四节　气力输送系统的设计与计算

一、气力输送系统的设计步骤

在进行气力输送装置设计时，首先应从气力输送装置的使用方了解有关输送的各种信息、要求等，然后在综合了各种条件、满足生产要求的情况下设计出气力输送装置。气力输送装置的设计步骤归纳如下：

（1）收集各种原始资料　气力输送作为一种输送方式，是为生产工艺服务的。所以，在设计前，应熟知生产工艺流程及其要求，工艺设备的平面布置图、立（剖）面图，建筑图等。

（2）输送物料的物理特性和当地空气状态参数　如物料的粒径分布、形状、悬浮速度、磨琢性、流动性、容重、破损性等；空气的密度、温度、湿度等。

（3）确定输送产量、输送距离　了解原料的来源及方式，输送产量及产量的波动程度，要求的输送距离及路线等。

（4）气力输送装置的环境情况　如安装地点情况及要求，气力输送装置与其他设备的配合，供电条件，自动化程度，噪声控制和粉尘控制等的要求等。

（5）气力输送装置类型的确定　如果选择气力吸运输送方式，则要确定气力吸运系统输料管的根数，输料管较多时还需对气力吸运系统分组；如果选择气力压运输送方式，则需要确定气力压运系统供料器的位置、卸料地点及组数等。

（6）气力输送管网的走向与布置，设备的位置等　确定风机、供料器、卸料器、除尘器等设备的位置、管道的走向和具体布置。由于风机噪声比较高，最好风机集中布置且设置风机房等。一般要求管道布置横平、竖直，输料管为最短长度的布置，而且整齐、经济、美观。

（7）在平面图、剖面图上布置气力输送管网，绘制气力输送系统的轴测图　绘制轴测图时，按照三维坐标走向画出管网走向和设备，并在三维坐标方向上取相同的比例尺。

（8）进行气力输送装置的压损计算，最终确定输料管的直径、选择卸料器、除尘器、风机以及辅助构件等。

（9）画施工图、大样图等。

二、气力吸运压损计算举例

（一）低真空气力输送系统压损计算

例题：某面粉厂粉间有 3 组气力输送风网，表 7-16 为其中一组风网的已知条件，轴测图为图 7-35。对本组风网进行压损计算。

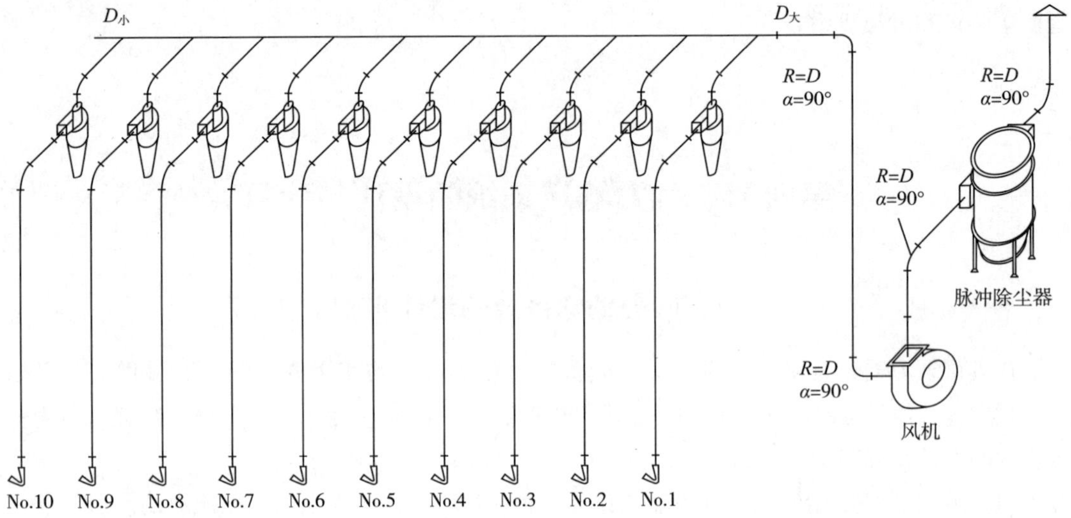

图 7-35　气力输送风网轴测图

表 7-16　　粉间气力输送风网已知条件

输料管号	系统名称	物料性质	产量/（kg/h）	物料储备系数 a	计算物料量/（kg/h）	备注
No. 1	1B	粗	3400	1.06	3600	
No. 2	1B	粗	3400	1.06	3600	
No. 3	1B	粗	2850	1.05	3000	1. 采用诱导式接料器； 2. 下旋 55 型卸料器； 3. 输料管弯头曲率半径均取 $R=10D$；弯头后水平管长度均取 2m； 4. 提升高度 $s=18$m； 5. 输料管长度 $L=21$m
No. 4	1B	粗	2850	1.05	3000	
No. 5	2B	粗	2050	1.05	2150	
No. 6	2B	粗	2050	1.05	2150	
No. 7	2B	粗	1700	1.05	1785	
No. 8	2B	粗	1700	1.05	1785	
No. 9	1S	粗	1700	1.05	1785	
No. 10	备用	粗	1700	1.05	1785	

本组气力输送风网压损计算步骤如下。

1. 输送物料压损 H_1 的计算

（1）No. 1、No. 2 提料管

①主要参数的确定。

计算物料量 $G_{算}=3600kg/h$，选输送风速 $u_a=21m/s$，选输送浓度 $\mu=2.6kg/kg$。

根据计算物料量 $G_{算}$和输送浓度μ，计算输料管风量 Q（m^3/h）：

$$Q=\frac{M_s}{\rho_a\mu}=\frac{3600}{1.2\times2.6}=1154$$

式中　空气密度ρ_a取 $1.2kg/m^3$。

根据表 7-5，$u_a=21m/s$ 时，表中只有风量 $Q=1163m^3/h$ 最接近计算风量 $1154m^3/h$，所以查表得到：

$u_a=21m/s$ 时，$Q=1163m^3/h$，$D=140mm$，$R=3.24$，$K_{粗}=0.418$，$i_{谷粗}=35.0$，$H_d=264.6Pa$。

所以，真实浓度μ（kg/kg）为：

$$\mu=\frac{M_s}{Q\rho_a}=\frac{3600}{1163\times1.2}=2.58$$

即输送浓度为$\mu=2.58kg/kg$。

②计算输送物料压损 H_1。

a. 磨粉机压损（$H_{磨}$）。

取 $H_{磨}=80Pa$

b. 接料器压损（$H_{接}$）。

$$H_{接}=\zeta\frac{u_a^2}{2g}\gamma_a=0.7\times264.6=185.2(Pa)$$

式中　诱导式接料器的阻力系数$\zeta=0.7$。

c. 加速压损（$H_{加}$）。

$$H_{加}=9.81iG_{算}=9.81\times35.0\times3600\times10^{-3}=1236.1(Pa)$$

d. 提升压损（$H_{升}$）。

$$H_{升}=\gamma_a\mu S=11.77\times2.58\times18=546.6(Pa)$$

e. 摩擦压损（$H_{摩}$）。

$$H_{摩}=9.81RL(1+K_{粗}\mu)=9.81\times3.24\times21(1+0.418\times2.58)=1387.3(Pa)$$

f. 弯头压损（$H_{弯}$）。

$$H_{弯}=\zeta_{弯}\frac{u_a^2}{2g}\gamma_a(1+\mu)=0.066\times264.6(1+2.58)=62.5(Pa)$$

式中，弯头曲率半径 $R=10D$，转角 $\alpha=90°$，根据表 7-6 查得阻力系数$\zeta=0.066$。

g. 恢复压损（$H_{复}$）。

$$H_{复}=C\Delta H_{加}=1\times0.1\times1236.1=123.6(Pa)$$

根据表 7-7、表 7-8 得，$C=1$，$\Delta=0.1$。

h. 卸料器压损（$H_{卸}$）。

选择下旋 55 型卸料器。根据处理风量 $Q=1163m^3/h$，选取卸料器直径 $D=500mm$，计算得到进口风速 $u_j=12.4m/s$，$\Delta H=523.9Pa$。

所以，输送物料压损 H_1：

$$H_1=80+185.2+1236.1+546.6+1387.3+62.5+123.6+523.9=4145.2(Pa)$$

（2）No.3、No.4 提料管

用同样方法计算得到：$H_1=4082.6Pa$

（3）No.5、No.6 提料管

用同样方法计算得到：$H_1=4286.5$Pa。

（4）No. 7、No. 8、No. 9、No. 10 提料管

用同样方法计算得到：$H_1=4202.6$Pa。

10 根输料管的输送物料压损 H_1 不平衡率均低于 5%，可以认为阻力平衡。

各输料管输送物料压损 H_1 计算结果见表 7-17。在计算管网系统总压损时，取 H_1 中最大者计算。本例即取 $H_1=4286.5\approx4287$（Pa）。

2. 尾气净化部分压损 H_2 计算

（1）汇集风管和连接管道的阻力计算

①汇集风管。

连接在汇集风管小头端的输料管是第 10 根输料管，所以小头端风量为：

$$Q_{小}=Q_{10}=655\ (m^3/h)$$

选取汇集风管小头端风速 $u_{小}=13.7$m/s，则 $D_{小}=130$mm。

汇集风管大头端风量为：

$$Q_{大}=\Sigma Q=Q_1+Q_2+\cdots\cdots+Q_{10}=8388\ (m^3/h)$$

选取汇集风管大头端风速 $u_{大}=15.3$m/s，查除尘风管计算表，得到单位摩阻 $R_{大}$和管径：

$$R_{大}=0.48\times9.81=4.71\text{Pa/m},D_{大}=440\text{mm}$$

汇集风管长度 $L=12.3$m。所以，汇集风管的阻力：

$$H_{汇}=2R_{大}L=2\times4.71\times12.3=115.9(\text{Pa})$$

②进风机连接管。

进风机连接管与汇集风管相连接，所以，风量不变，风速不变，$u_a=15.3$m/s，$D=440$mm，$R=4.71$Pa/m，进风机连接管总长度 $L=3.8$m。沿程摩阻为：

$$H_m=RL=4.71\times3.8=17.9(\text{Pa})$$

进风机连接管有两个弯头，弯头参数 $R=D$，$\alpha=90°$，查表 7-6 得到：阻力系数 $\zeta=0.23$，两个弯头的局部阻力：

$$H_j=2\zeta\times\frac{u_a^2}{2g}\gamma_a=2\times0.23\times\frac{15.3^2}{2\times9.81}\times11.77=64.6(\text{Pa})$$

所以，此段风管总阻力：17.9+64.6=82.5（Pa）

③风机与除尘器之间连接管。

风机前后风量不变，所以，此段风管风量 $Q=8384\text{m}^3/\text{h}$，风速仍取 $u_a=15.3$m/s，则 $D=440$mm，$R=4.71$Pa/m，所以：

$$H_m=R\times l=4.71\times(1.2+2.0)=15.1\ (\text{Pa})$$

式中　风机出风口上垂直管道长度 1.2m，弯头后水平管长度 2.0m。

弯头：$R=D$，$\alpha=90°$，阻力系数 $\zeta=0.23$。

$$H_j=\zeta\times\frac{u_a^2}{2g}\gamma_a=0.23\times\frac{15.3^2}{2\times9.81}\times11.77=32.3(\text{Pa})$$

所以，此段风管总阻力：15.1+32.3=47.4（Pa）

④除尘器排风管。

此段风管位于除尘器之后，风管内的空气为净化气流，所以，不再需要较高的风速，风量 $Q=8388\text{m}^3/\text{h}$，选风速 $u_a=12.9$m/s，除尘器排风管总长度为 3.5m。查除尘风管计算表得到：$D=480$mm，$R=3.09$Pa/m。

$$H_m = R \times l = 3.09 \times 3.5 = 10.8\,(\text{Pa})$$

弯头：$R=D$，$\alpha=90°$，阻力系数 $\zeta=0.23$。

$$H_j = \zeta \times \frac{u_a^2}{2g}\gamma_a = 0.23 \times \frac{12.9^2}{2 \times 9.81} \times 11.77 = 23.0\,(\text{Pa})$$

风帽选取环形风帽，阻力取 160Pa。

此段风管总阻力：10.8+23+160=193.8（Pa）

所以，汇集风管和连接管道的总阻力：

$H_{汇}+H_{管}=115.9+82.5+47.4+193.8\approx440$（Pa）

（2）脉冲除尘器的阻力计算

脉冲除尘器处理风量 $Q_{处}=\sum Q=8388\text{m}^3/\text{h}$，选低压脉冲除尘器 TBLM-78 型：

处理风量：3438～17180m^3/h，滤袋长度 $L=2$m，过滤面积 $A=58.8\text{m}^2$，过滤风速 $u=2.38$m/min。阻力 $H_{除}=1470$Pa。

（3）尾气净化部分压损 H_2

$H_2=（H_{汇}+H_{管}）+H_{除}=440+1470=1910$（Pa）

3. 选风机和电动机

系统总压损 $\sum H=H_1+H_2=4287+1910=6197$（Pa）

系统总风量 $\sum Q=8388$（m^3/h）

所以，风机参数：

$H_{风}=（1.1\sim1.2）\sum H=1.15\times6197=7127$（Pa）

$Q_{风}=（1.1\sim1.2）\sum Q=1.1\times8388=9227$（$\text{m}^3$/h）

由 $H_{风}$、$Q_{风}$ 参数选出风机：6-30 型 No.7，转速 $n=2850$r/min，效率 $\eta=82.1\%$。

电动机功率：

$$N_{dx} = k\frac{HQ}{1000\eta\eta_c} = 1.15 \times \frac{7127 \times 9227}{1000 \times 3600 \times 0.821 \times 0.95} = 26.9(\text{kW})$$

选择电动机 Y200L-2，30kW，2950r/min。

表 7-17　　阻力计算表

输料管号	No 1	No 2	No 3	No 4	No 5	No 6	No 7	No 8	No 9	No 10
物料来源	1B	1B	1B	1B	2B	2B	2B	2B	1S	回料
物料性质	粗	粗	粗	粗	粗	粗	粗	粗	粗	粗
$G_{算}$（kg/h）	3600	3600	3000	3000	2150	2150	1785	1785	1785	1785
S/L（m/m）	18/21	18/21	18/21	18/21	18/21	18/21	18/21	18/21	18/21	18/21
u_a（m/s）	21	21	21	21	21	21	21	21	21	21
μ（kg/kg）	2.58	2.58	2.49	2.49	2.50	2.50	2.27	2.27	2.27	2.27
H_d（Pa）	264.58	264.58	264.58	264.58	264.58	264.58	264.58	264.58	264.58	264.58
Q（m^3/h）	1163	1163	1003	1003	718	718	654	654	654	654
D（mm）	140	140	130	130	110	110	105	105	105	105
$K_{粗}$	0.419	0.419	0.377	0.377	0.293	0.293	0.272	0.272	0.272	0.272

续表

输料管号		No 1	No 2	No 3	No 4	No 5	No 6	No 7	No 8	No 9	No 10
$i_{谷粗}$		35.4	35.4	41.0	41.0	57.3	57.3	62.9	62.9	62.9	62.9
R		4.11	4.11	4.73	4.73	5.56	5.56	5.89	5.89	5.89	5.89
输送物料压损 H_1（Pa）	$H_{工}$	80	80	80	80	50	50	50	50	50	50
	$H_{接}$	185.2	185.2	185.2	185.2	185.2	185.2	185.2	185.2	185.2	185.2
	$H_{加}$	1250.2	1250.2	1206.6	1206.6	1208.5	1208.5	1101.4	1101.4	1101.4	1101.4
	$H_{升}$	546.6	546.6	527.6	527.6	529.7	529.7	481.0	481.0	481.0	481.0
	$H_{摩}$	1762.0	1762.0	1889.2	1889.2	1984.4	1984.4	1962.6	1962.6	1962.6	1962.6
	$H_{弯}$	62.5	62.5	60.9	60.9	61.1	61.1	57.1	27.1	57.1	57.1
	$H_{复}$	125.0	125.0	181.0	181.0	181.3	181.3	275.4	275.4	275.4	275.4
	$H_{卸}$	523.9	523.9	490.5	490.5	490.5	490.5	490.5	490.5	490.5	490.5
	H_1	4535.4	4535.4	4621.0	4621.0	4691.5	4691.5	4603.2	4603.2	4603.2	4603.2
尾气净化压损 H_2（Pa）	$H_{汇}$	116									
	$H_{连}$	324									
	$H_{除}$	1470									
	H_2	1910									
卸料器 D（mm）		500	500	480	480	405	405	390	390	390	390
系统总压损 $\sum H$(Pa)		6602									
系统总风量 $\sum Q$(m^3/h)		8384									
备注		风机：6-30 型 No.7，n = 2850r/min，效率 η = 82.1%。电动机：Y200L-2，30KW，2950r/min。 除尘器：TBLM-78 型，滤袋长度 L = 2m，过滤面积 A = 58.8m^2，阻力 $H_{除}$ = 1470Pa，过滤风速 u = 2.38m/min。									

（二）高真空气力输送系统压损计算

例题：气力吸运装置输送小麦（吸粮机），如图 7-36 所示。输送产量为 25t/h，垂直输送高度为 14.5m，水平输送距离为 9.5m，确定输料管管径、风机型号规格和电动机功率等参数。

1. 主要参数的确定

（1）输送风速：$u_a = 22 m/s$

（2）输送浓度：$\mu = 15 kg/kg$

（3）计算物料量：$G_{算} = \alpha G = 1 \times 25 = 25 t/h$

（4）输料管空气量和直径

$$Q = \frac{M_S}{\rho_a \mu} = \frac{25000}{1.2 \times 15} = 1389(m^3/h)$$

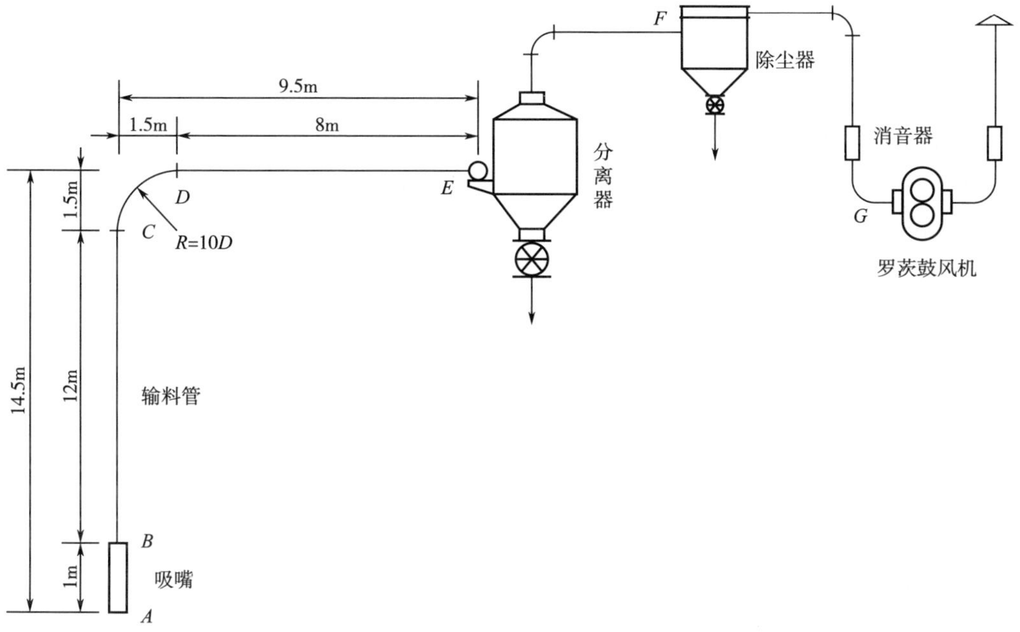

图 7-36 气力吸运装置输送小麦（吸粮机）原理图

$$D=\sqrt{\frac{4Q}{3600\pi u_a}}=\sqrt{\frac{4\times1389}{3600\times3.14\times22}}=0.149(\text{m})$$

选用无缝钢管作为输料管，根据无缝钢管管径系列，取外径为 159mm，壁厚 4.5mm，内径 $D=150\text{mm}$。

2. 输料部分压损计算

（1）吸嘴压损 ΔP_1

①启动加速压损。

$$\Delta P_{qd}=(1+\varphi\mu)\frac{u_a^2}{2g}\gamma_a=(1+0.33\times15)\frac{22^2}{2g}\times11.77=1728\ (\text{Pa})$$

式中，取小麦的悬浮速度为 9.4m/s，$\varphi=0.33$。

②局部压损。

$$\Delta P_j=(1+\mu)\zeta\frac{u_a^2}{2g}\gamma_a=(1+15)\times1.7\times\frac{22^2}{2g}\times11.77=7899\ (\text{Pa})$$

③提升压损。

$$\Delta P_{fl}=\mu\gamma_a l\frac{(u_f\mp u_s\sin\theta)}{u_s}=15\times11.77\times1\frac{9.4+12.6\times1}{12.6}=308\ (\text{Pa})$$

式中，$u_s=u_a-u_f=22-9.4=12.6\text{m/s}$；吸嘴高度取 1m。

④摩擦压损。

$$\Delta P_m=\left(P_S-\sqrt{P_S^2-2P_S\lambda_a\frac{L}{D}\frac{u_a^2}{2g}\gamma_a}\right)\cdot a$$

$$=\left[101325-\sqrt{101325^2-2\times101325\times0.02\times\frac{1}{0.15}\times\frac{22^2}{2g}\times11.77}\right]\times4.67=181\ (\text{Pa})$$

式中，$P_s=101325$Pa，$\lambda_a=0.02$；$\alpha=4.67$。

所以，吸嘴总压损 $\Delta P_1=1728+7899+308+181=10116$（Pa）

（2）垂直段压损 ΔP_2

①吸嘴末端空气的压力 P_B、空气重度 γ_{aB} 和气流速度 u_{aB} 计算。

$$P_B=101325-10116=91209(\mathrm{Pa})$$

按等温过程，

$$\gamma_{aB}=\gamma_a\frac{P_B}{p_S}=11.77\times\frac{91209}{101325}=10.59\ (\mathrm{N/m^3})$$

$$u_{aB}=u_a\frac{\gamma_a}{\gamma_{aB}}=22\times\frac{11.77}{10.59}=24.4\ (\mathrm{m/s})$$

②提升压损。

$$\Delta P_{fl}=\mu\gamma_a l\frac{(u_f+u_s\sin\theta)}{u_s}=15\times10.59\times12\frac{9.4+15\times1}{15}=3102(\mathrm{Pa})$$

式中，$u_s=u_a-u_f=24.4-9.4=15$m/s；垂直输料管长 12m。

③摩擦压损。

$$\Delta P_m=\left(P_S-\sqrt{P_S^2-2P_S\lambda_a\frac{L}{D}\frac{u_a^2}{2g}\gamma_a}\right)\cdot a$$

$$=\left(91209-\sqrt{91209^2-2\times91209\times0.02\times\frac{12}{0.15}\times\frac{24.4^2}{2g}\times10.59}\right)\times4.32=2227\ (\mathrm{Pa})$$

式中，压损比 $\alpha=4.32$。

所以，此段总压损 $\Delta P_2=3102+2227=5329$（Pa）

（3）弯头压损 ΔP_3

①垂直管段末端空气的压力 P_C、空气重度 γ_{aC} 和气流速度 u_{aC} 计算。

$$P_C=91209-5329=85880(\mathrm{Pa})$$

按等温过程，

$$\gamma_{aC}=\gamma_a\frac{P_C}{P_S}=11.77\times\frac{85880}{101325}=9.98(\mathrm{N/m^3})$$

$$u_{aC}=u_{aB}\frac{\gamma_{aB}}{\gamma_{aC}}=24.4\times\frac{10.59}{9.98}=25.9\ (\mathrm{m/s})$$

②局部压损。

$$\Delta P_j=(1+k_l\mu)\zeta\frac{u_a^2}{2g}\gamma_{al}=(1+1.6\times15)\times0.066\times\frac{25.9^2}{2g}\times9.98=563\ (\mathrm{Pa})$$

式中，90°转角的弯头曲率半径取 10D，则 $\zeta=0.066$。

③提升压损。

$$\Delta P_{fl}=\mu\gamma_a l\frac{(u_f+u_s\sin\theta)}{u_s}=15\times9.98\times1.5\frac{9.4+15\times1}{15}=365\ (\mathrm{Pa})$$

式中，$u_s=(0.56\sim0.58)\ u_a=0.58\times25.8=15$m/s；垂直提升高度 1.5m。

④摩擦压损。

$$\Delta P_m=\left(P_S-\sqrt{P_S^2-2P_S\lambda_a\frac{L}{D}\frac{u_a^2}{2g}\gamma_a}\right)\cdot a$$

$$= \left(85880 - \sqrt{85880^2 - 2 \times 85880 \times 0.02 \times \frac{2.36}{0.15} \times \frac{25.9^2}{2g} \times 9.98}\right) \times 4.15 = 446\ (\mathrm{Pa})$$

式中，压损比 $\alpha = 4.15$；弯头展开长度为 2.36m。

所以，弯头总压损 $\Delta P_3 = 563+365+446 = 1374$（Pa）

（4）水平段压损 ΔP_4

①弯头末端空气的压力 P_D、空气重度 γ_{aD} 和气流速度 u_{aD} 计算。

$$P_D = 85880-1374 = 84506(\mathrm{Pa})$$

按等温过程，

$$\gamma_D = \gamma_a \frac{P_D}{p_S} = 11.77 \times \frac{84506}{101325} = 9.82(\mathrm{N/m^3})$$

$$u_{aD} = u_{aC} \frac{\gamma_{aC}}{\gamma_{aD}} = 25.9 \times \frac{9.98}{9.82} = 26.3\ (\mathrm{m/s})$$

②启动加速压损。

$$\Delta P_{qd} = (1 + \varphi\mu) \frac{u_a^2}{2g}\gamma_a = (1 + 0.64 \times 15) \frac{26.3^2}{2g} \times 9.82 = 3670\ (\mathrm{Pa})$$

式中，对水平管，$\varphi = 0.64$。

③摩擦压损。

$$\Delta P_m = \left(P_S - \sqrt{P_S^2 - 2P_S\lambda_a \frac{L}{D} \frac{u_a^2}{2g}\gamma_a}\right) \cdot a$$

$$= \left(84506 - \sqrt{84506^2 - 2 \times 84506 \times 0.02 \times \frac{8}{0.15} \times \frac{26.3^2}{2g} \times 9.82}\right) \times 4.07 = 1508\ (\mathrm{Pa})$$

式中，水平管的压损比 $\alpha = 4.07$；水平管的长度为 8m。

所以，此段总压损 $\Delta P_4 = 1508+3670 = 5178$（Pa）

（5）分离器压损 ΔP_5

分离器采用容积式卸料器。

①水平输料管末端空气的压力 P_E、空气重度 γ_{aE} 和末端气流速度 u_{aE} 计算。

$$P_E = 84506-5178 = 79328(\mathrm{Pa})$$

按等温过程，

$$\gamma_E = \gamma_a \frac{P_E}{P_S} = 11.77 \times \frac{79328}{101325} = 9.21(\mathrm{N/m^3})$$

$$u_{aE} = u_{aD} \frac{\gamma_{aD}}{\gamma_{aE}} = 26.3 \times \frac{9.82}{9.21} = 28.0\ (\mathrm{m/s})$$

②局部压损。

$$\Delta P_j = (1 + k_j\mu)\zeta \frac{u_a^2}{2g}\gamma_{al} = (1 + 0.45 \times 15) \times 3 \times \frac{15^2}{2g} \times 9.21 = 2456\ (\mathrm{Pa})$$

式中，容积式卸料器的进口风速取 15m/s，$\zeta = 3$，$K_f = 0.45$。

所以卸料器压损 $\Delta P_5 = 2456$Pa。

（6）除尘器压损 ΔP_6

分离器和除尘器之间的通风管道压损近似取 100Pa。除尘器为脉冲除尘器。

除尘器进口空气的压力 P_F 和空气重度 γ_{aF} 计算：

$$P_F = 79328 - 2456 - 100 = 76772(\text{Pa})$$

$$\gamma_{aF} = \gamma_a \frac{P_F}{P_S} = 11.77 \times \frac{76772}{101325} = 8.92(\text{N/m}^3)$$

脉冲除尘器压损近似取 2000Pa。

所以，$\Delta P_6 = 100+2000 = 2100$（Pa）

（7）其余管件压损 ΔP_7

连接除尘器和风机的通风管道、风机进出口消音器等压损近似取 1000Pa。

所以，$\Delta P_7 = 1000$Pa

3. 整个系统的总压损 $\sum \Delta P$ 和总风量 $\sum Q$

$$\begin{aligned}\sum \Delta P &= \Delta P_1+\Delta P_2+\Delta P_3+\Delta P_4+\Delta P_5+\Delta P_6+\Delta P_7+\Delta P_8+\Delta P_9 \\ &= 10116+5329+1374+5178+2456+2100+1000 \\ &= 27553\ (\text{Pa})\end{aligned}$$

风机进口处的空气重度 γ_{aG}

$$\gamma_{aG} = \gamma_a \frac{P_G}{P_S} = 11.77 \times \frac{101325 - 27553}{101325} = 8.57\ (\text{N/m}^3)$$

所以总风量

$$\sum Q = Q \times \frac{\gamma_A}{\gamma_{aG}} = 1389 \times \frac{11.77}{8.57} = 1908\ (\text{m}^3/\text{h})$$

4. 选择风机和电动机

计算风机参数

$$P_{风机} = (1.1\sim1.2)\sum \Delta P = 1.1\times27553 = 30308\ (\text{Pa}) = 30.3\text{kPa}$$

$$Q_{风机} = (1.1\sim1.2)\sum \Delta Q = 1.15\times1908 = 2194(\text{m}^3/\text{h}) = 36.6\text{m}^3/\text{min}$$

根据罗茨鼓风机样本，选择 RRE150V 型罗茨鼓风机，34.3kPa，37.2m³/min，1250 r/m，电动机：Y225S-4，37kW

卸料器、除尘器、变形管、弯头等结构、尺寸设计计算略。

三、气力压运压损计算举例

例题：某面粉气力压运系统输送面粉，输送量为 6t/h，面粉容重 640kg/m³，输送距离 30m。进行系统阻力计算并选出风机、叶轮式供料器等。

1. 饱和风量系数和单位功率因数的确定

输送量：$G = 6\text{t/h} = 100\text{kg/min}$。

由表 7-12 得：$K_{饱} = 0.043$；$K_{功} = 1.46$；$K_{压} = 1.33$；$u = 11\text{m/s}$。

2. 计算标准状态下的输送风量和输送浓度

$$Q_{标} = G\times K_{饱} = 100\times0.043 = 4.3(\text{m}^3/\text{min})$$

$$\mu = \frac{G}{1.2Q_{标}} = \frac{100}{1.2\times4.3} = 19.38(\text{kg/kg})$$

3. 确定操作表压

$$p_{压} = \frac{K_{功}}{K_{饱}}\times K_{压} = \frac{1.46}{0.043}\times1.33 = 45.16(\text{kPa})$$

4. 计算供料器处的输送风量

$$Q_{供}=\frac{101.3Q_{标}}{101.3+P_{压}}=\frac{101.3\times4.3}{101.3+45.16}=2.97(m^3/min)$$

5. 计算输料管直径

计算管道直径系数 c：

$$c=\frac{Q_{供}}{v}=\frac{2.97}{11}=0.27$$

由表 7-13 可知，管系列号 10，$c=0.325$，管径 $D=80mm$。即输料管直径 $D=80mm$。

6. 计算供料器处压缩空气的漏风量

$$Q'_{漏}=1.3i_{供}\times n_{供}=1.3\times0.0075\times30=0.29(m^3/min)$$

选叶轮式供料器：$i_{供}=0.0075m^3/r$，$n_{供}=30r/min$。

7. 计算供料器标准状态下的漏风量

$$Q_{漏}=Q'_{漏}\times\frac{101.3+P_{标}}{101.3}=0.29\times\frac{101.3+45.16}{101.3}=0.42(m^3/min)$$

8. 计算风机进风口风量

$$Q_{机}=Q_{标}+Q_{漏}=4.3+0.42=4.72(m^3/min)$$

9. 选择风机

计算风机参数：

$$P_{风机}=(1.0\sim1.2)P_{压}=1.1\times45.16=49.68(kPa)$$

$$Q_{风机}=(1.0\sim1.2)Q_{机}=1.15\times4.72=5.43(m^3/min)$$

计算风机所配电动机功率：

$$N_{电机}=1.15\times\frac{P_{风机}\ Q_{风机}}{60\eta_{容}\ \eta_{机}\ \eta_{传}}=1.15\times\frac{49.68\times5.43}{60\times0.8\times0.88\times0.98}=7.49(kW)$$

罗茨鼓风机与电动机联轴器传动，传动效率取 $\eta_{传}=0.98$。

由计算结果 $P_{风机}$ 和 $Q_{风机}$，查阅罗茨鼓风机性能参数表，选择三叶罗茨鼓风机：SRR-100，53.9kPa，6.64m³/min，1680r/min，11kW。

第八章 CHAPTER 8

输送系统工艺设计

在粮油加工和储运企业，物料输送是一个重要的生产环节。输送系统的设计是否合理，直接影响到企业的效益、生产的正常进行、建设投资等方面。

物料的输送本身不能增加产品的价值，因此必须把输送的物料量、输送的距离降到最低限度，以减少无效搬运，实现最有效的输送。如果由于资料掌握不全、设计方法不当，或对输送设备性能不熟悉而导致不合理的工艺路线、设备选用、车间布置和控制方法，必将造成设备、能源、人员、占地面积的浪费和增加无谓的物料损耗。

散料输送技术正朝着规模化、机械化、自动化方向不断发展，先进、高效的设备和输送工艺也在不断地出现。掌握散料输送系统设计的基本原理，包括系统的研究和问题的分析、设备选择和工程设计（如控制仪表、流程图、设备布置图）等，对工程技术人员来说是非常重要的。

输送系统工程的设计要严格执行国家经济建设方针及政策，贯彻“技术先进、经济适用、符合国情、着眼发展”的原则。严格执行国家及行业的有关标准及规范，满足节能、环保、消防等要求。

第一节　工艺设计的程序和基本方法

大多数物料输送系统都是与其他作业单元如装卸、储存和加工等相配套，构成具有特定功能的作业系统。因此，物料输送系统的工艺设计内容，不仅包含了物料的搬运，同时还包括物料的装卸、贮存或简单处理等。

一、工程设计的程序及内容

按照基本建设项目的程序，工艺设计分为三个阶段进行，即：（预）可行性研究、初步设计和施工图设计。物料输送系统的设计与同期的加工或储存装备设计同步开展，各个阶段的设计内容及深度各不相同，归纳如下。

（一）（预）可行性研究阶段的任务及内容

（1）根据项目建议书和上级部门及委托单位的要求，作出原料输送工艺技术及方案的比较，并根据粮油生产工艺设计的需要进行技术经济论证。

（2）参加工程项目的厂址选择，并参加编制选址报告。

（3）参加（预）可行性研究报告的编制，其主要内容包括工艺技术论述、主要设备选择、占地面积、定员、投资估算、技术经济分析等。

（二）初步设计（基础工程设计）阶段的任务及内容

（1）根据（预）可行性研究报告的审批意见修改或完善输送系统工艺技术方案，绘制输送系统工艺流程图。

（2）进行工艺计算（流量、储量）、设备选型计算、选择设备并编制设备表。

（3）与有关专业配合完成物料输送系统区域工艺布置图及作业单元（车间或工段）的设备布置图（平面、剖面图）。

（4）编写本阶段设计说明书。

（5）编制输送系统概算，并进行技术经济分析、评价。

（三）施工图设计（详细工程设计）阶段的任务及内容

（1）根据初步设计的审批意见，修改完善最终的输送系统工艺技术方案，完成输送系统工艺流程图、工艺总布置图、输送单元（车间或工段）的设备布置图及安装图。

（2）确定输送系统的全部设备（包括定型和非定型设备），完成设备的订货图（如长度、进出口型式及其他技术要求）以及非定型设备制造图及工艺安装部件图。

（3）编制工艺设备表、综合材料表、安装材料表。

（4）编制施工图设计说明书及文件。

二、输送系统工艺设计的基本方法和步骤

散料输送工艺的设计，要求对所输送物料的特性、整个系统的所有任务、系统的建设和使用条件作全面分析，然后再对各种可行方案作全面研究。要确保在有效时间内完成规定的输送量，另外还要具有一定的灵活性、经济性，并统筹考虑今后的发展规划。

（一）收集资料

对于新建项目，必须掌握和分析如下资料：

（1）根据上级主管部门的有关审批文件、设计委托书等，了解和明确工程项目的建设规模、产品方案、生产方法、建厂的近期及发展远景、设计内容等。

（2）了解物料的供应条件，如物料的来源、运输距离、厂外运输方式及条件、年运输量、最大日运输量；

（3）取得原料的品种、物理性质方面的文件和资料，其内容应包括物料粒度组成、密度和容重、堆积角、磨琢性、硬度、含水率、黏性等。

（4）了解企业生产对原料贮量和贮存方式的特殊要求。

（5）了解厂址条件，如项目建设地的自然条件、气象资料、工程地质、水文地质、地震等级、地形地貌资料，以及厂址周围的协作条件和规划等。

（6）了解项目的机械化水平及要求、投资的控制及有关的指标要求。

（7）对技术改造或扩建的项目，除收集上述有关资料外，还必须了解已有的建（构）筑物之间的相互关系以及水、电、气、风、铁路、道路、地下管网等设施的资料。

（二）研究工艺过程

研究原料进厂（或库，下同）、贮存、必要的加工及最终产品的外运流程，每个工序中最大和最小的物料流量，必要的贮存和缓冲能力，环境温度和湿度，物料的物理特性、含尘情况。由此确定所采用的作业方式和设备、作业量、如何加料、控制等。

（三）确定初步流程

当具有上述资料后就可以设计初步流程。初步流程可用方框图表示，因此也称方块流程图。图中应表示出每一个独立的输送、加工和贮存工序，同时要计算出每道工序所需的输送能力或贮存能力；确定设备的种类，并标明在关键位置是否需要备用设备；同时考虑自动控制和操作的程度。

（四）进行设备布置

初步流程图确定后，就可以在平面图和立面图上布置设备。布置设备总的原则是经济、高效、低耗、安全、方便。根据布置图上的尺寸，可确定输送设备的长度或高度，以及地沟、天桥等建筑物的长、宽、高（深）尺寸。有了设备尺寸或输送距离，结合前面计算的物流量，就可以根据单台设备的最大输送距离、生产能力来确定设备的一般规格，相应地也就可以算出设备的功率配备及近似价格。在计算单台设备投资时，还必须把驱动、安全设施及运输、安装费用加进去。

（五）确定设备的详细数据

在经过认真地分析和对比之后，就可以最经济地选择主要的单体设备，其中包括输送机的型号、规格、速度和所需功率。然后再选择辅助设备，如供料器、取样机、计数器、转向装置、安全设施等。

如果采用集中控制的方式，则各种检测装置的种类、数量、位置以及各种指示仪表、操作控制的方式、连锁和程序控制等都可以确定了。这些设备和技术要求应提供给电气设计人员或设备承包商，以便按要求进行设计和制造。

（六）确定工艺流程图

根据初步流程图和设备布置图，进一步形成详细的工艺流程图。工艺流程图应按规定的画法来绘制，应准确地反映出物料的流向（主路、支路或旁路）、流量、设备类型、型号、规格和数量（包括主、辅设备）、料仓容量等。

（七）投资概算

投资概算是在初步设计或扩大初步设计阶段，根据初步设计图纸、概算定额或概算指标、设备预算价格、各项费用的定额或取费标准、建设地区的自然、经济条件等资料，预先计算建设项目自筹建至竣工验收的全部建设费用。

工艺设备的概算包括以下内容。

（1）设备购置费　计算范围包括全部的主、辅设备（安装和不安装的）、工器具及生产用具、备品备件、设备的一次性用品（如润滑油等）等。设备购置费包括设备的原价和运杂费，若是国外进口设备，还应计算国外海运费、运输保险费、关税等。

（2）安装工程费　根据初步设计设备工程量和各类安装工程的概算定额，计算设备的安装费用。安装工程费包括设备安装费、材料及材料安装费。一般设备的安装费，可按设备费的4%~5%计算；工艺设备的安装如果包括材料和管道在内，安装费可取设备费的

15%~20%。

经过上述步骤后，即可从初步设计进入详细设计阶段。详细设计有下列主要工作内容：工艺说明书（包括操作控制说明），工艺流程图，设备一览表（包括设备装机容量），系统总平面图，设备布置图，设备订货图、安装图和非标设备的制造图等。

之后，将以上资料送到其他相关部门，作为其他工种的设计依据和参考，如土建、电气、自动控制等。

在设计过程中，除应按照一定的程序或步骤进行工作外，还要注意：①多次反复地与业主讨论研究，在控制投资的前提下，不断地修改设计，直至双方满意。②与相关部门密切合作，才能保证工作的顺利进行，取得良好的设计效果。

第二节 工艺流程设计

工艺流程是物料自接收到发放的整个输送和贮存过程，是根据物料输送的目的把所采用的工序及设备组合起来，形成的有序、合理的作业流程。工艺流程设计是工艺设计中的一个极其重要的部分，其他各项设计都是为实现该工艺流程而进行的。工艺流程设计的质量，直接影响到今后的生产效率、企业效益、生产安全和环境保护等一系列问题。因此，设计先进合理的工艺流程是工艺设计人员的首要任务。

一、工艺流程设计的原则

（1）积极采用成熟的新技术、新设备，使操作机械化、过程连续化。

（2）在满足工艺功能的前提下，尽量缩短输送线路，减少输送设备。

（3）尽量采用一机多用的流程，充分发挥设备效能。

（4）应考虑生产调度的许可性，估计生产中可能发生的故障，保证生产正常进行。

（5）考虑以后的发展，具有一定的灵活性和可变性。

（6）系统中要配备足够的通风除尘装置，以保证生产环境、防火防爆。

（7）保证安全生产，工艺过程要配备较完善的控制仪表和安全设施，如皮带跑偏监测器、皮带失速监测器、料位器、过热或过载保护等。

二、制定工艺流程应考虑的因素

（一）建厂规模及其发展规划

建厂规模不仅关系到物料输送的机械化水平，同时影响到工艺流程的选择。对于分期进行建设的企业，原料的输送系统必须考虑企业的发展规划和最终建设规模，在建设条件许可和必要时，通常采用一次总体设计，然后分期建设实施。

当原料输送系统分期进行建设时，输送的工艺流程及工艺布置应满足分期建设的要求，并考虑后期建设时能够合理衔接。粮油工业往往由于生产技术的发展，在原有的生产设备基础上稍加技术改造，其产量可能会有较大的增加，随之对原料的需要量也会增加。所以在确定原料输送的工艺流程时，应考虑留有一定的能力储备。

（二）物料的接收、发放方式与外部交通条件

物料的接收、发放方式一般与交通运输条件、供销货的距离、周期、运输量等因素有关。应根据铁路、公路或水路等不同的厂外运输方式，供销货周期的长短和物料的包装型式等来选择装卸方式和输送方式，这些直接关系到工艺流程的确定。

（三）原料的品种及特性

整个输送系统必须根据物料不同的特性来考虑和选择。例如，物料粒度大小影响装卸方式；物料的流动性、堆积角及易燃性等影响贮存方式和贮存量；物料本身的强度、腐蚀性等影响设备种类的选择。

（四）设备的制造和供应

机械制造行业不断地提供新型的、大产量的输送设备，从而改变了输送系统的面貌、减轻和改善了工人的劳动强度和操作条件。在确定工艺流程和选择设备时应优先采用技术先进、经济合理并经过实践考验的设备。老式或低效率的设备，不仅使工艺流程变得冗长复杂，而且投资多，能耗高。

（五）厂区的自然条件

物料输送系统一般都有与之相配套的较庞大的重型设备、较大的建筑物、地下构筑物和大面积的堆料场地等。因此，工程地质、地下水位、地形地貌、气象条件等都会影响工艺流程的选择和布置。

（六）输送系统机械化水平的选定

机械化水平的高低直接影响工艺流程的选择，一般按以下原则来选定：

（1）必须符合国情并与现行政策、财力、物力以及当地的工业生产水平相适应。

（2）应与建设项目整个生产技术水平相适应。

（3）根据建厂的规模和物料处理量来确定。一般大中型工程项目物料处理量较大，机械化水平应高些，反之则可低些。

（4）根据物料性质、工人的劳动强度和操作条件来确定。对有腐蚀性或有毒的物料、操作条件差或劳动强度大的场合，应采用较高的机械化水平。

三、设计步骤

工艺流程设计过程所涉及的内容繁多，往往要经过几次反复才能确定，是一个由定性到定量的过程。可分为以下几个步骤进行：

（1）首先确定作业顺序和作业方法，并确定与之配套的部分。

（2）绘制流程示意图（方块图、定性图）。

（3）进行工艺计算。

（4）设备的选型和设计。

（5）结合平面和立面布置，绘制流程草图（定量图）。

（6）进一步优化物流路线，同时根据输送、除尘、供气、贮仓等之间的连接，逐步修改、完善流程图。

（7）结合自控专业，绘制正式流程图。

四、工艺流程图

工艺流程图用以表达物料输送的工艺过程、设备类型、物料流向、物料分配和系统的控制，是最重要的设计技术文件，它是工程设计各专业之间传递信息、相互衔接的重要资料。所有的相关设计如设备布置、电气、自控以及设备的采购、安装、操作等，都要按工艺流程设定的目标进行。

由工艺设计人员进行系统的工艺流程设计，并提出系统、设备的控制要求，由电气和自控设计人员确定控制方法、选择合适的仪表，并在流程图上标注仪表符号。

常用的流程图有三种，即方块流程图、工艺流程图、工艺和仪表图（工程流程图）。

（一）方块（或方框）流程图

方块流程图是表示系统工艺流程的简图，由若干方块构成。一个方块代表系统内一个单元操作或者一个完整的工序，方块之间用箭头指示物料流动的方向。图 8-1 是这种流程图的示例。

方块流程图一般用于工艺研究的初始阶段，特别是在经济评估或项目规划研究阶段，因为重要的数据都可以放在方框内。

（二）工艺流程图

工艺流程图是工艺设计方案的概括性表达，图中以形象简单的图形符号代表特定类型的设备，以粗线和箭头表示物料的流动方向。图中并标出物料的流量、料仓的容量、主要设备的型号规格等。图 8-2 是某粮食中转系统的工艺流程图。

（三）工艺和仪表图

有时候，需要将工艺流程图的内容进行增减后提供给相关设计专业，这就是工艺和仪表图，也称工程流程图。它表明了物料输送系统的组成部分，可提供详细的系统作业、设备操作以及输送系统对设计、施工和操作所要求的仪表设备。

工艺和仪表图对所有设计专业而言是信息来源中心，这些设计专业包括电气、自控、供气、供水、设备生产、安装、公用工程和环境保护等。为便于看图，工艺和仪表图上要将不必要的数据去掉，只保留各专业所必需的数据。

（四）流程图的内容

（1）对于方块流程图来说，方框内的内容和关键数据代表着一个操作单元（工序或设备），其中包括对物料的描述、作业名称及功能、产量或能力等。

（2）工艺流程图可以表达以下基本设计参数：物料流向、流量；主要设备的名称、规格、功率、数量和需要特别注明的技术数据；辅助系统的组合、设备的配置；料仓的容量等。

（3）工艺和仪表图表达的内容如下：①系统内所有的设备（包括并联和备用的），设备用细实线画出并注明名称、规格、设计能力和电机功率等；②成组设备（具有特定功能的一组设备）轮廓线及设备供应商能够提供的内容；③专用设备如取样机、计量秤等；④系统要求的公用工程的数据（水、压缩空气等）；⑤主要的工艺控制及其仪表；⑥设备上的仪表；⑦联锁和停车功能。

（五）流程图的画法

1. 设备位号

每台设备都要给一个位号，垂直标在设备上面或紧靠设备。位号编排得合理会有利于设计、施工等各项工作的进行。较好的编排方法是用数字把工艺系统分成若干条线路或工段。

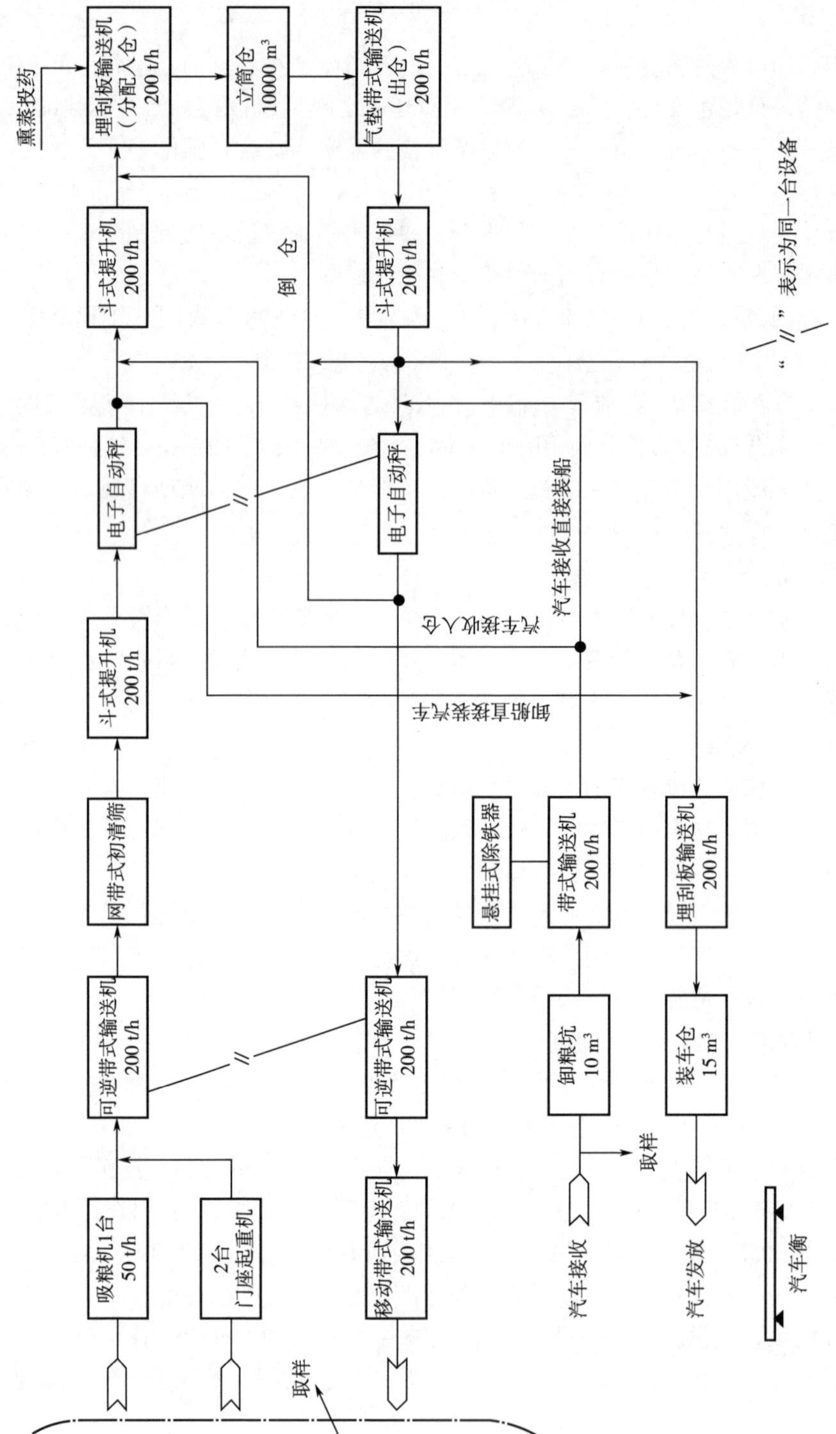

图8-1 粮食中转库方块流程图示例

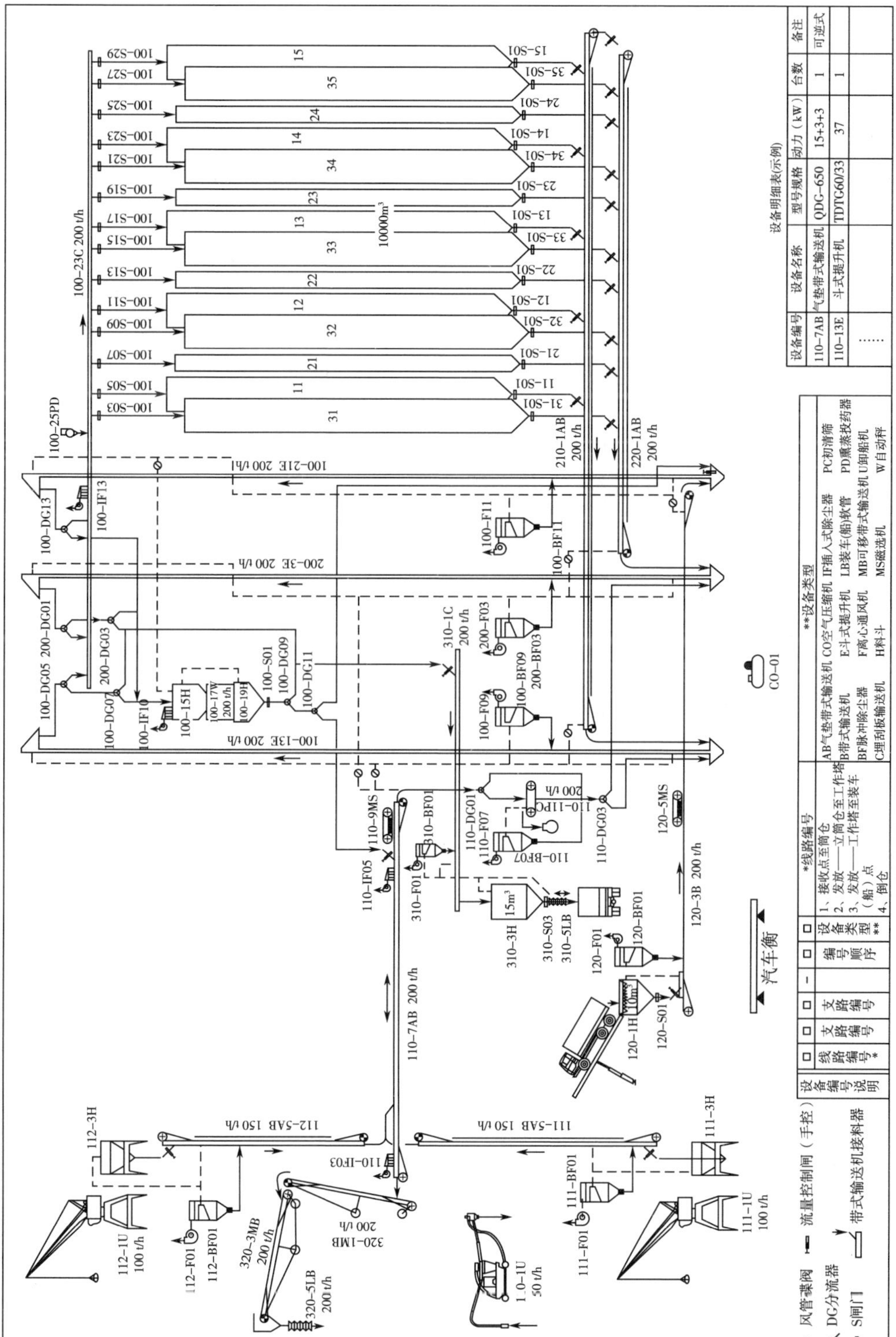

图8-2 粮食中转库工艺流程图示例

例如位号 120-5C，“120”表示 100 线路的第二条支路，“5”表示此支路上的第五台设备，最后的字母表示设备的类型（“C”在此代表埋刮板输送机）。

2. 图的布置

图面布置得好，会使看图速度和准确度大大提高。绘制流程图时，如果已经知道了设备的大体布局，就可以近似地按实际布局在图面上进行布置。良好的图面布置有多种形式。例如：按工艺流程的顺序一般应从左到右排列，贮仓、料仓、称重设备、清理设备、输送设备等一般布置在图的中部偏上并成直线排列，除尘设备布置在图的上部并放置在同一水平线上，罗茨鼓风机、空气压缩机、地中衡等布置在图面下部，图例和其他文字说明沿图面的下部成直线布置。其他设备的位置应尽量能够表达工艺的意图、表示合理的工艺流程顺序，并要便于简化物流连线。物料进出线路一般都画在图的下部。设备的公用工程进出口管线要靠近设备画，所有进入和离开系统的物料线都要用大箭头表明方向。

3. 图上的符号

在流程图上应尽可能地采用公认的图形符号。当没有适合的符号，或者现有的符号不能完全满足要求时，可以创造新的符号。创造新的图形符号时应尽量做到：①简洁易懂；②近似于设备的形状；③显示设备的功能。

流程图常用的图形符号见图 8-3。

第三节　工艺计算

一、输送系统工艺计算的内容

输送系统工艺计算是根据质量守恒定律，确定系统中各工序的物料流量，并以此确定各工序、各设备的生产能力，从而确定设备类型、规格和数量。

在进行工艺计算时，首先应确定输送系统及相关作业各工序的工作时制，然后按下述内容进行计算：

（1）系统中物料量的平衡计算。

（2）各道工序及设备生产能力的计算。

（3）进行设备选型及设备数量计算。

（4）受料装置的容量和车辆、卸载线长度、泊位的计算。

（5）贮存装置的贮量计算及贮存设施的设计计算。

二、输送系统的工作时制

输送系统的工作时制，实际是指组成系统的各工序的工作时制，包括各工序的年有效生产工日和日生产操作班制。

连接装卸作业的输送系统运行一般是间断性的。组成系统的各工序（或装置）之间采用贮存手段来平衡和缓冲由于间断运行所造成的物料量不平衡问题。因此，输送系统各工序（或装置）的工作时制可以是不相同的。

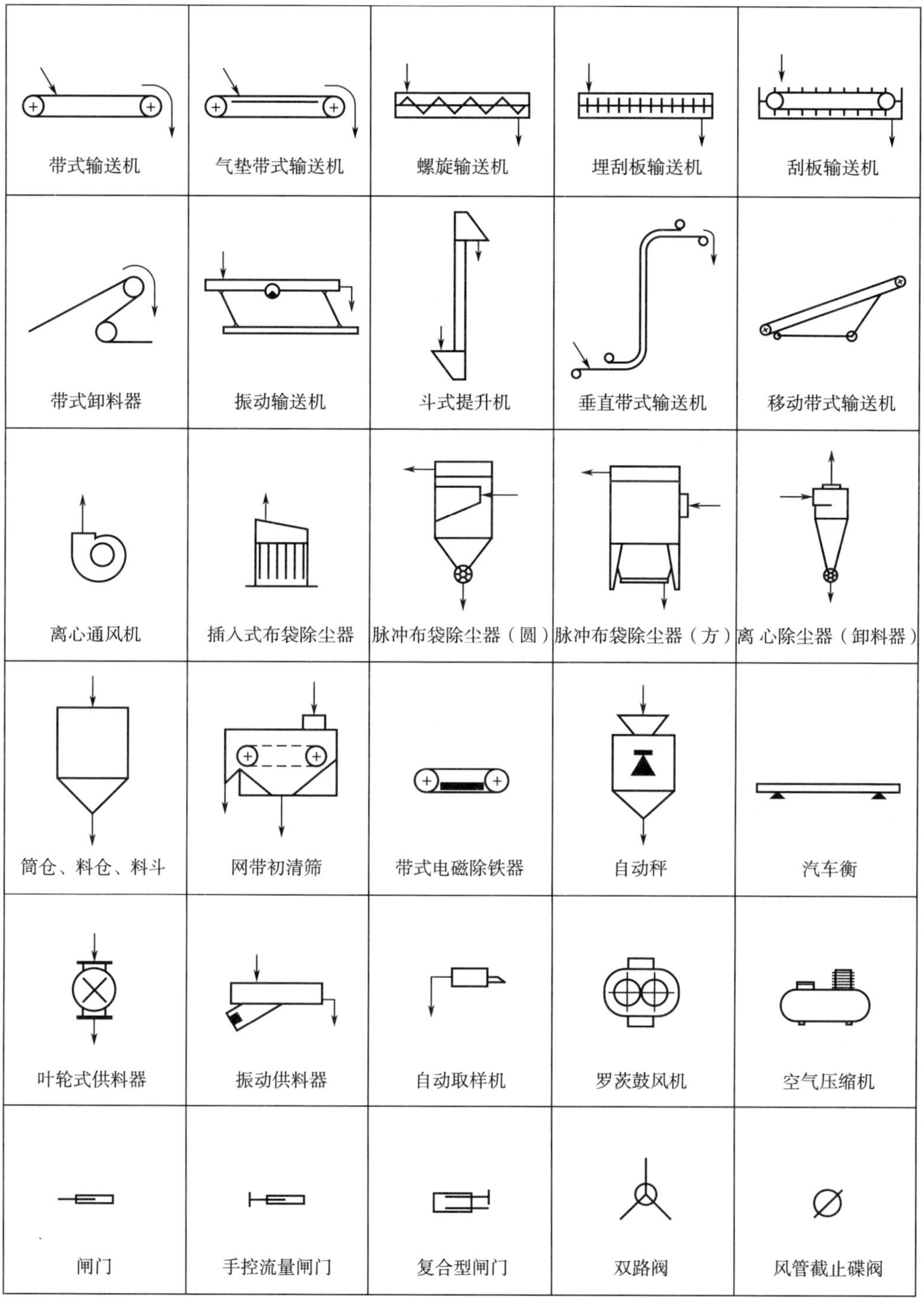

图 8-3　流程图常用的图形符号

1. 工作时制

输送系统的工作时制，受限于系统两端物料的供给或发运条件。接受厂外运输的卸载和受料装置，必须和厂外运输系统衔接，可采用 24h 三班（或大二班）制、常白班制（8~10h）等。系统中的其他工序，可根据中间贮存设施的贮量大小，在保证满足物料需要量的前提下，视具体情况采用与前、后端相同或不同的时制。

对于常年运行的输送系统，年生产工作天数可根据具体情况取250~330天。对于阶段性运行的输送系统，年工作天数则按实际使用时间确定。

2. 设备运转小时数

系统中各类设备可在不同的工作时制下运转。因为设备须进行正常的检查、调整和维护，同时各设备允许的负荷率也各不相同，所以在不同的班制下，设备昼夜最大有效运行时间一般为：一班运行，6h；二班运行，12h；三班运行，18h。

三、物料量的平衡计算

物料量的平衡计算是根据“总输入量=总输出量”的定律，计算物料从厂外运输入厂后，在卸载、受料、输送、贮存、输出（发放或向生产系统供料）过程中，各工序的物料量或物料流量。通常物料量的平衡计算是以系统的输出为依据，有时是以给定的接收量为依据，确定其他各个环节的物料量。根据物料量平衡计算的结果，可确定系统中每一环节的处理能力，从而选择设备及设备数量。

典型的物料输送系统的物料平衡计算见图8-4。

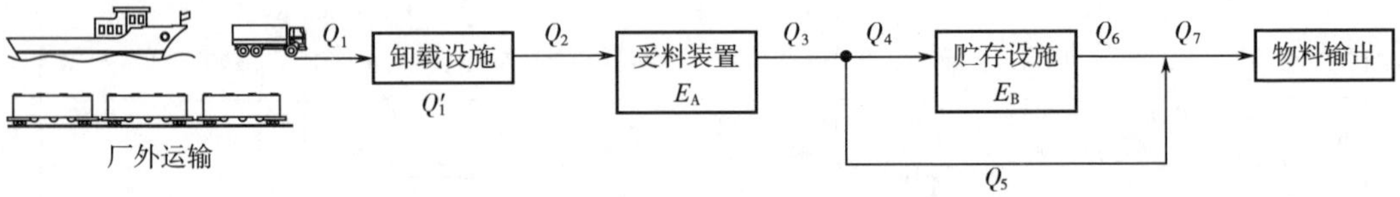

图8-4 物料平衡计算示意图

图中 $Q_1 \sim Q_7$ 分别代表各个工序的物料流量，对应的工作时间为 $T_1 \sim T_7$。E_A、E_B 分别为受料装置和贮存设施的容量。Q_1'代表卸载设备的能力。

在输送系统中，物料的损耗量很小，可以忽略不计。根据各环节（或各工序）物料输入量与输出量相等的原理，可得到下面的等式：

$$Q_1T_1 = Q_2T_2 = Q_3T_3 = Q_4T_4 + Q_5T_5 = Q_5T_5 + Q_6T_6 = Q_7T_7 \tag{8-1}$$

Q 与 T 之积即为该环节所通过的物料总量。已知某环节的物料总量，就可以根据其工作时间 T 确定物料流量。各环节的工作时间根据其工作时制、作业设备的类型来确定。在输送系统中，只有在设置了贮仓和支路的情况下，才允许有不同的工作时间和不同的流量。

在系统设有贮仓的情况下，若物料的加工处理（或发放）流量为 Q_n，每天的工作时间为 T_n，物料接收工序每天的工作时间为 T_1，则接收及输送系统的流量要求为：

$$Q_1 = \frac{Q_n \cdot T_n}{T_1} \tag{8-2}$$

需要注意，物料接收系统的工作时制必须和厂外运输系统一致。另外物料供应商以及运输部门不一定能保证每天都能向厂内供货，可能会出现某一天的供货量远大于日平均值。这就要根据实际情况或供货协议，确定最大的工作时间和物料流量。

四、装置及设备能力计算

1. 卸载设备的能力

卸载设备的能力应根据物料平衡计算所得的入厂物料量、进厂运输方式、入厂运输设备

（车辆、船舶）停靠时间等因素进行计算。

卸载设备的能力应为：

$$Q_1' = K_1 \frac{\sum G}{t_y - t_D} \tag{8-3}$$

式中 Q_1'——卸载设备的能力，t/h；

$\sum G$——每列车或每艘船的总载重量，t；

t_y——进厂车船的允许停靠时间，h。铁路运输有协议时，按协议规定，无协议时，取 $t_y = 4 \sim 6h$（大型厂取小值，小型厂取大值）；

t_D——调车、调档、靠离、清底等辅助作业时间，h；

K_1——操作系数。考虑各种因素应增加的卸载能力，一般取 $K_1 = 1.15 \sim 1.3$。

2. 受料装置的容量

受料装置的容量与车辆的载重量或抓斗的抓货量、卸载的方式以及物料输出的方式和速度有关。

（1）缓冲性受料斗　当受料装置的输出能力与卸载设备的能力相适应时，受料装置只起瞬时缓冲和给料斗的作用，可取较小的容量。例如，接受翻斗汽车卸载、翻车机卸火车或抓斗卸船或卸车，受料斗下用连续输送设备输出物料，斗的容量可取车辆装载量或抓斗抓货量的 1.5~2.0 倍；如果斗下采用非连续的运输设施输出，则斗的容量应为车辆装载量或抓斗抓货量的 3 倍为宜。当采用连续机械卸车或卸船时，则可以不配受料斗。

（2）贮存性受料斗　当受料装置下面的输出能力较小，则需要受料装置有较大的容量，以暂时贮存物料。容量的大小根据车船总载重量、卸载时间和料斗下的输出能力而定。受料斗的最小容量应为：

$$E_A = K_2(\sum G - TQ_3) \tag{8-4}$$

式中 E_A——受料斗的最小容量，t；

$\sum G$——一次进厂车船的总载重量，t；

T——卸载开始至结束所用的时间，h；

Q_3——受料装置下面的输出能力，t/h；

K_2——系数，根据受料斗的容积利用情况而定。当容积能充分利用时取 $K_2 = 1$，容积利用率低时取 $K_2 = 1.2 \sim 1.7$。

（3）贮存设施的贮存量　贮存设施的贮存量由企业的生产规模、贮存时间、厂外运输方式以及贮存设施在整个系统中所处的环节和作用等因素决定。在两个工序之间，为了平衡其工作时制（班次、设备运转时间）和设备的生产能力而需有一定的缓冲物料量，这种贮存设施称为过渡性贮存。过渡性的贮存量一般为后续工序 2~8h 的物料消耗量。对整个生产而言，必须有一定的贮存设施来贮存原料，以保证生产的连续运转，则贮存设施的贮料量以需要贮存的天数和生产的日耗料量进行计算。不同的企业、不同的物料，对贮存时间的要求有很大差异，通常为 7~90d。对于物料中间转运系统，贮存设施的贮存量按一年内的物料转运量和每年的周转（贮仓装满~卸空一次）次数或周转天数进行计算，但最小不能小于一次来船或来车的总运载量。贮存量计算方法是：

$$E_B = K_3 \frac{A \cdot \alpha}{n \cdot \eta} \tag{8-5}$$

式中 E_B——贮存设施的贮存量，t；

A——年转运量，t；

α——入仓系数。部分物料可能不入仓而直接发放，α=入仓物料量/全部物料量；

n——年周转次数。经验值，一般可取 $n=30$ 次；

η——仓容利用系数，取 0.8~0.9；

K_3——不均匀系数，取 1.2~1.6。

第四节 设备选择

设备选择包括设备类型选择和设备规格选择两个问题，但主要的问题是设备类型的选择。输送设备的类型很多，可选的范围很广，重要的是要充分了解各类设备的规格、特性与使用条件，掌握选择的方法。

输送设备的选择应从如下几个方面进行分析比较：对工艺过程的适应性，投资、运行和维修费用，生产效率，可靠性，对环境的影响。

一、设备类型选择

（一）主要的选择因素

选择输送机类型的因素之一是物料颗粒的大小。一般螺旋输送机和埋刮板输送机对输送物料的块度有限制，带式及类似的输送机则没有限制。

粉状的物料容易扬起粉尘，因此必须选择密封性好的设备，可以考虑螺旋输送机、埋刮板输送机、气力输送或封闭带式输送机，但要根据物料的磨琢性而定。

高温物料一般不能采用带式输送机。带式输送机的使用温度在 80℃以下，最高不超过 150℃。螺旋输送机、振动输送机、埋刮板输送机和板式输送机如果按需要制造，可在较高温度下使用。

带式输送机可用于长距离的输送，但运距超过 1000m 的数量并不多。螺旋输送机的水平输送距离受螺旋轴扭矩的限制，也受轴连接螺栓剪切应力的限制，一般输送距离在 70m 以下。振动输送机的输送距离不宜大于 30m。埋刮板输送机的输送距离同样也受到限制。

斗式提升机是最常用的垂直提升设备。埋刮板输送机和螺旋输送机同样也能用于垂直输送。带式输送机并不限于水平输送，适当的倾斜输送也可以。普通带式输送机、板式输送机以及所有一般的振动输送机都不能用于垂直提升。而特殊的带式输送机，比如压带式的带式输送机则可用于垂直输送物料。

带式输送机可以在一定的坡度范围内向上或向下弯曲，改变输送方向；“U”形或管状带式输送机也可在平面上改变方向。埋刮板输送机可以在任何坡度范围内改变输送方向。斗式提升机与螺旋输送机则只能直线布置，但个别小型的螺旋输送机例外。

（二）输送设备选型表

为了设备选型的方便，可以将所要考虑的因素列在一个表格内，称之为输送设备选型表，如表 8-1 所示。

选型表的使用方法如下：

（1）根据工艺所确定的输送机工作条件，在表格左侧的“使用条件”栏中选出各个对应的项目，从每一项向右画一条水平线。

（2）从表格的上方“设备类型”栏中选择一种设备，从该设备名称处向下画垂直线，与前面所画的水平线相交。

（3）根据垂直线与每条水平线交叉处的符号，便可确定所选的设备是否合适。如果某一交叉处的方格内没有黑圆点，说明所选的设备类型与此项使用条件不适应；如果交叉处的方格内有一圆号数字，则可以有条件地选择，须考虑表注的条件说明后才能决定；如果两线相交的方格内有实心的黑圆点，说明所选的设备能满足水平线所指的使用要求。如果垂直线穿过所有水平线时均有黑圆点，说明该设备是合适的。

在许多情况下，适合使用条件的设备往往不只一种。这时则要从经济方面及安装、操作、维修是否方便等方面作最后的决定。

表 8-1 输送设备选型表

使用条件＼设备类型			带式输送机					普通刮板输送机	板式输送机	振动输送机	埋刮板输送机	螺旋输送机	斗式提升机					
			橡胶带式	钢带式	往复式	固定卸料器	移动卸料器						离心卸料—链式	离心卸料—带式	重力卸料—链式	重力卸料—带式	三角料斗—链式	大容量斗—链式
进料与卸料	进料	定量供料	●	●	●	●	●	●	●	●	●	●	●	●	●	●	●	●
		堆积进料								●	●	●						
	卸料	头部卸料	●	●	●	●	●	●	●	●	●	●	●	●	●	●	●	●
		头部或者尾部	●	●	●			●	●			●						
		中间多点				●	●	●		●	●	●						
输送机轮廓形状	水平或倾斜	水平	●	●	●	●	●	●	●	●	●	●						
		≤10°	●	●	●	●	⑤	●	●	●	●	●						
		≤18°	③			③	③⑤	●		①	●	①						
		≤30°	③			③	③⑤	●			●	①						
	垂直或倾斜	≤60°									●	①						
		≤75°									●	①	●	●	●	●		
		垂直									●	●	●	●	●	●	●	●
	线路布置	直线	●	●	●	●	●	●	●	●	●	●	●	●	●	●	●	●
		爬坡角度变化	②	②		②	③	②	②		●							
	水平距离	≤75 米	●	●	●	●	●	●	●	●	●	●						
		≤120 米	●	●		●	●	●	●	●	●	①						
		>120 米	●	●		●	●	●										

续表

使用条件 \ 设备类型			带式输送机					普通刮板输送机	板式输送机	振动输送机	埋刮板输送机	螺旋输送机	斗式提升机					
			橡胶带式	钢带式	往复式	固定卸料器	移动卸料器						离心卸料—链式	离心卸料—带式	重力卸料—链式	重力卸料—带式	三角料斗—链式	大容量斗—链式
输送机轮廓形状	上升高度	≤10 米	●	●		●	●	●	●	●	●	●	●	●	●	●	●	●
		≤25 米	●	●		●	●	●			●		●	●	●	●	●	●
		>25 米	●	●		●	●				●		●	●	●	●	●	●
物料性质	颗粒大小	粉状（250~100 目）	①	①	①	①	①			①	●	●	●	●	●	●	●	●
		粒、小块(100 目~50mm)	●	●	●	●	●	●		●	●	●	●	●	●	●	●	●
		中小块（50~100mm）	●	●	●	●	●	●	●	●	●	●	⑥	⑥	●		●	●
		中块（100~150mm）	●	●	●	●	●	●	●	●					●			●
		大块（150mm 以上）	●			①	①		●	●								●
	流动性	易流动的（15°~35°）	●	●	●	●	●	●		●	●	●	●	●	●	●	●	●
		不易流动的（35°~60°）	●	●	●	●	●	●					⑦	⑦	●	●	●	●
		粘的（60°~90°）	●	●	●	①	①						⑦	⑦	①		①	●
	脆性	非脆性的	●	●	●	●	●	●	●	●	●	●	●	●	●	●	●	●
		脆性的	④		④				●	●					●	●	●	●
	温度	冷的（0℃以下）	●		●	●	●	●	●	●	●	●	●	●	●	●	●	●
		室温的（0℃~65℃）	●	●	●	●	●	●	●	●	●	●	●	●	●	●	●	●
		热的（65℃~150℃）	①	●	①	①	①	●	●	●	●	●	●	①	●	①	●	●
		很热的（150℃~500℃）						●		●		●	①		●		●	●
	腐蚀性	无腐蚀的（pH 值大于 7）	●	●	●	●	●	●	●	●	●	●	●	●	●	●	●	●

续表

使用条件 \ 设备类型			带式输送机					普通刮板输送机	板式输送机	振动输送机	埋刮板输送机	螺旋输送机	斗式提升机					
			橡胶带式	钢带式	往复式	固定卸料器	移动卸料器						离心卸料—链式	离心卸料—带式	重力卸料—链式	重力卸料—带式	三角料斗—链式	大容量斗—链式
物料性质	腐蚀性	中等腐蚀的（pH 值 5~7）	●		●	●	●	●	●	●	①	①	●	●	●	●	●	●
		强腐蚀的（pH 值 1~5）	●		●	●	●	①	①	●	①	①	①	①	①	①	①	①
	磨琢性	非、轻磨琢（莫氏 1~5）	●	●	●	●	●	●	●	●	●	●	●	●	●	●	●	●
		强磨琢的（莫氏超过 5）	●		●	●	●		①	①		①	①	①	①	①	①	①

注：①表示需要特殊考虑，并与制造厂商量。例如特殊钢、特殊带、特殊斗和附件等；
②表示只用在倾斜与水平的组合形式；
③表示考虑具体情况下所能达到的输送倾斜角；
④表示控制输送带的速度；
⑤表示卸料器必须设置在水平段；
⑥表示适用于物料中细粒所占比例较高的情况；
⑦表示采用特浅型的料斗（前壁与后壁夹角 90°）。

二、设备规格选择

选择设备的规格时，应从下面几个方面来考虑。

（1）设备的能力必须满足生产的要求　设备生产厂家所提供的生产能力的数据一般有三种类型：额定能力、最大能力和能力范围值。额定能力是指设备在正常条件下（没有设备故障）连续工作的平均能力。最大能力是指设备在理想条件下短时间内能够达到的峰值能力，有时也包括将来改进或调整可达到的能力。能力范围值表明的是在不同的工作条件或工作速度下的最大能力。输送设备在使用过程中或多或少都会出现效率的降低，其中也有能力的降低。例如由于工作部件的磨损、部件的缺失，或黏结物造成容量的下降等。另外短期的故障和开机阶段也降低了规定时间内的输送量。因此，所选设备的生产能力原则上应大于工艺的要求能力。

（2）流量的波动　实际生产中，物料的流量会有一定波动，特别是在物料接收过程中如车辆卸载、吸粮机卸车（船）等。为此，输送设备的生产能力必须考虑有一定的余力。

（3）未来的发展　要考虑项目建设对未来的规划，系统经过适当改造后能够提高生产量。

（4）投资、操作的经济性　设备规格过大，会造成设备投资和建筑费用的增加，以及使用、维修费用的提高。

因此，在确定设备规格时，应综合考虑以上因素，进行合理的选择。

三、其他设计要点

（1）各工序之间的设备，其型式、生产能力、机械化程度等均应相互适应、协调，同时应和加工装置及整个企业的技术水平相适应。

（2）应尽量选用国内已有的并经过实践考验的先进设备，优先选择定型的系列设备。应减少机器设备的类型、品种、规格，以便减少备品备件的品种，便于维修。

（3）当选用技术比较复杂的新开发的装置或设备时，必须有完整的技术证明文件和产品鉴定文件。当选用库存或拆迁的旧设备时，必须有完整的技术资料及鉴定文件。

（4）较大的生产量宜选用较大规格的设备，不仅可减少设备台数，同时便于工艺布置，降低能耗。

（5）装卸机械设备的选用，必须适应厂外运输方式及其操作、管理和工作特点。装卸机械设备的生产能力，应保证厂外运输设备在厂内装卸线上限定的停靠时间内完成装卸任务。

①当厂外为铁路运输时，一次进厂的车辆数量及在厂内允许停留时间应与铁路部门商定，签订协议。车辆允许停靠时间，一般可按 4~6h 考虑，对中小型企业可取上限。

②当厂外为水路运输时，装、卸船设备的能力应满足航运部门对卸船时间的要求，船舶的吨位必须与码头设施相适应。因此，在选择码头装卸设备时，应根据码头设施的吞吐能力、停靠船舶的吨位、船型及码头的水位变化等因素综合考虑。

（6）输送系统中各设备的能力应当匹配以下几点。

①输送设备的能力一般不小于装卸设备设计能力的 1.2 倍。

②供料器多用于料仓下往各种输送或加工设备供料。供料器的额定供料能力宜为输送或加工设备额定能力的 1.2 倍。

③受料仓（卸粮坑）主要用以接收运输车辆卸下散装物料，并均匀连续地供给输送系统。当受料仓仅作为过渡性时，其储料量一般为车辆装载量的 1.5~2 倍。

④中间缓冲仓主要用来使间歇装运设备和连续输送设备之间均衡作业，其储料量应大于间歇装运设备斗容的 1.5 倍以上。

⑤装车仓用于在车辆到达前提前储存物料，以实现快速装车。装车仓有两种类型：一类是缓冲性的小容量仓，适用于装车频度和运输量比较稳定的场合，可以一边向仓内进料，一边放仓装车。此种仓的储料量可取车辆装载量的 1.5~2 倍。另一类是贮存性的大容量仓，适用于装车频度和运输量不规则的场合，仓的储料量应达到车辆 12~14h 的运输量。

第五节　工艺布置

在输送系统工艺设计中，工艺布置设计与流程设计、设备选型同样重要。工艺布置的目的是在整个场地、楼面空间内合理地安排输送路线及所有装备和设备。好的工艺布置既能保证系统的正常生产，又可以减少投资和运行成本，操作管理方便、美观适用。

工艺布置的内容包括厂（库）区的工艺总平面布置和局部的设备布置。

一、工艺总平面布置

工艺总平面布置是在项目总体规划的基础上，结合其他有关项目的设计特征，与物料输送系统的初步流程设计交叉进行。由于输送系统路线漫长，延及区域广，关联项目多，因此，必须进行多种方案的比较，使线路布置科学、合理、适用。在进行工艺总平面布置时，除须考虑制定工艺流程的因素外，还应注意以下各环节及要点。

（1）尽量缩短物料的输送距离　在满足工艺要求的前提下，尽量减少作业环节，减少倒运次数。

（2）原料库、成品库及原料卸车区、成品装车区，都必须靠近公路干线或铁路。如果工厂有港口设施，原料库和成品库要设在码头附近。

（3）各工序的布置尽量做到平行或垂直。

（4）各建（构）筑物、交通运输线路及贮运系统的界区划分及布置，必须符合安全距离和防火、防爆等有关规范的规定。

（5）输送线路从道路或铁路上方通过时，下面应留出足够的通行净空高度。行人或自行车的通行净高不小于2.5m，最低不小于2.25m；载重汽车的通行净高不小于4.5m，最低不小于4.2m；一般铁路的通行净高不小于5.5m，电力机车的通行净高不小于6.2m。

（6）散料的贮运及加工过程，会产生粉尘和噪声。因此贮运系统应尽量远离生活区和人员集中的地方，并尽可能与主导风向成垂直配置，置于下风向，避免环境污染。

（7）工艺布置应考虑系统的操作控制方式、信号联系和通信调度等要求，并合理地选择，便于输送系统实现电气操作或自动操作。

（8）输送系统一般为单系统，除非有必要并经过技术、经济论证后才可采用双系统。单系统应考虑系统中易出故障或检修时间较长的环节和设备采用临时措施的可能性。

（9）当原料为多品种时，应根据工艺要求来考虑布置。当不允许混料时，在布置上应采取措施严格划分，分别贮运。当无明确要求时，一般可共用一套输送系统。

（10）进行工艺布置时，应考虑扩建和生产发展的可能性。当分期建设时，应使公用设施和贮运系统配合得当，前期和后期衔接合理，且不影响生产。

（11）在进行输送工艺布置时，应同时考虑辅助设施（如空压机房、机修间等）和生活设施（如车间办公室、更衣室、休息室等）的安排。

二、设备布置

设备布置是在初步流程与总平面布置确定之后，具体到各个局部的设备安排。设备布置的好坏直接关系到能否有良好的操作条件，使生产安全、稳定地进行，方便设备的维护和检修，并且对建设投资和经济效益都有较大的影响。所以在设备布置前应做好充分的准备工作，了解设备的性能、尺寸、工作方式和安装、操作与维护方法，并掌握安全、卫生以及建筑方面的知识。综合土建、设备、安装等方面的意见，仔细推敲，寻求最佳方案。以下是设备布置要掌握的方法和原则。

（1）首先要满足工艺流程的要求和安全生产、操作的要求。在此前提下，力求美观、整齐、紧凑、提高设备的利用率、降低投资费用。

（2）设备或装置的布置应考虑扩建的可能性，必要时预留位置。

（3）露天装置要有可靠的防雨措施。地下工程要考虑通风、防潮和集水、排水措施。

（4）灰尘较大的作业区（点），须设通风除尘装置。在噪声大的作业区（点），要考虑减少噪声和采取防噪隔音措施。

（5）在厂房或通廊内布置设备时应考虑必要的通道，必要时应加设过梯、平台。主要通道宽度1.5~2.0m，次要通道宽度1.0m，最小0.8m。通道的净空高度不小于2.2m，不常通行的地方不小于1.9m。

（6）在厂房内布置设备应留出检修位置和设备起吊空间，并在顶部安装可供检修用的起吊装置。检修位置的大小与检修的操作方式有关，一般为0.5~0.8m。某些设备对操作空间有特殊要求时，应妥善处理。

（7）露天布置的设备（特别是移动式的机械设备）与构筑物、铁路、高压电线等的间距，必须符合有关规范和规定。一般设备外沿与固定构筑物的净空间距应不小于1.0m，当布置实在困难时也不得小于0.8m。

（8）地下通廊内应设自然通风和机械排风装置，避免出现结露现象。机械排风系统应能兼作排烟系统。地下通廊应在两端设楼梯及出入口。当通廊长度超过60m时，宜在中间增设一个出入口。

（9）一般大型设备的基础螺栓应采用预留孔洞，二次灌浆埋设。

（10）凡是容易积水的地面、地坑、地下构筑物中的设备基础，均应设基础凸台，凸台高度为50~100mm。

（11）在布置各工序主要设备时，要充分考虑到附属设施、设备的布置和安装（如计量装置、除铁装置、破拱装置等），同时要考虑控制室、操作室、配电间、备品备件库等的位置和配置。

（12）布置设备时，尤其是在厂房内设备的布置，要考虑安全通道及消防设施。

（13）对运行时会产生物料飞溅及有外露旋转部分的设备，必须加设挡板、保护罩、隔离网等安全设施。

三、工艺布置图

工艺布置图是反映厂（库）区、场地以及建筑物的各个楼层内输送线路、设备摆布的主要图样，在初步设计阶段和施工图设计阶段中都要进行绘制。

（一）工艺布置图的内容

（1）工艺总平面图　表达厂（库）区或场地内输送线的组成和长度、物流的方向与流量、与物流有关的各个建构筑物的位置和功能，以及与上述项目有关的道路、铁路、码头、消防水池、地磅的位置等。工艺总平面图可在厂（库）区总平面图的基础上进行删减，着重表达以上内容，并增加必要的图例和说明。

（2）设备布置图　包含如下内容。

①一组视图　表示建筑物的基本结构和设备在建筑物内的布置情况。

②尺寸与标注　确定设备位置的尺寸和建筑轴线的编号、设备的位号、名称等。

③说明与附注　对设备布置、安装有特殊要求的说明。

④设备一览表　列出各个设备的位号、名称、型号规格、动力配备等项目。

⑤标题栏　注写图名、图号、绘图比例、设计阶段等。

（二）设备布置图的画法步骤

（1）按比例在坐标纸上绘出建筑物（工作塔、天桥、地廊等）的平面和立面轮廓图。

（2）用硬纸片制成设备平面模型，在建筑平面轮廓图内排列设备，并反复调整，寻求最合理的布局。

（3）同时将硬纸片制成的设备立面模型在建筑立面轮廓图内作相应的摆布。根据立面布置反映的问题，调整平面布置。

（4）根据平面和立面布置，修改并确定建筑物的型式和大小，此为布置草图。

（5）检查、复核布置草图，然后绘制正式的设备布置图。

工艺设计人员要和土建设计人员紧密合作、相互协调，才能保证设备布置方案的正确和可行。车间平、立面布置草图完成后，将确定的建筑物的型式、大小、层次、门窗位置以及与设备安装有关的操作平台、预留孔洞等，提交建筑设计人员进行建筑设计。当建筑设计中出现无法满足工艺要求的问题时，土建和工艺人员进行协调解决。待厂房建筑设计完成后，工艺人员再根据厂房建筑图对设备布置图进行修改和补充，最后定稿。

（三）设备布置图的一般要求

1. 比例与图幅

绘图比例常用 1∶50 或 1∶100，特殊情况下可以采用其他比例，视设备布置疏密情况而定。如果内容较多、一张图容不下时，可以分割成多张图纸，但必须采用同一比例。

图幅一般采用 A1 或 A2，也有不少采用 A3 的。不宜加长加宽。各张图纸的幅面规格力求统一，避免大小不齐。

2. 视图的配置

设备布置图主要绘制平面图，当平面图不能完全表示清楚时，还要绘制立面图或局部剖视图。在平面图上，要表示建筑物大小、内部分隔、门、窗、墙、柱等情况，以及与设备安装定位有关的建筑物、构筑物的结构形状和相对位置。

立面图（或称剖面图）是在建筑物的适当位置上，垂直剖切后画出的立面剖视图，以表达在高度方向设备安装布置的情况。在保证充分表达的前提下，立面图的数量应尽可能少。

在立面图中要根据剖切位置和剖切方向，表达出厂房建筑的墙、柱、地面、屋面、平台、栏杆、楼梯以及设备基础、操作平台支架等高度方向的结构与相对位置。

第六节　仪表控制

一、概述

为了指示或控制散料输送系统的工作状态变化，必须采用能测定量变的仪表。因此，在物料输送过程中仪表控制是最重要的环节。为了精确地控制生产过程，就要了解操作条件，包括物料流量、输送机速度、料位、仓内物料温度等许多变量。现对散料输送过程中必须测量的有关变量作简要论述。全部仪表的选择、应用和采购，应由自控设计人员提出。

如上所述，散料输送由若干附属过程构成，主要由以下单元操作来完成：将物料贮存在料仓内，把物料喂入其他输送或加工设备，物料在各设备之间输送，以及清理、称量等作业。

自动控制系统可以是机械的、气动的、液力的、电动或电子的等，应根据散料输送过程的要求、变量大小及自动化程度而定。

二、流量开关

图 8-5 所示的流量开关用在散料输送系统某一固定点测定和校正物料流量。流量开关的功能是当物料中断时，传感器发出信号，使输送设备或加料设备启动或者发出报警信号。

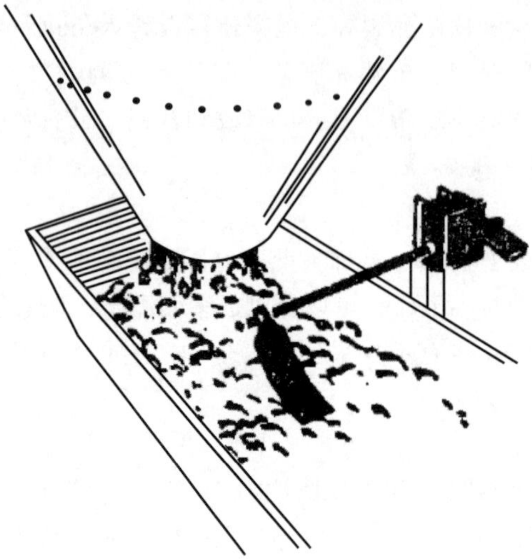

图 8-5　检测物料的流量开关

一套系统中可选择多个位置设置流量检测开关，如各种类型的输送机、供料器或溜槽上，以及贮仓、料仓及料斗的出料口处，或工艺设备的卸料溜槽上等。之所以采用这些简单的流量检测器，是因为散料输送过程中黏细的物料会引起管道或料斗的堵塞，或由于带式输送机、螺旋供料器、筛分机械等的损坏或故障引起断料。

其他类型的流量检测器有声学检测器和振动检测器。这些检测器一般与相应的保护装置一起装在固体物料处理设备的器壁上。此外还有一种光学检测器，它由光源和光探测器构成，但灰尘沉积在光探头上将会引起检测的误差，因此要有清扫措施，以保持光探头清洁。

三、流量测定

物料流量是指单位时间内通过某一截面的物料的质量。流量的变化涉及到生产操作，包括输送、供料、清理、称量等。以下介绍流量测量常用的方法。

（一）重量法

重量法是散状物料最可靠和精确的流量测定方法，这类测定法的典型设备有料斗秤、减重秤、皮带秤、冲击流量计。

1. 料斗秤

图 8-6 所示为料斗秤示意图，由供料器、称量斗、称重系统和控制系统构成。料斗秤是周期性工作：开始时，供料器向称量斗供料，称重系统时刻检测斗内物料重量的变化。当称量斗内的物料达到预设的重量后，上方停止供料，控制系统将斗下的卸料阀打开，物料卸出，随后关闭阀门。至此一个称量周期结束，接着供料器再次供料，进入下一个周期，如此反复循环。为保证称量精度，当斗内物料接近预设重量时，要减小供料流量，缓慢供料。料斗秤的工作频率一般为 100~400 次/h。

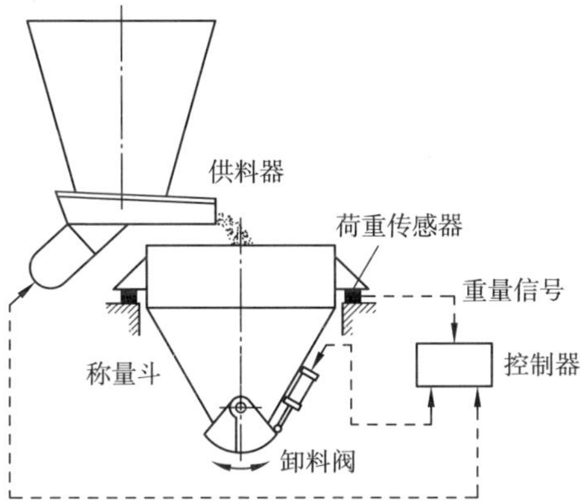

图 8-6　料斗秤示意图

称重元件一般采用电子应变仪（力传感器），所以这种秤也称电子料斗秤，过去的机械式杠杆称重机构现在已很难见到。称量斗的安装可采用悬挂的方式或支承的方式，一般小型称量斗是在固定的框架内以悬挂或支承的方式安装，而大型称量斗可直接用支腿支承在楼面上。

料斗秤可用在流程中计量所通过的物料总重量，并显示每个称量周期的物料平均流量，但通常不能控制物料流量。其特点是：称量精度高，可达 0.1%；测得的流量不是物料的瞬时流量，而是通过计算得到的一个称量周期的平均值；周期性工作，料斗间断卸料。

2. 减重秤

减重秤也称失重秤，主要用于物料出仓的流量控制。其基本结构与料斗秤相似，有供料器、称量斗、排料装置、以及计算和控制系统。其不同之处是排料装置采用流量调节阀或螺旋供料器，可通过控制系统来调节排料流量。工作时，排料口保持常开状态，以设定的流量连续排料，而供料器则以大流量向称量斗快速供料。当斗内物料重量到达设定的上限时，停止供料，下方继续排料，系统进入减重计量阶段。当斗内物料量减少到设定的最低限时，减重过程结束，上方供料器再次供料。计算机根据减重过程中物料重量的减少量和所用的时间，即可算出排料流量，然后将此流量值与操作人员设定的流量值进行比较，若误差超出允许范围则对阀门开度进行调整，从而实现了控制流量的目的。

3. 皮带秤

对于连续供料的工艺作业，皮带秤要比料斗秤更为适宜。皮带秤是用单位皮带长度上的物料重量和皮带速度的乘积来测定物料流量。如果要控制流量，达到恒定的物料量，该皮带秤就称作恒定供料秤。以前采用机械元件称重，现在则采用力传感器称重。

皮带秤是一种相对比较简单的称重设备，易于操作和维修。图 8-7 为常用皮带秤工作原理图。物料的流量与输送机上物料的重量和带速成正比。检测重量和速度的基本元件可以是电子的或机械的。重量和带速的检测信号输入到“重量-速度乘法器”，最终输出的流量信号可用于：流量控制、流量显示、报警、重量累加、对装车的批量控制、打印记录等。

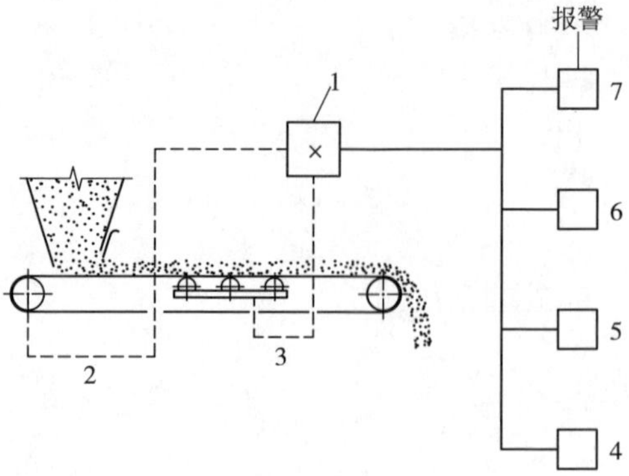

图 8-7　皮带秤工作原理图

1—乘法器　2—速度传感器　3—重量传感器　4—流量指示器　5—流量记录器　6—流量累计器　7—流量控制器

给出设定的流量，将流量值转变为电信号来控制皮带的运行速度，皮带秤即可成为定量供料器。

4. 冲击式流计量

利用物料流动产生的冲击力，可用来测定物料的流量。图 8-8 表示了冲击式流量计的原理，它基于冲击力与物料流量成正比、冲击板的位移又与冲击力成正比、电压与位移成正比的关系，用差压变送器输出与物料流量成正比的电压。

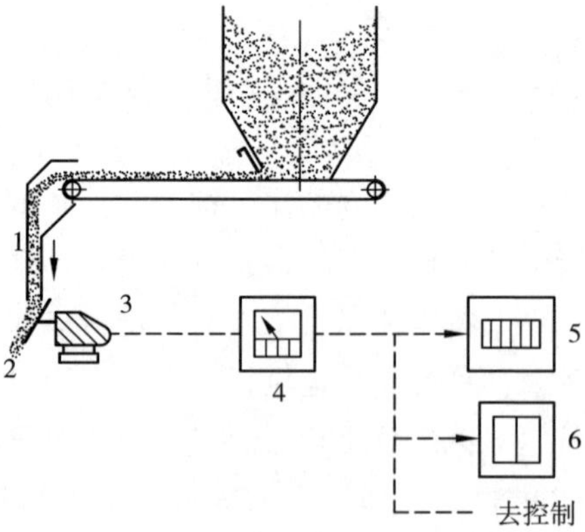

图 8-8　冲击式流量计工作原理图

1—导流管　2—冲击板　3—传感器　4—功率放大积分加法器　5—遥控加法器　6—记录仪

（二）电容法

电容法流量计可用来测量和控制干燥的、非导电的粒状或粉状物料的流量。其原理是测定颗粒物料在管道或溜槽内流动而引起电容的变化。该系统主要由四个基本元件构成，即电极、传感器、积分放大器及测量记录仪表。

这种仪器可以用来测定气力输送管道及自由落体式垂直输送管道中的物料流量，要求这种系统中平均气体速度或颗粒速度是相当稳定的，可用于处理面粉、豆类、水泥、谷物、糖、盐、塑料屑等物料。

（三）其他流量测定方法

1. 体积流量计

如图 8-9（1）所示，体积流量计是悬挂安装在散状物料输送管内的可转动螺旋翼片，其旋转速度与物料流量成比例且无滑差，将流量计连到记录仪上，根据所记录的转数换算成通过的物料体积，或转换成遥控积分或控制信号。这种设备可用于测定与垂线夹角不大于20°的管道内物料流量。由于测出的是体积流量，必须用被输送物料进行标定并再转换成质量流量。

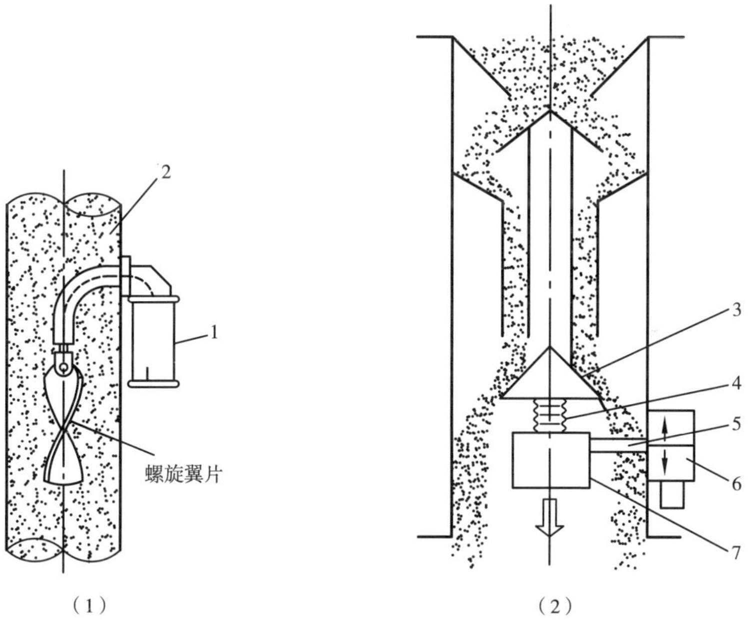

图 8-9 其他型式的流量测定仪器

（1）体积流量计 （2）垂直筒式冲击流量计

1—记录仪或变送器 2—管道 3—冲击传感器 4—波纹套管 5—传送杆 6—气动变送器 7—弹簧箱

2. 垂直筒式冲击流量计

如图 8-9（2）所示，其工作原理与前述的冲击流量计相同，根据动量等于物料质量与速度的乘积的物理原理，以气动变送器来测定粒状或粉状物料的质量流量。被测的颗粒物料由料仓或者带式输送机、螺旋输送机、供料器等进入流量计进料口，首先经导流板减低并稳定物料的流速，再由内套筒导向落下，经过一段有控制的距离落到精密的传感器上。在重力的作用下，下落的这段距离的颗粒达到固定的速度，冲击有精密弹簧承载的冲击传感器。气动定位变送器测定因下落颗粒的动量引起的信号位移。

还有一种流量计称为核子秤，是利用 γ 射线穿过物料时强度减弱的原理，对运行的输送带上物料进行连续测量。但由于食品安全的原因，这种设备不适合在粮食行业使用。

四、料位控制

在散状物料贮存及输送系统中，需要对贮仓、料斗及设备关键部位进行料位检测，以指示整个系统控制物料流向、协调设备工作，或对非正常情况发出报警信号。检测料位的装置称为料位计，也称物位仪表、料位变送器、料位传感器等。

料位计分为连续和不连续两种。连续料位计可实时测定贮料容器内料位的实际高度，不连续料位计只能测定固定位置的料位高度。不连续料位计也称料位开关，一般用来维持设定的上限及下限之间物料料位，控制物料的加入量或卸出量。

（一）连续料位计

连续料位计有重锤式料位计、超声波料位计、雷达料位计和激光雷达料位计等。

1. 重锤式料位计

重锤式料位计装在贮料容器的顶部，如图 8-10 所示，重锤由钢丝绳悬吊，在电动机带动的卷筒上慢慢下降。当重锤到达料堆表面时，钢丝绳松弛，作用在卷筒上的转矩减小。机械装置测出转矩的变化使电动机逆转卷起钢丝绳。间隔一定的时间后重复这个过程。根据释放钢丝绳的长度就可以测量出料面的高度，释放钢丝绳的长度可以通过卷筒的转数来标定。

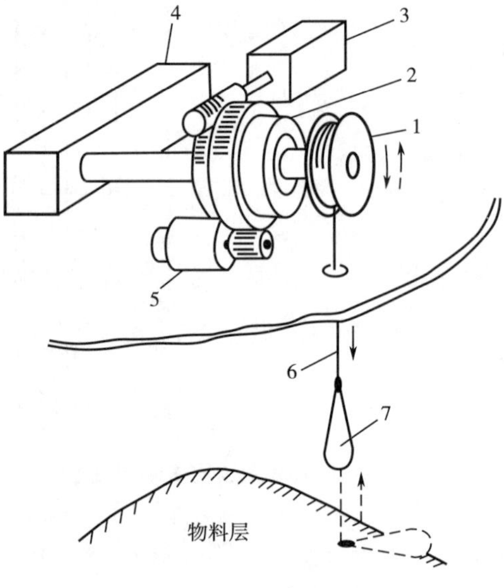

图 8-10　重锤料位计

1—钢丝绳卷筒　2—减速齿轮　3—转矩和料位测定器　4—控制器　5—电动机　6—钢丝绳　7—重锤

重锤料位计的测量深度一般为 50m 以内，精度为 0.1m，重锤要有适当的形状及重量，根据物料性质选择。测量时间间隔为 1～30min。

2. 超声波料位计

超声波料位计是利用回声测距法的原理，对贮仓内物料高度进行非接触式的连续测量。如图 8-11 所示，集超声波发生器与接收器于一体的传感器安装于料仓顶部，并与二次仪表连接。发生器发出的脉状超声波在空气中传播，到达物料表面后被反射，再通过空气传播回来，被接收器接收。根据声波发出与被接收的时间差以及声波在空气中的传播速度，即可计算出从声源到反射料面的距离。由于声波的传播速度受气温和气压的影响，影响测量精度，所以应采用温度传感器进行补偿或通过计算校正。这种料位计的量程可达 70m。

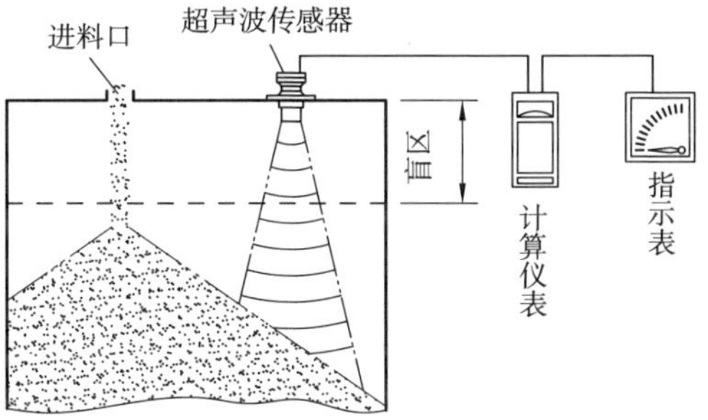

图 8-11　超声波料位计

3. 雷达料位计

雷达料位计是利用雷达波的特殊性能进行料位检测。雷达波是一种特殊的电磁波，其物理特性与可见光相似，传播速度相当于光速，频率为 300MHz～3000GHz。雷达料位计发射雷达波脉冲，碰到被测介质表面后，其部分能量反射后被天线接收，该发射与接收的时间差通过特殊回波滤波解调技术准确识别，并将之换成电信号输出，从而进一步计算出被测料仓精确的装料高度。

电磁波不受蒸汽、粉尘、真空等影响，遇到障碍物易于被反射。被测介质导电性越好或介电常数越大，回波信号的反射效果越好。雷达波的频率越高，反射角越小，单位面积上能量越大，测量效果越好，因而高频雷达主要应用于固体介质和大量程场合的测量。雷达料位计按天线形式分为普通雷达和导波雷达料位计。普通雷达发射的电磁波通过空间传播，导波雷达则是通过波导体传导来接收和发射电磁波。

4. 激光雷达料位计

高功率的氢激光扫描可以得到物料的表面形状。激光束扫描物料表面的光轨迹可用高灵敏的电视摄像机记录下来，如图 8-12 所示，得到的数据再用微型计算机按三角测量来分析。因为激光扫描仪和电视摄像机间的距离已知，因此激光点的空间位置经计算就可确定。将扫描数据进行成像处理，通过计算即可获得仓内存储物料的体积。光学法的缺点是光的强度会因其射程上的悬浮物料而减弱。

（二）料位开关

料位开关应置于适当的位置，因为固体物料的料面一般不是水平的，且料堆表面在加料和卸料过程中是不一样的。对自由流动的物料其料面形状一般可通过物料的堆积角来估计，如果估计有困难，就要通过试验来确定料位开关的合适位置。

1. 旋转桨叶料位开关

旋转桨叶料位开关（也称阻旋式料位开关）用来指示贮仓、料斗及其他容器内散状物料的料位。微型电动机通过主轴带动端部的桨叶旋转，在桨叶没有碰到物料时，桨叶保持旋转；当桨叶被物料包围时，桨叶停转，电机的扭矩增大，并使开关动作，发出信号。旋转桨叶料位开关可安装在贮存容器内部的任意位置，如图 8-13 所示。

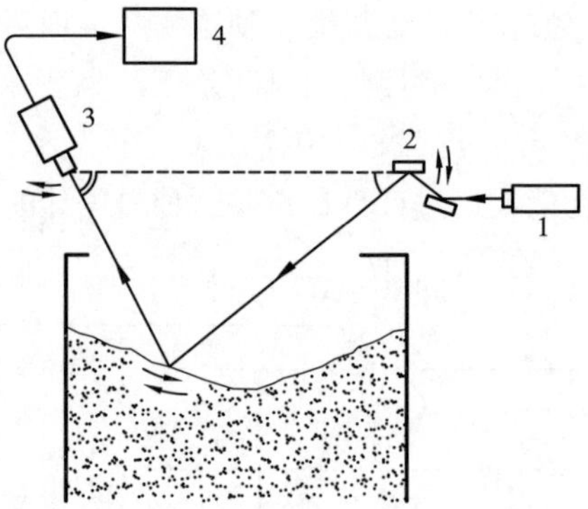

图 8-12 激光雷达料位计

1—激光束发生器 2—光束扫描仪 3—TV 摄像机 4—微型计算机

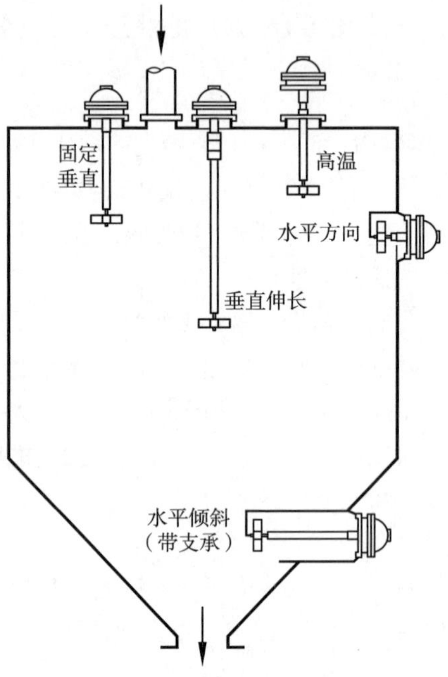

图 8-13 旋转桨叶料位开关

2. 电容式料位开关

电容式料位开关可对粉状、粒状、块状物料的料位进行检测，适用于高温、高压、强腐蚀、多粉尘的恶劣环境，在石油、化工、轻工、煤炭、水泥、粮食等行业中应用广泛。电容式料位开关的工作原理是：安装在仓体上的料位开关，其探极作为电容的一个极板，容器壁（或辅助探极）作为另一个极板，当被测物料接近探极时，由于被测物料的介电常数与空气不同，会引起探极与仓壁之间的电容量发生变化。当该电容量大于用户的设定值时（该值可通过精度调整键调整），继电器动作，输出一个开关量，从而达到控制或报警的目的。外形和安装方式见图 8-14。

3. 射频导纳料位开关

射频导纳是一种从电容式发展起来的、防挂料、更可靠、更准确、适用性更广的物位控

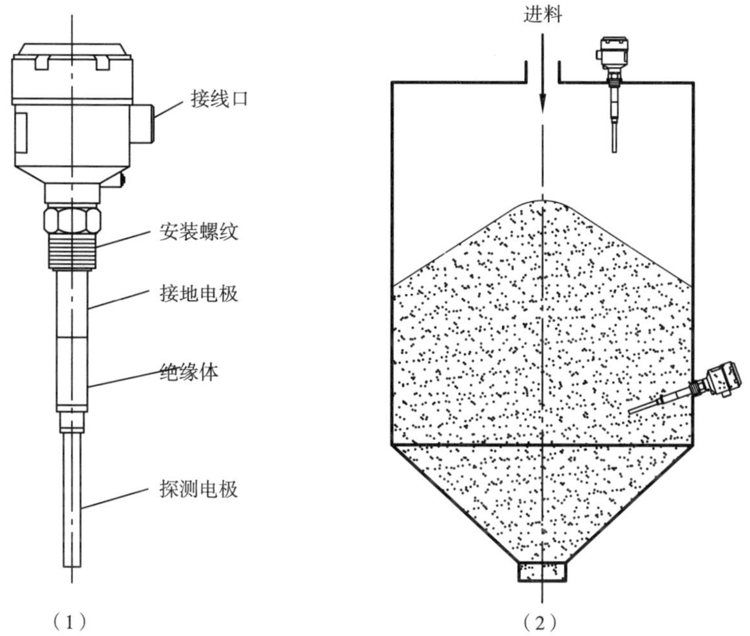

图 8-14　电容式料位开关

（1）外形　（2）安装方式

制技术，是电容式物位技术的升级。射频导纳料位开关的测量是多样化的，其不只是测量电容，而是测量电容、电阻和电感的综合量，使测量更全面、更准确。射频即高频无线电波谱，导纳的含义为电学中阻抗的倒数，它由电阻性成分、电容性成分、电感性成分综合而成。故射频导纳可以理解为用高频无线电波测量导纳。

该设备的外观及安装方式与电容式料位开关相似，探极和仓壁构成了一个间距固定的电容两极。当两极间的空气被其他介质取代时，导纳值将发生变化，这一变化被射频导纳开关内部线路检测到，当导纳值达到用户的设定值时，输出开关量信号。

4. 隔膜料位开关

隔膜料位开关的结构与原理如图 8-15 所示，隔膜与微动开关或水银开关相连。当物料的压力作用在隔膜上时，隔膜的弹性变形使开关接通；当物料的料位下降时，隔膜恢复到原位，开关断开。隔膜料位开关对物料压力的灵敏度可通过弹簧来调节。隔膜可由合成橡胶或不锈钢之类的金属片制成。隔膜料位开关与上述其他类型料位开关相比，没有部件插入料仓内，但其检测元件对机械损伤比较敏感。

5. 音叉式料位开关

音叉式料位开关的工作原理是通过安装在音叉基座上的一对压电晶体使音叉产生机械振动，这种振动具有一定的频率和振幅。当音叉被液体或散状物料浸没时，音叉的振动频率和振幅将改变，这一变化通过电子电路检出后输出一个开关量，向控制系统发送信号。音叉料位开关使用简单，运行可靠，可安装在贮存容器内部的任意位置（图 8-16），在冶金、建材、化工、轻工、煤炭、粮食等行业中应用广泛。

6. 超声波料位开关

超声波料位开关有两个探头，相对安装于料仓的两侧，其中一个为发射探头，另一个为接收探头，如图 8-17 所示。工作时，由发射探头向对面发射超声波信号，当两个探头之间

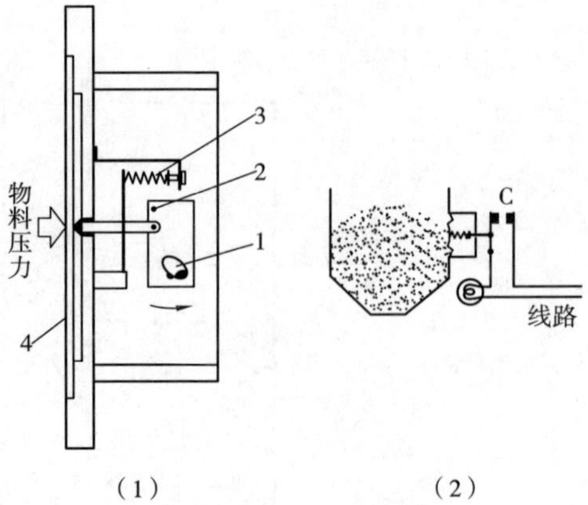

图 8-15　隔膜料位开关

（1）结构　（2）原理

1—水银开关　2—转轴　3—弹簧　4—隔膜

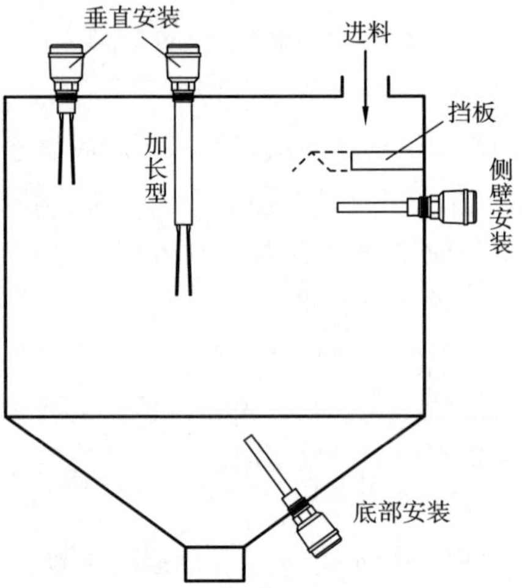

图 8-16　音叉式料位开关

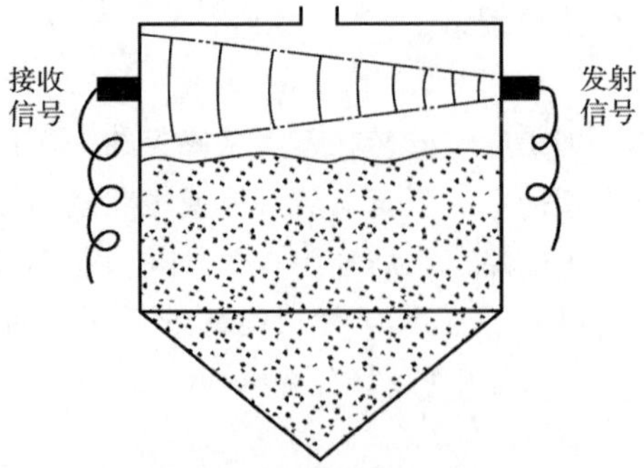

图 8-17　超声波料位开关

没有物料时，接收系统处于振波中，探头接收到的信号经放大处理后控制输出继电器工作，此时无信号输出；当两个探头之间充入物料时，超声波束被物料阻断，接收系统就脱离振波，输出继电器输出信号。超声波料位开关可以在有粉尘的环境下工作，不受周围光线、温度、烟雾或振动的影响。

五、金属探测器和磁力分离器

1. 金属探测器

金属探测器是安装在破碎加工设备前或在带式输送机上，用来检测混在物料中的有潜在破坏性的金属，以防止损坏设备。金属探测器产生高频电场可以不受干扰地穿过输送机输送带上承运的非金属物料，当有金属混入物料时，电平衡受到干扰，探测器的传感元件变化从而发出报警信号。

探测器安设在输送带的下面，能检出铁质及非铁质的所有金属物，要允许操作者将灵敏度调到预定的水平，即使有最小的有害金属物通过时也能使输送机停车。大部分安装是用导线把探测器继电器与输送机的启动回路相接，当探测到有金属异物时继电器立即使输送机停机。此外，可将辅助继电器接到报警器回路上，向操作人员报警。输送机再次启动时，需手动复位。

采用接头补偿器可以使金属探测器用于带有金属接头的输送带，小的传感器检测输送带边缘的金属接头（当然这些接头要正好进入高频场），其回路能自动降低探测器的灵敏度，从而使金属接头在通过时不发出报警。但是探测器要保持对金属接头附近大的金属块检测和报警信号有足够的灵敏度。

2. 磁力分离器

一般有四种形式的磁力分离器，可用来除去混在物料中能引起设备损坏、撞击产生危险的火花及停机事故的铁块。

（1）磁力滚筒分离器　可分为永磁和电磁型两种。永磁型的滚筒分离器推荐用于小型的带式输送机上，输送带上的物料层最大厚度不超过50mm，能吸出的磁性杂质的粒度不小于3mm。当输送带上的物料层厚度大于50mm或磁性杂质的颗粒极细时，应采用电磁型的滚筒分离器。

当物料经过分离滚筒时，金属杂质被磁场吸在输送带上，而非磁性的物料被卸下，磁性金属杂质牢固地保持到输送带绕过分离滚筒后落入溜槽或接受容器中（图8-18）。

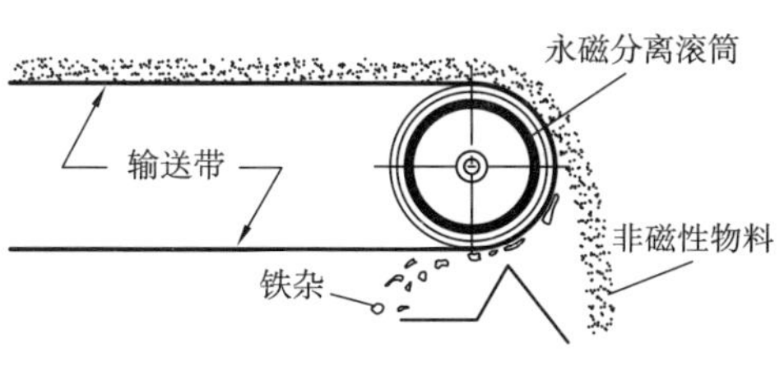

图8-18　磁力滚筒分离器

电磁滚筒分离器用于需要较大磁穿透深度的场合，因此能力较大。滚筒的励磁线圈一般采用直流电。如果工程系统中没有直流电源，可使用交流整流设备来代替。

（2）悬挂式电磁分离器　高强度的矩形磁性体可用来除去各种输送条件下非铁物料中的铁块。矩形悬挂磁体可以做成任意所需要的长度，不管输送机的速度如何都足以将所有处于磁场的铁质颗粒吸住。磁体的宽度要与输送机上的物料宽度一致。磁体可悬挂在卸料滚筒处与输送带平行或成一定角度，如图 8-19 所示。

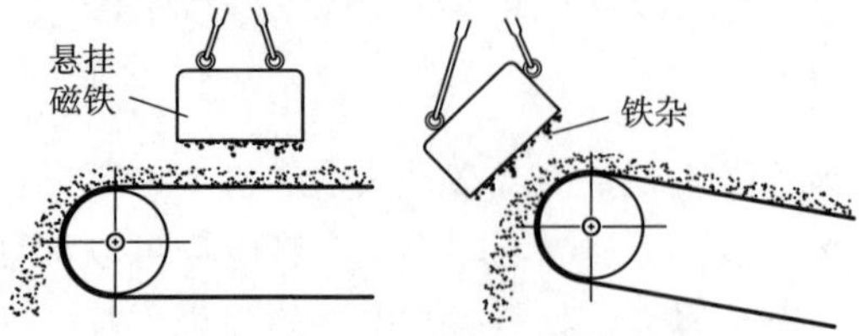

图 8-19　悬挂式电磁分离器

（3）悬挂带式电磁分离器　这是一种带有电磁铁的短皮带机，一般横向布置在输送机上面，依靠电磁铁的强大吸力将混在输送物料中的金属颗粒吸出，贴在短皮带上，然后被短皮带运送至输送机侧面卸下。图 8-20 表示了该设备的工作原理。

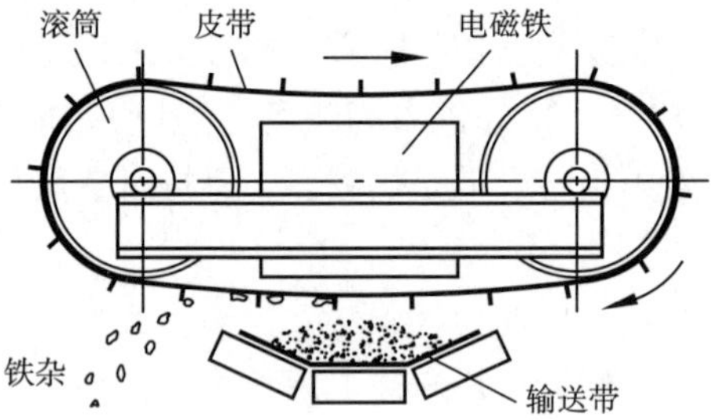

图 8-20　悬挂带式电磁分离器

（4）永磁板式分离器　永磁板式分离器可用于溜槽或斜槽中将混在物料中的铁质杂物分离出来。板式分离器可根据用途要求有不同的磁力强度，适合单个使用。板式分离器可用螺栓把磁板固定在溜槽的底部，其大小要与槽的内部底面相匹配，也可以采用铰链连接，以便清除槽底堆积的金属杂物。

六、系统控制

输送系统的操作可以用手动控制（在试车期间或自动控制失灵时使用），也可以用自动控制。自动控制可用电器的、电子的或气动的。

控制系统设计要能满足操作要求。开停程序、连锁、定时及记录的改变都要满足工艺的变化。系统排除故障停车时可以通过局部断开单独操作。大多数散状物料输送系统都采用延时继电器使系统顺序停车或启动。系统的启动一般都在控制室进行。

输送机系统必须在单元设备之间设置电气连锁。在电力控制系统中设置电气连锁，可使系统中任一输送机出现故障或停车时，能自动停止对它送料的所有输送机。此外还能保证在任一输送机启动前，其下游的输送机均已在运转中。图 8-21 为带连锁及程序控制的典型输送流程。图中的启动顺序如下：①启动除尘器及风机；②启动 No. 3 带式输送机；③启动

No. 2 带式输送机；④启动 No. 1 带式输送机；⑤启动叶轮供料器。

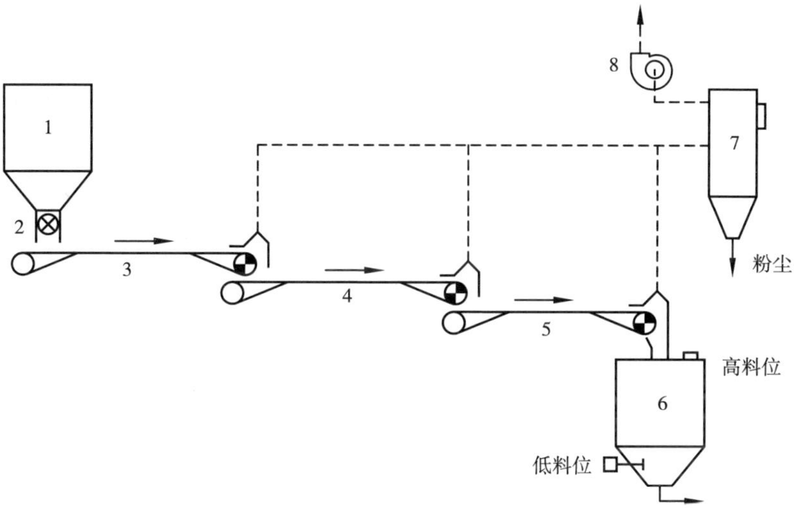

图 8-21　带连锁及程序控制的典型输送流程

1—料仓　2—叶轮供料器　3—No. 1 带式输送机　4—No. 2 带式输送机
5—No. 3 带式输送机　6—料仓　7—除尘器　8—风机

当料仓中物料达到预定的料位高度时，系统将自动切断：停止叶轮供料器；依次停止 No. 1、No. 2、No. 3 带式输送机，延迟一定的时间后停止除尘器及风机。

电动机受封闭的全程运行检测开关控制，电气联锁，所有设备中任何一台因故障停机都会使其上游设备（直至原料仓）全部停机。料仓中物料的料位达到上限或下限时发出报警。

参考文献

［1］戴光皓．粮食输送机械［M］．郑州：河南科学技术出版社，1991.

［2］朱斌昕．粮食装卸输送机械［M］．北京：中国财政经济出版社，1984.

［3］郭铁桥．物料输送设备［M］．北京：中国电力出版社，2018.

［4］洪致育，林良明．连续运输机［M］．北京：机械工业出版社，1982.

［5］孟春．连续输送机械［M］．哈尔滨：东北林业大学出版社，2008.

［6］粮食部南京粮食学校．中等专业学校试用教材　粮仓机械设备与工艺［M］．北京：中国财政经济出版社，1964.

［7］陈宏勋．管道物料输送与工程应用［M］．北京：工业装备与信息工程出版中心，2003.

［8］Г. K. 克列因．散体结构力学［M］．陈大鹏，等，译．北京：人民铁道出版社，1960.

［9］张荣善．散料输送与贮存［M］．北京：化学工业出版社，1994.

［10］黄学群．运输机械选型设计手册［M］．北京：化学工业出版社，2011.

［11］应美轩，梁庚煌．机械化运输工艺设计手册［M］．北京：化学工业出版社，1998.

［12］王鹰．连续输送机械设计手册［M］．北京：中国铁道出版社，2001.

［13］毛新成，周曼玲．通风除尘与机械输送［M］．成都：西南交通大学出版社，2006.

［14］李诗久，周晓君．气力输送理论与应用［M］．北京：机械工业出版社，1992.

［15］余洲生．气力输送及其应用［M］．北京：人民交通出版社，1989.

［16］佟庆理．两相流动理论基础［M］．北京：冶金工业出版社，1982.

［17］上滝具贞．粉粒体的空气输送［M］．阮少明，等，译．北京：电力工业出版社，1982.

［18］无锡轻工业学院，郑州粮食学院，等四院校．通风除尘与气力输送［M］．北京：中国财政经济出版社，1984.

［19］周乃如，朱凤德．气力输送原理与设计计算［M］．郑州：河南科技出版社，1981.

［20］吴建章，李东森．通风除尘与气力输送［M］．北京：中国轻工业出版社，2009.

［21］Woodcock C R, Mason J S. The design of storage bins and hoppers［M］. Springer US, 1987.

［22］Kulwiec, Raymond A. Materials handling handbook (2nd Edition)［M］. Jonh Wiley & Sons, Inc, 1985.

［23］孟文俊，王鹰．连续输送机械及其系统的现状和未来展望［C］．北京：中国铁道出版社，2010.

［24］宋伟刚，彭兆行．气垫带式输送机的设计与计算（Ⅲ）——气垫带式输送机的参数计算［J］．矿山机械，1994（8）：42-47.

[25] 季新培，黄松元．气垫带式输送机形成均匀稳定气膜的布孔研究［J］．连续输送技术，1992（3）：18-29.

[26] 李俊玲，李留亮，叶坚．全封闭单托辊皮带输送机的创新设计［J］．粮食流通技术，2013（3）：15-16.

[27] 毛广卿，赵韩．埋刮板输送机垂直输送原理分析［J］．起重运输机械，2004（10）：13-16.

[28] 赵晓霞，孟文俊，赵慧娟，等．埋刮板输送机刮板节距的影响因素分析［J］．工矿自动化，2018（9）：10-14.

[29] 周全申，田勇，付中华，等．MS 型埋刮板输送机最大张力点张力计算公式分析［J］．粮食与饲料工业，2016（1）：5-7，12.

[30] 黄家勤，陈家元．关于斗式提升机挖取阻力的试验研究［J］．起重运输机械，1989（7）：10-15.

[31] 孙诚敏，邢俊杰，刘遂．斗式提升机传动机构的研究［J］．粮食与食品工业，2015（2）：79-83.

[32] 毛广卿．全充填的水平圆管螺旋输送机物料运动分析及输送量计算［J］．河南工业大学学报（自然科学版），2018（6）：88-92.

[33] 庞美荣，王春维．螺旋输送机的功率计算［J］．起重运输机械，1995（8）：17-20.

[34] 梅潇，柯周军，王伟，等．垂直螺旋输送机生产率计算模型的修正［J］．中国粉体技术，2018（4）：37-43.

[35] 夏圣雨．螺旋卸船机垂直螺旋输送机中间支撑对比分析［J］．中国石油和化工标准与质量，2020（19）：127-131，134.

[36] 毛广卿．不同截面形状的溜管对物料流动的影响［J］．粮食加工，2004（5）：34-37.

[37] 黄学群．埋刮板输送机输送能力计算方法的探讨［J］．连续输送技术，1990（1）：8-12.

[38] 许启铿，金立兵，王录民，等．粮食力学参数的试验研究［J］．河南工业大学学报（自然科学版），2010（1）：18-21.

[39] Hepeng Jia，Kai Wu，Yu Wang，et al. Conveyor belt structure of belt dryer：Analysis and optimization［J］. Engineering Failure Analysis，2020，115（1）.

[40] Daijie He，Xiangwei Liu，Bin Zhong. Sustainable belt conveyor operation by active speed control［J］. Measurement，2020，154：107458.

[41] P Holbrowa，G. A Lunna，A Tyldesley. Explosion venting of bucket elevators［J］. Journal of Loss Prevention in the Process Industries，2002，15（5）：373-383.

[42] F. J. C. Rademacher. Non-spill discharge characteristics of bucket elevators［J］. Powder Technology，1979，22（2）：215-241.

[43] Nazmeev Y G，Raimov M A. The Methods of Modelling and Calculation of the Problems of Rheologically Complex Media in Screw Conveyer Channels［J］. Theoretical and Applied Rheology，1992：427.

粮食输送机械及应用课程思政建议

习近平总书记指出，粮食安全是“国之大者”。粮食安全包括数量安全和质量安全。粮食输送机械通过机械化和自动化的方式，大大提高了粮食生产及加工效率，对于保障粮食数量和减少粮食产后损失具有重要意义。随着我国粮油工业的快速发展和粮食流通、贸易规模的不断扩大，粮食输送机械应用在粮食产后全产业链中越来越显示出其重要的作用，尤其是粮食输送机械的信息化、智能化应用，对于粮食收获、储运及加工等过程的节粮减损、节能降耗起到了重要支撑作用。

本教材详细讲解了国内外粮油工业中广泛应用的各种连续输送机械，包括机械的类型、结构、性能、应用范围、工作原理、工作参数和设计计算等，并介绍了物料连续输送系统的设计计算方法。通过本课程的学习，学生不仅可以掌握粮食输送机械的理论和应用知识，增强对专业的认识，而且能够培养学生的工程能力、理论知识运用能力，为从事粮食加工相关工作打下良好的基础。

本教材在绪论中阐述了粮食输送机械及其在粮油工业中的作用、粮食输送机械的发展概况及分类等。通过本章学习，引导学生认识粮食输送机械对于粮食产后收储、运输及加工的重要性和对国家粮食产后安全战略实施的重要支撑作用，提升学生对课程和专业的兴趣，培养学生具有自主学习和终身学习的意识，能够及时跟踪粮食加工行业最新发展趋势，提升学生不断学习和适应粮食加工行业发展的能力。

第一至第五章的主要内容分别为带式输送机、埋刮板输送机、斗式提升机、螺旋输送机和振动输送机的主要构件、工作过程及设计计算。要求学生根据粮食输送机械的特点及应用，通过对比学习，针对不同物料输送选用合适的输送设备，做到具体问题具体分析、提升学生独立分析问题、解决问题的能力。此外，结合不同输送设备运行过程知识学习，培养学生爱粮、惜粮、节粮的责任意识和国家粮食安全战略观念。

第六章介绍了物料输送系统中配套的溜管、溜槽、料仓、喂料器等各种辅助装置。要求学生理解在粮食加工输送过程中辅助装置与输送设备、加工设备的有效衔接，保证粮食加工各设备间的高效协同工作。培养学生团队意识，使其能够胜任团队指派的角色扮演、职责分配或主动与不同背景的成员合作学习。

第七章介绍了气力输送装置的原理、设备、构件及设计计算。要求学生了解气力输送设备在粮油加工等工业领域的广泛应用，使学生具备节能降耗、环境安全及环保意识。

第八章介绍了物料输送系统的设计、计算、设备选型及系统控制方法。要求学生能够运用所学粮食输送机械的原理，进行物料输送系统的综合设计、数据计算分析，并考虑能耗、安全、环保等综合信息，提升学生研究和解决典型粮食加工复杂工程问题的能力，培养学生的全局意识和综合性思维。

通过本课程的学习，学生不仅可以掌握粮食输送机械的理论和应用知识，增强对专业的认识，而且能够提升学生的工程应用能力、理论知识运用能力，以及解决粮食加工全产业链技术难题、提升创新能力，培养学生专业知识整合能力和多维科学实践观。